Die Bonus-Seite

Ihr Vorteil als Käufer dieses Buches

Auf der Bonus-Webseite zu diesem Buch finden Sie zusätzliche Informationen und Services. Dazu gehört auch ein kostenloser **Testzugang** zur Online-Fassung Ihres Buches. Und der besondere Vorteil: Wenn Sie Ihr **Online-Buch** auch weiterhin nutzen wollen, erhalten Sie den vollen Zugang zum **Vorzugspreis**.

So nutzen Sie Ihren Vorteil

Halten Sie den unten abgedruckten Zugangscode bereit und gehen Sie auf **www.sap-press.de**. Dort finden Sie den Kasten **Die Bonus-Seite für Buchkäufer**. Klicken Sie auf **Zur Bonus-Seite/Buch registrieren**, und geben Sie Ihren **Zugangscode** ein. Schon stehen Ihnen die Bonus-Angebote zur Verfügung.

Ihr persönlicher **Zugangscode** gxrs-zhjb-t97p-wc8q

Variantenkonfiguration mit SAP®

SAP PRESS

SAP PRESS ist eine gemeinschaftliche Initiative von SAP und Galileo Press. Ziel ist es, Anwendern qualifiziertes SAP-Wissen zur Verfügung zu stellen. SAP PRESS vereint das fachliche Know-how der SAP und die verlegerische Kompetenz von Galileo Press. Die Bücher bieten Expertenwissen zu technischen wie auch zu betriebswirtschaftlichen SAP-Themen.

Andreas Doller
Chargenverwaltung mit SAP
599 S., 2013, geb.
ISBN 978-3-8362-2109-2

Yvonne Lorenz
Qualitätsmanagement mit SAP
700 S., 2013, geb.
ISBN 978-3-8362-2035-4

Jochen Scheibler, Wolfram Schuberth
Praxishandbuch Vertrieb mit SAP
ca. 730 S., 4., aktualisierte und erweiterte Auflage, geb., mit Referenzkarte
ISBN 978-3-8362-2557-1

Mario Franz
Projektmanagement mit SAP Projektsystem
590 S., 3., aktualisierte Auflage 2012, geb.
ISBN 978-3-8362-1929-7

Jochen Balla, Frank Layer
Produktionsplanung mit SAP APO
402 S., 2., aktualisierte und erweiterte Auflage 2010, geb.
ISBN 978-3-8362-1602-9

Aktuelle Angaben zum gesamten SAP PRESS-Programm finden Sie unter *www.sap-press.de.*

Uwe Blumöhr, Manfred Münch, Marin Ukalovic

Variantenkonfiguration mit SAP®

Galileo Press

Bonn • Boston

Liebe Leserin, lieber Leser,

vielen Dank, dass Sie sich für ein Buch von SAP PRESS entschieden haben.

Die Vorteile der Variantenkonfiguration liegen auf der Hand: Beim Kauf eines Autos oder eines Computers ermöglicht sie es beispielsweise, das Produkt so zu kreieren, dass es genau Ihren Wünschen und Vorstellungen entspricht. Aus Kundenperspektive ist die Variantenkonfiguration inzwischen Standard, der vorausgesetzt wird; aus der Perspektive der fertigenden Unternehmen jedoch nach wie vor ein hoch komplexer und vielschichtiger Vorgang.

Ich freue mich sehr, Ihnen nun das Buch präsentieren zu können, das die Variantenkonfiguration mit SAP in ihrer Komplexität und Vielschichtigkeit voll und ganz darstellt – mittlerweile bereits in der zweiten, aktualisierten und erweiterten Auflage. Die Autoren Uwe Blumöhr, Manfred Münch und Marin Ukalovic arbeiten seit Jahren in verschiedenen Positionen im Umfeld der Variantenkonfiguration und lassen Sie in diesem Buch einmal mehr an ihrer Erfahrung teilhaben. Diese Auflage wurde z.B. um Inhalte zum integrierten Produkt- und Prozess-Engineering (iPPE) sowie zur Product Data Replication (PDR) erweitert. Ich bin sicher, dass Ihnen dieses Buch neue Informationen bietet und einen festen Platz in Ihrem Arbeitsalltag einnehmen wird.

Wir freuen uns stets über Lob, aber auch über kritische Anmerkungen, die uns helfen, unsere Bücher zu verbessern. Am Ende dieses Buches finden Sie daher eine Postkarte, mit der Sie uns Ihre Meinung mitteilen können. Als Dankeschön verlosen wir unter den Einsendern regelmäßig Gutscheine für SAP PRESS-Bücher.

Ihre Patricia Sprenger
Lektorat SAP PRESS

Galileo Press
Rheinwerkallee 4
53227 Bonn

patricia.sprenger@galileo-press.de
www.sap-press.de

Auf einen Blick

Der Name Galileo Press geht auf den italienischen Mathematiker und Philosophen Galileo Galilei (1564–1642) zurück. Er gilt als Gründungsfigur der neuzeitlichen Wissenschaft und wurde berühmt als Verfechter des modernen, heliozentrischen Weltbilds. Legendär ist sein Ausspruch *Eppur si muove* (Und sie bewegt sich doch). Das Emblem von Galileo Press ist der Jupiter, umkreist von den vier Galileischen Monden. Galilei entdeckte die nach ihm benannten Monde 1610.

Lektorat Patricia Sprenger
Korrektorat Marlis Appel, Troisdorf
Einbandgestaltung Silke Braun
Titelbild Getty Images/RF/Jim Esposito Photography L. L. C.
Typografie und Layout Vera Brauner
Herstellung Maxi Beithe
Satz III-satz, Husby
Druck und Bindung Kösel GmbH & Co. KG, Altusried-Krugzell

Gerne stehen wir Ihnen mit Rat und Tat zur Seite:
patricia.sprenger@galileo-press.de bei Fragen und Anmerkungen zum Inhalt des Buchs
service@galileo-press.de für versandkostenfreie Bestellungen und Reklamationen
thomas.losch@galileo-press.de für Rezensionsexemplare

Bibliografische Information der Deutschen Nationalbibliothek
Die Deutsche Nationalbibliothek verzeichnet diese Publikation in der Deutschen Nationalbibliografie; detaillierte bibliografische Daten sind im Internet über *http://dnb.d-nb.de* abrufbar.

ISBN 978-3-8362-1681-4

2., aktualisierte und erweiterte Auflage 2011
1., korrigierter Nachdruck 2013

Für Lisa, Max, Katrin und Sonja

Inhalt

Vorwort

Variantenkonfiguration mit SAP scheint auf den ersten Blick ein rein technisches Thema für Spezialisten zu sein. Das ist es unter anderem auch, denn es benötigt Kompetenz aus Bereichen der Informatik, wie künstliche Intelligenz, konzeptionelle Modellierung und semantische Services. Aber das Thema geht weit über den engeren Bereich der Informatik hinaus. Es betrifft Bereiche wie Supply Chain Management, Product Lifecycle Management und Customer Relationship Management gleichermaßen und kann daher nur interdisziplinär bearbeitet werden. So haben sich Informatiker, Ingenieure und Betriebswirte bei SAP und bei SAP-Kunden gemeinsam seit mehr als 15 Jahren intensiv mit der Herausforderung der Variantenkonfiguration beschäftigt. Diese harte und andauernde gemeinsame Arbeit hat einen unternehmensstrategischen Grund, der große internationale Firmen ebenso berührt wie mittelständische Firmen: Kunden- und Produktionsprozesse mit Konfigurationsvarianten sind zum Kernprozess von Hightech-Firmen verschmolzen, ob bei führenden Computerherstellern wie IBM oder HP, bei Automobilherstellern wie BMW, Daimler oder VW, oder bei mittelständischen Möbelherstellern wie der Hüls-Unternehmensgruppe. Ähnlich geschäftskritisch ist dieser Konfigurationsprozess heute fast überall: im Anlagenbau, im Maschinenbau oder im Mittelstand, wie in diesem Buch dargestellt wird.

Hier, wie in vielen anderen Bereichen, übersteigt das Angebot für individuelle Kundenwünsche die Möglichkeiten der klassischen Produktbeschreibung über Materialkodierungen und Stücklisten sowie entsprechender artikelgenauer Bevorratung. Die Variantenvielfalt ist so hoch, dass ganz neue Möglichkeiten der Produktpräsentation und -spezifikation für die Kundenansprache gefunden werden mussten. Heute hat wohl jeder schon einmal im Internet einen Konfigurator genutzt – z. B. zur Spezifikation seines Wunschautos –, sei es zur reinen Information oder im Rahmen einer wirklichen Kaufentscheidung. Diese Konfiguratoren präsentieren das breite Spektrum der Optionen eines Anbieters in einer Form, in der sich kundenindividuelle Interaktion, Markenpositionierung und Preisgestaltung zu einer intelligenten Produktpräsentation verbinden. Solche Variantenkonfiguratoren gibt es heute einerseits im Internet, es gibt sie darüber hinaus aber auch auf Laptops für den mobilen Außendienst und auch eingebettet in CAD-Tools.

Dem war natürlich noch nicht so, als SAP 1994 in einer frühen Phase des SAP-Systems R/3 zusammen mit einer Arbeitsgemeinschaft amerikanischer Kunden die erste Spezifikation und Implementierung der SAP Sales Configuration Engine entwickelte. Damals war das Internet gerade erst am Horizont sichtbar; SCM und CRM waren noch zu definierende Begriffe. Es war aber schon damals klar, dass es um weit mehr ging als einen Sales Configurator für den Vertrieb. Der neue Konfigurator sollte von Beginn an zwei Dinge leisten: Er sollte den SAP-Kunden in ihrer Oberflächengestaltung für mobile Vertriebsprozesse jede Freiheit zur individuellen Gestaltung geben, und er sollte integriert sein in die Abwicklungsprozesse von SAP ERP, d. h. mit Vertriebsauftragsmanagement, Materialwirtschaft und Produktion. Für SAP als Hersteller von Standardsoftware war diese doppelte Anforderung der freien Gestaltbarkeit und tiefen Integration eine große Herausforderung.

Jüngere Kollegen werden heute im Zeitalter von SOA, von klar definierten Komponentenservices und von Multi-Channel-/Multi-Device-Prozessen vielleicht kaum noch verstehen, wo die eigentlichen Probleme lagen. Aber auch heute noch wurzeln die Herausforderungen tiefer als es oberflächlich erscheinen mag. Denn die Variantenproblematik fängt im Vertrieb mit der Vertriebskonfiguration an und pflanzt sich anschließend durch den gesamten Wertschöpfungsprozess fort:

Jedem wird einleuchten, dass im Vertrieb nichts versprochen werden sollte, was die Produktion später nicht leisten kann. Wenn ein Kunde eine bestimmte Spezifikation aus einer unermesslich großen Zahl von Kombinationsmöglichkeiten ausgewählt und für diese Konfiguration ein Preisangebot erhalten hat, dann muss sichergestellt sein, dass er auch genau diese Konfiguration wie zugesagt geliefert bekommt. Bei jeder Kundenkonfiguration handelt es sich um jeweils eine spezifische aus Millionen von möglichen Varianten. Kaufmännisch und logistisch ist klar, dass die Variantenfülle nicht bevorratet werden kann. Es ist aber auch nur begrenzt möglich, jeden Kundenauftrag jeweils einzeln und unabhängig voneinander durch eine individuelle Einzelfertigung zu befriedigen. Betriebswirtschaftlich geht es darum, die Rentabilität und Skalierung der Massenproduktion mit einer optimalen Kundenindividualisierung zu verbinden. Dieses Problem stellt eine wirkliche Herausforderung dar. Exzellente Firmen haben die Lösung dieses Problems weit vorangetrieben und schaffen damit hohen Kundenwert und zugleich eine Steigerung der eigenen Profitabilität.

Für eine skalierende, kundenindividuelle Produktion muss sichergestellt sein, dass alle wesentlichen Restriktionen der Realisierbarkeit in der Fertigung bereits im Vertriebsprozess berücksichtigt sind. Bei der Teilebereitstellung in der Bedarfsplanung und in der Fertigung müssen für den jeweiligen

Kundenauftrag genau die Komponenten zugeführt werden, die seiner Spezifikation entsprechen. Ein fehlendes oder falsches Teil kann die ganze Produktion anhalten oder zumindest kostspielige Stockungen bewirken.

Das Konfigurationswissen muss also vom Kundenauftrag bis in die Fertigung durchgereicht werden und insbesondere bei der Stücklistenauflösung in Bedarfsplanung und Materialfluss kundenindividuell berücksichtigt werden. Dabei muss die Fertigungsplanung und -steuerung hohe Stückzahlen unterschiedlichster Kundenvarianten in einer beherrschbaren Kombination aus Standardprozessen und individuellen Einzel-Tasks bewältigen. Dies ist ein Problem des Komplexitätsmanagements, das nur durch intensive Zusammenarbeit aller am Prozess beteiligten Spezialisten gelöst werden kann. Ohne IT sind solche Prozesse in größerem Umfang nicht zu bewältigen.

Aber mit klassischer IT ist es dabei noch nicht getan. Es geht zunehmend auch um die Frage, in welcher Sprache die verschiedenen Fachdisziplinen überhaupt miteinander reden können, d. h. die Ingenieure in Konstruktion und Fertigung auf der einen Seite mit ihren Kollegen in Vertrieb und Marketing auf der anderen Seite. Wie kann die Firma als Ganzes gegenüber dem Kunden auftreten und dabei die Sprache des Kunden sprechen? Der Kunde sucht eine Lösung für ein Bedürfnis, das er in seiner Sprache beschreibt. Dabei muss eine Übersetzung geleistet werden: aus der Sprache des Kunden und seines Problems in die Sprache des Lösungspartners und seiner internen Prozesse und Leistungen. Und die Welt des Kundenbedarfs ist dynamisch. Wie also kann man zukünftige Bedürfnisse erfassen und ihnen morgen mit einer technischen Realisierung entsprechen? Wie kann man technische Innovationen betreiben, die letztlich die Nachfrage von morgen schaffen? Dies sind Fragen, die ein effektives Wissensmanagement erfordern, was wiederum nur mit erweiterten Methoden des Informationsmanagements möglich sein wird.

Die Variantenkonfiguration ist also ein wirklich spannendes Thema, und mir selbst war die damit zusammenhängende weltweite interdisziplinäre Kooperation mit den besten Kollegen und Experten immer eine große Freude. In einem Ecosystem aus Kunden und Partnern um und mit SAP haben viele Kollegen nachhaltige Beiträge geliefert. Sie alle haben gemeinsam ein Stück betriebswirtschaftliche Innovationsgeschichte geschrieben. Wir sind noch lange nicht am Ende dieser Geschichte.

Dr. Peter Zencke
Forschungs- und Entwicklungsvorstand der SAP AG, 1993–2008

Hier stellen wir Ihnen die Zielsetzung und die Strukturierung dieses Buches vor. Es wird Ihnen leichtfallen, von hier aus in die für Sie interessantesten Kapitel einzusteigen.

Einleitung

Obwohl die Variantenkonfiguration seit vielen Jahren zu den ausgereiften Funktionen der SAP-Geschäftsprozesslösungen zählt, besteht in jüngster Zeit ein spürbar zunehmendes Interesse an diesem Thema. Viele Unternehmen, nicht nur aus der Fertigungsindustrie, beschäftigen sich mit den Vorteilen, die sich aus dem Einsatz der Variantenkonfiguration ergeben können. Vor allem in Mitteleuropa und den USA nimmt die Einsatzhäufigkeit dieser Funktionalität sehr stark zu.

Wir gehen davon aus, dass diese Entwicklung darauf beruht, dass die Implementierung der SAP-Geschäftsprozesslösungen in vielen Unternehmen weitgehend vollständig und abgeschlossen ist. Finanzbuchhaltung und Controlling stehen oft an erster Stelle bei der Einführung eines SAP-Systems. Themen wie Materialwesen, Einkauf und die durchgängige Logistik werden dann häufig in einer zweiten Welle von Einführungsprojekten implementiert. Anwendungen, die so umfassend eingesetzt werden können wie die Variantenkonfiguration, kommen oft erst in späteren Phasen zum Einsatz. Eine ähnliche Beobachtung kann man auch bei der Projektmanagement-Lösung machen. Beide Themen, die Variantenkonfiguration und das Projektmanagement, werden als komplexe Anwendungen angesehen, die erst nach den klassischen Kernfunktionen der SAP-Geschäftsprozesslösungen eingeführt werden – sozusagen als Kür nach der erfolgreich absolvierten Pflicht.

So werden oft erst nach mehreren Jahren des erfolgreichen Betriebs einer SAP-Lösung die vielen Verbesserungspotenziale erkannt, die sich aus einer Implementierung der Variantenkonfiguration ergeben. Viele Unternehmen haben oft schon Konfigurationslösungen im Einsatz. Dies reicht von der Nutzung einfacher Office-Programme über Datenbankanwendungen bis hin zu komplett eigenentwickelten Programmen oder zugekauften Softwarekomponenten, die die berühmte »Schnittstelle zu SAP« haben. Ein Überdenken dieser gewachsenen Strukturen ergibt sich oft daraus, dass es sich als notwendig erweist, die verschiedenen Unternehmensbereiche miteinander zu integrieren.

Mit dem vorliegenden Buch möchten wir als Autorenteam einen Beitrag zum leichteren Zugang zur Produktkonfiguration mit SAP leisten. Das Thema ist vielschichtig und wird hier ganz bewusst aus unterschiedlichen Perspektiven beleuchtet. Die drei folgenden Fragen stehen dabei immer wieder im Vordergrund:

1. Welche Ziele verfolgte SAP mit der Entwicklung der Variantenkonfiguration als Teil des SAP-Systems?
2. Was sollten Sie über die Funktionen der Variantenkonfiguration wissen, um effizient damit arbeiten zu können?
3. Welche Erfahrungen wurden beim praktischen Einsatz der Variantenkonfiguration gemacht?

Die vorliegende zweite Auflage dieses Buches wurde insbesondere um die Neuerungen, die mit dem Erweiterungspaket 5 (EHP5) ausgeliefert werden, ergänzt. Auch wurde die Order Engineering Workbench in der Zwischenzeit weiterentwickelt. Und da sich nahezu jeder Anwender mit der Produktdatenverteilung über Systemgrenzen hinweg beschäftigen muss, haben wir einen umfangreichen Abschnitt zum Thema PDR (*Product Data Replication*) hinzugefügt. Im Bereich der Partnerlösungen gibt es Anpassungen und Weiterentwicklungen, im Kapitel der Projektberichte hat sich ein weiteres namhaftes Unternehmen eingereiht. In Kapitel 3, »Geschäftsprozesse in SAP ERP«, finden Sie jetzt deutlich erweiterte Absätze zum integrierten Produkt- und Prozess-Engineering und zu den Integrationsaspekten der Variantenkonfiguration.

An wen wendet sich dieses Buch?

Das Buch ist an alle gerichtet, die sich dem Thema Variantenkonfiguration mit SAP nähern möchten. Einige Lesergruppen hatten wir bei der Zusammenstellung der Inhalte jedoch besonders vor Augen:

- *IT-Leiter und Entscheidungsträger* sollten insbesondere die Kapitel 1, 3, 5, 7, 8, 9, 10, 11 und 12 lesen.
- *Vertriebsmitarbeiter* profitieren besonders von den Kapiteln 1, 3, 5, 7, 8, 10 und 11.

- *Mitarbeiter in der Produktionsvorbereitung und Auftragsabwicklung* sollten neben den Kapiteln 1, 3, 4, 6, 7, 8, 10 und 11 auch Kapitel 2 unter die Lupe nehmen.
- *Leitern von Implementierungsprojekten* zur Variantenkonfiguration mit SAP seien die Kapitel 1, 3, 6, 8 und 11, aber insbesondere die Kapitel 9 und 10 ans Herz gelegt.
- *Implementierungs- und Prozessberater* werden sich neben den Kapiteln 1, 3, 5, 7, 8, 9, 10 und 11 insbesondere für die Kapitel 2, 4 und 6 interessieren.
- *Anwender* mit Expertise für die SAP-Variantenkonfiguration widmen sich den Kapiteln 1, 7, 8, 10, 11 und 12 sowie ganz besonders den Kapiteln 2, 3 und 5.

Sie sehen, dass nicht alle Kapitel für jeden Leser gleich wichtig sind. Wie wichtig ein bestimmtes Kapitel für *Sie* ist, hängt von Ihrem Background bzw. Ihrem Interesse ab. Sie können sich jedoch sicher sein, dass Sie aus allen Kapiteln neue und mitunter überraschende Erkenntnisse gewinnen werden.

Zur besseren Orientierung geben wir Ihnen im nächsten Abschnitt einen kurzen Überblick über das, was Sie in den einzelnen Kapiteln erwartet.

Was finden Sie wo?

Das Buch gliedert sich in zwölf Kapitel, deren Inhalte wir hier kurz vorstellen.

- **Kapitel 1, »Grundlagen der Variantenkonfiguration«**, macht Sie zunächst allgemein mit den Grundbegriffen der Produktkonfiguration vertraut und geht dann speziell auf die Begriffswelt und die Bausteine der Variantenkonfiguration mit SAP ein. Die Frage nach dem Nutzen für Ihre Geschäftsprozesse erörtern wir ebenfalls. Dieses Kapitel bietet das notwendige Basiswissen, das in den späteren Kapiteln vorausgesetzt wird.
- **Kapitel 2, »Erstellung eines Produktmodells für die SAP-Variantenkonfiguration«**, befasst sich mit der Produktmodellierung in SAP ERP und bildet den klaren Schwerpunkt dieses Buches. Es richtet sich an alle, die mit der Bereitstellung der benötigten Stammdaten zu tun haben. Auch erfahrene Modellierer finden hier vertiefende Informationen, die über das in Schulungen vermittelte Wissen hinausgehen. Den Besuch einer Schulung kann das Studium dieses Kapitels dennoch nicht ersetzen.

- In **Kapitel 3, »Geschäftsprozesse in SAP ERP«**, gehen wir auf die Aspekte der Variantenkonfiguration in betrieblichen Prozessen ein. Welche Geschäftsprozesse werden unterstützt, und wie sollte man dabei vorgehen? Zu Integrationsgesichtspunkten entlang der logistischen Kette und zur Vorplanung mit der Variantenkonfiguration erhalten Sie einen vertieften Einblick.
- In **Kapitel 4, »Customizing von SAP ERP für die Variantenkonfiguration«**, finden Sie Antworten auf die Frage, welche Systemeinstellungen für den Einsatz der Variantenkonfiguration eine Rolle spielen. Dabei gehen wir auf das Customizing für die Variantenkonfiguration und das Klassensystem genauso ein wie auf besondere Einstellungen zu Geschäftsprozessen, die im Zusammenhang mit der Variantenkonfiguration beachtenswert sind.
- Das Thema Integration der Produktkonfiguration in die SAP CRM-Lösung ist Gegenstand von **Kapitel 5, »Spezifika der Produktkonfiguration in SAP CRM«**. Wir eröffnen dieses Kapitel mit einem Überblick über die Konfigurationsprozesse, die in den verschiedenen Verkaufskanälen unterstützt werden. Danach stellen wir die Pflegeumgebung für Produktmodelle vor, die eigens für Verkaufsprozesse in SAP CRM genutzt werden. Den Abschluss bildet die Darstellung der Funktionen und Einstellungen an der Benutzeroberfläche, die für die interaktive Konfiguration in SAP CRM genutzt werden können.
- Vier in der Praxis häufig auftretende Herausforderungen in der Produktkonfiguration werden in **Kapitel 6, »Herausforderungen in der Variantenkonfiguration«**, erläutert. Dabei handelt es sich im Einzelnen um die Optimierung des Laufzeitverhaltens, um den korrekten Umgang mit Änderungen an den Stammdaten und Fertigungsaufträgen in der Variantenkonfiguration, um die Handhabung komplexer Systemkonfigurationen und schließlich um die Verteilung von Stammdaten in verschiedene Systeme.
- **Kapitel 7, »Weiterentwicklungen in der SAP-Branchenlösung DIMP«**, zeigt Ihnen, dass Produktkonfigurationslösungen oft branchenspezifischen Anforderungen gerecht werden müssen. Als Beispiel haben wir hierzu die Branchenlösung *Discrete Industries and Mill Products* (DIMP) gewählt, die als Bestandteil von SAP ERP für Variantenfertiger eine Reihe von Zusatzfunktionen bietet und daher besonders interessant ist.
- Rund um die Standard-Geschäftsprozesslösungen von SAP gibt es sehr viele funktionserweiternde Zusatzpakete, die von Partnerfirmen und

sonstigen Drittanbietern bereitgestellt werden. In **Kapitel 8, »Weiterentwicklungen und Add-ons im SAP-Partnerumfeld«**, lernen Sie einige dieser Add-ons kennen, bei denen das Thema Produktkonfiguration im Mittelpunkt steht. Wir hoffen, Ihnen damit einen guten Eindruck von der Bandbreite der zur Verfügung stehenden Weiterentwicklungen zu vermitteln.

- **Kapitel 9, »Projektleiter berichten über Projekte und Projektstrukturen«**, ist aus der Sicht eines Projektverantwortlichen bei einem Implementierungsprojekt verfasst. Der authentische Bericht eines Projektleiters bei einem SAP-Kunden veranschaulicht, welche Herausforderungen ein Einführungsprojekt zur Produktkonfiguration mit SAP mit sich bringen kann. Die Empfehlungen der SAP-Beratung zur Zusammensetzung des Projektteams und zum strukturierten Vorgehen bei der Implementierung bilden hierzu eine optimale Ergänzung. Dieses Kapitel ist ein Muss für alle, die mit Einführungsprojekten zu tun haben!
- So interessant und lehrreich die Theorie auch sein mag, entscheidend ist der Nutzen im praktischen Einsatz. Genau damit beschäftigt sich **Kapitel 10, »Kunden berichten über die Einführung der SAP-Variantenkonfiguration«**. Sie lernen hier sechs Implementierungen der Variantenkonfiguration mit SAP kennen. Dabei werden Sie nicht nur einen Eindruck von der entsprechenden Anwendung und den gewählten Lösungsansätzen bekommen, sondern auch von den Erfahrungen und Einschätzungen der Implementierungsteams profitieren.
- Das Buch wäre nicht vollständig, wenn wir nicht auch die sehr agile und auf Eigenständigkeit bedachte Benutzergruppe zur Produktkonfiguration mit SAP vorstellen würden. In **Kapitel 11, »Configuration Workgroup«**, erfahren Sie, wie die CWG organisiert ist, welche Interessen sie verfolgt und welches ihrer Angebote Ihre Arbeit vereinfachen und bereichern könnte.
- **Kapitel 12, »Ausblick auf SAP Business ByDesign«**, befasst sich mit der neuen Mittelstandslösung von SAP, die bereits in der Markteinführungsphase schlanke Produktkonfigurationsprozesse unterstützt. Sie erfahren, wie SAP Business ByDesign mit kundenindividuellen Produktspezifikationen umgeht.

Das Buch enthält über alle Kapitel hinweg Infokästen, die Zusatzinformationen bereitstellen. Diese Infokästen sind mit folgenden Symbolen gekennzeichnet.

[!] ▸ Mit diesem Symbol warnen wir Sie vor häufig gemachten Fehlern oder Problemen, die auftreten können.

[+] ▸ Mit diesem Symbol werden Tipps markiert, die Ihnen die Arbeit erleichtern werden. Auch Hinweise, beispielsweise auf weiterführende Informationen zu dem besprochenen Thema, werden mit diesem Symbol hervorgehoben.

[zB] ▸ Wenn wir das besprochene Thema anhand von praktischen Beispielen erläutern und vertiefen, machen wir Sie mit diesem Symbol darauf aufmerksam.

Wir hoffen, dass wir Ihnen auf diese Weise die Arbeit mit dem Buch erleichtern können.

Schließlich sei noch erwähnt, dass wir uns gleichermaßen an Sie als Anwenderinnen und Anwender oder Fachkolleginnen und Fachkollegen richten, aber der Einfachheit halber durchgehend die männliche Form der jeweiligen Bezeichnungen gewählt haben.

Danksagung

Bei der Erarbeitung der Inhalte für dieses Buch wurden wir von vielen Seiten unterstützt. Die Palette der Hilfestellung reichte von Ratschlägen und Hinweisen zu einzelnen Kapiteln bis hin zur Bereitstellung der Inhalte von ganzen Abschnitten. Den nachfolgend in alphabetischer Reihenfolge genannten und allen ungenannten Helfern danken wir ganz herzlich für ihre Unterstützung, ohne die wir das vorliegende Werk nicht hätten vollenden können.

- **Manfred Brillert** ist CIO der Hüls-Unternehmensgruppe, zu der auch das Unternehmen Hülsta gehört. Er hat zunächst als Projektleiter und später als Mitglied von Steering-Komitees die Einführung von SAP-Software in der Unternehmensgruppe verantwortet. Der Beitrag in Kapitel 10 zur Variantenkonfiguration bei Hülsta wurde von ihm als Co-Autor verfasst.
- **Raimond Buchholz** ist nunmehr seit zwei Jahrzehnten Softwareentwickler bei SAP und gehört zum sprichwörtlichen Urgestein der SAP-Variantenkonfiguration. Er hat wertvolle Hinweise für Kapitel 1 gegeben.
- **Wilfried Dahlhaus** ist bei Hülsta innerhalb der Zentral-IT verantwortlich für ein SAP-Team. Als Projektleiter hat er umfassende Kenntnisse im Bereich Variantenkonfiguration. In Verbindung mit einem grafischen

Konfigurator hat er die Variantenkonfiguration bei Hülsta und anderen Unternehmen der Hüls-Unternehmensgruppe eingeführt. Der Beitrag über das Variantenkonfigurationsprojekt von Hülsta in Kapitel 10 wurde von ihm verfasst.

- **Markus Deger** ist Projektleiter bei der SAP Deutschland AG & Co. KG. Neben Variantenkonfigurationsprojekten in SAP ERP hat er eine Reihe von größeren Implementierungsprojekten mit dem Internet Pricing and Configurator geleitet. Er hat die Empfehlungen für die Durchführung von Implementierungsprojekten in Kapitel 9 zusammengestellt.
- **Jens Hennecke, Sascha Rauhe** und **Rainer Förster** sind Managing-Direktoren der AICOMP-Gruppe und haben den entsprechenden Abschnitt von AICOMP zum Thema VCPowerPack in Kapitel 8 beigetragen.
- **Sönke Janßen** ist Mitarbeiter in der Zentral-IT bei der Hauni-Maschinenbau AG. Er hat durch seinen Artikel in Kapitel 10 über das Projekt bei der Hauni AG und den Engineer-to-Order-Prozess bei einem Anlagenbauer zum Verständnis der Variantenkonfiguration in der Praxis beigetragen.
- **Lech Kochanowski** ist SAP Technology Manager im IM Architecture & Innovations bei der Krones AG und kann auf eine langjährige Erfahrung im Variantenkonfigurationsumfeld zurückblicken. Er hat durch den Krones-Projektbericht in Kapitel 10 Licht in ein komplexes, aber sehr erfolgreiches mehrstufiges Produktmodell gebracht.
- **Dr. Hans Joachim Langen** ist Leiter des Geschäftsfeldes PLM bei der itelligence AG und hat zusammen mit **Dr. Reiner Kader** den Beitrag zum Thema CAD-Automatisierung mit it.cadpilot in Kapitel 8 erstellt. Dr. Kader ist Geschäftsführer der ACATEC Software GmbH.
- **Henk Meeter** ist Solution Architect im Product and Solution Configuration Center of Expertise bei SAP Custom Development. Basierend auf seinem reichen Erfahrungsschatz bei der Lösung komplexer Systemkonfigurationen, hat er das in Kapitel 6 vorgestellte Lehrbeispiel der Bücherregalwand entwickelt.
- **Peter Muthsam** ist Berater bei der SAP Deutschland AG & Co. KG. Seit mehr als zehn Jahren betreut er Variantenkonfigurationsprojekte, u.a. im Bereich Modellierung komplexer Produkte und deren Integration in logistische Prozesse. Darüber hinaus berät er Kunden bei der Einführung des IPC im CRM-System. Seinen Beitrag zur Produktdatenreplikation finden Sie in Kapitel 6.

- **Thomas Niemann**, Global Manager SAP Systems bei Getriebebau NORD, ist federführend bei der weltweiten Implementierung der Variantenkonfiguration. Er verfasste den Projektbericht in Kapitel 10.
- **Ralf Purnhagen** (Produktmanager) und **Oliver Hollmann** (Leiter Entwicklung) von der encoway GmbH haben den Beitrag zum Thema Komfortfunktionen in Kapitel 8 verfasst.
- **Wolfgang Schildmann** ist Berater für SAP-Einführungen bei Siemens IT Solutions and Services und hat durch sein umfangreiches Feedback zu einer deutlich verbesserten Verständlichkeit der Kapitel 1 und 6 beigetragen.
- **Steve Schneider** ist Mitarbeiter einer großen Büromöbelfirma. Im Hinblick auf die Variantenkonfiguration ist er verantwortlich für die Einführung und den Betrieb der SAP-Geschäftsprozesslösung in seiner Firma. Er beschäftigt sich seit 1993 mit dem Thema Variantenkonfiguration und hat mit vielen verschiedenen Konfiguratoren gearbeitet, konzentriert sich seit 1997 aber auf SAP. Er hat den Erfahrungsbericht zur Einführung der SAP-Variantenkonfiguration in Kapitel 9 erstellt.
- Die Firma **top flow GmbH** hat den Beitrag zum top-flow-Framework und zur top-flow-Varianten-Engine in Kapitel 8 beigesteuert.
- Die Firma **Sybit GmbH** hat den Partnerbeitrag zum Model Tester und zum Configuration Visualizer in Kapitel 8 erstellt.
- **Kirsten Ukalovic** ist freie Diplom-Übersetzerin und managt ein kleineres Familienunternehmen. Sie hat durch die Übersetzung des Erfahrungsberichts in Kapitel 9 sowie durch umfangreiches Korrekturlesen zum pünktlichen Erscheinen des Buches beigetragen.
- **Jan-Clemens Vogt** ist als Projektleiter im SAP-Umfeld im CC Information Systems and Business Processes bei Felix Schoeller Service tätig. Er konnte uns mit einem Einblick und spezifischen Informationen über die Variantenkonfiguration beim Papierproduzenten Felix Schoeller durch einen Beitrag zu Kapitel 10 unterstützen.
- **Stefan Weisenberger** ist Solution Director Mill Products in der Industry Business Unit Mill Products & Mining der SAP AG und hat in dieser Rolle über viele Jahre die Weiterentwicklung industriespezifischer, merkmalsbasierter Logistikprozesse in der Papier-, Metall- und Textilindustrie vorangetrieben, insbesondere in der Integration von Supply-Chain-Planung, Manufacturing und CRM. Er hat wesentliche Beiträge zu Kapitel 7 geleistet.

- **Frank Wietzorrek** ist Development Architect bei der SAP AG und dort im Bereich Custom Development tätig. Sein Hauptschwerpunkt ist die Leitung von Entwicklungs- und Implementierungsprojekten im Bereich Variantenkonfiguration. Er ist der Verantwortliche für die Order Engineering Workbench, war in dieser Funktion federführend an Spezifikation, Entwicklung und Markteinführung dieser Lösung beteiligt und hat den entsprechenden Abschnitt in Kapitel 3 mitverfasst.
- **Michael Wilms** ist in der Lenze-Gruppe verantwortlich für die Einführung und Weiterentwicklung des weltweiten SAP-Systems. Er hat den Beitrag über die Lenze-Gruppe in Kapitel 10 beigesteuert.
- **Michael Zarges** arbeitet im Customer Management im Bereich Industry Solutions der SAP AG. Durch seine Unterstützung von mehr als 50 Kundenprojekten und der Mitarbeit im Produktmanagement im Bereich Produktkonfiguration in SAP CRM erwarb er sich ein breites Wissen, auf dessen Grundlage er den Großteil von Kapitel 5 schrieb. Er trug zudem als Vorstandsmitglied maßgeblich zum Erfolg der SAP-Benutzergruppe Configuration Workgroup bei.
- **Dr. Peter Zencke** hat sich in seiner Funktion als Forschungs- und Entwicklungsvorstand der SAP AG immer sehr stark für die Produktkonfiguration als elementarer Bestandteil der Geschäftsprozesslösungen von SAP eingesetzt. Die überzeugte Bereitwilligkeit, mit der er das Vorwort zu diesem Buch beigesteuert hat, unterstreicht sein langjähriges Engagement für die Variantenkonfiguration mit SAP.

Unser besonderer Dank gilt dem Verlagsteam von Galileo Press, insbesondere Patricia Sprenger und Frank Paschen aus dem Lektorat und Alexandra Müller sowie Marlis Appel aus dem Korrektorat. Ihre wohlwollende Betreuung auf dem langen und mitunter schwierigen Weg hat uns über manche Durststrecke hinweggeholfen.

Uwe Blumöhr, **Manfred Münch** und **Marin Ukalovic**

Ohne Frage gibt es Dinge auf dieser Erde, die der menschliche Verstand nicht begreifen kann. Erfreulicherweise gehören die SAP-Lösungen für Produktkonfiguration nicht dazu. Dieses Kapitel wird Ihnen das nötige Wissen und die erforderlichen Informationen vermitteln, um die Grundlagen der Variantenkonfiguration verstehen zu können.

1 Grundlagen der Variantenkonfiguration

Wer sich mit dem Thema Variantenkonfiguration beschäftigt, wird rasch auf spezifische Begriffe stoßen, die vordergründig selbsterklärend erscheinen. Bei genauer Betrachtung stellt sich jedoch häufig heraus, dass Fachgespräche über das Thema Variantenkonfiguration leicht zu Frustrationen führen, weil eine konstruktive Auseinandersetzung ohne ein gemeinsames Grundwissen viele Missverständnisse verursachen kann.

Nicht wenige erfahrene Geschäftsleute vermuten nach ihren ersten Eindrücken hinter der Variantenkonfiguration gar eine Geheimwissenschaft, die sich vor allem durch eine schwer verständliche, komplexe Fachsprache auszeichnet.

In diesem Kapitel werden wir Grundbegriffe der Variantenkonfiguration erläutern. Wir klären zunächst, was sich hinter dem Begriff *Produktkonfiguration* verbirgt. Danach gehen wir auf die Besonderheiten der *SAP-Variantenkonfiguration* ein und erläutern, wie Geschäftsprozesse in Ihrem Unternehmen davon profitieren können.

Unabhängig davon, aus welchem Grund Sie sich mit diesem Thema auseinandersetzen – hier werden Sie rasch die Sicherheit erlangen, die Sie benötigen, um sich in fachlichen Diskussionen gut zu orientieren und bei kritischen Entscheidungsprozessen die richtigen Fragen zu stellen.

1.1 Was ist Produktkonfiguration?

Bevor wir tiefer in die SAP-Variantenkonfiguration einsteigen, wollen wir einen Blick auf die übergeordneten Themen Produktkonfiguration und Konfigurationsaufgaben im Allgemeinen werfen.

1.1.1 Begriffliche Einordnung

In diesem Buch fokussieren wir zum Teil sehr stark auf die Produktkonfiguration in logistischen Prozessen. Die Frage nach einer allgemeinen Definition ist demnach nicht nur erlaubt, sondern steht zwangsläufig am Anfang unserer Erörterungen.

Zunächst ist festzuhalten, dass sich Konfiguration nicht auf Produkte beschränkt. Viele Systeme erlauben es, bestimmte Parameter nach individuellen Bedürfnissen anzupassen. In einer *Konfigurationsaufgabe* werden Einstellungen an Systemparametern vorgenommen, um eine individuell passende Einstellung zu finden.

Die folgenden konkreten Beispiele veranschaulichen, was Gegenstand einer Konfigurationsaufgabe sein kann:

- **Parameter eines Softwaresystems einstellen**
  Dadurch wird eine zweckgebundene Nutzung ermöglicht, wie z.B. beim Customizing der Enterprise-Resource-Planning-Lösung von SAP (ERP) oder bei der Business Configuration von SAP Business ByDesign.
- **Jährliche Einkommensteuer bemessen**
  In der Einkommensteuererklärung werden individuelle Angaben zu Einnahmen und Kosten verlangt.
- **Pkw-Haftpflichtversicherung abschließen**
  Basis eines solchen Abschlusses sind individuelle Angaben zum Fahrzeug und den Fahrern. Diese Angaben bestimmen den zu zahlenden Versicherungsbeitrag und werden mit dem Versicherungsvertrag hinterlegt.
- **Kauf eines neuen Autos**
  Dem Kauf gehen zahlreiche Entscheidungen über Eigenschaften wie Farbe und Ausstattung voraus.
- **Anfertigung eines Maßanzugs**
  Der Schneider vermisst seinen Kunden, um einen passgenauen Anzug anzufertigen.

- **Wartung einer Seilbahn**
  Wartungsarbeiten hängen allgemein von vielen Parametern ab, wie etwa den absolvierten Betriebsstunden, dem Alter und der Beanspruchung des zu wartenden Gegenstands.
- **Projektplan für die Abwicklung einer Konferenz**
  Dieser Plan richtet sich unter anderem nach der Anzahl der erwarteten Teilnehmer.
- **Ausschreibung einer Straßenbaumaßnahme**
  Hier sind z.B. Art und Länge der Straße charakterisierende Faktoren.
- **Ausstattung eines Großraumbüros mit Büromöbeln**
  Eine solche Ausstattung ist an eine Reihe von Abhängigkeiten, z.B. für angrenzende Tische, geknüpft.

Auch ein Sudoku-Rätsel ist ein Beispiel für eine Konfigurationsaufgabe (siehe Abbildung 1.1).

	7	4	3		1	8		9
1					4		6	7
	9	3		7		5		
8		5	9		7	2		
7				6		9		8
	3	6		8	2	7		1
4			8		3			
3		7				1	8	
5			7	2			9	3

6	7	4	3	5	1	8	2	9
1	5	8	2	9	4	3	6	7
2	9	3	6	7	8	5	1	4
8	1	5	9	3	7	2	4	6
7	4	2	1	6	5	9	3	8
9	3	6	4	8	2	7	5	1
4	2	9	8	1	3	6	7	5
3	6	7	5	4	9	1	8	2
5	8	1	7	2	6	4	9	3

Abbildung 1.1 Sudoku-Rätsel als Konfigurationsaufgabe mit Lösung

Das Lösen eines Sudoku-Rätsels erfordert das konsistente Ausfüllen von neun mal neun Zahlenfeldern. In jeder Zeile, in jeder Spalte und in jedem stark umrandeten Quadrat darf jede Zahl nur einmal vorkommen.

Konfigurationsaufgaben sind vielfältig und können in unterschiedlichsten Kontexten auftauchen. Von den obengenannten Beispielen stehen der Autokauf und der Maßanzug offensichtlich im Zusammenhang mit der Spezifikation von Produkten. Und auch beim Versicherungsvertrag handelt es sich um ein Produkt, das durch weitere Angaben individuell ausgeprägt wird. Beim Büromöbelbeispiel wird die individuelle Spezifikation der Möbel nicht nur von den Eigenschaften des einzelnen Tisches oder Schrankes bestimmt, sondern auch von deren Komposition im Großraumbüro.

Betrachten wir zunächst die Beispiele Autokauf und Maßanzug etwas näher. In beiden Fällen wird ein Produkt nach individuellen Bedürfnissen spezifiziert. Ein Auto kann sehr gut durch Parameter beschrieben werden wie z.B. Farbe, Anzahl der Türen, Schiebedach und Klimaanlage. Viele Käufer informieren sich vor dem Kauf im Internet und analysieren verschiedene Ausstattungen durch Variieren der bekannten Parameter.

Wer seine Kleider bei einem Schneider anfertigen lässt, wird sich wenig mit typischen Konfektionsgrößen befassen. Der Kauf eines Maßanzugs wird ein persönliches Gespräch erfordern, bei dem der Schneider auch typische Parameter wie Beinlänge und Oberweite aufnimmt. Aber darüber hinaus werden auch Besonderheiten und Wünsche besprochen, mit denen er vorab gar nicht gerechnet hat. Unter Umständen fertigt der Schneider individuelle Skizzen an, die er mit dem Kunden bespricht und später z.B. beim Schneiden des Stoffes nutzt.

[+]

Produktspezifikation

Bei einer *Produktspezifikation* geht es um die Festlegung aller an ein Produkt gestellten Anforderungen, also um die das Produkt auszeichnenden Eigenschaften, die bei dessen Bereitstellung zu beachten sind.

Die Form, in der vereinbarte Produkteigenschaften festgelegt werden, kann vielfältig sein. Meist werden textuelle und grafische Beschreibungen verwendet. Sehr häufig werden aber auch wohldefinierte Parameter genutzt. Eine Produktspezifikation kann die Anpassung des Produkts an individuelle Bedürfnisse umfassen. Aber auch Standardprodukten liegt eine in der Regel explizit formulierte Spezifikation zugrunde.

Wenn Anpassungen oder Abweichungen gegenüber einem ansonsten gleichen Produkt Teil der Spezifikation sind, dann beschreibt die Spezifikation eine *Produktvariante* (oder kurz eine *Variante*). Sind diese Anpassungen zumindest teilweise in formalen Parametern beschrieben, dann umfasst die individualisierte Spezifikation die Festlegung dieser Parameter und damit das Lösen einer Konfigurationsaufgabe.

[+]

Produktkonfiguration

Die *Produktkonfiguration* beschäftigt sich mit einer speziellen Art von Konfigurationsaufgaben. Es geht dabei um die Spezifikation von Produkten, die in verschiedenen Varianten vorhanden sind.

Das typische Vorgehen bei der Produktkonfiguration ist wie folgt:

1. **Formale Beschreibung**
   Das Produkt wird durch die formale Definition einer Menge von Parametern oder Produktoptionen beschrieben und wird dadurch zum konfigurierbaren Produkt.
2. **Festlegung der Parameter**
   Auf der Grundlage der formalen Beschreibung erfolgt die konsistente Auswahl individueller Werte für die Parameter.
3. **Festhalten der Spezifikation**
   Die Werte, die die individuelle Erscheinung des Produkts ausmachen, werden in einer Spezifikation festgehalten.

Eine wesentliche Voraussetzung für die automatisierte Produktkonfiguration ist die formale Beschreibung der Parameter. Entsprechende Softwaresysteme decken immer die drei folgenden Aspekte ab:

❶ **Modellieren**
Die Modellierung von Produkten legt Parameter wie Merkmale, Regeln und Komponenten formal fest. Allgemein wird von einem *Konfigurationsmodell* gesprochen.

❷ **Konfigurieren**
Die aktive Konfiguration eines Produkts ermöglicht die individuelle Auswahl von Parameterwerten, die mit dem zugrunde liegenden Modell konsistent sind. Dieser Schritt erfolgt typischerweise im Dialog mit einem Anwender und wird dann als *interaktive Konfiguration* bezeichnet.

❸ **Abspeichern**
Das Darstellen oder Abspeichern der Werte manifestiert das individuelle Erscheinungsbild des Produkts. Die Wertemenge ist das Resultat aus einer aktiven Konfiguration und wird daher oft auch als Konfigurationsergebnis oder kurz als *Konfiguration* bezeichnet.

Das Vorgehen, das Sie in Abbildung 1.2 dargestellt sehen, lässt sich verallgemeinern: Wir sprechen allgemein von *Variantenkonfiguration*.

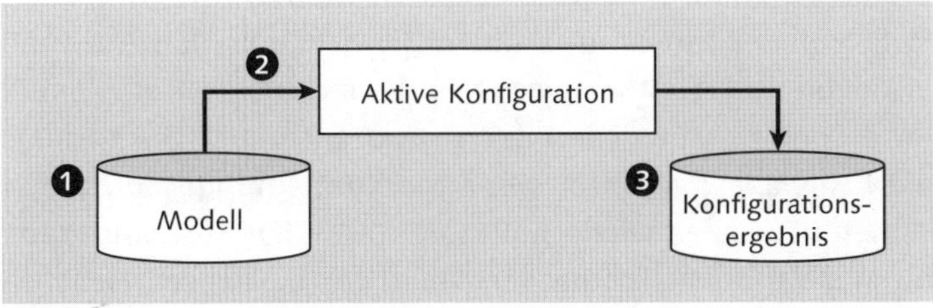

Abbildung 1.2 Prinzipielles Vorgehen bei der Variantenkonfiguration

[+]

Variantenkonfiguration

Die Variantenkonfiguration beschäftigt sich mit Konfigurationsaufgaben, die mit dem dreistufigen Ansatz *Modellieren, Konfigurieren und Abspeichern* bewältigt werden können. Die Variantenkonfiguration kann demnach als eine Verallgemeinerung der Produktkonfiguration betrachtet werden.

Verschiedene betriebswirtschaftliche Funktionen der SAP Business Suite nutzen die Techniken der Variantenkonfiguration. Neben der Produktkonfiguration schließt das andere Konfigurationsaufgaben ein, wie z.B. die Konfiguration von Netzplänen in SAP Projektsystem (PS). Die Produktkonfiguration ist allerdings die mit Abstand am häufigsten genutzte Anwendung der Variantenkonfiguration. Der Fokus dieses Buches ist daher auf die Lösung von Produktkonfigurationsaufgaben mit SAP-Software gerichtet.

[zB]

Konfiguration des Produkts »Schachtel«

Wir spielen nun den Ablauf anhand eines konkreten Produkts durch:

- Ein konfigurierbares Produkt »Schachtel« soll es in drei Farben geben. Unser Modell sieht dementsprechend ein Merkmal »Farbe« vor, für das wir die drei möglichen Ausprägungen »rot«, »gelb« und »grün« festlegen.
- In der ersten aktiven Konfiguration entscheiden wir uns gemäß unserem Modell für die rote Farbe.
- Das Ergebnis der ersten Konfiguration lautet: Schachtel {»Farbe«: »rot«}.

Die Darstellung in einem Modell ist insbesondere dann lohnend, wenn das Modell nicht für einzelne Produkte, sondern für eine große Menge an Produkten verwendet wird.

Der Begriff *Mass Customization* ist eine Bezeichnung, die sich aus den beiden englischen Ausdrücken *Mass Production* (Massenproduktion) und *Individual Customization* (individuelle Anpassung) zusammensetzt. Auch wenn der Begriff *Mass Customization* teilweise als identisch mit der Produktkonfiguration angesehen wird, handelt es sich doch eher um einen speziellen Teilaspekt der Produktkonfiguration: Neben der massenhaften Verbreitung eines konfigurierbaren Produkts können auch andere Erwägungen den Aufwand einer formalen Modellierung rechtfertigen, z.B. die technische Komplexität von Produkten wie Personenaufzügen oder Druckmaschinen. Die formale Modellierung lohnt sich allerdings nur, wenn die Konfigurationsaufgabe in einer entsprechenden Häufigkeit wiederholt zu lösen ist. Die Formalisierung ist Grundlage für die Automatisierung verschiedener betriebswirtschaftlicher Aufgaben wie z.B. die Ermittlung eines Verkaufspreises oder die Bestimmung der für die Herstellung benötigten Teile.

Die Software, die die Lösung von Konfigurationsaufgaben unterstützt, wird häufig als *Konfigurator* bezeichnet. Verschiedene betriebswirtschaftliche Softwarelösungen von SAP enthalten einen Konfigurator.

1.1.2 Elementare Konfigurationsbausteine

Die zentrale Bedeutung des Modells, in dem die Parameter der Konfigurationsaufgabe formal beschrieben sind, wurde bereits erwähnt. Im Folgenden werden wir diese Parameter nun weiter konkretisieren.

In modellierbaren Konfigurationsaufgaben treten typischerweise Merkmale und Werte auf. Ein *Merkmal* erlaubt die Beschreibung einer charakterisierenden Eigenschaft wie z.B. »Farbe«. Ein *Merkmalswert* legt eine mögliche Ausprägung dieser Eigenschaft fest, z.B. »rot«. Die Ausdrucksmöglichkeiten eines Merkmals werden im Wesentlichen durch seinen Typ und Wertebereich näher beschrieben. So kann ein Merkmal z.B. als Aufzählungsmenge mit den Werten »rot«, »gelb« und »grün« gekennzeichnet sein oder als numerischer Wert zur Festlegung einer Länge in Zentimetern ohne Angabe von Nachkommastellen.

Merkmal [+]

Merkmale sind die Variablen der Konfigurationsaufgabe. In der Produktkonfiguration dienen Merkmale in der Regel dazu, Produktoptionen zu beschreiben.

Was die Lösung von Konfigurationsaufgaben spannend macht, ist, dass meist gewisse Zusatzbedingungen einzuhalten sind. Typischerweise gelten Abhängigkeiten zwischen Merkmalen, z.B. kann ein Merkmal »Volumen« durch Multiplikation aus den Merkmalen »Länge«, »Breite« und »Höhe« errechnet werden. Generell werden Randbedingungen, die bei der Lösung von Konfigurationsaufgaben gelten, in *Konfigurationsregeln* formuliert. Die Art und Weise, wie Regeln bei der Modellierung formuliert und bei der Konfiguration verarbeitet werden, zeichnet die Leistungsfähigkeit eines Konfigurators aus. Hier ist ganz besonders auf einen problemgerechten Ansatz zu achten.

Häufig kann ein System, das Gegenstand einer Konfigurationsaufgabe ist, unterteilt werden. Die *Komponentenstruktur* beschreibt den Aufbau eines Systems in seinen Teilen. Die *Komponentenzerlegung* strukturiert Komponenten durch hierarchische Gliederung eines Systems in Teilsysteme. Die Komponenten können dabei ihrerseits wieder in (Teil-)Komponenten zerlegt werden. Die Stückliste ist eine Möglichkeit, einfache Komponentenstrukturen zu beschreiben.

[+]

Stückliste

Für Konfigurationsaufgaben, die sich mit Produkten aus der Fertigungsindustrie beschäftigen, ist die *Stückliste* der klassische Träger der hierarchischen Zerlegungsstruktur.

Abbildung 1.3 zeigt beispielhaft eine Stückliste.

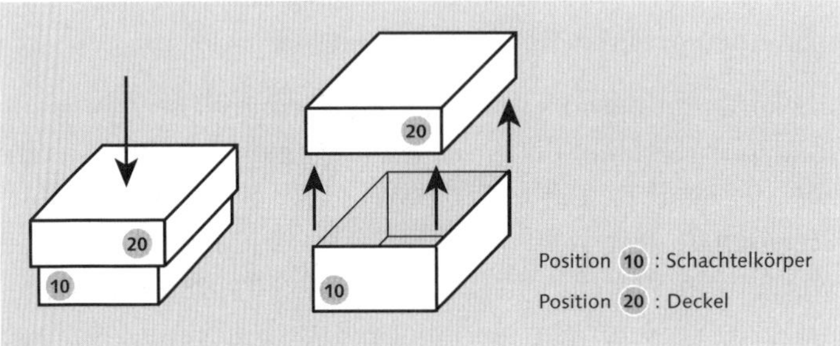

Abbildung 1.3 Beispielhafte Stückliste für ein Produkt »Schachtel«

Die Bestimmung einer Stückliste – die für die Herstellung eines Produkts in einer bestimmten Konfiguration benötigt wird – ist oft ein wesentliches Ziel bei der Produktkonfiguration. Ein wichtiges Instrument dazu ist die konfigurierbare Stückliste. In der *konfigurierbaren Stückliste* ist die Komponentenzerlegung parametrisiert, bestimmte Komponenten sind nur unter bestimmten Bedingungen Teil der Zerlegung. Damit wird eine allgemeine Gültigkeit erreicht. Die konfigurierbare Stückliste umfasst alle denkbaren Komponenten.

Wenn alle möglichen Komponenten in der konfigurierbaren Stückliste fest ausgeprägt oder vorgedacht werden und die einzelne Komponente später aufgrund einer konkreten Konfiguration nur noch ausgewählt werden kann, dann spricht man von einer *Maximalstückliste*.

Die Maximalstückliste in Abbildung 1.4 zeigt, dass der Deckel der Schachtel in verschiedenen Farben ausgeführt werden kann. Für jede Variante wird bei der Stücklistenauflösung der zur Konfiguration passende Komponentensatz – mit dem farblich passenden Deckel – bestimmt.

Position 10: Schachtelkörper	
Position 30: roter Deckel	`wenn »Farbe« »rot«`
Position 40: gelber Deckel	`wenn »Farbe« »gelb«`
Position 50: grüner Deckel	`wenn »Farbe« »grün«`

Abbildung 1.4 Beispiel für eine Maximalstückliste des Produkts »Schachtel«

Alternativ oder ergänzend zum Prinzip der Maximalstückliste kann die Komponentenstruktur auch Erweiterungen um zusätzliche Komponenten erlauben. Diese Erweiterungen können manuell oder automatisiert erfolgen.

Wie Abbildung 1.5 zeigt, soll der Schachtel aufgrund einer individuellen Anforderung manuell eine goldene Schleife hinzugefügt werden, die im Modell der Maximalstückliste nicht enthalten ist. Die so entstehende Stückliste wird dann als Teil des Konfigurationsergebnisses gespeichert.

Abbildung 1.5 Beispiel für eine manuelle Ergänzung der Stückliste

Die *dynamische Instanziierung* von Komponenten ermöglicht das automatisierte Hinzufügen von Komponenten in die Komponentenstruktur während der aktiven Konfiguration. Dies ist insbesondere dann von Interesse, wenn die dynamisch hinzugefügte Komponente selbst konfigurierbar ist, ihrem Wesen nach zwar bei der Modellierung bekannt ist, aber die konkrete Anzahl ihres Auftretens und die konkrete Ausprägung ihrer Konfiguration zum Zeitpunkt der Modellierung unbekannt sind.

Dynamische Instanziierung [zB]

Stellen Sie sich vor, ein Großraumbüro wird mit Büromöbeln ausgestattet. In diesem Fall werden dort sehr viele durch Parameter für Form und Stil beschriebene und zum Teil miteinander verbundene Schreibtische zum Einsatz kommen. Für aneinandergrenzende Tische gelten gewisse geometrische Anschlussbedingungen, die durch Konfigurationsregeln sichergestellt werden können.

Das statische Vordenken von Tischen in einer Maximalstückliste erscheint müßig. Die Strukturierung in einer Stückliste ist für diesen Fall generell wenig hilfreich. Der dynamische Aufbau einer Nachbarschaftsstruktur, die das Hinzufügen von Tischen an freien Anschlusspositionen erlaubt, entspricht weit eher einer natürlichen Herangehensweise.

Für die Produktkonfiguration in der Fertigungsindustrie spielt der Arbeitsplan oft ebenfalls eine wichtige Rolle. Der *Arbeitsplan* zerlegt einen Fertigungsablauf in eine Folge von zum Teil parallelen oder alternativen Arbeitsvorgängen. Analog zur Stückliste kann auch hier das Prinzip des konfigurierbaren Arbeitsplans bzw. des Maximalarbeitsplans angewandt werden.

1.1.3 Produktkonfiguration in logistischen Szenarien

Die logistischen Prozesse bei der Herstellung eines Produkts hängen wesentlich vom Geschäftsmodell der Auftragsabwicklung ab. Die nachfolgend beschriebenen Fertigungsszenarien grenzen unterschiedliche Vorgehensweisen voneinander ab.

Die theoretische Abgrenzung der Prozessmodelle spiegelt sich auch in einer softwaretechnisch unterschiedlichen Handhabung wider. Im praktischen Einsatz treten die Szenarien oft gemischt auf, und die Übergänge sind eher fließend. Die Produktkonfiguration ist kein eigenes Fertigungsszenario, sie spielt vielmehr mit den einzelnen Szenarien mehr oder weniger zusammen. Sie hat einen weitreichenden Einfluss auf die Verarbeitungsschritte in der logistischen Prozesskette. Insbesondere der Verkauf und die Fertigung werden durch den Einsatz eines Produktkonfigurators wesentlich gestaltet.

Bei der *Lagerfertigung*/MTS-Ansatz (*Make to Stock*) werden Produkte unabhängig von konkreten Verkaufsaufträgen aufgrund von Bedarfsannahmen hergestellt und zwischengelagert. Das Lager entkoppelt den Fertigungsvorgang von Verkauf und Auslieferung und beschleunigt damit die logistische Abwicklung.

Werden konfigurierbare Produkte als Produktvarianten ausspezifiziert, können sie unabhängig von Kundenaufträgen gefertigt und gelagert werden. In der Bekleidungsindustrie ist das ein typisches Vorgehen. In der Automobilindustrie werden Sondermodelle als Produktvarianten gefertigt. Die Auswahl einer passenden Variante spielt dann vor allem im Verkauf und in der Auslieferung eine entscheidende Rolle. Alle für die MTS-Fertigung relevanten Produktparameter müssen vorab bestimmt werden. Dies schließt jedoch nicht aus, dass einige Parameter erst festgelegt werden, wenn der individuelle Kundenwunsch bekannt ist. So kann die Radioausstattung eines Pkw-Sondermodells gegebenenfalls noch nachträglich angepasst werden. Die MTS-Fertigung kann sich also auch auf nur teilweise ausspezifizierte Varianten beziehen.

Abbildung 1.6 zeigt, wie sich MTS in die Bandbreite des MTO-Szenarios einordnet (MTO = *Make to Order*); dargestellt ist die Untergliederung von MTO nach zunehmender Individualisierung mit entsprechenden Produktbeispielen.

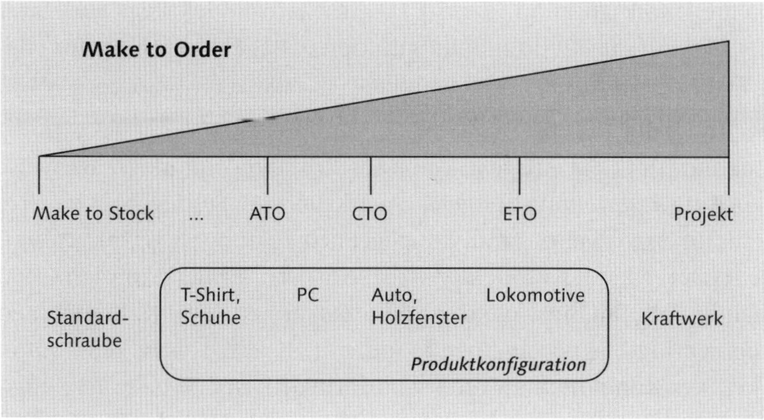

Abbildung 1.6 Bandbreite des »Make-to-Order«-Szenarios

Beim MTO-Szenario wird die Herstellung eines Produkts durch einen Kundenauftrag ausgelöst. Für sehr teure, sehr selten verkaufte oder für spezifisch ausgeprägte Produkte ist das ein naheliegendes Vorgehen. MTO ist das Geschäftsmodell mit der längsten Tradition.

MTO ist als klassische Kundeneinzelfertigung dafür prädestiniert, durch Produktkonfiguration weiter verfeinert zu werden. Der logistische Prozess ist bereits individualisiert, und eine bestellte Ware kann über den gesamten Ablauf individuell nachverfolgt werden. Die Produktkonfiguration formalisiert den Individualisierungsgrad der bestellten Ware und optimiert den logistischen Ablauf durch eine erhöhte Automatisierung. Bei genauerer Betrachtung können im Wesentlichen drei Abstufungen unterschieden werden:

- **Assemble to Order (ATO)**
  Hier steht eine feste Menge von Komponenten für die individuelle Zusammensetzung des Produkts bereit. Es handelt sich um nicht individualisierte Standardkomponenten, deren Bereitstellung z.B. nach dem MTS-Szenario erfolgen kann. ATO kann als eine spezielle Art des *Configure-to-Order*-Szenarios, betrachtet werden, bei dem lediglich die Kombination von Standardkomponenten, z.B. in der letzten Fertigungsstufe, parametrisiert wird.
- **Configure to Order (CTO)**
  Bei diesem Ansatz werden die Ausgestaltung und Zusammensetzung bzw. die Konfiguration des Produkts zum Zeitpunkt der Auftragserteilung vom Kunden entsprechend den angebotenen Optionen festgelegt. Der Anbieter erstellt das Produkt erst nach Auftragseingang gemäß der vom Kunden

ausgewählten Konfiguration. Beim CTO-Geschäftsmodell liegt ein klarer Schwerpunkt auf der Produktkonfiguration. Die Parametrisierung des Produkts ist für den Kunden in jedem Falle sichtbar.

- **Engineer to Order (ETO)**
  ETO bedeutet, dass die Ausgestaltung des Produkts zumindest teilweise erst nach Auftragserteilung festgelegt wird. Bei der Festlegung von Produktdetails müssen weitere individuelle Entscheidungen getroffen werden, die entsprechendes Produktwissen erfordern. Produktkonfiguration spielt häufig mit Engineering-Szenarien zusammen. Die Komponenten einer Engineering-Lösung sind häufig individualisierbar, bzw. die Kombinierbarkeit der Komponenten unterliegt formalisierten Regeln. Die Engineering-Lösung umfasst aber immer weitere, nicht vorgedachte Komponenten bzw. nicht vorgedachte Kombinationen von Komponenten.

Der Übergang von ETO-Prozessen zur projektorientierten Fertigung ist fließend. Im Anlagenbau werden Anlagenbestandteile häufig nach formalisierten Regeln für eine bestimmte Anlage angepasst. Die Fertigung der Anlage wird meist über ein Projekt abgewickelt.

1.1.4 Kernproblem Variantenvielfalt

Die große Vielfalt von Konfigurationen zu beherrschen, die sich aus einem parametrisierten Modell generieren lassen, stellt das eigentliche Problem bei der Behandlung von Konfigurationsaufgaben dar. Die große Herausforderung besteht darin, die benötigten Daten zu Produkten und Stücklisten möglichst effizient aufzubauen. Betrachten wir hierzu zwei verschiedene Fälle:

- Ein Produkt kommt nur in wenigen Ausführungen vor.
- Ein Produkt wird über Parameter beschrieben.

Im Hinblick auf die Variantenvielfalt unterscheiden sich diese Fälle erheblich in ihrer Komplexität. Bei einem Produkt, das es lediglich in sehr wenigen Ausführungen gibt, kann sehr einfach zwischen einzelnen Varianten unterschieden werden. Es bereitet keine Schwierigkeiten, wenn administrativ separate Datenbestände für die wenigen Produkte geführt werden. Im Verkauf erhalten die Produkte unterschiedliche Produktnummern, Preise werden separat definiert, und sämtliche Datenbestände in der Logistik werden für jedes Produkt getrennt geführt. Die Mittel der modernen elektronischen Datenverarbeitung erlauben ein wirtschaftliches Arbeiten auch dann, wenn die Redundanzen vergleichsweise hoch sind. Viele ähnliche Produkte könnten also unabhängig voneinander verwaltet werden.

Wenn ein Produkt über Parameter beschrieben wird, entsteht jedoch sehr schnell eine derart hohe Vielfalt von Varianten, dass jede denkbare Begrenzung überschritten wird und separate Datenbestände nicht mehr handhabbar sind.

Betrachten wir wieder unser Beispielprodukt, die Schachtel. Wir haben ihr als Parameter das Merkmal »Farbe« mit drei Ausprägungen zugeordnet. Damit lassen sich drei unterschiedlich ausgeprägte Konfigurationen erstellen. Wenn wir als zweites Merkmal z.B. eine »Oberflächenversiegelung« mit den Ausprägungen »glänzend«, »matt« und »ohne« hinzufügen, erhöht sich die Anzahl der möglichen Konfigurationen auf drei mal drei, also neun. Die Anzahl »k« der möglichen Konfigurationen eines Produkts ergibt sich, indem die Anzahl n_{Mi} der möglichen Ausprägungen der m Merkmale (M1, M2, ... Mm) miteinander multipliziert wird. Es gilt also:

$$k = n_{M1} \times n_{M2} \times n_{M3} \times \ldots \times n_{Mm} \Leftrightarrow k = \Pi_{i=1\ldots m}\ n_{Mi}$$

Produkt mit fünf mal drei Ausprägungen [zB]

Nehmen wir also an, ein Produkt hätte fünf Merkmale mit je drei Ausprägungen. Die Anzahl der Konfigurationen ergibt sich in diesem Fall als:

$k = 3 \times 3 \times 3 \times 3 \times 3 = 3^5 = 243$

Es ist unwahrscheinlich, dass jedes Merkmal eines Produkts genau gleich viele Ausprägungen hat. Für eine allgemeine Abschätzung der Variantenvielfalt können wir dennoch bei einer Anzahl von m Merkmalen eine durchschnittliche Anzahl von Ausprägungen pro Merkmal mit n abschätzen. Damit ergibt sich für die Variantenvielfalt als Abschätzung: $k \approx n^m$

n \ m	1	2	3	4	5	...	10	...	15
»linear«	*1*	*2*	*3*	*4*	*5*	...	*10*	...	*15*
»quadratisch«	*1*	*4*	*9*	*16*	*25*	...	*100*	...	*225*
2	**2**	**4**	**8**	**16**	**32**	**...**	**1024**	**...**	**32.768**
»e ≈ 2,718 ...«	*≈ 2,7*	*≈ 7,4*	*≈ 20*	*≈ 55*	*≈ 148*	...	*≈ 22.026*	...	*≈ 3.269.017*
3	**3**	**9**	**27**	**81**	**243**	**...**	**59.049**	**...**	**14.348.907**
5	**5**	**25**	**125**	**625**	**3.125**	**...**	**9.765.625**	**...**	**30.517.578.125**
7	**7**	**49**	**343**	**2401**	**16.807**	**...**	**282.475.249**	**...**	**4.747.561.509.943**

Tabelle 1.1 Zahl der Konfigurationen bei m Merkmalen mit je n Werten

Tabelle 1.1 zeigt die Anzahl möglicher Konfigurationen (k), die sich aus m Merkmalen mit jeweils n verschiedenen Ausprägungen ergibt. Zum Vergleich sind drei Zeilen hinzugefügt: Die mit »linear« gekennzeichnete Zeile entspricht einer linearen Zunahme, die mit »quadratisch« gekennzeichnete Zeile einer quadratischen Zunahme; die mit »e ≈ 2,718...« gekennzeichnete Zeile zeigt die Zunahme bei natürlichem Wachstum – e ist die *eulersche Zahl*.

Wenn wir von durchschnittlich drei Ausprägungen pro Merkmal ausgehen, gilt für die Anzahl der möglichen Konfigurationen folgende Abschätzung: $k \approx 3^m$

Bei fünf Merkmalen mit je drei Ausprägungen ergeben sich 243 unterschiedliche Konfigurationen, bei zehn Merkmalen sind es bereits 59.049 und bei 15 Merkmalen mehr als 14 Millionen (genau 14.348.907) Konfigurationen. Wenn wir von sieben Ausprägungen pro Merkmal ausgehen, ergeben sich bei 15 Merkmalen mehr als 4,7 Billionen mögliche Konfigurationen.

Werfen wir zum Abschluss dieser Betrachtung noch einen Blick auf ein Beispiel aus der Fertigungsindustrie.

[zB]

Anzahl der Konfigurationen des Produkts »Kondensator«

Ein Kondensatorenhersteller bietet im Internet Kondensatoren in zwei Bauweisen, 75 Kapazitätsstufen, fünf Toleranzbereichen, 15 Rastermaßen, 25 Gleichstrom- bzw. 21 Wechselstromspannungsstufen und mit sieben Arten Dielektrikum an. Aus den sieben Produktmerkmalen ergeben sich 41,3 Millionen Konfigurationen:

$k = 2 \times 75 \times 5 \times 15 \times 25 \times 21 \times 7 = 41.343.750$

Die Menge der möglichen Konfigurationen wächst also exponentiell mit der Anzahl der Merkmale. Probleme mit linear zunehmender Komplexität werden in der Algorithmenlehre als gut beherrschbar angesehen. Bei quadratischer Zunahme darf von einer Herausforderung gesprochen werden. Probleme mit exponentiellem Wachstumsverhalten gelten als algorithmisch sehr schwer beherrschbar.

Die hohe Anzahl von theoretisch denkbaren Konfigurationen kann den Eindruck von monotonen Zahlenfriedhöfen und stupidem Abarbeiten großer Mengen erwecken. Der eigentliche Reiz von Konfigurationsaufgaben liegt jedoch darin, dass längst nicht alle denkbaren Konfigurationen auch sinnvoll sind. Meist gelten für die Kombinierbarkeit von Merkmalsausprägungen Regeln und Einschränkungen. Die Konfigurationsregeln schränken die Anzahl denkbarer Konfigurationen auf eine im Allgemeinen sehr viel kleinere Menge von konsistenten Konfigurationen ein.

Kommen wir auf unsere Beispiele zurück: Die möglichen Kapazitätsstufen eines Kondensators hängen von seiner Bauweise und der gewünschten Betriebsspannung ab. Von den 41,3 Millionen Konfigurationen sind nur ca. 20.000 wirklich herstellbar. Beim Sudoku sind ca. 2×10^{77} unterschiedliche Konfigurationen möglich. Die Zahl mit 77 (!) Nullen ergibt sich entsprechend der Formel $k \approx n^m$ aus 81 Merkmalen mit jeweils neun verschiedenen Ausprägungen als 9^{81}. Diese Abschätzung ist für das Sudoku exakt. Die Sudoku-Regeln schränken die Menge der regelgerechten Kombinationen allerdings auf $6{,}6 \times 10^{21}$ ein. Mit 21 Nullen ist auch das noch eine stattliche Zahl.

1.1.5 Prozedurale und deklarative Herangehensweise

Die für die Kombinierbarkeit von Merkmalsausprägungen geltenden Regeln und Einschränkungen sind das Salz in der Suppe der Variantenkonfiguration. Bei der Lösung einer Konfigurationsaufgabe ist der Umgang mit den Regeln von ganz entscheidender Bedeutung dafür, ob überhaupt eine passende Konfiguration gefunden wird, welcher Aufwand dabei betrieben werden muss und ob das Vorgehen nachvollziehbar ist.

Zwei im Grundsatz verschiedene Arten der Herangehensweise sind die prozedurale und die deklarative Formulierung von Regeln. Ein Grundverständnis für den Charakter beider Vorgehensweisen ist Voraussetzung dafür, die Komplexität einer Konfigurationsaufgabe richtig einschätzen und sie mit angemessenen Mitteln in Angriff nehmen zu können.

Wir beginnen mit einem einfachen Beispiel: Für einen quaderförmigen Gegenstand wie die oben eingeführte Schachtel gibt es eine Abhängigkeit zwischen der Grundfläche der Schachtel, deren Höhe und dem Schachtelvolumen. Diese Abhängigkeit drückt die folgende Formel aus: *Volumen = Grundfläche × Höhe.*

Es liegt nahe, diese Abhängigkeit als einfache Regel zu interpretieren: Wenn Grundfläche und Höhe bekannt sind, dann soll das Volumen entsprechend berechnet werden. Die Abhängigkeit wird dabei in einer ganz bestimmten Richtung ausgewertet. Eine einfache Regel löst beim Zutreffen bestimmter Bedingungen eine Aktion aus. Sind die Bedingungen nicht erfüllt, dann wird die Aktion nicht ausgeführt. Bedingungen können – wie im Beispiel des Schachtelvolumens – implizit gegeben sein oder – z.B. in einer »Wenn ..., dann ...«-Notation – explizit formuliert werden.

Betrachten wir eine zweite Abhängigkeit: Die Grundfläche der Schachtel hängt ihrerseits ab von der Länge und Breite der Schachtel: *Grundfläche = Länge × Breite.*

Als einfache Regel interpretiert, bedeutet dies: Wenn Länge und Breite bekannt sind, soll die Grundfläche berechnet werden. Da die Grundfläche für die Bestimmung des Volumens benötigt wird, muss diese Regel zuerst ausgeführt werden, bevor das Volumen berechnet werden kann.

Prozedurale Herangehensweise

Bei der *prozeduralen Herangehensweise* zur Verarbeitung von Konfigurationsregeln wird eine Menge von einfachen Regeln definiert, deren sukzessive Abarbeitung in einer fest definierten Reihenfolge vonstattengeht. Der Ablauf der Schritte wird durch das Modell, d.h. durch den Modellierer der Regeln, bestimmt, der auch deren Reihenfolge festlegt.

Während der interaktiven Konfiguration erfolgt die Abarbeitung der Regeln im Wechselspiel mit den Benutzereingaben. Ein Konfigurationsschritt schließt die Auswahl eines (oder mehrerer) Merkmalswerte und die Abarbeitung des Regelwerks ein. Im Allgemeinen löst jede Benutzereingabe die komplette Abarbeitung des prozeduralen Regelwerks gemäß dem vordefinierten Ablauf aus. Die im vorangegangenen Schritt aus dem prozeduralem Regelwerk ermittelten Informationen müssen vor der erneuten Abarbeitung der Regeln zurückgesetzt werden.

[zB] **Werterücksetzung bei Ausführung eines Konfigurationsschritts**

Nehmen wir einmal an, beim Konfigurieren der Schachtel wurden für Länge, Breite und Höhe jeweils 20 cm gewählt. Dann wurden für die Grundfläche 400 cm^2 und für das Volumen 8.000 cm^3 ermittelt. Wenn nun im nächsten Konfigurationsschritt der Wert für die Breite wieder gelöscht wird, sind Grundfläche und Volumen der Schachtel erneut unbestimmt. Die zuvor prozedural ermittelten Werte können nicht einfach stehen bleiben.

Bei der Formulierung des prozeduralen Regelwerks werden implizit Annahmen über den Ablauf und die Bewertungsreihenfolge der interaktiven Konfiguration gemacht. So schließen die oben formulierten Regeln für die Schachtel aus, dass ein Benutzer Länge, Breite und Höhe der Schachtel ausgehend von einem gewünschten Volumen bestimmen möchte.

Vorwärtsverkettung in einem Produktionsregelsystem

Abweichend vom streng prozeduralen Vorgehen, kann die Abarbeitungsfolge von Regeln in vielen Fällen auch automatisch bestimmt werden. Wenn die Bedingungen für das Ausführen einer Regel erfüllt sind, wird die Regel ausgeführt. Das Ergebnis der Ausführung kann Bedingungen für weitere Regeln beeinflussen, die dann gegebenenfalls ausgeführt werden. In einem *Produktionsregelsystem* werden die Regeln durch *Vorwärtsverkettung* miteinander verbunden (siehe Abbildung 1.7). Im Gegensatz zur streng prozeduralen Herangehensweise müssen die Regeln nicht bei jedem Konfigurationsschritt zwangsweise erneut ausgeführt werden.

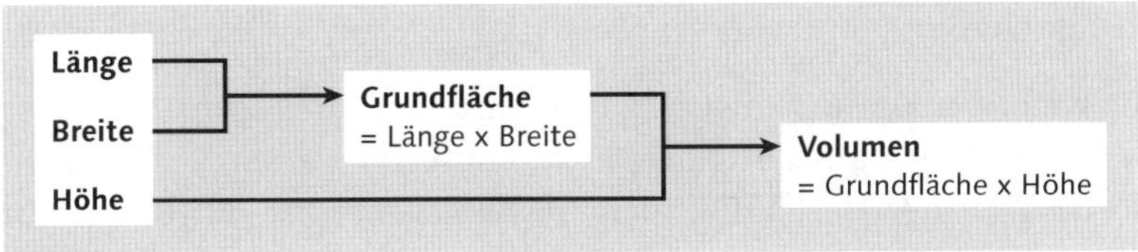

Abbildung 1.7 Vorwärtsverkettung am Beispiel des Schachtelvolumens

Deklarative Herangehensweise

Bei der *deklarativen Herangehensweise* steht die Beschreibung des Problems im Vordergrund. Abhängigkeiten werden z.B. in sogenannten *Constraints* formuliert. Dabei muss nicht zwangsweise eine allgemeingültige Auswertungsrichtung festgelegt werden. Das bedeutet Folgendes: Sehr häufig kann eine Abhängigkeit in verschiedenen Richtungen ausgewertet werden; die deklarative Formulierung lässt grundsätzlich verschiedene Auswertungen einer Abhängigkeit zu. Für die Arten der möglichen Auswertungen können zusätzliche Informationen gegeben werden.

Verdeutlichen wir auch diesen Sachverhalt mit einem Beispiel. Für die Abmessung der Schachteln soll folgende Einschränkung gemacht werden: *Länge ≥ Breite*.

Aus dieser Abhängigkeit können verschiedene Auswertungen hergeleitet werden:

- Schränke die Länge auf ein Mindestmaß ein, wenn die Breite bekannt ist.
- Schränke die Breite auf ein Höchstmaß ein, wenn die Länge bekannt ist.
- Melde eine Inkonsistenz, wenn die Länge nicht größer oder gleich der Breite ist.

Im Gegensatz zur Formulierung in einfachen Regeln lenkt die deklarative Notation in Constraints die Aufmerksamkeit weg von der algorithmischen Abarbeitungsfolge und hin zu einer Beschreibung der Problemzusammenhänge.

Bei der Verarbeitung der Constraints werden Auswertungen in Form einer Vorwärtsverkettung verbunden, genau wie bei einem Produktionsregelsystem. Demnach wird die Abarbeitungsreihenfolge also automatisch bestimmt. Zu jeder *Herleitung* (z.B. eines Merkmalswerts) werden auch Informationen über die Rechtfertigung, d.h. die Ursache der Herleitung, geführt. Auf diese Weise können die automatisch ermittelten Herleitungen erklärt werden. Über eine *Rückwärtsverkettung* kann die Ursache über beliebig viele Stufen zurückverfolgt werden.

Wesentlich wichtiger als die Fähigkeit zur Erklärung ist die Eigenschaft, dass über das Prinzip der Rechtfertigungen Herleitungen verworfen werden, sobald die Ursache der Herleitung nicht mehr gegeben ist. Wird z.B. ein manuell gewählter Merkmalswert wieder verworfen, werden damit auch alle auf Basis der ursprünglichen Wertsetzung ermittelten Herleitungen zurückgenommen. Constraint-basierte Systeme ermöglichen also eine problemnahe Regelformulierung, sorgen für eine automatische Abarbeitung der Regeln und ziehen Herleitungen automatisch zurück, sobald die Ursachen für die Regelausführung nicht mehr gegeben sind.

[+] **Deklarative Regeln**

Da deklarative Regeln einen klar definierten Zusammenhang unabhängig von der Abarbeitungsfolge anderer Regeln formulieren, sind sie im Vergleich zu prozeduralen Regelsätzen bei Änderungen deutlich wartungsfreundlicher.

Die Produktkonfiguration mit SAP-Software ermöglicht die Formulierung einfacher Regeln, die prozedurale Abarbeitung von Regeln, die Formulierung von Produktionsregeln und die Constraint-basierte Regelverarbeitung. Diese Vielfalt gibt dem Modellierer leistungsstarke Werkzeuge an die Hand. Deren zielgerechter Einsatz verlangt im Gegenzug allerdings auch einen bewussten Umgang mit den einzelnen Werkzeugen sowie beim kombinierten Einsatz die Kenntnis möglicher Wechselwirkungen z.B. in Bezug auf das Laufzeitverhalten.

1.2 Was ist die SAP-Variantenkonfiguration?

Lassen Sie uns nun einen Blick auf die SAP-Variantenkonfiguration und ihre Einsatzgebiete werfen. Das Haupteinsatzgebiet ist zweifelsohne die Produktkonfiguration, für die wir ein kleines *Hello World*-Beispiel von Grund auf erstellen. Außerdem beleuchten wir die verschiedenen Komponenten der SAP-Variantenkonfiguration und die Geschäftsprozesslösungen, in denen sie zum Einsatz kommen.

1.2.1 Produktkonfiguration mit dem Variantenkonfigurator (LO-VC)

In einer Reihe betriebswirtschaftlicher Prozesse fallen Konfigurationsaufgaben an. Die SAP-Variantenkonfiguration dient primär der Unterstützung logistischer Prozesse für variantenreiche Produkte und ist integraler Bestandteil von *SAP ERP Central Component* (ECC). ECC bezeichnet die Komponente, die in früheren Softwareversionen R/3 genannt wurde. Der Variantenkonfigurator (*Variant Configuration*) ist Teil des Logistikmoduls und wird daher auch abgekürzt als *LO-VC* bezeichnet.

In SAP Customer Relationship Management (CRM) werden vertriebsnahe Prozesse oft ohne direkten Zugriff auf ein SAP ERP-System erledigt, z.B. beim Verkauf über ein Call-Center, in Internetkatalogen für B2B- und B2C-Anwendungen (B2B = *Business-to-Business* und B2C = *Business-to-Consumer*) oder wenn Vertriebsbeauftragte im Außendienst tätig sind. Der Internet Pricing and Configurator (IPC) umfasst einen Konfigurator, der Konfigurationsaufgaben auch ohne Zugriff auf ein SAP ERP-System bearbeiten kann. Aus Sicht der ERP-Prozesse wird die funktionale Reichweite der Variantenkonfiguration mit dem IPC auf eine breite Palette von CRM-Prozessen ausgedehnt. Für CRM-Szenarien, die generell nicht auf ERP-Funktionen zurückgreifen, können mit Hilfe des IPC auch Konfigurationsaufgaben erschlossen werden, die zum Teil erheblich über den Funktionsumfang des LO-VC hinausgehen.

1.2.2 Weitere Einsatzgebiete

Neben dem Einsatz in der Produktkonfiguration ist die Variantenkonfiguration in weitere Anwendungen integriert, die unabhängig oder im Zusammenspiel mit der Produktkonfiguration genutzt werden können. Analog zu Produkten können folgende Objekte konfiguriert werden:

- **Standardnetze**
  Ein Standardnetz beschreibt eine Folge sich wiederholender Abläufe und kann als Vorlage zum Anlegen von Projektnetzplänen genutzt werden. Bei der Generierung eines Projektnetzplans wird in einer interaktiv bearbeiteten Konfigurationsaufgabe aus einem konfigurierbaren Standardnetz eine passende Variante ermittelt.
- **Instandhaltungsanleitungen**
  Eine Instandhaltungsanleitung ist eine Folge von Arbeitsgängen für die Durchführung von Instandhaltungsarbeiten an technischen Anlagen. Aus einer konfigurierbaren Instandhaltungsanleitung wird in einer interaktiv bearbeiteten Konfigurationsaufgabe eine passende Variante ermittelt.

- **Muster-Leistungsverzeichnisse**
  Ein Muster-Leistungsverzeichnis ist die Zusammenstellung von häufig angeforderten Dienstleistungen und kann bei Beschaffungsvorgängen als Vorlage herangezogen werden. Bei der Erstellung eines Leistungsverzeichnisses wird aus einem konfigurierbaren Muster-Leistungsverzeichnis in einer interaktiv bearbeiteten Konfigurationsaufgabe eine passende Variante ermittelt.

Die Produktkonfiguration ist mit Abstand das häufigste Einsatzgebiet der SAP-Variantenkonfiguration.

1.2.3 »Hello World«-Beispiel

Was wird minimal benötigt, um ein Produkt in ERP interaktiv konfigurieren zu können? Ein *Produkt*, ein *Merkmal* und die Zuordnungsinstrumente *Variantenklasse* und *Konfigurationsprofil* reichen dazu aus. Über die Variantenklasse werden Merkmale gemäß dem objektorientierten Ansatz zusammengefasst und dem Produkt zugeordnet. Im Konfigurationsprofil werden Grundeinstellungen für die interaktive Konfiguration vorgenommen. Abbildung 1.8 zeigt die minimal erforderlichen Stammdatenelemente für die interaktive Produktkonfiguration.

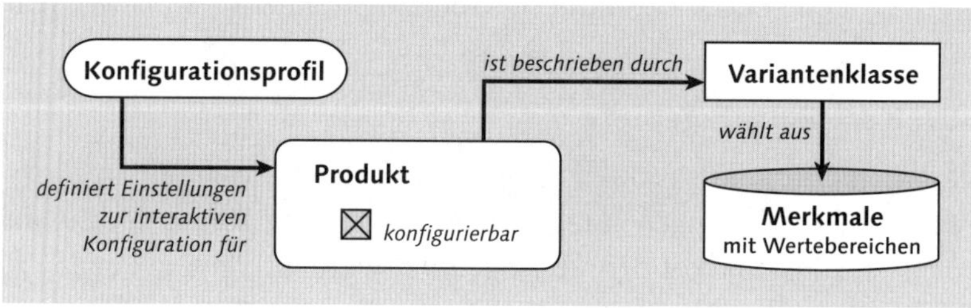

Abbildung 1.8 Minimal erforderliche Stammdatenelemente

Am Beispiel der oben eingeführten Schachtel soll das nun am System einmal durchgespielt werden. Für unser Produkt »Schachtel« kann in einer interaktiven Konfiguration zwischen drei verschiedenen Farben gewählt werden.

Konfigurierbares Produkt anlegen

Das Produkt legen Sie mit der Transaktion MM01 (Material anlegen) an. Der Begriff *Material* wird in ERP für alle Güter genutzt, die Gegenstand einer Geschäftstätigkeit sind, und ist somit ein Synonym für den Begriff *Produkt*. Die Transaktion ist über folgenden Menüpfad zu erreichen: SAP MENÜ •

Logistik • Materialwirtschaft • Materialstamm • Material • Anlegen allgemein • Sofort.

Im Einstiegsbild werden die nachfolgenden Angaben gemacht. Die Materialnummer wird im Eingabefeld Material im Beispiel als BOX definiert. Als Branche wählen Sie z.B. Maschinenbau und als Materialart den Eintrag Konfigurierbares Material aus. In jedem Fall sollten Sie eine Materialart wählen, für die Variantenkonfiguration im Customizing zugelassen ist.

Materialart »KMAT« [+]

Für die Materialart Konfigurierbares Material, die systemintern als KMAT bezeichnet wird, ist die Variantenkonfiguration nicht nur zugelassen, sondern sogar verpflichtend vorgeschrieben.

Der Begriff *KMAT* hat sich in der Fachsprache der Produktkonfiguration fest etabliert und wird international als Marken- und als Gattungsname (wie Uhu, Tempo oder Jeep) verwendet.

Auf der Registerkarte Grunddaten 1 werden der Materialkurztext, im Beispiel Schachtel, und die Basismengeneinheit, z.B. Stück, festgelegt.

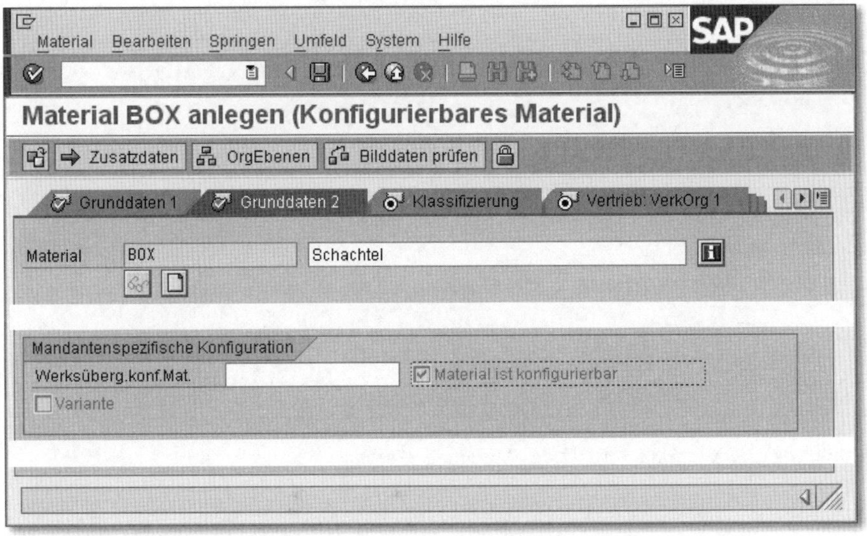

Abbildung 1.9 Stammdatensatz des Produkts »Schachtel«

Auf der Registerkarte Grunddaten 2 wird das Kennzeichen bei Material ist konfigurierbar gesetzt – für Materialien der Materialart Konfigurierbares Material ist das Kennzeichen automatisch gesetzt (siehe Abbildung 1.9). Die Eingaben werden durch das Icon Speichern auf der Datenbank gesichert.

Merkmal anlegen

Das Merkmal legen Sie mit der Transaktion CT04 (Merkmalsverwaltung) an. Die Transaktion ist über folgenden Menüpfad zu erreichen: SAP MENÜ • ANWENDUNGSÜBERGREIFENDE KOMPONENTEN • KLASSENSYSTEM • STAMMDATEN • MERKMALSVERWALTUNG.

Im Einstiegsbild können Sie den Merkmalsnamen im Eingabefeld MERKMAL als COLOR festlegen, und über das Icon ANLEGEN wird das Merkmal erzeugt.

Auf der Registerkarte BASISDATEN definieren Sie folgende Eigenschaften des Merkmals: die BEZEICHNUNG FARBE, den DATENTYP ZEICHENFORMAT, die ANZAHL STELLEN (10) und die Einstellungen EINWERTIG und EINSCHRÄNKBAR für die BEWERTUNG. Diese Einstellungen sehen Sie in Abbildung 1.10.

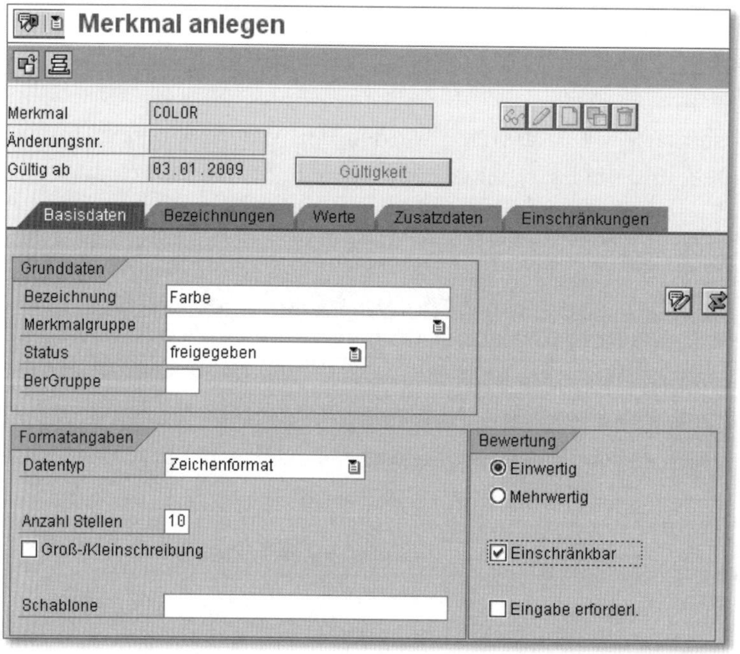

Abbildung 1.10 Stammdatensatz des Merkmals »Farbe«

Wählen Sie die Registerkarte WERTE, und definieren Sie als Wertebereich drei Einzelwerte. Dabei wird zu jedem Merkmalswert eine Bezeichnung angegeben. Definieren Sie die Werte RED, YELLOW und GREEN mit den Bezeichnungen ROT, GELB und GRÜN. Die Eingaben werden durch das Icon SPEICHERN auf der Datenbank gesichert.

Variantenklasse anlegen

Die Variantenklasse legen Sie mit der Transaktion CL02 (Klassenverwaltung) an und ordnen ihr gleich das Merkmal COLOR zu. Die Transaktion erreichen Sie über den Menüpfad SAP MENÜ • ANWENDUNGSÜBERGREIFENDE KOMPONENTEN • KLASSENSYSTEM • STAMMDATEN • KLASSENVERWALTUNG.

Im Einstiegsbild legen Sie die KLASSE als BOXES fest und wählen die KLASSENART 300 aus. Über das Icon ANLEGEN wird die Klasse erzeugt. Die gewählte Klassenart muss für die Variantenkonfiguration zugelassen sein; die Klassenart 300 ist in der Standardeinstellung für die Variantenkonfiguration zugelassen. Alle konfigurierbaren Produkte, die sich mit den in dieser Klasse zusammengefassten Merkmalen beschreiben lassen, können der Klasse zugeordnet werden.

Auf der Registerkarte BASISDATEN legen Sie SCHACHTELN als BEZEICHNUNG für die Klasse fest. Auf der Registerkarte MERKMALE wird das MERKMAL COLOR zugeordnet. Mit dem Icon SPEICHERN schließen Sie die Klassenpflege ab (siehe Abbildung 1.11).

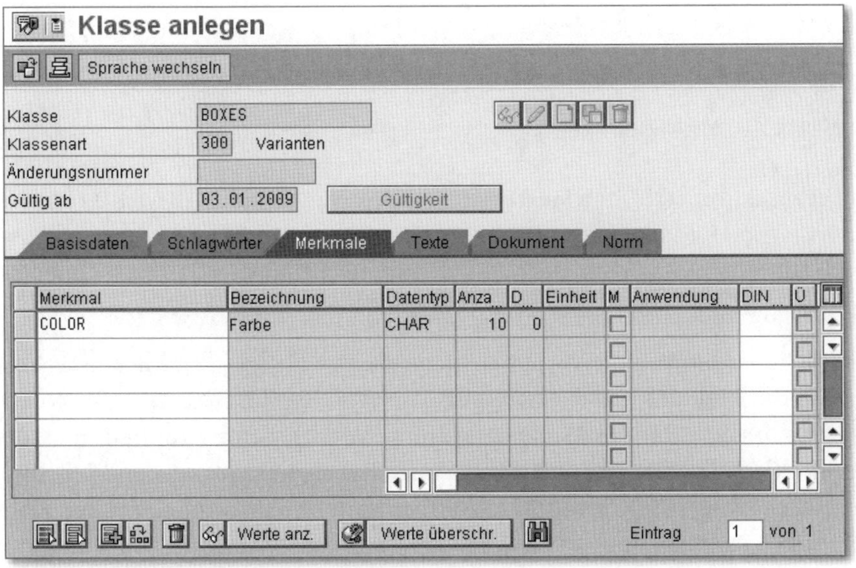

Abbildung 1.11 Stammdatensatz der Klasse »Schachteln« – Merkmale

Konfigurationsmodell vervollständigen und interaktiv konfigurieren

Damit sind die Grundelemente für die konfigurierbare Schachtel vorhanden. Die noch fehlende Zuordnung des Produkts zu seiner Variantenklasse und die Anlage des Konfigurationsprofils nehmen Sie über die Transaktion PMEVC (Produktmodellierungsumgebung für die Variantenkonfiguration) vor (siehe Abbildung 1.12). Dort können Sie auch die interaktive Konfiguration unserer Schachtel testen (siehe Abbildung 1.13).

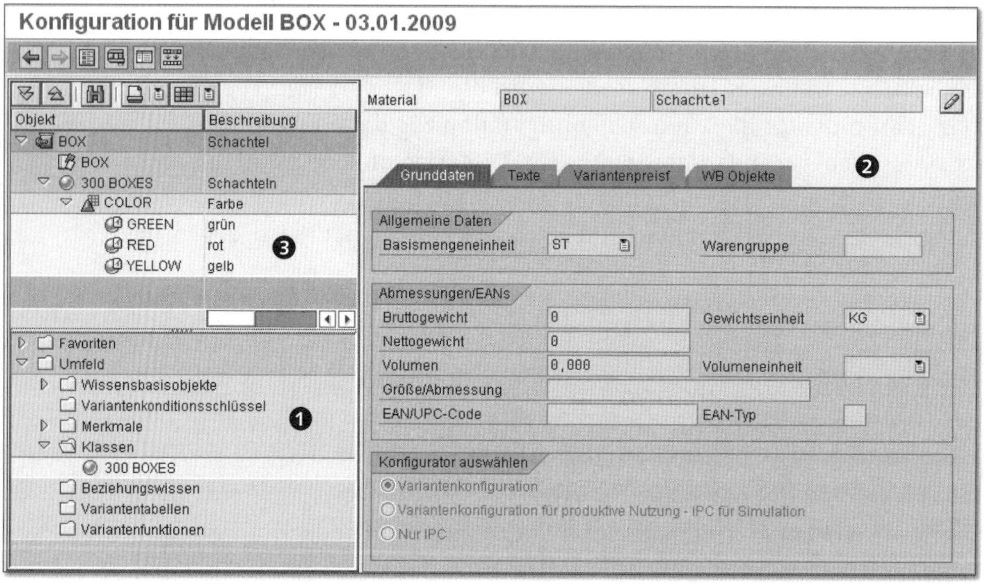

Abbildung 1.12 Modellierungsumgebung für die Variantenkonfiguration

Die Transaktion erreichen Sie über folgenden Menüpfad: SAP MENÜ • LOGISTIK • ZENTRALE FUNKTIONEN • VARIANTENKONFIGURATION • MODELLIERUNGSUMGEBUNG FÜR VARIANTENKONFIGURATION. Der Einstieg in die Modellierungsumgebung erfolgt über das MATERIAL BOX und die KLASSENART 300.

Wenn Sie in der Menüleiste auf das Icon TESTEN (⇧ + F8) klicken, erhalten Sie die Meldung SIMULATION MIT MATERIAL BOX ERFORDERT EINE KLASSENZUORDNUNG. Um die Klassenzuordnung vornehmen zu können, müssen Sie die Klasse in den unten links dargestellten Arbeitsvorrat der Modellierungsumgebung laden (siehe ❶ in Abbildung 1.12). Sie öffnen dort den Pfad UMFELD • KLASSEN und wählen mit der rechten Maustaste die Funktion KLASSE EINFÜGEN... Nachdem Sie die Klasse BOXES in den Arbeitsvorrat eingefügt haben, können Sie sich deren Details per Doppelklick auf die Klasse im rechten Bildschirmbereich ❷ anzeigen lassen. Um das Produkt der Klasse zuzuordnen, markieren Sie die Klasse unter UMFELD • KLASSEN mit der linken Maustaste und ziehen sie auf das im darüber gelegenen Modellbaum ❸ unter OBJEKTE angezeigte Produkt BOX. Die Klasse erscheint daraufhin im Modellbaum als Untereintrag des Produkts BOX.

Abbildung 1.13 Test der interaktiven Konfiguration

Wenn Sie erneut das Icon TESTEN wählen, erhalten Sie die Meldung SIMULATION MIT MATERIAL BOX ERFORDERT EIN FREIGEGEBENES KONFIGURATIONSPROFIL. Im Modellbaum wählen Sie das Produkt BOX per Mausklick aus und aktivieren mit der rechten Maustaste die Funktion KONFIGURATIONSPROFIL ANLEGEN... In der Dialogbox übernehmen Sie die vorgeschlagenen Standardeinstellungen. Jetzt klicken Sie auf die Funktionstaste TESTEN und erhalten den Hinweis, dass die Änderungen gespeichert werden, bevor die interaktive Konfiguration simuliert wird.

Abbildung 1.12 zeigt das vollständig gepflegte Konfigurationsmodell für das Produkt BOX in der Produktmodellierungsumgebung für die Variantenkonfiguration. In Abbildung 1.13 ist die Merkmalsbewertung für das Produkt BOX zu sehen. Im Test der interaktiven Konfiguration können Sie in der Spalte MERKMALWERT einen Wert für das zugeordnete Merkmal FARBE auswählen. In der Wertehilfe für den MERKMALWERT, die aus dem Eingabefeld über die Funktionstaste [F4] aktiviert wird, sind die zulässigen Merkmalswerte aufgelistet.

1.2.4 Variantenkonfigurator (LO-VC)

Der Variantenkonfigurator ist in der von SAP entwickelten Programmiersprache ABAP programmiert, in deren Mittelpunkt betriebswirtschaftliche Datenbankanwendungen auf großen Rechenanlagen bzw. auf sogenannten *Backend-Systemen* stehen. Auch wenn solche Systeme heutzutage theoretisch auf kleinen PC- oder Laptop-Geräten laufen können, hat die minimale Softwareinfrastruktur doch einen ganz erheblichen Umfang, der typischerweise von IT-Abteilungen in einem Rechenzentrum administriert wird.

Klassensystem als Grundlage

Grundlage der Variantenkonfiguration ist das ebenfalls in ABAP programmierte *Klassensystem*. Es stellt eine Menge globaler Merkmale bereit, die in Klassen strukturiert zusammengefasst für verschiedene Anwendungen genutzt werden können. Die Abstraktion in Klassen wird durch Vererbung in *Klassenhierarchien* und *Klassennetzen* ergänzt. Eine Variantenklasse wird durch die Zuordnung von konfigurierbaren Produkten konkretisiert. Die Merkmale der Variantenklasse können bei der Konfiguration eines Produkts z.B. für einen Kundenauftrag konkret bewertet werden.

[+] **Klassensystem und Beziehungswissen**

Das Klassensystem selbst erlaubt bereits die Formulierung von Beziehungswissen; so kann z.B. durch eine Vorbedingung an einem Merkmalswert der entsprechende Wert ausgeschlossen werden, solange die Bedingung (dass z.B. ein zweites Merkmal einen bestimmten Wert annimmt) nicht erfüllt ist. Das Klassensystem umfasst also die zur Lösung einer Konfigurationsaufgabe benötigten Grundelemente.

Konfigurationsspezifische Bausteine

Die Variantenkonfiguration als integraler und untrennbarer Bestandteil der Logistikmodule stellt weitere, für die Produktkonfiguration benötigte Bausteine bereit:

- **Konfigurationskennzeichen**
  Das Konfigurationskennzeichen im Materialstamm zeichnet ein Produkt als konfigurierbar aus.
- **Konfigurationsregeln**
  Konfigurationsregeln werden in der SAP-Variantenkonfiguration über Beziehungswissen ausgedrückt. Eine Beziehung formuliert eine Konfigurationsregel.

- **Konfigurationsprofil**
  Das Konfigurationsprofil erlaubt Einstellungen, die für eine Konfigurationsaufgabe gelten sollen, und die Zuordnung von Beziehungswissen. Neben den Vor und Auswahlbedingungen des Klassensystems kommen über das Konfigurationsprofil weitere Beziehungsarten hinzu.
  - *Prozeduren*
    Prozeduren erlauben die Abarbeitung von algorithmischen Vorschriften in einer fest definierten Reihenfolge.
  - *Constraints und Constraint-Netze*
    Constraints und Constraint-Netze dienen der deklarativen Formulierung von Konfigurationsregeln, deren Abarbeitungsfolge automatisch bestimmt wird.
- **Variantentabellen**
  In Variantentabellen können Abhängigkeiten zwischen Merkmalen durch zeilenweises Aufzählen von Wertekombinationen formuliert werden.

Variantentabellen und Variantenfunktionen

Beschäftigen wir uns etwas näher mit Variantentabellen. Mit der in Tabelle 1.2 dargestellten Variantentabelle können aus dem Wert für das Merkmal GEOMETRIETYP die Werte für die Merkmale BREITE, HÖHE und LÄNGE bestimmt werden. Die Tabellenspalte mit dem Merkmal GEOMETRIETYP ist also eine *Schlüsselspalte*.

Geometrietyp	Breite	Höhe	Länge
kleiner Würfel	5 cm	5 cm	5 cm
mittlerer Würfel	20 cm	20 cm	20 cm
großer Würfel	50 cm	50 cm	50 cm
Schmuckschatulle	5 cm	2 cm	10 cm
Zigarrenkiste	10 cm	5 cm	25 cm
Bücherbox	20 cm	8 cm	40 cm
Schuhschachtel	30 cm	20 cm	50 cm

Tabelle 1.2 Beispiel einer Variantentabelle – hier mit Schlüsselspalte

Auf Variantentabellen kann in Prozeduren oder Constraints Bezug genommen werden. Analog zu Variantentabellen können auch *Variantenfunktionen* definiert werden. Der Zusammenhang zwischen Eingabe- und Ausgabemerkmalen kann so als Programm, d.h. als ABAP-Funktionsbaustein, formuliert werden. Die Variantenfunktion kann dann z.B. in einer Prozedur aufgerufen werden.

Stückliste

Ein weiterer elementarer Baustein der Variantenkonfiguration ist die *Variantenstückliste*. Die Stückliste eines konfigurierbaren Materials ermöglicht das automatische Abwählen von Stücklistenpositionen. Ist an eine Position eine Auswahlbedingung geknüpft, dann wird die Position nur wirksam, wenn die Auswahlbedingung erfüllt ist. Analog können auch Einträge des *Variantenarbeitsplans* über Auswahlbedingungen abgewählt werden. Bestimmte Felder, wie die Stücklistenpositionsmenge oder Zeiten für einen Arbeitsvorgang, können berechnet werden. Dazu werden einer Stücklistenposition oder einem Eintrag im Arbeitsplan Prozeduren zugeordnet.

Klassenknoten

In einer Variantenstückliste können auch *Klassenknoten* in eine Stücklistenposition aufgenommen werden. Ein Klassenknoten fasst eine Menge von Materialien zusammen, von denen für die Ausprägung einer konkreten Stückliste genau ein material für die Position ausgewählt werden muss. Bei der Stücklistenauflösung erfolgt die Materialauswahl aus dem Klassenknoten über den Abgleich der Merkmalswerte, die der Konfiguration zugewiesen sind, mit den Merkmalswerten, die dem Material am Klassenknoten zugewiesen sind. Ein Klassenknoten ersetzt also mehrere alternative Stücklistenpositionen und die zugehörigen Auswahlbedingungen.

Modellbegriff

Die Variantenkonfiguration bedient sich einer Vielzahl atomarer, in unterschiedlichen Transaktionen gepflegter *Stammdatenelemente*. Diese sind häufig voneinander unabhängigen Änderungen unterworfen. Die Summe der zum Zeitpunkt der Lösung einer Konfigurationsaufgabe verfügbaren atomaren Stammdatenelemente macht das für ein konfigurierbares Produkt gültige Konfigurationsmodell aus. Dieser Ansatz spiegelt sich auch in der Stammdatenpflege wider. Für jedes Stammdatenelement gibt es i. d. R. eine eigene Pflegetransaktion. Die Produktmodellierungsumgebung für die Variantenkonfiguration – oder kurz die PMEVC – ergänzt die atomaren Pflegetransaktionen, indem sie Pflegeoperationen für die Stammdatenelemente zusammenfasst. Die PMEVC wird über die Transaktion PMEVC gestartet.

Produktmodellierungsumgebung für die Variantenkonfiguration [+]

Alle variantenkonfigurationsspezifischen Stammdatenelemente, die für die interaktive Konfiguration eines Produkts benötigt werden, können mit der Transaktion PMEVC bearbeitet werden.

Hauptaufgaben

Der Variantenkonfiguration lassen sich zwei Hauptaufgaben zuordnen:

- **High-Level-Konfiguration**
  Die High-Level-Konfiguration ist die in aller Regel interaktiv ausgeführte Konfigurationsbewertung eines konfigurierbaren Produkts an der Kundenauftragsposition oder am Plan- bzw. Fertigungsauftrag. Dabei werden Schritt für Schritt Produktoptionen manuell ausgewählt. Das System führt Regeln aus, macht dabei weitere Herleitungen und prüft die Konfiguration auf Vollständigkeit und Korrektheit.
- **Low-Level-Konfiguration**
  Die Low-Level-Konfiguration bezeichnet die ohne Benutzerinteraktion im Hintergrund ablaufende Auflösung von Stücklisten und Arbeitsplänen. Beim Material Resource Planning wird z.B. der Materialbedarf aller im System verfügbaren Aufträge für den nächsten Tag ermittelt. Dabei müssen auch Bedarfe aus Variantenstücklisten auf Basis des zum Auftrag hinterlegten Konfigurationsergebnisses bestimmt werden.

Daneben gibt es eine Reihe zusätzlicher Aufgaben, z.B. müssen beim Drucken eines Kundenauftrags u.U. sprachabhängige Texte für das zur Auftragsposition hinterlegte Konfigurationsergebnis bereitgestellt werden.

Objektmerkmale

Sogenannte *Objektmerkmale* erlauben eine tiefgreifende Wechselwirkung der Konfiguration mit dem logistischen Prozess. Ein Objektmerkmal ist ein Merkmal, das als Schnittstelle zur einbettenden Anwendung dient. Über ein Objektmerkmal wird der Konfiguration lesender und zum Teil auch schreibender Zugriff auf den Kontext der logistischen Anwendung gewährt, z.B. auf Datenfelder im Kundenauftrag oder der Stückliste. Verdeutlichen wir uns diesen Umstand wieder an einem Beispiel.

[zB]

Objektmerkmal für variantenabhängige Aufpreise

In der Konfiguration kann z. B. über Beziehungswissen eine Menge sogenannter *Variantenkonditionsschlüssel* ermittelt werden. Diese Schlüssel werden wiederum in einer Beziehung über ein Objektmerkmal an das Datenfeld SDCOM-VKOND der Kundenauftragsposition übermittelt. Die in dieses Feld eingetragenen Variantenkonditionsschlüssel werden von der Preisfindung genutzt, um entsprechende Preiskonditionen (mit zugeordneten Verkaufspreisen) zu identifizieren. Gefundene Preiskonditionen werden dann zur Preisberechnung herangezogen. Auf diese Weise können merkmalsbasierte Aufpreise aus der Konfiguration heraus ermittelt werden, obwohl die Preisfindung eine außerhalb der Variantenkonfiguration ablaufende logistische Funktion ist.

Werkzeuge

Der Variantenkonfigurator bietet ein umfangreiches Repertoire an Werkzeugen, deren Leistungsfähigkeit und Vielseitigkeit oftmals erheblich unterschätzt werden. Neben dem objektorientierten Ansatz zur Beschreibung der Konfigurationsparameter werden prozedurale Methoden zur Herleitung von Parameterwerten durch deklarativ formulierte Regeln ergänzt. Diese Kombination erlaubt die sachgemäße Behandlung von Konfigurationsaufgaben auch über komplexe Komponentenstrukturen hinweg.

[!]

Einsatz der Werkzeuge

Der zielgerichtete Einsatz der Werkzeuge und insbesondere das sinnvolle Zusammenspiel der Instrumente erfordert tiefes Wissen und hinlängliche Erfahrung. Bei unsachgemäßem Einsatz kann es durchaus zu unerwünschten Nebeneffekten kommen.

Der Einsatz von Best Practices und das Profitieren von Erfahrungen, die andere längst schon gemacht haben, wird nicht zuletzt durch die *Configuration Workgroup* (CWG), die Anwendergruppe zur Produktkonfiguration mit SAP-Software, gefördert. Nähere Informationen zur CWG finden Sie in Kapitel 11, »Configuration Workgroup«, und im Internet unter *www.configuration-workgroup.com*.

1.2.5 Internet Pricing and Configurator (IPC)

Die Bezeichnung *Internet Pricing and Configurator* umfasst eine Reihe von Softwarekomponenten, die alle in der Programmiersprache Java entwickelt wurden. Im Wesentlichen sind folgende Komponenten gemeint:

- **Sales Configuration Engine**
  Die Sales Configuration Engine (SCE) ist ein Konfigurationswerkzeug, mit dem auf Basis von Produktmodellen interaktive Konfigurationsaufgaben gelöst werden können.
- **Sales Pricing Engine und die Transaction Tax Engine**
  Die Sales Pricing Engine (SPE) und die Transaction Tax Engine (TTE) implementieren Preisfindung und Berechnung transaktionaler Steuern auf Basis der sogenannten *Konditionstechnik*. Voraussetzung ist, dass Preise und Steuern in entsprechenden Konditionssätzen auf einer dem IPC zugänglichen Datenbank modelliert sind. Auf die Preisfindung und Steuerberechnung gehen wir im Folgenden nicht detaillierter ein.
- **Product Modeling Environment**
  Die Product Modeling Environment (PME) ist ein Modellierungswerkzeug, das die Definition von Produktmodellen für die Produktkonfiguration erlaubt. Die PME wird zur Abgrenzung gegenüber der PMEVC auch als *Java PME* bezeichnet.

Der IPC schließt eine Reihe weiterer Komponenten ein, wie z.B. Bestandteile grafischer Benutzerschnittstellen für die interaktive Konfiguration.

1999 war der IPC die erste verfügbare CRM-Komponente von SAP, wenngleich damals in einer anderen Architektur und nicht mit allen heute verfügbaren Bestandteilen. Obwohl es sich nicht um eine komplette Softwarelösung handelt, konnte der IPC zeitweise separat gekauft und in eine projektspezifische Lösung integriert werden. Vor allem zwei Beweggründe haben Mitte der 90er Jahre zur Entwicklung der ersten IPC-Komponente, der Sales Configuration Engine, geführt:

- **Abkopplung von einem komplexen Backend-System**
  Unter dem Motto *Model once – configure anywhere* gab es Bestrebungen, die Lösung einer Konfigurationsaufgabe »offline«, also ohne direkten Zugang zu einer komplexen Backend-Software, ausführen zu können. Unter dem Schlagwort *Sales Force Automation* wurde eine bessere Unterstützung von Vertriebsmitarbeitern im Außendienst gefordert. Dem bald schon übermächtigen Trend zum Internet konnte mit einer Java-basierten Software schneller Rechnung getragen werden.
- **Entstehung der Configuration Workgroup**
  Ein kleiner Kreis von Nutzern der SAP-Variantenkonfiguration hat sich Anfang der 90er Jahre in der Configuration Workgroup zusammengeschlossen, um die Konfigurationsfunktionalität von der reinen Produktkon-

figuration auf sogenannte Systemkonfigurationen auszudehnen (siehe Kapitel 11, »Configuration Workgroup«). Behandelbare Komponentenstrukturen sollten sich nicht mehr auf vorgedachte Maximalstücklisten beschränken. Im Laufe der Systemkonfiguration sollten dynamisch neue Komponenten wie aus einem Baukasten frei hinzugefügt werden können. Hier sei nur an das Beispiel des Großraumbüros erinnert, das mit aneinander anschließenden konfigurierbaren Büromöbeln ausgestattet werden soll.

Auch wenn bei der ursprünglichen Entwicklung der SCE Systemkonfigurationen im Vordergrund standen, war der betriebswirtschaftliche Bedarf, existierende Produktkonfigurationsmodelle auch im Internet und Außendienst nutzen zu können, deutlich höher. CRM und der IPC als fester Bestandteil der CRM-Lösung von SAP haben sich etabliert. Die vom IPC bereitgestellte Produktkonfigurationsfunktionalität kann in folgenden Betriebsarten genutzt werden:

- **LO-VC-kompatibler Modus**
  Die Produktmodellierung und die Auftragsabwicklung erfolgen mit ERP, die Verkaufsabwicklung findet zumindest teilweise über CRM-Szenarien wie z.B. Internet, Außendienst oder Call-Center statt.
- **Produktkonfiguration nur in CRM**
  Die Produktmodellierung und die Auftragsabwicklung erfolgen hier ohne Nutzung von ERP. Für die Produktmodellierung wird die IPC-Komponente PME – mit ihrer Integration ins SAP CRM-System – genutzt.
- **Advanced Mode**
  Die Unterstützung komplexer Systemkonfigurationen ist nicht in die SAP Business Suite integriert und erfordert daher jeweils ein sogenanntes *Custom-Development-Projekt*. Die Modellierung kann entweder in ERP oder unter Nutzung der Java PME erfolgen. Ein erweiterter Pflegemodus muss jeweils aktiviert werden.

Im Gegensatz zur atomaren Stammdatenverwaltung des Variantenkonfigurators werden die Konfigurationsmodelle des IPC in Wissensbasen oder Knowledge Bases (KB) gehalten. Eine *Wissensbasis* wird manchmal auch als *Wissensbasisobjekt* (WBO) bezeichnet. Sie umfasst alle Stammdaten zu einem oder in Ausnahmefällen auch zu mehreren konfigurierbaren Produkten. Verschiedene Gültigkeitsstände werden in Laufzeitversionen gehalten, wobei eine Laufzeitversion immer vollständig ist und ein Gültigkeitsdatum trägt, das den Gültigkeitsbeginn angibt. Wenn die Stammdatenpflege in ERP erfolgt, wird eine Laufzeitversion jeweils als »Schnappschuss-Abzug« der atomaren Stammdatenelemente in ERP erzeugt. Erfolgt die Modellierung mit der Java PME, wird direkt die jeweilige Laufzeitversion bearbeitet.

Die am häufigsten genutzte Betriebsart des IPC-Produktkonfigurators ist der kompatible Modus auf Basis von LO-VC-Modellen. Bei der Konfiguration mit dem IPC sind im Vergleich zu LO-VC einige Besonderheiten zu beachten:

- **Bestimmte Objektmerkmale sind nicht als Schnittstellen nutzbar**
  Bedingt durch den veränderten Kontext, in dem die Konfiguration abläuft, können bestimmte Objektmerkmale nicht als Schnittstellen genutzt werden. Datenelemente, die der Kontext nicht kennt, können weder gelesen noch beschrieben werden.
- **Programmierung in Java**
  Variantenfunktionen müssen für die Nutzung im IPC in Java programmiert werden. Im Backend in ABAP implementierte Variantenfunktionen sind im Offline-Betrieb, also bei fehlendem Zugriff auf das entsprechende Backend, nicht ausführbar. Selbst wenn Zugriff bestünde, müsste eine Verschalung in Java erfolgen.
- **Ältere und Sonderfunktionen**
  Als veraltet angesehene Funktionen und einige Sonderfunktionen von ERP werden vom IPC nicht nachgebildet. Als Beispiele seien hier die Beziehungsart AKTION und Merkmale mit Wertehierarchien erwähnt.

Eine ausführliche Beschreibung der bei parallelem Betrieb von Variantenkonfigurator und IPC zu beachtenden Besonderheiten ist in der SAP-Online-Hilfe unter *http://help.sap.com* enthalten. Die oft auch als *Deltaliste* bezeichnete Dokumentation finden Sie dort im Abschnitt ERP-STAMMDATEN UND CONFIGURATION ENGINE.

Mit dem Ziel, den parallelen Betrieb mit zwei Konfigurationswerkzeugen für ein konfigurierbares Produkt und ein Produktmodell zu vermeiden, kann in ERP der IPC unter dem Motto *One Configurator* auch innerhalb von ECC als Werkzeug für die High-Level-Konfiguration genutzt werden. Diese Option, für ein konfigurierbares Produkt den IPC auch für die Auftragsbearbeitung im ECC-Backend zu nutzen, besteht immer dann, wenn der IPC für dasselbe konfigurierbare Produkt in einer CRM-Anwendung sowieso eingesetzt werden muss. Nur in diesen Fällen ergibt sich gegenüber der Verwendung des Variantenkonfigurators eine Vereinfachung: Der IPC ist in jedem Fall aktiver Bestandteil der Lösung, und bei Änderungen am Produktmodell wird das Laufzeitverhalten nur noch mit dem IPC getestet.

SAP CRM und SAP ERP basieren auf der Technologieplattform SAP NetWeaver, die über den *Virtual Machine Container* (VMC) die Einbindung von Java-Programmen erlaubt. Die Kernfunktionen der SCE wurden auf Basis dieser Architektur unter dem Namen *AP Configuration Engine* in die Applikationsplattform AP 7.00 integriert. Die Applikationsplattform ist ihrerseits Grundlage für die Backend-Komponenten CRM 5.0 und ECC 6.0 – siehe Abbildung 1.14. Die Benutzeroberfläche für die interaktive Konfiguration wird als Web-Applikation bereitgestellt.

Viele Konfigurationsanwendungen nutzen damit die AP Configuration Engine, dazu gehören insbesondere der Verkauf über das Internet oder Call-Center. Lediglich bei der Konfiguration im Außendienst wird nach wie vor die komplette SCE einschließlich ihrer grafischen Benutzeroberfläche genutzt.

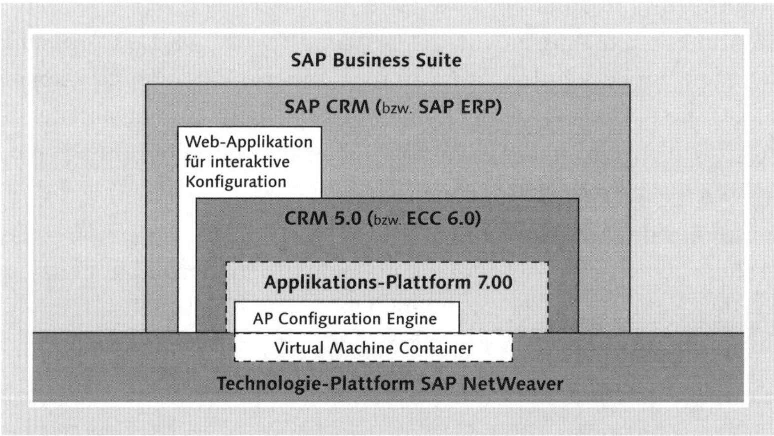

Abbildung 1.14 AP Configuration Engine in der SAP Business Suite

[+]

IPC-Produktkonfigurator

Generell wird bei allen Szenarien, in denen die SCE oder die AP Configuration Engine zum Einsatz kommen, verallgemeinernd vom *IPC-Produktkonfigurator* gesprochen.

1.3 Verbesserung der Geschäftsprozesse durch die Variantenkonfiguration

Wer die SAP-Variantenkonfiguration als Kernbaustein der Geschäftsprozesslösung für die Produktkonfiguration einsetzt, leistet eine zukunftsorientierte Investition in die Infrastruktur des eigenen Unternehmens. Investitionen in Infrastrukturmaßnahmen muss jedoch auch ein entsprechender betriebswirtschaftlicher Nutzen gegenüberstehen. Die Faktoren, die den Einsatz der Variantenkonfiguration zu einer lohnenden Investition machen können, werden in diesem Abschnitt kurz beleuchtet. Dabei gehen wir auch auf ein konkretes Beispiel ein.

1.3.1 Voraussetzung für den Einsatz der Variantenkonfiguration

Wesentliche Voraussetzung für den Einsatz der Produktkonfiguration ist eine Produktstruktur, die sich mit Hilfe formaler Parameter beschreiben lässt und die eine gewisse Komplexität aufweist. Wer ausschließlich Vanilleeis mit Schokoglasur verkauft, dem wird der Einsatz von Produktkonfiguration kaum einen Vorteil verschaffen.

Es spielt zunächst keine Rolle, ob die Produktparameter lediglich unterschiedliche Eigenschaften fest ausgeprägter Produkte beschreiben oder ob sie prägenden Einfluss auf die Ausgestaltung einer speziellen Produktinstanz haben. Wie an dem folgenden Beispiel ersichtlich wird, greifen Suche und Konfiguration häufig eng ineinander.

Kombination von Suche und Konfiguration [zB]

Nehmen wir als Beispiel die sogenannte »weiße Ware«: Kühlschränke werden in der Regel nicht individuell für einen Kunden gefertigt, sondern in verschiedenen Größen, Farben und technischen Ausstattungen angeboten. Dennoch spielen bei der Auswahl eines Kühlschranks Eigenschaften wie Breite, Höhe, Energieeffizienzklasse oder Gefrierfachgüte eine erhebliche Rolle. Das Auffinden des passenden Kühlschranks aus einer großen Menge verschieden ausgeprägter Geräte kann als Konfigurationsaufgabe angegangen werden.

Oft wird eine Produktpalette zunächst nach beschreibenden Eigenschaften strukturiert und die finale Ausprägung eines Produkts dann durch Konfiguration bestimmt. Beim Autokauf werden zunächst die Marke und das Modell gewählt. Dann beginnt die Bestimmung modellspezifischer Optionen in einer Konfigurationsaufgabe. Es gibt auch Unternehmen, die sich entschlossen haben, ihre gesamte Produktpalette in einem umfassenden Konfigurationsmodell abzubilden. Das Konfigurationsmodell wird dann mitunter sehr umfangreich.

Manchmal entsprechen die eine Produktgruppe charakterisierenden technischen Parameter nicht den Kriterien, nach denen das Produkt eingesetzt wird.

Übergang von technischen Parametern zu Anwendungskriterien [zB]

Ein Hersteller von Hartmetallschneidwerkzeugen wie Bohreinsätzen hat tausende von Einzelprodukten im Angebot. Um die Auswahl zu erleichtern, wurde das Einsatzszenario der Werkzeuge anhand von anwendungsorientierten Parametern als Konfigurationsaufgabe modelliert. Nach der Beantwortung einiger Fragen, z.B. zum Material, das mit dem Werkzeug bearbeitet werden soll, wird eine kleine Auswahl von passenden Schneidwerkzeugen ermittelt.

1.3.2 Faktoren für den Einsatz der Variantenkonfiguration

Die formale Beschreibung von Produktparametern ist die Grundlage für die *Automatisierung* häufig wiederkehrender Prozesse, die bei manueller Ausführung ein hohes Expertenwissen verlangen. Fachkräfte, die mit dem Verkauf, der Planung, der Fertigung oder dem Einkauf von parametrisierten Produkten beschäftigt sind, sollen von zeitaufwendigen Routineaufgaben befreit werden. Systemnutzer mit begrenzten Produktkenntnissen sollen vom System unterstützt werden, Prozessschritte korrekt auszuführen.

Eng verbunden mit der Automatisierung ist das Ziel der *Kostensenkung*. Eine flächendeckende Einführung der Variantenkonfiguration erfordert meist erhebliche Investitionen. Eine stufenweise Einführung, z.B. für bestimmte Produktlinien, sowie eine aufmerksame Bewertung und schrittweise Optimierung haben sich in vielen Fällen bewährt. Das Verfolgen von Best-Practice-Ansätzen ist – soweit sie sich auf den konkreten Anwendungsfall übertragen lassen – sehr hilfreich. Dennoch sind auch dabei immer wieder individuelle Anpassungen an konkrete Produktstrukturen erforderlich.

Der bei weitem größte Vorteil bei einer erfolgreich eingeführten Nutzung der Produktkonfiguration ist die *Produktivitätssteigerung* im gesamten Unternehmen. Das drückt sich z.B. durch die Reduzierung der Durchlaufzeiten aus. Daneben sind fehlerfreie Angebote und Aufträge, kürzere Reaktionszeiten, Minimierung der Reklamationsrate und die Steigerung der Kundenzufriedenheit zu nennen. Fassen wir die Vorteile kurz zusammen, die die Variantenkonfiguration Unternehmen bietet:

- Automatisierung wiederkehrender Prozesse
- Dokumentation von Expertenwissen
- Kostensenkung
- Produktivitätssteigerung

Darüber hinaus gibt es äußere Faktoren, die die Nutzung einer Variantenkonfiguration attraktiv machen. Der zunehmende Drang zur *Individualisierung* von Produkten erfordert von produzierenden Unternehmen die Realisierung individueller, maßgeschneiderter Kundenwünsche. Die Auseinandersetzung mit dieser Aufgabe ist von entscheidender Bedeutung, um Marktposition, Alleinstellungsmerkmale und nicht zuletzt das Preisniveau im internationalen Wettbewerb behaupten zu können. Hohe *Produktkomplexität und Variantenvielfalt* müssen sowohl während der Auftragsgewinnung als auch in der Auftragserfüllung gewährleistet sein.

Die Möglichkeit, aus einer Vielzahl an Produkten auszuwählen, ist oft nicht ausreichend. Der Kunde möchte über das Standardangebot hinaus maßgeschneiderte Produkte und Systemlösungen bestellen. Dabei wird er nur geringe Einbußen hinsichtlich Preis und Lieferzeit hinnehmen. *Qualität und Service* dieser Produkte müssen mit Qualität und Service massenproduzierter Produkte übereinstimmen. Das bedeutet, Anbieter müssen individuell auf Kundenanfragen reagieren und dabei in der Lage sein, schnellstmöglich kalkulationssichere und technisch geklärte Angebote abzugeben. Dabei muss sichergestellt sein, dass kosten- und qualitätsoptimiert gefertigt und termintreu geliefert werden kann.

Fassen wir auch die Anforderungen kurz zusammen, denen sich Unternehmen bei der Produktion gegenübergestellt sehen:

- Produktvielfalt und -komplexität
- individuelle Gestaltung
- unveränderter Service und unveränderte Qualität

Diesen Forderungen nach Individualisierung und hoher Variabilität steht der unternehmensinterne Zwang zur Standardisierung und Modularisierung gegenüber.

Die Produktkonfiguration leistet einen wesentlichen Beitrag, um diesen scheinbaren Zielkonflikt aufzulösen. Sie ermöglicht die Beherrschung einer hohen Zahl von Varianten auf einer überschaubaren Menge von Stammdaten. Nicht jede Variante wird eigenständig und vollständig in den Logistiksystemen ausgeprägt. Vielmehr erfolgt die Darstellung anhand eines parametrisierten Konfigurationsmodells. Die vielfältige Kombinierbarkeit von Standardkomponenten erlaubt die Beherrschung einer hohen Produktkomplexität.

Die formale Erfassung und Dokumentation von Expertenwissen ermöglicht zudem eine personenunabhängige Nutzung des Wissens aus den Köpfen der »alten Hasen«. Solche strategischen Überlegungen können für ein Unternehmen überlebenswichtig sein. Aber gerade diesen Gesichtspunkt muss man auch von der anderen Seite betrachten: Nur wenn für die Produktexperten Vorteile in der Nutzung einer Produktkonfiguration erkennbar sind, werden sie einer Einführung die notwendige Unterstützung gewähren. Produktexperten gewinnen durch die Entlastung von Routineaufgaben Kapazitäten, um den Innovationszyklus schneller voranzutreiben. Die systematische Abbildung in der Produktkonfiguration erleichtert den systematischen Ausbau des Produktangebots.

Die interaktive Produktkonfiguration kann auch den klassischen Produktkatalog ergänzen und so die Heranführung des Kunden an die Produktauswahl erleichtern. Das reicht von reiner Produktinformation bis hin zu Selbstbedienungsszenarien. Viele Autokäufer nutzen vor dem Kauf die im Internet verfügbaren Autokonfiguratoren, um sich über aktuell angebotene Ausstattungen zu informieren. Der in Abschnitt 1.3.1, »Voraussetzung für den Einsatz der Variantenkonfiguration«, erwähnte Hersteller von Hartmetallschneidwerkzeugen hat – wie viele andere Anbieter – seinen Produktkonfigurator im Internet an eine elektronische Bestellabwicklung angeschlossen.

1.3.3 Beispielhafte Betrachtung zum Stammdatenvolumen

Wie zu erkennen ist, stellt die bloße Reduzierung von Stammdaten durch den Einsatz einer Klassifizierung und der darauf aufbauenden Variantenkonfiguration nur einen kleinen Aspekt dar. Nichtsdestotrotz kann allein damit eine Unmenge an Pflegeaufwand eingespart werden, wobei wir die erhöhte Pflege des Produktmodells natürlich verrechnen müssen.

Um einen Eindruck davon zu vermitteln, wie sich die Einführung der Produktkonfiguration auswirkt, veranschaulichen wir die Dimension der eingesparten Stammdaten an einem konkreten, realen Beispiel.

Wie in Abschnitt 1.1.4, »Kernproblem Variantenvielfalt«, erläutert, spannt eine mit lediglich sieben Merkmalen beschreibbare Produktpalette bereits einen Raum von über 40 Millionen Varianten auf. Die meisten davon sind durch ungültige Kombination von Merkmalswerten auszuschließen.

[zB]

Datenvolumen mit und ohne Konfiguration

Nehmen wir einmal an, dass etwa 1 %, also deutlich unter 400.000 Varianten, einem realisierbaren Produkt entsprechen und nur ein Vierzigstel davon, also etwa 10.000 Varianten, eine tatsächlich vorkommende Produktausprägung repräsentieren, für die bei expliziter Ausprägung ein Produktstammsatz benötigt wird. Pro Produkt sind dann weitere Stammdaten, wie z. B. Verkaufspreis oder Stückliste, bereitzuhalten. Im konkreten Fall würden beim Einsatz von Produktkonfiguration ein Produktstammsatz, ein überschaubares Konfigurationsmodell und eine Variantenstückliste benötigt.

In Abbildung 1.15 ist das Stammdatenvolumen für dieses Beispiel im Vergleich dargestellt: Die graue Fläche entspricht dem Stammdatenvolumen bei expliziter Ausprägung jeder gültigen Variante, der weiße Punkt in der Mitte entspricht dem Stammdatenvolumen beim Einsatz von Produktkonfiguration.

Abbildung 1.15 Datenvolumen mit und ohne Konfiguration (weiß/grau)

Zweifelsohne ist das explizit ausgeprägte Stammdatenvolumen in diesem Beispiel beherrschbar. Allerdings sind die vielen einzelnen Produkte schwer unterscheidbar, und bei Änderungen am Produktportfolio sind in aller Regel komplexe Massenänderungen an den Stammdaten erforderlich.

1.4 Zusammenfassung

In diesem Grundlagenkapitel haben wir uns der Variantenkonfiguration mit SAP in drei Schritten genähert.

Im ersten Schritt haben Sie sich das Grundverständnis für Produktkonfigurationsaufgaben erschlossen. Wichtige Begriffe und elementare Konfigurationsbausteine wie Merkmale, Konfigurationsregeln und Komponentenstrukturen sind Ihnen jetzt vertraut. Sie können die Produktkonfiguration in die logistischen Szenarien einordnen und haben das Kernproblem der exponentiell mit der Anzahl von Produktoptionen wachsenden Variantenvielfalt verstanden. Es fällt Ihnen jetzt nicht mehr schwer, prozedurale und deklarative Herangehensweisen klar zu unterscheiden.

Im zweiten Schritt haben Sie sich die SAP-spezifischen Begrifflichkeiten erschlossen. Sie kennen den Variantenkonfigurator LO-VC als Kernkomponente von ERP. Die Komponenten des Internet Pricing and Configurators (IPC) haben Sie kennengelernt, und Sie haben verstanden, dass der IPC CRM-Szenarien mit Produktkonfiguration auch ohne Zugriff auf ERP ermöglicht. Das Hello-World-Beispiel der konfigurierbaren Schachtel hat Sie mit dem Umgang mit einem konfigurierbaren Material (KMAT) vertraut gemacht – Sie könnten das jederzeit an einem ERP-System selbst nachvollziehen. Sie wissen jetzt, dass die SAP-Variantenkonfiguration Sie mit einem umfangreichen Repertoire an Werkzeugen ausstattet, mit dem Sie auch komplexeste Konfigurationsaufgaben lösen können, und haben verstanden, dass die Einführung der SAP-Variantenkonfiguration dann ein lohnendes Investment in Ihre Unternehmensabläufe ist, wenn Sie sich die in vielen Anwendungen entwickelten und erprobten Best Practices zunutze machen. Die SAP-Benutzergruppe Configuration Workgroup haben Sie als zentrale Interessengemeinschaft all derjenigen kennengelernt, die SAP-Variantenkonfiguration einsetzen.

Im dritten Schritt sind wir den Motiven nachgegangen, die für den Einsatz der SAP-Variantenkonfiguration als zentraler Lösung für Produktkonfigurationsaufgaben sprechen. Dabei ist Ihnen klar geworden, dass das zentrale Problem der Beherrschung einer hohen Zahl von Produktvarianten nur einer von mehreren Beweggründen sein kann. Es fällt Ihnen jetzt leichter, die zukunftsorientierte Investition in eine Geschäftsprozesslösung mit SAP-Variantenkonfiguration einzuschätzen.

Bei den Entscheidungsprozessen und allgemeinen Aufgaben, die im Umfeld eines Projekts im Bereich der SAP-Variantenkonfiguration natürlicherweise zu bewältigen sind, können Sie jetzt kompetent mitwirken. Das intensive Studium der weiteren Kapitel in diesem Buch wird Ihrer Kompetenz als Produktkonfigurationsexperte Schwerpunkte verleihen. Dabei können Sie ganz nach Ihrem persönlichen Bedarf entscheiden, wo diese Schwerpunkte liegen sollen. Ausgestattet mit dem nötigen Grundwissen, werden Ihnen die Vertiefung und der praktische Einsatz Ihres Wissens leichtfallen. Wir wünschen Ihnen viel Spaß dabei.

In diesem Kapitel werden alle wesentlichen Punkte, die ein vollständiges Produktmodell in der Variantenkonfiguration ausmachen, vorgestellt. Neulinge auf diesem Gebiet erhalten so einen ersten Eindruck. Geschulte, erfahrene Anwender können ihr Wissen ergänzen und dieses Kapitel als Nachschlagewerk nutzen.

2 Erstellung eines Produktmodells für die SAP-Variantenkonfiguration

Dieses Kapitel stellt Ihnen im Detail alle Schritte für die Modellierung in der Variantenkonfiguration vor. Obwohl es das umfangreichste Kapitel dieses Buches ist, mussten wir uns an einigen Stellen beschränken, um nicht den vorgesehenen Umfang zu sprengen. Das Kapitel beginnt zunächst mit einem Überblick über das Thema und stellt die einzelnen Schritte vor. Anschließend werden diese ausführlich behandelt.

Das Ergebnis dieses Kapitels ist ein vollständiges Produktmodell im Rahmen der Variantenkonfiguration, das alle notwendigen Elemente enthält. Mit den Werkzeugen aus dem Klassensystem werden die Voraussetzungen einer Bewertungsoberfläche bereitgestellt; mit den Klassenknoten wird ein mögliches Element für konfigurierbare Stücklisten vorgestellt. Das konfigurierbare Produkt benötigt Materialstamm, Stücklisten und Arbeitsplan. Weiterhin brauchen wir ein Steuerungswerkzeug für die Konfiguration: das Konfigurationsprofil. Großen Raum nimmt das Thema Beziehungswissen ein. Beziehungswissen wird benötigt, um die Konfiguration in der Bewertungsoberfläche (meistens im Vertrieb) zu steuern und um dafür zu sorgen, dass das Produkt wunschgemäß gefertigt oder allgemein beschafft wird. Abschließend wird das Modell des konfigurierbaren Produkts aus Sicht der Preisfindung, der Kalkulation, der Materialvariantenfindung und des IPC betrachtet und ergänzt.

2.1 Überblick über die Modellierung und Integration der Variantenkonfiguration

Beginnen wir mit der Frage, wann der Einsatz der Variantenkonfiguration angebracht ist. Nehmen wir an, Ihr Unternehmen fertigt und vertreibt Produkte in verschiedenen Varianten. Das bedeutet nicht automatisch, dass die Nutzung der Variantenkonfiguration notwendig ist. Wenn die Anzahl der Varianten noch eine überschaubare Größe darstellt, kommt man auch ohne Variantenkonfiguration aus. Beide Möglichkeiten – Produktion ohne und mit Variantenkonfiguration – werden im Folgenden erläutert.

2.1.1 Variantenreiche Produkte ohne Variantenkonfiguration

Ist die Anzahl der Varianten überschaubar, bildet man die einzelnen Varianten über je einen eigenen Materialstamm ab. Über die Klassifizierung kann die Variante beschrieben werden, so dass Suche und Auswertung leichter machbar sind. Für die Planung, Fertigung, Kalkulation und weitere Punkte benötigen Sie pro Variante eine Stückliste und einen Arbeitsplan. Für ähnliche Varianten lässt sich die Anlage von Stücklisten vereinfachen, indem Sie diese in Variantenstücklisten zusammenfassen. Ein ähnliches Vorgehen ist auch für das Anlegen von Arbeitsplänen möglich.

2.1.2 Variantenreiche Produkte mit Variantenkonfiguration

Ist die Variantenvielfalt zu groß, ist der oben beschriebene Weg nicht mehr machbar. Eine Anwendung, in der fast jeder schon einmal mit Variantenkonfiguration in Berührung gekommen ist, ist der Autokauf.

[zB]

Notwendigkeit der Variantenkonfiguration

Wenn Sie sich einen Katalog für ein Modell anschauen und alle Möglichkeiten bezüglich Motor, Karosserieform, Farbe, Ausstattung etc. ausmultiplizieren, erreichen Sie eine Größenordnung im Bereich von Millionen und Milliarden – eine Größenordnung, in der man nicht mehr pro Variante mit einem eigenen Materialstamm arbeiten kann. Hier fasst man alle Millionen oder Milliarden Varianten unter einer Materialnummer zusammen.

Wenn Sie ein solches Produkt (hier ein Auto) bestellen/kaufen möchten, benötigen Sie die Materialnummer des variantenreichen Modells. Und damit klar ist, welche der möglichen Varianten Sie sich wünschen, benötigt der Händler die Eigenschaften, die Ihre Variante haben soll (z.B. in Form von Motor, Karosserie, Sonderausstattungen etc.). Dabei muss dem Vertriebsmitarbeiter (oder auch dem Kunden, falls dieser z.B. direkt per Internet bestellt) ein Werkzeug an die Hand gegeben werden, das ihn an dieser Stelle vollständig dabei unterstützt, seine Variante mit Hilfe der Eigenschaften zu beschreiben.

Alle nötigen Informationen zu den Themen Kosten, Preise, Zeiten, Abhängigkeiten etc. müssen hier zur Verfügung gestellt werden. Darüber hinaus sollte eine sofortige technische Prüfung der Machbarkeit integriert sein.

Dieses Werkzeug ist die Variantenkonfiguration.

Durch die Variantenkonfiguration muss sichergestellt sein, dass ein Kundenauftrag bzw. eine Bestellung mit solch einem variantenreichen Produkt beim Speichern grundsätzlich vollständig und konsistent ist. Dabei sollte es dem Benutzer genauso einfach möglich sein, ein variantenreiches und konfigurierbares Produkt zu nutzen wie ein Produkt ohne Konfigurationsmöglichkeiten. Darüber hinaus muss auch die praktikable Fertigung oder Beschaffung sichergestellt sein.

Klassischerweise wird man hier kundenspezifisch fertigen. Das heißt, der Fertigungs- bzw. Beschaffungsprozess wird in diesem Fall erst durch den Kundenauftrag angestoßen. Hierfür sollte das Modell des konfigurierbaren Produkts aber automatisch alle benötigten Informationen liefern. Das bedeutet Folgendes:

- alle benötigten Teile ermitteln
- alle resultierenden Bedarfe absetzen
- Beschaffungselemente anlegen
  - z.B. Fertigungsaufträge mit passenden Vorgängen und Komponenten
  - z.B. die Bestellanforderungen und Bestellungen für die Fremdbeschaffung

Hiermit ist nur der klassische Weg beschrieben. Natürlich sollten auch davon abweichende Vorgehensweisen unterstützt werden. Es muss keine kundenspezifische Fertigung sein. Das lässt sich auch mit anonymer Lagerfertigung kombinieren (Stichwort: Materialvarianten, Lagerfertigung für konfigurierbare Materialien). Die volle Variantenvielfalt muss nicht in dem Modell des konfigurierbaren Produkts stecken. Auch unvollständige Modellierungen sind oft sinnvoll. Diese trifft man vor allem in *Engineering-to-Order*-Prozessen (ETO) an.

Das Modell eines konfigurierbaren Produkts enthält folgende Stammdaten (siehe Abbildung 2.1):

- **Materialstamm**
  Im Mittelpunkt steht der Materialstamm. Er beinhaltet die Information, dass das Material konfigurierbar ist; durch entsprechende Steuerparameter wird dafür gesorgt, dass mit diesem Material in der logistischen Kette

richtig umgegangen wird. Die meisten weiteren Objekte haben einen direkten Bezug zu diesem Materialstamm.

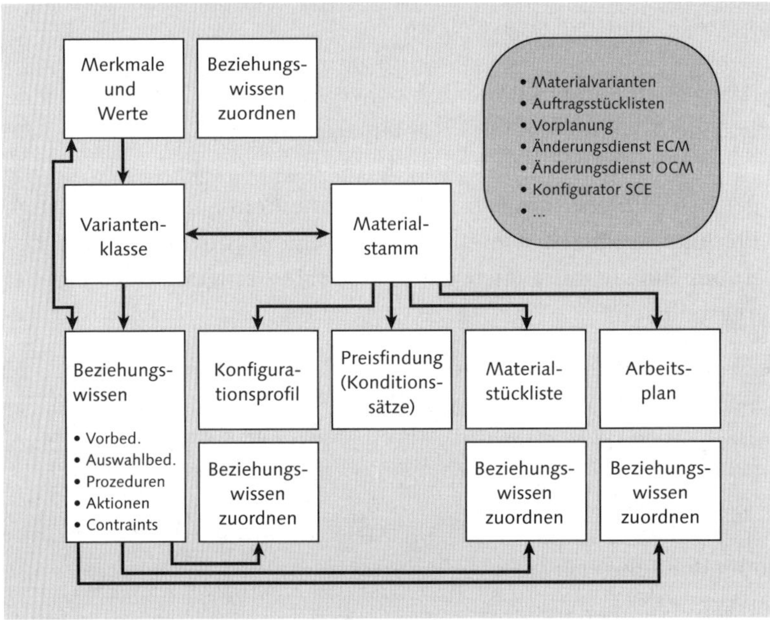

Abbildung 2.1 Objekte des Variantenmodells und ihre Abhängigkeiten

- **Merkmale**
  Für die Abbildung der Variantenvielfalt des konfigurierbaren Produkts werden Merkmale angelegt. Pro Eigenschaft des konfigurierbaren Produkts, zu der mehrere Varianten angeboten werden sollen, legen Sie ein solches Merkmal an (zunächst ohne Bezug zum Materialstamm).

- **Variantenklasse**
  Die Merkmale werden in einer sogenannten *Variantenklasse* gesammelt. Variantenklassen sind spezielle Klassen, die es erlauben, über die ihr zugeordneten Merkmale z.B. Kundenaufträge zu konfigurieren. Die Variantenklasse wird direkt mit dem Materialstamm über die Klassifizierung verknüpft.

- **Konfigurationsprofil**
  Zum konfigurierbaren Materialstamm wird ein Konfigurationsprofil angelegt. Konfigurationsprofile sind immer objektspezifisch und enthalten wesentliche Steuerungseinstellungen für den Konfigurationsprozess. Weiterhin sind sie Träger von Beziehungswissen für die Vertriebskonfiguration (auch interaktive Konfiguration, Konfiguration im Hellen oder High-Level-Konfiguration genannt).

- **Preisfindung**
  Im Standard wird die Preisfindung spezifisch für das Material eingestellt. In der Standardeinstellung sind auch die Konditionssätze der Preisfindung, die speziell für die Variantenkonfiguration existieren (sogenannte *Variantenkonditionen*), materialspezifisch.
- **Materialstückliste**
  Die Materialstückliste setzt auch generell den Materialstamm voraus. Die Materialstücklisten in der Variantenkonfiguration sind inhaltlich Maximalstücklisten. Das bedeutet, dass sie alle eventuell nötigen Komponenten enthalten. Eine Materialstückliste zu einem konfigurierbaren Material erlaubt zusätzlich zum Standard das Zuordnen von Klassen und Beziehungswissen.
- **Arbeitsplan**
  Der Arbeitsplan wird ebenfalls mit Bezug zum Materialstamm angelegt. Die Verknüpfung Materialstamm – Arbeitsplan ist nicht so streng wie die Verknüpfung Materialstamm – Stückliste. Analog zur Stückliste handelt es sich auch inhaltlich um einen Maximalarbeitsplan. Und auch analog zur Stückliste kann hier ebenfalls Beziehungswissen zugeordnet werden, das im Zusammenhang mit einem konfigurierbaren Material ausgewertet wird.
- **Beziehungswissen**
  Das Beziehungswissen steuert die Bewertung, z.B. im Vertriebsbeleg. Aber auch die Auflösung von Stückliste und Arbeitsplan nutzt Beziehungswissen. In Beziehungswissen werden Merkmale und ihre Werte angesprochen. Man kann auch die Variantenklasse, den Materialstamm und Objekte aus der Stückliste ansprechen. Beziehungswissen kann folgenden Ebenen zugeordnet werden:
  - Merkmalen und Werten
  - Konfigurationsprofilen
  - Elementen aus Stückliste und Arbeitsplan

Weitere Stammdaten und Einstellungen runden das Modell der Variantenkonfiguration ab. Dazu gehören u.a. die Materialvarianten, Auftragsstücklisten, Vorplanungsprofile, -tabellen und weitere Einstellungen zur Vorplanung.

Auch die Einstellungen zum Änderungsdienst gehören zum Modell der Variantenkonfiguration. Hier können Sie im sogenannten *Stammdaten-Änderungsdienst*, Engineering Change Management (ECM), die meisten Modelldaten des Variantenkonfigurationsmodells mit Historie planbar ändern. Mit dem *Fertigungsauftrags-Änderungsdienst*, Order Change Management (OCM), können Sie gerade bei Langläufern in der Fertigung noch während des Fertigungsprozesses Änderungen sowohl an den Modelldaten als auch Änderungen am Kundenwunsch in diesen Fertigungsprozess einfließen lassen.

Durch die Beschaffenheit dieser Stammdaten (siehe auch Abbildung 2.1) ergeben sich zwingende Abhängigkeiten bezüglich der Reihenfolge der Pflege der einzelnen Stammdaten des Variantenmodells.

1. **Merkmalspflege**
   Die Merkmalspflege setzt keine Modellpflegeschritte voraus.
2. **Klassenpflege**
   Die Klassenpflege setzt die Existenz der Merkmale voraus.
3. **Materialstammpflege**
   Die Materialstammpflege setzt analog zu den Merkmalen keine Schritte bezüglich der Modellpflege in der Variantenkonfiguration voraus (zumindest nicht bezüglich der oben beschriebenen Schritte).
4. **Konfigurationsprofil**
   Das Konfigurationsprofil setzt die Existenz des konfigurierbaren Materialstamms, spezieller Klassen (der Variantenklassen) und der Verknüpfung Materialstamm – Variantenklasse (Klassifizierung) voraus.
5. **Preisfindung**
   Die Einstellungen der Preisfindung setzen zumindest im Standard die Existenz des Materialstamms voraus.
6. **Stückliste**
   Die Stückliste setzt die Existenz des Materialstamms voraus.
7. **Arbeitsplan**
   Bevor der Arbeitsplan angelegt wird, existieren im Allgemeinen Materialstamm und Stückliste. Dies ist jedoch nicht zwingend.
8. **Beziehungswissen**
   Die Pflege des Beziehungswissens setzt voraus, dass alle in der Syntax angesprochenen Objekte bereits angelegt sind:
   - Merkmale mit ihren Werten (zwingend)
   - Materialstamm
   - Stückliste und Objekte auf Positionsebene (Materialstamm, Klasse und Dokument)

   Ansonsten kann das Beziehungswissen zumindest nicht freigegeben werden.

Mit diesen Erläuterungen haben wir bereits die notwendige Reihenfolge der Modellierungsschritte festgelegt, an der wir uns im Folgenden orientieren werden.

Bei den ersten Punkten in dieser Aufzählung, Merkmalspflege und Klassenpflege, handelt es sich sowohl um Stammdaten als auch um Werkzeuge aus dem Klassensystem. Man könnte die Erläuterung des Modellierungsprozesses also mit Werkzeugen aus dem Klassensystem oder mit dem Materialstamm beginnen.

2.2 Werkzeuge aus dem Klassensystem

Die Variantenkonfiguration bedient sich der Werkzeuge des Klassensystems, um die Variabilität des konfigurierbaren Produkts abzubilden. In der Variantenkonfiguration finden vorrangig Variantenklassen und Klassenknoten Anwendung. Auch andere Klassenarten spielen eine Rolle. Schwerpunkt in diesem Abschnitt sind die Besonderheiten, die bei der Nutzung der Werkzeuge aus dem Klassensystem in der Variantenkonfiguration zu beachten sind. Dabei setzen wir Grundkenntnisse voraus.

Werkzeuge aus dem Klassensystem dienen zur Modellierung der Bewertungsoberfläche über Variantenklassen, zur vereinfachten Pflege von Stücklisten mit Hilfe sogenannter Klassenknoten und zur Einsparung von Auswahlbedingungen bei klassifizierten Stücklistenpositionen. Diese Anwendungen werden in diesem Abschnitt ausführlich erläutert.

Das Klassensystem kann grob in vier Grundfunktionen unterteilt werden: Merkmals- und Klassenverwaltung, Klassifizierung und Suche. An diesen vier Punkten orientiert sich die Struktur dieses Abschnitts.

2.2.1 Merkmalsverwaltung

Merkmale können Felder im Bewertungsbild der Konfiguration darstellen. In dieser Anwendung legen Sie pro Eigenschaft, für die eine Variabilität besteht, aus der in der Konfiguration ausgewählt werden soll, ein Merkmal an.

Ein Merkmal ist damit ein Feld in der Bewertungsoberfläche der Konfiguration.

In der klassischen Anwendung des Klassensystems erlauben Merkmale für eine Gruppe von Objekten, den Objekten einer Klasse, zusätzliche Eigenschaften des Objekts zu beschreiben. Dies nutzt man in dieser Form auch bei den beiden Anwendungen des Klassensystems (Klassenknoten und klassifizierte Stücklistenpositionen), die in Abschnitt 2.7, »Beziehungswissen für Stückliste und Arbeitsplan«, noch vorgestellt werden.

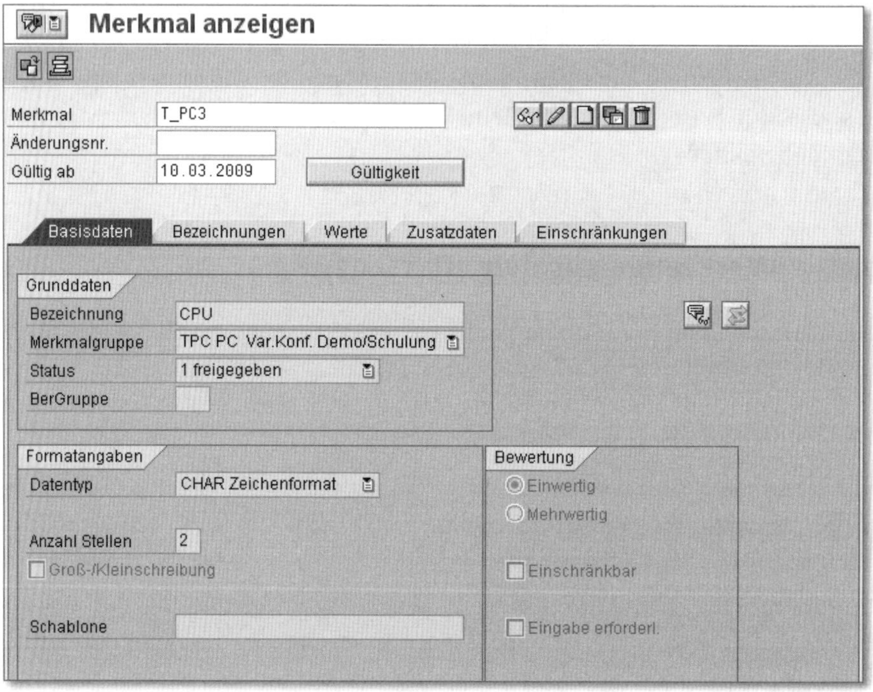

Abbildung 2.2 Sichten des Merkmalsstamms

Der Merkmalsstamm wird auf den Registerkarten BASISDATEN, BEZEICHNUNGEN, WERTE, ZUSATZDATEN und EINSCHRÄNKUNGEN aufbereitet (siehe Abbildung 2.2).

Bei der Pflege dieser Registerkarten sind einige Besonderheiten zu beachten. Betrachten wir zunächst die Kopfansicht (siehe Abbildung 2.2).

Der Merkmalsname muss extern, d.h. vom Benutzer, vergeben und in das Feld MERKMAL eingetragen werden. Er muss mit einem Buchstaben beginnen; neben Buchstaben kann er Ziffern, Unterstriche und Bindestriche enthalten. Letztere sollten Sie jedoch bei der Variantenkonfiguration vermeiden, da sie das Schreiben von Beziehungswissen unnötig verkomplizieren.

Der Name des Merkmals ist nicht der interne Schlüssel des Merkmals, so dass er nachträglich geändert werden kann. Dies geht auch dann noch, wenn das Merkmal Klassen zugeordnet ist, klassifiziert oder konfiguriert wurde. Merkmalsnamen können nur dann nicht geändert werden, wenn sie in Beziehungswissen verwendet werden. Analog verhält es sich mit Klassennamen.

Merkmale können generell mit Änderungsdienst angelegt und geändert werden. Hierfür tragen Sie im Feld ÄNDERUNGSNR. des Einstiegsbilds der Merkmalsverwaltung eine Änderungsnummer. Zum Thema Änderungsdienst sei auf den gleichnamigen Abschnitt 6.2 verwiesen.

Registerkarte »Basisdaten«

Für ein Merkmal müssen die Felder der Registerkarte BASISDATEN gepflegt werden. Die übrigen Registerkarten dagegen müssen nicht zwingend gepflegt werden (siehe Abbildung 2.2).

Die folgende Aufzählung zeigt, welche Felder Sie im Einzelnen pflegen können und teilweise auch müssen:

- **Bezeichnung**
  Auf der Registerkarte BASISDATEN muss die Bezeichnung in der Anmeldesprache eingegeben werden. Bezeichnungen sind generell sprachabhängig. Sie können auch den Langtext pflegen (siehe den Button hinter dem Feld BEZEICHNUNG), den Sie über die Wertehilfe während der Konfiguration abrufen können.
- **Merkmalsgruppe**
  Es kann eine Merkmalsgruppe zugeordnet werden. Merkmalsgruppen werden im Customizing angelegt. Sie bestehen nur aus Schlüssel und Bezeichnung, haben keine funktionale Bedeutung und dienen zur Suche und einfachen einstufigen Strukturierung.
- **Merkmalsstatus**
  Das Merkmal muss wie fast alle SAP-Objekte einen Status haben, den Sie im Feld STATUS pflegen. Der Merkmalsstatus kann über das Customizing vorgeschlagen werden, er spielt keine Rolle für Klassifizierung und Konfiguration und wird nur in der Klassenpflege ausgewertet.
- **Berechtigungsgruppe**
  Das Merkmal kann eine Berechtigungsgruppe haben, die im Feld BERGRUPPE gepflegt wird. Auch diese Berechtigungsgruppe ist nur für die Merkmalspflege und nicht für Klassifizierung und Konfiguration relevant.
- **Datentyp**
  Das Merkmal muss einen Datentyp besitzen.

[+]

Datentypen in der Variantenkonfiguration

In der Variantenkonfiguration sind uneingeschränkt nur das Zeichenformat CHAR und das numerische Format NUM nutzbar. Das Wort »uneingeschränkt« bezieht sich dabei darauf, dass diese Formate uneingeschränkt in Beziehungswissen genutzt werden können.

Für alle anderen Formate existieren Einschränkungen bei der Verwendung in Beziehungswissen, so dass man sie kaum in der Variantenkonfiguration einsetzt.

Datums- und Zeitformat können im Beziehungswissen nur abgefragt, jedoch nicht in Rechnungen genutzt werden. Währungsformate bieten nicht die Möglichkeit von Währungsumrechnungen. Benutzereigene Formate können in Beziehungswissen nicht genutzt werden.

Beim *Zeichenformat* müssen Sie die Stellenzahl der sprachneutralen Schlüssel der Merkmalswerte mitgeben. Diese Anzahl ist auf 30 begrenzt, Angaben über 30 sind nur mit Modifikationen möglich. Sie können über das entsprechende Flag zwischen Groß- und Kleinschreibung bei den Schlüsseln für Merkmalswerte unterscheiden. Diese Unterscheidung zwischen Groß- und Kleinschreibung sollte bei der Variantenkonfiguration möglichst vermieden werden (jedoch nicht immer möglich), da es eine Fehlerquelle beim Schreiben von Beziehungswissen darstellt. Bis auf diese Ausnahme ist Beziehungswissen bezüglich der Groß- und Kleinschreibung nicht sensitiv. Sie können Schablonen für Zeichenformate verwenden, was aber ebenfalls kaum genutzt wird, da man in der Variantenkonfiguration meist mit festen Listen zulässiger Werte arbeitet.

Beim *numerischen Format* sehen die Formatangaben anders aus als in Abbildung 2.2. Sie müssen auch hier die Stellenzahl eintragen. Von dieser Stellenzahl kann ein Teil als Nachkommastellen festgelegt werden, das Komma zählt nicht als Stelle. Sie können mit Maßeinheiten arbeiten; diese müssen aber vorher im Customizing definiert worden sein und können nicht im Beziehungswissen angesprochen werden.

Weiterhin können Sie für numerische Formate negative Werte und Exponentialdarstellungen erlauben. Das numerische Format gestattet eigentlich auch Intervallwerte, die jedoch nicht in Beziehungswissen angesprochen werden können und daher auch nicht in der Variantenkonfiguration zu empfehlen sind.

Neben dem Abschnitt FORMATANGABEN sehen Sie in Abbildung 2.2 den Abschnitt BEWERTUNG. Dieser enthält Einstellungen zu Wertigkeit und Muss-Merkmale.

- **Wertigkeit**
  Merkmale können einwertig (höchstens ein Wert) oder mehrwertig (beliebig viele Werte) sein. Sie können auch mit einwertigen und gleichzeitig einschränkbaren Merkmalen arbeiten. Hier können Sie sehr elegant mit Constraints im Rahmen von Beziehungswissen die Liste der zulässigen Werte einschränken. Weiterhin wird bei diesen Merkmalen jede Bewertung auch als Einschränkung interpretiert, so dass nach der Bewertung die Liste der zulässigen Werte auf den einen Wert, mit dem bewertet wurde, eingeschränkt wird. Der Konfigurator des IPC (und nur dieser) kann auch mit einschränkbaren Merkmalen arbeiten, die mehrwertig sind.
- **Muss-Merkmal**
  Für Merkmale kann die Eingabe eines Wertes erforderlich sein, man spricht dann von *Muss-Merkmalen*. Soll ein Merkmal nur unter gewissen Bedingungen ein Muss-Merkmal sein, dann darf dieses Flag nicht gesetzt werden. Man steuert dies dynamisch über Beziehungswissen.

Registerkarten »Bezeichnungen« und »Werte«

Alle weiteren Registerkarten des Merkmalsstamms können Sie optional pflegen (z.B. BEZEICHNUNGEN, siehe Abbildung 2.3). In der MERKMALSPFLEGE können Sie die Sprache auch wechseln, so dass dann die Bezeichnungen des Merkmals und der Merkmalswerte angelegt werden können.

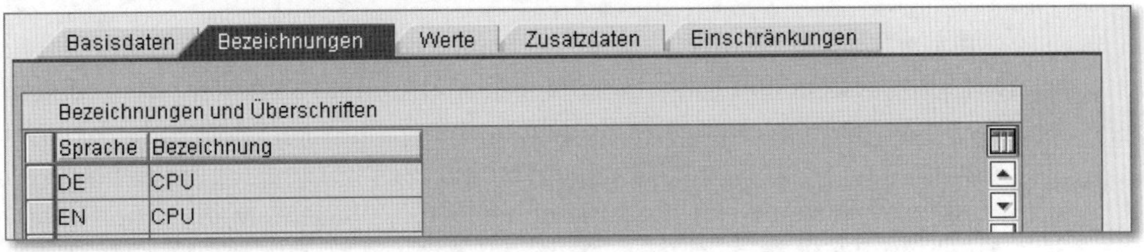

Abbildung 2.3 Registerkarte »Bezeichnungen«

Auf der Registerkarte WERTE können Sie eine Liste zulässiger Werte, eine Prüftabelle, einen Prüffunktionsbaustein oder einen Katalog hinterlegen (siehe Abbildung 2.4).

- Für das *Zeichenformat* CHAR können Sie hier nur Einzelwerte hinterlegen. Sie können für die Merkmalswerte Bezeichnungen pflegen und diese über den entsprechenden Button BEZEICHNUNGEN zum Wert oder über die Umstellung im Menü in weitere Sprachen übersetzen.

- Für das *numerische Format* NUM sind neben den Einzelwerten auch immer Intervallwerte für die Eingabe zulässig – unabhängig davon, ob auf den Basisdaten das Flag für Intervallwerte gesetzt ist. Für das numerische Format gibt es nicht die Möglichkeit, Merkmalswerten auch Bezeichnungen zuzuordnen.
- Merkmalswerten können *Dokumente* und *Langtexte* zugeordnet werden. Diese stehen in der Konfiguration so zur Verfügung, wie man es von der Klassifizierung oder Suche im Klassensystem kennt.

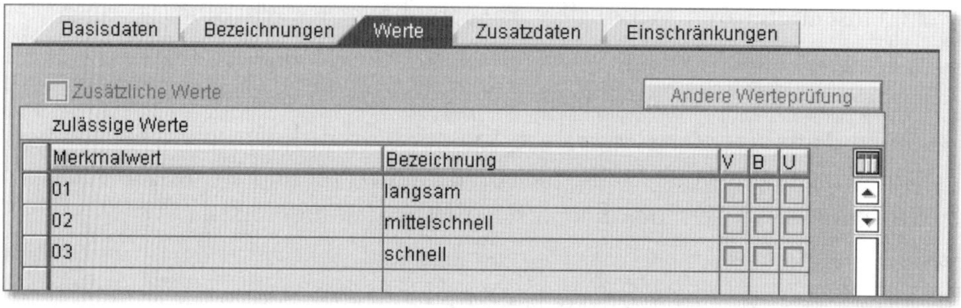

Abbildung 2.4 Registerkarte »Werte«

Registerkarten »Zusatzdaten« und »Einschränkungen«

Auf der Registerkarte ZUSATZDATEN (siehe Abbildung 2.5) können Sie über den Verweis auf ein Tabellenfeld sogenannte Objektmerkmale anlegen.

Objektmerkmale erlauben es, in Beziehungswissen sehr elegant und direkt auf Informationen in Datenbankfeldern zuzugreifen. Es besteht das Problem, dass man im Allgemeinen in Beziehungswissen nur auf Merkmale zugreifen kann und nicht direkt auf Datenbankfelder. Eine Lösung des Problems wären Funktionsbausteine im Zusammenhang mit Variantenfunktionen (siehe Abschnitt 2.6.9). Eine zweite Lösung sind genau diese Objektmerkmale, die einen Link auf ein Feld einer Datenbanktabelle oder Struktur darstellen. So sprechen Sie im Beziehungswissen »nur« ein Merkmal an, haben jedoch Zugriff auf das Datenbankfeld. Im Standard des Klassensystems haben Sie nur auf die Tabelle Zugriff, deren Einträge klassifiziert werden sollen – und dies auch generell nur lesend. Im Unterschied dazu können Sie in der Variantenkonfiguration auf eine ganze Reihe von Datenbanktabellen zugreifen.

[+]

Lesender und schreibender Zugriff mit Objektmerkmalen

Lesender Zugriff bedeutet, dass der Inhalt im Rahmen von Beziehungswissen ausgewertet wird; schreibender Zugriff bedeutet, dass der Inhalt von entsprechenden Feldern geändert werden kann.

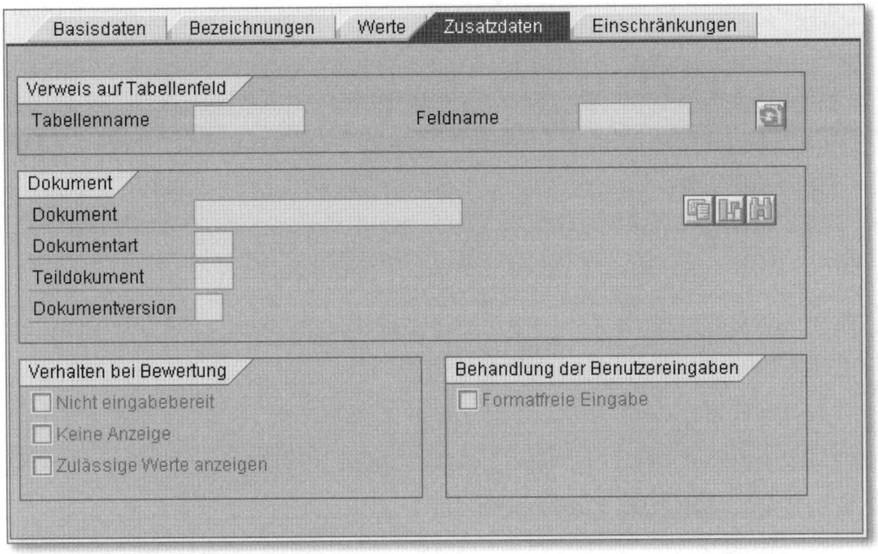

Abbildung 2.5 Registerkarte »Zusatzdaten«

Betrachten wir das Ganze nun im Detail, zunächst die Konfiguration im Vertriebsbeleg.

Während der Konfiguration im Vertriebsbeleg haben Sie auf die folgenden Tabellen lesenden und schreibenden Zugriff:

- SDCOM = Kommunikationsstruktur SD
- VCSD_UPDATE = Update-Struktur für einige Felder der VBAP
- SCREEN_DEP = Struktur zur Änderung des Verhaltens von Merkmalen bei der Bewertung

Während der Konfiguration im Vertriebsbeleg haben Sie nur lesenden Zugriff auf folgende Tabellen:

- VBAK = Vertriebsbeleg Kopf
- VBAP = Vertriebsbeleg Position
- VBKD = Kaufmännische Daten
- MAEPV & MAAPV = Materialstammfelder
- VEDA = Vertragsdaten
- VBPA_AG, VBPA_WE, VBPA_RE, VBPA_RG, VBADR_AG, VBADR_WE, VBADR_RE, VBADR_RG = Vertragspartner inklusive Adressdaten (Auftraggeber, Warenempfänger, Rechnungsempfänger und Regulierer)

Kommen wir nun zur Konfiguration im Einkaufsbeleg. Während dieser haben Sie lesenden und schreibenden Zugriff auf folgende Tabellen:

- MMCOM = Kommunikationsstruktur MM
- SCREEN_DEP = Struktur zur Änderung des Verhaltens von Merkmalen bei der Bewertung

Für die *Konfiguration der Materialvarianten* können Sie auf die Materialstammtabellen MARA, MARC und MAKT lesend zugreifen.

Während der *Stücklisten- und Arbeitsplanauflösung* haben Sie lesenden und schreibenden Zugriff auf folgende Tabellen:

- STPO = Felder der Stücklistenposition
- PLPO = Felder des Vorgangs im Arbeitsplan
- PLFH = Felder FHM-Zuordnung
- PLFL = Felder des Folgen-Detailbildes
- ESSL = Zeilen des Muster-Leistungsverzeichnisses

Auf der Registerkarte ZUSATZDATEN können Sie darüber hinaus ein *Dokument* zuordnen, das analog zu den Merkmalswerten in der Konfiguration über die Wertehilfe angeboten wird und bei Bedarf angezeigt werden kann.

Über die Einstellungen zum Verhalten bei der Bewertung kann ein Merkmal während der Konfiguration nicht eingabebereit sein bzw. ganz ausgeblendet werden. Dies kann sinnvoll für Merkmale sein, die durch Beziehungswissen bewertet werden und/oder rein technischer Natur sind. Das Verhalten bei der Bewertung kann durch Prozeduren und unter Zuhilfenahme der Struktur SCREEN_DEP verändert werden.

Es kann sinnvoll sein, Merkmale ausschließlich für die Variantenkonfiguration zu reservieren. Dies kann auf der Registerkarte EINSCHRÄNKUNGEN eingestellt werden, indem Sie hier die Klassenart 300 und eventuell auch 200 eintragen.

2.2.2 Klassenverwaltung

Variantenklassen und Klassenknoten sind Klassenarten, die speziell für die Variantenkonfiguration angelegt wurden.

Im Standard sind die Klassenarten 300 (für konfigurierbare Materialstämme, Instandhaltungsanleitungen und Netzpläne) und 301 (für konfigurierbare Muster-Leistungsverzeichnisse) als Variantenklasse eingestellt. Dies geschieht über das gleichnamige Flag im Customizing der Klassenarten und bewirkt, dass bei Anlage der Konfigurationsprofile auf diese Klassenart zugegriffen werden kann. Dadurch wird die Bewertungsoberfläche für die Konfiguration erzeugt. Im Standard sind die Klassenarten 200 (für Materialstämme) und 201 (für Dokumente) als Klassenknoten eingestellt.

Analog zu den Variantenklassen ist dies ebenfalls ein Flag. Es bewirkt, dass in der Klassenpflege die zusätzliche Registerkarte ZUSATZDATEN angeboten wird. Hierüber können Sie erlauben, dass eine solche Klasse als Position in die Stücklisten konfigurierbarer Materialien aufgenommen wird (siehe Abbildung 2.6).

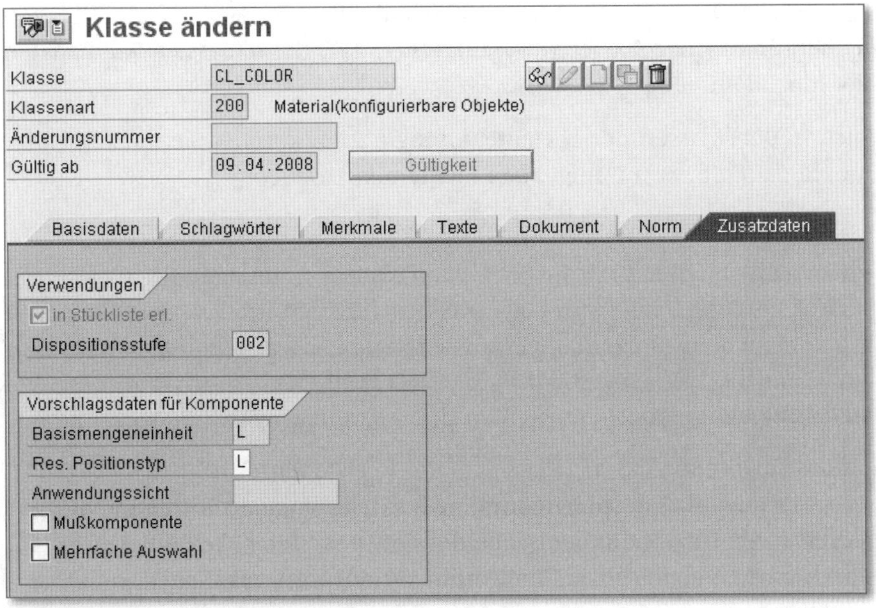

Abbildung 2.6 Registerkarte »Zusatzdaten« in Klassenknoten

Eine solche Klasse als Position ersetzt in der Stückliste die Aufnahme aller Materialien, die in dieser Klasse klassifiziert sind – inklusive der dazugehörigen Auswahlbedingungen. Eine Klasse als Position in der Stückliste wird durch genau *eine* Materialposition bei der Stücklistenauflösung ersetzt. Hierfür sind jedoch entsprechende Einstellungen notwendig (siehe Abschnitt 2.7, »Beziehungswissen für Stückliste und Arbeitsplan«). Auf der Registerkarte ZUSATZDATEN wird eine Dispositionsstufe angezeigt (siehe Abbildung 2.6). Darüber hinaus können Sie über die beiden Flags MUSSKOMPONENTE und MEHRFACHE AUSWAHL einstellen, dass in Szenarien, in denen man manuell auf entsprechende Inkonsistenzmeldungen reagieren kann, solche Inkonsistenzmeldungen erzeugt werden. Dies ist unter folgenden Umständen wichtig:

- falls bei der Stücklistenauflösung kein passendes Material in der Klasse gefunden wird
- falls bei der Stücklistenauflösung mehr als ein passendes Material in der Klasse gefunden wird

Variantenklassen dienen zum Sammeln von Merkmalen, die als Bewertungsoberfläche für die Konfiguration angeboten werden sollen. Dabei unterscheidet sich die Pflege einer solchen Klasse nicht von der Pflege »normaler« Materialklassen (Klassen der Klassenart 001). Wie bereits erwähnt, unterscheidet sich die Klassenpflege von Klassenknoten (Klassenart 200, 201) von der herkömmlicher Klassen (Klassenart 001, 017) darin, dass die Zusatzdaten hier hinzukommen.

Auch in den Klassen der Variantenkonfiguration können Sie mit folgender Funktionalität bzw. mit folgenden Elementen arbeiten:

- klassenspezifische Merkmalsanpassung (Überschreibung)
- Klassenhierarchien
- Mehrfachklassifizierung
- Anwendungssichten
- Dokumente

Für das Dokument, das der Klasse auf der Registerkarte Dokument zugeordnet wird, spielt das entsprechende Flag Dokument immer anzeigen (hier zur permanenten Anzeige in der Suche des Klassensystems) keine Rolle. Es gibt jedoch etwas Vergleichbares im Konfigurationsprofil mit Startlogo-Funktionalität.

2.2.3 Klassifizierung

Die Klassifizierung der Klassenknoten funktioniert analog zur Klassifizierung herkömmlicher Klassen. Den Klassenknoten werden über die Transaktionen der Klassifizierung (CL20N, CL24N) oder Stammdatenpflege (MM01, MM02 oder ähnliche; CV01N, CV02N) die Materialstämme oder Dokumente zugeordnet. Diese Materialstämme sind im Allgemeinen nicht konfigurierbar. Darüber hinaus besitzen Klassenknoten Merkmale, die bei der Klassifizierung alle bewertet werden. Da diese Klassifizierung dazu dienen soll, einen Klassenknoten eindeutig durch einen Materialstamm zu ersetzen, sollte es vermieden werden, gleich bewertete Objekte den Klassenknoten zuzuordnen. Dies lässt sich durch Einstellungen in den Basisdaten der Klassenverwaltung verhindern.

Variantenklassen werden mit Hilfe der Klassifizierung dem konfigurierbaren Material zugeordnet. Diese Zuordnung kann neben den Transaktionen (CL20N, CL24N, MM02, MM02 etc.) auch über die Pflegetransaktion des Konfigurationsprofils (CU41) realisiert werden. Dabei ist im Nachhinein völlig unbedeutend, welche Transaktion gewählt wurde. Es handelt sich immer um eine Zuordnung Material zu Klasse – auch bei der Pflegetransaktion des Konfigurationsprofils.

Die Zuordnung des konfigurierbaren Materials zur Variantenklasse erfolgt über die *Klassifizierung*. Dabei wird im Allgemeinen keine Bewertung durchgeführt. Nicht das Material soll bewertet bzw. konfiguriert werden, sondern später z.B. die Position im Kundenauftrag. Trotzdem wird auch hier bei der Zuordnung des konfigurierbaren Materials eine Bewertungsoberfläche angeboten. Diese dient jedoch nur zur Einschränkung der zulässigen Werte pro Merkmal. Die Funktionalität entspricht der Funktionalität von Klassenhierarchien oder der Chargenklassifizierung. Man spricht deshalb bei konfigurierbaren Materialien bzw. auch bei chargenpflichtigen Materialien von sogenannten Objekthierarchien.

Wie bereits erwähnt, kann auch die normale Klassifizierung von Materialstämmen (Klassenart 001) in der Variantenkonfiguration genutzt werden. Wenn solche herkömmlich klassifizierten Materialstämme als Positionen in konfigurierbare Stücklisten aufgenommen werden, kann unter Umständen die Pflege von Auswahlbedingungen eingespart werden (siehe Abschnitt 2.7, »Beziehungswissen für Stückliste und Arbeitsplan«).

2.2.4 Suche

Die Klassifizierung kennt mehrere Möglichkeiten, nach Objekten im Klassensystem zu suchen. Folgende Transaktionen können hierfür genutzt werden:

- CL30N zur Objektsuche in Klassen oder Klassenhierarchien
- CL31 zur Suche in Klassenarten
- CT12 zur Ermittlung des Verwendungsnachweises für Merkmale oder Merkmalswerte

Diese Suchfunktionen können auch in der Variantenkonfiguration genutzt werden. So werden in der Objektsuche in Klassen (CL30N) neben den in den Variantenklassen klassifizierten konfigurierbaren Materialstämmen auch die konfigurierten Objekte angezeigt. Konfigurierte Objekte können z.B., wie in Abbildung 2.7 erkennbar, Materialvarianten oder Positionen von Vertriebsbelegen wie dem Kundenauftrag sein. Über Customizing-Einstellungen an der Klassenart der Variantenklassen können Sie aus diesem Suchergebnis direkt in die klassifizierten Materialstämme und in die konfigurierten Objekte springen. Ähnliche Einstellungen können Sie auch direkt aus dem Suchergebnis heraus über den Menüpunkt Umfeld vornehmen.

Der Verwendungsnachweis Merkmale/Merkmalswerte (Transaktion CT12) kann neben der primären Anwendung des Verwendungsnachweises auch für die Objektsuche genutzt werden. Starten Sie den Verwendungsnachweis für einen speziellen Merkmalswert eines Merkmals in Klassifizierung und Konfiguration, erhalten Sie als Suchergebnis die Objekte, die den entsprechenden Wert als Bewertung in Form einer Klassifizierung oder Konfiguration besitzen (siehe Abbildung 2.8).

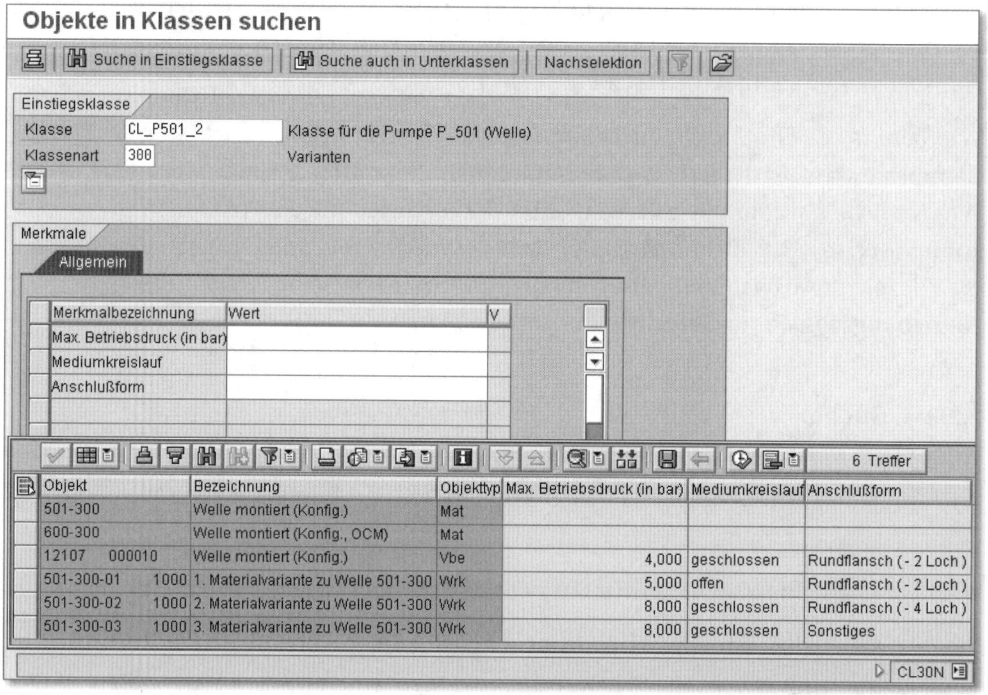

Abbildung 2.7 Objektsuche in Klassen

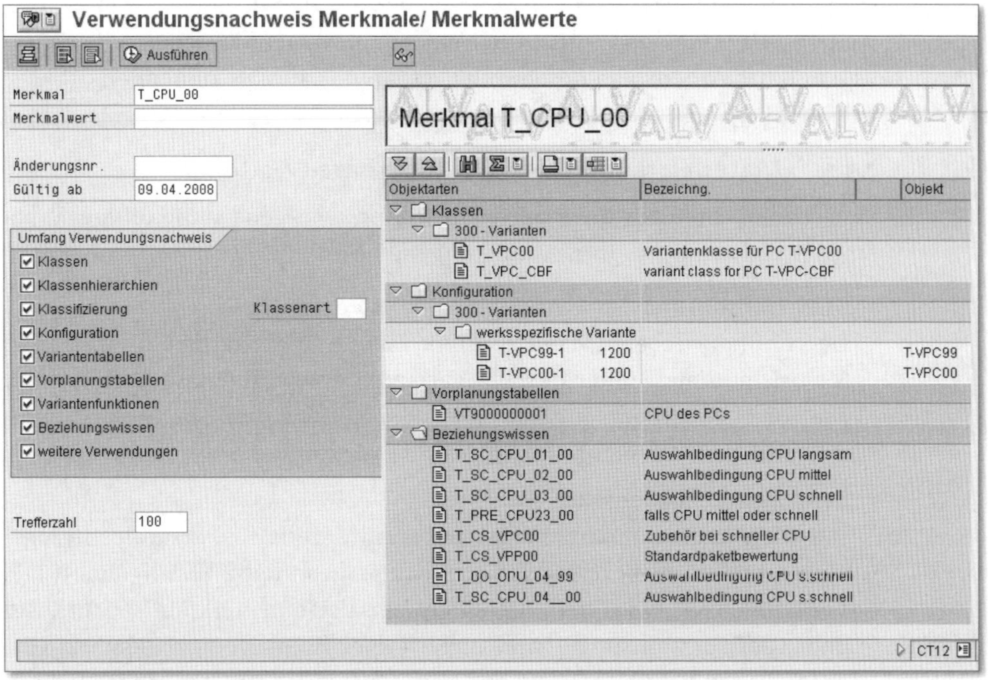

Abbildung 2.8 Verwendungsnachweis im Umfeld »Merkmal/Merkmalswert« in der Variantenkonfiguration

Diese Form der Objektsuche funktioniert hier zwar nur für einen einzelnen Merkmalswert, dafür gibt es jedoch keine Grenzen bezüglich Klasse, Klassenart oder Objekttyp. Diese Transaktion des Verwendungsnachweises ist in der Variantenkonfiguration nicht nur für die Objektsuche interessant. Hier werden alle Formen der Verwendung von Merkmalen oder einzelnen Merkmalswerten in der Variantenkonfiguration ausgewertet. Dies ist vor allem dann von Bedeutung, wenn Sie das Variantenmodell dadurch ändern möchten, dass Sie Merkmalswerte hinzunehmen oder löschen.

2.3 Materialstamm, Stückliste und Arbeitsplan

Die Variantenkonfiguration nutzt ebenfalls den klassischen Materialstamm, die Materialstückliste, um das konfigurierbare Produkt abzubilden. Für den Fertigungsprozess werden neben der Stückliste auch Informationen aus dem Arbeitsplan genutzt. Einige Besonderheiten sind bei der Pflege dieser Stammdaten zu beachten, wenn sie für konfigurierbare Produkte erfolgen soll. Dies soll hier – noch unter Ausschluss des Themas Beziehungswissen –

vorgestellt werden. Neben den Werkzeugen aus dem Klassensystem sind als weitere Stammdaten des Variantenmodells der Materialstamm, die Stückliste und der Arbeitsplan des konfigurierbaren Materials zu nennen.

2.3.1 Materialstamm des konfigurierbaren Materials

Zunächst möchten wir die Frage beantworten, was genau ein konfigurierbarer Materialstamm ist. Er ist durch folgende Merkmale gekennzeichnet:

- **Materialnummer für eine Vielzahl von Varianten**
  Der konfigurierbare Materialstamm ist ein Materialstamm, d.h. eine Materialnummer, unter der alle Varianten eines Produkts abgelegt sind. Die konkrete Variante ergibt sich aus der Kombination von Materialnummer und einer Konfiguration, sprich: Bewertung.
- **Zentrales Bezugsobjekt**
  Der Materialstamm des konfigurierbaren Materials ist zentrales Bezugsobjekt für die weitere Modellierung. Das bedeutet z.B. Folgendes: Die Variantenklasse wird mit diesem Materialstamm verknüpft, Stückliste und Konfigurationsprofil sind materialspezifisch. Der Arbeitsplan wird ebenfalls mit dem Materialstamm verknüpft, die Variantenkonditionen in der Preisfindung sind im Standard materialspezifisch, die Material- und Vorplanungsvarianten beziehen sich auf diesen Materialstamm, und auch im Beziehungswissen wird diese Materialnummer zum Teil direkt angesprochen.

  Teilweise wird bei diesen Abhängigkeiten direkt die Eigenschaft des Materialstamms, konfigurierbar zu sein, abgefragt.
- **Träger von Informationen und Steuerungsparametern**
  Der Materialstamm ist allgemein ein Datensatz, der wichtige Informationen und Steuerungsparameter der Anwendungen enthält, in denen mit diesem Material gearbeitet werden soll. In diesem Zusammenhang gibt es auch spezielle Einstellungen zur Variantenkonfiguration.

Hier sollen einige Besonderheiten der Steuerungsparameter in der Materialstammpflege angesprochen werden. Erinnern Sie sich an das »Sichtenkonzept« des Materialstamms: Für den Materialstamm müssen die Sichten in Form von Registerkarten angelegt sein, deren zugehörige Anwendungen mit dem Material arbeiten können sollen (siehe Abbildung 2.9).

Dabei ist zu beachten, dass jede Fachabteilung über ihre eigene Sicht auf den Materialstammsatz die für sie relevanten Daten abbildet.

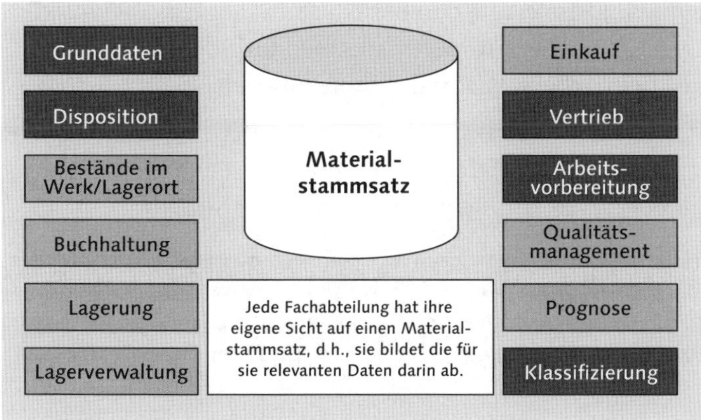

Abbildung 2.9 Sichtenkonzept des Materialstamms

Grunddaten

In den Grunddaten des Materialstamms muss dieser als konfigurierbar gekennzeichnet werden.

Customizing der Konfigurierbarkeit von Materialstämmen

Es existieren eine Reihe von Einstellungen im Customizing der Materialstämme, die steuern, inwieweit ein Materialstamm konfigurierbar sein kann oder muss. Sie haben die Möglichkeit, im Customizing des Materialstamms unter den globalen Einstellungen die Variantenkonfiguration insgesamt an- bzw. abzuschalten.

Darüber hinaus können Sie pro Materialart über das entsprechende Customizing entscheiden, ob ein Materialstamm konfigurierbar ist (siehe auch Abschnitt 4.3.1, »Konfigurierbarer Materialstamm«).

Die folgende Aufstellung listet die möglichen Optionen auf, über die Materialart zu steuern, ob ein Materialstamm konfigurierbar ist:

- Materialstämme der Materialart KMAT sind generell konfigurierbar, da das entsprechende Flag im Customizing dieser Materialart vorbelegt und im Materialstamm damit nicht löschbar ist.
- Für Materialstämme anderer Materialarten kann das Flag im Standard pro Materialstamm gesetzt werden. Im Customizing der Materialart ist das Flag nicht vorbelegt, und über Feld- und Bildsteuerung wird das Flag als eingabebereit angeboten.
- Sie können unternehmensspezifisch eigene neue Materialarten für generell konfigurierbare (ähnlich zu KMAT) Materialstämme und wahlweise konfigurierbare Materialstämme anlegen (ähnlich wie FERT und andere).

- Sie können über die Bildsteuerung den Bildbaustein mit dem Flag für konfigurierbare Materialstämme für Materialarten ausblenden und damit generell nicht konfigurierbare Materialstämme anlegen.
- Falls der entsprechende Bildbaustein nicht ausgeblendet wurde, besteht auch die Möglichkeit, über die Feldsteuerung nur das entsprechende Flag nicht anzuzeigen oder auch auf nicht eingabebereit zu setzen.

[!]

Flag »Konfigurierbares Material«

Das Flag, durch das das Material konfigurierbar ist, kann auch nachträglich gesetzt werden, aber es kann nicht nachträglich in der Materialstammpflege zurückgenommen werden.

Wichtig ist, dass nicht nur das Kopfmaterial eines konfigurierbaren Produkts einen konfigurierbaren Materialstamm besitzt. Auch die Kopfmaterialien aller Stücklisten von Baugruppen, in denen Beziehungswissen zugeordnet werden soll, müssen ebenfalls konfigurierbar sein. Man kann sagen, überall dort, wo die Konfiguration Einfluss haben soll, muss ein konfigurierbares Material darüberstehen.

Ein weiterer Aspekt in den Registerkarten der Grunddaten sind die Gewichte im entsprechenden Bildbaustein. Für die Vertriebsprozesse werden hier Angaben benötigt. Diese können jedoch von der Konfiguration abhängig sein. Sollte dies der Fall sein, können über Beziehungswissen mit Hilfe von Objektmerkmalen mit Bezug auf die Struktur VCSD_UPDATE Gewichtsangaben berechnet und in die entsprechenden Felder des Vertriebsbelegs geschrieben werden. Für die Berechnung können die Größen aus dem Materialstamm über MAAPV ausgelesen werden.

Klassifizierung

In der Sicht Klassifizierung müssen eine oder mehrere Variantenklassen zugeordnet werden. Über das Bewertungsbild können die Listen der zulässigen Werte für die einzelnen Merkmale materialspezifisch eingeschränkt werden.

Vertrieb

In den Sichten des Vertriebs sind neben den Muss-Feldern folgende Besonderheiten zu beachten:

- Es wird eine spezifische Positionstypengruppe benötigt.
- Im Standard wird in der Variantenkonfiguration die Positionstypengruppe 0002 (Konfiguration) genutzt. Eine Ausnahme stellt das konfigu-

rierbare Material mit einem Konfigurationsszenario *Kundenauftrag (SET)* dar. Hier verwendet man 0004 (Einzelfertigung/Montage).

Die Positionstypengruppe dient zur Findung des Positionstyps für den Vertriebsbeleg, der wiederum unter anderem die Bedarfsübergabe, Einteilung und Preisfindung steuert (siehe Abschnitt 2.5, »Überblick ›Beziehungswissen‹«, und Kapitel 4, »Customizing von SAP ERP für die Variantenkonfiguration«).

Weiterhin muss die Verfügbarkeitsprüfung gegen Einzelbedarf erfolgen. Hier dürfen keine Bedarfe zusammengefasst werden, da ansonsten die Verbindung zur Konfiguration in der Position des Vertriebsbelegs verloren geht. Diese Verfügbarkeitsprüfung ergibt jedoch stets ein negatives Resultat, so dass gegen die Wiederbeschaffungszeit geprüft wird.

Disposition

In den Sichten der Disposition kann mit Dispositionsgruppen gearbeitet werden.

- **Dispositionsmerkmal**
  Über das *Dispositionsmerkmal* sollte generell eine plangesteuerte Disposition eingestellt sein.
- **Dispositionslosgröße**
  In den meisten Fällen wird man die *Dispositionslosgröße* exakt berechnen lassen.
- **Beschaffungsart**
  Als *Beschaffungsart* kann sowohl Eigenfertigung als auch Fremdbeschaffung genutzt werden. In der Eigenfertigung werden die entsprechenden Beschaffungselemente (Planauftrag, Fertigungsauftrag etc.) die Konfiguration aus dem Vertriebsbeleg referenzieren und entsprechend Stückliste und Arbeitsplan auflösen. In die Bestellung bei Fremdbeschaffung wird neben der Materialnummer die Konfiguration kopiert.
- **Sonderbeschaffungsschlüssel**
  In den Dispositionssichten kann weiterhin auch hier mit *Sonderbeschaffungsschlüsseln* wie z. B. 50 = Dummy-Baugruppe gearbeitet werden. Gerade bei der Dummy-Baugruppe ist jedoch zu beachten, dass das Beziehungswissen dies nicht berücksichtigt. Das heißt, das Beziehungswissen muss generell so verfasst sein, als sei dieser Sonderbeschaffungsschlüssel nicht gesetzt.

- **Wiederbeschaffungszeiten**
  Im Materialstamm können auch für konfigurierbare Materialien *Wiederbeschaffungszeiten* für die Terminierung angegeben werden. Die Eigenfertigungszeit ist auch losgrößenabhängig pflegbar, jedoch nicht konfigurationsabhängig.
- **Strategien**
  Es existieren im Standard einige *Strategien* (und damit auch Strategiegruppen), die für konfigurierbare Materialien genutzt werden können. Falls Sie mit Disposition, aber nicht mit Vorplanung arbeiten wollen, nutzen Sie im Standard die Strategie 25. Für die Vorplanung können Sie die Strategien 54 und 56 nutzen. Die Transaktionen zur Montageabwicklung (80–89) können hier ebenfalls verwendet werden (siehe Abschnitt 3.5, »Vorplanung und Variantenkonfiguration«, und Kapitel 4, »Customizing von SAP ERP für die Variantenkonfiguration«).

Auch in den Sichten der Disposition finden Sie die Einstellung zur Verfügbarkeitsprüfung, die auf Einzelbedarf steht. Die Stücklistenauflösung soll ebenfalls bezüglich des Einzelbedarfs erfolgen.

Arbeitsvorbereitung

Für die Eigenfertigung wird die Sicht Arbeitsvorbereitung benötigt. Hier gibt es jedoch keine Besonderheiten aus Sicht der Variantenkonfiguration zu beachten. Soll mit dem konfigurierbaren Material am Fertigungsauftrags-Änderungsdienst teilgenommen werden, muss hier ein Gesamtprofil eingetragen werden. Dieses hat hier zunächst die Funktionalität eines Aktivierungsflags – mehr nicht.

Auch für die weiteren Sichten, die in Abbildung 2.9 aufgelistet, aber nicht dunkel hervorgehoben sind, gibt es keine Besonderheiten hinsichtlich der Variantenkonfiguration zu beachten.

2.3.2 Maximalstückliste des konfigurierbaren Materials

Für das konfigurierbare Material werden Stücklisteninformationen für Disposition, Fertigung, Kalkulation und andere Bereiche benötigt. So muss auch im Vertrieb eine Stücklistenauflösung erfolgen, falls mehrstufig konfiguriert werden soll, oder auch z. B. für die Erzeugniskalkulation.

Hierfür benötigt man eine Maximalstückliste für das konfigurierbare Material. Diese Stücklistenstruktur kann auch mehrstufig sein, wie in Abbildung

2.10 angedeutet. Die Kopfmaterialien der Baugruppen, in deren Stücklisten über Beziehungswissen die Konfiguration ausgewertet werden soll, müssen ebenfalls konfigurierbar sein. Jedes Material, in dessen Stückliste konfigurierbare Baugruppen eingebaut werden sollen, muss ebenfalls konfigurierbar sein. Das heißt, in einer mehrstufigen Stücklistenstruktur müssen alle Materialien oberhalb einer konfigurierbaren Baugruppe ebenfalls konfigurierbar sein.

Technischer Typ von Stücklisten und Variantenkonfiguration [+]

Für diese konfigurierbaren Stücklisten gibt es keinen eigenen technischen Typ. Im Allgemeinen sind diese Materialstücklisten einfach, aber auch die Variantenstückliste wird in der Praxis genutzt. Erläutern wir diese beiden Typen kurz:

- **Einfache Stückliste**
  Dies bedeutet, dass in einer Stücklistennummer genau eine Stückliste für genau ein Material enthalten ist.
- **Varianten- und Mehrfachstücklisten**
  Unter einer Varianten- oder Mehrfachstückliste wird eine Stücklistennummer verstanden, unter der für verschiedene ähnliche Materialstämme je eine Stückliste abgelegt ist.

Beachten Sie, dass eine konfigurierbare Variantenstückliste bedeutet, dass es sich um eine Stücklisten(gruppe) für mehrere konfigurierbare Materialstämme handelt.

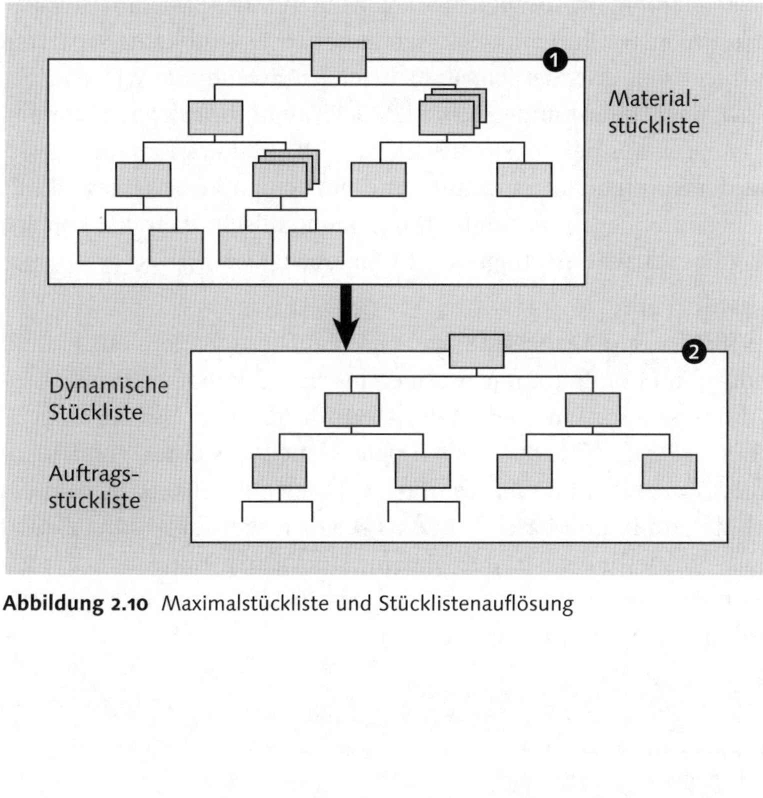

Abbildung 2.10 Maximalstückliste und Stücklistenauflösung

Die konfigurierbaren Stücklisten sind inhaltlich Maximalstücklisten. Das heißt, sie enthalten alle möglichen Material- oder Dokumentkomponenten, die für eine beliebige Konfiguration eventuell benötigt werden.

Diese Zuordnung der Komponenten kann direkt als Material- oder Dokumentposition erfolgen oder auch indirekt über Klassenpositionen. Die Funktionalität, in Stücklisten Klassenpositionen zuordnen zu können, ist an das Flag für konfigurierbare Materialien im Materialstamm des Stücklistenkopfes gekoppelt.

In Abbildung 2.10 sehen Sie die konfigurierbare Stückliste, die Maximalstückliste ❶. Für die einzelnen Konfigurationen wird eine Stücklistenauflösung benötigt ❷. Diese Auflösung der Stücklisten zu einem speziellen Kundenauftrag, d.h. zu einer speziellen Konfiguration, kann auf zwei Arten erfolgen:

- **Dynamische Stückliste**
  Man kann grundsätzlich als aufgelöste Stückliste eine dynamische Stückliste nutzen (siehe Abbildung 2.10). Dies ist dann empfehlenswert, wenn das Variantenmodell vollständig ist. Dies heißt, die gesamte Variabilität bezüglich des konfigurierbaren Produkts ist im Variantenmodell als mögliche Konfigurationen integriert, und die Stücklistenauflösung über Beziehungswissen ist für jede dieser Konfigurationen sichergestellt. In diesem Fall wird an Stammdaten bezüglich Stücklisten nur diese Maximalstücklistenstruktur inklusive Beziehungswissen benötigt. Es sind keine separaten Auftragsstücklisten erforderlich. Braucht eine Anwendung, wie z.B. der Plan-, Fertigungs- oder Kundenauftrag, Stücklisteninformationen, werden diese dynamisch aus der Maximalstückliste mit Hilfe des Beziehungswissens und der Konfiguration ermittelt und nur temporär bereitgestellt. Es werden eventuell entsprechende Komponentenlisten hieraus kopiert, jedoch keine expliziten Auftragsstücklisten erzeugt.
- **Auftragsstückliste**
  Reicht es nicht aus, die Stückliste dynamisch aufzulösen, können Sie über Einstellungen im Konfigurationsprofil erlauben, Auftragsstücklisten anzulegen. Auftragsstücklisten sind Materialstücklisten, die zusätzlich spezifisch für eine Position eines Vertriebsbelegs, meistens eines Kundenauftrags, sind. Das ist dann nötig, wenn im Vertrieb eine höhere Variabilität bezüglich des konfigurierbaren Produkts möglich sein soll, als im Variantenmodell – insbesondere in der Maximalstückliste – implementiert ist. Dieses Vorgehen erlaubt es, mit der Auftragsstückliste eine auftragsspezifische Produktentwicklung vorzunehmen.

Jede Position in einer Stückliste benötigt einen *Positionstyp*. In der Pflege dieser Maximalstücklisten kann mit allen Positionstypen für Materialstücklisten gearbeitet werden. Einige sollen hier besonders angesprochen werden:

- L = Lagerposition
- N = Nichtlagerposition
- R = Rohmaßposition
- D = Dokumentenposition
- K = Klassenposition

Bei der direkten Zuordnung von Materialkomponenten nutzt man meistens den Positionstyp L. Für die direkte Zuordnung von Materialkomponenten kann man auch die Positionstypen N und R nutzen. Nichtlagerpositionen werden, wie der Name schon sagt, nicht vom Lager bezogen, sondern direkt zu dem Auftrag beschafft. Als Besonderheit von Nichtlagerpositionen ist zu beachten, dass Materialkomponenten mit der Materialart KMAT nur mit diesem Positionstyp in Stücklisten aufgenommen werden können und hier kein Direktbeschaffungsprozess, wie eigentlich für diesen Positionstyp vorgesehen, gestartet wird.

Auch Rohmaßpositionen sind aus Sicht der Variantenkonfiguration von besonderem Interesse. So lassen sich die Rohmaße auch über Beziehungswissen mit entsprechenden Objektmerkmalen verändern. Zu beachten ist, dass bei Änderungen der Rohmaße (Felder ROMS1–ROMS3) über das Beziehungswissen generell auch die Rohteilmenge (Feld ROMEN) berechnet werden muss. Eine automatische Berechnung oder eine Nutzung der Rohteilformel sind nicht möglich.

Der Positionstyp D wird genutzt, falls Dokumente direkt in Stücklisten aufgenommen werden sollen. Die Zuordnung des Dokuments zur Stückliste erfolgt in der Variantenkonfiguration häufig dann, wenn über Beziehungswissen die Auswahl gesteuert werden soll. Dies ist bei Objektverknüpfungen zum Materialstamm, also bei der sonst üblichen Technik, nicht möglich.

Klassenpositionen dienen zur indirekten Zuordnung von Komponenten zur Stückliste. Hierfür können Klassenknoten für Materialstämme (Klassenart 200) und Klassenknoten für Dokumente (Klassenart 201) genutzt werden. Klassenknoten werden bei Eintreten eines oder mehrerer der folgenden Fälle häufig angewendet:

- wenn aus sehr großen Listen von Materialien oder Dokumenten nur eine Komponente ausgewählt werden soll

- wenn häufig die gleichen Listen von Materialien oder Dokumenten in verschiedenen Stücklisten genutzt werden, die dann durch solche Klassenknoten ersetzt werden können
- wenn die Maximalstückliste übersichtlich und von der Gestalt ähnlich der aufgelösten Stückliste gestaltet werden soll

Diese Fälle können einzeln oder gemeinsam auftreten. Die Steuerung der Auflösung der Klassenknoten und der Maximalstücklisten insgesamt wird in Abschnitt 2.7, »Beziehungswissen für Stückliste und Arbeitsplan«, beschrieben.

2.3.3 Maximalarbeitsplan für das konfigurierbare Material

Für das konfigurierbare Material werden bei Eigenfertigungsszenarien Informationen für den Ablauf der Fertigung benötigt. Diese Informationen fließen ebenfalls in die Terminierung, Kapazitätsplanung und Kalkulation ein. Hierfür benötigt man einen Maximalarbeitsplan für das konfigurierbare Material. Die Fertigung kann auch über mehrere Stufen erfolgen. In dem Fall sind auch mehrere solcher Arbeitspläne erforderlich. Ist das Kopfmaterial des Arbeitsplans konfigurierbar, kann über Beziehungswissen die Konfiguration für die Auflösung des Arbeitsplans genutzt werden.

[+] **Plantypen und Variantenkonfiguration**

Für diese konfigurierbaren Arbeitspläne gibt es keinen eigenen Plantyp. Alle Plantypen können für die Variantenkonfiguration genutzt werden. Die einzige Ausnahme sind Prüfpläne (Plantyp Q), die keine Zuordnung von Beziehungswissen ermöglichen. Häufig finden Normalarbeitspläne Anwendung.

Diese konfigurierbaren Arbeitspläne sind inhaltlich Maximalarbeitspläne. Das heißt, sie enthalten alle möglichen Arbeitsschritte und Betriebsmittel, die für eine beliebige Konfiguration eventuell benötigt werden. Diese Zuordnung der Arbeitsschritte und Betriebsmittel kann, im Unterschied zur Stückliste, nur direkt erfolgen. Eine indirekte Zuordnung in Analogie zu Klassenpositionen gibt es hier nicht.

Analog zur Stückliste in Abbildung 2.10 sehen Sie in Abbildung 2.11 den konfigurierbaren Arbeitsplan, den Maximalarbeitsplan ❶. Für die einzelnen Konfigurationen wird eine Arbeitsplanauflösung benötigt ❷. Für diese Auflösung des Arbeitsplans zu einem speziellen Kundenauftrag, also zu einer speziellen Konfiguration, gibt es auch hier wieder analog zur Stückliste zwei Möglichkeiten.

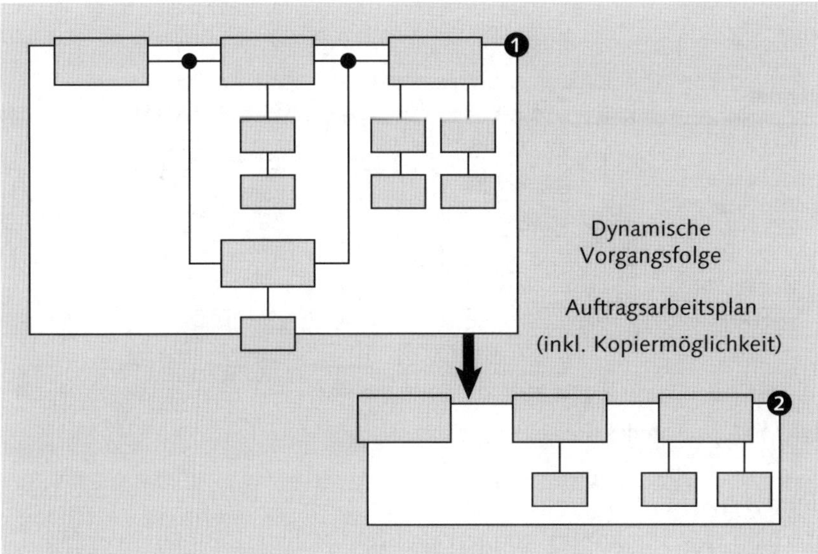

Abbildung 2.11 Maximalarbeitsplan und Arbeitsplanauflösung

- **Dynamische Vorgangsfolge**
  Sie können eine dynamische Vorgangsfolge, also einen dynamischen Arbeitsplan, nutzen (siehe Abbildung 2.11). Braucht eine Anwendung, wie z.B. der Plan-, Fertigungs- oder Kundenauftrag (Letzterer z.B. für die Kalkulation) Arbeitsplaninformationen, werden diese dynamisch aus dem Maximalarbeitsplan mit Hilfe des Beziehungswissens und der Konfiguration ermittelt und nur temporär bereitgestellt.
- **Auftragsarbeitspläne**
  Reicht dies nicht aus, können auch Auftragsarbeitspläne angelegt werden. Für die Anlage solcher auftragsspezifischen Arbeitspläne kann ein simulativ aufgelöster Arbeitsplan als Kopiervorlage dienen. Hierfür sind keine speziellen Einstellungen, wie z.B. im Konfigurationsprofil, erforderlich.

Der Normalarbeitsplan besteht aus Struktursicht aus Plankopf, Folgen, Vorgängen, Untervorgängen und Zuordnungen zu Vorgängen und Untervorgängen (siehe Abbildung 2.12).

- **Plankopf**
  Dem Plankopf als oberstem Strukturelement des Arbeitsplans wird das konfigurierbare Material zugeordnet. Ihm kann kein Beziehungswissen zugeordnet werden, die Planauswahl kann also auch nicht über Beziehungswissen gesteuert werden.

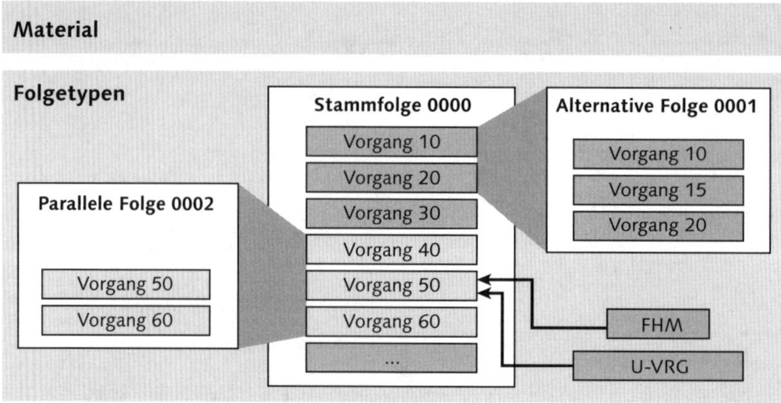

Abbildung 2.12 Struktur des Normalarbeitsplans

- **Folgen**
  Unterhalb des Plankopfes können mehrere Folgen definiert werden. Es existiert immer genau eine Stammfolge, die auch nicht mit Beziehungswissen verknüpft werden kann. Möchten Sie Vorgänge parallel abarbeiten lassen, sammeln Sie diese in sogenannten *parallelen Folgen*. Es kann mehrere solcher Folgen geben. Analog können Sie für Vorgänge, die alternativ zu Vorgängen der Stammfolge abgearbeitet werden sollen, eine oder mehrere *alternative Folgen* anlegen. Diese beiden Folgenarten können mit Beziehungswissen versehen werden, um deren Auswahl und deren Zuordnung in der Arbeitsplanauflösung zu steuern.
- **Vorgänge**
  Innerhalb der Folgen werden die Vorgänge aufgelistet. Inhaltlich handelt es sich auch hier wieder um Maximalfolgen. Die Auswahl der einzelnen Vorgänge kann über Beziehungswissen gesteuert werden. Untervorgänge werden aus Sicht der Variantenkonfiguration analog zu Vorgängen behandelt. Dies gilt insbesondere im Zusammenhang mit Beziehungswissen.
- **Fertigungshilfsmittel-Zuordnung**
  Den Vorgängen können wiederum Werkzeuge oder andere Betriebsmittel in Form von Fertigungshilfsmitteln (FHM) zugeordnet werden. Auch hier handelt es sich inhaltlich um Maximallisten, aus denen über Beziehungswissen entsprechend der jeweiligen Konfiguration die benötigten FHM ausgewählt werden. Den Vorgängen können weitere Objekte, wie Arbeitsplätze, Komponenten, Prüfmerkmale und Ereignispunkte, zugeordnet werden. Diese Zuordnungen können jedoch nicht über Beziehungswissen gesteuert werden.

An allen drei Punkten im Arbeitsplan, an denen Beziehungswissen zugeordnet werden kann, können Sie neben der Auswahl auch über die entsprechenden Objektmerkmale Änderungen vornehmen. Aber dazu mehr in Abschnitt 2.7, »Beziehungswissen für Stückliste und Arbeitsplan«.

2.4 Konfigurationsprofil und Konfigurationsszenarien

Ohne Konfigurationsprofil ist keine Konfiguration möglich. Bevor konfiguriert werden kann, wird also für das konfigurierbare Material ein Konfigurationsprofil benötigt. Hier ist irrelevant, ob die Konfiguration bereits im Vertriebsbeleg oder zunächst in einer Simulationstransaktion durchgeführt werden soll. In diesem Abschnitt werden neben den Einstellungsmöglichkeiten des Konfigurationsprofils die Konfigurationsszenarien vorgestellt. Sie erhalten einen Überblick darüber, welches Konfigurationsszenario am besten in den jeweiligen Unternehmensszenarien zum Einsatz kommen sollte.

2.4.1 Konfigurationsprofil im Überblick

Das Konfigurationsprofil enthält wesentliche Steuerungseinstellungen für den Konfigurationsprozess. Weiterhin ist es Träger von Beziehungswissen für die Vertriebskonfiguration (High-Level-Konfiguration). Für die Auflösung einer Stückliste oder eines Arbeitsplans zu einem konfigurierbaren Material ist nicht unbedingt ein Konfigurationsprofil notwendig.

Konfigurationsprofile werden materialspezifisch zu konfigurierbaren Materialstämmen angelegt (siehe Abbildung 2.13). Sie müssen dem Konfigurationsprofil einen Namen geben und eine Variantenklassenart zuordnen. In den meisten Fällen wird zu einem konfigurierbaren Material nur ein Konfigurationsprofil angelegt. Der Name des Konfigurationsprofils ist in diesen Fällen unbedeutend und kann nachträglich generell geändert werden.

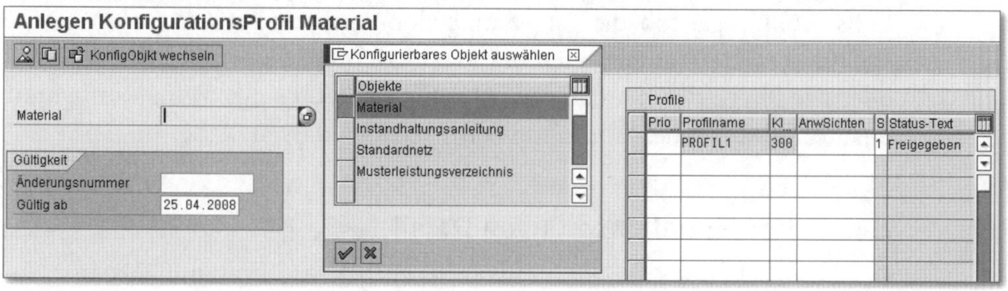

Abbildung 2.13 Konfigurationsprofil anlegen

Die seltenen Fälle, in denen man einem konfigurierbaren Material mehrere aktive Konfigurationsprofile zuordnet, sind im Folgenden aufgezählt:

- **Auf Kopfebene des konfigurierbaren Produkts**
  Hier wird in Ausnahmefällen mit mehreren aktiven Konfigurationsprofilen gearbeitet. In diesen Fällen soll im Vertrieb entschieden werden, mit welchem Konfigurationsszenario für den speziellen Auftrag gearbeitet werden soll. In diesem Fall kann die Reihenfolge sortiert werden (zum Konfigurationsszenario erfahren Sie später in diesem Abschnitt mehr).
- **Auf der Ebene konfigurierbarer Baugruppen**
  Wird eine konfigurierbare Baugruppe in verschiedenen konfigurierbaren Produkten verwendet, kann es in diesem Fall möglich und erforderlich sein, dass für verschiedene konfigurierbare Produkte an dieser Baugruppe verschiedene Konfigurationsprofile existieren. Nicht jedes Konfigurationsprofil einer Baugruppe kann unter jedem Konfigurationsprofil eines Kopfmaterials genutzt werden. Das System wählt dann automatisch das (hoffentlich einzig) mögliche aus.

Auch die Zuordnung einer *Variantenklassenart* ist im Allgemeinen uninteressant, aber erforderlich. Uninteressant, da im Standard nur eine Variantenklassenart für Materialstämme existiert – die Klassenart 300. Durch die Zuordnung dieser Variantenklassenart zum Konfigurationsprofil wird geprüft, ob dem konfigurierbaren Materialstamm Variantenklassen dieser Klassenart zugeordnet wurden. Sollte dies bis dahin nicht erfolgt sein, kann es aus der Anlage des Konfigurationsprofils heraus noch nachgeholt werden.

[!] **Sperre des Konfigurationsprofils – Material ohne Variantenklassenzuordnung**

Ein Konfigurationsprofil zu einem Material ohne Variantenklassenzuordnung wird automatisch gesperrt. Diese Sperre müssen Sie manuell zurücknehmen, nachdem eine Variantenklasse zugeordnet wurde. Das nachträgliche Freigeben erfolgt hingegen nicht automatisch.

Es ist völlig egal, ob die Zuordnung der Variantenklassen zum Materialstamm über die Transaktionen der Klassifizierung, der Materialstammpflege oder der Pflege des Konfigurationsprofils erfolgt. Es gibt keine Konfigurationsprofil-spezifische Zuordnung von Variantenklassen.

2.4.2 Konfigurationsprofil im Detail

Die Detailsicht des Konfigurationsprofils enthält, grob zusammengefasst, folgende Punkte:

- Zuordnung von Beziehungswissen
- Einstellung des Konfigurationsszenarios
- Einstellungen zur Stücklistenauflösung (Stufen der Auflösung, Stücklistenanwendung, Filter ...)
- Einstellungen zu Sprache, Merkmalen, Werten, Konfigurator, Preis- und Variantenfindung
- erlaubte Bilder
- szenariospezifische Einstellungen

Diese Punkte werden auf den Registerkarten BASISDATEN und KONFIGURATIONSEINSTIEG aufbereitet (siehe Abbildungen 2.14 und folgende), wobei die Registerkarte KONFIGURATIONSEINSTIEG in weitere Registerkarten untergliedert ist.

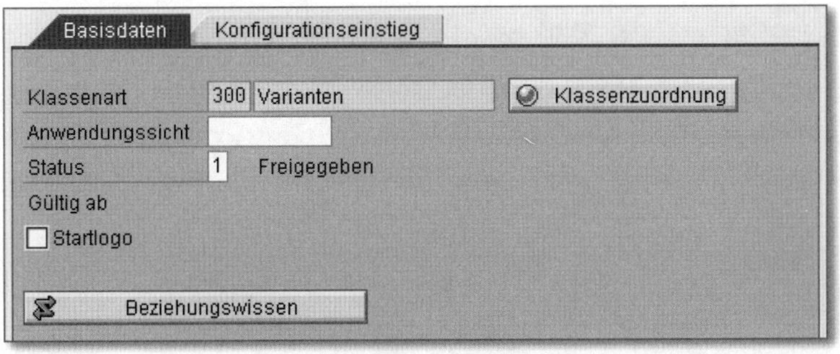

Abbildung 2.14 Basisdaten im Detailbild des Konfigurationsprofils

Registerkarte »Basisdaten«

Auf der Registerkarte BASISDATEN finden Sie neben den Punkten, die bereits im Einstieg definiert werden müssen, die Zuordnung von Beziehungswissen und Anwendungssichten und des Aktivierungsflags für das Startlogo (siehe Abbildung 2.14).

Das Feld ANWENDUNGSSICHT ist ein Werkzeug aus dem Klassensystem, das es erlaubt, innerhalb von Klassen wiederum die Merkmale zu filtern. So kann man auch in der Variantenkonfiguration einstellen, dass nicht alle Merkmale der Variantenklassen in der Bewertungsoberfläche angezeigt werden. Hier würde man in der Variantenklasse Anwendungssichten aktivieren und die Merkmale diesen aktivierten Anwendungssichten zuordnen. Zusätzlich werden im Konfigurationsprofil eine oder mehrere Anwendungssichten eingetragen, so dass man dadurch die Merkmale selektiert, die für dieses Konfigurationsprofil in der Bewertungsoberfläche angezeigt werden sollen. Für Anwendungssichten existiert auch ein Berechtigungsobjekt.

Falls das Flag für das STARTLOGO gesetzt ist, prüft das System beim Start jeder Konfiguration, ob der Variantenklasse ein Dokument direkt (nicht über Dokumentenverknüpfung) zugeordnet ist, und zeigt dieses als Startinformation an.

Registerkarte »Konfigurationseinstieg«

Die Registerkarte KONFIGURATIONSEINSTIEG enthält die Registerkarten KONFIGURATIONSPARAMETER und OBERFLÄCHE. Für die Konfigurationsszenarien *mit Auftragsstückliste* oder *Kundenauftrag (SET)* kommt eine Registerkarte mit szenariospezifischen Einstellungen hinzu (siehe Abbildung 2.15).

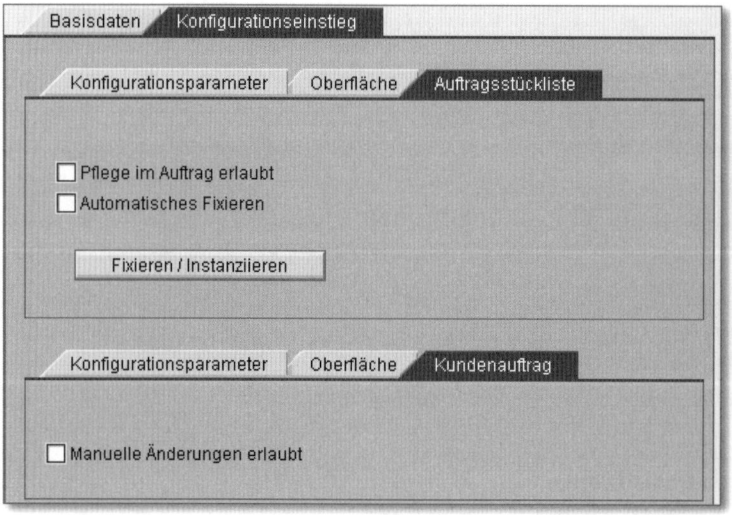

Abbildung 2.15 Registerkarten für die szenariospezifischen Einstellungen

Registerkarte »Konfigurationsparameter«

Das Konfigurationsszenario wird im Wesentlichen durch die Einstellungen in den Abschnitten PROZESS und STÜCKLISTENAUFLÖSUNG bestimmt (siehe Abbildung 2.16).

Dieser Punkt wird in Abschnitt 2.4.3, »Konfigurationsszenarien im Überblick«, ausführlich beschrieben. Deshalb soll hier zunächst kurz auf die weiteren Punkte eingegangen werden. Soweit mit (ein- oder mehrstufiger) Stücklistenauflösung gearbeitet wird, erscheinen die Felder für die Anwendung und den Filter. Diese hier eingestellte Stücklistenanwendung wird für die Stücklistenauflösung in der Konfigurationssimulation und in allen Anwendungen der logistischen Kette genutzt, bei denen keine eigene Stücklistenanwendung gefunden wird. Der Filter ist in der High-Level-Konfiguration aktiv und erlaubt es, die Stückliste bezüglich folgender Punkte zu filtern: Objekttyp (Material, Klasse, Dokument und Text), Positionstyp und -status und Sortierbegriff.

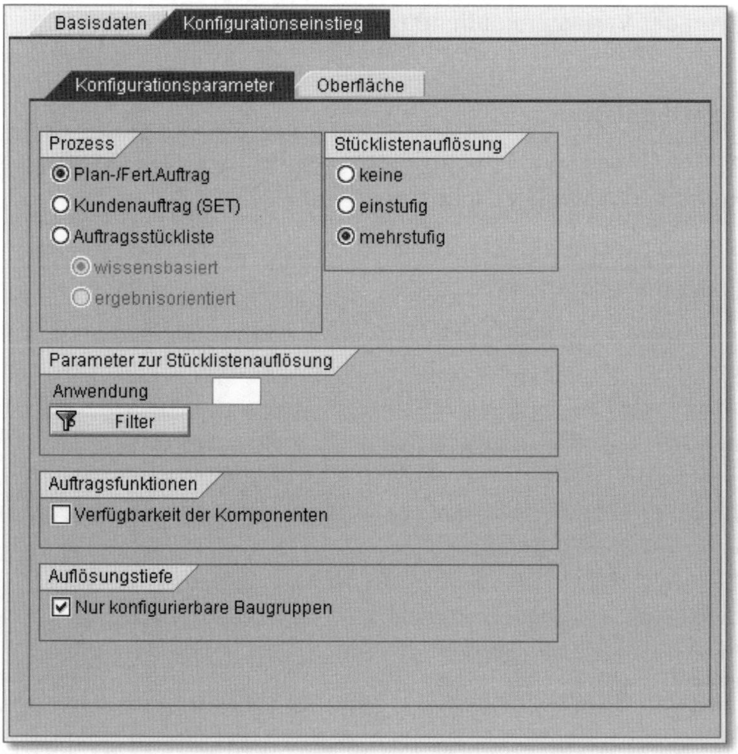

Abbildung 2.16 Registerkarte »Konfigurationsparameter«

Weiterhin können Sie hier die Verfügbarkeitsprüfung der Komponenten aktivieren. Dieses Flag hat jedoch keine Auswirkungen auf die Verfügbarkeitsprüfung im Vertriebsbeleg wie z. B. dem Kundenauftrag. Hier ist ausschließlich das Customizing im Umfeld des Vertriebs entscheidend. Das gilt sowohl für die Verfügbarkeitsprüfung auf Kopfebene als auch auf Komponentenebene. Das Flag auf der Registerkarte KONFIGURATIONSPARAMETER im Konfigurationsprofil erlaubt nur, in der Konfigurationssimulation eine solche Verfügbarkeitsprüfung auf Komponentenebene durchzuführen, und diese Prüfung ist auch rein simulativ. Das heißt, das Ergebnis hat keine Auswirkungen auf die Bedarfs- und Bestandssituation.

Wird eine mehrstufige Stücklistenauflösung eingestellt, erscheint zusätzlich ein Flag, mit dem die Stücklistenauflösung auf Nur konfigurierbare Baugruppen eingeschränkt werden kann. Dies ist aus Performance-Gründen generell zu empfehlen. Mit konfigurierbaren Baugruppen sind konfigurierbare Materialstämme mit Stückliste gemeint. Nur Stücklisten von nicht konfigurierbaren Komponenten würden nicht aufgelöst werden. Auf diese Information kann jedoch im Allgemeinen auch verzichtet werden, da diese völlig unabhängig von der Variantenkonfiguration sind.

Registerkarte »Oberfläche«

Die Registerkarte Oberfläche enthält immer das Feld Oberflächendesign und den Button Einstellungen (siehe Abbildung 2.17).

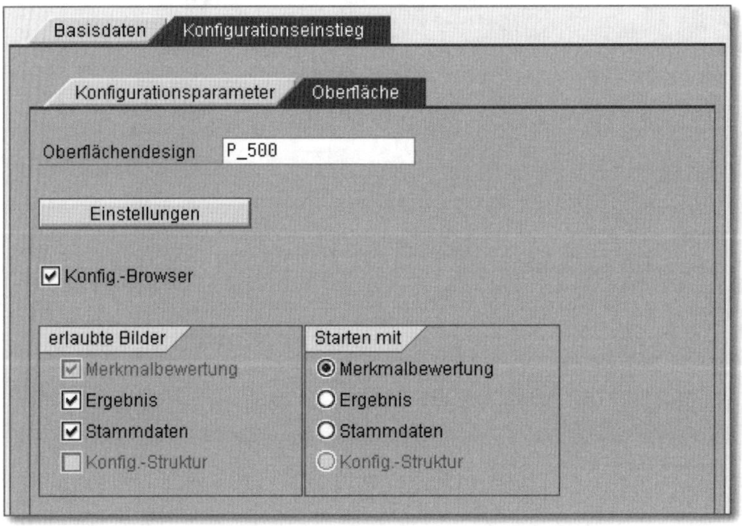

Abbildung 2.17 Registerkarte »Oberfläche«

Weitere Punkte erscheinen auf dieser Registerkarte nur, falls mit Stücklistenauflösung gearbeitet werden soll. Im Feld Oberflächendesign definieren Sie einen Namen, unter dem dann ein Oberflächendesign gepflegt werden kann. Ist das Feld leer, kann kein Oberflächendesign für dieses Konfigurationsprofil angelegt werden.

Man kann theoretisch ein Oberflächendesign für mehrere Konfigurationsprofile nutzen. In der Praxis wird dies jedoch kaum gelingen, da hierfür beide Konfigurationsprofile mit genau denselben Variantenklassen arbeiten müssen. Das klappt meist nur, wenn man zu einem Materialstamm mehrere

Konfigurationsprofile anlegt. Das Oberflächendesign selbst wird dann in der Bewertungsoberfläche, z.B. der Konfigurationssimulation, gepflegt. Dies setzt die entsprechende Berechtigung voraus.

Unter dem Punkt EINSTELLUNGEN sind Einstellungen für die folgenden Elemente gesammelt:

- Sprache
- Darstellung der zulässigen Merkmalswerte
- Umfang der Merkmale
- Preisfindung
- Vorschlagswerte
- Konfigurator

Diese Einstellungen sind Konfigurationsprofil-spezifisch. Wenn Sie sich im Rahmen einer Konfiguration (zum Beispiel im Kundenauftrag) im Bewertungsbild befinden, finden Sie diese Einstellungen aus dem Konfigurationsprofil über den Menüpfad SICHT • EINSTELLUNGEN wieder und können sie ändern.

Soweit man diese Änderungen während der Konfiguration nicht speichert, spricht man von laufenden Einstellungen, die mit Beenden der jeweiligen Transaktion gelöscht werden. Werden sie jedoch gespeichert, sind diese Einstellungen benutzerspezifisch, Konfigurationsprofil-übergreifend und haben für den jeweiligen User höhere Priorität. Sie können also im Extremfall mit drei konkurrierenden Einstellungen arbeiten, die jederzeit auswertbar und vergleichbar sind: laufende Einstellungen, Benutzer- oder Profileinstellungen.

Arbeiten Sie mit Stücklistenauflösung, erscheinen auf der Registerkarte OBERFLÄCHE zusätzlich die Einstellungsmöglichkeiten ERLAUBTE BILDER und STARTEN MIT. Sie können neben dem Flag MERKMALSBEWERTUNG (siehe Abbildung 2.17), das immer aktiv ist und als Startbild empfohlen wird, auch den Absprung in die Flags ERGEBNIS (bezüglich Stückliste und Arbeitsplan) und STAMMDATEN (Maximalstückliste und Maximalarbeitsplan) erlauben.

Weiterhin können Sie ein Bild mit der Konfigurationsstruktur (siehe Abbildung 2.18) oder alternativ dazu einen Konfigurationsbrowser (siehe Abbildung 2.19) aktivieren. Eine dieser Einstellungen wird benötigt, wenn mehrstufig konfiguriert werden soll.

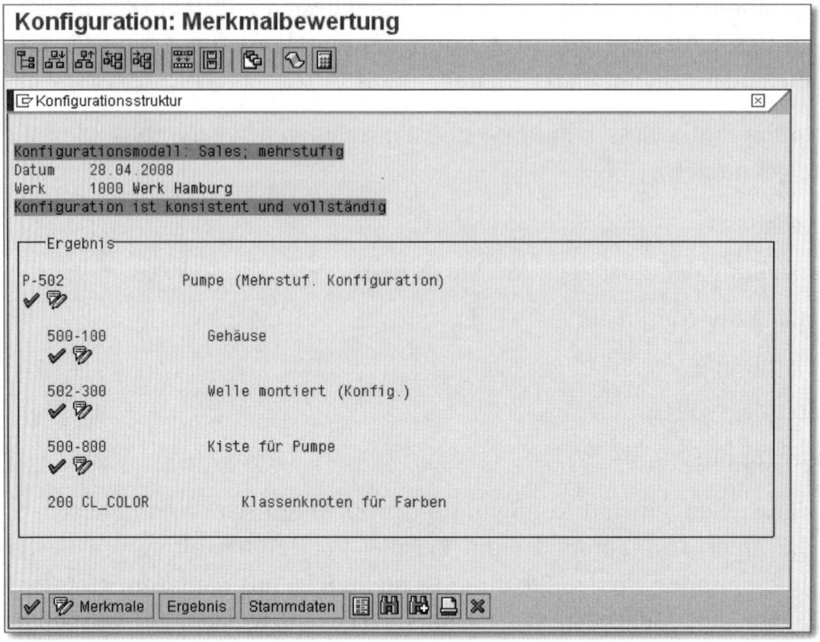

Abbildung 2.18 Konfigurationsstruktur

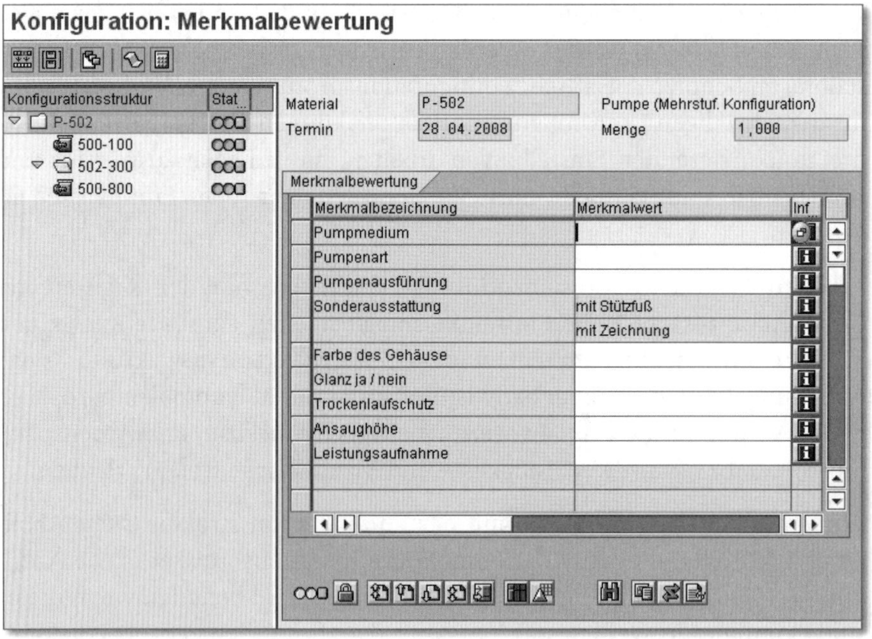

Abbildung 2.19 Konfigurationsbrowser

Weitere Einstellungsmöglichkeiten gibt es für Konfigurationsszenarien mit Auftragsstückliste oder Kundenauftrag (SET, siehe Abschnitte 2.4.5, »Szenario ›Auftragsstückliste‹«, und 2.4.6, »Szenario ›Kundenauftrag (SET)‹«).

2.4.3 Konfigurationsszenarien im Überblick

Als wichtigsten Punkt stellen Sie über das Konfigurationsprofil das Konfigurationsszenario ein. Mit dem Konfigurationsszenario geben Sie Antworten auf folgende drei Fragen:

1. Wird im Vertriebsbeleg eine Stücklistenauflösung benötigt?
2. Über wie viele Stufen soll die Konfiguration durchgeführt werden?
3. Ist eine manuelle Anpassung der Stücklistenauflösung erforderlich? Wenn ja, wo soll diese manuelle Anpassung erfolgen?

Diese Fragen werden wir bei der Darstellung der Konfigurationsszenarien im Blick behalten. Ganz grob kann man die folgenden vier Konfigurationsszenarien unterscheiden:

- Plan-/Fertigungsauftrag ohne Stücklistenauflösung
- Auftragsstückliste
- Kundenauftrag (SET)
- Plan-/Fertigungsauftrag mit Stücklistenauflösung

Diese Szenarien werden wir im Folgenden detaillierter erläutern.

2.4.4 Szenario »Plan-/Fertigungsauftrag ohne Stücklistenauflösung«

Dieses Szenario geht davon aus, dass das Variantenmodell vollständig ist. Alle möglichen Bewertungskombinationen sind fest definiert und über die Bewertungsoberfläche abgebildet. Weiterhin sind Stückliste und Arbeitsplan ebenfalls vollständig modelliert, d.h., für jede erlaubte Bewertungskombination steckt die entsprechende Stücklisten- und Arbeitsplanauflösung im Variantenmodell. Aus diesem Grund ist eine manuelle Anpassung der Stücklisten- und Arbeitsplanauflösung nicht erforderlich und bei diesem Szenario insbesondere für die Stückliste auch nicht erlaubt.

Das Szenario zeichnet sich durch performante und einfache Handhabung für den Vertrieb aus. Hierbei wird generell nur einstufig konfiguriert. Es wird nur für das Kopfmaterial ein Konfigurationsprofil benötigt, und alle Konfigurationsinformationen werden hier über die entsprechende Variantenklasse abgefragt. Da nur einstufig konfiguriert wird, ist keine Stücklistenauflösung im Vertrieb aus Sicht der Variantenkonfiguration erforderlich.

[zB] **Szenario »Plan-/Fertigungsauftrag ohne Stücklistenauflösung«**

Ein Paradebeispiel für ein solches Konfigurationsszenario stellt der Autokauf dar. Hier wählt man das entsprechende Modell aus – das konfigurierbare Kopfmaterial. An diesem Kopfmaterial erfolgt die Auswahl aller Zusatzwünsche über die Bewertung der Konfiguration. Es handelt sich damit ausschließlich um Eigenschaften dieses Kopfmaterials.

Für die Preisfindung werden ebenfalls nur das Kopfmaterial und diese Bewertung genutzt. Es sind keine Stücklisteninformationen erforderlich. Weiterhin ist das Modell vollständig. Man muss sich also bei der Auswahl der Zusatzwünsche an den Katalog halten. Darüber hinausgehende Sonderwünsche sind nicht erlaubt.

Die Maximalstückliste und der Maximalarbeitsplan sind ebenfalls vollständig modelliert, so dass die Auflösung von Stückliste und Arbeitsplan für jede erlaubte Bewertungskombination automatisch erfolgen kann. Dies gilt insbesondere für den Plan- und Fertigungsauftrag (kann als Begründung für den Namen dieses Szenarios dienen, siehe Abbildung 2.20).

Die Antworten auf die drei ein Szenario kennzeichnenden Fragen lauten somit folgendermaßen:

1. Es erfolgt keine Stücklistenauflösung im Vertrieb.
2. Es wird einstufig konfiguriert.
3. Eine manuelle Anpassung der Stücklistenauflösung ist nicht erlaubt.

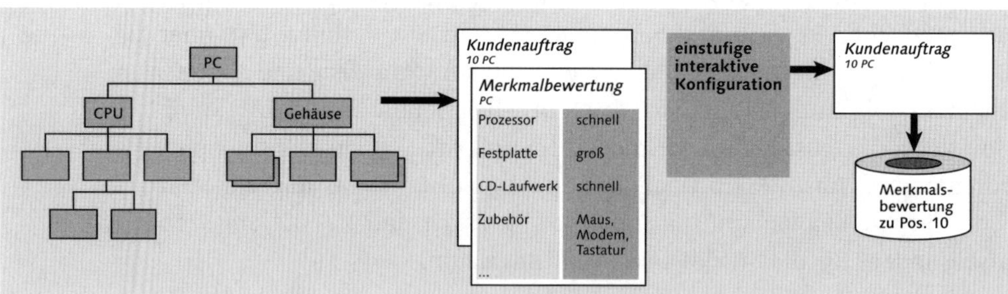

Abbildung 2.20 Szenario »Plan-/Fertigungsauftrag ohne Stücklistenauflösung« im Überblick

Szenario »Plan-/Fertigungsauftrag ohne Stücklistenauflösung« im Überblick [+]

Unternehmensszenario:

- vollständiges Modell
- einstufige, einfache und performante Konfiguration im Vertrieb

Einstellung im Konfigurationsprofil:

- Prozess: Plan-/Fertigungsauftrag
- Stücklistenauflösung: keine
- (keine weiteren szenariospezifischen Einstellungen möglich)

Konfigurationsprozess:

- Kundenauftrag wird zum Kopfmaterial eröffnet
- nur Bewertung des Kopfmaterials möglich
- keine Stücklisten-/Arbeitsplanauflösung möglich
- Ergebnis ist nur die Hauptposition im Kundenauftrag
- mit Bezug zu dieser wird die Bewertung gespeichert

2.4.5 Szenario »Auftragsstückliste«

Dieses Szenario ist in erster Linie dadurch gekennzeichnet, dass das Variantenmodell nicht vollständig ist. Das heißt, dass nicht alle erlaubten Bewertungsmöglichkeiten vorgedacht werden können und damit auch nicht in der Bewertungsoberfläche modelliert sind. Folglich können auch Maximalstückliste und Maximalarbeitsplan nicht vollständig sein. Das kann verschiedene Ursachen haben:

- **Volle Flexibilität bezüglich des Kundenwunschs**
  Man möchte jede Form von Kundenwünschen abbilden; jeder Wunsch soll zunächst erlaubt sein. Hierfür muss die Eingabe entsprechender Kundenwünsche möglich sein. Weiterhin müssen die aufgelöste Stückliste und der aufgelöste Arbeitsplan auftragsspezifisch anpassbar sein – bis hin zu *Engineering to Order*.
- **Pflegeaufwand begrenzen**
  Das Variantenmodell soll nicht die gesamte Variabilität des Produkts abbilden. Dies würde den Pflegeaufwand zu groß werden lassen und eventuell das entsprechende Entwicklungsprojekt sprengen. So deckt z.B. das Variantenmodell das Produkt nur zu 95% oder zu 98% ab, und der Rest wird durch manuelle Anpassung realisiert.
- **Routinearbeiten automatisieren**
  In Bereichen wie z.B. Sondermaschinenbau oder Anlagenbau möchte man über die Variantenkonfiguration Routinearbeiten zur Stücklisten- und

Arbeitsplanpflege automatisieren. Diese Punkte werden in das Variantenmodell aufgenommen. So kann man durch Konfiguration Stückliste und Arbeitsplan automatisch auflösen. Die auftragsspezifische Neuentwicklung ist dann in Form einer manuellen Anpassung ermöglich.

Die Pflegemöglichkeit auftragsspezifischer Stücklisten ist das Kernstück dieses Szenarios. Bezüglich der anderen beiden das Szenario kennzeichnenden Fragen (Stücklistenauflösung und Stufen der Konfiguration) gibt es zwei mögliche Varianten:

- **Standardvariante ohne Stücklistenauflösung**
  In der Standardvariante ist das Vorgehen analog zum Szenario *Plan-/Fertigungsauftrag ohne Stücklistenauflösung*. Im Vertrieb wird die Stückliste nicht aufgelöst – hier mit der Begründung, dass durch die unvollständige Modellierung keine korrekte Auflösung möglich wäre. Ohne Stücklistenauflösung kann es nur eine einstufige Konfiguration geben.
- **Stücklistenauflösung im Vertriebsbeleg**
  Die zweite Variante wird durch das Flag PFLEGE im Auftrag erlaubt und auf der Registerkarte AUFTRAGSSTÜCKLISTE im Konfigurationsprofil aktiviert. In dieser Variante können Sie – etwas versteckt – im Vertriebsbeleg eine Stücklistenauflösung durchführen. Diese Stücklistenauflösung rufen Sie über den Button ENGINEERING im Bewertungsbild auf. Die aufgelöste Stückliste ist hier jedoch nicht änderbar. Es können jedoch weitere konfigurierbare Materialien in der Produktstruktur gefunden und damit gegebenenfalls im Vertriebsbeleg mehrstufig konfiguriert werden.

Abbildung 2.21 zeigt die beiden Schritte des Szenarios *Auftragsstückliste*.

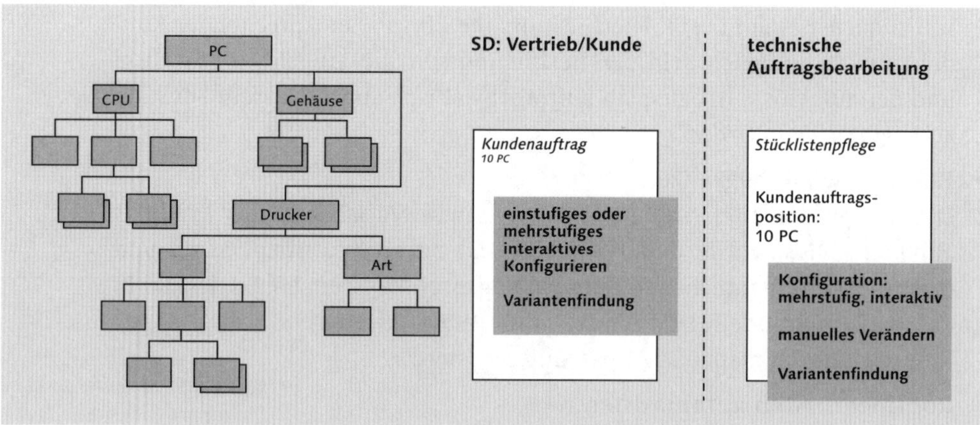

Abbildung 2.21 Die beiden Schritte des Szenarios »Auftragsstückliste«

Wie in Abbildung 2.21 dargestellt, umfasst das Szenario *Auftragsstückliste* zwei Schritte.

Schritt 1: Konfiguration im Vertrieb

Der erste Schritt umfasst die Konfiguration im Vertrieb. Abhängig davon, ob das Flag PFLEGE IM AUFTRAG ERLAUBT im Konfigurationsprofil gesetzt wurde, ist dieser Schritt analog zu folgenden Szenarien zu sehen:

- Szenario *Plan-/Fertigungsauftrag ohne Stücklistenauflösung* (bei nicht gesetztem Flag)
- Szenario *Plan-/Fertigungsauftrag mit Stücklistenauflösung* (bei gesetztem Flag)

Schritt 2: Technische Nachbearbeitung

Neben dem ersten Schritt erlaubt dieses Szenario eine technische Nachbearbeitung. Diese wird im Stücklistenmenü für Auftragsstücklisten gestartet. Hier kann generell mehrstufig konfiguriert werden, ausschließlich die Konfiguration des Kopfmaterials ist dem Vertriebsbeleg vorbehalten. Die mehrstufige Konfiguration ist jedoch nur in folgenden Fällen möglich:

- wenn die Stückliste konfigurierbare Baugruppen enthält
- wenn diese Baugruppen in der aufgelösten Stückliste existieren (d.h., nicht durch gebremste Stücklistenauflösung oder Beziehungswissen ausgeblendet wurden)
- wenn zu diesen konfigurierbaren Baugruppen ein freigegebenes Konfigurationsprofil, ebenfalls mit dem Szenario *Auftragsstückliste* und der gleichen Form der Ablage der Auftragsstückliste, existiert

Neben der mehrstufigen Konfiguration kann in der technischen Nachbearbeitung die aufgelöste Stückliste manuell geändert werden. Bei der manuellen Änderung der Stückliste können beliebige Änderungen vorgenommen werden. Dabei handelt es sich z.B. um die folgenden Änderungen: Positionen löschen, hinzufügen (auch als Kopie), im Positionsdetailbild ändern oder Klassenknoten manuell ersetzen (siehe hierzu auch Abschnitt 2.7, »Beziehungswissen für Stückliste und Arbeitsplan«).

Ist eine hinzugefügte Position konfigurierbar und existiert ein passendes Konfigurationsprofil, kann auch diese Position konfiguriert werden. Es kann generell eine einstufige Auftragsstückliste angelegt werden. Wenn alle folgenden Bedingungen erfüllt sind, können mehrstufige Auftragsstücklisten angelegt werden:

- wenn laut Konfigurationsprofil am Kopfmaterial mit mehrstufiger Stücklistenauflösung gearbeitet wird
- wenn Materialstücklisten für weitere Materialien existierten
- wenn die Stücklisten auch in der Stücklistenauflösung angezeigt werden
- wenn laut Konfigurationsprofil am Kopfmaterial mit ergebnisorientierter Auftragsstückliste gearbeitet wird oder wenn laut Konfigurationsprofil an allen Materialien mit wissensbasierter Auftragsstückliste gearbeitet wird

[+]

Mehrstufige wissensbasierte Auftragsstücklisten

Die Arbeit mit wissensbasierter Auftragsstückliste setzt voraus, dass auch an der konfigurierbaren Baugruppe, zu der eine Auftragsstückliste angelegt werden soll, ein aktives Konfigurationsprofil mit genau diesem Konfigurationsszenario existiert.

Analog zu den auftragsspezifischen Materialstücklisten können Sie ebenfalls mit auftragsspezifischen Arbeitsplänen arbeiten. Hierzu werden die Arbeitspläne entsprechend der Konfiguration simulativ aufgelöst und dann als Kopiervorlage für solche Auftragsarbeitspläne genutzt. Diese Technik wird ebenfalls für das Anlegen von Arbeitsplänen für sogenannte Materialvarianten verwendet und in Abschnitt 2.10, »Materialvarianten«, ausführlicher beschrieben.

Für das Szenario *Auftragsstückliste* gibt es eine Reihe zusätzlicher Einstellungsmöglichkeiten im Konfigurationsprofil. Einstellungen können auf der Registerkarte KONFIGURATIONSPARAMETER und auf der für dieses Szenario exklusiven Registerkarte AUFTRAGSSTÜCKLISTE vorgenommen werden.

Unter den Konfigurationsparametern ist bei Auswahl der Auftragsstückliste weiterhin die Möglichkeit gegeben, zwischen einer wissensbasierten und einer ergebnisorientierten Ablage zu entscheiden. Hierbei wird über die Form der Ablage der Auftragsstücklisten entschieden. Die Ablage innerhalb eines Modells muss einheitlich sein. Alle Stücklisten müssen entweder wissensbasiert oder ergebnisorientiert sein.

- **Wissensbasiert**
  Für die Anlage einer Auftragsstückliste muss die Maximalstückliste kopiert und alle Änderungen in dieser durchgeführt und gespeichert werden.

- **Ergebnisorientiert**
  Die Kopiervorlage ist hier die bereits aufgelöste Stückliste, in der Änderungen durchgeführt werden.

Die ergebnisorientierte Auftragsstückliste ist performanter, wesentlich schlanker und hat praktisch keine Nachteile gegenüber der wissensbasierten. Theoretisch könnten Sie sich bei wissensbasierten Auftragsstücken bei Änderungen an der Konfiguration die Aktualisierung sparen. Da die Auftragsstückliste hier eine Kopie der Maximalstückliste ist, also inklusive Beziehungswissen, haben Änderungen an der Konfiguration sofort Auswirkungen auf die nächste Stücklistenauflösung. Für ergebnisorientierte Auftragsstücklisten gilt dies nicht. Da man jedoch üblicherweise bei Änderungen an der Konfiguration erneut die technische Nachbearbeitung der Auftragsstückliste aufruft, ist dies nur ein theoretischer Nachteil.

Wird eine ergebnisorientierte Auftragsstückliste nach der Änderung der Konfiguration in der technischen Nachbearbeitung erneut aufgerufen, wird auch die Stückliste erneut aufgelöst. Ausgenommen von dieser Neuauflösung sind manuell angelegte, geänderte oder gelöschte Positionen.

Für das Szenario *Auftragsstückliste* können Sie zwischen einer einstufigen oder mehrstufigen Stücklistenauflösung wählen. Man kann weder keine Stücklistenauflösung noch eine zweistufige Stücklistenauflösung einstellen. Diese Einstellung der Stücklistenauflösung hat im Vertriebsbeleg nur Auswirkungen, wenn mit dem Flag PFLEGE IM AUFTRAG ERLAUBT gearbeitet wird. Dann wird die Stückliste entsprechend aufgelöst. Es kann jedoch generell im Vertriebsbeleg keine Auftragsstückliste angelegt werden – damit können auch keine manuellen Änderungen an der Stückliste vorgenommen werden. Auftragsstücklisten können generell nur in der Transaktion der technischen Nachbearbeitung (z.B. CU51) angelegt werden. Hier gibt es folgende Möglichkeiten:

- Falls mit einstufiger Stücklistenauflösung gearbeitet wird, kann auch nur eine Auftragsstückliste angelegt werden.
- Falls Sie mit mehrstufiger Stücklistenauflösung und ergebnisorientierter Ablage arbeiten, kann für jede Stückliste in der aufgelösten Stücklistenstruktur wahlweise eine Auftragsstückliste angelegt werden.
- Falls Sie mit mehrstufiger Stücklistenauflösung und wissensbasierter Ablage arbeiten, können Sie für jede Stückliste in der aufgelösten Stücklistenstruktur wahlweise eine Auftragsstückliste anlegen (soweit das entsprechende Kopfmaterial der Stückliste konfigurierbar ist und ein Konfi-

gurationsprofil mit dem Szenario wissensbasierter Auftragsstückliste besitzt).

Für Baugruppen mit Konfigurationsprofilen mit dem Szenario *Auftragsstückliste* ist es unbedeutend, ob diese mit ein- oder mehrstufiger Stücklistenauflösung eingestellt sind.

Es gibt jedoch eine *wichtige Ausnahme*: Szenarien mit einstufiger Stücklistenauflösung sind nicht für den IPC nutzbar.

Weitere Einstellungen für das Szenario *Auftragsstückliste* finden Sie auf der gleichnamigen Registerkarte AUFTRAGSSTÜCKLISTE. Diese umfasst die folgenden Punkte:

- **Pflege im Auftrag erlaubt**
  Das Flag PFLEGE IM AUFTRAG ERLAUBT ermöglicht, wie bereits oben beschrieben, im Vertriebsbeleg eine Stücklistenauflösung durchzuführen und, soweit vorhanden, mehrstufig zu konfigurieren.
- **Automatisches Fixieren**
  Das Flag AUTOMATISCHES FIXIEREN legt in der technischen Nachbearbeitung generell Auftragsstücklisten an. Diese Funktionalität hat jedoch nur Auswirkungen, falls in der technischen Nachbearbeitung keine manuellen Änderungen an der aufgelösten Stückliste vorgenommen werden. Das heißt, im Vertriebsbeleg wird generell keine Auftragsstückliste angelegt, völlig unabhängig von diesem Flag. Und auch völlig unabhängig von diesem Flag wird generell eine Auftragsstückliste angelegt, wenn manuelle Änderungen in der technischen Nachbearbeitung vorgenommen werden.
- **Button »Fixieren«**
  Neben diesem automatischen Fixieren gibt es generell in der technischen Nachbearbeitung die Möglichkeit des manuellen Fixierens. Das heißt, man legt manuell Auftragsstücklisten bezüglich Stücklisten an, die nicht manuell geändert wurden. Soll bei diesem manuellen Fixieren nicht nur eine einzelne Auftragsstückliste angelegt werden, sondern gleich ganze mehrstufige Strukturen, kann dies im Konfigurationsprofil über den Button FIXIEREN auf der Registerkarte AUFTRAGSSTÜCKLISTE eingestellt werden.
- **Button »Instanziieren«**
  Bei ergebnisorientierter Ablage der Auftragsstückliste dient der Button FIXIEREN auch der Instanziierung, der Button heißt demnach FIXIEREN/INSTANZIIEREN (siehe Abbildung 2.15). Diese Funktionalität wird nur benötigt, falls in der Stückliste mehrmals das gleiche Material als Baugruppe enthalten ist. Ohne Instanziierung sind diese Positionen mit gleicher Materialnummer nicht unterscheidbar. So kann auch nur für diese

Baugruppen eine einheitliche Auftragsstückliste angelegt werden. Will man dies nicht, erzeugt man durch das Instanziieren mehrere verschiedene Instanzen.

Die Antworten auf die drei ein Szenario kennzeichnenden Fragen sind hier etwas kompliziert und lauten folgendermaßen:

1. Es erfolgt im Standard (Standard = nicht gesetztes Flag PFLEGE IM AUFTRAG ERLAUBT) im Vertrieb keine Stücklistenauflösung.
   Im Nichtstandard (Nichtstandard = gesetztes Flag PFLEGE IM AUFTRAG ERLAUBT) können Sie eine Stücklistenauflösung durchführen.
2. Es wird im Standard im Vertrieb einstufig konfiguriert (im Nichtstandard auch mehrstufig im Vertrieb). In der technischen Nachbearbeitung kann generell mehrstufig konfiguriert werden, soweit passende Konfigurationsprofile vorhanden sind.
3. Eine manuelle Anpassung der Stücklistenauflösung ist erlaubt, aber nur in den Transaktionen der technischen Nachbearbeitung, nicht im Vertrieb.

Szenario »Auftragsstückliste« im Überblick [+]

Unternehmensszenario:

- unvollständiges Modell
- im Standard einstufige Konfiguration im Vertrieb
- im Nichtstandard (Pflege im Auftrag erlaubt) auch mehrstufig

Einstellung im Konfigurationsprofil:

- Prozess: Auftragsstückliste
- wissensbasierte oder ergebnisorientierte Ablage
- Stücklistenauflösung: ein- oder mehrstufig
- weitere szenariospezifische Einstellungen:
  Flag: Pflege im Auftrag erlaubt
  Flag: Automatisches Fixieren
  Manuelles Fixieren/Instanziieren

Konfigurationsprozess:

- Kundenauftrag wird zum Kopfmaterial eröffnet
- im Standard nur Bewertung des Kopfmaterials möglich

Keine Stücklisten-/Arbeitsplanauflösung möglich:

- im Nichtstandard über Engineering-Drucktaste mehrstufige Konfiguration mit Stücklisten-/Arbeitsplanauflösung
- technische Nachbearbeitung möglich, aber nicht zwingend
- Hier können Auftragsstücklisten (und Auftragsarbeitspläne) angelegt und beliebig geändert werden.

2.4.6 Szenario »Kundenauftrag (SET)«

Das Konfigurationsszenario *Kundenauftrag (SET)* wird genutzt, wenn man mehrere konfigurierbare Produkte verkaufen möchte. Nimmt man diese konfigurierbaren Produkte als einzelne Hauptpositionen in einen Vertriebsbeleg auf, kann man sie konfigurieren. Diese Konfigurationen sind völlig unabhängig voneinander, zwischen den Konfigurationen der einzelnen Hauptpositionen kann man keine Abhängigkeiten definieren. Der Trick besteht nun darin, ein sogenanntes Paket-, Set- oder Dummy-Material zu definieren.

Dieses Material wird genutzt, um eine kleine Stückliste für den Vertrieb anzulegen, in der die konfigurierbaren Produkte gesammelt werden, zwischen deren Konfigurationen Abhängigkeiten abgebildet werden sollen (siehe Abbildung 2.22).

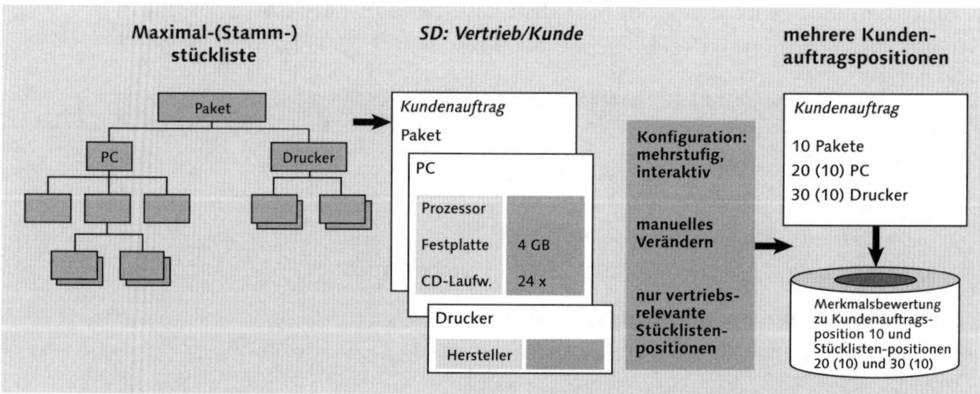

Abbildung 2.22 Grundprinzip der Konfigurationsstruktur »Kundenauftrag (SET)«

Dieses Paketmaterial ist ebenfalls ein konfigurierbares Material. So kann dafür ein Konfigurationsprofil mit dem Szenario *Kundenauftrag (SET)* angelegt werden. Weiterhin kann der Stückliste für dieses Paketmaterial Beziehungswissen zugeordnet werden, und es kann mit Klassenknoten gearbeitet werden. Für das Konfigurationsprofil ist die Zuordnung einer Variantenklasse zum Paketmaterial erforderlich. Diese Variantenklasse enthält üblicherweise Merkmale, die den Umfang des »Pakets« und eventuelle zentrale Eigenschaften bestimmen. Entsprechend der Bewertung bezüglich dieser Variantenklasse kann dann die Auflösung der Stückliste des Paketmaterials erfolgen. Weiterhin wird dem hier angesprochenen Konfigurationsprofil das ganze Beziehungswissen zugeordnet, das die Abhängigkeiten zwischen den einzelnen konfigurierbaren Produkten abbildet.

Ein wichtiger Punkt dieses Szenarios besteht darin, dass das Kopfmaterial, wie bereits erwähnt, nur einen Dummy darstellt. Diese Hauptposition muss zwar im Vertriebsbeleg konfigurierbar sein, darf jedoch keinen Bedarf absetzen. Im Standard erreicht man dies dadurch, dass dem Materialstamm auf den Vertriebssichten die Positionstypengruppe 0004 statt der sonst üblichen 0002 zugeordnet wird. So wird für den Kundenauftrag ein Positionstyp gefunden, der genau diese Bedingungen erfüllt. Hierzu sei auch auf Kapitel 4, »Customizing von SAP ERP für die Variantenkonfiguration«, verwiesen.

Setzt das Kopfmaterial in der Hauptposition keinen Bedarf ab, ist dieses Material in der weiteren logistischen Kette wie Disposition, Einkauf, Fertigung etc. auch nicht relevant. Damit muss dafür gesorgt werden, dass bezüglich aller Positionen der aufgelösten Stückliste folgende Punkte gewährleistet sind:

- Alle Positionen der aufgelösten Stückliste werden in den Kundenauftrag als Unterpositionen aufgenommen.
- Alle Positionen der aufgelösten Stückliste werden in der weiteren logistischen Kette wie entsprechende Hauptpositionen interpretiert.

Der erste Punkt wird dadurch erreicht, dass alle Positionen der Stückliste des Paketmaterials vertriebsrelevant sind, was hier auch zwingend erforderlich ist. Die Vertriebsrelevanz ist ein Kennzeichen des Status im Positionsdetail der Stückliste. Der zweite Punkt ist im Standard durch die entsprechenden Einstellungen im Customizing zu Positionstypen und Positionstypenfindung gegeben.

Für das Szenario *Kundenauftrag (SET)* gibt es ebenfalls einige zusätzliche Einstellungsmöglichkeiten im Konfigurationsprofil, jedoch bei weitem nicht so viele wie für Auftragsstücklisten. Einstellungen sind auf der für dieses Szenario exklusiven Registerkarte KUNDENAUFTRAG und auf der Registerkarte KONFIGURATIONSPARAMETER möglich.

- **Registerkarte »Kundenauftrag«**
  Auf der Registerkarte Kundenauftrag existiert nur das Flag MANUELLE ÄNDERUNGEN erlaubt. Dieses Flag gestattet – ähnlich der Pflege von Auftragsstücklisten –, manuelle Änderungen an der aufgelösten Stückliste im Kundenauftrag vorzunehmen. Dabei sind im Prinzip alle Formen von Änderungen wie in der technischen Nachbearbeitung möglich. Unterschiede zur technischen Nachbearbeitung und damit Besonderheiten sind im Folgenden aufgeführt:

- Diese manuellen Änderungen erfolgen bereits im Kundenauftrag oder in ähnlichen Vertriebsbelegen und nur hier.
- Es wird keine Auftragsstückliste angelegt. Dies ist auf dieser Ebene auch nicht möglich.
- Alle manuellen Änderungen werden dadurch für die weitere logistische Kette relevant, dass sie als Bedarf absetzende Unterpositionen in den Kundenauftrag übernommen werden.

- **Registerkarte »Konfigurationsparameter«**
  Auf der Registerkarte KONFIGURATIONSPARAMETER setzen Sie das Flag für KUNDENAUFTRAG (SET). Weiterhin können Sie hier ebenfalls zwischen ein- und mehrstufiger Stücklistenauflösung wählen. Keine Stücklistenauflösung ist hier nicht sinnvoll und somit auch nicht möglich.

Bei den Einstellungen auf der Registerkarte KONFIGURATIONSPARAMETER ist Folgendes zu berücksichtigen:

[!] **Die einstufige Stücklistenauflösung ist nicht IPC-kompatibel**

Die einstufige Stücklistenauflösung ist hier ebenfalls nicht IPC-kompatibel. Ein solches Konfigurationsprofil würde ignoriert werden. Dies gilt sowohl auf Kopf- als auch auf Baugruppenebene.

Wie sieht ein Konfigurationsprozess in diesem Konfigurationsszenario aus?

1. Der Kundenauftrag wird zu dem konfigurierbaren Paketmaterial eröffnet. Zunächst wird die Konfiguration dieses Kopfmaterials durchgeführt.
2. Passend zur Konfiguration wird die Stückliste aufgelöst. Es werden nur vertriebsrelevante Positionen, also Positionen, die als Unterpositionen in den Kundenauftrag übernommen werden, auch angezeigt. Diese aufgelöste Stückliste ist manuell änderbar, soweit dies laut Konfigurationsprofil erlaubt wurde.
3. Anschließend ermittelt das System alle konfigurierbaren Positionen inklusive der eventuell manuell hinzugefügten. Für alle diese konfigurierbaren Positionen muss ebenfalls ein freigegebenes Konfigurationsprofil angelegt worden sein. Als Konfigurationsszenarien sind hier alle möglich, mit Ausnahme des Szenarios *Plan-/Fertigungsauftrag mit Stücklistenauflösung*. Diese zweite Konfigurationsstufe muss vollständig bewertet werden. Das kann auch teilweise über Beziehungswissen erfolgen. Wichtig ist, dass jedes dieser konfigurierbaren Produkte unterhalb des Paketmaterials eine eigene vollständige Konfiguration besitzt. Nur diese steht in den weiteren Prozessen der Disposition und Fertigung zur Verfügung.

Auf der Ebene des Paketmaterials wird kein Bedarf abgesetzt, womit die Konfiguration auf dieser Ebene außerhalb des Kundenauftrags nicht zur Verfügung steht und somit nicht ausgewertet werden kann.

Mehr als zweistufige Konfigurationen [+]

Falls die Stücklistenauflösung mehrstufig eingestellt ist und auf tieferen Ebenen weitere konfigurierbare Komponenten gefunden werden, kann auch mehr als zweistufig konfiguriert werden.

Der Kundenauftrag hat hier generell neben der Hauptposition auch Unterpositionen. Nur die Unterpositionen setzen Bedarfe ab. Die Preisfindung kann wahlweise auf Kopf- oder Unterpositionsebene erfolgen, wird jedoch standardmäßig auf der Unterpositionsebene (also hier der Bedarfsebene) erfolgen. Auch die Konfiguration wird immer mit Bezug zur entsprechenden Haupt- bzw. Unterposition des Kundenauftrags abgelegt.

Auf der Ebene der Komponenten der Paketstückliste hat man volle Flexibilität, d.h., es können konfigurierbare und auch nicht konfigurierbare Produkte sein. Bei den konfigurierbaren Produkten kann es sich um folgende Produkte handeln:

- **Vollständig modellierte Produkte**
  Dies sind Produkte mit dem Konfigurationsszenario *Plan-/Fertigungsauftrag ohne Stücklistenauflösung*.
- **Unvollständig modellierte Produkte**
  Hiermit sind Produkte mit dem Konfigurationsszenario *Auftragsstückliste* mit all seinen Einstellungsmöglichkeiten gemeint.
- **Paketmaterialien**
  Dies sind Produkte mit dem Konfigurationsszenario *Kundenauftrag (SET)*. Man kann also auch Modelle »Paket im Paket« nutzen.

Die Antworten auf die drei ein Szenario kennzeichnenden Fragen lauten somit folgendermaßen:

1. Es erfolgt eine Stücklistenauflösung im Vertrieb.
2. Es wird generell mehrstufig konfiguriert.
3. Eine manuelle Anpassung der Stücklistenauflösung kann über Einstellungen im Konfigurationsprofil erlaubt werden. Diese Anpassung erfolgt bereits im Vertrieb und führt zu keiner Auftragsstückliste.

[+]

Szenario »Kundenauftrag (SET)« im Überblick

Unternehmensszenario:

- Pakete aus mehreren konfigurierbaren Produkten, deren Konfiguration untereinander abgestimmt werden soll
- generell mehrstufige Konfiguration im Vertrieb
- die Modelle der konfigurierbaren Produkte können sowohl vollständig als auch unvollständig sein, also hier fast völlige Flexibilität bezüglich der Konfigurationsszenarien
- Umfang des Pakets im Kundenauftrag änderbar

Einstellung im Konfigurationsprofil:

- Prozess: Kundenauftrag (SET)
- Stücklistenauflösung: ein- oder mehrstufig
- weitere szenariospezifische Einstellungen: manuelle Änderungen erlaubt
- weitere Einstellungen:
  im Materialstamm: Positionstypengruppe 0004
  in der Stückliste: alle Positionen vertriebsrelevant

Konfigurationsprozess:

- Kundenauftrag wird zum Paketmaterial eröffnet
- Konfiguration des Paketmaterials
- Stücklistenauflösung des Paketmaterials
- eventuell manuelle Änderungen an dieser Stückliste
- Konfiguration der konfigurierbaren Produkte dieser Stückliste
- bei mehrstufiger Stücklistenauflösung auch weitere Stufen der Konfiguration
- im Kundenauftrag eine (keinen Bedarf absetzende) Hauptposition und entsprechende Unterpositionen
- für Hauptposition generell keine Auftragsstückliste erlaubt
- für Unterpositionen auch Auftragsstücklisten möglich, falls laut Konfigurationsprofil erlaubt
- für Unterpositionen alle Konfigurationsszenarien außer *Plan-/Fertigungsauftrag mit Stücklistenauflösung* erlaubt

2.4.7 Szenario »Plan-/Fertigungsauftrag mit Stücklistenauflösung«

Dieses Szenario geht – analog zum gleichnamigen Szenario ohne Stücklistenauflösung – davon aus, dass das Variantenmodell vollständig ist. Alle möglichen Bewertungskombinationen sind fest definiert und über die Bewertungsoberfläche abgebildet. Weiterhin sind Stückliste und Arbeitsplan ebenfalls vollständig modelliert, d.h., für jede erlaubte Bewertungskombination steckt die entsprechende Stücklisten- und Arbeitsplanauflösung im Variantenmodell. Aus diesem Grund ist eine manuelle Anpassung der Stücklisten- und Arbeitsplanauflösung nicht erforderlich und bei diesem Szenario insbesondere für die Stückliste auch nicht erlaubt.

Im Unterschied zum gleichnamigen Szenario ohne Stücklistenauflösung wird hier im Vertrieb mit Stücklistenauflösung und in den meisten Fällen mit mehrstufiger Konfiguration gearbeitet. Es ähnelt somit eher dem Szenario *Kundenauftrag (SET)*.

Unterschiede zum Szenario *Kundenauftrag (SET)* sind im Folgenden aufgeführt:

- **Mehrstufige Konfiguration**
  Es muss nicht zwingend mehrstufig konfiguriert werden. Wenn alle notwendigen Informationen für die Auflösung von Stückliste und Arbeitsplan einer konfigurierbaren Baugruppe bereits auf Kopfebene abgefragt wurden, ist das hier nicht nochmals nötig.

  Falls mehrstufig konfiguriert werden soll, müssen die konfigurierbaren Baugruppen aber ebenfalls das Szenario *Plan-/Fertigungsauftrag mit Stücklistenauflösung* nutzen. Hier ist keine Flexibilität vorhanden.
- **Bedarfsabsetzung**
  Der Bedarf muss auf Ebene des Kopfmaterials (= Hauptposition im Kundenauftrag) abgesetzt werden.
- **Vertriebsrelevanz von Stücklistenpositionen**
  Die Positionen in der Stückliste müssen nicht vertriebsrelevant sein. Es werden somit keine Unterpositionen benötigt – sie sind aber möglich. Für die Variantenkonfiguration, insbesondere für die Ablage der Konfiguration, sind bei diesem Szenario Unterpositionen irrelevant.

Unternehmensszenarien für den *Plan-/Fertigungsauftrag mit Stücklistenauflösung* sind Vertriebsprozesse, bei denen trotz vollständiger Modellierung Stücklistenauflösungen gewünscht werden.

Vollständige Modellierung und Stücklistenauflösung [zB]

Insbesondere ist dies der Fall, wenn die konfigurierbaren Baugruppen in der Stückliste des Kopfmaterials einzeln verkauft werden sollen, also eigene konfigurierbare Produkte darstellen. In diesem Fall hat man für diese konfigurierbaren Baugruppen eigene Variantenklassen und Konfigurationsprofile angelegt, und es wurde das Beziehungswissen für die Bewertungsoberfläche, die Stücklisten- und die Arbeitsauflösung geschrieben und dem Modell zugeordnet.

Diese Arbeit möchte man nicht doppelt machen müssen. Deshalb wird man hier versuchen, mit mehrstufiger Konfiguration zu arbeiten und genau diese bereits angelegten Konfigurationen der Baugruppen auch bei der Konfiguration des Kopfmaterials zu nutzen.

An Einstellungen im Konfigurationsprofil gibt es hier nur das Flag für *Plan-/Fertigungsauftrag* und die Möglichkeit, zwischen ein- und mehrstufiger Stücklistenauflösung zu wählen. Die konfigurierbaren Baugruppen benötigen für eine mehrstufige Konfiguration ebenfalls diese Einstellungen. Auf Baugruppenebene hat es keine Bedeutung, ob man mit ein- oder mehrstufiger Stücklistenauflösung arbeitet. Entscheidend ist nur die Einstellung bezüglich der Stufen der Stücklistenauflösung auf Kopfebene. Diese Bedeutung wird nun erläutert:

- **Einstufige Stücklistenauflösung auf Kopfebene**
  Dies heißt, dass nur eine einstufige Stückliste und damit auch nur höchstens eine zweistufige Konfiguration möglich ist.

  Eine einstufige Stücklistenauflösung ist nicht IPC-kompatibel; ein solches Konfigurationsprofil würde ignoriert werden. Dies gilt sowohl auf Kopf- als auch auf Baugruppenebene.
- **Mehrstufige Stücklistenauflösung auf Kopfebene**
  Dies bedeutet, dass eine mehrstufige Stücklistenstruktur und damit auch eine mehr als zweistufige Konfiguration möglich sind.

Die Antworten auf die drei ein Szenario kennzeichnenden Fragen lauten somit (siehe Abbildung 2.23):

1. Es erfolgt eine Stücklistenauflösung im Vertrieb.
2. Es kann mehrstufig konfiguriert werden.
3. Eine manuelle Anpassung der Stücklistenauflösung ist nicht erlaubt. Dies gilt sowohl für die Kopfstückliste als auch für die Stücklisten der konfigurierbaren Baugruppen.

[+]

Szenario »Plan-/Fertigungsauftrag mit Stücklistenauflösung« im Überblick

Unternehmensszenario:

- vollständiges Modell
- konfigurierbare Baugruppen mit eigenen Konfigurationsprofilen (hier ebenfalls Plan-/Fertigungsauftrag mit Stücklistenauflösung)
- mehrstufige Konfiguration im Vertrieb möglich

Einstellung im Konfigurationsprofil:

- Prozess: Plan-/Fertigungsauftrag
- Stücklistenauflösung: einstufig oder mehrstufig
- keine weiteren szenariospezifischen Einstellungen möglich

Konfigurationsprozess:

- Kundenauftrag wird zum Kopfmaterial eröffnet
- Bewertung des Kopfmaterials und Stücklistenauflösung
- entsprechend der Stücklistenauflösung auch mehrstufige Konfiguration möglich
- neben Stücklisten- auch Arbeitsplanauflösung möglich
- Ergebnis ist die Bedarf absetzende Hauptposition im Kundenauftrag; mit Bezug zu dieser wird die mehrstufige Konfiguration gespeichert
- eventuell auch Unterposition, die für die Variantenkonfiguration aber ohne Bedeutung sind

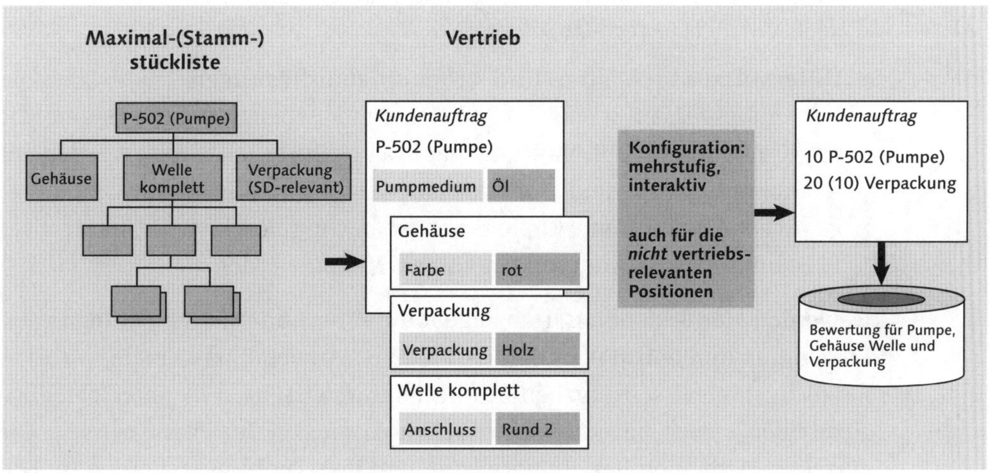

Abbildung 2.23 Szenario »Plan-/Fertigungsauftrag mit Stücklistenauflösung« im Überblick

Mit diesen Ausführungen ist der Überblick über die Konfigurationsszenarien abgeschlossen.

2.5 Überblick »Beziehungswissen«

In diesem Abschnitt wird das Beziehungswissen im Detail vorgestellt. Dabei gehen wir auf die High-Level-Konfiguration (Vertriebskonfiguration, im Dialog, für die Bewertungsoberfläche) und auf die Low-Level-Konfiguration

(Stücklisten- und Arbeitsplanauflösung, auch ohne Dialog) ein. Zunächst möchten wir Ihnen einen allgemeinen Überblick geben und erläutern daher die Grundlagen und die allgemeingültigen Regeln des Beziehungswissens.

2.5.1 Arten von Beziehungswissen und Zuordnung

Wozu benötigt man Beziehungswissen? Die Nutzung von Beziehungswissen kann man, knapp formuliert, den beiden folgenden Aufgaben zuordnen:

- **Unterstützt den Konfigurationsprozess der Bewertungsoberfläche**
  Beziehungswissen unterstützt den Prozess der Konfiguration in der Bewertungsoberfläche wie z.B. im Kundenauftrag. Dabei soll sichergestellt werden, dass das Ergebnis der Konfiguration vollständig und konsistent ist. Dies kann beliebig elegant gestaltet werden. Das Ziel ist, nicht erlaubte Bewertungskombinationen auch nicht anzubieten, Bewertungen (wo gewünscht) über Beziehungswissen zu berechnen und zu setzen oder auch Vorschlagswerte anzubieten.
- **Unterstützt Stücklisten- und Arbeitsplanauflösungen**
  Beziehungswissen erzeugt Stücklisten- und Arbeitsplanauflösungen, die der Konfiguration z.B. im Kundenauftrag entsprechen. Dabei werden aus Maximalstückliste und -arbeitsplan die nicht benötigten Elemente gelöscht. Anschließend können an den nicht gelöschten Elementen per Beziehungswissen Änderungen vorgenommen werden.

Es werden vier Beziehungsarten angeboten: Vor- und Auswahlbedingungen, Prozeduren und Constraints. Jede Art hat ihre Anwendungsgebiete, wobei es möglich ist, gewisse Aufgaben des Beziehungswissens auch unterschiedlich abzubilden – auch mit unterschiedlichen Arten von Beziehungswissen. Die einzelnen Arten von Beziehungswissen und ihre Zuordnung werden im Folgenden vorgestellt:

Vorbedingungen

Vorbedingungen können für den Prozess der Konfiguration in der Bewertungsoberfläche genutzt werden. Ohne Vorbedingungen kann jedes Merkmal mit jedem Wert aus der Liste der zulässigen Werte bewertet werden – unabhängig von der Bewertung anderer Merkmale. Abhängigkeiten können über Vorbedingungen abgebildet werden, indem gewisse Werte oder sogar ganze Merkmale nur unter gewissen Bedingungen zulässig sind. Dazu werden die entsprechenden Vorbedingungen dem Merkmal oder dem Merkmalswert zugeordnet.

Auswahlbedingungen

Auswahlbedingungen dienen zur Auflösung von Stücklisten und Arbeitsplänen mit Bezug zu einer Konfiguration. Alle nicht mit Auswahlbedingungen versehenen Elemente aus der Maximalstückliste und dem Maximalarbeitsplan werden generell in die aufgelöste Stückliste und den aufgelösten Arbeitsplan übernommen. Man kann bei diesen Elementen von *Gleichteilen,* also generell benötigten Teilen, sprechen. Im Unterschied zu diesen wird bei Elementen mit zugeordneten Auswahlbedingungen von *Variantenteilen* gesprochen. Ist keine der Auswahlbedingungen an einem Element erfüllt, wird dieses Element nicht übernommen. Elemente in Stückliste und Arbeitsplan, denen Auswahlbedingungen zugeordnet werden können, sind die folgenden:

- Positionen der Stückliste
- Folgenzuordnungen im Arbeitsplan
- Vorgänge im Arbeitsplan
- Fertigungshilfsmittel im Arbeitsplan

Eine weitere Anwendung finden Auswahlbedingungen für das dynamische Umstellen von Merkmalen als Muss-Merkmale. Soll ein Merkmal nur unter gewissen Bedingungen Muss-Merkmal sein, wird das Merkmal als Kann-Merkmal definiert (in der Merkmalsdefinition kein Kennzeichen bei der Eingabe erforderlich), und es wird eine entsprechende Auswahlbedingung dem Merkmal zugeordnet, die genau diese Bedingung enthält.

Prozeduren

Prozeduren dienen der Wertsetzung. Dabei können einem Objekt auch mehrere Prozeduren zugeordnet werden. Prozeduren werden genau einmal nach dem Start der Konfiguration abgearbeitet, wobei die Reihenfolge vorgegeben werden kann. Die Wertsetzung kann auch sukzessive erfolgen, also ein Feld kann mehrfach überschrieben werden – auch unter Nutzung des bisherigen Wertes.

In der Stücklisten-/Arbeitsplanauflösung können für die Elemente, die in die aufgelöste Stückliste und in den aufgelösten Arbeitsplan übernommen wurden, Änderungen in den Details des entsprechenden Elements durchgeführt werden. Hierfür werden, wie in den Ausführungen zu den Werkzeugen aus dem Klassensystem bereits beschrieben, Objektmerkmale mit Bezug auf die Tabellen STPO, PLPO, PLFH und PLFL genutzt. (Für Vorgänge können nur die Felder geändert werden, die gleichzeitig in der Struktur PLPO_CFMOD enthalten sind.)

Man kann in den Prozeduren auch die aktuellen Wertsetzungen lesen und dieses Wissen nutzen, um z. B. die Komponentenmenge in der Stücklistenposition um eins zu erhöhen oder die Rüstzeit im Vorgang des Arbeitsplans um fünf zu verringern.

[!] **Wertsetzungen über Objektmerkmale**

Bei Wertsetzungen in Stückliste und Arbeitsplan über Prozeduren werden nur einzelne Felder (ohne jegliche Berücksichtigung von eventuellen Abhängigkeiten zu anderen Feldern) der aufgelösten Strukturen überschrieben.

Man muss deshalb besonders darauf achten, dass dabei keinerlei Funktionalität aktiv ist, die man aus der normalen Stücklisten- und Arbeitsplanpflege kennt. Alle Abhängigkeiten müssen über Beziehungswissen nachmodelliert werden. Was heißt das? Wird z. B. ein Rohmaß in der Position geändert, muss über die Prozedur auch dafür gesorgt werden, dass die Rohteilmenge angepasst wird. Aus diesem Grund raten wir Ihnen davon ab, Felder mit starken Abhängigkeiten zu ändern, wie z. B. die Materialnummer in der Stücklistenposition oder den Arbeitsplatz im Vorgang.

Prozeduren müssen dem Element zugeordnet werden, dessen Detail geändert werden soll. Die Elemente, denen solche Prozeduren zugeordnet werden können, sind die gleichen vier, die bereits für die Auswahlbedingungen aufgezählt worden sind, nämlich Positionen der Stückliste, Folgenzuordnungen im Arbeitsplan, Vorgänge im Arbeitsplan und Fertigungshilfsmittel im Arbeitsplan.

Prozeduren können ebenfalls für die Bewertung von Merkmalen in der Bewertungsoberfläche genutzt werden. Dabei können folgende Wertsetzungen vorgenommen werden:

- **»Harte« Wertsetzung**
  Dies heißt, der gesetzte Wert kann vom Benutzer nicht gelöscht oder überschrieben werden. Auch Constraints können den so gesetzten Wert nicht ändern oder löschen. Die einzige Ausnahme, die generell gilt: Prozeduren dürfen sich gegenseitig überschreiben. Hier gilt die Regel: Der Letzte gewinnt.

- **»Weiche« Wertsetzung**
  Man spricht hier auch von dynamischen Vorschlagswerten. Soll ein Vorschlagswert nicht unabhängig von der bisherigen Konfiguration sein, dann legt man diesen nicht in der Merkmalsdefinition fest. Soll der Vorschlagswert z.B. von der bereits erfolgten Bewertung anderer Merkmale abhängen, dann wird er über Prozeduren gesetzt.

Weiche Wertsetzung muss in der Prozedur besonders gekennzeichnet werden. Standard ist die harte Wertsetzung.

Prozeduren für die Bewertungsoberfläche werden dem Konfigurationsprofil zugeordnet. Zusätzlich gibt es die Möglichkeit, solche Prozeduren auch den Merkmalen oder Merkmalswerten zuzuordnen.

Das Konfigurationsprofil wird jedoch favorisiert, da nur so die volle Kontrolle über die Abarbeitungsreihenfolge über entsprechende Einstellungen möglich ist. Weiterhin werden Prozeduren an Merkmalen und Merkmalswerten nicht vom IPC unterstützt.

Constraints

Constraints können zur Wertsetzung und zur Werteprüfung genutzt werden. Sie enthalten damit Funktionalität sowohl der Prozeduren als auch der Bedingungen. Constraints können für die Gestaltung der Konfiguration in der Bewertungsoberfläche genutzt werden, dabei gibt es keine Einschränkungen bezüglich der Konfigurationsszenarien.

Constraints haben besondere Bedeutung in der mehrstufigen Konfiguration, da nur hiermit Abhängigkeiten zwischen beliebigen Objekten einer mehrstufigen Konfiguration abgebildet werden können.

Neben diesem Punkt können Constraints Gleichungen, Variantentabellen und Variantenfunktionen umfangreicher auswerten, als dies andere Arten von Beziehungswissen können. Dies gilt ebenfalls für das elegante Einschränken von Wertevorräten für die Bewertung von Merkmalen. Weitere Vorteile liegen in der Performance und darin, dass keine Einstellungen bezüglich der Abarbeitungsreihenfolge erforderlich sind. Constraints werden in sogenannten Beziehungs- oder Constraint-Netzen gesammelt, und diese Netze können ausschließlich dem Konfigurationsprofil zugeordnet werden. Sie stehen damit im Allgemeinen nicht zur Auflösung von Stückliste und Arbeitsplan zur Verfügung.

[+]

Exkurs: Aktionen als eine Art des Beziehungswissens

Ganz kurz seien hier auch die *Aktionen* erwähnt. Es handelt sich dabei um eine weitere Art von Beziehungswissen, die jedoch für neue Modelle nicht mehr empfohlen wird. Aktionen erlauben es auch, Werte zu setzen. Von der Funktionalität her können jedoch Prozeduren und Constraints hier deutlich mehr und sind auch bezüglich der Performance nicht so kritisch wie die Aktionen. Aus diesem Grund werden Aktionen beim IPC auch nicht unterstützt. Aktionen können allen Objekten zugeordnet werden, denen auch Prozeduren zugeordnet werden können.

Mit Tabelle 2.1 und Tabelle 2.2 fassen wir das Gesagte nochmals zusammen. Tabelle 2.1 listet schlagwortartig auf, wofür die einzelnen Arten von Beziehungswissen in den beiden Anwendungsgebieten genutzt werden können.

Anwendungsgebiet: Bewertungsoberfläche	Anwendungsgebiet: Stücklisten-/Arbeitsplanauflösung
Vorbedingungen	
verbieten/dürfen	–
Auswahlbedingungen	
dynamische Muss-Merkmale	Variantenteile
Prozeduren	
wertsetzend hart oder weich dynamischer Vorschlagswert	Änderungen über Objektmerkmale Bewertung Klassenknoten
Constraints	
wertsetzend wertprüfend ein-/mehrstufige Konfiguration zusätzliche Funktionen, performant	–

Tabelle 2.1 Anwendungsgebiete von Beziehungswissen

In Tabelle 2.2 sehen Sie, wo das Beziehungswissen zugeordnet werden kann – auch wieder abhängig davon, für welches der beiden Anwendungsgebiete Sie es nutzen wollen.

Zuordnung für: Bewertungsoberfläche	Zuordnung für: Stücklisten-/Arbeitsplanauflösung
Vorbedingungen	
Merkmal & Wert	–
Auswahlbedingungen	
Merkmal	Position der Stückliste Vorgang, Folge, FHM des Arbeitsplans
Prozeduren	
Konfigurationsprofil (Merkmal & Wert)	Position der Stückliste Vorgang, Folge, FHM des Arbeitsplans
Constraints	
Konfigurationsprofil (in Netz)	–

Tabelle 2.2 Zuordnung von Beziehungswissen

2.5.2 Prozeduraler und deklarativer Charakter von Beziehungswissen

Mit diesen Arten von Beziehungswissen wird sowohl eine prozedurale als auch eine deklarative Herangehensweise an den Konfigurator unterstützt. Diese beiden Herangehensweisen kann man den Arten des Beziehungswissens zuordnen.

- **Deklaratives Beziehungswissen**
  Constraints (und Aktionen) sind deklaratives Beziehungswissen. Bei diesem Beziehungswissen ist das Ergebnis ausschließlich von der Ausgangsbedingung abhängig. Ein Abarbeitungszeitpunkt oder eine Abarbeitungsreihenfolge ist irrelevant. Analog ist hier auch die Syntax aufgebaut.
- **Semi-deklaratives Beziehungswissen**
  Die Vor- und Auswahlbedingungen stellen semi-deklaratives Beziehungswissen dar. Die Syntax ist rein deklarativ. Auch hier wird ausschließlich die Bedingung beschrieben – ohne jede Aussage zur Abarbeitung. Die Auswertung erfolgt jedoch prozedural, wie weiter unten in der Abarbeitungsreihenfolge von Beziehungswissen beschrieben. Vor- und Auswahlbedingungen werden zu genau festgelegten Zeitpunkten im Konfigurationsprozess abgearbeitet.

- **Prozedurales Beziehungswissen**
  Bei Prozeduren handelt es sich um rein prozedurales Beziehungswissen. Analog zu Vor- und Auswahlbedingungen werden auch diese zu einem genau festgelegten Zeitpunkt im Konfigurationsprozess abgearbeitet. Zusätzlich kann in der Zuordnung der Prozeduren die genaue Abarbeitungsreihenfolge festgelegt werden. Prozeduren erlauben die Verwendung von entsprechenden prozeduralen Sprachelementen wie z.B. für sukzessive Berechnungen, etwa *x = x + 1*, oder Vorschlagswertsetzungen, wie in den Ausführungen zur Syntax beschrieben wird.

Nach dem Charakter der einzelnen Arten von Beziehungswissen sollen im nächsten Abschnitt die beiden Ablageformen *lokales* und *globales* Beziehungswissen kurz vorgestellt werden.

2.5.3 Globales und lokales Beziehungswissen

Man unterscheidet lokales und globales Beziehungswissen. Lokales Beziehungswissen erkennt man am rein numerischen Namen, z.B. Prozedur 4711. Der Name kann nur durch interne Nummernvergabe angelegt werden. Lokales Beziehungswissen wird generell aus der Zuordnung heraus angelegt, geändert und gelöscht und kann nur in Zuordnung existieren. Wird die Verbindung gelöst, ist auch das Beziehungswissen gelöscht.

Globales Beziehungswissen erkennt man an den nicht numerischen Namen, z.B. Prozedur PROC_CHAR1. Hier wird generell mit reiner externer Nummernvergabe gearbeitet. Es muss ein Kurztext angelegt werden und manuell der Status auf FREIGEGEBEN gesetzt werden. Für die Pflege von globalem Beziehungswissen existieren eigene Transaktionen. Man kann jedoch auch globales Beziehungswissen (mit Ausnahme von Constraint-Netzen) aus der Zuordnung heraus anlegen und bei einfacher Verwendung ändern. Weiterhin kann globales Beziehungswissen mehrfach verwendet werden, indem es mehrfach zugeordnet wird.

[+]

Empfehlung

Wegen der mehrfachen Verwendbarkeit und der damit verbundenen besseren Performance sowie der leichteren Auswertbarkeit wird in der Variantenkonfiguration globales Beziehungswissen empfohlen.

2.5.4 Status von Beziehungswissen

Beziehungswissen – sowohl lokales als auch globales – hat einen Status. Es darf erst freigegeben werden, wenn fehlerfreie Syntax existiert. Keine Syntax ist auch ein Fehler. Lokales Beziehungswissen wird automatisch freigegeben, wenn vor dem Speichern fehlerfreie Syntax angelegt wird.

Wird versucht, fehlerhafte Syntax zu speichern, ist dies möglich. Das System setzt dann jedoch den Status generell, sowohl bei lokalem als auch globalem Beziehungswissen, automatisch auf GESPERRT.

Freigabe von gesperrtem Beziehungswissen [!]

Nach einer Korrektur muss generell der Status manuell auf FREIGABE gesetzt werden. Im Unterschied zu lokalem Beziehungswissen muss globales Beziehungswissen generell manuell freigegeben werden. Weiterhin ist zu beachten, dass der Status von globalem Beziehungswissen keine Auswirkung auf die Zuordnung hat. Globales Beziehungswissen kann mit jedem der folgenden Status zugeordnet werden:

- In Erstellung
- Freigabe
- Gesperrt

Die Zuordnung kann auch bei jedem Status gelöscht werden. Analog können Sie auch für bereits zugeordnetes Beziehungswissen den Status ändern.

Der Status des Beziehungswissens kann im Customizing angepasst werden.

2.5.5 Beziehungswissen in der Klassifizierung und in der Variantenkonfiguration

Beziehungswissen kann sowohl in der Klassifizierung als auch in der Variantenkonfiguration genutzt werden. Im Klassensystem ist Beziehungswissen nur in der Klassifizierung aktiv, nicht in der Suche oder anderen Funktionen. Beziehungswissen für die Klassifizierung wird Merkmalen, Merkmalswerten oder Klassen zugeordnet. Dabei ist Folgendes zu beachten:

- **Beziehungswissen an Merkmalen und Werten**
  Werden Merkmale mit zugeordnetem Beziehungswissen sowohl in der Klassifizierung (Klassen, die keine Variantenklassen sind) als auch in der Variantenkonfiguration (Variantenklassen) genutzt, ist auch das Beziehungswissen aktiv. Das kann gewollt sein. Werden zum Beispiel die gleichen Merkmale zur Klassifizierung in Klassenknoten und in der Konfiguration genutzt, so wird häufig gewünscht, dass an allen beiden Stellen die gleichen Regeln gelten. Ansonsten sollten Sie das vermeiden, indem Sie die Verwendung von Merkmalen in der Merkmalsdefinition auf bestimmte Klassenarten einschränken oder indem Sie Merkmalen nur in der klassenspezifischen Überschreibung das Beziehungswissen zuordnen. Es kann sich hier um Vor- und Auswahlbedingungen und Prozeduren handeln.

- **Beziehungswissen an Klassen**
  Beziehungswissen, das Klassen zugeordnet wird, ist nur in der Klassifizierung aktiv. Man kann auch Variantenklassen Beziehungswissen zuordnen, dies zeigt jedoch keine Wirkung in der Variantenkonfiguration, weshalb man es vermeiden sollte.

In der Klassifizierung können den Merkmalen und Merkmalswerten, analog zu den hier für die Variantenkonfiguration beschriebenen Formen, Vor- und Auswahlbedingungen und Prozeduren zugeordnet werden.

[+] **Prozeduren an Klassen**

Prozeduren sind das einzige Beziehungswissen, das Klassen zugeordnet werden kann. Die den Klassen zugeordneten Prozeduren übernehmen in der Klassifizierung die Aufgaben, die Prozeduren in der Variantenkonfiguration am Konfigurationsprofil haben.

2.5.6 Ausführungsreihenfolge von Beziehungswissen

Bezüglich der Ausführungsreihenfolge von Beziehungswissen ist zwischen zwei Aufgaben zu unterscheiden, die im Folgenden erläutert werden.

Konfiguration in der Bewertungsoberfläche

Für die Konfiguration in der Bewertungsoberfläche können alle Arten von Beziehungswissen genutzt werden. Über die Einstellungen, wie man sie z.B. im Konfigurationsprofil festlegen kann, ist steuerbar, wann Beziehungswissen für die Bewertungsoberfläche abgearbeitet wird. Standard ist, dass bei jedem Bildwechsel und bei jeder Datenfreigabe (über die Taste [↵]) dieses Beziehungswissen abgearbeitet wird.

[+] **Einstellungen zum Konfigurator (z.B. im Konfigurationsprofil)**

Alternativ zu dieser Standardeinstellung kann Beziehungswissen nur auf Anforderung oder nur bei Datenfreigabe (durch die [↵]-Taste) abgearbeitet werden.

Alle Constraints des gesamten Modells sind während der gesamten Abarbeitung des Beziehungswissens aktiv. Nur so kann der deklarative Charakter der Constraints sichergestellt werden. Dies hat zur Folge, dass jede Änderung an den Bedingungen bezüglich der Constraints sofort zur Abarbeitung der entsprechenden Constraints führt.

Bei jedem Start der Abarbeitung des Beziehungswissens werden folgende Schritte abgearbeitet:

1. **Werte zurücksetzen**
   Zunächst werden alle Werte zurückgesetzt, die durch Prozeduren gesetzt wurden. Dadurch können sich, wie bereits erwähnt, Änderungen an den Bedingungen der Constraints ergeben, die das Abarbeiten der entsprechenden Constraints zur Folge haben.
2. **Abarbeitung der Prozeduren**
   Nach diesem Schritt werden die Prozeduren abgearbeitet. Prozeduren werden bei einer Abarbeitung genau einmal ausgewertet. Dabei gilt folgende Reihenfolge:
   - Konfigurationsprofil
   - Merkmale (die für die Bewertung genutzt wurden)
   - Merkmalswerte

   Entsprechend der Empfehlung sind nur am Konfigurationsprofil Prozeduren zugeordnet. Diese Prozeduren lassen sich am Konfigurationsprofil über die sogenannte Sortierung anordnen, und damit lässt sich genau die Abarbeitungsreihenfolge festlegen.

   Sollten auch Prozeduren Merkmalen zugeordnet worden sein, werden nur die Merkmale berücksichtigt, die bereits bewertet wurden. Pro Merkmal kann über die Sortierung eine Reihenfolge festgelegt werden. Die Reihenfolge, in der die Merkmale ausgewertet werden, ist nicht einstellbar. Gleiches gilt auch für die Merkmalswerte. Das heißt, sollten auch Prozeduren Merkmalswerten zugeordnet worden sein, werden nur die Merkmalswerte berücksichtigt, die für die Bewertung genutzt wurden.

   Pro Merkmalswert kann über die Sortierung eine Reihenfolge festgelegt werden. Die Reihenfolge, in der die Merkmalswerte ausgewertet werden, ist ebenfalls nicht einstellbar. Wie bereits erwähnt, sind bei der gesamten Abarbeitung der Prozeduren auch die Constraints aktiv. Durch die Prozeduren können sich Änderungen an den Bedingungen der Constraints ergeben, die das Abarbeiten der entsprechenden Constraints zur Folge haben.
3. **Abarbeitung der Vorbedingungen**
   Der vorletzte Punkt ist die Abarbeitung der Vorbedingungen. Reihenfolgen spielen hier keine Rolle. Die Abarbeitung hat keine Auswirkungen auf Prozeduren und Constraints.

4. **Abarbeitung der Auswahlbedingungen**
   Der letzte Punkt ist die Abarbeitung der Auswahlbedingungen. Reihenfolgen spielen auch hier keine Rolle, und auch hier gibt es keine Auswirkungen auf Prozeduren und Constraints.

Bei dieser Auflistung wurden Aktionen bewusst ausgeklammert, da sie die Abarbeitungsreihenfolge hätten deutlich komplexer werden lassen und deshalb nicht empfohlen werden.

Stücklisten- und Arbeitsplanauflösung

Für die Stücklisten- und Arbeitsplanauflösung können nur Auswahlbedingungen und Prozeduren genutzt werden und hier nur diese, die direkt diesen Objekten zugeordnet wurden. Dabei gilt die folgende Reihenfolge:

1. **Auswahlbedingungen auswerten**
   Zunächst werden die Auswahlbedingungen ausgewertet. Elemente werden übernommen, falls diesen keine Auswahlbedingungen zugeordnet worden sind oder mindestens eine der zugeordneten Auswahlbedingungen erfüllt ist.
2. **Prozeduren auswerten**
   Anschließend werden für die ausgewählten Elemente – d.h. für die Elemente, die keine zugeordneten Auswahlbedingungen hatten oder mindestens eine erfüllte Auswahlbedingung haben – die Prozeduren ausgewertet. Pro Element werden nur die Prozeduren ausgewertet, die genau dem Element zugeordnet wurden – und dies in der angegebenen Reihenfolge, d.h. Sortierung.

Auch hier wurde bewusst auf Aktionen verzichtet, da diese nicht empfohlen werden und den beschriebenen Prozess der Abarbeitung von Beziehungswissen deutlich aufblähen würden.

2.5.7 Grundregeln der Syntax

Beziehungswissen folgt und genügt eigenen syntaktischen Regeln. Die Syntax ist keine ABAP-Programmierung und entspricht auch keiner anderen geläufigen Programmiersprache. Über sogenannte *Variantenfunktionen* besteht die Möglichkeit, Funktionsbausteine in alle Arten von Beziehungswissen zu integrieren – und damit auch Funktionalität aus der Welt von ABAP. So können in der Syntax des Beziehungswissens Variantenfunktionen angesprochen werden, die wiederum ABAP-Funktionsbausteine aufrufen.

Das Ergebnis der Abarbeitung von Beziehungswissen kann Folgendes sein:

- Vor- und Auswahlbedingungen sind boolesche Ausdrücke. Das heißt, sie liefern ein binäres Ergebnis.
- Prozeduren liefern beliebige Werte als Ergebnis.
- Constraints liefern im Rahmen der Wertsetzung entsprechende Werte und im Rahmen der Konsistenzprüfung ein binäres Ergebnis.

Namen von Klassen und Merkmalen

Die Syntax ist sprachunabhängig und nutzt die sprachneutralen Namen von Klassen, Merkmalen, Merkmalswerten, Materialstämmen und Dokumenten. Diese Namen werden direkt in der Syntax aufgenommen. Einzige Ausnahme sind Merkmalswerte beim Zeichenformat (CHAR). Diese werden in Hochkommata gesetzt. Das Syntaxelement `SKEY` und ein in Hochkommata gesetzter Name sind immer auch dann erforderlich, wenn im Namen ein Bindestrich vorkommt. Darüber hinaus kann ausschließlich in Constraints mit Variablen für Objekte und Merkmale gearbeitet werden. Diese Variablen werden pro Constraint spezifisch definiert.

Bei Klassen und Dokumenten ist zu beachten, dass der Objektschlüssel aus mehreren Teilen besteht. Bei Materialstämmen und Dokumenten müssen Sie den Objekttyp mit angeben. Ein Beispiel für Klasse, Materialstamm und Dokument in der Syntax von Beziehungswissen zeigt Listing 2.1.

```
(300)klasse1
(MATERIAL)()(NR='material2')
(document)()(TYPE = 'DRW', VERSION = '00', PART = '000',
            NR = 'D4545').
```

Listing 2.1 Klasse, Materialstamm und Dokument in Beziehungswissen

Groß- und Kleinschreibung

Man kann mit einer Ausnahme immer beliebig Groß- oder Kleinschreibweise verwenden. Die Ausnahme sind Merkmalswerte beim Zeichenformat CHAR, bei denen zusätzlich das Kennzeichen GROSS-/KLEINSCHREIBUNG gesetzt wurde. Soweit dieses Kennzeichen nicht notwendig ist, wird es aus diesem Grunde auch nicht empfohlen. (Das Kennzeichen ist leider bei Objektmerkmalen für Variantenkonditionen notwendig, worauf wir in Ab-schnitt 2.8, »Preisfindung für konfigurierbare Materialien«, noch eingehen werden.)

Sie können auch sprachneutrale Kommentarzeilen in die Syntax aufnehmen (z. B. einen Stern * in der ersten Spalte). Es gibt auch die Möglichkeit sprachspezifischer Kommentare im Beziehungswissen. Dies wird jedoch nicht in die Syntax aufgenommen, sondern ist unter ZUSÄTZE • DOKUMENTATION in den Basisdaten des Beziehungswissens zu finden.

»$self«, »$parent«, »$root« und weitere Syntaxregeln

Leerzeichen und Zeilenumbrüche können an beliebiger Stelle eingefügt werden. Aufzählungen von mehreren Anweisungen sind in einem Beziehungswissen möglich und werden dann durch Kommata getrennt.

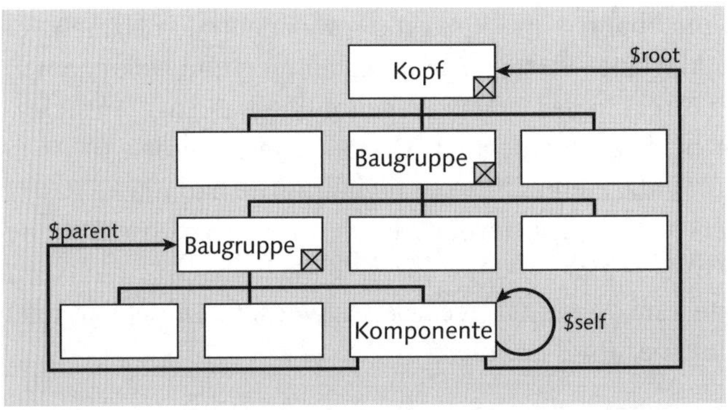

Abbildung 2.24 »$self«, »$parent« und »$root« im Beziehungswissen

Bezüglich der ansprechbaren Objekte im Beziehungswissen muss zwischen Constraints und allen anderen Arten von Beziehungswissen, auch *einfaches Beziehungswissen* genannt, unterschieden werden. In Constraints können alle Objekte einer Produktstruktur angesprochen werden. In den anderen Arten von Beziehungswissen können maximal drei Objekte angesprochen werden. Dies erfolgt ausschließlich relativ in Bezug auf den Ablageort des Beziehungswissens, d.h., es liegt beispielsweise eine Struktur wie in Abbildung 2.24 vor. Dies bedeutet vor allem zweierlei:

- Eine einfache Beziehung (Vor-, Auswahlbedingung oder Prozedur) ist der Komponente auf tiefster Ebene der Stücklistenstruktur zugeordnet.
- Alle darüberliegenden Baugruppen und das Kopfmaterial sind konfigurierbar. (Das Kreuz soll das entsprechende Kennzeichen im Materialstamm darstellen). Alle diese Materialien sollen in dieser Umgebung über entsprechende Konfigurationsprofile verfügen, so dass sie alle auch konfiguriert werden können.

Daraus ergibt sich, dass die folgenden drei Objekte in dieser Beziehung ansprechbar sind:

- **$SELF**
  Wenn `$SELF.` einem Merkmalsnamen vorangestellt ist, kann die Merkmalsbewertung am Objekt selbst angesprochen werden. Prozeduren können generell nur auf dieser Ebene Werte setzen.
- **$ROOT**
  Wenn `$ROOT.` einem Merkmalsnamen vorangestellt ist, kann die Merkmalsbewertung am Kopfobjekt angesprochen werden. Dies ist die oberste Instanz bezüglich der Konfigurationsstruktur und die oberste Ebene, auf der Merkmalsbewertung gespeichert wird.
- **$PARENT**
  Wenn `$PARENT.` einem Merkmalsnamen vorangestellt ist, kann die Merkmalsbewertung an der nächsten Instanz oberhalb der `$SELF`-Ebene angesprochen werden. Soweit das Kopfmaterial der einstufigen Stückliste, in der an einer Komponente die Beziehung zugeordnet ist, auch eine eigene Bewertung bezüglich der Konfiguration hat, ist dies die `$PARENT`-Instanz. Ansonsten wandert diese Ebene weiter nach oben.

Schreibweise [+]

Diese Syntaxelemente können beliebig groß- (wie in der Aufzählung) oder kleingeschrieben werden. Ein Beispiel für eine kleingeschriebene Prozedur könnte folgendermaßen aussehen:

```
$self.merkmal3 = $parent.merkmal2 + $root.merkmal1
```

Im Beispiel der Abbildung 2.24 kann die erste Baugruppe unter dem Kopfmaterial nicht angesprochen werden, da Ebenen zwischen `$PARENT` und `$ROOT` nicht angesprochen werden. Analoges würde für eventuelle Ebenen unterhalb der `$SELF`-Ebene gelten. Man kann es auch so formulieren: Es gibt kein `$grandparent`, `$children` oder ähnliche verwandtschaftliche Beziehungen.

Es kann passieren, dass mehrere Ebenen zusammenfallen. Würde im obigen Beispiel auf Kopfebene z.B. das Szenario *Plan-/Fertigungsauftrag ohne Stücklistenauflösung* genutzt, würden alle darunterliegenden Konfigurationsprofile ignoriert. Damit würden diese Ebenen nicht als Instanzen im Konfigurationsprozess erscheinen, und das Kopfmaterial wäre von allen Elementen aus der Stücklistenstruktur heraus sowohl als `$ROOT.` als auch als `$PARENT.` ansprechbar. Damit fallen diese beiden Ebenen zusammen.

Es können sogar alle drei Ebenen zusammenfallen, wenn Beziehungswissen auf der Ebene des Kopfmaterials, d.h. des dortigen Konfigurationsprofils, zugeordnet wird.

2.5.8 Syntaxelemente

In Beziehungswissen können neben den bereits vorgestellten Namen von Merkmalen, Merkmalswerten, Materialstämmen und Dokumenten sowie `$self`, `$parent` und `$root` weitere Syntaxelemente genutzt werden. Als logische Operatoren stehen zur Verfügung:

- Negation: `NOT`
- Bedingungen: `IF`
- Verknüpfungen: `AND`, `OR`
- Vergleichsoperatoren:
  - kleiner als: `<`, `LT`
  - kleiner gleich: `<=`, `=<`, `LE`
  - gleich: `=`, `EQ`
  - größer gleich: `>=`, `=>`, `GE`
  - größer als: `>`, `GT`

Als arithmetische Operatoren stehen zur Verfügung:

- Grundrechenarten: `+`, `-`, `/`, `*`
- Standardfunktionen:
  - Winkelfunktionen: `sin`, `cos`, `tan`
  - Exponentialfunktion (Basis e): `exp`
  - Logarithmusfunktionen (Basis e und 10): `ln`, `log10`
  - Arcusfunktionen: `arcsin`, `arccos`, `arctan`
  - Quadratwurzel: `sqrt`
  - Absolutbetrag: `abs`
  - Signum: `sign`
  - Dezimalanteil: `frac`
  - ganzzahliger Teil: `trunc`
  - aufgerundet: `ceil`
  - abgerundet: `floor`

Als Zeichenketten-Operatoren stehen zur Verfügung:

- die Verknüpfung: `||`
- die Umwandlung in Kleinbuchstaben: `LC`
- die Umwandlung in Großbuchstaben: `UC`

Weiterhin können mit dem Syntaxelement `in` Listen abgefragt werden. Bei numerischen Merkmalen können diese Listen auch generell Intervalle enthalten. Beispiele sehen Sie in Listing 2.2:

```
farbe in ('r', 'b', 'g')
breite in (100, 200 - 400, 600).
```

Listing 2.2 Beispiele für Listenabfrage mit »in«

Über `specified` kann abgefragt werden, ob ein Merkmal bewertet ist. Auch negative Abfragen sind möglich. Beispiele führt Listing 2.3 auf:

```
farbe specified
specified farbe
not specified farbe.
```

Listing 2.3 Beispiele für die Listenabfrage mit »specified«

In Beziehungswissen außer der Art Constraints können Sie mit dem Syntaxelement `type_of` das Objekt auf der entsprechenden Ebene abfragen. Im Allgemeinen wird hierbei die Variantenklasse auf Kopfebene abgefragt – wie in den Beispielen in Listing 2.4:

```
type_of($root, (300)klasse1)
type_of($root, (material(300)(nr='material1')))
```

Listing 2.4 Beispiele für Listenabfrage mit »type of«

Keine negativen Abfragen bei Constraints [+]

Als einzige Ausnahme bezüglich negativer Abfragen mit den Syntaxelementen `not in`, `not type_of` und `not specified` lassen Constraints diese Negationen nicht zu. In Constraints sind dies Syntaxfehler.

Weitere Syntaxelemente finden Sie in der folgenden Aufzählung:

- **mdata**
  Dieses Element dient der Abfrage der »Masterdaten«, also der Originaldaten in den Stammdaten.
- **$set_default, ?=**
  Dieses Element ist für das Setzen von Vorschlagswerten (nur in Prozeduren erlaubt) vorgesehen. Dies kann auch über das Syntaxelement ?= anstelle von = für harte Wertsetzung erfolgen. Das Syntaxelement ?= kann auch in Aufrufen von Variantentabellen und -funktionen verwendet werden.

- **$del_default**
  Dieses Syntaxelement ist für das Löschen von mit dem Syntaxelement `$set_default` gesetzten Vorschlagswerten (nur in Prozeduren erlaubt) vorgesehen.
- **$sum_part**
  Dieses Element ist für das Aufaddieren eines numerischen Merkmals in einer aufgelösten Stückliste (nur in Prozeduren erlaubt) vorgesehen.
- **$count_part**
  Für das Aufaddieren der Komponentenmenge in einer aufgelösten Stückliste (nur in Prozeduren erlaubt) ist dieses Element vorgesehen.
- **$part_of**
  Dieses Syntaxelement ist für das Abfragen von Objekten einer aufgelösten Stückliste (nur in Constraints erlaubt) vorgesehen.
- **$subpart_of**
  Für das Abfragen von Objekten einer beliebig tief aufgelösten Stücklistenstruktur (nur in Constraints erlaubt) ist dieses Syntaxelement vorgesehen.
- **$set_pricing_factor**
  Mit diesem Syntaxelement kann einem Konditionssatz für die Preisfindung nachträglich noch ein Faktor zugeordnet werden.

Diese Syntaxelemente sollten hier nur kurz aufgezählt werden. In den nächsten Abschnitten, insbesondere in Abschnitt 2.6, »Beziehungswissen für die Bewertungsoberfläche bzw. die vertriebliche Sicht«, und 2.7, »Beziehungswissen für Stückliste und Arbeitsplan«, werden wir teilweise ausführlicher auf sie eingehen.

2.5.9 Variantentabellen und -funktionen

In allen Arten von Beziehungswissen können Sie mit sogenannten *Variantentabellen* arbeiten. Dies erlaubt es, mit ganz einfachen Mitteln tabellenähnliche Strukturen aufzubauen und in Beziehungswissen anzusprechen. Die Spalten werden durch Merkmale definiert. Tabellen können in Bedingungen abgefragt werden, um so z.B. nur Bewertungskombinationen zuzulassen, die in der Tabelle aufgeführt sind. Oder Sie nutzen Tabellen, um Werte für einzelne Merkmale zu setzen. Wertsetzungen mit Tabellen können wie jede Wertsetzung mit Prozeduren oder Constraints erfolgen. Auch ist die Vorschlagswertsetzung mit Variantentabellen und Prozeduren möglich.

Im Beziehungswissen wird eine Tabelle über das Schlüsselwort `table` aufgerufen, gefolgt vom Tabellennamen und in Klammern den Merkmalen aus der Tabelle sowie den Merkmalen aus der Variantenklasse der Bewertungsoberfläche. Ein Beispiel finden Sie in Listing 2.5:

```
table  tab_pc  ( merkmal_paketart    =   $self.merkmal_paketart,
                 merkmal_gehaeuse     =   $self.merkmal_gehaeuse,
                 merkmal_cpu         =   $self.merkmal_cpu        )
```

Listing 2.5 Beispiel für den Aufruf einer Variantentabelle

Dieser Tabellenaufruf kann auf diese Weise in Bedingungen genutzt werden, um zu prüfen, ob die erfolgte Bewertung laut Tabelle erlaubt ist. Oder man kann mit einer Prozedur z.B. aus den ersten beiden Merkmalen das dritte Merkmal herleiten lassen.

Tabelle TAB_PC		
PAKETART	GEHÄUSE	CPU
LUXUS	TOWER	schnell
LUXUS	MINITOWER	mittelschnell
GÜNSTIG	MINITOWER	mittelschnell
GÜNSTIG	DESKTOP	langsam
GÜNSTIG	TOWER	schnell

Abbildung 2.25 Beispiel einer Variantentabelle

Variantentabellen wie in Abbildung 2.25 können auch zur Auswertung von Datenbanktabellen genutzt werden. In diesem Fall wird die Variantentabelle in ihrer Definition (passende Pflegetransaktion) mit der Datenbanktabelle verknüpft und diese Verknüpfung aktiv geschaltet.

Variantenfunktionen dienen dazu, in alle Arten von Beziehungswissen auch mit Funktionsbausteinen zu arbeiten. Damit besteht die Möglichkeit, komplexere Funktionalität zu nutzen, als dies die doch recht eingeschränkte Syntax des Beziehungswissens zulässt. Analog zur Pflege von Variantentabellen erfolgt auch die Pflege von Variantenfunktionen. Ein- und Ausgabeparameter einer solchen Variantenfunktion erfolgen ebenfalls über Merkmale.

Auch der Aufruf einer solchen Variantenfunktion erfolgt analog zu dem von Variantentabellen. Im Beziehungswissen wird das Schlüsselwort `function` genutzt, gefolgt von dem Namen des Funktionsbausteins – der gleichzeitig der Name der Variantenfunktion ist – und in Klammern den Merkmalen aus der Variantenfunktion und den Merkmalen aus der Variantenklasse der Bewertungsoberfläche. Ein Beispiel für den Aufruf einer Variantenfunktion zeigt Listing 2.6:

```
function   z_function1
     ( merkmal_paketart   =   $self.merkmal_paketart,
       merkmal_gehaeuse    =   $self. merkmal_gehaeuse,
       merkmal_cpu        =   $self.merkmal_cpu)
```

Listing 2.6 Beispiel für den Aufruf einer Variantenfunktion

2.5.10 Auswertungsfunktionen für Beziehungswissen

Für die Auswertung von Beziehungswissen existiert eine Reihe von Funktionen. Hier ist eine klassische Funktionalität wie Beziehungslisten oder Verwendungsnachweise von Beziehungswissen zu nennen. Wie bereits bei den Werkzeugen aus dem Klassensystem erwähnt, kann auch die Verwendung von Objekten in Beziehungswissen ausgewertet werden. Hier sei vor allem auf den Verwendungsnachweis von Merkmalen, Merkmalswerten und Klassen hingewiesen.

Variantenmodell-Browser

Eine weitere Möglichkeit, Stammdaten bezüglich der Modellierung des Variantenmodells inklusive des Beziehungswissens anzuzeigen und auszuwerten, ist der Variantenmodell-Browser. Dieser wird über die Transaktion CUMODEL aufgerufen (siehe Abbildung 2.26). Im Einstieg zu dieser Transaktion müssen Sie das konfigurierbare Material und das Werk, für das die Stückliste aufgelöst werden soll, eingeben. Optionale Eingaben im Einstiegsbild sind Stücklistenverwendung, Menge, Stichtag oder Änderungsnummer. Im Browser werden alle wesentlichen Objekte, die ein Variantenmodell beschreiben, aufgelistet. Dadurch kann die Struktur des Variantenmodells ausgewertet werden. Für die folgenden Punkte sind Absprünge ins Detail möglich:

- Merkmale
- Zuordnung von Beziehungswissen (inklusive der Syntax)
- Konfigurationsprofil

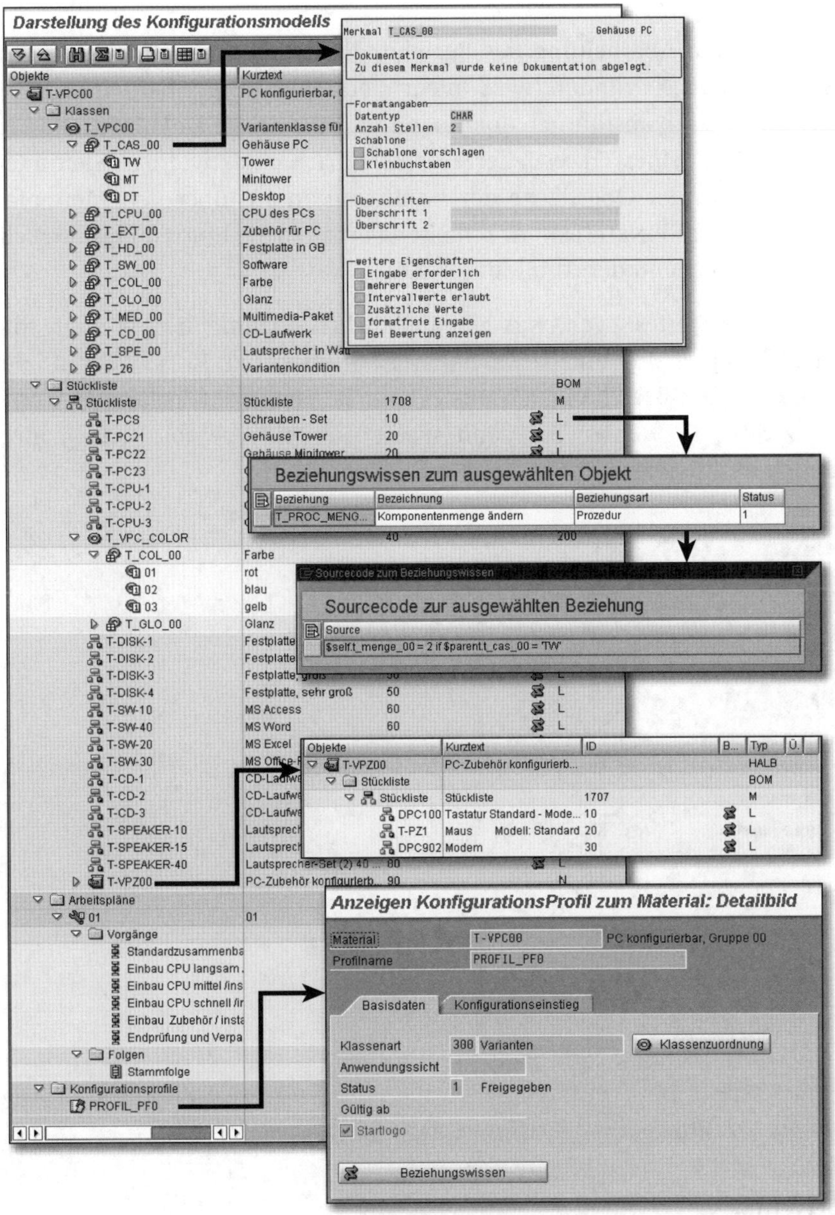

Abbildung 2.26 Variantenmodell-Browser CUMODEL

Neben diesen Auswertungsfunktionen, bei denen die Stammdaten des Variantenmodells im Vordergrund stehen, gibt es weitere Auswertungsmöglichkeiten bezüglich des Konfigurationsprozesses.

Trace

Sie können die Abarbeitung des Beziehungswissens protokollieren lassen. Aus Performance-Gründen wird nicht permanent die Abarbeitung von Beziehungswissen ausführlich dokumentiert. Eine solche Dokumentation ist jedoch in Form eines Traces jederzeit einstellbar und aktivierbar. Sie finden den Trace von der Oberfläche der Konfiguration aus über den Menüpfad ZUSÄTZE • TRACE • EINSTELLEN. Anschießend erhalten Sie Einstellungsmöglichkeiten entsprechend der Abbildung 2.27.

Hier können Sie festlegen, was wie ausführlich dokumentiert werden soll. Zusätzliche Filter sind nutzbar. Ziel dieser Funktionalität ist es, während der Entwicklung des Beziehungswissens eventuelle Fehler aufzuspüren. Im operativen Geschäft werden Sie dann später diesen Trace aus Performance-Gründen deaktivieren.

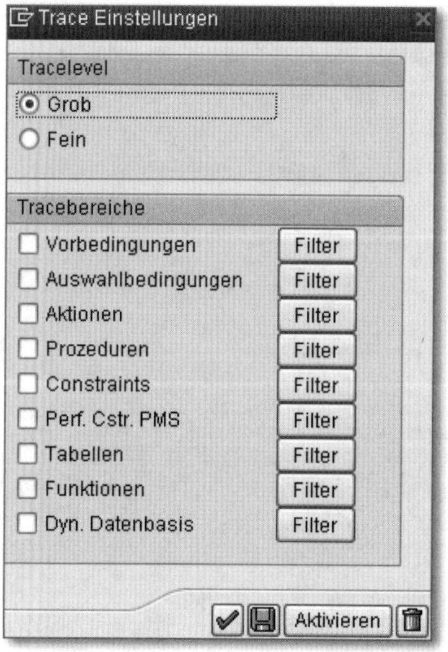

Abbildung 2.27 Der Trace und seine Einstellungsmöglichkeiten

Analysetool

Darüber hinaus haben Sie die Möglichkeit, während des Konfigurationsprozesses mit Hilfe des Analysetools eine Analyse durchzuführen (siehe Abbildung 2.28).

Das Analysetool finden Sie von der Oberfläche der Konfiguration aus über den Menüpfad ZUSÄTZE • ANALYSE. Ergebnis dieser Analyse ist eine Beschreibung des Ist-Zustands der aktuellen Konfiguration.

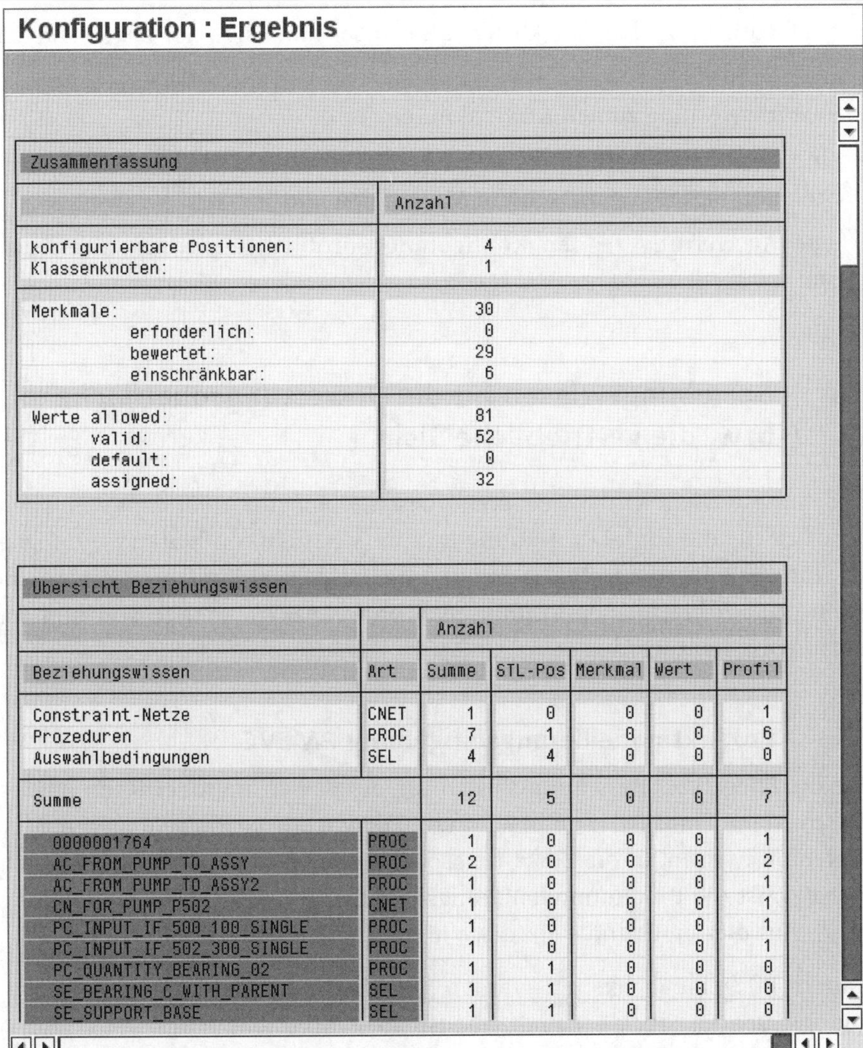

Konfiguration : Ergebnis

Zusammenfassung

	Anzahl
konfigurierbare Positionen:	4
Klassenknoten:	1
Merkmale:	30
erforderlich:	0
bewertet:	29
einschränkbar:	6
Werte allowed:	81
valid:	52
default:	0
assigned:	32

Übersicht Beziehungswissen

		Anzahl				
Beziehungswissen	Art	Summe	STL-Pos	Merkmal	Wert	Profil
Constraint-Netze	CNET	1	0	0	0	1
Prozeduren	PROC	7	1	0	0	6
Auswahlbedingungen	SEL	4	4	0	0	0
Summe		12	5	0	0	7
0000001764	PROC	1	0	0	0	1
AC_FROM_PUMP_TO_ASSY	PROC	2	0	0	0	2
AC_FROM_PUMP_TO_ASSY2	PROC	1	0	0	0	1
CN_FOR_PUMP_P502	CNET	1	0	0	0	1
PC_INPUT_IF_500_100_SINGLE	PROC	1	0	0	0	1
PC_INPUT_IF_502_300_SINGLE	PROC	1	0	0	0	1
PC_QUANTITY_BEARING_02	PROC	1	1	0	0	0
SE_BEARING_C_WITH_PARENT	SEL	1	1	0	0	0
SE_SUPPORT_BASE	SEL	1	1	0	0	0

Abbildung 2.28 Das Analysetool

Diese Beschreibung umfasst die folgenden Punkte:

- eine Zusammenfassung der konfigurierten Instanzen, Klassenknoten, Merkmale und Merkmalswerte

- eine Zusammenfassung des Beziehungswissens mit der Möglichkeit, in die Syntax abzuspringen (Ein Doppelklick auf BEZIEHUNGSWISSEN zeigt in einem neuen Fenster Name, Status, Kurztext und die gesamte Syntax des entsprechenden Beziehungswissens an.)
- eine Auflistung aller Stücklistenauflösungen inklusive des zugeordneten Beziehungswissens
- eine Auswertung zu den Klassenknoten
- eine detaillierte Auflistung der Merkmalsbewertung inklusive des zugeordneten Beziehungswissens zu Merkmalen und Werten
- eine Auswertung zu den Konfigurationsprofilen, auch hier mit Beziehungswissen

2.6 Beziehungswissen für die Bewertungsoberfläche bzw. die vertriebliche Sicht

Beziehungswissen wird, wie bereits beschrieben, für zwei Anwendungen benötigt: für die High-Level-Konfiguration (Vertriebskonfiguration, im Dialog, für die Bewertungsoberfläche) und die Low-Level-Konfiguration (Stücklisten- und Arbeitsplanauflösung, auch ohne Dialog). Erstere soll hier im Detail vorgestellt werden.

2.6.1 Produktmodellierungsumgebung PMEVC

Für die Pflege von Beziehungswissen für die Bewertungsoberfläche gibt es verschiedene Transaktionen bzw. Wege. Die wichtigste Pflegeumgebung für Beziehungswissen für die Bewertungsoberfläche, sowohl für lokales als auch globales, ist die Produktmodellierungsumgebung PMEVC (siehe Abbildung 2.29). Aus diesem Grund steht diese hier auch im Vordergrund.

Andere Pflegemöglichkeiten werden vollständig in Abschnitt 2.7, »Beziehungswissen für Stückliste und Arbeitsplan«, vorgestellt.

Was ist die Produktmodellierungsumgebung PMEVC? Diese Funktionalität steht unter der gleichnamigen Transaktion PMEVC seit dem ERP-Release 5.0 zur Verfügung. Eine ähnliche Funktionalität ist ebenfalls Bestandteil des IPC. PMEVC steht für *Product Modelling Environment Variant Configuration*. Die Idee dieser Transaktion ist es, eine einzige Umgebung zu schaffen, in der das gesamte Variantenmodell aus Sicht der High-Level-Konfiguration aus der Modellstruktur heraus gepflegt werden kann. Sie können sich zunächst, ähnlich wie im Variantenmodell-Browser CUMODEL, auch hier einen Überblick über die vorhandene Modellstruktur verschaffen und haben die Möglichkeit, in alle Details abzuspringen.

Zusätzlich kann eine große Anzahl von Bestandteilen des Konfigurationsmodells aus dieser Produktmodellierungsumgebung heraus angelegt und geändert werden. So können alle Arten von Beziehungswissen, sowohl globales als auch lokales, angelegt und geändert werden. Das Gleiche gilt für Konfigurationsprofile, Variantentabellen und die Daten für den IPC.

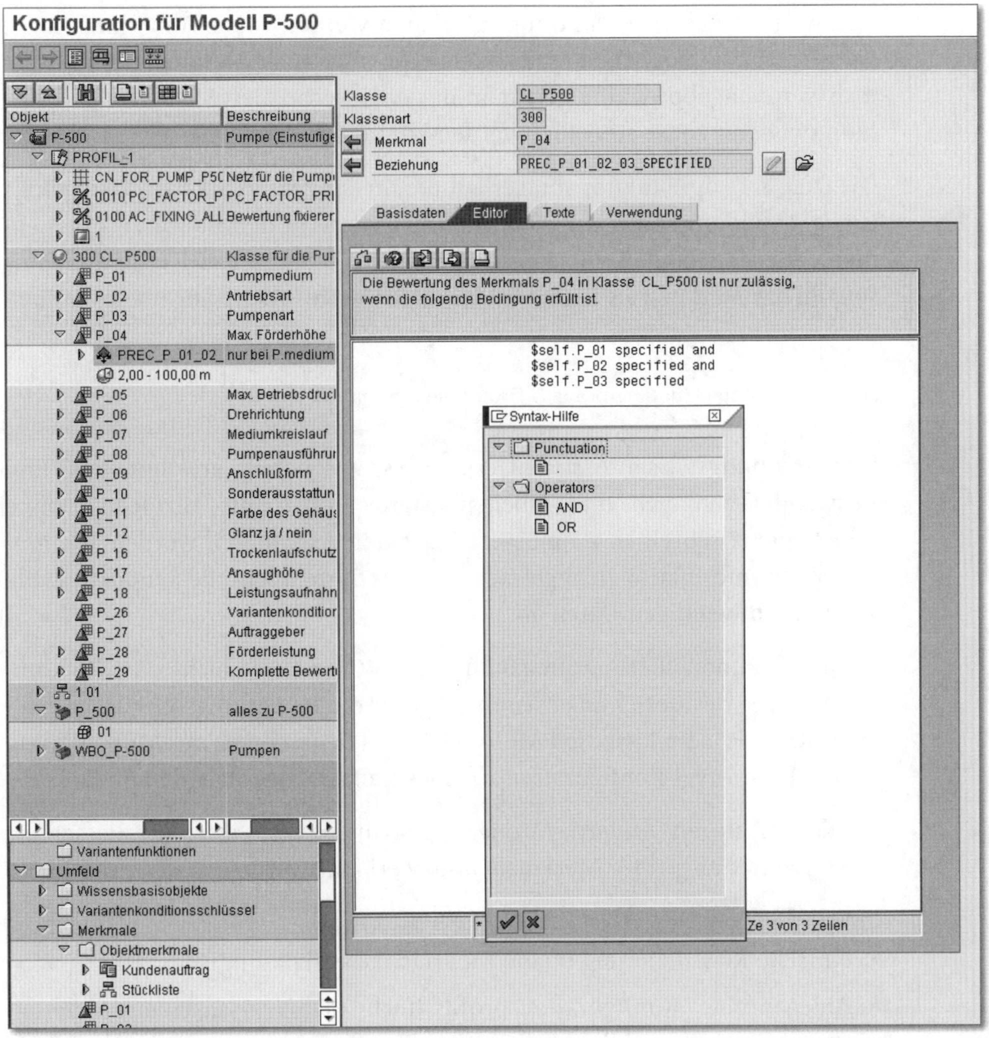

Abbildung 2.29 Produktmodellierungsumgebung PMEVC

Die Produktmodellierungsumgebung nutzt einen erweiterten Editor für die Pflege von Beziehungswissen. Im Unterschied zum klassischen Beziehungswissen-Editor kann hier mit folgenden Elementen gearbeitet werden:

- kontextsensitive Eingabehilfe
- Drag & Drop
- Beziehungswissen-Assistenten für Vor- und Auswahlbedingungen und tabellenbasierte Constraints

Die kontextsensitive Eingabehilfe kann durch die Funktionstasten [F4] oder die zweite Drucktaste im Editor aufgerufen werden (siehe Abbildung 2.29). Es werden alle möglichen Syntaxelemente, aber auch Merkmale und Merkmalswerte angeboten, die genau an der entsprechenden Stelle in die Beziehungswissen-Syntax eingefügt werden können.

Die Drag & Drop-Funktionalität erlaubt es, in der PMEVC aus den Listen links (siehe Abbildung 2.29) einzelne Merkmalswerte in den Editor zu übernehmen. Wie das folgende Beispiel aus Listing 2.7 zeigt, werden als Ergebnis sowohl das Merkmal als auch der Merkmalswert als Gleichung übernommen.

```
merkmal1 = 'wert1'
```

Listing 2.7 Beispiel für durch Drag & Drop erzeugte Syntax

Der Beziehungswissen-Assistent erlaubt es, wie bereits erwähnt, Vor- und Auswahlbedingungen und tabellenbasierte Constraints anzulegen, ohne selbst Syntax schreiben zu müssen. Über den Assistenten werden alle notwendigen Informationen abgefragt, und das System legt die Syntax und alle anderen notwendigen Daten an.

Die Produktmodellierungsumgebung PMEVC gestattet nicht nur die komplette Pflege des Beziehungswissens, das für die Bewertungsoberfläche relevant ist. Im Prinzip lässt die PMEVC fast alle Pflegeschritte der Modellierung für die High-Level-Konfiguration zu. Dies umfasst die folgenden Punkte:

- Pflege (Anlegen, Ändern, Anzeigen, Zuordnen) von Beziehungswissen für Konfigurationsprofil, Merkmale und Merkmalswerte
- klassenspezifische Merkmalsanpassung
- einfache Klassifizierung (keine Mehrfachklassifizierung)
- Anlegen eines Konfigurationsprofils (nicht mehrerer an einem Materialstamm – die Pflege aller vorhandenen Konfigurationsprofile ist aber möglich)

- Verwendung von Änderungsnummern
- Pflege der Variantentabellenstruktur
- Pflege des Variantentabelleninhalts
- Ändern von Beziehungswissen an der Stückliste
- Anlegen von Wissensbasis und Laufzeitversion für den IPC
- materialspezifisches Aktivieren des IPC als Konfigurator auch in ERP
- Oberflächendesign-Pflege
- Pflege und Zuordnung von Variantenkonditionen für die Preisfindung

Mit dem Erweiterungspaket 5 (EHP5) des ERP-Releases 6.0 wird voraussichtlich zusätzlich die Möglichkeit geschaffen, nicht nur vorhandenes Beziehungswissen an der Stückliste zu ändern, sondern auch neues Beziehungswissen anzulegen. Dabei kann auch mit Drag & Drop gearbeitet werden.

Weiterhin wird voraussichtlich die Simulationsfunktionalität erweitert. Startet man die Simulation aus der PMEVC heraus (Button in Abbildung 2.29), erscheint zunächst ein Fenster zur Bewertung der Objektmerkmale. Man kann hier in der Simulation abhängig vom Konfigurationsszenario – damit ist an dieser Stelle die Unterscheidung zwischen Kundenauftrag und Materialvariante gemeint – alle relevanten Objektmerkmale bewerten, bevor das eigentliche Bewertungsbild gestartet wird.

Neben diesen beiden Punkten (Anlegen von neuem Beziehungswissen für Stücklistenpositionen und Simulation mit Objektmerkmalen), wird ab EHP5 voraussichtlich folgende zusätzliche Funktionalität der PMEVC angeboten:

- Anlegen neuer Merkmalswerte
- Anlegen neuer Bezeichnungen und Langtexte in weiteren Sprachen für Merkmale und Merkmalswerte
- Einfachere Pflege von Merkmalsgruppierungen im Rahmen des Oberflächendesigns, inklusive Drag & Drop-Funktionalität
- Detailsicht für Stücklisten und Stücklistenpositionen

Über die PMEVC können nur wenige Stammdaten des Variantenkonfigurationsmodells gepflegt werden. Das heißt, es wird vorausgesetzt, dass die folgenden Stammdaten bereits vorher über klassische Transaktionen angelegt worden sind:

- Merkmale
- Klassen

- Materialstämme
- Stücklisten inklusive aller Objekte auf Positionsebene
- Arbeitspläne inklusive aller Objekte auf Vorgangsebene
- Variantenfunktionen
- Änderungsnummern
- vor Release ERP 6.0 noch nicht in PMEVC anlegbare Objekte

Nach dieser Vorstellung der PMEVC wollen wir ihre Anwendung an einem ersten Beispiel zeigen.

2.6.2 Ein erstes Beispiel

Im Anschluss an diese eher theoretischen Erläuterungen erscheint es uns sinnvoll, ein praktisches Beispiel zur Nutzung der PMEVC für das Anlegen von Beziehungswissen für die Bewertungsoberfläche zu geben. Dazu soll der Beziehungswissen-Assistent der PMEVC genutzt werden.

Für die Abbildung von Abhängigkeiten zwischen den einzelnen Merkmalen der Bewertungsoberfläche empfiehlt es sich, mit Tabellen bzw., wenn sie nicht zu groß werden, mit Variantentabellen zu arbeiten. Tabellen haben den Vorteil, dass in ihnen die Art der Abhängigkeiten leichter ablesbar ist als durch direkte Auswertung der Syntax des Beziehungswissens. Weiterhin hat die Verwendung von Variantentabellen einen großen Vorteil, wenn das Modell »lebt«: Ändern sich die Abhängigkeiten im Modell, muss nur der Inhalt der Variantentabelle geändert werden, ohne nochmals die Syntax des Beziehungswissens bearbeiten zu müssen.

Um die Tabelle auszuwerten, schreiben Sie am elegantesten Beziehungswissen, das die Tabelle abfragt und nur Bewertungen zulässt, die mit der Tabelle konform laufen. Dies soll so geschehen, dass gar keine unerlaubte Bewertung möglich ist. Die Liste der zulässigen Werte pro Merkmal soll dynamisch so eingeschränkt werden, dass nur noch erlaubte Bewertungen möglich sind. Bei der Auswahl von solch »elegantem« Beziehungswissen wird eine Art verwendet, bei der der Benutzer keine Aussage zum Abarbeitungszeitpunkt machen muss. Die Wahl fällt damit auf Constraints.

In Abbildung 2.30 wurde die PMEVC mit dem Material T-VPC aufgerufen. Zu dem Material wurde die Stückliste gefunden. Dies sind zunächst die beiden einzigen Einträge in der Struktur ❶. Es werden nun zumindest noch die Variantenklasse und das Konfigurationsprofil benötigt. Wie bereits erwähnt, muss die Variantenklasse inklusive ihrer Merkmale außerhalb der PMEVC angelegt werden. In Abbildung 2.30 wurde die vorhandene Variantenklasse bereits zugeordnet.

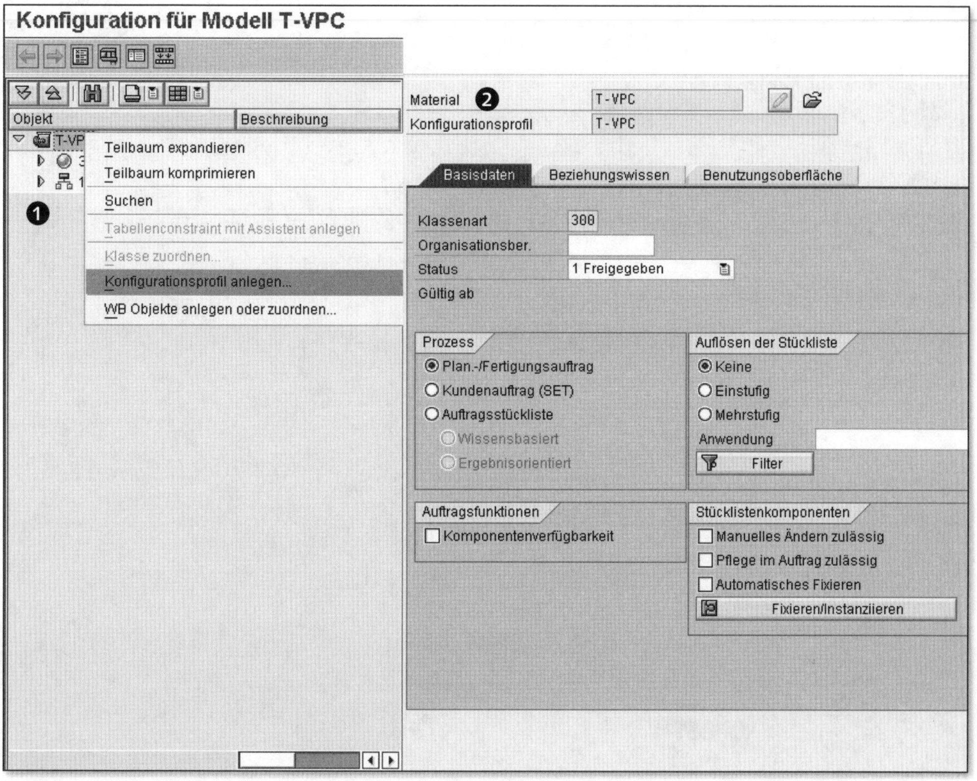

Abbildung 2.30 Erste Schritte in der PMEVC: Klassenzuordnung und Anlegen eines Konfigurationsprofils

Diese Variantenklasse – oder auch gleich eine ganze Gruppe von Variantenklassen – wurde vorher in das Umfeld der PMEVC aufgenommen (siehe Abbildung 2.31 links unten, hier unter UMFELD • KLASSEN und Kontextmenü). Anschließend ordnen Sie die Variantenklasse einfach per Drag & Drop zu.

Im Unterschied zur Variantenklasse kann das Konfigurationsprofil direkt aus der PMEVC heraus angelegt werden. Wie in Abbildung 2.30 unter ❷ zu sehen, steht diese Funktionalität aus dem Kontextmenü auf der Ebene des Materialstamms zur Verfügung. Analog zur klassischen Transaktion der Anlage von Konfigurationsprofilen können Sie mit den Default-Werten bereits ein Konfigurationsprofil anlegen. Im Unterschied zur klassischen

Transaktion gibt es sogar Default-Werte für den Namen und die Variantenklassenart.

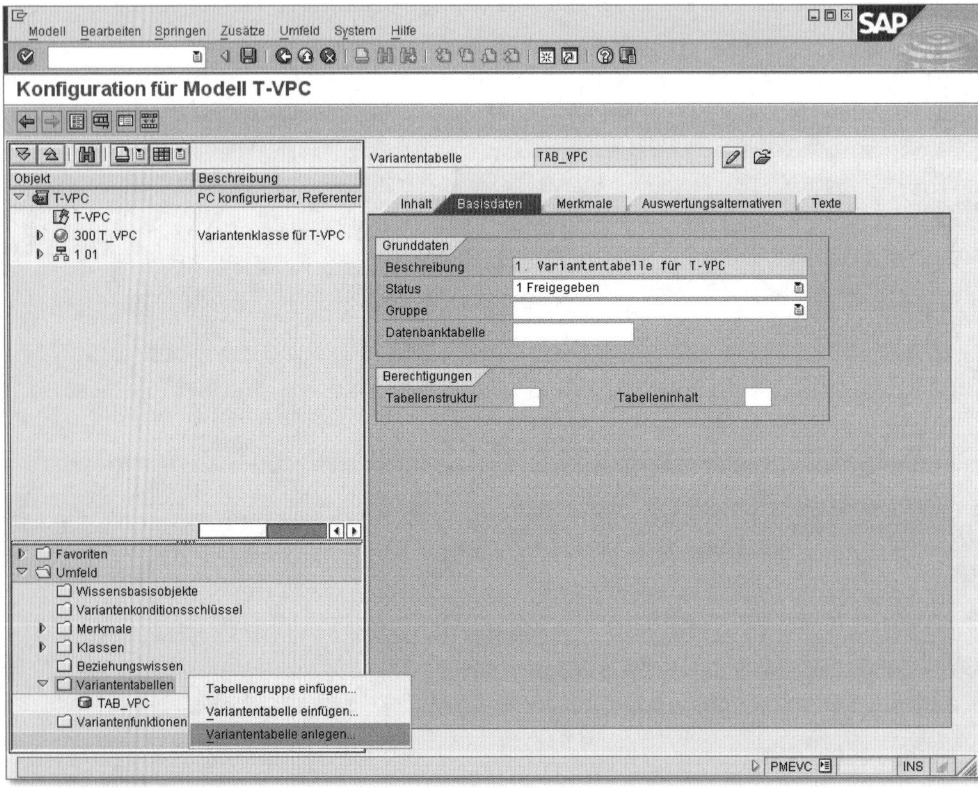

Abbildung 2.31 Variantentabellen – Anlegen und Inhaltspflege mit der PMEVC

Die Modellstruktur besteht nach den beiden obengenannten Schritten aus vier Objekten: dem Materialstamm, dem Konfigurationsprofil, der Variantenklasse und der Stückliste.

Eine Variantentabelle (siehe Abbildung 2.31) soll die erlaubten Kombinationen für die Bewertung einer Reihe von Merkmalen abbilden. In unserem Beispiel nehmen wir an, es seien die drei Merkmale »Sonderwunsch«, »Gehäuse« und »CPU«. Hierzu müssen Sie im Detail folgende Schritte abarbeiten:

1. **Variantentabelle anlegen**
   Im ersten Schritt legen Sie über das Kontextmenü im Umfeld die Variantentabelle an, da sie in diesem Beispiel noch nicht existiert.

2. **Name der Tabelle**
   Damit öffnet sich ein Fenster VARIANTENTABELLE ANLEGEN, in dem Sie der Tabelle einen Namen geben. Der Änderungsdienst ist optional und soll in diesem Beispiel nicht genutzt werden.
3. **Beschreibung der Tabelle**
   Anschließend erscheint die Detailsicht (siehe Abbildung 2.31) mit den fünf Registerkarten. Auf der Registerkarte BASISDATEN tragen Sie eine Beschreibung (sprachabhängig) ein und geben dann die Variantentabelle frei.
4. **Merkmale zuordnen**
   Auf der Registerkarte MERKMALE werden nur die drei genannten Merkmale in beliebiger Reihenfolge angegeben.
5. **Tabelleninhalt eingeben**
   Abschließend können Sie auf der Registerkarte INHALT als Zeilen die zulässigen Kombinationen der Bewertung bezüglich der drei Merkmale eingeben.

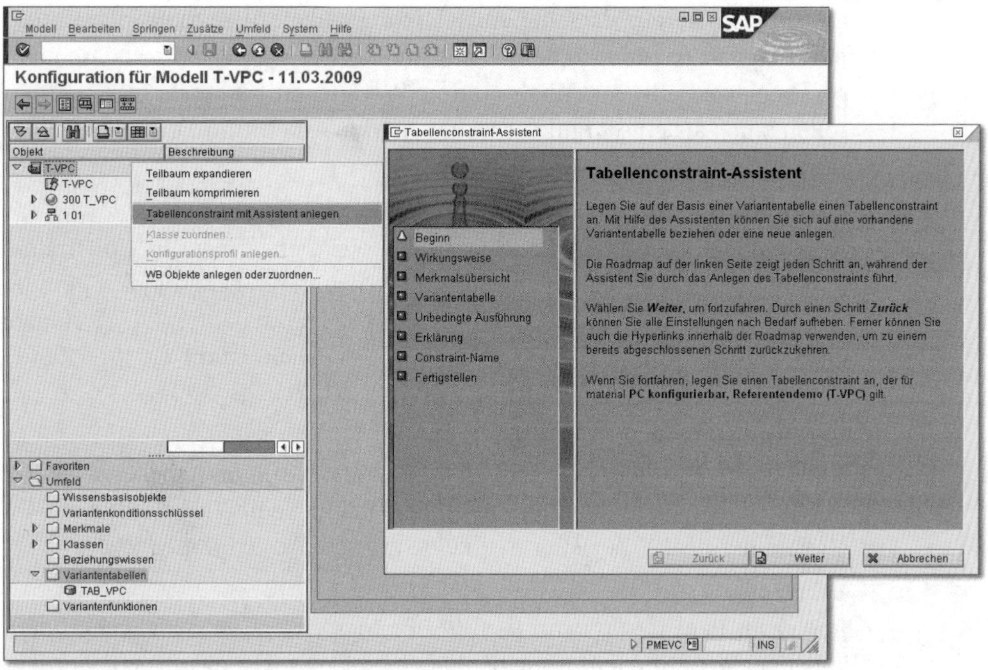

Abbildung 2.32 Anlegen von Beziehungswissen mit Hilfe des Tabellenconstraint-Assistenten

Nach dem Anlegen und der Inhaltspflege der Variantentabellen wird nun noch Beziehungswissen benötigt. Das Beziehungswissen soll die Tabelle lesen und die Wertelisten der entsprechenden Merkmale immer dynamisch so einschränken, dass nur Bewertungen aus der Tabelle möglich sind. Dazu wird der Tabellenconstraint-Assistent – wie in Abbildung 2.32 erkennbar – über das Kontextmenü am Konfigurationsprofil gestartet.

Der Assistent führt Sie durch die einzelnen Schritte der Anlage von Constraints und fragt alle notwendigen Informationen ab. Dabei kann es sein, dass er die Schritte dynamisch den bereits gegebenen Informationen anpasst. Folgende Schrittfolge arbeitet der Assistent ab:

1. **Beginn**
   Der erste Schritt des Assistenten informiert über die weitere Vorgehensweise, um ein Constraint mit Bezug auf eine Variantentabelle anzulegen.
2. **Wirkungsweise**
   Im zweiten Schritt wird die Wirkungsweise abgefragt. Hier sollen Wertelisten für Merkmale eingeschränkt werden. Dies stellt in diesem Schritt die erste Auswahlmöglichkeit dar. Der Unterschied zu den anderen Auswahlmöglichkeiten wird weiter unten beschrieben.

   Es kann passieren, dass die Auswahlmöglichkeit WERTEEINSCHRÄNKUNG nicht angeboten wird. In dem Fall ist die notwendige Voraussetzung nicht gegeben, dass die Merkmale, deren Wertelisten eingeschränkt werden sollen, auch als einschränkbar in der Merkmalsdefinition gekennzeichnet sind.
3. **Konfigurationsobjekt**
   Anschließend wird das Konfigurationsobjekt abgefragt. In Constraints können neben Merkmalen aus Klassen auch andere Bezugsobjekte genutzt und ausgewertet werden. Da im hier vorliegenden Beispiel Merkmale einer Variantenklasse eingeschränkt werden sollen, ist die entsprechende Variantenklasse das Konfigurations- oder auch Bezugsobjekt.
4. **Variantentabelle**
   Nach dem Konfigurationsobjekt wird die Variantentabellenselektion durchgeführt. Da in dem konkreten Beispiel nur eine Variantentabelle im Umfeld der PMEVC existiert, ist keine größere Auswahl möglich.
5. **Erklärung**
   Im Schritt ERKLÄRUNG kann dem Beziehungswissen, genauer gesagt, dem Tabellenconstraint, ein sprachabhängiger Langtext zugeordnet werden. Weiterhin sind die Merkmale der Variantentabelle aufgelistet, um eventuell Merkmale für das Beziehungswissen auszuschließen.

6. **Constraint-Name**
   Für Constraints muss der Name extern, also vom Benutzer, vergeben werden. Diese Aufforderung inklusive eines Kurztextes umfasst der Schritt CONSTRAINT-NAME.
7. **Fertigstellen**
   Damit sind alle Schritte komplett. Dies wird nochmals ausführlich beschrieben, bevor der Benutzer das Tabellenconstraint fertigstellen kann.

Das fertiggestellte Tabellenconstraint wird abschließend, wie in Abbildung 2.33 zu sehen, dargestellt. Nach dem Speichern können Sie es sofort testen, indem Sie die Konfigurationssimulation aus der PMEVC über den Button TESTEN aufrufen.

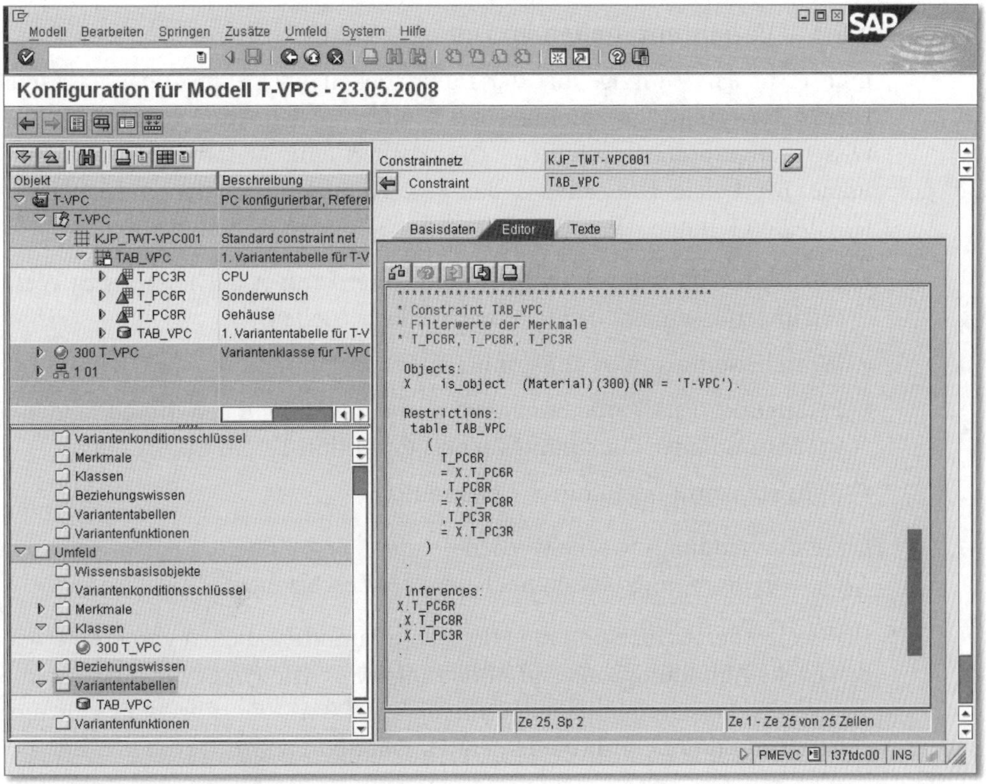

Abbildung 2.33 Ergebnis des Tabellenconstraint-Assistenten

In der Bewertungsoberfläche erscheinen die drei Merkmale »Sonderwunsch«, »Gehäuse« und »CPU«. Zunächst sind pro Merkmal über die jeweilige Eingabehilfe (Taste [F4]) alle Werte aus der Variantentabelle im Angebot. Beginnt man jedoch bei einem beliebigen der drei Merkmale mit der Bewertung, werden sofort für die beiden anderen Merkmale nur die Werte angeboten, die laut Variantentabelle noch zu einer erlaubten Bewertung führen. Analoges gilt für zwei bewertete Merkmale.

Eine Besonderheit des klassischen Konfigurators ist, dass, wenn der zulässige Wertebereich für ein Merkmal auf einen Wert eingeschränkt wird, dieser Wert automatisch auch gesetzt wird. Dies geschieht im Konfigurator des IPC nur für Muss-Merkmale. Zu beachten ist, dass die Merkmale laut Merkmalsdefinition einschränkbar sein müssen. Dies hat zusätzlich zur Folge, dass die Listen der zulässigen Werte für bewertete Merkmale, wie bereits beschrieben, auf die Bewertung eingeschränkt werden.

2.6.3 Variantentabellen im Detail

Eine erste Anwendung von Variantentabellen wurde im obigen Beispiel bereits dargestellt. Variantentabellen können in allen Arten von Beziehungswissen angesprochen werden. Die Spalten von Variantentabellen sind immer Merkmale. Die Zeilen stellen Bewertungskombinationen dar. Variantentabellen können dabei für verschiedene Zwecke genutzt werden:

- Werteeinschränkungen in Constraints (hier kann es auch bereits zu Wertsetzungen kommen – wie im Beispiel beschrieben)
- Werteherleitungen in Constraints oder Prozeduren
- Bedingungen als Vorbedingungen, Auswahlbedingungen, If-Bedingung in Prozeduren oder Constraints und als Condition-Teil in Constraints
- Konsistenzprüfungen durch Constraints

Diese Verwendungszwecke werden bei der Vorstellung der entsprechenden Arten von Beziehungswissen noch genauer beschrieben.

Hier sollen der Aufbau und die Pflege von Variantentabellen vorgestellt werden (siehe Abbildung 2.31 und Abbildung 2.34). Die Pflege der Struktur und des Inhalts der Variantentabelle kann über die PMEVC erfolgen. Es gibt auch eigene Transaktionen für die folgenden Punkte:

- Inhaltspflege (CU60)
- Anlegen, Ändern und Anzeigen der Tabellenstruktur (CU61 bis 63)

Die Registerkarte Basisdaten der Variantentabellen – siehe Abbildung 2.31 – enthält Namen, Beschreibung (sprachabhängiger Kurztext), Status und Gruppe. Der Status kann über Customizing angepasst werden und umfasst unter anderem die Inhaltspflege und die Verwendung in Beziehungswissen sowie Verteilsperren für Inhalt und Struktur.

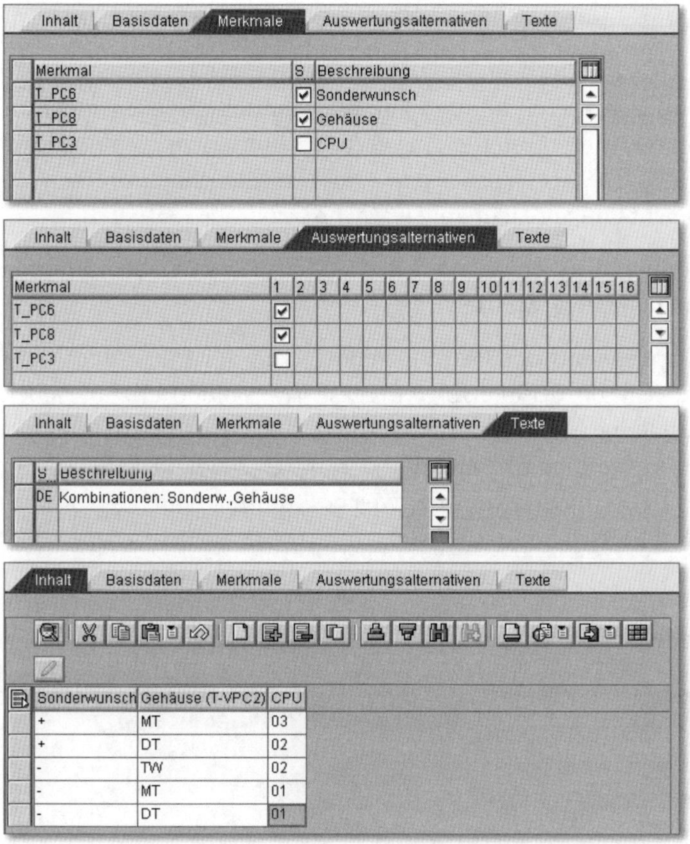

Abbildung 2.34 Aufbau und Pflege der Variantentabelle (PMEVC)

Für die Gruppe gilt Analoges wie für Merkmals- und Klassengruppen, sie stellt auch eine separate Liste aus dem Customizing dar. Weiterhin kann in den Basisdaten die Variantentabelle mit einer Datenbanktabelle gekoppelt werden. Darauf werden wir später noch eingehen. Vervollständigt werden die Basisdaten durch Berechtigungsgruppen für die Inhalts- und Strukturpflege.

Die Registerkarte MERKMALE, die einer Variantentabelle zugeordnet wird, stellt die Spalten der Variantentabelle dar. Für die Pflege des Tabelleninhalts und für die Verwendung in Beziehungswissen sind Einstellungen in der Merkmalsdefinition wie ein-/mehrwertig, einschränkbar, Muss-Merkmal, Vorschlagswerte oder Beziehungswissen irrelevant. In der Merkmalssicht kann ein erster Schlüssel definiert werden. Dieser Schlüssel ist nur Voraussetzung und von Bedeutung, wenn über die Variantentabelle Werte hergeleitet werden sollen. Dies kann mit Constraints oder Prozeduren erfolgen. Für Werteeinschränkungen, Bedingungen oder reine Konsistenzprüfungen werden Schlüsselinformationen ignoriert.

Constraints mit Inferences-Teil können zur Werteherleitung auch mehr als die in der Registerkarte dargestellte Auswertungsalternative (Schlüssel auf der Registerkarte MERKMALE) auswerten. Diese zusätzlichen Alternativen können in der gleichnamigen Sicht angelegt werden.

In der PMEVC können die Elemente der Registerkarte INHALT auch direkt in der Variantentabelle gepflegt werden.

Neben der Inhaltspflege aus der PMEVC heraus kann der Inhalt auch über die klassische Transaktion CU60 erfolgen. Diese Transaktion erlaubt neben der Standarddarstellung (siehe ❶ in Abbildung 2.35) eine Darstellung als Matrix ❷ und als Aufzählung ❸. Mit Hilfe der letzten beiden Darstellungen kann recht einfach entschieden werden, welche Kombinationen aufgenommen werden sollen (Entscheidungstabelle).

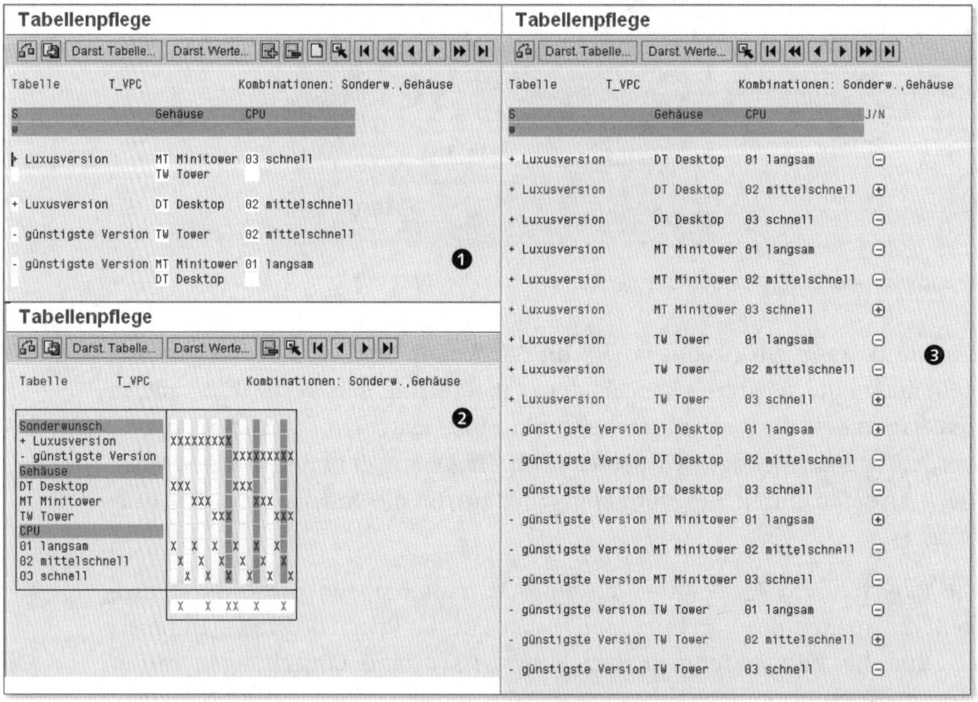

Abbildung 2.35 Variantentabellen – Inhaltspflege mit der klassischen Transaktion

IPC-kompatibler Tabelleninhalt [!]

In der Standarddarstellung können auch mehrere Werte pro Feld ausgewählt werden. Diese Darstellung ist nicht IPC-kompatibel, kann jedoch über den entsprechenden Menüeintrag in eine solche überführt werden (Ausmultiplizieren, Normalisieren).

Neben den hier bereits vorgestellten Möglichkeiten, den Inhalt von Variantentabellen mit Hilfe der PMEVC oder auch der klassischen Transaktion CL60 zu füllen, gibt es auch die Möglichkeit, den Inhalt aus Excel-Tabellen zu importieren. Hierfür existiert die Transaktion CU60E.

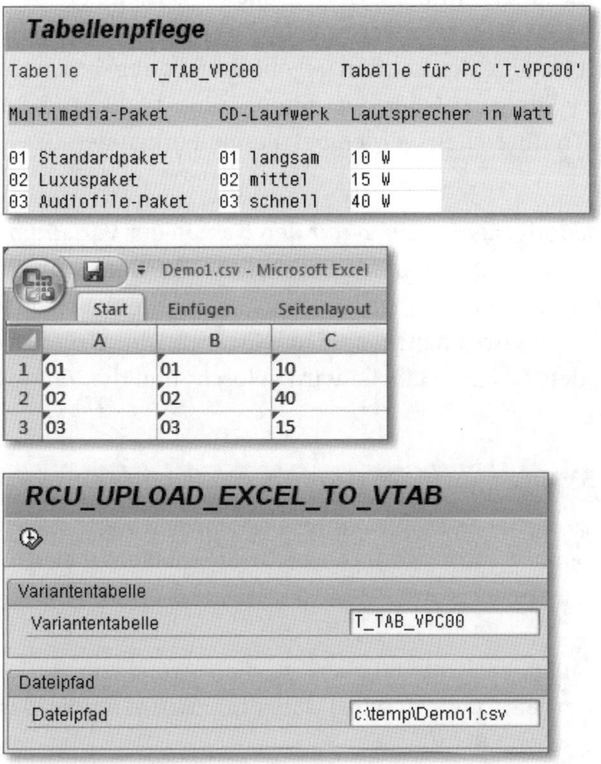

Abbildung 2.36 Transaktion CU60E – Datenimport aus Excel-Tabellen in Variantentabelle

Um den Datenimport über die Transaktion CU60E durchzuführen, wird im ERP-System eine existierende Variantentabelle benötigt. Das heiß, es sind zunächst die benötigten Merkmale und mit Hilfe dieser Merkmale die Struktur der Variantentabelle anzulegen.

Im Beispiel in Abbildung 2.36 gehen wir davon aus, dass als Ergebnis des Datenimports eine Variantentabelle, wie in Abbildung 2.36 oben dargestellt, entsteht. Die genannten Vorbereitungen im ERP-System umfassen das Anlegen der drei hier genutzten Merkmale (Multimediapaket, CD-Laufwerk und Lautsprecher) sowie der Struktur der Variantentabelle (T_TAB_VPC00).

Beim Anlegen und Füllen der Excel-Tabelle sind folgende Punkte zu beachten: Die Spalten der Excel-Tabelle und ihre Reihenfolge müssen genau der der Variantentabelle entsprechen, und alle Werte in der Excel-Tabelle müssen vom Format *Text* sein. Dies gilt auch für numerische Merkmale in der Variantentabelle. Die Excel-Tabelle darf keine Überschriftenzeile enthalten. Auch dürfen keine Bezeichnungen in die Excel-Tabelle aufgenommen werden – nur die sprachneutralen Merkmalswerte. Beim Datenimport wird das Format der Werte geprüft und die Transaktion gegebenenfalls abgebrochen. Das Excel-File muss als *csv*-File gespeichert werden, wie in Abbildung 2.36 erkennbar. Das heißt, als Trennzeichen werden bei diesem Format der Excel-Files Semikolons genutzt.

Die Transaktion CU60E benötigt als Eingaben nur den Namen der Variantentabelle und den Namen und die Adresse des Excel-Files. Der Datenimport wird durch den Button AUSFÜHREN ([F8]) gestartet. Es ist nur ein vollständiger Datenimport möglich, eine Art Change-Upload existiert nicht. Ein eventuell vorhandener Inhalt der Variantentabelle wird gelöscht und die Variantentabelle neu gefüllt.

[+]

Transaktion CU60E

Im Zusammenhang mit der Transaktion CU60E möchten wir auf den SAP-Hinweis 516885 verweisen. Dieser enthält als Anlage auch eine Dokumentation zu dieser Transaktion.

Wie bereits erwähnt, können Variantentabellen in allen Arten von Beziehungswissen eingesetzt werden. Die Syntax hat dabei im Prinzip immer das gleiche Aussehen (siehe Listing 2.8).

```
table <Tabellenname> (<Spaltenmerkmal>=<Oberflächenmerkmal>, ...)
```

Listing 2.8 Prinzip der Syntax von Variantentabellen-Aufrufen

Diese optische Ähnlichkeit können Sie in die folgenden Punkte aufschlüsseln:

- Der Aufruf der Variantentabelle beginnt mit dem Schlüsselwort `table`.
- Es folgt der Name der Tabelle.

- In Klammern folgen nun alle Spalten der Variantentabelle, die ausgewertet werden sollen. Es muss nicht immer die ganze Tabelle ausgewertet werden. Da die Merkmale der Tabelle nicht mit den Merkmalen der Oberfläche übereinstimmen müssen, wird nach jedem Spaltenmerkmal das entsprechende Merkmal der Bewertungsoberfläche zugeordnet.

In Abbildung 2.33 ist ein Beispiel eines solchen Tabellenaufrufs in Constraints dargestellt. Zu beachten ist, dass den Merkmalen aus der Bewertungsoberfläche ein `X.` vorangestellt wurde. Damit wird Bezug auf das Material T-VPC genommen, wie ebenfalls im Constraint direkt über dem Tabellenaufruf zu erkennen ist. Wie bereits im letzten Kapitel erwähnt, können Sie außer in Constraints nicht so flexibel Objekte – wie hier den Materialstamm – ansprechen. In dem Fall müssen Sie sich auf die Ebenen `$self.`, `$root.` oder `$parent.` beschränken. Der Tabellenzugriff aus Abbildung 2.33 würde dann folgendermaßen aussehen:

```
table TAB_VPC (  T_PC6R = $self.T_PC6R,
                 T_PC6R = $self.T_PC6R,
                 T_PC6R = $self.T_PC6R)
```

Listing 2.9 Tabellenzugriff in Vorbedingungen, Auswahlbedingungen und Prozeduren

Merkmale der Bewertungsoberfläche, für die Werte hergeleitet werden sollen, müssen mit `$self.` verknüpft sein. Ansonsten sind auch `$parent.` und `$root.` erlaubt.

Abbildung 2.37 Kopplung von Varianten- und Datenbanktabellen

Im Rahmen der Pflege der Variantentabellen soll noch auf die Kopplung mit Datenbanktabellen eingegangen werden (siehe Abbildung 2.37). Hintergrund dieser Funktion ist der Wunsch, im Beziehungswissen auch Datenbanktabellen anzusprechen. Dies ist jedoch nicht direkt im Beziehungswissen möglich. Es gibt zwei Möglichkeiten, Datenbanktabellen im Beziehungswissen anzusprechen.

- **Datenbanktabelle direkt ansprechen (Variantenfunktion)**
  Man legt eine Variantenfunktion an und spricht in dem mit der Variantenfunktion korrespondierenden Funktionsbaustein die Datenbanktabelle an. Die Variantenfunktion wird im Beziehungswissen verwendet.

- **Datenbanktabelle indirekt ansprechen (gekoppelte Variantentabelle)**
  Man legt eine passende Variantentabelle an und koppelt diese mit der Datenbanktabelle. Ist diese Kopplung aktiv, kann in Beziehungswissen beliebiger Art die Variantentabelle direkt aufgenommen werden, wobei hierbei die Datenbanktabelle angesprochen wird.

Die zweite Möglichkeit nutzt in der Pflege in den Basisdaten der Variantentabellenstruktur eine Zuordnung der Datenbanktabelle. Auch hier können wieder zwei Szenarien unterschieden werden.

1. Szenario: Ausgangspunkt »Datenbanktabelle«

Eine vorhandene Datenbanktabelle soll über diese Technik angesprochen werden. In dem Szenario müssen passende Merkmale, also Merkmale mit passendem Format, angelegt werden. Sie müssen nur Merkmale für die Felder, d.h. die Spalten der Datenbanktabelle, anlegen, die im Beziehungswissen angesprochen werden sollen. Anschließend legen Sie eine Variantentabelle an, die als Spalten genau diese Merkmale enthält. In die Basisdaten der Variantentabelle müssen Sie den Namen der Datenbanktabelle aufnehmen. Dadurch ergibt sich die Möglichkeit einer Feldzuordnung. Hier werden alle Merkmale der Variantentabelle mit den Spalten der Datenbanktabelle verknüpft. Abschließend wird die Kopplung aktiv gesetzt. Somit kann in allen Arten von Beziehungswissen die Datenbanktabelle ausgewertet werden, indem in der Syntax die gekoppelte Variantentabelle angesprochen wird.

2. Szenario: Ausgangspunkt »Variantentabelle«

Eine vorhandene Variantentabelle, die eventuell auch bereits in Beziehungswissen genutzt wird, soll in eine Datenbanktabelle umgewandelt werden. Dies wird z.B. dann genutzt, wenn Variantentabellen eine Größe erreichen, die zu Problemen mit der Performance führt. Es kann aber auch andere Gründe geben.

Hier müssen Sie eine passende Datenbanktabelle anlegen. Die Felder der Tabelle müssen bezüglich des Formats so angelegt werden, dass sie mindestens die Werte der entsprechenden Merkmale aufnehmen können. Die Schlüsselfelder der Datenbanktabelle haben keine Bedeutung für die Variantenkonfiguration. Für die Auswertung des Beziehungswissens ist ausschließlich die Schlüsselkombination der Variantentabelle entscheidend. Natürlich muss der Schlüssel der Datenbanktabelle so gewählt werden, dass für den späteren Inhalt die Eindeutigkeit gewährleistet ist.

Im nächsten Schritt müssen Sie analog zur Beschreibung im ersten Szenario die Kopplung der Variantentabelle mit der noch leeren Datenbanktabelle, inklusive Aktivierung und Feldzuordnung, vornehmen. Abschließend wird der Inhalt der Variantentabelle mit Hilfe der gleichnamigen Transaktion CU59 in die Datenbanktabelle transferiert. In diesem zweiten Szenario muss das gesamte Beziehungswissen, das diese Variantentabelle verwendet, nicht angepasst werden. Es hat unverändert die gleiche Funktionalität wie vorher. Zu beachten ist hier, dass der Inhalt der Variantentabelle nach dem Aktivsetzen der Kopplung inaktiv ist.

Im Standard wird man den Inhalt direkt in der Datenbanktabelle pflegen. Die Inhaltspflege der Variantentabelle kann über den Status gesperrt werden. Auch könnte der Inhalt der Variantentabelle gelöscht werden, um Missverständnissen vorzubeugen.

Theoretisch wäre auch eine weitere Pflege in der Variantentabelle mit einem Delta-Transfer dieser Daten in die Datenbanktabelle möglich. Dies ist aber kaum praktikabel, da beim Delta-Transfer keine Zeilen gelöscht werden können und es auch Probleme durch den Schlüssel der Datenbanktabelle gibt.

2.6.4 Constraints im Detail

Alle Arten von Beziehungswissen können, wie bereits erwähnt, für die Beeinflussung der Konfiguration in der Bewertungsoberfläche genutzt werden. Die Constraints stellen dabei die bedeutendste und die Standardart von Beziehungswissen dar. Dies ergibt sich aufgrund der Tatsache, dass sie für fast alle Aufgaben einsetzbar sind. So kann man mit Hilfe von Constraints die folgenden Punkte abhandeln:

- Werte setzen
- Werte prüfen (in Form von Konsistenzchecks)
- beliebige Objekte auch in der mehrstufigen Konfiguration ansprechen (nicht nur `$self`, `$parent` oder `$root`)
- performant arbeiten
- deklarativ arbeiten (was bedeutet, dass keine Abarbeitungsreihenfolge oder etwas Ähnliches bei der Modellierung beachtet werden muss)

Constraints werden in Beziehungsnetzen (auch Constraint-Netze genannt) gesammelt. Die Beziehungsnetze werden generell dem Konfigurationsprofil zugeordnet. Dabei spielt es keine Rolle, ob einem Beziehungsnetz eine große Anzahl von Constraints zugeordnet wird. Die Anzahl von Beziehungsnetzen an einem Konfigurationsmodell sollte gering gehalten werden. Dabei ist es nicht immer realisierbar, nur ein Beziehungsnetz am Konfigurationsprofil des Kopfmaterials des Konfigurationsmodells zuzuordnen.

[zB]

Notwendigkeit mehrerer Constraint-Netze

Werden z. B. einzelne konfigurierbare Baugruppen aus dem Gesamtmodell einzeln verkauft, müssen alle Constraints, die diese Baugruppe betreffen, auch über ein Beziehungsnetz dem Konfigurationsprofil dieser Baugruppe zugeordnet werden.

Constraints sind innerhalb des Beziehungsnetzes nur lokales Beziehungswissen, während das Beziehungsnetz selbst global ist. Zu beachten ist, dass beide einen Status besitzen. Constraints sind somit nur aktiv, wenn folgende Bedingungen erfüllt sind:

- Das Constraint ist freigegeben.
- Das Beziehungsnetz ist freigegeben.
- Das Beziehungsnetz ist einem Konfigurationsprofil zugeordnet, das während der Konfiguration berücksichtigt wird.

Ein Constraint besteht aus mindestens zwei, maximal vier Teilen, wobei der Objects- und der Restriction-Teil verpflichtende Teile sind. Im Folgenden erläutern wir die vier Teile ihrer Reihenfolge nach:

1. **Objects**
   Dieser Teil dient der Deklaration aller verwendeten Klassen und Objekte sowie der Definition von Variablen.
2. **Condition**
   Dieser Teil dient zur (optionalen) Angabe einer zentralen Bedingung, unter der nur das Constraint ausgewertet werden soll.
3. **Restriction**
   Dieser Teil dient zur Angabe von Gleichungen, Tabellen und Funktionen für die Werteherleitung und/oder -prüfung.
4. **Inferences**
   Dieser Teil dient zur (optionalen) Erweiterung der Herleitung und Einschränkung von Merkmalswerten.

Der Objects-Teil ist ein Pflichtteil und muss die Objekte enthalten, die im weiteren Constraint angesprochen werden. Objekte können Klassen, Materialstämme und Dokumente sein. Die Deklaration hat folgende Syntax:

- **Klasse**
  (<Klassenart>)Klassenname, z.B. `(300)T_VPC`
- **Materialstamm**
  (Material)(<Klassenart>)(Nr = '<Materialnummer>'),
  z.B. `(Material)(300)(Nr = 'T-VPC')`
- **Dokument**
  (Document)(<Klassenart>)(Type = '<Dokumentenart>', Version = '<Dokumentenversion>', Part = '<Dokumententeil>' Nr = '<Dokumentennummer>'),
  z.B. `(Document)(300)(Type='DRM',Version='01',Part='000', Nr='T-VPC')`

Im Objects-Teil können weiterhin lokal für das Constraint Variablen definiert werden, das Constraint in Abbildung 2.33 nutzt eine solche Objektvariable. Objektvariablen für Klassen werden durch `is_a` deklariert, für sonstige Objekte wie in Abbildung 2.33 durch `is_object`. Das Constraint in Abbildung 2.33 hätte ohne Variablen folgende Gestalt (siehe Listing 2.10):

```
objects:       (300)t_vpc
restrictions:  table tab_vpc (  t_pc6r = (300)t_vpc.t_pc6r,
                                t_pc8r = (300)t_vpc.t_pc8r,
                                t_pc3r = (300)t_vpc.t_pc3r).
```

Listing 2.10 Beispiel-Constraint: Tabellenaufruf ohne Nutzung von Variablen

Hier sollten Sie beachten, dass anstelle des Materialstamms im Objects-Teil auch die Variantenklasse, wie hier geschehen, deklariert werden kann. Die Syntax hat hinter den Gleichheitszeichen die Gestalt `<Objekt>.<Merkmal>`.

Im Objects-Teil können Sie weiterhin Merkmalsvariablen definieren. Diese gelten klassenspezifisch. Damit können Sie in diesem Fall auf Objektvariablen verzichten. In der Syntax geschieht dies durch `where` und die Aufzählung der Variablen, die mit Semikolon getrennt werden. Das Constraint in Abbildung 2.33 hätte mit Merkmalsvariablen folgende Gestalt (siehe Listing 2.11):

```
objects:      (300)t_vpc where  ?spe = t_pc6r ;
                                ?cas = t_pc8r ;
                                ?cpu = t_pc3r.
restrictions:  table tab_vpc (  t_pc6r = ?spe,
                                t_pc8r = ?cas,
                                t_pc3r = ?cpu).
```

Listing 2.11 Beispiel-Constraint – Tabellenaufruf unter Nutzung von Merkmalsvariablen

[+] **Spezifische Variablennamen**

Bei Variablen wird gerne, wie hier gezeigt, mit Fragezeichen gearbeitet. Damit werden sie leichter erkennbar. Für Merkmale aus Tabellen, den Spalten, können Sie nicht mit Variablen arbeiten.

Werden im Objects-Teil mehrere Objekte aufgezählt, geschieht dies durch Komma als Trennzeichen.

Der zweite Pflichtteil in Constraints ist der Restriction-Teil. Hier können Konsistenzprüfungen durchgeführt werden. Das Constraint meldet eine Inkonsistenz, wenn der Restriction-Teil nicht erfüllt ist. Constraints können auch zur Werteherleitung genutzt werden. Dazu müssen Gleichungen nach der herzuleitenden Größe aufgelöst sein, oder es wird ein Inferences-Teil benötigt. Dazu folgen weitere Ausführungen im Zusammenhang mit dem Inferences-Teil. Der Restriction-Teil kann zur Werteeinschränkung genutzt werden (siehe Abbildung 2.33). Es kann mit Variantentabellen und Variantenfunktionen gearbeitet werden.

Im Restriction-Teil kann zudem mit Bedingungen gearbeitet werden. Dazu existiert das Syntaxelement `if`. Weitere Syntaxelemente wie `then` oder `else` gibt es nicht. Zunächst erscheint die Anweisung, dann nachgestellt die `if`-Bedingung wie im Beispiel von Listing 2.12:

```
restrictions:
(300)t_vpc.m1 = 'a'     if (300)t_vpc.m2 = 'x1',
      false             if (300)t_vpc.m2 = (300)t_vpc.m3.
```

Listing 2.12 Restrictions mit if-Bedingungen

In diesem Restriction-Teil sind zwei Anweisungen enthalten, die mit Komma aufgezählt wurden. Die erste Anweisung beinhaltet die Wertsetzung des Wertes `a` für das Merkmal `m1`. Die zweite Anweisung führt ausschließlich zu einer Inkonsistenzmeldung, falls die `if`-Bedingung hinter dem `false` erfüllt ist. Die Abarbeitung des Syntaxelements `false` erzeugt generell Inkonsistenzmeldungen und kann nur in Constraints genutzt werden.

In Constraints kann mit einem Condition-Teil gearbeitet werden. Der Condition-Teil muss stets zwischen Objects- und Restriction-Teil aufgenommen werden. Er enthält genau einen logischen Ausdruck. Das Constraint wird dann überhaupt nur abgearbeitet, wenn die Bedingung des Condition-Teils erfüllt ist, was aus Gründen der Performance sehr günstig ist. Im Condition-Teil kann ebenfalls mit Variablen und Variantentabellen gearbeitet werden, wie folgende Beispiele zeigen:

```
objects:    (300)t_vpc where   ?os = t_pc01;
                               ?hd = t_pc04,
            (300)t_vpr where   ?tr = t_pr02.
condition : specified ?hd.
restrictions : ?tr = ?os
```

Listing 2.13 Beispiel-Constraint mit Condition-Teil

```
objects:    (300)t_vpc where   ?spe = t_pc6r;
                               ?cas = t_pc8r;
                               ?cpu = t_pc3r.
condition:    table tab_vpc (  t_pc6r = ?spe,
                               t_pc8r = ?cas,
                               t_pc3r = ?cpu).
restrictions: false.
```

Listing 2.14 Beispiel-Constraint mit Tabellenaufruf im Condition-Teil

Im ersten Beispiel (siehe Listing 2.13) wird nur unter der Bedingung, dass das Merkmal t_pc04 bewertet ist, der Restriction-Teil ausgewertet. In dem Fall wird geprüft, ob die Merkmale t_pc01 und t_pr02 gleich bewertet sind. Ist t_pc01 nicht bewertet, wird die Bewertung von t_pr02 auf dieses Merkmal kopiert.

Im zweiten Beispiel (siehe Listing 2.14) wird eine Inkonsistenzmeldung ausgegeben, falls die Konfiguration bezüglich der Variantenklasse (300)t_vpc in der Bewertungsoberfläche mit einer Zeile der Variantentabelle tab_vpc übereinstimmt. Dies wird genutzt, falls in Variantentabellen inkonsistente Bewertungskombinationen gesammelt werden. Solche Constraints lassen sich auch mit dem Tabellenconstraint-Assistenten erstellen. Dabei ist als Wirkungsweise der Eintrag PRÜFUNG INKONSISTENTER KOMBINATIONEN auszuwählen Vergleichen Sie dazu auch Abbildung 2.32 in Abschnitt 2.6.2, »Ein erstes Beispiel«.

Ein vierter Bestandteil des Constraints, der ebenfalls wie der Condition-Teil optional ist, ist der Inferences-Teil. Dieser Teil ist stets der letzte Teil des Constraints und erweitert die Auswertung des Restrictions-Teils. Diese »erweiterte Auswertung« kann sich auf Gleichungen, Variantentabellen, Variantenfunktionen und einschränkbare Merkmale beziehen. Als Syntax enthält der Inferences-Teil ausschließlich eine Aufzählung von Merkmalen.

So wird z.B. eine Gleichung V = L * B * H in einem Restriction-Teil ohne folgenden Inferences-Teil nur in der Form zur Berechnung ausgewertet, dass V als Produkt von L, B und H berechnet wird. Sollte das Constraint jedoch die folgende Gestalt haben, wird aus beliebigen drei Größen die vierte berechnet (siehe Listing 2.15):

```
objects:     (300)t_vpc where
                   v = t_pc91 ;    l = t_pc92;
                   b = t_pc93 ;    h = t_pc94.
restrictions:      v = l * b * h.
inferences:        v, l, b, h.
```

Listing 2.15 Beispiel-Constraint mit Gleichung und Inferences-Teil

Weitere Beispiele sind Variantentabellen und -funktionen, für die mehr als eine Auswertungsalternative definiert sind (siehe Abbildung 2.34 in Abschnitt 2.6.3, »Variantentabellen im Detail«). Wird hier ohne Inferences-Teil gearbeitet, kann nur der erste Schlüssel, also die erste Auswertungsalternative, ausgewertet werden. Sollte das Constraint jedoch die folgende Gestalt haben und sind zwei weitere Auswertungsalternativen mit dem 1. und 3. Merkmal sowie dem 2. und 3. Merkmal in Abbildung 2.34 vorhanden, kann beliebig aus zwei bewerteten Merkmalen das verbliebene dritte Merkmal aus der Tabelle hergeleitet werden (siehe Listing 2.16):

```
objects:     (300)t_vpc where     ?spe = t_pc6r ;
                                  ?cas = t_pc8r ;
                                  ?cpu = t_pc3r.
restrictions: table tab_vpc ( t_pc6r = ?spe,
                              t_pc8r = ?cas,
                              t_pc3r = ?cpu).
inferences: ?spe, ?cas, ?cpu.
```

Listing 2.16 Beispiel-Constraint mit Variantentabelle und Inferences-Teil

Für die Anwendung im Zusammenhang mit einschränkbaren Merkmalen sei auf das Constraint aus Abbildung 2.33 in Abschnitt 2.6.2, »Ein erstes Beispiel«, verwiesen.

Nachdem hier Constraints recht ausführlich betrachtet wurden, soll noch auf die anderen Arten von Beziehungswissen eingegangen werden. Es gilt, wie bereits erwähnt, dass alle Arten von Beziehungswissen für die Gestaltung der Bewertungsoberfläche im Vertrieb genutzt werden können.

2.6.5 Vorbedingungen

Vorbedingungen können genutzt werden, um einzelne Merkmalswerte oder ganze Merkmale für die Bewertungsoberfläche zu verbieten. Wird ohne Vorbedingungen gearbeitet, kann jedes Merkmal der Bewertungsoberfläche in beliebiger Reihenfolge bewertet werden. Dabei kann der Wert beliebig aus der Liste der zulässigen Werte gewählt werden – unabhängig von der Bewertung anderer Merkmale. Hierfür müssen zwei Fragen beantwortet werden:

1. Was soll verboten werden? Sprich: Welches Merkmal oder welcher Merkmalswert soll dynamisch verboten werden?
2. Wann soll es erlaubt sein? Sprich: Wann soll das entsprechende Merkmal oder der Merkmalswert im Rahmen der Bewertung erlaubt sein?

Die erste Frage wird durch den Ablageort einer entsprechenden Vorbedingung beantwortet. Die zweite Frage beantwortet die Syntax. Soll z.B. für eine Pkw-Konfiguration der Motor »XYZ« nur für die Sportversion angeboten werden, muss dem Merkmalswert »XYZ« des Merkmals der Motor-Auswahl (»Was verbieten?«) eine Vorbedingung zugeordnet werden. Die Syntax enthält die Voraussetzung, dass die Sportversion ausgewählt wurde, unter der nur der Motor »XYZ« erlaubt ist (»Wann erlauben?«).

Welche Wirkung hat es, wenn die Vorbedingung `$self.version = 'sport'` dem Merkmalswert »XYZ« zugeordnet wird?

- **Merkmal »Version« mit Wert »Sport« bewertet**
  Wird das Merkmal »Version« mit dem Wert »Sport« bewertet, stehen in der Liste der zulässigen Werte im Merkmal des Motors alle Werte zur Verfügung, als wäre keine Vorbedingung vorhanden.
- **Merkmal »Version« mit einem Wert außer »Sport« bewertet**
  Wird dieses Merkmal »Version« mit einem anderen Wert als »Sport« bewertet, fehlt in der Liste der zulässigen Werte im Merkmal des Motors der Wert »XYZ«.
- **Merkmal »Version« unbewertet**
  Zu beachten ist, dass, falls das Merkmal »Version« unbewertet ist, die Vorbedingung als »erfüllt« interpretiert wird. Alle Motor-Werte würden in der Liste der zulässigen Werte des Motor-Merkmals angeboten. Im Standard werden zunächst alle zulässigen Werte angeboten. Im Verlauf der Bewertung werden die nicht mehr zulässigen Werte ausgeblendet. Wird diese Standardlogik nicht gewünscht, muss dies in der Form `$self.version = 'sport' and $self.version specified` ergänzt werden. Jetzt würden zunächst nur die Werte angeboten, die generell auswählbar sind. Die Liste der zulässigen Werte würde schrittweise erweitert.
- **Reihenfolge der Bewertung**
  Die obige Vorbedingung würde nur in einer Richtung elegant wirken – nur in dem Fall, dass erst die Version und dann der Motor bewertet werden.

Fängt man die Bewertung am Motor an, kann zunächst ein beliebiger Motor und anschließend eine beliebige Version ausgewählt werden. Erst jetzt würde die Vorbedingung ausgewertet werden und nachträglich eventuell den Motor »XYZ« verbieten. Dies führt zu einer Inkonsistenzmeldung, falls der Motor »XYZ« und anschließend eine andere als die Sportversion ausgewählt wurden. Wie verhindert man dies? Man kann ebenfalls der Sportversion eine Vorbedingung zuordnen. Eine andere Möglichkeit besteht darin, eine Abarbeitungsreihenfolge zu erzwingen. Das Merkmal »Motor« darf erst bewertet werden, wenn die Version bekannt ist. Dies ist eine Anwendung von Vorbedingungen an Merkmalen. Dem Merkmal des Motors (»Was verbieten?«) wird eine Vorbedingung mit der Syntax `$self.version specified` zugeordnet (»Wann erlauben?«).

- **Mehrere Vorbedingungen**
  Man kann einem Merkmalswert oder Merkmal auch mehrere Vorbedingungen zuordnen. In diesem Fall wird die Bewertung nur erlaubt, falls alle Vorbedingungen erfüllt sind. Es kann als Und-Verbindung interpretiert werden. Eine Oder-Verbindung zwischen Vorbedingungen kann nur dadurch erreicht werden, dass die Bedingungen in eine Vorbedingung aufgenommen werden. Eine Vorbedingung kann eine beliebig komplexe Bedingung unter Nutzung von beliebigen Klammern, Negationen und Verkettung mit `and` und `or` sein.

Über Vorbedingungen ausgeschlossene Werte oder Merkmale werden standardmäßig nicht in der Bewertungsoberfläche angezeigt. Über die Einstellungen z.B. im Konfigurationsprofil kann aber gesteuert werden (siehe Abbildung 2.38), dass »verbotene« Merkmalswerte oder auch Merkmale angezeigt, jedoch nicht für die Bewertung genutzt werden können.

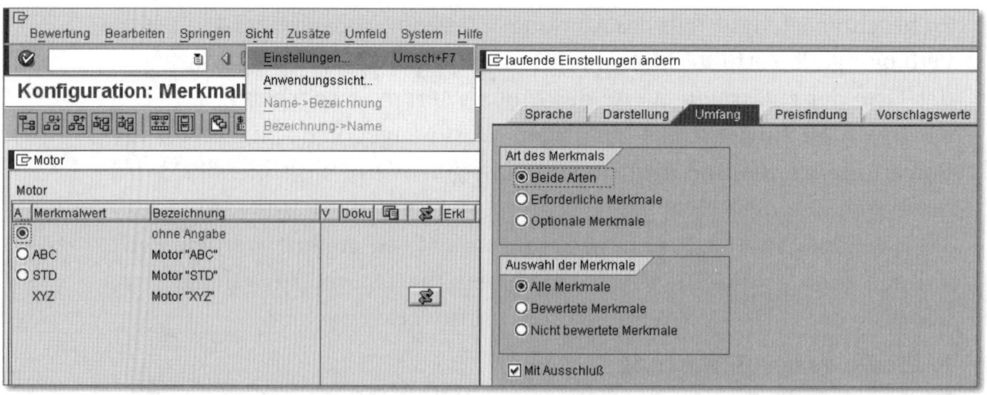

Abbildung 2.38 Anzeigen ausgeschlossener Merkmalswerte (Vorbedingungen)

In Abbildung 2.38 sind während der laufenden Konfiguration über das Menü die Einstellungen aufgerufen worden. Hier ist das Flag MIT AUSSCHLUSS gesetzt worden. Dies hatte zur Folge, dass der »verbotene« Wert »XYZ« angezeigt wird, aber nicht auswählbar ist. Analog würden auch »verbotene« Merkmale angezeigt werden, ohne dass sie bewertbar wären.

In Vorbedingungen kann, wie in allen Arten von Beziehungswissen, auch mit Variantentabellen gearbeitet werden. Die Syntax einer Vorbedingung, die die Tabelle aus Abbildung 2.31 und Abbildung 2.34 nutzt, könnte folgendermaßen aussehen (siehe Listing 2.17):

```
table TAB_VPC (   T_PC6R = $self.T_PC6R,
                  T_PC8R = $self.T_PC8R,
                  T_PC3R = $self.T_PC3R)
```

Listing 2.17 Beispiel – Variantentabelle in Vorbedingung

Sie hat damit genau dieselbe Syntax wie eine Prozedur. Statt `$self` kann jedoch hier an allen Stellen auch mit `$parent` oder `$root` gearbeitet werden, soweit es inhaltlich richtig ist. Man könnte eine solche Vorbedingung mit genau dieser Syntax einem der drei angesprochenen Merkmale zuordnen, was jedoch keine elegante Lösung darstellen würde.

Mit zunehmender Eleganz der Lösung gibt es diese drei Möglichkeiten, Werte zu verbieten:

- Vorbedingung am Merkmal (wie beschrieben)
- Vorbedingung am Merkmalswert (wie wir im Anschluss beschreiben werden)
- ein Constraint mit dieser Variantentabelle und einschränkbaren Merkmalen (als eleganteste Lösung; siehe Abbildung 2.33)

Sollte man die angegebene Variante mit der Vorbedingung an dem Merkmal wählen, würde während der Bewertung der drei Merkmale keinerlei Wirkung durch die Vorbedingung sichtbar. Erst nach der Bewertung aller drei in der Variantentabelle angesprochenen Merkmale wird die Vorbedingung aktiv und gibt eine Inkonsistenz aus, falls diese Bewertungskombination nicht in der Tabelle enthalten ist.

Eleganter als diese Variante mit einer Vorbedingung am Merkmal – wenn auch nicht an die Variante mit dem Constraint herankommend – sind Vorbedingungen an den Merkmalswerten. Geht man z.B. davon aus, dass die Merkmale in einer festen Reihenfolge bewertet werden, so dass vielleicht das Merkmal T_PC3R als Letztes bewertet wird, kann man die Merkmalswerte dieses Merkmals mit Vorbedingungen versehen. Die Vorbedingung für den Wert `'03'` würde folgende Syntax besitzen (siehe Listing 2.18):

```
table TAB_VPC (    T_PC6R = $self.T_PC6R,
                   T_PC8R = $self.T_PC8R,
                   T_PC3R = '03')
```

Listing 2.18 Beispiel Variantentabelle in Vorbedingung für Merkmalswert »'03'«

Analoge Vorbedingungen gelten für die anderen Werte dieses Merkmals. Dies hat gegenüber der ersten Variante, der Vorbedingung am Merkmal, den Vorteil, dass für das dritte Merkmal nur noch die Werte angeboten werden, die zu einer konsistenten Bewertung führen. Diese Vorbedingungen an Merkmal oder Merkmalswert benötigen keine einschränkbaren Merkmale.

2.6.6 Auswahlbedingungen

Auswahlbedingungen können aus Kann-Merkmalen dynamisch Muss-Merkmale machen.

[+]

Kann-Merkmale

Diese Technik setzt voraus, dass im Merkmal das Flag Eingabe erforderlich nicht gesetzt ist, es sich also tatsächlich um ein sogenanntes Kann-Merkmal handelt.

Wird einem solchen Merkmal eine Auswahlbedingung zugeordnet, wird das Merkmal dynamisch zum Muss-Merkmal, falls die Bedingung erfüllt ist. Verdeutlichen wir uns dies an einem Beispiel.

[zB]

Pkw-Sportversion erfordert zwingend ein Navigationssystem

Für die Sportversion soll die Auswahl eines Navigationssystems bei der Pkw-Konfiguration zwingend werden. Dabei müssen sowohl Regelwerk als auch Syntax analog zu den Vorbedingungen sein: Die Auswahlbedingung muss dem Merkmal der Navigationssysteme zugeordnet werden (»Was müssen?«); der Inhalt der Syntax ist die Bedingung der Sportversion (»Wann müssen?«). Die Syntax ist analog zu obiger Vorbedingung: `$self.version = 'sport'`. Die Auswahlbedingung mit dieser Syntax wird dem Merkmal des Navigationssystems zugeordnet. Somit wird für die Sportversion die Auswahl eines Navigationssystems zwingend.

Es gibt zwei Unterschiede zu den Regeln der Vorbedingungen, die zu beachten sind:

- **Mehrere Auswahlbedingungen für ein Merkmal**
  Sind einem Merkmal mehrere Auswahlbedingungen zugeordnet, reicht es, dass eine Auswahlbedingung erfüllt ist, um das Merkmal zum Muss-Merkmal zu machen.
- **Unbewertetes Merkmal in einer Auswahlbedingung**
  Wird in einer Auswahlbedingung ein unbewertetes Merkmal angesprochen, ist die Auswahlbedingung nicht erfüllt. Im Unterschied zur Vorbedingung gleicher Syntax gibt die obige Auswahlbedingung ein »falsch« (= nicht erfüllt) aus, solange keine Version ausgewählt wurde.

2.6.7 Prozeduren

Prozeduren sind wertsetzendes Beziehungswissen. Im Unterschied zu anderen Arten von Beziehungswissen kann hier die Abarbeitungsreihenfolge beeinflusst werden. Hierzu werden Prozeduren dem Konfigurationsprofil zugeordnet, dabei wird eine Sortierung mitgegeben. Es gibt weiterhin die Möglichkeit, Prozeduren den Merkmalen und Merkmalswerten zuzuordnen. Dieses Vorgehen wird jedoch nicht für den Konfigurator des IPC unterstützt, so dass auf diese Möglichkeit hier nicht eingegangen werden soll und wir uns auf die Zuordnung zum Konfigurationsprofil beschränken. Mit Prozeduren können Werte »hart« oder »weich« gesetzt werden. Die folgende Aufzählung erläutert Ihnen, was genau darunter zu verstehen ist.

- **Harte Wertsetzung**
  Unter harter Wertsetzung werden Wertsetzungen verstanden, die weder vom Benutzer noch durch Constraints überschrieben werden können. Ein entsprechender Versuch würde zu Inkonsistenzen führen. Auch können Prozeduren keine »fremden« Wertsetzungen, also Wertsetzungen durch Benutzer oder Constraints, überschreiben. Analoges gilt für Benutzer und Constraints. Einzige Ausnahme stellt folgender Punkt dar: Nur Prozeduren können sich gegenseitig überschreiben. Sollte es mehrere solcher konkurrierenden Wertsetzungen geben, gewinnt die letzte.
- **Weiche Wertsetzung**
  Eine weiche Wertsetzung ist ausschließlich über Prozeduren möglich. Unter weichen Wertsetzungen werden Wertsetzungen verstanden, die von anderem Beziehungswissen und vom Benutzer überschrieben werden können. Jede nicht weiche Wertsetzung hat höhere Priorität, egal, ob sie vor oder nach einer Prozedur mit weicher Wertsetzung durchgeführt wird. Sollte es mehrere konkurrierende weiche Wertsetzungen geben, gewinnt die letzte.

Ein Beispiel für harte Wertsetzung mit einer Prozedur sehen Sie in Listing 2.19:

```
$self.alarm = 'grün' if     $self.temperatur > 80,
$self.alarm = 'gelb' if     $self.temperatur > 100,
$self.alarm = 'rot' if      $self.temperatur > 150.
```

Listing 2.19 Prozedur – Beispiel für harte Wertsetzung und Überschreibung

Obwohl das `alarm`-Merkmal einwertig ist, kommt es nicht zu Inkonsistenzen. Da Prozeduren sich gegenseitig überschreiben können, würden Temperaturen über 100 die Werte `'grün'` in `'gelb'` überschreiben und Temperaturen über 150 den Wert `'grün'` und `'gelb'` in `'rot'` überschreiben. Würde jede Zeile eine eigene Prozedur darstellen, würde die Sortierreihenfolge über die Abarbeitungsreihenfolge entscheiden. Eine andere Abarbeitungsreihenfolge würde zu einem anderen Ergebnis führen, aber nicht zu Inkonsistenzen.

Eine weiche Wertsetzung für das `alarm`-Merkmal kann folgende Gestalt haben:

```
$self.alarm ?= 'grün' if $self.temperatur > 80.
```

Die folgende Syntax hat genau die gleiche Funktionalität:

```
$set_default($self, alarm, 'grün') if $self.temperatur > 80.
```

Man spricht bei solchen weichen Wertsetzungen auch von dynamischen Vorschlagswerten. Werden Vorschlagswerte über Prozeduren gesetzt und nicht durch Einstellungen in der Merkmalsdefinition, können sie auch über Prozeduren der folgenden Gestalt wieder gelöscht werden:

```
$del_default($self, alarm, 'grün') if ...
```

Eine andere mögliche Variante ist diese:

```
$del_default($self, Alarm, $self.alarm) If ...      .
```

Sowohl die Syntax der `$set_default`- als auch der `$del_default`-Anweisung besteht aus dem entsprechenden Schlüsselwort, gefolgt von Klammern, in denen, wiederum durch Kommata getrennt, die folgenden Argumente aufgenommen werden:

1. Argument: `$self`
2. Argument: `Merkmal`
3. Argument: `Merkmalswert`

Für das Löschen des Vorschlagswertes kann das dritte Argument auch neutral gehalten werden, indem man `$self.Merkmal` wählt.

Wie bereits in Abschnitt 2.5, »Überblick ›Beziehungswissen‹«, erwähnt, gibt es Syntaxelemente, die nur in Prozeduren genutzt werden können. Zu ihnen gehören neben den eben genannten `$set_default` und `$del_default` auch z.B. Negationen wie `not specified` oder `not type_of`, aber auch `$sum_parts`, `$count_parts`, `$set_pricing_factor` und sukzessive Berechnungen der Gestalt `$self.laenge = $self.laenge + 10`. Diese Syntax würde in anderen Arten von Beziehungswissen bereits bei der Syntaxprüfung zu Fehlern führen.

Weiterhin möchten wir auf Abschnitt 2.6.9, »Variantenfunktionen«, verweisen. Wie bereits erwähnt, können auch mit Hilfe von Variantentabellen Werte über Prozeduren hergeleitet werden. Voraussetzung ist, dass in der Definition der Variantentabelle ein Schlüssel definiert ist. Sollte es mehrere Auswertungsalternativen in der Variantentabelle geben, kann über Prozeduren generell nur die erste Alternative ausgewertet werden. Die in Abbildung 2.34 dargestellte Variantentabelle könnte, wie bereits erwähnt, über folgende Syntax in Prozeduren abgefragt werden (siehe Listing 2.20):

```
table TAB_VPC (   T_PC6R = $self.T_PC6R,
                  T_PC8R = $self.T_PC8R,
                  T_PC3R = $self.T_PC3R)
```

Listing 2.20 Prozedur mit Variantentabelle – harte Wertsetzung

Da die ersten beiden Merkmale in Abbildung 2.34 als Schlüsselfelder markiert wurden, könnte im Tabellenaufruf bei diesen statt `$self` auch `$parent` oder `$root` genutzt werden, soweit dies inhaltlich richtig ist. Eine Prozedur mit dieser Syntax würde auf die Bewertung der Merkmale T_PC6R und T_PC8R warten. Anschließend wird das Merkmal T_PC3R »hart« gesetzt. Eine weiche Wertsetzung wäre über die in Listing 2.21 dargestellte Syntax erreichbar (Fragezeichen bei Wertsetzung in der letzten Zeile).

```
table TAB_VPC (   T_PC6R = $self.T_PC6R,
                  T_PC8R = $self.T_PC8R,
                  T_PC3R ?= $self.T_PC3R)
```

Listing 2.21 Prozedur mit Variantentabelle – weiche Wertsetzung

2.6.8 Objektmerkmale

Im Rahmen von Beziehungswissen für die Bewertungsoberfläche können Informationen aus dem Umfeld des Konfigurationsprofils über Objektmerkmale gelesen und teilweise sogar geändert werden. In Abschnitt 2.2, »Werkzeuge aus dem Klassensystem«, wurden bezüglich der Werkzeuge aus dem Klassensystem die entsprechenden Tabellen und Strukturen, auf die lesender beziehungsweise auch schreibender Zugriff besteht, aufgelistet. So könnten z.B. kundenspezifische Besonderheiten abgebildet werden. Der Kunde als Auftraggeber kann z.B. über die Tabelle VBAK und hier über das Feld KUNNR abgefragt werden. Die Namen von Tabelle und Feld können häufig aus der Oberfläche heraus über den Menüpfad F1-HILFE • TECHNISCHE INFOS auf dem entsprechenden Feld abgefragt werden.

Über die Struktur VCSD_UPDATE können einzelne Felder der Position des Vertriebsbelegs geändert werden. Beispiele wären das Netto- und Bruttogewicht. Hierfür würde man Objektmerkmale auf die Felder NTGEW und BRGEW dieser Struktur anlegen. Weiterhin sind für Gewichtsberechnungen die im Materialstamm festgelegten Angaben nutzbar. Man kann hierfür jedoch nicht direkt auf den Materialstamm, d.h. auf die Tabelle MARA, zugreifen, sondern muss dies über die Tabelle MAAPV tun.

[zB]

Zugriff über die Tabelle MAAPV

Ein Szenario könnte so aussehen, dass man zunächst das Nettogewicht aus dem Materialstamm liest und dies dann schrittweise abhängig von den Bewertungen aus der Konfiguration ändert. Man könnte abschließend das Gewicht mit der Auftragsmenge multiplizieren und 10% als Bruttogewicht aufschlagen. Falls für die Objektmerkmale als Namen die verknüpften Felder gewählt würden, könnte die Syntax folgendermaßen aussehen (siehe Listing 2.22):

```
$self.vcsd_update_ntgew = mdata $self.maapv_ntgew + 10 if ....,
$self.vcsd_update_ntgew = $self.vcsd_update_ntgew  + 20 if ....,
...
$self.vcsd_update_ntgew = $self.vcsd_update_ntgew  *
                          $self.vbap_kwmeng      ,
$self.vcsd_update_brgew = $self.vcsd_update_ntgew * 1.1      .
```

Listing 2.22 Struktur VCSD_UPDATE und Prozeduren

Über Objektmerkmale mit Bezug auf die Struktur SCREEN_DEP kann auch die Darstellung von Merkmalen dynamisch geändert werden. Ein Merkmal kann in der Merkmalsdefinition so eingestellt werden, dass es in der Bewertungsoberfläche wie folgt dargestellt wird:

- eingabebereit
- nur in der Anzeige
- ausgeblendet

Dies kann über die Struktur SCREEN_DEP dynamisch übersteuert werden, indem die Namen der entsprechenden Merkmale einem Objektmerkmal mit Bezug zu dem Feld zugewiesen werden:

- INPUT für dann eingabebereite Merkmale
- NO_INPUT für dann nicht eingabebereite Merkmale
- INVISIBLE für dann ausgeblendete Merkmale

Sei z.B. P_INVIS ein Objektmerkmal mit Bezug auf SCREEN_DEP-INVISIBLE, so würde folgende Prozedur das Merkmal P_01 ausblenden: $self.p_invis = 'p_01'.

Speziell für das dynamische Ausblenden von Merkmalen ist auch folgende Syntax mit genau dem gleichen Ergebnis möglich:
$self.p_01 is invisible

Solch eine vereinfachte Syntax existiert nur für den Fall des Ausblendens. Ähnlich dieser vereinfachten Syntax ist auch ein Ausblenden mit Hilfe von Variantentabellen möglich. Über eine Variantentabelle soll gesteuert werden, wann Merkmale ausgeblendet werden sollen. Als Schlüsselfelder würden in die Tabelle die Merkmale aufgenommen werden, von denen abhängig das ein Ein- und Ausblenden erfolgen soll. Soll z.B. abhängig von der Bewertung eines Merkmals merkmal1 das Ein- und Ausblenden der Merkmale merkmal2 und merkmal3 gesteuert werden, sind zusätzlich zwei weitere Merkmale (z.B. m4 und m5) erforderlich, die die Werte T (für true = wahr) und F (für false = falsch) annehmen können. Die Merkmale merkmal1, m4 und m5 müssen in eine Variantentabelle aufgenommen werden. Die Variantentabelle soll als Beispiel folgenden Inhalt haben (siehe Tabelle 2.3):

merkmal1	m4	m5
AAA	F	F
BBB	T	F
CCC	F	T
DDD	T	T

Tabelle 2.3 Beispiel einer Variantentabelle für die Steuerung der Sichtbarkeit von Merkmalen

Weiterhin soll über eine Prozedur gesteuert werden, dass entsprechend der Tabelle die folgenden Merkmale auf bestimmte Art und Weise dargestellt werden:

- Die Merkmale `merkmal2` und `merkmal3` sollen ausgeblendet werden, falls `merkmal1` den Wert `DDD` hat.
- Das Merkmal `merkmal3` soll ausgeblendet werden, falls `merkmal1` den Wert `CCC` hat.
- Das Merkmal `merkmal2` soll ausgeblendet werden, falls `merkmal1` den Wert `BBB` hat.
- Kein Merkmal soll ausgeblendet werden, falls `merkmal1` den Wert `AAA` hat.

Die folgende Prozedur (siehe Listing 2.23) würde das gewünschte Ausblenden von Merkmalen über obige Tabelle (siehe Tabelle 2.3) ermöglichen.

```
table tab001 (merkmal1 =      $self.merkmal1,
              m4       = inv $self.merkmal2,
              m5       = inv $self.merkmal3)
```

Listing 2.23 Beispiel einer Prozedur mit Variantentabelle für die Steuerung der Sichtbarkeit von Merkmalen

Entscheidend ist hier, dass ein Merkmal genau dann ausgeblendet wird, wenn es vor dem Syntaxelement `= inv` den Wert `T` annimmt.

Für die `SCREEN_DEP`-Struktur existiert weiterhin ein Feld RESET für das Zurücksetzen auf die Einstellungen in der Merkmalsdefinition.

[+] **Nur Änderung der Merkmal-Darstellung**

Zu beachten ist, dass hier nur die Darstellung der Merkmale geändert wird. Das hat keine Auswirkung auf die Bewertung des Merkmals. Auch Eigenschaften, wie z. B. Muss-Merkmal, bleiben davon unberührt. Die Änderung der Darstellung ist somit generell von der Funktionalität von Vorbedingungen zu unterscheiden.

2.6.9 Variantenfunktionen

Über Variantenfunktionen besteht die Möglichkeit, in allen Arten von Beziehungswissen Funktionsbausteine zu integrieren. Die Variantenfunktion im engeren Sinne kann als eine Hülle um den eigentlichen Funktionsbaustein verstanden werden. In der Syntax des Beziehungswissens kann nur die Variantenfunktion angesprochen werden. Sie steuert, wann die Variantenfunktion aufgerufen wird, und dic Ein- und Ausgabeparameter.

Anwendung finden Variantenfunktionen überall dort, wo die Standardsyntax nicht ausreicht, um die gewünschte Funktionalität abzubilden, oder wo Performance-Verbesserungen dadurch erzielt werden können. Dies kann z. B. in den folgenden Fällen vorkommen:

- bei der komplexeren Verarbeitung von Strings
- bei der Auswertung von Datenbanktabellen, die über Objektmerkmale nicht ansprechbar sind
- bei der Erzeugung individuell gestalteter Meldungen

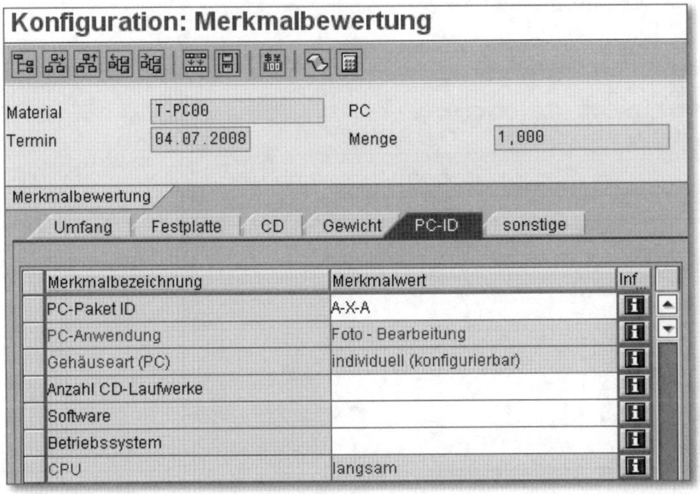

Abbildung 2.39 Variantenfunktionen – Anwendungsbeispiel

In Abbildung 2.39 wurde in einem ersten Beispiel zur Anwendung von Variantenfunktionen mit einer Art von Konfigurations-ID gearbeitet. Gerne nutzt man die Möglichkeit, aus der gesamten relevanten Konfiguration einen String zu erzeugen, um so die Konfiguration zusätzlich komprimiert zu speichern. Die Erzeugung dieses Strings ist auch ohne Variantenfunktion, d.h. mit klassischer Syntax für Stringverarbeitung, möglich. In dem hier abgebildeten Beispiel soll aber auch der umgekehrte Weg möglich sein. Über das Merkmal PC-Paket ID wird eine solche Konfigurations-ID (hier der Einfachheit halber nur aus drei Eigenschaften bestehend) eingegeben. Durch die Variantenfunktion wird der String in die einzelnen Bewertungen zerlegt, und die Bewertungen werden den entsprechenden Merkmalen zugeordnet.

In den anderen beiden Beispielen wird die Möglichkeit genutzt, kundenindividuelle Meldungen erscheinen zu lassen (siehe Abbildung 2.40). So kann geprüft werden, ob die ausgewählten Softwarekomponenten mit der gewünschten Festplattengröße konform sind. Anderenfalls soll, wie abgebildet, eine entsprechende Meldung als Fenster erscheinen ❶. Das zweite Beispiel bezieht sich auf die gewählte Gehäusevariante ❷. Es steht hier eine Reihe von Standardgehäusen zur Auswahl. Man kann aber auch ein individuelles Gehäuse wählen und individuell die Abmessungen bestimmen. Eine Meldung erscheint genau dann, wenn die Abmessungen eines Standardgehäuses gewählt wurden.

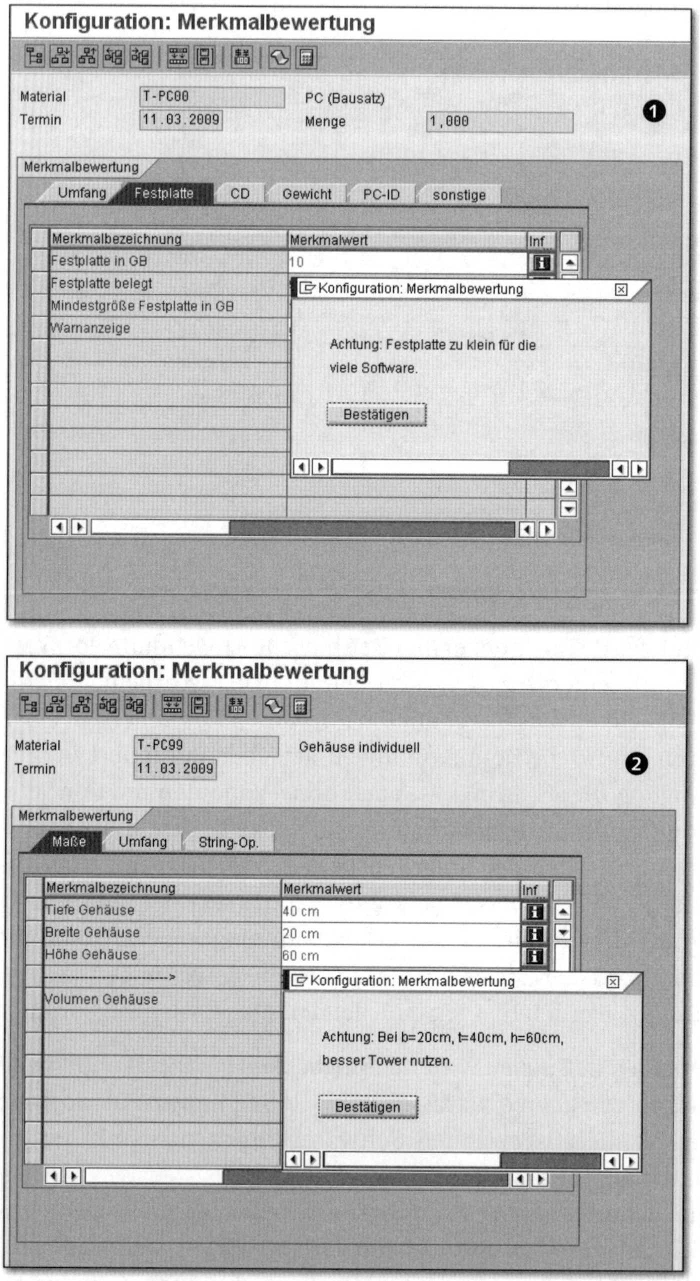

Abbildung 2.40 Weitere Anwendungsbeispiele für die Variantenfunktion

Welche Schritte der Modellierung sind erforderlich, damit Sie Variantenfunktionen in der beschriebenen Form nutzen können? Sie müssen einen Funktionsbaustein anlegen, der die gewünschte Funktionalität aufnimmt. Dieser Funktionsbaustein muss mit folgenden Schnittstellenparametern versehen werden:

- Import: Parametername = `GLOBALS`
  Bezugstyp = `CUOV_00`
- Export: keine Einträge
- Changing: keine Einträge
- Tabellen: Parameternamen = `QUERY` und `MATCH`
  Bezugstyp = `CUOV_01` (für beide)
- Ausnahmen: Ausnahme = `FAIL` und `INTERNAL_ERROR`

Die Variantenfunktion wird unter dem gleichen Namen wie der Funktionsbaustein angelegt und hat den gleichen Aufbau wie Variantentabellen. Es müssen Merkmale aufgenommen werden, die in Eingabe- und Ausgabeparameter aufgeteilt werden. Auch hier kann analog zu Variantentabellen mit mehreren Auswertungsalternativen gearbeitet werden, was jedoch auch wieder Constraints mit Inferences-Teil erfordert.

Auch der Aufruf von Variantenfunktionen im Beziehungswissen entspricht dem Aufruf der Variantentabellen. Ein Beispiel in Prozeduren könnte folgende Syntax haben (siehe Listing 2.24):

```
function   Z_PCSET_ID
      ( tpc_09  =   $self.tpc_09,
        tpc_10  =   $self.tpc_10,
        tpc_14  =   $self.tpc_14,
        tpc_31  =   $self.tpc_31) if ...        .
```

Listing 2.24 Variantenfunktion in einer Prozedur

Neben dem Syntaxelement `function` existiert für Prozeduren auch `pfunction`. Dies erlaubt, die gesamte Bewertung der `$self`-, `$parent`- und `$root`-Ebene im Funktionsbaustein einzusetzen. Dabei können die Funktionsbausteine der Funktionsgruppe `CUPR` genutzt werden.

Variantenfunktionen im Anhang [+]

An dieser Stelle möchten wir Sie auch auf den Anhang verweisen, in dem die hier angesprochenen Beispiele für Variantenfunktionen (siehe Abbildungen 2.38 und 2.39) ausführlich dokumentiert sind.

2.6.10 Oberflächendesign

Ein weiterer Punkt, der zwar nichts mit Beziehungswissen zu tun hat, jedoch zum Thema Bewertungsoberfläche gehört, ist das Oberflächendesign. Es besteht die Möglichkeit, Merkmale – z.B. wenn es sehr viele sind – für die Bewertungsoberfläche zu strukturieren. Diese Strukturierung kann in Form von Registerkarten erfolgen, auf denen die Merkmale angeordnet werden. Andere Gruppierungen von Merkmalen können über Drucktasten oder Verdichten abgebildet werden (siehe Abbildung 2.41).

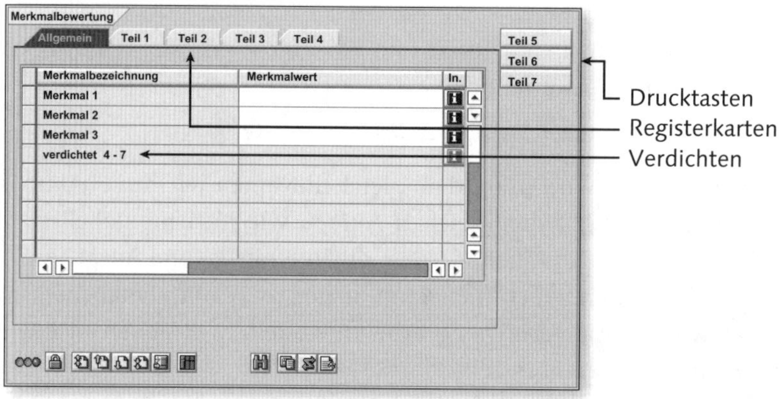

Abbildung 2.41 Oberflächendesign – verschiedene Möglichkeiten der Strukturierung

Das Oberflächendesign wird im Prinzip spezifisch für ein Konfigurationsprofil angelegt. Es ist generell nicht benutzerspezifisch. Es gibt zwei Voraussetzungen für das Gestalten eines Oberflächendesigns:

- Eintrag des Namens des Oberflächendesigns im Konfigurationsprofil, wie in Abschnitt 2.4, »Konfigurationsprofil und Konfigurationsszenarien«, beschrieben
- die entsprechende Berechtigung für den Benutzer

Wenn diese Voraussetzungen erfüllt sind, können Sie aus der Bewertungsoberfläche heraus – unabhängig von der Transaktion – über den Menüpfad Bewertung • Oberflächendesign • Merkmalsgruppierung neue Merkmalsgruppen anlegen. Über den Menüpfad Bewertung • Oberflächendesign • Übersicht können Sie vorhandene Gruppierungen ändern. Eine Merkmalsgruppe enthält bezüglich ihres Designs die folgenden Informationen:

- **Name der Merkmalsgruppe**
  Dieser wird für die Darstellung genutzt, falls keine sprachabhängige

Bezeichnung gepflegt ist. Weiterhin bestimmt dieser lexikografisch die Reihenfolge der Merkmalsgruppen.

- **Sprachabhängige Bezeichnungen**
  Diese dienen als Titel der Gruppierungen; bei Drucktasten besteht zusätzlich die Möglichkeit, die Beschriftung der Drucktaste festzulegen.
- **Einstellung bezüglich der Darstellung**
  Hier stehen die folgenden Varianten zur Auswahl:
  - Registerkarte
  - Verdichten
  - Drucktaste
    (Diese ist wahlweise auch mit Verdichten zusammen nutzbar.)
  - Reihenfolge

Die Einstellungen REGISTERKARTE, DRUCKTASTE und VERDICHTEN sind in Abbildung 2.41 dargestellt. Dabei sind folgende Punkte zu beachten:

- Reihenfolgen können für den Vertrieb und die technische Nachbearbeitung (Engineering, Auftragsstückliste) eingestellt werden. Dies nutzt man, wenn man in den beiden Fällen unterschiedliche Reihenfolgen haben möchte.
- Die Registerkarte ALLGEMEIN erscheint auch ohne gepflegtes Oberflächendesign. Sie verschwindet automatisch, wenn sie keine Merkmale enthält. Merkmale verschwinden dann von der Registerkarte ALLGEMEIN, wenn sie anderen Registerkarten oder den Merkmalsgruppen vom Typ Verdichten zugeordnet werden.
- Merkmale von Drucktasten verschwinden nur dann von der allgemeinen Registerkarte, wenn zusätzlich zum Kennzeichen DRUCKTASTE auch VERDICHTEN ausgewählt wurde. Der Name bzw. die Bezeichnung der Merkmalsgruppierung VERDICHTEN erscheint generell wie ein Merkmal auf der allgemeinen Registerkarte.
- Die Merkmalsgruppierungen aus dem Oberflächendesign können zusätzlich als Filter für den Druck der Merkmale in einzelnen Anwendungen genutzt werden. Dazu wird in den Einstellungen der Merkmalsgruppierung zusätzlich zu den Kennzeichen zur Darstellung (REGISTERKARTE, VERDICHTEN, DRUCKTASTE und REIHENFOLGE), eines der drei Kennzeichen Druckausgabe VERTRIEB, EINKAUF oder ENGINEERING ausgewählt. Pro Anwendung Vertrieb, Einkauf und Engineering kann höchstens eine Merkmalsgruppierung so gekennzeichnet werden.

- Jeder Merkmalsgruppierung können beliebig viele Merkmale zugeordnet werden. Merkmale dürfen auch mehreren Gruppierungen zugeordnet werden. In der Merkmalsgruppierung kann die Reihenfolge der Merkmale beliebig verändert werden. Ohne Oberflächendesign gilt die Reihenfolge der Merkmale aus der Klassendefinition.

2.7 Beziehungswissen für Stückliste und Arbeitsplan

Stücklisten und Arbeitspläne können ebenfalls mit Hilfe von Beziehungswissen aufgelöst werden. Falls in der Konfiguration bereits mit Stücklisten- und Arbeitsplanauflösungen gearbeitet wird, ist sie auch ein Thema der High-Level-Konfiguration (Vertriebskonfiguration, im Dialog, für die Bewertungsoberfläche). Grundsätzlich erfolgt dies in der Low-Level-Konfiguration (Stücklisten- und Arbeitsplanauflösung, auch ohne Dialog).

Bevor wir auf die Pflege von Beziehungswissen für Stückliste und Arbeitsplan im Speziellen eingehen, folgen hier einige allgemeine Punkte zur Pflege von Beziehungswissen. Für diese gibt es verschiedene Transaktionen bzw. Wege.

2.7.1 Lokales und globales Beziehungswissen

Lokales Beziehungswissen kann nur aus der Zuordnung heraus gepflegt, d.h. angelegt, geändert oder gelöscht werden. Dazu müssen Sie in die Pflegetransaktionen der Objekte gehen, zu denen das lokale Beziehungswissen die Zuordnungen besitzt. Damit sind die folgenden Transaktionen gemeint:

- die der Stücklisten- und Arbeitsplanpflege (die in diesem Abschnitt erläutert werden)
- die der Merkmalspflege und der Pflege des Konfigurationsprofils (die in Abschnitt 2.6, »Beziehungswissen für die Bewertungsoberfläche bzw. die vertriebliche Sicht«, erläutert wurden)

Eine weitere Pflegeumgebung für lokales Beziehungswissen ist die Produktmodellierungsumgebung (*Product Modeling Environment for Variant Configuration*, PMEVC), die jedoch nicht für die Pflege von Beziehungswissen am Arbeitsplan und nur ganz beschränkt an der Stückliste genutzt werden kann.

Der Prozess des globalen Beziehungswissens besteht theoretisch aus zwei Schritten:

1. **Pflege des globalen Beziehungswissens**
   Dies ist unabhängig von der Zuordnung in speziellen Transaktionen der Variantenkonfiguration (CU01, CU02, CU21 und CU22) machbar.
2. **Zuordnung des globalen Beziehungswissens**
   Das ist die Zuordnung aus den Pflegetransaktionen der Objekte, zu denen die Verknüpfungen aufgebaut werden sollen (Stückliste, Arbeitsplan, Merkmal, Konfigurationsprofil)

Sie können diese zwei Schritte praktisch getrennt oder in einem Schritt durchführen. Um Letzteres zu tun, beginnen Sie mit dem zweiten Schritt, der Zuordnung. Versuchen Sie, ein nicht vorhandenes globales Beziehungswissen zuzuordnen, können Sie direkt aus der Zuordnung heraus das Beziehungswissen anlegen. Mit Ausnahme von Constraint-Netzen und damit von Constraints kann man sogar globales Beziehungswissen aus der Zuordnung heraus ändern. Dies ist jedoch nur bei einmaliger Verwendung möglich. Bei mehreren Zuordnungen eines globalen Beziehungswissens ist die Möglichkeit, Beziehungswissen aus der Zuordnung heraus zu ändern, unterbunden. Auch für globales Beziehungswissen kann für die komplette Pflege inklusive Zuordnung die Produktmodellierungsumgebung PMEVC genutzt werden, jedoch auch mit den Einschränkungen bezüglich der Stückliste und des Arbeitsplans.

Wie bereits erwähnt, wird lokales Beziehungswissen aus der Pflegetransaktion des jeweiligen Objekts heraus angelegt und direkt zugeordnet. In Abbildung 2.42 ist als Beispiel die Stücklistenpflege aufgerufen worden ❶. Ein allgemeingültiger Weg, lokales Beziehungswissen anzulegen, besteht in dem immer gleichen Menüpfad Zusätze • Beziehungswissen • Editor. Anschließend erscheint ein kleines Fenster ❷, um die Art des Beziehungswissens auszuwählen.

Ein allgemeingültiger Weg, globales Beziehungswissen anzulegen, besteht in dem immer gleichen Menüpfad Zusätze • Beziehungswissen • Zuordnung. Sollte das Icon auf dem Bildschirm zu sehen sein, umfasst es genau die gleiche Funktionalität wie der genannte Menüpfad. Anschließend erscheint ein Bildschirm ❸. In der Liste der Zuordnungen ❹ ist zu erkennen, ob bereits Beziehungswissen zugeordnet wurde. Lokales Beziehungswissen würde man hier am rein numerischen Namen erkennen – globales entsprechend am nicht rein numerischen Namen. Weiteres lokales Beziehungswissen könnte aus diesem Bild heraus, wie abgebildet, über den Menüpfad Bearbeiten • Neue Einzelbeziehung • Lokal angelegt werden. Globales Beziehungswissen wird hier zugeordnet – egal, ob es bereits vorhanden ist oder erst aus der Zuordnung heraus angelegt werden soll –, indem der Name in die Liste der Zuordnungen aufgenommen wird. Existiert das globale Beziehungswissen bereits, erscheint eine Zeile analog zu Abbildung 2.42.

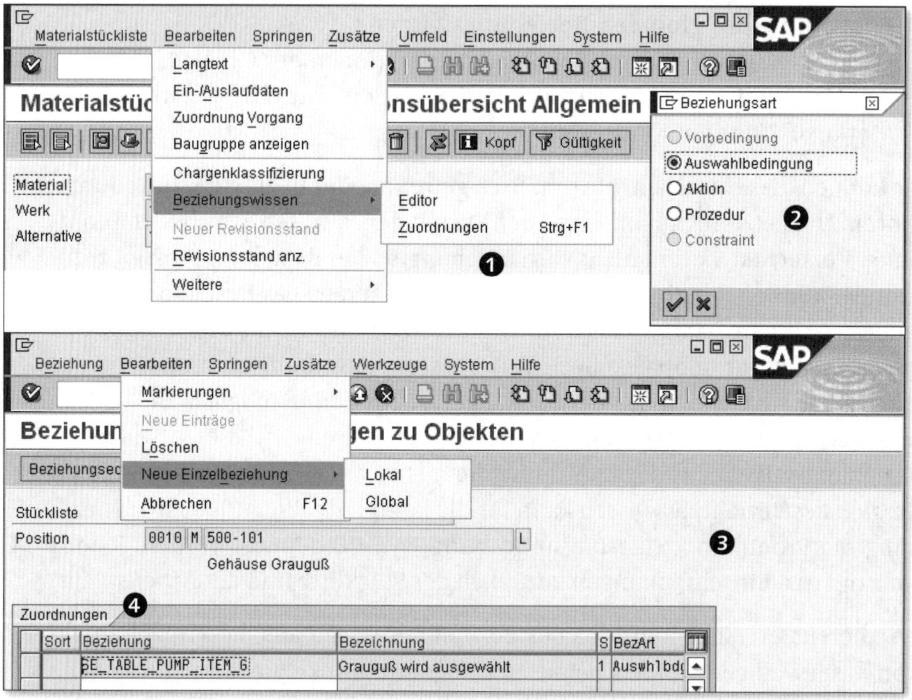

Abbildung 2.42 Lokales und globales Beziehungswissen zuordnen

Existiert das globale Beziehungswissen noch nicht, erscheint ein Fenster, aus dem heraus Sie das neue Beziehungswissen mit oder ohne Änderungsdienst sowie mit oder ohne Kopiervorlage anlegen können. Als Kopiervorlage für globales Beziehungswissen kann sowohl lokales als auch globales Beziehungswissen dienen.

In den Basisdaten des Beziehungswissens (siehe Abbildung 2.42) wird die Bezeichnung gepflegt. Der Status ist generell zunächst IN ERSTELLUNG und kann auch zu diesem Zeitpunkt noch nicht auf FREIGEGEBEN geändert werden. Für die Freigabe ist die Existenz fehlerfreier Syntax erforderlich. Keine Syntax ist auch »fehlerhaft«. Die Beziehung kann einer Beziehungsgruppe zugeordnet werden – analog zu den Objekten im Klassensystem als Strukturierungs- und Selektionswerkzeug. Gleiches gilt in Analogie zu den Objekten des Klassensystems für die Pflegeberechtigungen. Der letzte Punkt in den Basisdaten ist die Auswahl der Beziehungsart. Alle Daten dieser Registerkarte sind nachträglich änderbar.

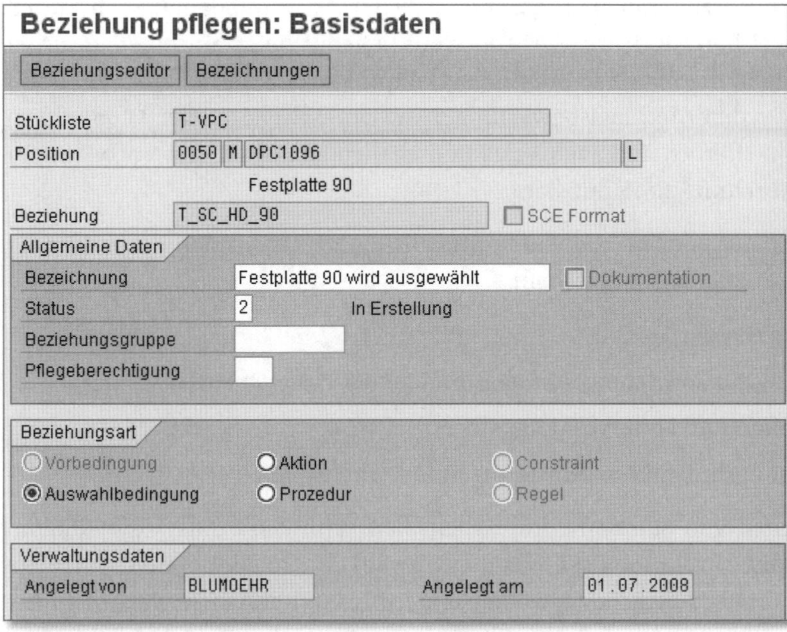

Abbildung 2.43 Globales Beziehungswissen anlegen

Von hier aus ist der Absprung über die entsprechenden Buttons (siehe Abbildung 2.42) in die Bezeichnungen und in den Beziehungseditor möglich. Dieser Beziehungseditor besteht zunächst aus einer Kommandozeile. Die möglichen Kommandos können über die [F1]-Hilfe auf dieser Zeile aufgelistet werden. Unterhalb davon beginnen die eigentlichen Zeilen des Editors. Auch für das Feld der Zeilennummer können über die [F1]-Hilfe mögliche Befehle aufgelistet werden. Nachdem die fehlerfreie Syntax gespeichert wurde, kann in den Basisdaten der Status in FREIGEGEBEN geändert und die neue Beziehung gespeichert werden.

2.7.2 Auswahlbedingungen für Stücklisten und Arbeitsplan

Für die Auflösung von Stückliste und Arbeitsplan kann Beziehungswissen genutzt werden, das direkt diesen Stammdaten zugeordnet wird. Hierfür stehen Auswahlbedingungen und Prozeduren zur Verfügung.

Über Auswahlbedingungen kann im Prinzip gesteuert werden, welche Positionen sogenannte *Variantenteile* sind. Alle Positionen aus der Maximalstückliste ohne Auswahlbedingungen werden in jede aufgelöste Stückliste übernommen. Man kann hier im Prinzip auch von *Gleichteilen* sprechen, auch wenn generell die Möglichkeit besteht, über Prozeduren Änderungen an diesen vorzunehmen. Die Syntax solcher Auswahlbedingungen enthält einen logischen Ausdruck, der jedoch aus beliebig vielen einzelnen logischen Ausdrücken, die über `and` oder `or` verknüpft wurden, bestehen kann. In der Syntax werden Merkmalsbewertungen auf der `$parent`- oder `$root`-Ebene abgefragt. Hierbei sind auch Variantentabellen analog zu den Vorbedingungen in Abschnitt 2.6.5 nutzbar.

Auswahlbedingungen können an Stückliste und Arbeitsplan den folgenden Elementen zugeordnet werden:

- Positionen der Stückliste
- Folgen (mit Ausnahme der Stammfolge) des Arbeitsplans
- Vorgänge und Untervorgänge des Arbeitsplans
- Fertigungshilfsmittel-Zuordnungen im Arbeitsplan

Den Köpfen von Stückliste und Arbeitsplan kann keine Auswahlbedingung zugeordnet werden, so dass man die Auswahl der Stückliste und des Arbeitsplans nicht über Beziehungswissen steuern kann. Bei Arbeitsplänen können Sie etwas Ähnliches erreichen, falls nicht im Standard mit parallelen oder alternativen Vorgängen gearbeitet wird. In dem Fall können Sie, anstatt alternative Arbeitspläne anzulegen, in einem Arbeitsplan diese als alternative Folgen abbilden. Sie können dann mit Auswahlbedingungen versehen werden.

Die Regeln für Auswahlbedingungen, wie sie zuvor erläutert wurden, gelten hier ebenfalls. Dies bezieht sich auf unbewertete Merkmale in Auswahlbedingungen, die als nicht erfüllt gelten. Weiterhin bezieht sich diese Bedingung auf mehrere Zuordnungen von Auswahlbedingungen, bei denen das Zutreffen nur einer Bedingung schon ausreicht, damit das entsprechende Element in die Auflösung übernommen wird (Oder-Verknüpfung).

Beziehungswissen an Stücklisten – genauer gesagt Auswahlbedingungen und Prozeduren – können neben den hier geschilderten Wegen auch, wie in Abschnitt 2.6.1, »Produktmodellierungsumgebung PMEVC«, vorgestellt, über die PMEVC geändert werden. Wie dort erwähnt, wird voraussichtlich ab Erweiterungspaket 5 (EHP5) des ERP-Releases 6.0 in der PMEVC die Möglichkeit bestehen, neues Beziehungswissen für Stücklisten anzulegen.

2.7.3 Klassenknoten in Stücklisten

Klassenknoten sind Materialklassen oder Dokumentklassen, bei denen über die Klassendefinition die Verwendung in Stücklisten erlaubt wurde. Der Klassenknoten dient in der Maximalstückliste als indirekte Zuordnung aller

Materialien beziehungsweise Dokumente, die in der entsprechenden Klasse klassifiziert wurden. In der aufgelösten Stückliste muss der Klassenknoten jedoch durch ein Objekt aus der jeweiligen Klasse ersetzt worden sein.

Klassenknoten werden aus den folgenden Gründen genutzt:

- **Vereinfachte Stücklistenpflege**
  Wird eine Gruppe von Objekten in der gleichen Form in mehreren Stücklisten benötigt, ist es einfacher, diese Objekte in einer Klasse zu sammeln und nur diese Klasse in die Stücklisten aufzunehmen, als jeweils die ganze Gruppe der Objekte direkt in die Stücklisten aufzunehmen.
- **Elegantere Stücklistenpflege**
  Ein Klassenknoten in der Stückliste statt der Gruppe von Objekten lässt die Stückliste übersichtlicher erscheinen. Dies kann so weit gehen, dass die Maximalstückliste die gleiche Anzahl von Elementen – hier Klassenknoten – haben kann wie die aufgelöste Stückliste – hier Material- oder Dokumentpositionen.
- **Performance-Verbesserungen bei der Stücklistenauflösung**
  Stark besetzte Klassenknoten sind performanter zu ersetzen, als eine große Anzahl von Auswahlbedingungen auszuwerten.

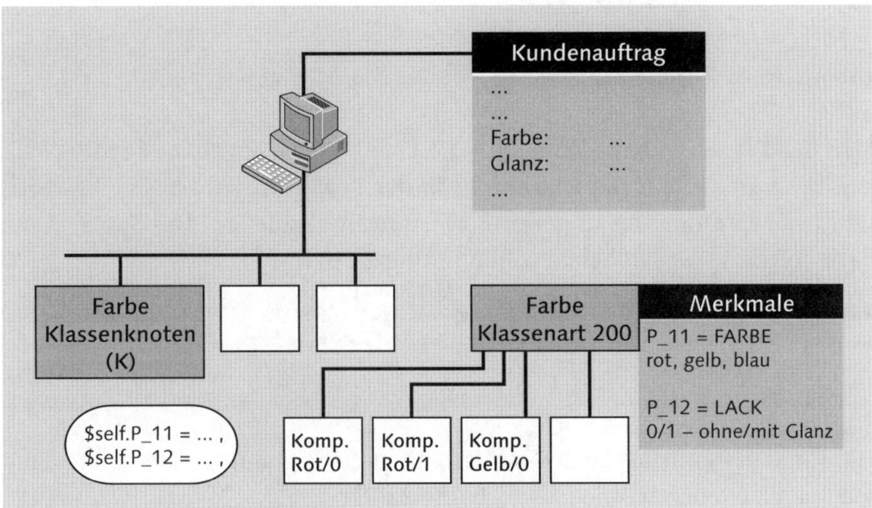

Abbildung 2.44 Klassenknoten in Stücklisten

Für die Auflösung von Klassenknoten sind Informationen bezüglich der Merkmale erforderlich, mit denen die Objekte in dem Klassenknoten klassifiziert wurden. Im Beispiel in Abbildung 2.44 sind dies die Merkmale P_11 und P_12, die die Bewertung bezüglich Farbe und Lack enthalten. Für die Auflösung von Klassenknoten lassen sich vier Techniken unterscheiden:

- Bewertung über eine Prozedur
- automatische Suche der Bewertung und Ersetzung
- Bewertung über ein Constraint
- manuelle Ersetzung des Klassenknotens

Betrachten wir diese Techniken etwas genauer:

Bewertung über eine Prozedur

Die Technik der Bewertung über eine Prozedur ist universell einsetzbar und deshalb zu bevorzugen. Diese Technik kann bei allen Konfigurationsszenarien (siehe Abschnitt 2.4, »Konfigurationsprofil und Konfigurationsszenarien«) und sowohl mit dem Konfigurator des ERP-Systems als auch des IPC eingesetzt werden. Hierfür wird eine Prozedur der Stücklistenposition des Klassenknotens zugeordnet. In der Syntax werden den Merkmalen des Klassenknotens Werte zugewiesen. Falls diese Merkmale in der Bewertungsoberfläche bereits bewertet wurden, würde die Syntax folgende Gestalt haben (siehe Listing 2.25):

```
$self.P_11 = $parent.P_11,
$self.P_12 = $parent.P_12.
```

Listing 2.25 Prozedur am Klassenknoten – Kundenwunsch weitergeben

Statt der `$parent`-Ebene kann auch die `$root`-Ebene abgefragt werden. Falls diese Merkmale jedoch nicht bereits in der Bewertungsoberfläche bewertet wurden, wäre dies aus anderen Bewertungen abzuleiten. Die Syntax kann dann folgende Gestalt haben (siehe Listing 2.26):

```
$self.P_11 = 'rot' if $parent.merkmal1 = 'wert1',
$self.P_12 = '1'   if $parent.merkmal2 = 'wert2'.
```

Listing 2.26 Prozedur am Klassenknoten – Bewertung ohne Kundenwunsch

Hierfür kann natürlich auch eine Variantentabelle genutzt werden, die dann wie folgt aussehen würde (siehe Listing 2.27):

```
table tab_cl_n1 ( merkmal1 = $parent.merkmal1,
                  merkmal2 = $parent.merkmal2,
                  p_11     = $self.P_11,
                  P_12     = $self.P_12).
```

Listing 2.27 Prozedur am Klassenknoten – Bewertung ohne Kundenwunsch, aber mit Tabelle

Automatische Suche der Bewertung und Ersetzung

Die Technik der automatischen Suche der Bewertung und Ersetzung ist zwar für alle Konfigurationsszenarien mit dem Konfigurator des ERP-Systems nutzbar, jedoch nicht mit dem Konfigurator des IPC kompatibel. (Das bedeutet, bei Modellierungen für den IPC ist hier grundsätzlich eine Prozedur am Klassenknoten erforderlich.) Der ERP-Konfigurator sucht auch die Ebenen oberhalb der `$self`-Ebene nach Bewertungen bezüglich der Merkmale des Klassenknotens ab, falls er am Klassenknoten keine Bewertung findet. Das ist genau dann der Fall, wenn am Klassenknoten keine Bewertung über eine Prozedur vorgenommen wurde. Es reicht also aus, die Merkmale des Klassenknotens in die Variantenklasse des Kopfmaterials aufzunehmen, um wie in Abbildung 2.44 im Kundenauftrag eine Bewertung zu erhalten.

Bewertung über ein Constraint

Die Technik der Bewertung über ein Constraint setzt voraus, dass, während das Constraint aktiv ist, Stücklisteninformationen gespeichert werden. Deshalb setzt diese Technik die Konfigurationsszenarien *Auftragsstückliste* oder *Kundenauftrag (SET)* voraus. Hier ist die Bedingung erfüllt, da während der Abarbeitung des Constraints, also der interaktiven Konfiguration, eine Auftragsstückliste angelegt wird beziehungsweise vertriebs- und bedarfsrelevante Positionen im Kundenauftrag erzeugt werden.

Manuelle Ersetzung des Klassenknotens

Auch die Technik der manuellen Ersetzung des Klassenknotens setzt die Konfigurationsszenarien *Auftragsstückliste* oder *Kundenauftrag (SET)* voraus. Der manuell durch eine Material- oder Dokumentposition ersetzte Klassenknoten muss auch während der interaktiven Konfiguration gespeichert werden. Dies kann wiederum durch das Anlegen einer Auftragsstückliste beziehungsweise durch das Erzeugen einer vertriebs- und bedarfsrelevanten Position im Kundenauftrag erfolgen.

Für die saubere Ersetzung von Klassenknoten ist erforderlich, dass ausreichende Merkmalsbewertung vorhanden ist und das Suchergebnis eindeutig ausfällt. Dies ergibt sich aus folgendem Vorgehen des Konfigurators:

- **Keines der Merkmale des Klassenknotens ist bewertet**
  (in Abbildung 2.44 weder P_11 noch P_12)
  In diesem Fall wird nicht nach möglichen Objekten gesucht. In der simulativen Auflösung der Stückliste bleibt der Klassenknoten erhalten. Dies

führt im Standard zu keinen Fehlermeldungen. Ausnahmen sind die Konfigurationsszenarien *Auftragsstückliste* und *Kundenauftrag (SET)* und Klassenknoten mit dem entsprechenden Flag in der Definition. Ein nicht ersetzter Klassenknoten wird jedoch in der weiteren logistischen Kette wie eine Textposition interpretiert, also im Prinzip ignoriert. Im Beispiel gäbe es damit keine Farbe. Falls dies gewollt ist, arbeitet man jedoch besser mit einer entsprechenden Auswahlbedingung an der Stücklistenposition des Klassenknotens.

- **Nur eines der beiden Merkmale wird bewertet**
  In diesem Fall beginnt der Konfigurator mit dieser Teilbewertung die Objektsuche. Es wird ein beliebiges Objekt des Suchergebnisses für das Ersetzen genutzt. Im Standard lässt sich das Ergebnis nicht beeinflussen. Es existiert hierfür jedoch ein geeigneter User Exit.
- **Alle Merkmale des Klassenknotens werden bewertet: eindeutiges Ergebnis**
  Alle Merkmale des Klassenknotens werden bewertet, und in der anschließenden Objektsuche des Konfigurators wird ein eindeutiges Ergebnis gefunden. Das eindeutige Ergebnis wird in diesem Fall für die Ersetzung genutzt. Dies ist im engeren Sinne die einzige saubere Auflösung des Klassenknotens.
- **Alle Merkmale werden bewertet: kein eindeutiges Ergebnis**
  In diesem Fall wird analog zur unvollständigen Bewertung ein beliebiges Objekt für die Ersetzung genutzt – mit den oben geschilderten Problemen.
- **Alle Merkmale werden bewertet: kein Ergebnis**
  In diesem Fall wird keine Ersetzung durchgeführt. Der Klassenknoten bleibt in der simulativ aufgelösten Stückliste stehen – auch hier mit den oben geschilderten Problemen.

Die in dieser Aufzählung genannten Reaktionen des Konfigurators bezüglich Klassenknoten haben für Sie folgende Konsequenzen:

1. Eine vollständige Bewertung aller Merkmale des Klassenknotens sollte angestrebt werden.
2. Identische Bewertungen von Objekten im Klassenknoten sollten verhindert werden.
3. Für jede Bewertungskombination existiert bezüglich der Merkmale des Klassenknotens genau ein Objekt – oder man lässt nur Bewertungen zu, zu denen ein Objekt im Klassenknoten existiert.

Wie können Sie diese Punkte erreichen? Zu dem ersten Punkt gelangen Sie durch Muss-Merkmale.

Den zweiten Punkt können Sie durch die entsprechende Einstellung in den Basisdaten der Klassendefinition des Klassenknotens erreichen (Abschnitt GLEICHE KLASSIFIZIERUNG PRÜFEN).

Der dritte Punkt ist da schon etwas schwieriger. Eine Vollständigkeitsprüfung in der genannten Form existiert nicht als Standardfunktionalität. Falls Sie mit einschränkbaren Merkmalen arbeiten, können Sie die Wertelisten dieser Merkmale so einschränken, dass nur Bewertungen vorhandener Objekte zulässig sind. Dabei können Sie wieder mit Variantentabellen oder auch gekoppelten Datenbanktabellen arbeiten. Eine solche Datenbanktabelle können Sie mit den Werkzeugen des Klassensystems generieren und automatisch immer aktuell füllen lassen (Tabellen für die Suche einrichten, Transaktion CLGT).

2.7.4 Klassifizierte Materialien in Stücklisten

Neben den beiden bereits vorgestellten Möglichkeiten der Stücklistenpositionen mit Auswahlbedingungen und dem Klassenknoten als Stücklistenposition existiert für den Konfigurator des ERP-Systems eine weitere Technik zur Auswahl von Komponenten für die aufgelöste Stückliste, die für *klassifizierte Materialien* genutzt werden kann (siehe Abbildung 2.45).

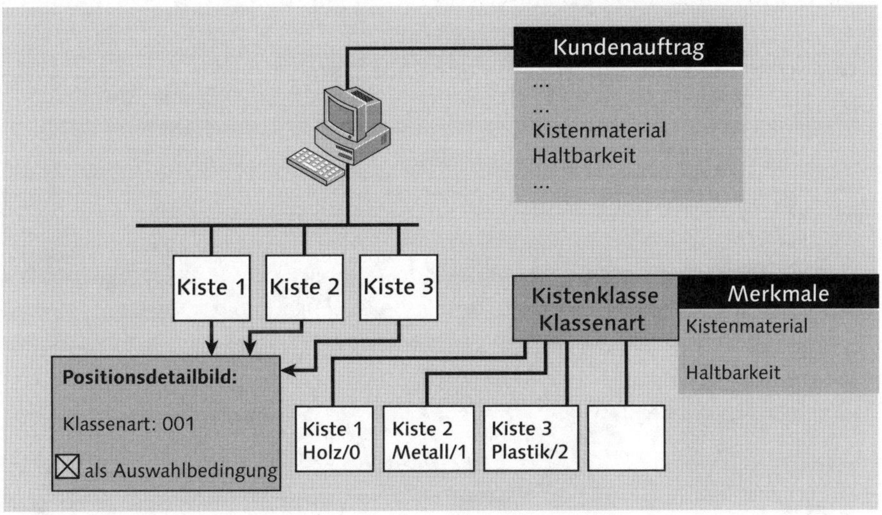

Abbildung 2.45 Klassifizierte Materialien als Stücklistenpositionen

Sie ist jedoch nicht IPC-kompatibel. Bei dieser Technik liegen, wie bereits erwähnt, klassifizierte Materialien vor. Die Klassenart der entsprechenden Klasse ist dabei unbedeutend. Es wird sich in den meisten Fällen um die Materialklassenart 001 handeln. Diese Materialien werden in einer Maximalstückliste benötigt und sollen nur dann ausgewählt werden, falls Materialien mit genau diesen Eigenschaften der Klassifizierung gewünscht werden.

Kann man diese Klassifizierung in der Variantenkonfiguration nutzen? Ja, Sie brauchen für entsprechende Positionen keine Auswahlbedingungen und ersparen sich somit das Schreiben von solchen. Diese Materialklasse kann nicht in die Maximalstückliste aufgenommen werden, da sie kein Klassenknoten ist. Unter anderem aus Gründen der Performance ist nicht zu empfehlen, dies über das Customizing des Klassensystems für die Klassenart 001 zuzulassen.

Somit besteht nur die Möglichkeit, diese Materialstämme direkt in die Stückliste aufzunehmen. Anders als in der ersten vorgestellten Möglichkeit werden an dieser Stelle aber keine Auswahlbedingungen benötigt. Hier reicht im Prinzip das Setzen eines Flags. In den Details der entsprechenden Stücklistenpositionen kann in der Registerkarte GRUNDDATEN das Flag als Auswahlbedingung aktiviert werden, dass das Klassifizierungswissen als Auswahlbedingung zu interpretieren ist. Es wird keine Auswahlbedingung erzeugt. Während der Stücklistenauflösung wird aus der vollständigen Bewertung der Klassifizierung dynamisch eine Auswahlbedingung erzeugt, die diese Position nur dann in die aufgelöste Stückliste übernimmt, wenn alle Merkmale der Klassifizierung genau so in der Konfiguration bewertet wurden.

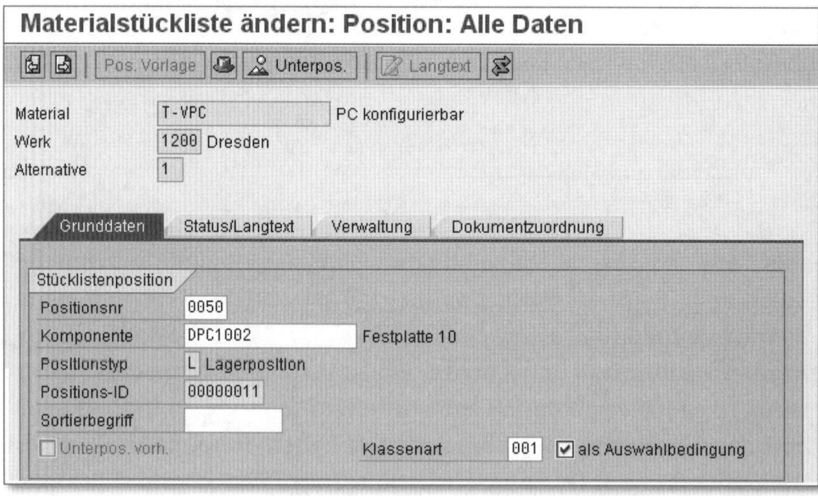

Abbildung 2.46 Klassifizierung einer Klassenart als Auswahlbedingung

2.7.5 Prozeduren in Stückliste und Arbeitsplan

Neben der oben geschilderten Anwendung zur Auflösung von Klassenknoten werden Prozeduren in Stücklisten und Arbeitsplan vor allem unter Nutzung von Objektmerkmalen verwendet, um in den aufgelösten Strukturen Änderungen vorzunehmen. Wie in Abschnitt 2.2, »Werkzeuge aus dem Klassensystem«, ausgeführt, können über Objektmerkmale mit Bezug auf die Felder entsprechender Datenbanktabellen Änderungen an den folgenden Details vorgenommen werden:

- den Stücklistenpositionen (STPO)
- den Vorgängen der Arbeitspläne (PLPO)
- der Folgenzuordnung der Arbeitspläne (PLFL)
- der Fertigungshilfsmittel-Zuordnung (PLFH)

Für Elemente ohne Auswahlbedingungen und Elemente mit erfüllten Auswahlbedingungen werden nach der Auswertung der Auswahlbedingungen für die in die aufgelösten Strukturen übernommenen Elemente die Prozeduren ausgewertet. (Was laut Auswahlbedingung nicht übernommen wird, kann über Prozeduren auch nicht verändert werden.)

In der Stückliste stellen Änderungen der Positionsmenge sowie bei Rohmaßpositionen die Änderungen der Rohmaße und der Rohteilmenge Paradebeispiele dar. Wenn das Merkmal `stpo_menge` ein Objektmerkmal mit Bezug auf die Datenbanktabelle `STPO` der Stücklistenpositionen und des Feldes `MENGE` wäre, könnte man über folgende Prozedur die jeweils benötigte Anzahl der Schrauben abhängig vom Gehäusetyp überschreiben (siehe Listing 2.28):

```
$self.stpo_menge = 12   if $root.casing = 'tower',
$self.stpo_menge = 10   if $root.casing = 'minitower',
$self.stpo_menge = 8    if $root.casing = 'desktop'.
```

Listing 2.28 Änderung der Komponentenmenge über Prozeduren

Man benötigt somit nicht für jede Anzahl eine eigene Stücklistenposition in der Maximalstückliste. Die Prozedur muss, wie es generell für Prozeduren gilt, genau der Position zugeordnet werden, an der sie Werte ändern soll.

Im Beispiel in Abbildung 2.47 wurde davon ausgegangen, dass über die Bewertungsoberfläche die Möglichkeit geschaffen wurde, die gewünschten Abmessungen des Gehäuses abzufragen. In der Stückliste ist für Rohmaßpositionen immer wieder das gleiche Blechmaterial aufgenommen worden.

Über Prozeduren der folgenden Art werden die Rohmaße und die Rohteilmenge neu ermittelt (siehe Listing 2.29):

```
$self.t_stpo_roms1 = $parent.t_20 ,
$self.t_stpo_roms2 = $parent.t_21 ,
$self.t_stpo_romen = $parent.t_20 * $parent.t_p21.
```

Listing 2.29 Änderung von Rohmaßpositionen über Prozeduren

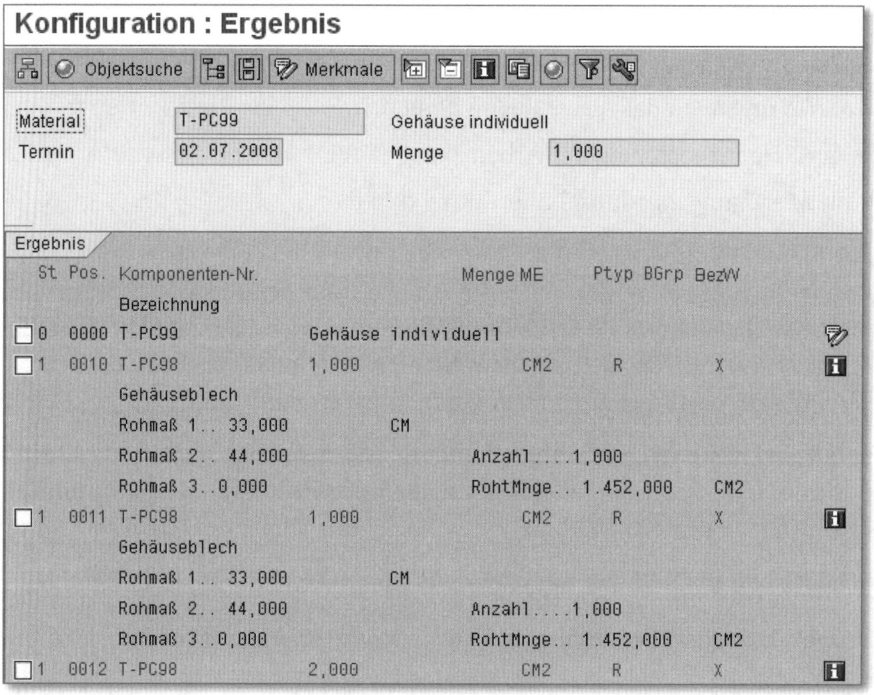

Abbildung 2.47 Rohmaßpositionen und Prozeduren

[!]

Keine Prüfung bei Objektmerkmalen

Prozeduren mit Objektmerkmalen für Stückliste und Arbeitsplan ändern nur das jeweils angegebene Feld. Damit finden keine Prüfungen oder Aktualisierungen statt, wie man sie gewöhnt ist, falls man die gleichen Änderungen im Dialog in den entsprechenden Pflegetransaktionen für Stücklisten- und Arbeitsplanpflege durchführt.

So ist es im Beispiel in Abbildung 2.47 erforderlich, dass bei Änderungen an den Rohmaßen über die Prozedur auch die Rohteilmenge neu berechnet wird.

Aus diesem Grund ist auch davon abzuraten, Felder mit starken Abhängigkeiten wie Materialnummern in Stücklisten oder Arbeitsplätze in Plänen per Prozedur zu ändern. Die entsprechenden Stammdaten werden hier nicht nachgelesen.

In Arbeitsplänen sind Standardanwendungen solcher Prozeduren Änderungen von Zeitfeldern im Vorgang, wie z.B. die Vorgabewerte. Es können bis zu sechs Vorgabewerte existieren. Diese Vorgabewerte sind in der Datenbanktabelle PLPO in den Feldern VGW01 bis VGW06 abgelegt. Die Anzahl der für den einzelnen Vorgang aktiven Vorgabewerte und deren Bedeutungen werden durch den sogenannten *Vorgabewertschlüssel* im Arbeitsplatz festgelegt. Soll z.B. die Personalzeit in einem Vorgang um fünf Minuten abhängig von der Konfiguration erhöht werden und ist die Personalzeit der dritte Vorgabewert, wird ein Objektmerkmal mit Bezug auf PLPO und VGW03 (z.B. `plpo_vgw03`) benötigt. Diese Prozedur könnte die folgende Gestalt haben – siehe Listing 2.30:

```
$self.plpo_vgw03 = mdata
$self.plpo_vgw03 + 5 if ...
```

Listing 2.30 Vorgabewerterhöhung über Prozeduren

Durch das Syntaxelement `mdata` wird sichergestellt, dass der Ausgangswert aus dem Maximalarbeitsplan gelesen wird. Soll die Zeit über mehrere Anweisungen sukzessive erhöht werden, darf in den folgenden Anweisungen das `mdata` nicht stehen. Zu beachten ist, dass durch die Syntax nicht sichergestellt ist, dass um fünf Minuten erhöht wird und nicht eventuell um fünf Stunden. Um hier sicherzugehen, müsste über ein passendes Objektmerkmal auch die Maßeinheit des Vorgabewertes gelesen werden.

2.8 Preisfindung für konfigurierbare Materialien

Der Preis konfigurierbarer Materialien muss natürlich von der einzelnen Konfiguration abhängig sein. Dies kann man direkt abbilden – wie es in diesem Kapitel auch vorgestellt wird. Hierfür sind preisliche Zuschläge direkt mit der Bewertung der Konfiguration verknüpft. Es ist auch eine indirekte Auswertung der Konfiguration auf die Preisfindung möglich, wie sie dann in Abschnitt 2.9, »Erzeugniskalkulation für konfigurierbare Materialien«, dargestellt werden soll.

Im Rahmen der Variantenkonfiguration ergibt sich mit der Variabilität des Produkts auch eine entsprechende Variabilität der Preise. Neben den Standardwerkzeugen der Preisfindung gibt es in der Variantenkonfiguration zusätzlich die Möglichkeit einer direkt bewertungsabhängigen Preisfindung. Hier setzt sich der Preis im Wesentlichen aus einem Grundpreis und bewertungsabhängigen Zu- und Abschlägen zusammen.

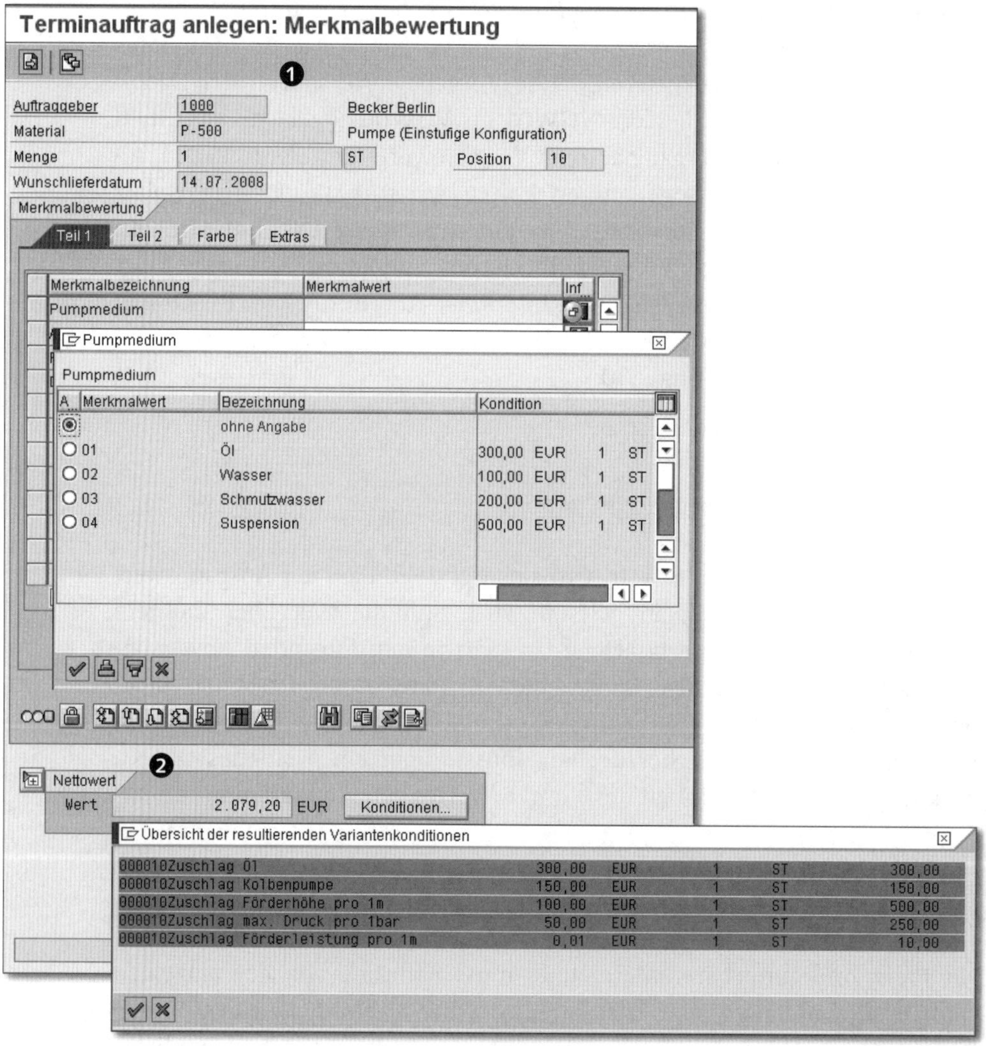

Abbildung 2.48 Bewertungsabhängige Preisfindung

Legen Sie einen Kundenauftrag an, wie in Abbildung 2.48 unter ❶ dargestellt, erhalten Sie bereits im Bewertungsbild Preisinformationen. Abhängig von den Einstellungen im Konfigurationsprofil findet entweder eine permanente Preisfindung unterhalb der Bewertungsmaske statt, oder sie erfolgt nur auf Anforderung. In der Abbildung haben wir es mit dem ersten Fall zu tun. Im zweiten Fall kann die Preisfindung über ein zusätzliches Icon  für Preisfindung direkt unterhalb der Titelleiste angefordert werden.

Es besteht die Möglichkeit, die Zu- und Abschläge so dem Modell zuzuordnen, dass diese direkt in der Liste der zulässigen Werte (F4-Hilfe) zu sehen sind. Im Abschnitt NETTOWERT – in Abbildung 2.48 unter ❷ – erscheint der summierte Preis. Dieser setzt sich aus einem durch die Konfiguration nicht beeinflussbaren Grundpreis und konfigurationsabhängigen Zu- und Abschlägen zusammen. Letztere sind über Konditionstechnik abbildbar und können über den Button KONDITIONEN... ausgewertet werden.

Wechselt man aus der Merkmalsbewertung zurück in den Kundenauftrag und hier in die Konditionen der entsprechenden Auftragsposition, erhält man ein Bild, in dem die bewertungsabhängigen Zuschläge auch erkennbar sind.

Preisfindung im Vertrieb

Für die Modellierung einer solchen bewertungsabhängigen Preisfindung im Vertrieb führen Sie folgende Schritte durch:

1. Objektmerkmal mit Bezug zu SDCOM-VKOND anlegen
2. Konditionssätze bezüglich Konditionsarten VA00 und VA01 anlegen
3. Kalkulationsschema bezüglich dieser Konditionsarten prüfen
4. Verknüpfung der Variantenkonfigurationssätze mit dem Modell

Diese Schritte werden nun genauer erläutert. Zunächst ist für die Kommunikation zwischen der Variantenkonfiguration und dem Vertriebsbeleg ein Objektmerkmal mit Bezug auf die Struktur SDCOM und hier auf das Feld VKOND erforderlich. Dies ist in Abbildung 2.49 über das Merkmal P_26 realisiert ❶. Das Objektmerkmal dient der Aufnahme der Schlüssel der Variantenkonditionen. Es sollte mehrwertig sein, um alle benötigten Schlüssel von Konditionssätzen aufzunehmen. Das Objektmerkmal wird mit in die Variantenklasse aufgenommen. Aus diesem Grund ist auch zu empfehlen, das Objektmerkmal nicht anzeigbar zu machen.

Die Preisfindung im zweiten Schritt nutzt die Konditionstechnik. Der Gesamtpreis setzt sich aus Konditionssätzen unterschiedlicher Konditionsarten zusammen. Es wird ein Grundpreis benötigt. Im Standard wird die Konditionsart PR00 genutzt. Weiterhin können Konditionssätze der Variantenkonditionsart VA00 (für absolute Zuschläge) und VA01 (für relative Zuschläge) genutzt werden. Im obigen Beispiel wurde nur VA00 verwendet. Es können zunächst die Schlüssel der Variantenkonditionssätze und Bezeichnungen angelegt werden.

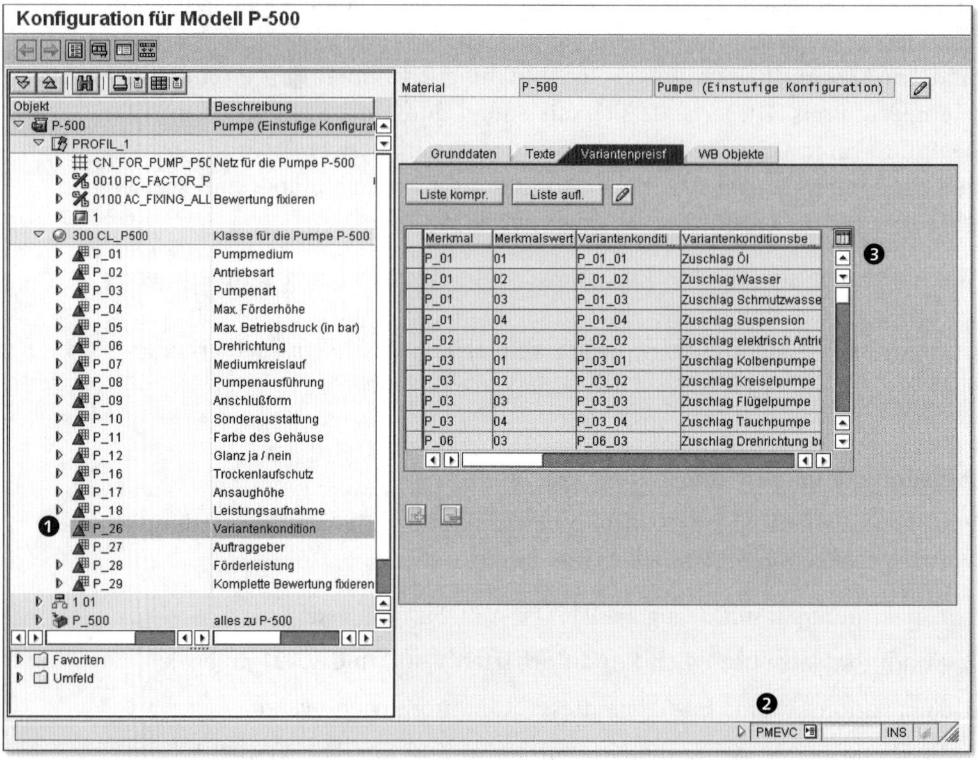

Abbildung 2.49 Modellierung der bewertungsabhängigen Preisfindung

Dies kann, wie in Abbildung 2.49 zu sehen ist, in der Produktmodellierungsumgebung (PMEVC) erfolgen ❷ oder auch in einer Transaktion des Vertriebs (VK30). Die eigentlichen Beträge für die verschiedenen Konditionsarten werden in der Transaktion VK11 des Vertriebs angelegt.

Im dritten Schritt muss das Kalkulationsschema, das im Vertriebsbeleg genutzt wird, die angesprochenen Konditionsarten berücksichtigen. Das ist im Standard gewährleistet. Beachten Sie dies bei selbst angelegten Kalkulationsschemata.

Im letzten Schritt werden die angelegten Variantenkonditionssätze mit dem Modell verknüpft. Legen Sie fest, wann welcher Konditionssatz gezogen werden soll. Ist die Zuordnung einfach gehalten, also in der Form, dass ein genutzter Merkmalswert in der Konfiguration einen Variantenkonditionssatz nach sich zieht, kann dies auch ohne Beziehungswissen abgebildet werden. Diese direkte Zuordnung, Konditionssatz zu Merkmalswert, kann in der Produktmodellierungsumgebung (PMEVC) erfolgen. Diese ist Bestandteil der Materialstammpflege, wie in Abbildung 2.49 unter ❸ dargestellt. Auch in der Simulationstransaktion CU50 ist solch eine Zuordnung realisierbar – jedoch weit weniger elegant. Hier (in der Transaktion CU50) wird dazu in der Bewertungsoberfläche die Liste der zulässigen Werte ([F4]-Hilfe) aufgerufen. Das Merkmal wird nicht bewertet. Sie markieren den Merkmalswert, dem ein Variantenkonditionssatz zugeordnet wird, ohne zu bewerten. Auf der Liste der zulässigen Werte existiert ein Button KONDITIONEN. Hier kann der Variantenkonditionssatz zugeordnet werden, ohne mit [↵] zu bestätigen, denn Sie schließen sofort mit Speichern ab. Bei einer Zuordnung mit der Simulationstransaktion ist empfehlenswert, diese erneut aufzurufen, um zu kontrollieren, ob alle Zuordnungen ordnungsgemäß gespeichert wurden.

Neben der direkten Zuordnung können Zuordnungen über Beziehungswissen erfolgen. Hierzu wird in Prozeduren dem Objektmerkmal der Name des Variantenkonditionssatzes zugewiesen.

Erläuterung zu Abbildung 2.49 [zB]

Dem Modell in Abbildung 2.49 wurde eine Prozedur auf Position 0010 mit folgender Syntax zugeordnet (siehe Listing 2.31):

```
$SELF.P_26 = 'P_04_1'     if $self.p_04 specified,
$SELF.P_26 = 'P_05_1'     if $self.p_05 specified,
$SELF.P_26 = 'P_28_1'     if $self.p_28 specified,
$SET_PRICING_FACTOR($SELF,P_26,'P_04_1',P_04)
                          if $self.p_04 specified,
$SET_PRICING_FACTOR($SELF,P_26,'P_05_1',P_05)
                          if $self.p_05 specified,
$SET_PRICING_FACTOR($SELF,P_26,'P_28_1',P_28)
                          if $self.p_28 specified.
```

Listing 2.31 Faktorpreisfindung in Prozeduren

Diese Technik wird vor allem dann genutzt, wenn die Bedingungen komplexerer Art sind. Eine weitere Anwendung dieser Technik ist die Nutzung von Faktoren mit Hilfe des Syntaxelements `$set_pricing_factor`. Dieses Syntaxelement multipliziert einen bereits dem Objektmerkmal zugeordneten Konditionssatz mit einem Faktor. Dabei hat die Syntax folgende Gestalt: `$set_pricing_factor( $self, <Name des Objektmerkmals>, <Name des Konditionssatzes>, <Faktor>).`

Hier darf der Faktor ein beliebig komplexer arithmetischer Ausdruck auch unter Nutzung numerischer Merkmale sein. Die Faktorbildung bricht ab, falls das Objektmerkmal noch nicht mit dem Namen des Variantenkonditionssatzes bewertet wurde, falls numerische Merkmale im Faktor unbewertet sind oder falls der Faktor 0 ist. Im Beispiel ist zu beachten, dass die Syntax der Prozedur nur dann korrekt ist, wenn für die numerischen Merkmale P_04, P_05 und P_28 der Wert 0 nicht zulässig ist. Ansonsten würde die Bewertung mit 0 dazu führen, dass der entsprechende Variantenkonditionssatz mit dem Faktor 1 wirksam wird.

[!] **Groß- und Kleinschreibung bei Konditionssätzen beachten**

Bei den Namen der Variantenkonditionssätze wird Groß- und Kleinschreibung unterschieden. Dies ist bei der Definition des entsprechenden Objektmerkmals zu beachten – wird aber auch automatisch so eingestellt. Weiterhin können Sie zunächst die Variantenkonditionssätze definieren und anschließend diese direkt oder per Beziehungswissen dem Modell zuordnen. Dies kann auch in umgekehrter Reihenfolge erfolgen (erst zuordnen und dann definieren). Diese Variabilität hat jedoch zur Folge, dass bei Nutzung von Variantenkonditionssätzen keine Prüfung auf Existenz besteht – weder bei der Zuordnung zu dem Modell noch bei der Festlegung der Werte der Variantenkonditionen.

Mit der hier vorgestellten reinen bewertungsabhängigen Preisfindung ist nur ein mögliches Vorgehen bei der Preisfindung betrachtet worden. In diesem Fall wurde eine speziell nur für die Variantenkonfiguration entwickelte Technik genutzt. Dabei spielen Stücklisten- und Arbeitsplanauflösung keine Rolle.

Sie können jedoch auch mit Stücklisten- und Arbeitsplaninformationen in der Preisfindung arbeiten. Dies ist vor allem dann empfehlenswert, wenn Sie Auftragsstücklisten und -arbeitspläne verwenden. Hier stellt die Erzeugniskalkulation mit Mengengerüst eine Grundlage dar, wie sie in Abschnitt 2.9, »Erzeugniskalkulation für konfigurierbare Materialien«, vorgestellt wird.

Preisfindung im Einkauf

Analog zur vorgestellten Technik der Preisfindung im Vertrieb lässt sich auch eine Preisfindung im Einkauf modellieren.

Dies ist bei verschiedenen Szenarien, wie z. B. den folgenden, nutzbar:

- Fremdbeschaffung des gesamten Produkts, das im Kundenauftrag konfiguriert wurde – z. B. bei Engpässen oder Streckengeschäft
- Fremdbeschaffung einzelner konfigurierbarer Baugruppen des im Kundenauftrag konfigurierten Produkts
- Fremdbeschaffung konfigurierbarer Materialien ohne Bezug zum Vertrieb

In Abbildung 2.50 ist ein Beispiel einer Fremdbeschaffung einer konfigurierbaren Baugruppe dargestellt. Der Kundenauftrag wurde zu einem konfigurierbaren Material P-502 angelegt, wie es in der Bedarfs-/Bestandsliste erkennbar ist. Der sich daraus ergebene Sekundärbedarf bezüglich des Materials 500 – 800 soll über eine Bestellung befriedigt werden.

Hierfür wird in die Bestellung die Konfiguration der zu bestellenden Kiste aus dem Kundenauftrag zu Material P-502 kopiert. Diese Konfiguration kann aus der Bestellung heraus aus den Materialdaten über das Icon aufgerufen werden.

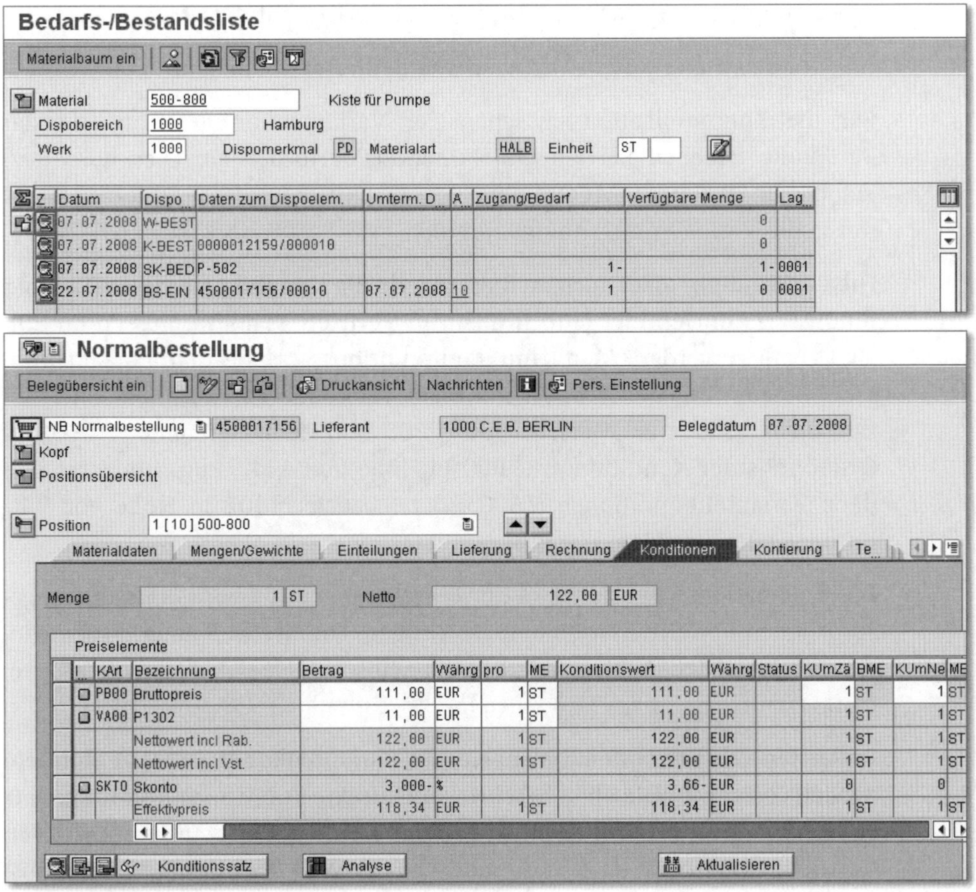

Abbildung 2.50 Preisfindung im Einkauf – Beispiel

Die Merkmalsbewertung umfasst das Verpackungsmaterial sowie die Variantenkonditionen. Letzteres Merkmal wird nicht mit angezeigt und wurde über eine Prozedur bewertet.

In der Bestellung auf der Registerkarte der Konditionen ist ersichtlich, wie sich der Gesamtpreis aus einem Grundpreis (PB00) und einer Variantenkondition (VA00) P1302 zusammensetzt. Die Modellierung hierfür, also für eine bewertungsabhängige Preisfindung im Einkauf, ist sehr ähnlich der oben geschilderten Modellierung für den Vertrieb und umfasst ganz grob folgende Schritte:

1. Objektmerkmal mit Bezug zu MMCOM-VKOND anlegen
2. Konditionssätze bezüglich Konditionsarten VA00 und VA01 anlegen
3. Kalkulationsschema bezüglich dieser Konditionsarten prüfen
4. Verknüpfung der Variantenkonfigurationssätze mit dem Modell

Auch diese Punkte wollen wir wieder detaillierter vorstellen.

Für die Kommunikation zwischen der Variantenkonfiguration und der Bestellung ist ebenfalls ein Objektmerkmal erforderlich. Dies wird jetzt jedoch zur Struktur MMCOM angelegt. Auch hier wird das Objektmerkmal mit in die Variantenklasse aufgenommen.

Die Preisfindung nutzt auch an dieser Stelle die Konditionstechnik. Die Konditionssätze dürfen hier jedoch nicht im Vertrieb, sondern müssen im Einkauf gepflegt werden. Man kann die Konditionssätze aus dem Einkaufsinfosatz heraus anlegen. In dem hier verwendeten Beispiel sind im Einkaufsinfosatz zum Material 500 – 800 und dem Lieferanten 1000 der Grundpreis der Konditionsart PB00 in Höhe von 111,- Euro und verschiedene Variantenkonditionen VA00, so z.B. auch P1302 in Höhe von 11,- Euro, angelegt worden.

Das Kalkulationsschema, das in der Bestellung genutzt wird, muss die angesprochenen Konditionsarten berücksichtigen. Dies ist im Standard auch wieder gewährleistet. Achten Sie aber bei selbst angelegten Kalkulationsschemata darauf.

Im letzten Schritt werden die angelegten Variantenkonditionssätze mit dem Modell verknüpft. Die oben beschriebene direkte Zuordnung Konditionssatz zu Merkmalswert kann hier nicht genutzt werden. Dies wurde nur für den Vertrieb realisiert, so dass an dieser Stelle der Weg über das Beziehungswissen führt.

Die Zuordnungen über Beziehungswissen erfolgen analog zur oben beschriebenen Vorgehensweise. Hierzu wird in Prozeduren dem Objektmerkmal der Name des Variantenkonditionssatzes zugewiesen. Hier kann ebenfalls mit

Faktoren unter Verwendung des Syntaxelements `$set_pricing_factor` gearbeitet werden.

2.9 Erzeugniskalkulation für konfigurierbare Materialien

Es existieren verschiedene Möglichkeiten, für konkrete Konfigurationen eine Erzeugniskalkulation durchzuführen, um diese wiederum z.B. als Quelle für die Preisfindung zu nutzen.

Wie in Abschnitt 2.8, »Preisfindung für konfigurierbare Materialien«, erwähnt, kann die Preisfindung auf Basis der Erzeugniskalkulation mit Mengengerüst erfolgen. Hierzu wird eine Kundenauftragskalkulation – also eine Erzeugniskalkulation mit Mengengerüst – aus dem Kundenauftrag heraus unter Berücksichtigung der dortigen Konfiguration durchgeführt. Existieren Auftragsstückliste oder Auftragsarbeitsplan, werden diese genutzt. Ansonsten werden Maximalstückliste und Maximalarbeitsplan verwendet, d.h., diese werden entsprechend der Konfiguration und des Beziehungswissens aufgelöst.

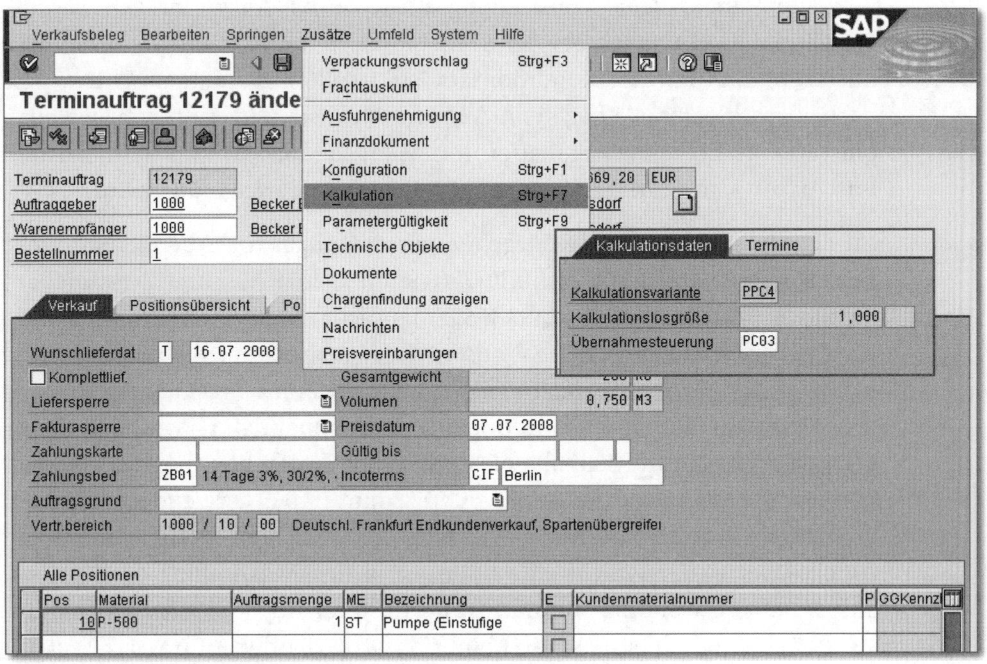

Abbildung 2.51 Erzeugniskalkulation und Preisfindung

Wie in Abbildung 2.51 erkennbar, wird diese Kundenauftragskalkulation aus dem Vertriebsbeleg heraus über den Menüpfad Zusätze • Kalkulation aufgerufen. Die Steuerung der Kalkulation erfolgt mittelbar oder unmittelbar über Einstellungen im Materialstamm. Bei den mittelbaren Einstellungen finden Einstellungen der Bedarfsart und Bedarfsklasse Anwendung, wie sie in Kapitel 4, »Customizing von SAP ERP für die Variantenkonfiguration«, beschrieben sind.

Das Ergebnis einer Kundenauftragskalkulation kann gespeichert werden. Weiterhin kann es Bestandteil der Preisfindung sein. Im Standard können Sie die Konditionsarten EK01, EK02 und EK03 in das Kalkulationsergebnis als Bestandteil der Preisfindung aufnehmen.

Die Konditionsart EK01 stellt einen Grundpreis dar. Sie würde dann zum Einsatz kommen, wenn Sie keine bewertungsabhängige Preisfindung durchführen möchten. In diesem Fall würden Sie z.B. den Preis aus dem Grundpreis EK01 und einem gewissen Zuschlag für Gemeinkosten und Gewinn ermitteln. Dieses Vorgehen mit der Konditionsart EK01 findet vor allem dann Anwendung, wenn mit unvollständigen Modellen, mit Auftragsstücklisten oder Auftragsarbeitsplänen gearbeitet wird. Änderungen an und durch Auftragsstücklisten und Auftragsarbeitsplänen hätten bei einer reinen bewertungsabhängigen Preisfindung nicht direkt Auswirkungen auf die Preisfindung. Aber auch bei der Preisfindung unter Nutzung des Kalkulationsergebnisses mit der Konditionsart EK01 sollten Sie darauf achten, dass nach abgeschlossener Pflege von Auftragsstückliste und Auftragsarbeitsplan eine erneute Erzeugniskalkulation mit Mengengerüst (d.h. mit Stücklisten- und Arbeitsplaninformationen) und Preisfindung durchgeführt wird.

Im Beispiel in Abbildung 2.51 gehen wir davon aus, dass bereits mit einer bewertungsabhängigen Preisfindung (wie im letzten Abschnitt beschrieben) gearbeitet wurde. Deshalb können Sie hier nicht mit der Konditionsart EK01 für die Aufnahme des Kalkulationsergebnisses arbeiten. Ansonsten würde man, salopp gesagt, zweimal zahlen: einmal dafür, dass man sich etwas gewünscht hat (Variantenkonditionen), und einmal dafür, dass man dieses Etwas auch bekommt (Kalkulationsergebnis). Für den hier dargestellten Fall können Sie die Konditionsarten EK02 und EK03 verwenden, um den Deckungsbeitrag zu berechnen – gesamt über EK02 oder bezüglich des fixen Anteils über EK03. Welche Konditionsart in der Preisfindung des Kundenauftrags zur Anwendung kommt, ist im Customizing der Auftragsarten einstellbar, das heißt hier, dass die Konditionsart EK02 der Auftragsart Terminauftrag (TA) zugeordnet wurde.

Im Standard können Erzeugniskalkulationen in den folgenden Dokumenten durchgeführt werden:

- Konfigurationssimulation (Transaktion CU50)
- Vertriebsbeleg (z.B. Kundenauftrag)
- Materialkalkulation mit Mengengerüst (Transaktion CK11N)

Aus der Simulationstransaktion heraus kann das Kalkulationsergebnis nicht gespeichert werden. Aus den operativen Transaktionen heraus ist dies möglich. Hierfür wird jedoch ein konfiguriertes Objekt benötigt. Das konfigurierte Objekt kann ein Vertriebsbeleg sein. Aber auch die Materialkalkulation mit Mengengerüst benötigt eine Konfiguration, auf die sich das Kalkulationsergebnis bezieht. Hierfür muss im Materialstamm eine Konfiguration abgelegt sein, d.h., das Material muss eine Materialvariante sein. Materialvarianten werden im nächsten Abschnitt ausführlich vorgestellt.

2.10 Materialvarianten

Materialvarianten sind das zentrale Werkzeug, um auch in der Variantenkonfiguration unabhängig von einer Konfiguration im Kundenauftrag oder in anderen Belegen – also anonym – zu arbeiten.

Das klassische Szenario mit konfigurierbaren Materialien sieht eine Kundeneinzelfertigung vor. Auslöser des Prozesses ist der Kundenauftrag, der zum einen Träger der Konfiguration ist und zum anderen als Bedarfsverursacher fungiert. Der Kundenbedarf fließt als Einzelbedarf in die Bedarfsplanung, erzeugt dort einen kundenauftragsspezifischen Planauftrag, der wiederum bei Eigenfertigung in einem kundenauftragsspezifischen Fertigungsauftrag aufgeht. Ergebnis des Beschaffungsprozesses ist ein Sonderbestand bezüglich des konfigurierbaren Materials. Nur so kann der Bestand einer Konfiguration eines Kundenauftrags zugeordnet werden. In dem geschilderten Prozess ist der Bedarf absetzende Kundenauftrag der Auslöser. Ohne Kundenauftrag kann nicht beschafft bzw. gefertigt werden.

Genau den letzten Punkt kann man mit Materialvarianten umgehen. Man möchte auch im Umfeld der Variantenkonfiguration für spezielle Konfigurationen mit anonymer Lagerfertigung arbeiten. Durch Materialvarianten kann die klassische Kundeneinzelfertigung in der Variantenkonfiguration mit der anonymen Lagerfertigung verknüpft werden. Man kann auch in der Variantenkonfiguration spezielle Konfigurationen anonym auf Lager fertigen. In diesem Fall steht der Kundenauftrag nicht als Träger der Konfiguration zur Verfügung. Es muss ein anderer Weg gefunden werden, um die Konfiguration für anonym auf Lager liegende Materialien abzubilden. Dies wird realisiert, indem man für diese anonym zu fertigenden und auf Lager liegenden Materialen eigene Materialstämme anlegt, im Allgemeinen nicht konfigurierbare Materialstämme, die Materialvarianten.

Eine Materialvariante ist ein Materialstamm, der einer speziellen Konfiguration eines konfigurierbaren Materials entspricht. Dies wird dadurch abgebildet, dass die Materialvariante in ihrem Materialstamm eine Verbindung zu einem konfigurierbaren Material und eine Konfiguration bezüglich dieses konfigurierbaren Materials enthält. Durch diesen Materialstamm inklusive der Konfiguration ist das dazugehörige Produkt eindeutig beschrieben und kann im Unterschied zum konfigurierbaren Produkt anonym, ohne Bezug zu einem Kundenauftrag, gefertigt und gelagert werden. Weiterhin erlaubt diese Verbindung zum konfigurierbaren Material, eine manuelle oder automatische Materialvariantenfindung durchzuführen. Damit braucht der Vertrieb keinen Überblick über die Existenz von Materialvarianten zu haben. Das System kann, soweit gewollt, für das konfigurierbare Material und für die vorhandene Konfiguration automatisch nach Materialvarianten suchen, die Verfügbarkeit prüfen und Bedarfe umlenken (siehe Abbildung 2.52).

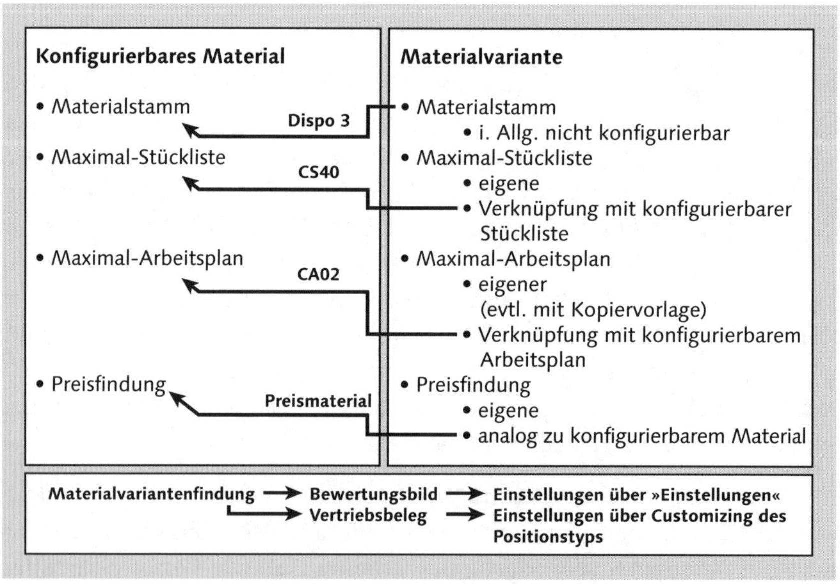

Abbildung 2.52 Konfigurierbares Material und Modellierung der Materialvariante

Bisher wurde die Modellierung des konfigurierbaren Materials betrachtet. Erinnern wir uns noch einmal daran, was hierfür angelegt wurde:

- Materialstamm
- Stückliste, d.h. Maximalstückliste inklusive Beziehungswissen
- Arbeitsplan, d.h. Maximalarbeitsplan inklusive Beziehungswissen
- Preisfindung in Form von Konditionssätzen, Zuordnungen und Beziehungswissen

Nun müssen Sie die Materialvariante modellieren. Sie benötigt einen eigenen Materialstamm. Da die Materialvarianten ebenfalls geplant, gefertigt und verkauft werden sollen, sind auch hier Stückliste, Arbeitsplan und Preisfindung erforderlich. Verkürzt kann man sagen, dass jeweils die Möglichkeit besteht, eigene Daten anzulegen oder mit den Daten des konfigurierbaren Materials zu arbeiten. Dies wird nun detaillierter vorgestellt.

2.10.1 Materialstamm der Materialvariante

Wie bereits erwähnt, sind Materialvarianten im Allgemeinen eigene, nicht konfigurierbare Materialstämme. Zu beiden Punkten gibt es Ausnahmen:

- Materialvariante unter der Materialnummer ablegen
- konfigurierbare Materialvarianten definieren

Man kann unter der Materialnummer des konfigurierbaren Materialstamms auch eine Materialvariante ablegen. Hierzu wird der Materialstamm auf die unten beschrieben Weise mit sich selbst verknüpft und kann damit auch konfiguriert werden. Die zweite Ausnahme besteht darin, dass man auch konfigurierbare Materialvarianten definieren kann. Diese konfigurierbaren Materialvarianten wären teilweise konfiguriert. Bezüglich dieser Teilkonfiguration könnte auch eine anonyme Teilmontage auf Lager erfolgen. Die endgültige Konfiguration würde dann im Kundenauftrag anhand dieser konfigurierbaren Materialvariante erfolgen, so dass auch die Endmontage spezifisch zum Kundenauftrag als Kundeneinzelfertigung durchgeführt würde.

Im allgemeinen Fall wird der Materialstamm entsprechend den gewünschten Anwendungen angelegt. Dabei sind zunächst keine Besonderheiten aus Sicht der Variantenkonfiguration zu beachten.

Wichtig jedoch ist, dass der Materialstamm der Materialvariante mit dem Materialstamm des konfigurierbaren Materials verknüpft wird. Dies muss werksspezifisch geschehen. Zusätzlich besteht die Möglichkeit, diese Verknüpfung auf Mandantenebene in den Grunddaten herzustellen, was jedoch für die logistischen Prozesse nicht genutzt werden kann. Warum existiert diese Möglichkeit? Verwenden Sie diese Materialvariante in verschiedenen Werken, kann auf Mandantenebene die Konfiguration zentral angelegt und dann in die einzelnen Werke kopiert werden. Das hat den Vorteil der einfacheren Datenpflege und stellt sicher, dass die einzelnen Werke mit der gleichen Konfiguration arbeiten, falls dies gewollt ist.

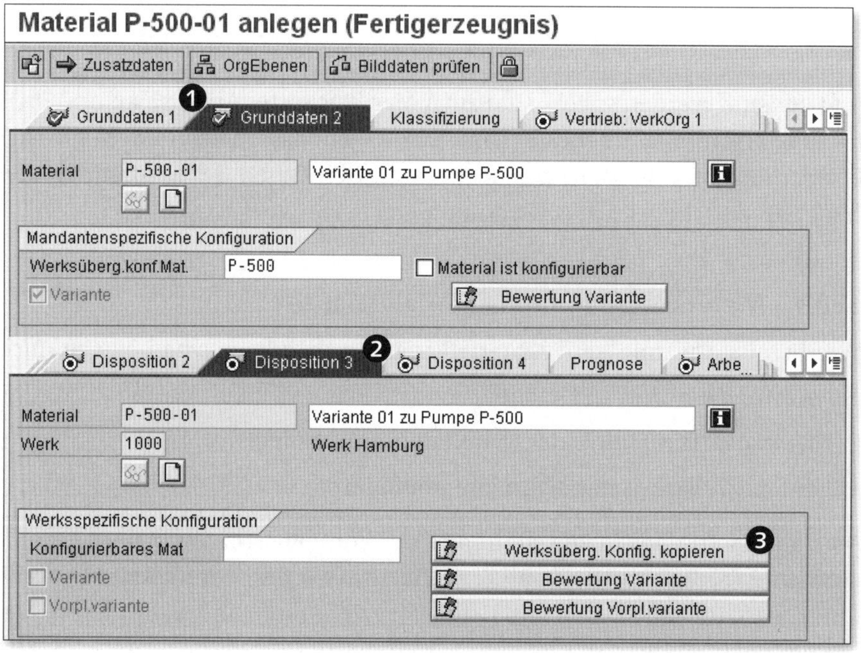

Abbildung 2.53 Materialstamm – Verknüpfung von Materialvariante und konfigurierbarem Materialstamm

In Abbildung 2.53 wurde bereits auf der Registerkarte GRUNDDATEN 2 ❶, somit auf Mandantenebene, die Verbindung zum konfigurierbaren Material P-500 hergestellt. Über den Button BEWERTUNG VARIANTE können Sie die Bewertungsoberfläche für das Material P-500 öffnen und die Materialvariante konfigurieren.

Haben Sie, wie in Abbildung 2.53 geschehen, bereits auf Mandantenebene konfiguriert, erscheint auf Werksebene auf der Registerkarte DISPOSITION 3 ❷ der zusätzliche dritte Button WERKSÜBERG. KONFIG. KOPIEREN ❸, wodurch eine einfache werksspezifische Übernahme der Verknüpfung inklusive Bewertung möglich ist. Ansonsten wäre hier die Konfiguration durchzuführen.

2.10.2 Stückliste und Materialvariante

Für die weiteren Stammdaten für die Materialvariante, d.h. für Stückliste, Arbeitsplan und Preisfindung, bestehen jeweils die folgenden beiden Möglichkeiten:

- mit eigenen Daten zu arbeiten
- eine Verknüpfung zu den entsprechenden Daten des konfigurierbaren Materials herzustellen

So können Sie hier über die klassischen Stücklistentransaktionen oder die Engineering Workbench die Stückliste der Materialvariante anlegen. In diesem Fall sind Sie völlig unabhängig bezüglich der Stückliste des konfigurierbaren Materials. Eine Unterstützung beim Anlegen solcher Stücklisten analog zu der weiter unten für Arbeitspläne vorgestellten Funktionalität existiert jedoch nicht.

Existieren für die Stückliste der Materialvariante keine Besonderheiten im Vergleich zur Stückliste des konfigurierbaren Materials, ist keine eigene Stückliste für die Materialvariante erforderlich. Dies ist dann der Fall, wenn für die Materialvariante eine Stückliste gewünscht wird, die genau dem Ergebnis der Stücklistenauflösung für das konfigurierbare Material entspricht, falls man hier eine Konfiguration nutzt, die der Materialvariante entspricht. In diesem Fall ist es wesentlich eleganter, einfach eine Verknüpfung zur Stückliste des konfigurierbaren Materials herzustellen. Das hat den Vorteil, dass nur eine Stückliste existiert und alle Änderungen an der Maximalstückliste automatisch auch für die Materialvarianten gelten.

Die Entscheidung, ob eine eigene Stückliste oder nur eine Verknüpfung gewünscht wird, kann pro Materialvariante getroffen werden.

Für das Anlegen solcher Verknüpfungen existiert eine eigene Transaktion CS40 (Zuordnung konfiguriertes Material anlegen). In diese Transaktion steigen Sie mit der Materialnummer, der *Materialvariante* und dem Werk ein. Sollten für das konfigurierbare Material mehrere Stücklisten existieren, besteht hier die Möglichkeit, die entsprechende Stückliste, zu der eine Zuordnung angelegt werden soll, über Verwendung und Alternative zu selektieren. Damit reichen diese vier Eingaben aus. Die Materialnummer des konfigurierbaren Materials ist hier nicht nötig, da sie durch den Materialstamm der Materialvariante eindeutig gegeben ist.

2.10.3 Arbeitsplan und Materialvariante

Analog zur Stückliste können Sie auch beim Arbeitsplan mit den folgenden beiden Möglichkeiten arbeiten:

- eigener Arbeitsplan
  - neuen Arbeitsplan anlegen
  - Arbeitsplan als Kopiervorlage verwenden
- Zuordnung zum Arbeitsplan des konfigurierbaren Materials

Sollten Sie sich dafür entscheiden, mit einem eigenen Arbeitsplan für die Materialvariante zu arbeiten, um hier z. B. Besonderheiten abzubilden, können Sie wiederum aus zwei Möglichkeiten wählen.

Sie können völlig unabhängig vom Arbeitsplan des konfigurierbaren Materials einen neuen Arbeitsplan anlegen. Hierfür stehen die klassischen Transaktionen der Arbeitsplanpflege und die Engineering Workbench zur Verfügung. Die zweite Möglichkeit, einen eigenen Arbeitsplan anzulegen, besteht darin, einen simulativ aufgelösten Arbeitsplan als Kopiervorlage zu verwenden. Diese Möglichkeit besteht aus allen Transaktionen heraus, in denen eine solche simulative Arbeitsplanauflösung möglich ist: Das sind sowohl die Simulationstransaktion CU50, die Konfigurationssimulation in der Produktmodellierungsumgebung oder die Pflegetransaktion der Auftragsstückliste CU51 als auch weitere Transaktionen, wie z. B. die Pflegetransaktionen der Vertriebsbelege, falls dort im Rahmen der Konfiguration eine Arbeitsplanauflösung möglich ist.

Zur Arbeitsplanauflösung springen Sie aus der Bewertungsoberfläche einer der genannten Transaktionen in das Ergebnisbild. Es wird das Ergebnisbild des Arbeitsplans benötigt – eventuell können Sie über das Icon (PLAN) von der Stückliste auf den Arbeitsplan wechseln. Im Ergebnisbild des Arbeitsplans finden Sie den Button Plan, der genau diese Funktionalität des Anlegens eines Arbeitsplans mit dem Auflösungsergebnis als Vorlage enthält. Dabei springen Sie mit dem Button Plan in die neutrale Anlegetransaktion CA01 für Arbeitspläne und haben damit volle Flexibilität bezüglich des Schlüssels und des Bezugs des Arbeitsplans. Was ist mit voller Flexibilität gemeint?

- **Vorlage für Arbeitsplan einer Materialvariante**
  Diese Funktionalität ist nicht darauf beschränkt, für Materialvarianten eigene Arbeitspläne anzulegen. Hierfür würde man als Materialstamm die Materialnummer der Materialvariante eintragen.

- **Vorlage für Auftragsarbeitsplan**
  Sie können die simulative Arbeitsplanauflösung auch bezüglich einer Konfiguration eines Kundenauftrags durchführen. Dann könnten Sie diese Funktionalität nutzen, um einen Auftragsarbeitsplan anzulegen. Hierfür wäre in den Plankopf das konfigurierbare Material zusätzlich mit der Kundenauftragsnummer und der Positionsnummer einzutragen. Diese Möglichkeit der Anlage von Auftragsarbeitsplänen ist an keine spezielle Transaktion gebunden. Eine Variante besteht darin, dies gleich aus der Auftragsstücklistenpflege heraus zu machen und damit die dortige Transaktion zu verwenden. Aber auch die Varianten über die Simulationstransaktionen oder die Transaktionen der Pflege der Vertriebsbelege wären möglich.
- **Vorlage für Arbeitsplan eines beliebigen Materials**
  Da man in dem Kopf des anzulegenden Arbeitsplans eine beliebige Materialnummer eintragen kann, kann man dies auch für Arbeitspläne ganz beliebiger Materialien nutzen – Materialien, die zunächst nichts mit dem Variantenmodell zu tun haben. Man möchte lediglich einen Arbeitsplan haben, der dem simulativ aufgelösten sehr ähnlich ist (siehe Abbildung 2.54).

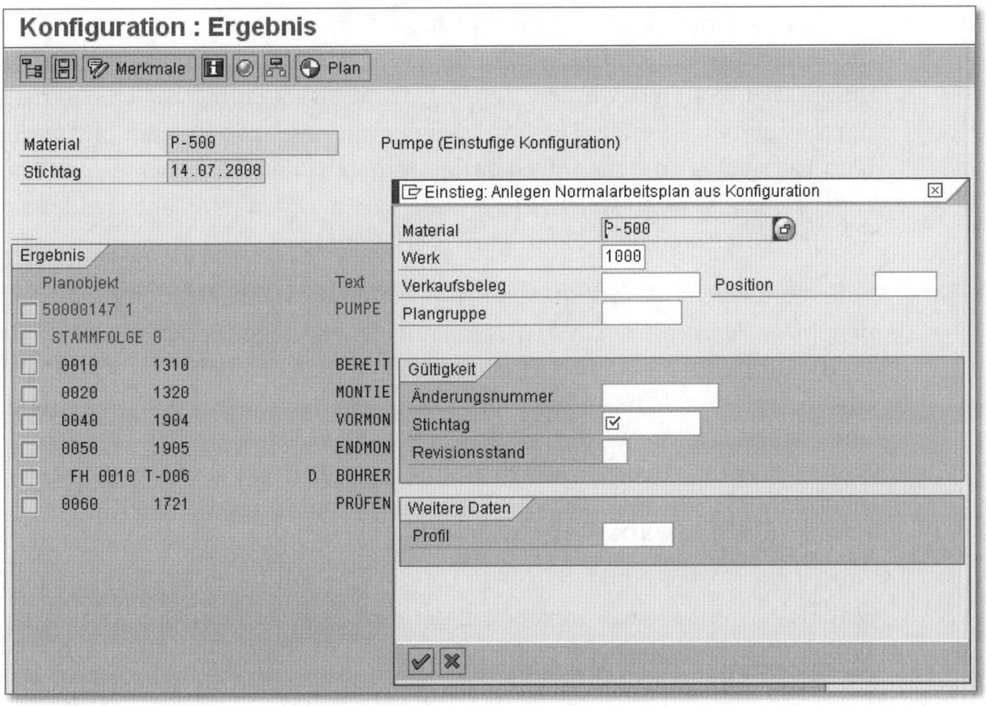

Abbildung 2.54 Simulativ aufgelöster Arbeitsplan als Kopiervorlage

Existieren für den Arbeitsplan der Materialvariante analog zur Stückliste keine Besonderheiten im Vergleich zum Arbeitsplan des konfigurierbaren Materials, ist kein eigener Arbeitsplan erforderlich. Dies ist dann der Fall, wenn für die Materialvariante ein Arbeitsplan gewünscht wird, der genau dem Ergebnis der Arbeitsplanauflösung für das konfigurierbare Material entspricht. Die Entscheidung, ob ein eigener Arbeitsplan oder nur eine Verknüpfung gewünscht wird, kann auch hier wieder pro Materialvariante getroffen werden.

Im Unterschied zur Stückliste stellt die Verknüpfung eines Arbeitsplans mit mehreren Materialstämmen keine Besonderheit dar. Deshalb existiert hierfür, also für die Verknüpfung der Materialvarianten mit dem Arbeitsplan des konfigurierbaren Materials, keine separate Transaktion. In den normalen Pflegetransaktionen des Arbeitsplans kann über die Material-Plan-Zuordnung diese Verbindung hergestellt werden.

2.10.4 Preisfindung und Materialvariante

Da im Allgemeinen eine anonyme Fertigung in höherer Losgröße Vorteile bezüglich der Kosten bringt, kann man diese Vorteile in Form der Preisfindung an den Kunden weitergeben. Dies hätte eine eigene Preisfindung für die Materialvariante zur Folge. Für die Materialvariante können eigene Konditionssätze definiert werden. Auch die Materialvariante kann mit Variantenkonditionen arbeiten. Die Schlüssel der Variantenkonditionen müssen in dem Fall analog zu denen des konfigurierbaren Materials gewählt werden. Auch die Logik, wann welcher Konditionssatz wirksam wird, entscheidet das Konfigurationsmodell des konfigurierbaren Produkts.

Soll keine eigene Preisfindung für die Materialvariante existieren, wird in den Materialstamm der Materialvariante das konfigurierbare Material als Preismaterial in die Vertriebssichten eingetragen. In dem Fall kostet die Materialvariante den Kunden genauso viel wie das konfigurierbare Material mit analoger Konfiguration.

2.10.5 Materialvariantenfindung

Durch die Verknüpfung der Materialvariante mit dem konfigurierbaren Material ist es möglich, eine sogenannte *Materialvariantenfindung* einzustellen. Hier wird aus der Konfiguration des konfigurierbaren Materials heraus nach passenden Materialvarianten gesucht. Beachten Sie, dass zwei völlig unabhängige Materialvariantenfindungen existieren:

- eine Materialvariantenfindung aus dem Bewertungsbild der Konfiguration heraus
- eine Materialvariantenfindung aus dem Vertriebsbeleg heraus

Betrachten wir beide Möglichkeiten genauer.

Materialvariantenfindung aus dem Bewertungsbild

Sind Sie im Vertriebsbeleg in die Bewertungsoberfläche abgesprungen, kommt die erste Materialvariantenfindung aus dem Bewertungsbild heraus zur Anwendung (siehe Abbildung 2.55). Analoges gilt auch für die Bewertungsoberfläche, die aus anderen Transaktionen heraus aufgerufen wurde (Simulation, Bestellung, Fertigungsauftrag etc.).

Abbildung 2.55 Materialvariantenfindung im Bewertungsbild

Diese Materialvariantenfindung wird über die Einstellungen im Konfigurationsprofil gesteuert. Wie bereits erwähnt, können diese Einstellungen benutzerspezifisch übersteuert und während der laufenden Konfiguration dynamisch geändert werden. Auf der Registerkarte VARIANTENFINDUNG der Einstellungen können Sie zwischen den folgenden Möglichkeiten wählen:

- permanente Variantenfindung
- Variantenfindung auf Anforderung

Im ersten Fall würde bei jeder Datenfreigabe per [↵]-Taste die Variantenfindung gestartet. Im zweiten Fall würde in der Bewertungsoberfläche zusätzlich der Button erscheinen. Über diesen Button kann die Variantenfindung gestartet werden. Als Zweites kann auf der Registerkarte VARIANTENFINDUNG zwischen folgenden Einstellungen gewählt werden:

- Teilkonfiguration
- vollständige Konfiguration

Im zweiten Fall wird eine Materialvariante als Ergebnis nur dann gefunden, wenn die aktuelle Konfiguration vollständig mit der Bewertung der Materialvariante übereinstimmt. Im ersten Fall werden nur die Merkmale verglichen, die in der aktuellen Konfiguration bereits bewertet wurden – also nur diese Teilkonfiguration. Werden mehrere Materialvarianten gefunden, werden alle angezeigt. Diese Materialvariantenfindung hat rein informativen Charakter. Es werden, wie bereits erwähnt, nur alle entsprechend der Suchstrategie (teil- oder vollständige Konfiguration) gefundenen Materialvarianten angezeigt. Es besteht die Möglichkeit, die vollständige Bewertung der Materialvariante anzeigen zu lassen. Weitere Funktionen sind hier nicht enthalten.

Materialvariantenfindung aus dem Vertriebsbeleg

Springen Sie aus der Bewertungsoberfläche in den Vertriebsbeleg zurück (siehe Abbildung 2.56), spielt die eben beschriebene Materialvariantenfindung keine Rolle mehr.

Für den Vertriebsbeleg existiert eine eigene, völlig unabhängige Materialvariantenfindung. Diese wird auch nicht über Einstellungen im Konfigurationsprofil gesteuert, sondern ist über das Customizing des Positionstyps einstellbar. Hier soll ein kleiner Vorgriff auf das entsprechende Customizing erfolgen – mehr dazu finden Sie in Kapitel 4, »Customizing von SAP ERP für die Variantenkonfiguration«.

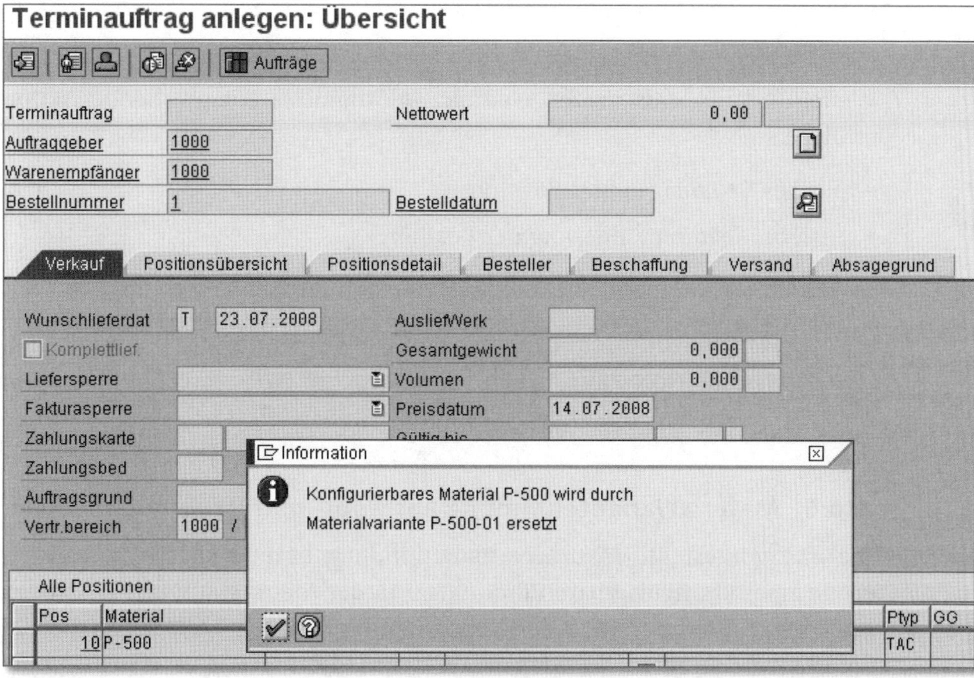

Abbildung 2.56 Materialvariantenfindung im Vertriebsbeleg

Abbildung 2.57 Materialvariantenfindung und Customizing der Positionstypen

Im Standard wird in Kundenaufträgen mit der Auftragsart TERMINAUFTRAG FÜR KONFIGURIERBARE MATERIALIEN der Positionstyp TAC gefunden. Hier ist, wie aus Abbildung 2.57 hervorgeht, im Customizing im Bildbaustein STÜCKLISTE/KONFIGURATION die Variantenfindung aktiviert worden. Für gefundene Materialvarianten ist keine Verfügbarkeitsprüfung entsprechend der ATP-Logik aktiviert (ATP-Materialvariante ist leer). Über die Aktion MATERIALVARIANTE können Sie Folgendes einstellen:

- ob über die gefundene Materialvariante nur per Hinweis informiert wird

- ob automatisch das konfigurierbare Material durch die Materialvariante ersetzt wird

Weiterhin kann entschieden werden, wie oft diese entsprechende Aktion erfolgen soll:

- nur bei Neuanlage einer Position
- auch bei späterer Änderung der Position

In Abbildung 2.57 handelt es sich um eine automatische Ersetzung.

Aus dem Customizing der Positionstypen wurde hier nur der Bereich STÜCKLISTE/KONFIGURATION besprochen. Ausführlicher wird dies in Abschnitt 4.3.2, »Positionstypen und deren Findung«, behandelt.

2.10.6 Materialvariantenfindung auf Kopf- und Baugruppenebene

Die hier vorgestellte Materialvariantenfindung bezieht sich auf die Kopfebene eines konfigurierbaren Produkts. Mit der Materialnummer des konfigurierbaren Produkts wird der Kundenauftrag angelegt. Auf dieser Ebene, der Hauptposition im Kundenauftrag, wird die Materialvariantenfindung durchgeführt. Sie ist unabhängig vom Konfigurationsszenario laut Konfigurationsprofil.

Handelt es sich um ein umfangreicheres Modell mit konfigurierbaren Baugruppen mit geeigneten Konfigurationsszenarien, d.h. um ein mehrstufig konfigurierbares Modell, wäre theoretisch auch eine Materialvariantenfindung für die einzelnen Baugruppen möglich. Eine solche Materialvariantenfindung auf Baugruppenebene existiert ebenfalls. Diese steht jedoch aus Gründen der Performance nicht in der Low-Level-Konfiguration zur Verfügung. Zum Beispiel in einem Planungslauf für eine große Menge von Materialstämmen würde das Einbauen einer solchen Logik zu nicht vertretbaren Problemen mit der Performance führen.

Aus diesem Grund steht diese Materialvariantenfindung auf Baugruppenebene nur in der High-Level-Konfiguration zur Verfügung. Und auch hier ist dies nur sinnvoll – und somit auch nur realisiert – in Szenarien, in denen das Ergebnis einer Stücklistenauflösung in der High-Level-Konfiguration gespeichert werden kann. Dies ist nur für das Szenario *Auftragsstückliste* gegeben. Somit existiert nur in diesem Szenario, und hier nur in der Pflege der Auftragsstückliste im Ergebnisbild, die Möglichkeit, eine solche Materialvariantenfindung zu aktivieren. Für die Materialvariantenfindung auf Baugruppenebene ist Folgendes zu beachten.

- Dies geschieht auch hier über den Button .
- Die Materialvariantenfindung wird generell manuell gestartet und kann somit nicht durch Einstellungen automatisiert werden.
- Bei der Materialvariantenfindung wird generell die gesamte Stückliste ausgewertet. Das Ergebnis wird durchweg ähnlich der oben beschriebenen Materialvariantenfindung nur im Bewertungsbild angezeigt. Eine automatische Ersetzung existiert nicht.

2.11 Wie erstelle ich ein Produktmodell für den IPC?

Das konfigurierbare Produkt ist mit den angegebenen Schritten vollständig modelliert – zumindest für den klassischen Konfigurator der Variantenkonfiguration in ERP. Wie bekommt nun aber der Konfigurator des IPC seine Modelldaten? Wie bereits mehrfach erwähnt, existieren zwei SAP-Konfiguratoren, nämlich der Konfigurator der Variantenkonfiguration in ERP und der Internet Pricing and Configurator (IPC).

Wie werden Modelle für den IPC gepflegt? Eine Möglichkeit – in den meisten Fällen die einzig praktikable –, für den IPC ein Variantenmodell aufzubauen, besteht darin, das in diesem Kapitel vorgestellte Modell ebenfalls dem IPC zur Verfügung zu stellen. Hierfür müssen Sie im Prinzip nur das vorhandene Modell über Wissensbasisobjekt und Laufzeitversion für den IPC sammeln und aufbereiten. Abschließend kopieren Sie das Modell auf die Datenbank, die der IPC nutzt. Insgesamt existieren drei Möglichkeiten, für den IPC Modelle konfigurierbarer Produkte anzulegen:

- die erwähnte Modellierung in ERP für den klassischen Konfigurator
- die Modellierung in CRM
- die Modellierung direkt in IPC mit dem dort existierenden PME (*Product Modeling Environment*)

Soll das Modell mit beiden Konfiguratoren genutzt werden, ist nur die erste Möglichkeit nutzbar. Dies gilt auch dann, wenn im Vertrieb generell mit dem IPC gearbeitet werden soll und nur die weiteren Prozesse der logischen Kette, wie z.B. Auftragsstückliste, -arbeitsplan, Disposition oder Fertigung, in ERP erfolgen sollen. Über das angesprochene Wissensbasisobjekt und die Laufzeitversion ist ein klassisches Modell zwar für den IPC in gewisser Weise konvertierbar. In die andere Richtung geht dies jedoch nicht. Ein Modell, das für den IPC in CRM oder im IPC angelegt wurde, kann nicht über eine analoge Technik des Wissensbasisobjekts und der Laufzeitversion in ein Modell in ERP konvertiert werden. In diesem Sinne ist die oben getroffene Aussage zu verstehen, dass hier die einzige praktikable Möglichkeit des Aufbaus eines Modells für den IPC vorgestellt wird.

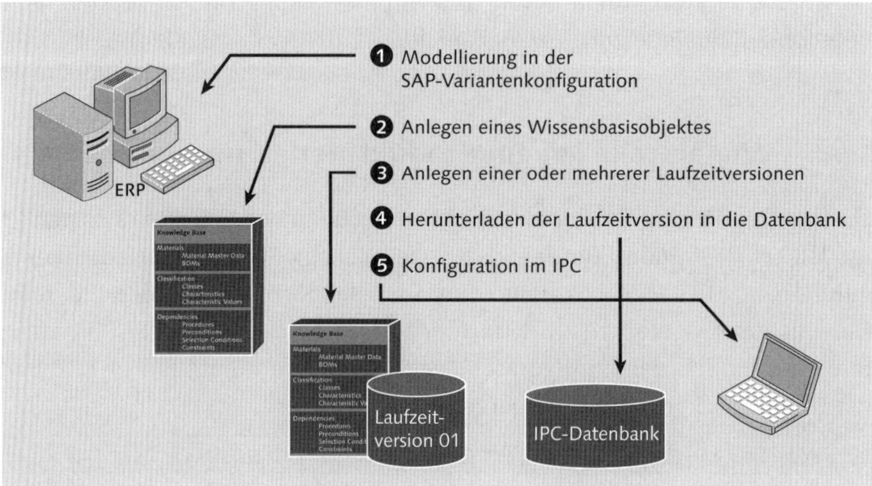

Abbildung 2.58 Modellieren für den IPC

Im Standard, zumindest wenn die Integration in das SAP ERP-System voll erhalten bleiben soll, sind folgende Schritte erforderlich (siehe Abbildung 2.58):

1. **Modellierung**
   Eine Modellierung erfolgt mit der Variantenkonfiguration im ERP-System, wie in diesem Kapitel geschildert wurde. Dabei sind einige kleine Besonderheiten zu beachten, damit das Modell für beide Konfiguratoren genutzt werden kann. Diese sind ebenfalls Thema dieses Kapitels.
2. **Wissensbasisobjekt**
   Die Wissensbasis des IPC benötigt zunächst ein Wissensbasisobjekt. Dies stellt die Basis dar. Hier wird festgelegt, über welches zentrale Objekt die notwendigen Daten des Variantenmodells gesammelt werden. Dazu wird neben dem eigentlichen Wissensbasisobjekt mindestens ein (WB-)Profil angelegt. Im Profil wird das zentrale Objekt, die sogenannte *OO-Klasse*, festgelegt. Es ist im Allgemeinen der Materialstamm des konfigurierbaren Kopfmaterials, kann aber auch die Variantenklasse sein. Ein Wissensbasisobjekt kann auch mehrere Profile enthalten und somit mehrere Variantenmodelle sammeln.

3. **Laufzeitversionen**
   Zu dem Wissensbasisobjekt werden die Laufzeitversionen angelegt. Die Laufzeitversion ist spezifisch bezüglich des Wissensbasisobjekts. Ein Wissensbasisobjekt kann mehrere Laufzeitversionen besitzen. Mehrere Laufzeitversionen sind dann erforderlich, wenn in unterschiedlichen Werken, mit unterschiedlichen Stücklistenverwendungen bzw. -anwendungen oder auch parallel mit mehreren Entwicklungsständen gearbeitet werden soll. Eine Laufzeitversion ist bezüglich dieser Punkte eindeutig. Bezüglich mehrerer Entwicklungsstände ist nur dann das Anlegen mehrerer Laufzeitversionen notwendig, wenn diese gleichzeitig zur Verfügung gestellt werden sollen. Ansonsten ist auch ein Update vorhandener Laufzeitversionen möglich. In dem Fall wird die alte Version überschrieben und der »Build«-Zähler (siehe Abbildung 2.59, Feld BUILD #) hochgezählt.
4. **Transfer der Laufzeitversion auf IPC-Datenbank**
   Die Laufzeitversion muss auf der Datenbank, die der IPC nutzt, bereitgestellt werden. Hierfür existieren verschiedene Wege und Techniken, abhängig von der Systemlandschaft. Am elegantesten wird dies realisiert, wenn der IPC im Rahmen von CRM zum Einsatz kommt. In diesem Fall wird als Basis die Datenbank des CRM-Systems genutzt. Weiterhin erfolgt ein automatischer Transfer der Laufzeitversion über die Middleware des CRM-Systems, falls dies in der Middleware entsprechend konfiguriert wurde.

   Eine zweite Technik findet dann Anwendung, wenn die Middleware des CRM nicht zur Verfügung steht. Für diesen Zweck ist ein sogenannter *Data Loader* Bestandteil des IPC. Er kann die vorhandene Laufzeitversion im ERP abholen und auf die Datenbank des IPC transferieren.

   Eine weitere Technik besteht in einem transaktionsbasierten Export der Laufzeitversion. Im ERP-System existieren hierfür Transaktionen, die ein Anlegen des notwendigen Datenbankschemas (CU37) und den Export der Laufzeitversion (CU36) ermöglichen.
5. **Konfiguration mit dem IPC**
   Damit steht einer Konfiguration mit dem IPC nichts mehr im Wege. Für diese Konfiguration wird der Konfigurator des IPC, die SCE (Sales Configuration Engine), genutzt. Diese liest die Laufzeitversion, lädt sie und stellt die entsprechende Konfiguration in der Bewertungsoberfläche des IPC dar. Als Ergebnis wird eine Konfiguration gespeichert – die Laufzeitversion bleibt davon unberührt.

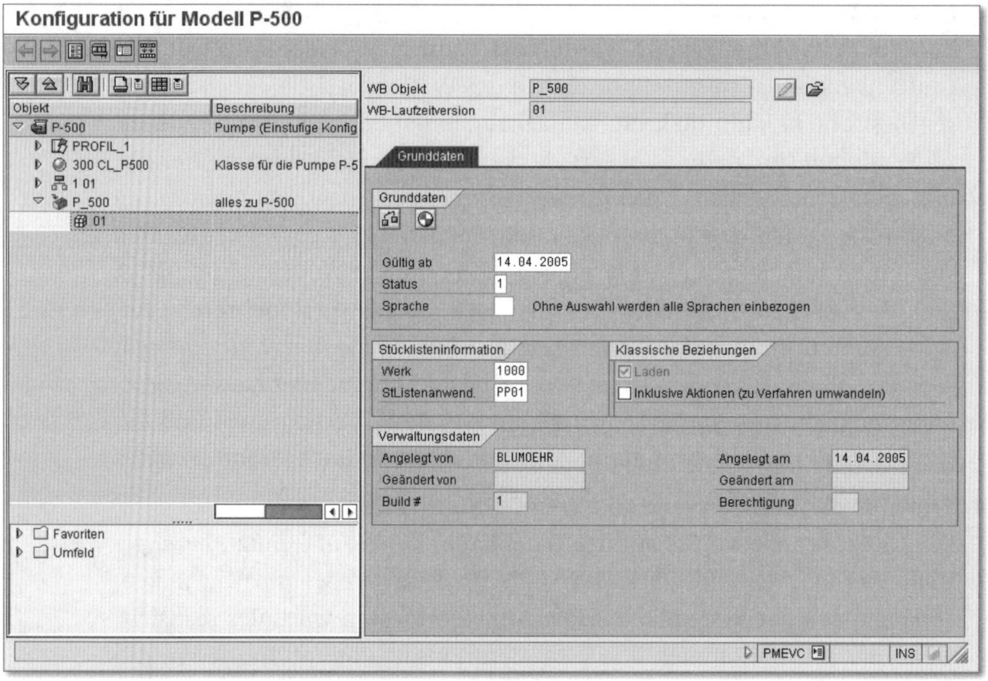

Abbildung 2.59 Wissensbasisobjekt und Laufzeitversion in der PMEVC

Wie bereits angedeutet, sind einige Besonderheiten beziehungsweise »Deltas« zu beachten, wenn man gleichzeitig für beide Konfiguratoren modellieren möchte. Auch wenn die folgende Liste recht umfangreich erscheint, handelt sich hierbei nicht um gravierende Einschränkungen. Die meisten wichtigeren Punkte wurden auch bereits erwähnt.

- **Allgemein**

  Bitte beachten Sie die folgenden allgemeinen Hinweise:

  - Die Wissensbasis für den SAP IPC kennt nur konfigurierbare Materialstämme mit ihren Materialstücklisten (keine Netzpläne, IH-Anleitungen, Muster-Leistungsverzeichnisse); der IPC kennt nur vertriebsrelevante Stammdaten und beispielsweise keine Arbeitspläne.
  - Der Konfigurator des SAP IPC zeichnet sich im Allgemeinen durch eine höhere Geschwindigkeit aus, da die Datenhaltung bezüglich der Wissensbasis schlanker ist.
  - Wie bereits erwähnt, enthält jede Laufzeitversion genau ein Werk, genau eine Stücklistenauflösung, genau einen Entwicklungsstand (laut Datum, eventuell mit Änderungsdienst – ECM). Dabei können keine Parametergültigkeiten berücksichtigt werden.

- **Konfigurationsprofil**
  Bitte beachten Sie bezüglich des Konfigurationsprofils Folgendes:
  - Im Zusammenhang mit dem Konfigurationsprofil können keine Konfigurationsszenarien mit der Einstellung einstufiger Stücklistenauflösung genutzt werden.
  - Die Einstellung der Verfügbarkeit der Komponenten im Konfigurationsprofil ist im IPC wirkungslos. Der IPC kennt keine Verfügbarkeitsprüfung laut ATP-Logik.
  - Im IPC kann keine Auftragsstücklistenpflege durchgeführt werden – weder Anlegen noch Ändern ist möglich. Aus diesem Grund ist hier auch keine Materialvariantenfindung auf Baugruppenebene möglich, da dies nur im Umfeld der Auftragsstücklistenpflege erfolgen kann.
  - Im IPC kann die Konfiguration nur für das Material gestartet werden, das als OO-Klasse in der Wissensbasis angegeben wurde. Sollte es sich um ein mehrstufiges Konfigurationsmodell handeln und sollen Baugruppen auch einzeln verkauft und konfiguriert werden, müssen Sie für diese eigene Profile im Wissensbasisobjekt anlegen.
- **Stückliste**
  Bitte beachten Sie bezüglich der Stückliste Folgendes:
  - Stücklistenpositionen werden im Zusammenhang mit dem IPC und der Laufzeitversionen berücksichtigt, wenn sie aus Sicht der Konfiguration oder des Vertriebsprozesses relevant sind.
  - Die Laufzeitversionen können pro Material höchstens eine Stückliste laden.
  - In die Laufzeitversionen für den IPC werden nur Material- oder Klassenpositionen übernommen (keine Dokument-, Text- oder andere Positionen).
  - Positionsschlüssel im IPC sind Positionsnummer und Material-/Klassennummer. Damit dürfen Stücklistenpositionen nicht gleichzeitig identische Positionsnummern und Objekt-IDs haben.
  - Pro übernommener Position werden nur vertriebsrelevante Kenngrößen und Flags übertragen (nicht die kompletten Positionsdetails).
  - Die Klassifikation von Materialien kann nicht als Auswahlbedingung genutzt werden (siehe Grunddaten, Positionsdetailbild).
  - Manuelles Anlegen und Löschen von Positionen ist nicht möglich.
  - Der IPC unterstützt keine Umrechnung von Maßeinheiten – er nutzt die Basismengeneinheit.

- **Klassensystem**
  Bitte beachten Sie im Zusammenhang mit dem Klassensystem Folgendes:
  - Im Rahmen der Objekte des Klassensystems ist es wichtig, dass, falls mit Klassenhierarchie-Netzen gearbeitet wird, diese keine Redundanzen enthalten dürfen, d.h., eine Klasse darf nicht über mehrere Kanten vererben.
  - Es können keine benutzerdefinierten Datentypen genutzt werden. Hier ist zu empfehlen, stattdessen die Einzelmerkmale zu nutzen und im Oberflächendesign zu gruppieren.
  - Es sind keine Wertehierarchien nutzbar. In diesem Fall werden automatisch nur die Blätter übernommen.
  - Es sind keine Intervalle als Bewertung nutzbar. Dies kann durch zwei Merkmale als Ober- und Untergrenze abgebildet werden.
  - Es werden keine klassenspezifischen Überschreibungen bezüglich der Merkmalswerte, der Einstellung NICHT EINGABEBEREIT und keine Anzeige berücksichtigt.
  - Anwendungssichten werden vom IPC nicht berücksichtigt.
- **Objektmerkmale**
  Bitte beachten Sie im Zusammenhang mit den Objektmerkmalen Folgendes:
  - Objektmerkmale sind nur für STPO-MENGE, SDCOM, VBAK und VBAP nutzbar, wobei VBAK und VBAP nicht in der Laufzeitversion enthalten sind, sondern über Downloads über die Sales-Applikation realisiert werden.
  - Es wird nur eine 1:1-Zuordnung zwischen Objektmerkmal und Tabellenfeld unterstützt, d.h., pro Tabellenfeld kann nur ein Objektmerkmal und pro Objektmerkmal nur ein Tabellenfeld genutzt werden.
  - Für beide Techniken bewertungsabhängiger Preisfindung (Beziehungswissen und direkte Zuordnung des Konditionssatzes zum Merkmalswert) wird das Objektmerkmal SDCOM-VKOND benötigt.
- **Klassenknoten**
  Bitte beachten Sie im Zusammenhang mit den Klassenknoten Folgendes:
  - Klassenknoten werden nur ersetzt, wenn der IPC genau eine zulässige Materialnummer findet. Es erfolgt kein Ersetzen bei umfangreicheren Suchergebnissen.

- Die Objektsuche bezüglich des Klassenknotens setzt voraus, dass über eine Prozedur eine Bewertung direkt am Klassenknoten durchgeführt wurde.
- Eine manuelle Ersetzung des Klassenknotens ist nicht möglich.

- **Beziehungswissen und Syntax**
  Bitte beachten Sie im Zusammenhang mit dem Beziehungswissen und dessen Syntax Folgendes:
  - Einige Einschränkungen existieren auch bezüglich des Beziehungswissens und dessen Syntax. So kann der IPC die Syntaxelemente `part_of` und `subpart_of` nur im Zusammenhang mit den Konfigurationsszenarien *Kundenauftrag* und *Plan-/Fertigungsauftrag* mehrstufig auswerten.
  - `$sum_parts` und `count_parts` sind nicht verwendbar.
  - Alle Prozeduren sind dem Konfigurationsprofil oder der Stückliste zuzuordnen, nicht jedoch Merkmalen oder Merkmalswerten. Diese werden nicht in die Laufzeitversion geladen, was beim Anlegen der Laufzeitversion als Warnmeldung ausgegeben wird.
  - Es können keine Aktionen verwendet werden. Beim Download existiert zwar die Option, Aktionen automatisch in Prozeduren umzuwandeln, davon ist jedoch abzuraten, da eine in eine Prozedur umgewandelte Aktion nicht automatisch zu dem gleichen Ergebnis führt.
  - Alle Constraint-Netze einer Wissensbasis werden sofort geladen, nicht nur dann, wenn das Material durch die Konfiguration selektiert wurde.
  - Variantenfunktionen und User Exits müssen in Java geschrieben sein. Mehr dazu finden Sie im SAP-Hinweis 870 201.
  - Namen von Variantentabellen und ihre Spalten dürfen nur alphanumerische Zeichen und Unterstriche enthalten und dürfen nicht mit SCE beginnen.
  - Jedes Tabellenfeld muss genau einen Eintrag enthalten.

Deltas bezüglich IPC-Modellierung [+]

Darüber hinaus verweisen wir auf den Ergänzungshinweis, der auf dem SAP Service Marketplace unter *service.sap.com/notes* zu finden ist und immer aktuell gehalten wird.

Abschließend sei darauf hingewiesen, dass es sogar die Möglichkeit gibt, im ERP-System Variantenmodelle aufzubauen, die eine Funktionalität nutzen, die ausschließlich dem IPC zur Verfügung steht. Das heißt, die Modelle, die in ERP angelegt werden, setzen zwingend voraus, dass mit IPC und nicht mit dem klassischen Konfigurator der Variantenkonfiguration konfiguriert wird. Es wird vom *Advanced Mode* gesprochen. Dieser wird über den Wert SCE für den Benutzerparameter CFG benutzerspezifisch aktiviert. Einige Einstellungsmöglichkeiten, Felder oder Flags sind nur in diesem Umfeld nutzbar und damit auch nur aktiv, erscheinen aber auch im Standard. Dies sind beispielsweise:

- das Flag SCE FORMAT in den allgemeinen Daten des Beziehungswissens
- die Beziehungsart REGEL FÜR BEZIEHUNGSWISSEN
- Aufgaben im Wissensbasisobjekt

Bezüglich weiterführender Informationen oder bei Interesse an einem eventuellen Einsatz können Sie sich gerne an das Produktmanagement des SAP IPC wenden.

2.12 Fazit

Damit ist dieses umfangreiche Kapitel beendet. Sie sehen, dass ein vollständiges Modell der Variantenkonfiguration sehr umfangreich ist und Aspekte aus einer Vielzahl von Themen umfasst. Wir hoffen, Ihnen hiermit das Rüstzeug für die eigene Modellierung geliefert zu haben. Sicherlich konnten wir hier nicht alle Aspekte aufführen oder gar erschöpfend behandeln, die beim Erstkontakt mit der Variantenkonfiguration von Interesse sind. Wir hoffen aber, dass es uns dennoch gelungen ist, durch unsere Themenauswahl sowohl Einsteigern nach den ersten Schritten hilfreichen Stoff zu liefern als auch »alten Hasen« neue Aspekte zu bieten.

Nachdem im letzten Kapitel die Modellierung – d. h. die Stammdaten eines Variantenmodells – im Vordergrund stand, möchten wir in diesem Kapitel den Schwerpunkt auf die betriebswirtschaftlichen Prozesse im SAP-System legen.

3 Geschäftsprozesse in SAP ERP

Das Thema Variantenkonfiguration betrifft fast alle betrieblichen Prozesse. Einige dieser Themen werden wir in den beiden letzten Abschnitten dieses Kapitels genauer behandeln. Zunächst jedoch werden wir in einem ersten Abschnitt verschiedene Aspekte der Integration und einige Begrifflichkeiten kurz ansprechen.

3.1 Einführung – Variantenkonfiguration in betrieblichen Prozessen

Im Folgenden möchten wir etwas Klarheit und Systematik in die Welt der Stücklisten bringen. Anschließend werden wir die *Order Engineering Workbench* kurz vorgestellt. Weiterhin soll hier *Advanced Planning & Optimization* (APO) im Zusammenhang mit Variantenkonfiguration angesprochen werden, und abschließend werden wir das integrierte Produkt- und Prozess-Engineering (iPPE) kurz vorstellen.

3.1.1 Stücklisten in der Variantenkonfiguration

Beginnen wir mit den verschiedenen Typen oder Arten von *Stücklisten:* Es gibt Material-, Auftrags- und Projektstücklisten (siehe Abbildung 3.1), weiterhin wird von Vertriebs- und Fertigungsstücklisten, eventuell auch Konstruktions- und weiteren Stücklisten gesprochen (siehe Abbildung 3.3). Was sind einfache und nicht einfache Stücklisten (siehe Abbildung 3.2)? Nähern wir uns also den verschiedenen Arten der Stücklisten etwas genauer an.

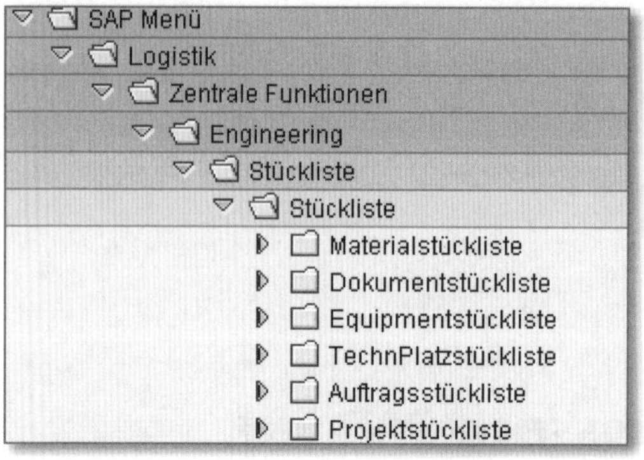

Abbildung 3.1 Kopfobjekt der Stückliste

Objekttyp des Stücklistenkopfes

Eine erste Unterscheidung zwischen Stücklistentypen bezieht sich auf das Kopfobjekt der Stückliste, d.h., auf die Frage, ob es sich um eine Materialstückliste oder eine Dokumentstückliste etc. handelt (siehe Abbildung 3.1). In den meisten Fällen, die in diesem Buch erwähnt werden, bezieht sich die Stückliste auf ein konfigurierbares Material. Neben einem Materialstamm kann aber auch ein Dokument, ein Equipment oder ein technischer Platz als Kopfobjekt dienen und der Stückliste ihren Namen geben. In diese Aufzählung gehören eigentlich auch die *Auftragsstücklisten* und die *Projektstücklisten*. Diese beiden Stücklisten beziehen sich auch auf einen Materialstamm ähnlich der Materialstückliste. Ihre Besonderheit besteht darin, dass sie im Unterschied zur Materialstückliste eine zusätzliche Spezifikation enthalten, eine Position eines Kundenauftrags beziehungsweise ein Projekt.

[+] **Auftragsstückliste und Materialstückliste**

Eine Materialstückliste gilt allgemein für einen Materialstamm. Eine Auftragsstückliste gilt für den Materialstamm eines ganz speziellen Kundenauftrags. Teilweise existiert hierfür auch der Begriff der *Kundenauftragsstückliste*.

Inwieweit für ein konfigurierbares Material Auftragsstücklisten angelegt werden können, wird über das Konfigurationsprofil gesteuert. Eine Auftragsstückliste wird nur dann benötigt, wenn eine dynamische Auflösung der konfigurierbaren (Maximal-)Materialstückliste nicht ausreicht, da manuelle auftragsspezifische Anpassungen vorgenommen werden müssen (siehe Abschnitt 2.4, »Konfigurationsprofil und Konfigurationsszenarien«). Die nächste Frage ist, wann eine Materialstückliste *einfach* ist. Und was sind dann nicht einfache Stücklisten?

Technische Typen von Materialstücklisten

Bei sogenannten *technischen Typen* von Materialstücklisten wird zwischen einfachen, Mehrfach- und Variantenstücklisten unterschieden (siehe Abbildung 3.2). Beleuchten wir diese verschiedenen Arten kurz genauer.

- **Einfache Stückliste**
  Eine einfache Stückliste stellt genau eine Stückliste für genau ein Material (hier konfigurierbar) dar. Sie wird im VC-Standard genutzt.
- **Variantenstückliste**
  Eine Variantenstückliste stellt eine Stückliste für ähnliche, aber verschiedene Materialstämme dar. Dies wird genutzt, um Stücklisten, deren Komponenten sich kaum unterscheiden, zusammenzufassen.

Variantenstückliste in der Variantenkonfiguration? [+]

Man kann Variantenstücklisten auch für konfigurierbare Materialien als Kopfobjekte der Stückliste nutzen. Dann müssen aber alle Kopfmaterialien konfigurierbar sein (siehe dazu auch Abschnitt 2.7, »Beziehungswissen für Stückliste und Arbeitsplan«).

- **Mehrfachstückliste**
  Mehrfachstücklisten enthalten mehrere Stücklisten für das gleiche Kopfmaterial. Sie werden genutzt, um unterschiedliche Stücklisten für das gleiche Material abzubilden (z.B. bei unterschiedlichen Fertigungsversionen).

Abbildung 3.2 Technischer Typ der Materialstückliste

Somit können Sie neben den einfachen Stücklisten auch die »nicht einfachen« oder – besser – die »gruppierten« Stücklisten Variantenstückliste und Mehrfachstückliste nutzen.

Stücklistenverwendung und -anwendung

Wie verhält es sich mit Vertriebs- und Fertigungsstücklisten? Hier spielt die *Stücklistenverwendung* hinein, wie Sie sie in Abbildung 3.3 sehen können.

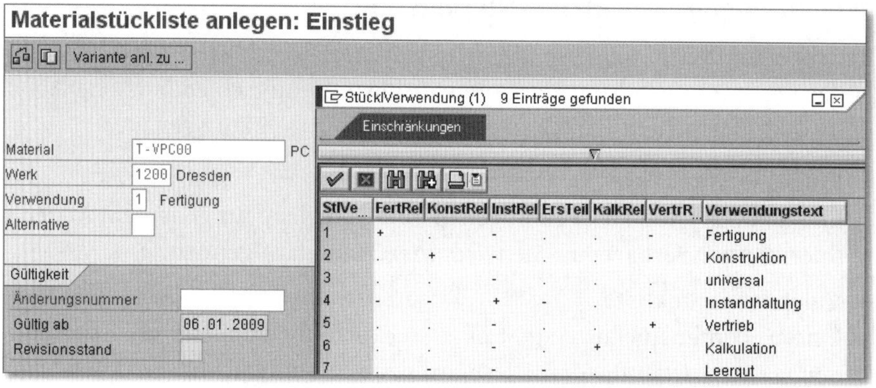

Abbildung 3.3 Stücklistenverwendung

STÜCKLISTENVERWENDUNG ist ein weiteres Schlüsselfeld, d.h., es dient der Identifizierung der Stückliste. Sie können somit für das gleiche Material mehrere Stücklisten anlegen, die sich dann in dieser Stücklistenverwendung unterscheiden. Dies ist eine Option, die Sie nutzen können, aber nicht müssen. Alle Unternehmensbereiche, die Stücklisteninformationen benötigen, können auch mit derselben, dann universellen Stückliste arbeiten.

Ein weiterer Begriff, der im Umfeld der Stücklistenverwendung eine Rolle spielt, ist die *Stücklistenanwendung*. Sie stellt das Steuerungswerkzeug dar, mit dessen Hilfe die Unternehmensbereiche beziehungsweise die betrieblichen Prozesse die passende Stückliste finden – die eine universelle Stückliste (wenn sie existiert) oder die passende Stückliste (aus einer Auswahl von Stücklisten).

Auftragsstückliste und Fertigungsauftragsstückliste

Abschließend stellt sich vielleicht die Frage, wie es analog zur Auftragsstückliste mit einer Fertigungsauftragsstückliste aussieht. Eine solche explizite Fertigungsauftragsstückliste existiert nicht. Ist für den Fertigungsauftrag keine spezifische Anpassung einer Stückliste erforderlich, kommt die (unspezifische oder anonyme) Materialstückliste in Form einer Maximalstückliste mit Beziehungswissen zum Einsatz. Diese Materialstückliste kann bezüglich der Stücklistenverwendung eine universelle, Fertigungs- oder auch andere Stückliste sein. Fertigungsaufträge im hiesigen Umfeld der Variantenkonfiguration sind spezifisch für Kundenaufträge. Sind spezifische Anpassungen der Stückliste für den Fertigungsauftrag erforderlich, werden diese spezifisch zum Kundenauftrag, also in Form einer oben angesprochenen Auftragsstückliste, abgebildet. Diese Auftragsstückliste wird für den Fertigungsauftrag aufgelöst, soweit dies im Customizing der Stücklistenauflösung in der Bedarfsplanung werksspezifisch eingestellt ist (siehe Abbildung 3.4).

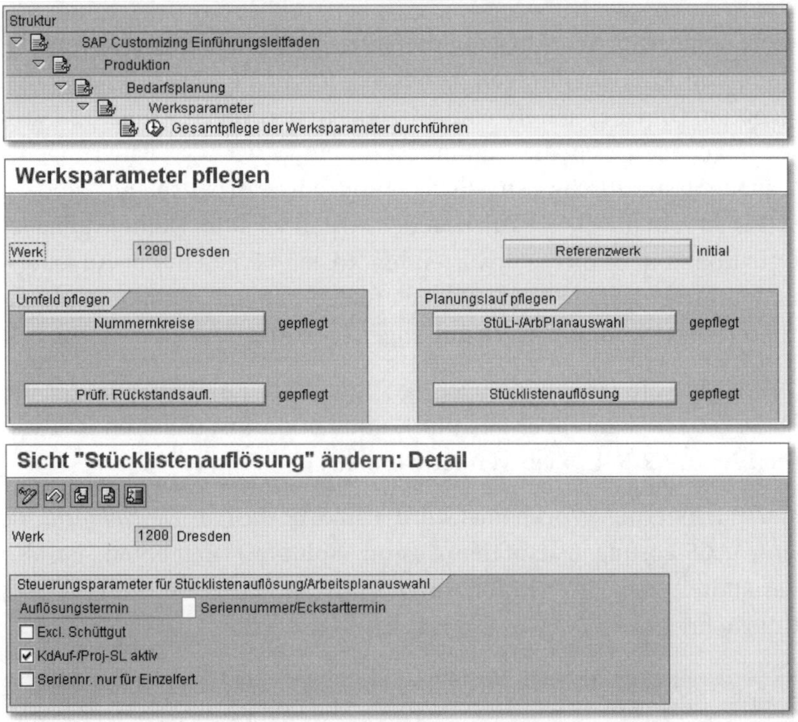

Abbildung 3.4 Aktivierung von (Kunden-)Auftragsstücklisten im Customizing

Existiert eine Auftragsstückliste und wird diese laut der beschriebenen Customizing-Einstellung auch berücksichtigt, übersteuert diese Auftragsstückliste jede anonyme Materialstückliste. Analog verhält es sich auch mit der Stücklistenauflösung für Planaufträge.

3.1.2 Order Engineering Workbench

Die *Order Engineering Workbench* ist eine relativ neue Anwendung, die in Ergänzung zu SAP ERP genutzt werden kann. Sie ist vor allem interessant, wenn Sie in Ihrem Unternehmen so individuell nach Kundenwünschen produzieren, dass es nicht sinnvoll ist, alle möglichen Ausprägungen eines Produkts bereits im Vorfeld in das Produktmodell mit aufzunehmen. Das heißt, die Order Engineering Workbench unterstützt Sie vor allem bei ETO-Szenarien (*Engineer to Order*), bei denen Sie – zumindest teilweise – auch mit kundenauftragsspezifischen Stücklisten und/oder Arbeitsplänen arbeiten müssen. Wenn Sie die Transaktionen CU51 (AUFTRAGSSTÜCKLISTE) oder CSKB (AUFTRAGSBROWSER) für die Pflege von Auftragsstücklisten in der Variantenkonfiguration nutzen, ist die Order Engineering Workbench für Sie interessant.

Die Order Engineering Workbench unterstützt Sie jedoch nicht nur bei der Abwicklung von Kundenaufträgen, sondern auch in Vorverkaufsaktivitäten wie Angeboten. Oft ist es ja notwendig, bereits in der Angebotsphase so weit ins Detail zu gehen, dass man – zumindest für einige wichtige Baugruppen – bereits angebotsspezifische Stücklisten und/oder Arbeitspläne anlegen möchte. Das ist z.B. für die Kalkulation der Kosten wichtig. Denn je genauer die Informationen über die zu erwartenden Kosten bereits in der Angebotsphase sind, umso besser sind Sie natürlich für Verhandlungen mit dem Kunden in dieser Phase (z.B. Preisverhandlungen) gerüstet.

Entwickelt wurde die Order Engineering Workbench als Ergänzung für das ERP-Release 6.0, sie kann aber auch in Kombination mit früheren Releases (bis zurück zu SAP R/3 4.7) verwendet werden.

Die Order Engineering Workbench wird von *SAP Custom Development* als sogenannte ACS-Lösung (Adaptable Custom Solution) angeboten, ist also nicht Bestandteil der SAP ERP-Lösung selbst – dazu am Ende dieses Abschnitts mehr.

[!] **Konfigurationsszenario »Auftragsstückliste«**

Voraussetzung für die Nutzung der Order Engineering Workbench ist, dass Sie im Konfigurationsprofil des konfigurierbaren Materials das Szenario *Auftragsstückliste* festgelegt haben (siehe Abschnitt 2.4, »Konfigurationsprofil und Konfigurationsszenarien«).

Die Order Engineering Workbench ist – sofern das entsprechende Add-on intalliert wurde – über die Transaktion /OEWB/MAIN zu öffnen. Auf dem Einstiegsbild (siehe Abbildung 3.5) geben Sie im linken Bildschirmteil den VERKAUFSBELEG und die POSITION ein – was eine Kundenauftragsposition oder Angebotsposition sein kann.

Da der Transaktionscode mit »/O« beginnt, muss beim Aufruf in jedem Falle ein Steuerzeichen angegeben werden, also z.B. /n/OEWB/MAIN oder /o/OEWB/MAIN.

Auf dem Detailbild der Order Engineering Workbench (siehe Abbildung 3.6) liegt der Schwerpunkt auf einer benutzerfreundlichen, komfortablen Bearbeitung.

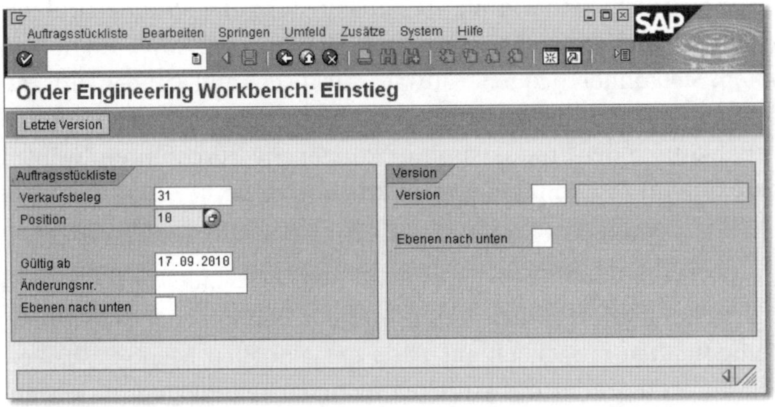

Abbildung 3.5 Einstiegsbild »Order Engineering Workbench«

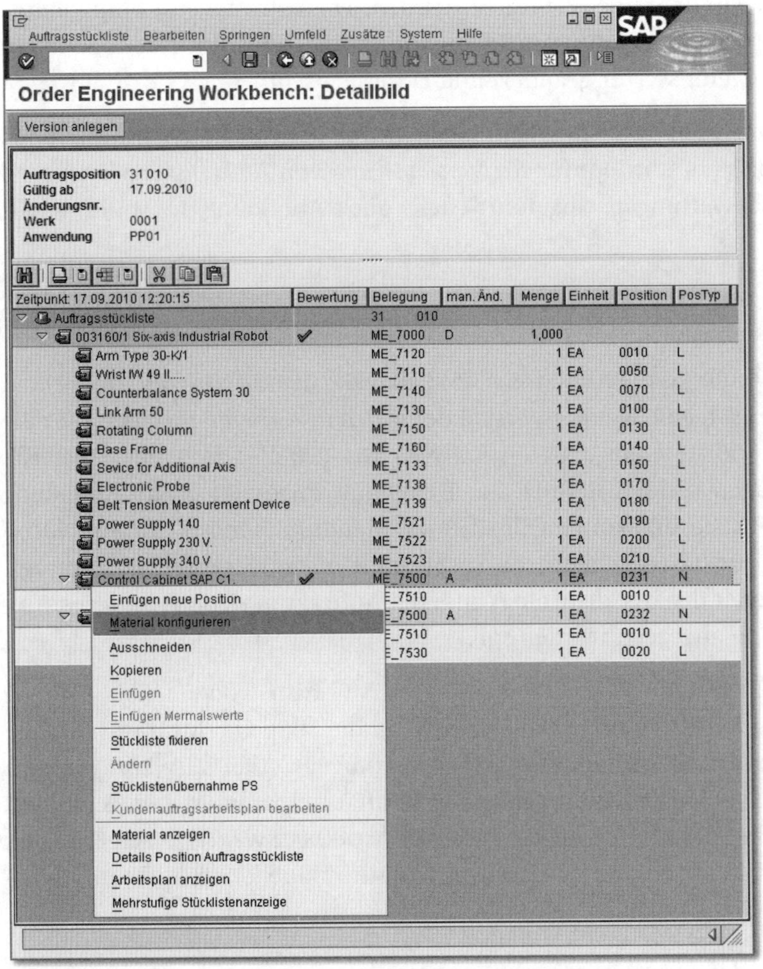

Abbildung 3.6 Detailbild »Order Engineering Workbench«

So werden Ihnen Elemente wie die Baumdarstellung der Produktstruktur, ein Kontextmenü über die rechte Maustaste oder Drag & Drop-Funktionalität angeboten. Sie können bequem Auftragsstücklisten und Kundenauftragsarbeitspläne anlegen und bearbeiten. Auch Merkmalsbewertungen auf den verschiedenen Stufen der Produktstruktur können Sie durchführen (wählen Sie im Kontextmenü den Punkt MATERIAL KONFIGURIEREN).

Falls diese Merkmalsbewertungen Auswirkungen auf die relevanten Komponenten aus der Maximalstückliste haben (z.B. über Beziehungswissen), wird die Baumdarstellung sofort aktualisiert, d.h., Sie haben sofort den Überblick, welche Komponenten tatsächlich auf Basis der aktuellen Merkmalsbewertungen relevant sind. In der mehrstufigen Baumdarstellung der Stücklistenstruktur ist auf den ersten Blick sichtbar, an welchen Stellen es manuelle Eingriffe in die Auftragsstückliste gegeben hat, d.h. Änderungen, die nicht durch den Konfigurator verursacht wurden. Die betroffenen Komponenten sind in der Spalte MAN. ÄND. (manuelle Änderung) wie folgt gekennzeichnet: A für hinzugefügt, C für geändert und D für gelöscht.

Mit der Order Engineering Workbench wurden auch Vergleichsfunktionen und erstmals ein Konzept für die *Versionierung* von Auftragsstücklisten und Merkmalsbewertungen eingeführt (siehe auch Abbildung 3.7, Button VERSION ANLEGEN).

Vergleichsfunktion

Im Einstiegsbild (siehe Abbildung 3.5) haben Sie die Möglichkeit, im rechten Eingabebereich eine weitere Version der gleichen Auftragsstückliste oder die Auftragsstückliste eines anderen Auftrags anzugeben. Die zweite Stückliste wird dann im rechten Bereich des Detailbilds angezeigt (siehe Abbildung 3.7). Im Einstiegsbild können Sie über die Menüfunktion UMFELD • VERSION-AUFTRAGSSTÜCKLISTE wählen, ob rechts eine Version derselben Auftragsstückliste oder die Stückliste eines anderen Auftrags bzw. einer anderen Auftragsposition angezeigt werden soll.

Von der im Detailbild rechts angezeigten Stückliste können über Drag & Drop Komponenten oder Baugruppen in die aktuelle Auftragsstückliste kopiert werden (inklusive Merkmalsbewertungen). Alternativ können auch nur die Merkmalsbewertungen eines konfigurierbaren Materials kopiert werden (über das Kontextmenü: KOPIEREN MERKMALSWERTE). Nach Einfügen der kopierten Merkmalsbewertungen wird die aktuelle Stückliste im linken Bildschirmbereich neu aufgelöst.

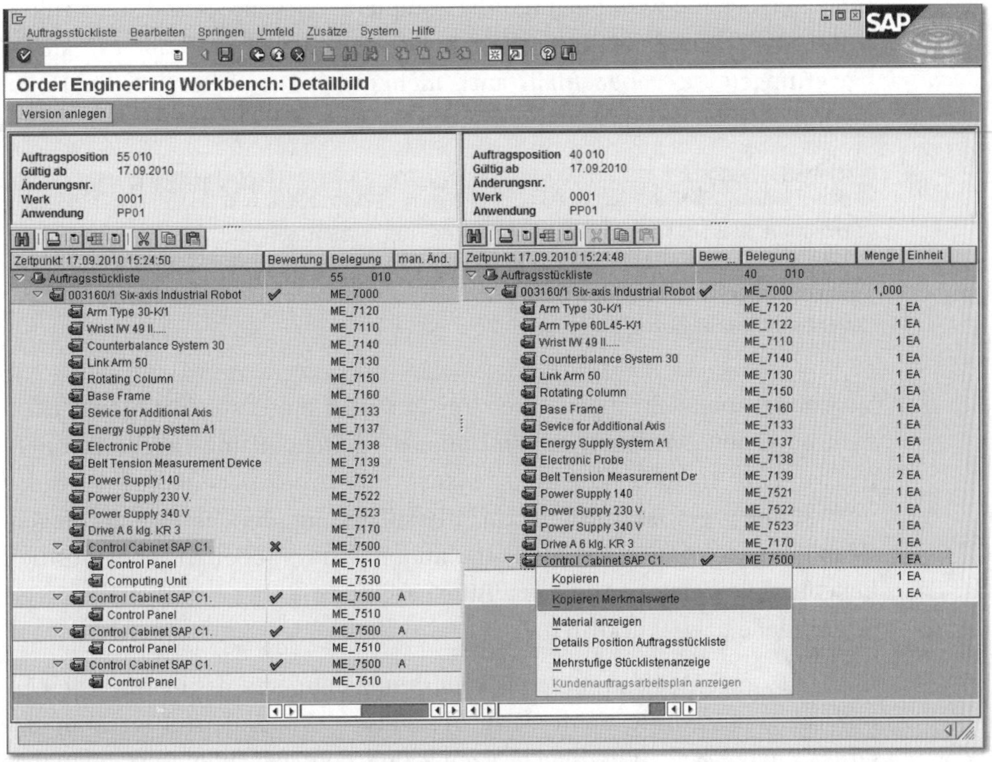

Abbildung 3.7 Zwei nebeneinander dargestellte Auftragsstücklisten

Über die Menüfunktionen UMFELD • VERGLEICH EINSTUFIG und UMFELD • VERGLEICH MEHRSTUFIG kann die aktuelle Stückliste (links) mit der rechts dargestellten Stückliste verglichen werden. In einer Übersicht wird dann dargestellt, welche Komponenten gleich sind bzw. geändert, hinzugefügt oder gelöscht wurden.

Versionierung

Mit dem Button VERSION ANLEGEN kann zu jedem beliebigen Zeitpunkt eine Version erzeugt werden. Diese ist vergleichbar mit einem Foto und wird komplett separat abgespeichert. Eine Version ist dispositiv unwirksam, also z.B. niemals für nachfolgende Produktionsprozesse relevant. Die Anzeige der Version erfolgt immer als Baumdarstellung im rechten Bildschirmteil der Order Engineering Workbench, während im linken Bildschirmteil stets die gültige Stücklistenstruktur der aktuellen Kundenauftragsposition dargestellt wird (siehe Abbildung 3.7).

Mit einer Version wird nicht nur die komplette relevante Stücklistenstruktur zu diesem Zeitpunkt abgespeichert, sondern zusätzlich auch alle Merkmalsbewertungen – gegebenenfalls auch mehrstufig. Dies kann z.B. für Dokumentationszwecke sehr interessant sein.

[zB]

Verwendung von Versionen

So haben Sie z.B. an einem bestimmten Tag zusammen mit dem Kunden oder einer anderen Abteilung die Konfiguration im Detail diskutiert und möchten nun genau diesen Bearbeitungsstand auch mit einer »Version« festhalten, um später eventuell darauf Bezug nehmen zu können.

Sie können beim Erzeugen einer Version auch einen sogenannten *Meilenstein* mitgeben. Meilensteine sind über eine Customizing-Tabelle frei definierbar (z.B. INITIALE VERSION, BEARBEITUNGSSTAND oder FINALE VERSION) und können gewissermaßen zur Klassifizierung der Versionen dienen. Grundsätzlich können Sie zu einer Kundenauftrags- oder Angebotsposition beliebig viele Versionen anlegen. Bitte beachten Sie aber eventuell die Größe der Modelle bzw. Stücklisten.

Es ist z.B. auch denkbar, einen Meilenstein AS BUILT zu definieren. Die »As-built-Version« würde dann nach Abschluss des Kundenauftrages in der Order Engineering Workbench erzeugt und den »gebauten Zustand« eines Produkts dokumentieren.

[zB]

Verwendung von As-built-Versionen

Diese As-built-Version kann dann z.B. von Servicetechnikern oder der Abteilung Ersatzteilverkauf genutzt werden, um sicherzustellen, dass Ihr Kunde die richtigen Ersatzteile bekommt. Diese Version würde übrigens auch dann noch bestehen, wenn der Kundenauftrag archiviert wird.

Auch ist es durchaus denkbar, die Versionierung in der Order Engineering Workbench ausschließlich zu Dokumentationszwecken zu verwenden. Sie bietet jedoch noch mehr Möglichkeiten als nur die reine Dokumentation:

- Daten aus einer Version zurückholen
- eine komplette Version importieren (allerdings wird damit die aktuelle Stücklistenstruktur im linken Bildschirmbereich komplett überschrieben und sollte daher mit Bedacht verwendet werden)
- Daten per Drag & Drop übernehmen

Letztere Variante eröffnet Ihnen die Möglichkeit, für eine komplette Baugruppe, inklusive ihrer Merkmalsbewertungen und mehrstufigen Struktur, auf den Bearbeitungsstand von z. B. der Woche zuvor zurückzukehren, da die in dieser Woche gemachten Änderungen (inklusive der Merkmalsbewertungen und Auftragsstücklisten) aus verschiedenen Gründen nun doch nicht wirksam sein sollen. Sie können damit also schneller und effektiver auf Änderungswünsche und steigende Flexibilitätsanforderungen reagieren.

Wiederverwendbarkeit ähnlicher Kundenaufträge

Die Order Engineering Workbench ermöglicht es Ihnen prinzipiell, Daten aus Versionen des aktuellen, aber auch anderer bzw. ähnlicher Kundenaufträge oder Angebote zu importieren. Dies erweitert natürlich deutlich die Anwendungsmöglichkeiten der Order Engineering Workbench.

Es gibt zwei Varianten, um solche Versionen anderer Kundenaufträge zu nutzen:

- die gesamte Version aus einem alten Kundenauftrag importieren
- die Einzelteile aus einem oder mehreren alten Kundenaufträgen importieren

Bei der ersten Variante beginnen Sie mit dem Stand des alten Kundenauftrages, d.h., Sie müssen die fehlenden Punkte noch manuell nacharbeiten. Alternativ können Sie nur einzelne Baugruppen oder andere Einzelteile per Drag & Drop aus dem alten Kundenauftrag in die Order Engineering Workbench importieren. Sie können somit alte Kundenaufträge oder Angebote als Quelle nutzen (eine Baugruppe aus dem ersten Kundenauftrag, verschiedene Einzelteile aus dem dritten Kundenauftrag etc.).

Eine weitere Möglichkeit der Wiederverwendbarkeit wäre, dass Sie sich – unter Nutzung eines *Dummy-Kunden* und eines *Dummy-Angebots* – verschiedene Versionen als eine Art *Bibliothek* zusammenstellen. Mit Hilfe dieser Bibliothek konfiguriert man Baugruppen schon mal vor und legt vielleicht auch schon Auftragsstücklisten an, die öfter vorkommen oder zumindest schon ein Fundament für zukünftige Angebote und Aufträge bilden können. Diese Baugruppen könnten Sie dann in »echten« Angeboten oder Kundenaufträgen benutzen und müssten dann eventuell nur noch wenige Strukturen manuell anpassen.

Das Verhalten beim Einfügen einer aus einer Version importierten Baugruppe (oder eines Einzelteils) in der Order Engineering Workbench kann zusätzlich individuell über BAdIs angepasst werden.

Ähnlich wie mit den Stücklisten verhält es sich auch mit den Arbeitsplänen. So können auch Kundenauftragsarbeitspläne des alten Kundenauftrags, falls dies relevant ist, mitkopiert werden. Über diese individuelle Anpassung ist es z.B. auch möglich, für unterschiedliche Materialien oder auch Gruppen von Materialien ein unterschiedliches Verhalten festzulegen.

Ziel dabei ist natürlich stets, den erheblichen manuellen Aufwand, den man in der Kundeneinzelfertigung beim Bearbeiten von Kundenaufträgen und Angeboten hat, durch möglichst optimale Wiederverwendung bereits getaner Arbeit zu reduzieren.

Erweiterungen und Anpassungen

Die Order Engineering Workbench wird von SAP Custom Development als ACS-Lösung (Adaptable Custom Solution) angeboten, ist also nicht Bestandteil der SAP ERP-Lösung selbst, sondern ein kostenpflichtiges SAP ERP-Addon, das jedoch auf dem SAP ERP-Standard aufsetzt.

Der Ausdruck *Adaptable Custom Solution* enthält den Begriff *adaptable*, also *anpassbar*. Damit ist gemeint, dass Ihnen SAP Custom Development auf Wunsch auch eine zusätzliche Anpassung bzw. Erweiterung der Order Engineering Workbench an Ihre speziellen und individuellen Bedürfnisse anbieten kann. SAP bietet auch zu Custom Developed Solutions eine Wartung an. Dies kann sowohl Implementierungen von BAdIs enthalten als auch andere Zusatzentwicklungen und alle sonstigen gewünschten Anpassungen.

3.2 Variantenkonfiguration mit iPPE – Modellierung

In Kapitel 2, »Erstellung eines Produktmodells für die SAP-Variantenkonfiguration«, stand die Frage im Mittelpunkt, *welche* Stammdaten für die Modellierung in der Variantenkonfiguration benötigt werden. Einen wichtigen Punkt stellt hier die konfigurierbare Maximalstückliste dar.

Bei der Verwendung der klassischen Pflegetransaktionen der Stückliste inklusive der Engineering Workbench (EWB) stehen Sie vor der Herausforderung, eine Stücklistenstruktur aufzubauten, ohne dass die Materialstämme für die Stücklistenpositionen oder sogar den Stücklistenkopf bekannt sind oder existieren. Weiterhin kann der Wunsch bestehen, eine umfangreichere Strukturierung des Produkts vorzunehmen, als das die Materialstückliste anbietet. Mit iPPE (*integriertes Produkt- und Prozess-Engineering*) wird ein Tool angeboten, mit dem Sie schon in der sehr frühen Phase der Produktentwicklung anfangen können, Modellierungsdaten des konfigurierbaren Produkts im SAP-Umfeld abzulegen. Wir möchten Ihnen in diesem Abschnitt zeigen, wie Sie mit Hilfe von iPPE die Modellierung der Produktstruktur Ihres konfigurierbaren Produkts durchführen.

3.2.1 Produktvariantenstruktur und Produktdesigner

Im iPPE wird die Produktstruktur Ihres konfigurierbaren Produkts mit Hilfe der sogenannten *Produktvariantenstruktur* abgebildet. Somit ist die Produktvariantenstruktur mit einer Maximalstückliste vergleichbar. Sie besitzt jedoch neben zusätzlichen Strukturierungsmöglichkeiten auch weitere Unterschiede und Vorteile bezüglich der Maximalstückliste. In Abbildung 3.8 ist eine solche Produktvariantenstruktur für ein oder mehrere konfigurierbare Produkte abgebildet.

Die angesprochenen zusätzlichen Strukturierungsmöglichkeiten werden über sogenannte *Knoten* abgebildet. In Abbildung 3.8 sind dies z.B. T_P504 oder T_PLM504_1_1 (siehe ❶ und ❷ in Abbildung 3.8).

Ein *Einstiegsknoten* erlaubt es, unter anderem eine Produktvariantenstruktur für verschiedene Produkte, deren Materialstämme nicht bekannt sein müssen, zu verwenden. Ein sogenannter *Strukturknoten*, wie hier der Knoten T_PLM504_1_1, erlaubt es, Elemente, vergleichbar den Stücklistenpositionen zusammenfassen. So ist dies in Abbildung 3.8 für die drei möglichen Gehäusetypen aus Grauguss, Aluminium und Stahl geschehen.

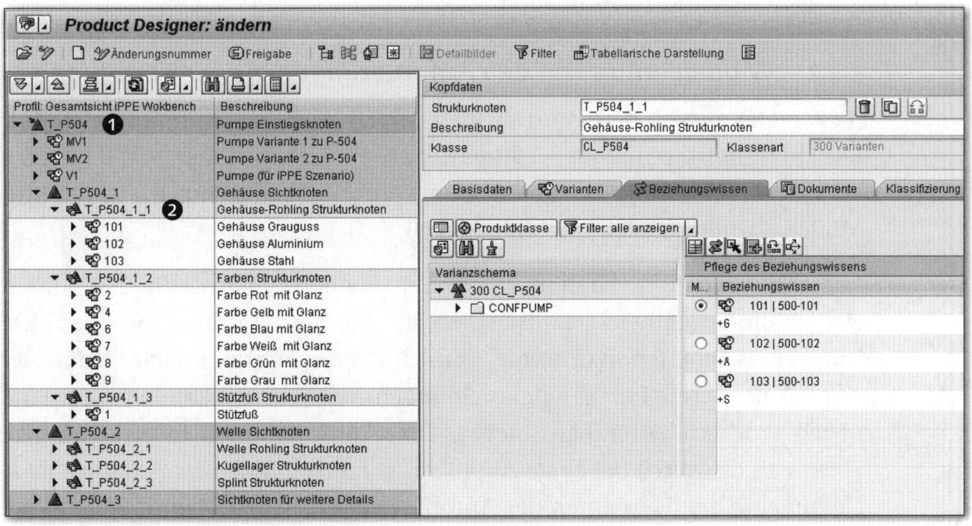

Abbildung 3.8 Produktvariantenstruktur im Produktdesigner des iPPE

Man kann diese drei Gehäusetypen der Produktvariantenstruktur (101, 102 und 103) als sogenannte *Varianten* zuordnen, ohne dass Materialstämme für diese existieren. Trotz fehlender Materialstämme kann so bereits Beziehungswissen zugeordnet und das ganze Modell diesbezüglich getestet werden.

Zwischen dem Einstiegs- und Strukturknoten befindet sich ein weiterer Knoten T_PLM504_1. Dieser Knoten stellt einen sogenannten *Sichtknoten* dar. Sichtknoten dienen ausschließlich der Strukturierung aus funktioneller Sicht. Sie können keine Varianten enthalten. Somit können sie auch keine Materialstämme enthalten und sind ein neues Strukturierungselement, das keine Entsprechung in Materialstücklisten besitzt. Allen Knoten und Varianten der Produktstruktur ist gemeinsam, dass sie Informationen in folgender Form enthalten können: Kurz- und Langtexte, Dokumentenzuordnungen und Klassifizierungen.

Einen weiteren Vorteil der Produktvariantenstruktur kann man ebenfalls in Abbildung 3.8 (auf der rechten Seite) erkennen: Sie können mit einer wesentlich kürzeren Syntax, die zusätzlich unternehmensspezifisch über das Customizing definiert werden kann, arbeiten.

So steht zum Beispiel *+G* für eine vollständige Auswahlbedingung (siehe Abschnitt 3.2.4, »Strukturknoten, Positionsvarianten und Beziehungswissen«). Weiterhin muss selbst diese verkürzte Syntax, die nur aus *+G*, *+A* oder *+S* besteht, nicht notwendigerweise manuell erstellt werden. Man kann durch einfaches Anklicken eines Merkmalswertes im sogenannten *Varianzschema* diese Auswahlbedingungen vom System erzeugen lassen.

3.2.2 Modellierung von den Anforderungen bis zur Fertigung

iPPE bietet neben dem Vorteil im Hinblick auf Strukturierungselemente, Beziehungswissen und die Nichtexistenz von Materialstämmen die Möglichkeit, sehr frühzeitig im Entwicklungsprozess Daten für das zukünftige Modell abzulegen (siehe Abbildung 3.9).

Mit Hilfe von iPPE können Sie eigene Elementtypen definieren, um so eigene, unternehmensspezifisch gewünschte Strukturen abzubilden. Das kann eine *Anforderungsstruktur* sein, die erste Informationen strukturiert oder Anforderungen, Kundenmeldungen oder Spezifikationen zu einer neuen Produktidee enthält. Liegen diese Informationen in elektronischer Form vor, die durch beliebige Applikationen erzeugt wurden, können sie als Dokumente den Elementen der Anforderungsstruktur zugeordnet werden.

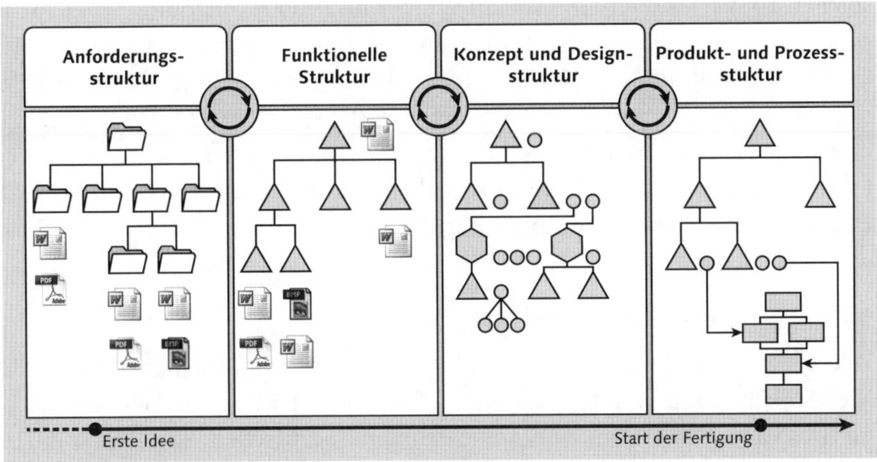

Abbildung 3.9 iPPE von den Anforderungen bis zur Fertigung

Aus einer solchen Anforderungsstruktur kann eine funktionelle Struktur abgeleitet und abgebildet werden. Sie kann bereits aus Knoten der oben erwähnten Produktvariantenstruktur bestehen. Eine weitere Struktur könnte eine Konzept- und Designstruktur sein. Dies entspricht in großen Teilen der erwähnten Produktvariantenstruktur.

Hinter dem Begriff des *Konzepts* steht die Möglichkeit, unterhalb der Varianten, also unterhalb der Elemente, die den Stücklistenpositionen entsprechen, weiter zu modellieren. Hier können Sie für diese Elemente Ideen oder eben unterschiedliche Konzepte aufnehmen und testen. Abschließend entscheiden Sie sich für eines dieser Konzepte und aktivieren es damit für das Element, die *Variante*. Das Ergebnis eines solchen Entwicklungsprozesses ist eine Produktvariantenstruktur, eine Form der Produktstruktur, die den Aufbau des konfigurierbaren Produkts darstellt. Analog hierzu kann eine Prozessstruktur entwickelt und abgebildet werden, um so den Fertigungsprozess zu beschreiben.

Es existieren Anwendungen, in denen diese Produkt- und Prozessstrukturen in der Fertigung direkt genutzt werden können. Das gilt insbesondere im Umfeld der Automobilindustrie (SAP for Automotive) und Serienfertigung. In einem klassischen SAP ERP-System ohne branchenspezifische Lösungen ist dies jedoch nicht der Fall – hier werden die klassische Stückliste und der klassische Arbeitsplan aus Kapitel 2, »Erstellung eines Produktmodells für die SAP-Variantenkonfiguration«, benötigt. Diese klassischen Stücklisten können über *Stücklistenkonverter* oder *Stücklistensynchronisation* aus der Produktvariantenstruktur erzeugt werden. Für die Prozessstruktur existiert ein solcher Konverter oder eine solche Synchronisation in Richtung Arbeitsplan nicht. Deshalb ist in einem klassischen SAP ERP-System die Funktionalität, um Prozessstrukturen zu pflegen, deaktiviert. Hier wird auch statt von iPPE nur von *integriertem Produkt-Engineering* gesprochen. Auch wird die Workbench für die Bearbeitung innerhalb von iPPE in einem klassischen SAP ERP-System nicht wie sonst *iPPE-Workbench*, sondern *Produktdesigner* (PRODUCT DESIGNER) genannt – siehe Abbildung 3.8.

3.2.3 Anforderungsstrukturen

Wie bereits erwähnt, besteht im Umfeld der Produktvariantenstruktur die Möglichkeit, *Anforderungsstrukturen* abzubilden. Diese Anforderungsstrukturen stellen eine Form von unternehmensspezifischen Strukturtypen in iPPE dar. Über das iPPE-Customizing sind alle Voraussetzungen für die Nutzung solch einer unternehmensspezifischen Struktur bereits vorhanden, jedoch nicht aktiviert. Folgende Schritte sind im Customizing abzuarbeiten, um mit unternehmensspezifischen Strukturen zu arbeiten:

1. Die gewünschten Knoten- und/oder Variantentypen sind über entsprechende Vorlagen zu kopieren, zu aktivieren und den unternehmensspezifischen Anforderungen anzupassen.
2. Diese neuen Knoten- und/oder Variantentypen sind über Beziehungen mit der Produktvariantenstruktur zu verknüpfen. Um aus den neuen Knotentypen Strukturen aufbauen zu können, werden auch hier Beziehungen zwischen den einzelnen Knoten benötigt. Diese Beziehungen werden über entsprechende Vorlagen kopiert, aktiviert und angepasst.
3. Die neuen Knoten- und/oder Variantentypen benötigen ein Layout, um Detailinformationen anzulegen und Verknüpfungen zu anderen Objekten (wie Dokumenten, Klassifizierung, Texten und weiteren Beziehungen und Zuordnungen) darzustellen.
4. In sogenannten *Benutzerprofilen* wird festgelegt, welche Objekte mit welchen Layouts gepflegt werden können. Diese Benutzerprofile werden den Usern zugeordnet.

Dies sind die vier notwendigen Schritte für das Arbeiten mit unternehmensspezifischen Typen von Strukturen, z.B. Anforderungsstrukturen. Weitere Customizing-Schritte ermöglichen Ihnen natürlich auch, das Arbeiten mit iPPE unternehmensspezifisch anzupassen, also auch Standardstrukturen, wie die Produktvariantenstruktur, an unternehmensspezifischen Anforderungen auszurichten.

In dem in Abbildung 3.10 dargestellten Beispiel wurde wie eben beschrieben Folgendes durchgeführt:

1. Nur ein vorhandener Engineering-Knotentyp wurde kopiert und aktiviert.
2. Zwei Beziehungstypen (Beziehungen zwischen Engineering-Knoten und Knoten der Produktvariantenstruktur) wurden kopiert und aktiviert.
3. Ein Standardlayout wurde dem Engineering-Knotentyp zugeordnet.
4. Das Benutzerprofil wurde angepasst.

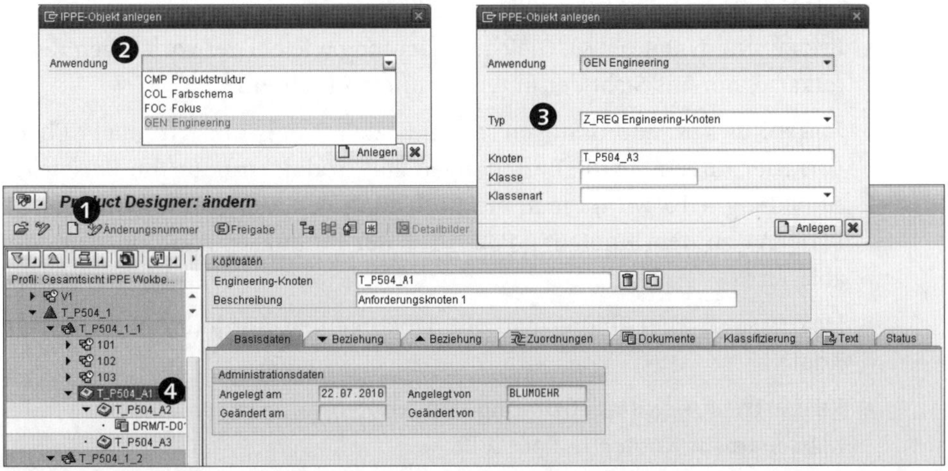

Abbildung 3.10 Anforderungsstrukturen

Wie erzeugt man eine solche kleine Anforderungsstruktur, wie sie in Abbildung 3.10 gezeigt wird? Dazu gehen Sie folgendermaßen vor: In dem Produktdesigner legen Sie über den entsprechenden Button ❶ ein neues iPPE-Objekt an. Durch die oben beschriebenen Schritte im Customizing wird auch die Anwendung GEN ENGINEERING ❷ angeboten. Innerhalb dieser Anwendung wird der oben angelegte Knotentyp (als einziger) ❸ angeboten.

Dieser erste Anforderungsknoten ❹ erscheint (wie auch andere Knotentypen) auf der linken Seite mit der Detailansicht auf der rechten Seite. Im Beispiel in Abbildung 3.10 wurden zwei weitere Knoten, ebenfalls als Anforderungsknoten, angelegt. Diese lassen sich, wie hier geschehen, zu einer Struktur anordnen. Ermöglicht wurde diese Struktur durch den vorher im Customizing kopierten Beziehungstyp.

Da im Customizing in einem der Schritte diesem Kontentyp (Anforderungsknoten) ein Layout zugeordnet wurde, erhält man die hier dargestellte

Detailsicht. Diese Detailsicht – in dieser Form Standard für Engineering-Knoten – ermöglicht es, folgende Registerkarten zu nutzen:

- Basisdaten: Diese Registerkarte enthält in diesem speziellen Fall des Anforderungsknotens nur Administrationsdaten.
- Beziehung (Nach unten): Hier könnte man die untergeordneten Anforderungsknoten aufnehmen. Die Zuordnung untergeordneter Anforderungsknoten kann aber auch per Drag & Drop oder über das Kontextmenü erfolgen. Das Ergebnis und die damit verbundene Darstellung auf dieser Registerkarte ist in allen drei Fällen das gleiche.
- Beziehung (Nach oben): Gleiche Bedeutung wie bei der vorherigen Registerkarte, nur aus Sicht der untergeordneten Knoten.
- Zuordnungen: Zuordnungen stellen Beziehungen auf horizontaler Ebene dar. Hier finden Sie die Beziehungen zur Produktstruktur. Im Beispiel in Abbildung 3.10 würde man die Beziehung des Anforderungsknotens T_P504_A1 zu dem Knoten T_P504_1_1 der Produktstruktur anlegen oder ablesen.
- Dokumente: Hier findet man alle Dokumentenzuordnungen zu diesem Knoten.
- Klassifizierung: Klassifizierung von Knoten mit Klassen entsprechender Klassenart für Knoten in dem iPPE.
- Text: Hier finden Sie sprachabhängige Kurz- und Langtexte.
- Status: Über die Funktionalität der Anwenderstatus-Schemata kann hier eine Statusverwaltung aufgebaut werden.

3.2.4 Strukturknoten, Positionsvarianten und Beziehungswissen

Eine Produktstruktur kann über Knoten folgender Typen aufgebaut werden (siehe Abbildung 3.11):

- Einstiegsknoten – eine Ebene (hier T_P504)
- Sichtknoten – keine, eine oder mehrere Ebenen (hier z. B. T_P504_3)
- Strukturknoten – eine oder mehrere Ebenen (hier z. B. T_P504_3_4)

Wir wollen die Details der Produktstruktur anhand eines Beispielszenarios vorstellen: Es besteht der Wunsch, die Pumpe um eine Kühlung zu erweitern, bei der spätere Kunden zwischen Wasser- und Luftkühlung wählen können sollen.

Die Kühlung stellt somit ein Strukturelement mit zwei Varianten dar. Das Strukturelement kann nur ein *Strukturknoten* sein, da nur dieser Knotentyp Varianten mit Auswahlbedingungen kennt.

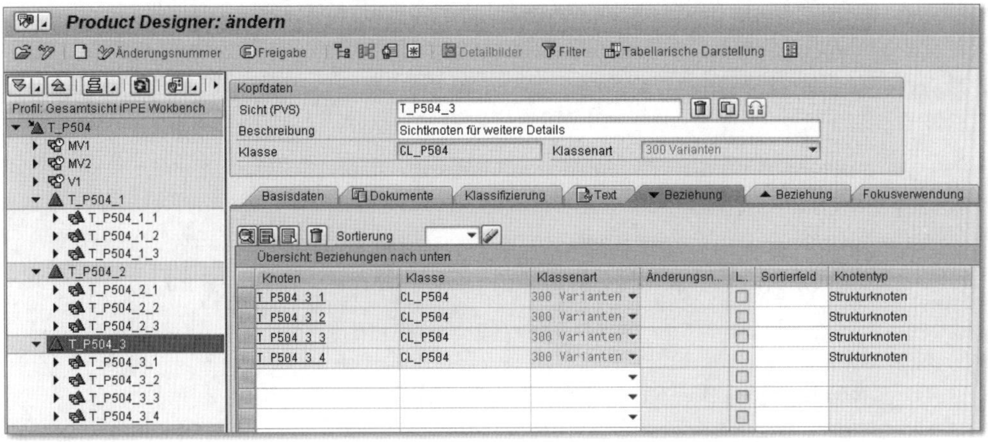

Abbildung 3.11 Sicht- und Strukturknoten

In unserem Beispiel wurde entschieden, diesen neuen Strukturknoten für die Kühlung unter den dritten Sichtknoten zuzuordnen. Über das Kontextmenü des Sichtknotens ist es möglich, den neuen Knoten in einem Schritt anzulegen und zuzuordnen. Die Namen der Knoten und Varianten können völlig frei gewählt werden (siehe Abbildung 3.12). Knoten (wie hier T_P504_3_5) sind globale Objekte und müssen somit eindeutig sein. Varianten (wie hier V1 und V2) sind lokale Objekte im Knoten und müssen somit auch nur innerhalb des Knotens eindeutig sein. Es kann also mehrfach Varianten V1 und V2 in Ihrem Modell geben.

Abbildung 3.12 Neuer Strukturknoten »Kühlung«

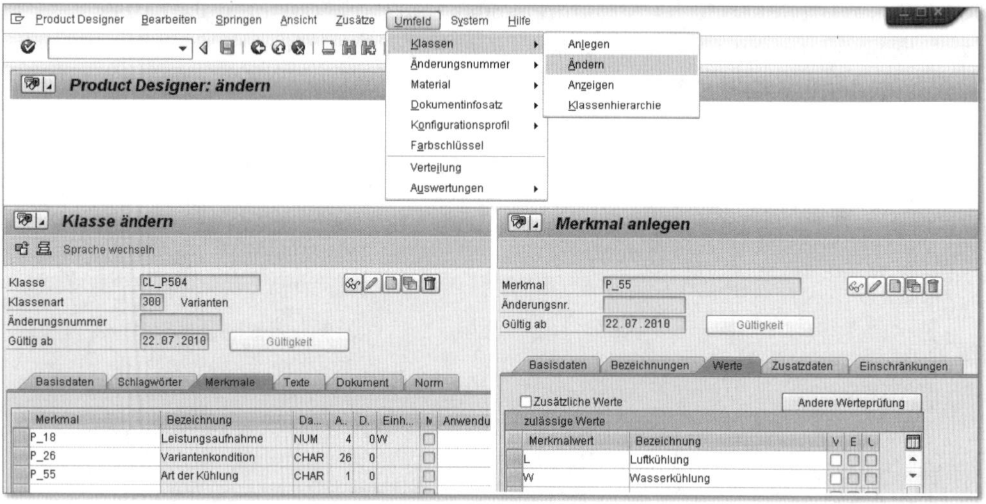

Abbildung 3.13 Erweiterung der Variantenklasse

Um die Auswahl einer Art der Kühlung zu ermöglichen, ist die Variantenklasse um ein neues passendes Merkmal zu erweitern. Dies ist, wie auch die Pflege weiterer Objekte aus dem Umfeld der Produktstruktur, direkt aus dem Produktdesigner möglich. Wie in Abbildung 3.13 ersichtlich, sind genau diese Punkte auch im entsprechenden Menüpunkt UMFELD gesammelt worden. Das Anlegen des neuen Merkmals P_55 in unserem Beispiel kann direkt im Änderungsmodus der Klassenpflege erfolgen.

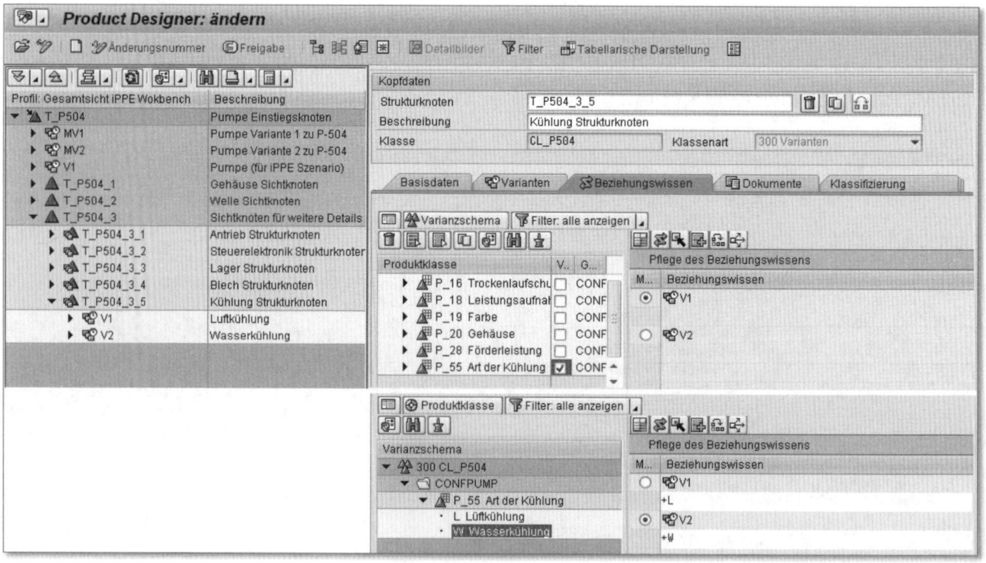

Abbildung 3.14 Beziehungswissenpflege mit dem erweiterten Beziehungswissen-Editor

Nachdem die Variantenklasse um ein passendes Merkmal erweitert wurde, kann unser neuer Strukturknoten mit Beziehungswissen für die beiden Varianten versehen werden. Dies geht bereits jetzt (und kann auch sofort in einer Art von Konfigurationssimulation getestet werden), obwohl für die beiden Varianten eigentlich nichts weiter als Name und Bezeichnung bekannt sind. Wie in Abbildung 3.14 ersichtlich, kann das Beziehungswissen auf der gleichnamigen Registerkarte des Strukturknotens angelegt werden. Falls über das Customizing der sogenannte *Erweiterte Beziehungswissen-Editor* aktiviert wurde, die Kundensyntax eingestellt und diesem Editor zugeordnet wurde, enthält die Beziehungswissenpflege folgende Schritte.

1. Auf der Registerkarte BEZIEHUNGSWISSEN wird über die entsprechende Drucktaste die PRODUKTKLASSE (= Variantenklasse) mit all ihren Merkmalen angezeigt. Hier werden alle für das anzulegende Beziehungswissen relevanten Merkmale selektiert (hier Merkmal P_55).
2. Anschließend wird das VARIANZSCHEMA über die entsprechende Drucktaste angezeigt. Das Varianzschema ist eine strukturierte Auflistung aller relevanten Merkmale und Merkmalswerte laut Einstellung im Schritt 1.
3. Nun kann das Beziehungswissen erzeugt werden, in dem die Variante markiert wird (im Beispiel V2) und anschließend die relevanten Merkmalswerte (im Beispiel W = Wasserkühlung) angeklickt werden. Das erzeugte Beziehungswissen besteht in Kundensyntax nur aus `+W`.

   Gleichzeitig wird eine lokale Auswahlbedingung mit der zusätzlichen SAP-Syntax `( P_55 EQ 'W' )` angelegt.

Ohne den aktivierten erweiterten Beziehungswissen-Editor werden Auswahlbedingungen in herkömmlicher Weise mit klassischer Syntax angelegt.

3.2.5 Konzepte

In iPPE existiert die Möglichkeit, mit *Konzepten* zu arbeiten. Konzepte stellen mögliche Realisierungen für Varianten dar. In unserem Beispiel muss noch entschieden werden, wie die beiden Arten von Kühlungen realisiert werden sollen. Gehen wir davon aus, dass zunächst für verschiedene Möglichkeiten Ideen gesammelt werden sollen (für eine innerbetriebliche Lösung oder eine externe Ausschreibung etwa).

Aus technischen Gründen müssen Konzepte zu einer *Konzeptgruppe* zusammengefasst werden; nur eine Konzeptgruppe kann mit einer Variante verknüpft werden. Eine Konzeptgruppe stellt somit eine Art Ideen-Sammler für die Realisierung einer oder auch mehrerer Varianten dar. Konzeptgruppen können Sie direkt aus der Zuordnung zu einer Variante anlegen. In Abbildung 3.15 wurde die Konzeptgruppe XYZ durch die Zuordnung zur Variante V1 des Strukturknotens T_P504_3_5 angelegt.

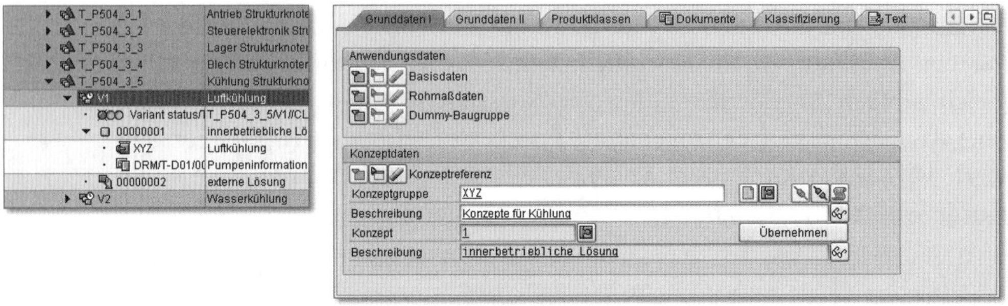

Abbildung 3.15 Konzeptgruppe

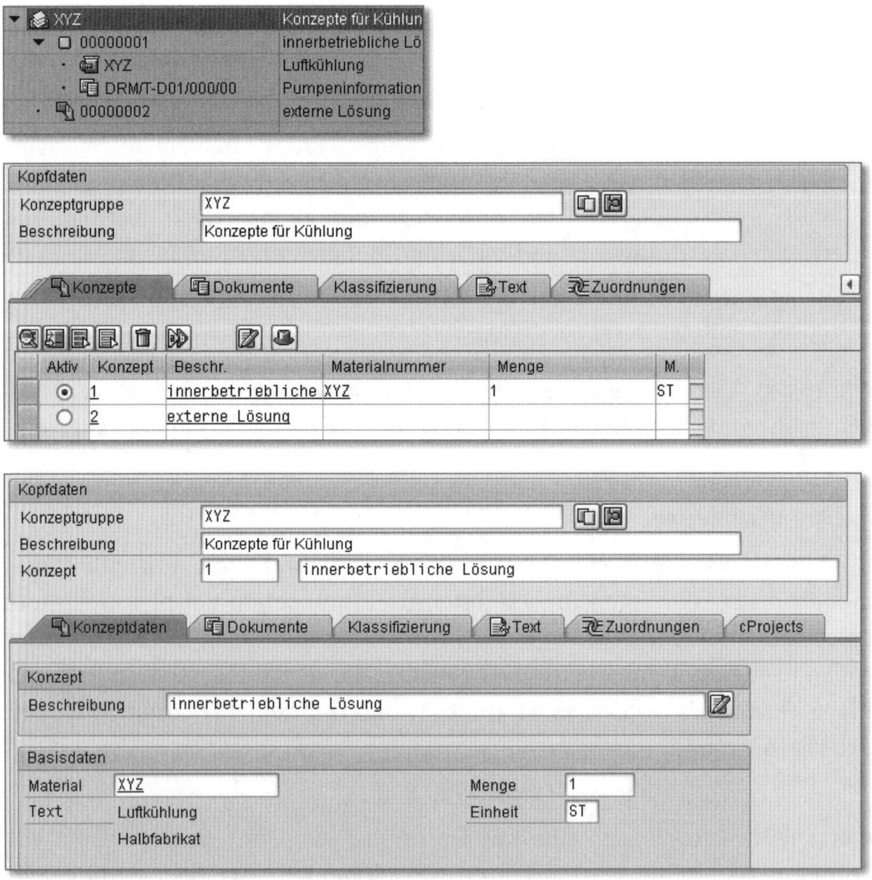

Abbildung 3.16 Konzeptgruppe und Konzepte

Wie Abbildung 3.16 zeigt, besteht eine *Konzeptgruppe* im Wesentlichen aus einer Auflistung der konzeptgruppenspezifischen Varianten (in unserem Beispiel 1 und 2). Weiterhin können auf dieser Ebene Dokumente, Klassifizierungen und Texte zugeordnet werden. Man sieht hier auch, welcher Variante die Konzeptgruppe aktuell zugeordnet wurde.

Das eigentlich Spannende passiert auf der Ebene der Konzepte. Ein Konzept kann die meisten Daten einer Variante enthalten, abgesehen von Beziehungswissen und Änderungsdienst. Die Registerkarten eines Konzepts sind die gleichen wie bei den Varianten.

Das Modell kann mit den verschiedenen Konzepten einer Konzeptgruppe getestet werden. Hierzu wird auf der Registerkarte KONZEPTE in der Konzeptgruppe (siehe Abbildung 3.16 rechts oben) ein Konzept AKTIV gesetzt (hier das Konzept 1). Das aktive Konzept ist auch in der Zuordnung der Konzeptgruppe zur Variante wie in Abbildung 3.15 erkennbar.

Hat man sich für ein Konzept entschieden, kann es hier durch den Button ÜBERNEHMEN in die Variante kopiert werden. Schließlich kann die Konzeptgruppe aus der Variante gelöst und z.B. an anderer Stelle genutzt werden.

3.2.6 Filter: Auflösung und Konfigurationssimulation

Das Modell der Produktstruktur kann man testen, indem man verschiedene Auflösungen dieses Modells simuliert. Eine *Konfigurationssimulation* ist hier auch möglich. Unterschiedliche Auflösungen können sich durch folgende Punkte ergeben:

- Man kann die Auflösung für unterschiedliche Materialien, unterschiedliche Werke und unterschiedliche Verwendungen durchführen. Die Materialien, für die Auflösungen möglich sein sollen, müssen als Einstiegsvarianten der Produktstruktur zugeordnet sein. Weiterhin müssen die gewünschten Auflösungen bezüglich der Kombination »Material + Werk + Verwendung« als sogenannte *Einstiege* im Modell hinterlegt sein.
- Man kann die Auflösung bezüglich verschiedener *Gültigkeitsparameter* durchführen. Als wichtigster Punkt wäre hier eine Auflösung bezüglich eines Entwicklungsstands laut Gültigkeitsdatum zu nennen. Aber auch andere Gültigkeits- und Steuerungsparameter aus dem Änderungsdienst (ECM), etwa der Freigabeschlüssel, sind auswertbar.
- Ein weiterer Punkt ist die bereits angesprochene *Konfigurationssimulation*, die im Prinzip eine Analogie zur Transaktion CU50 darstellt – dort für klassische Stücklisten, hier für Produktvariantenstrukturen.

Es existieren weitere Auflösungsoptionen. So kann auch bezüglich spezieller *Attribute* und *Objekttypen* gefiltert werden.

Das Werkzeug, mit dem man solche Auflösungen einstellt und durchführt, ist der *Filter* im Produktdesigner.

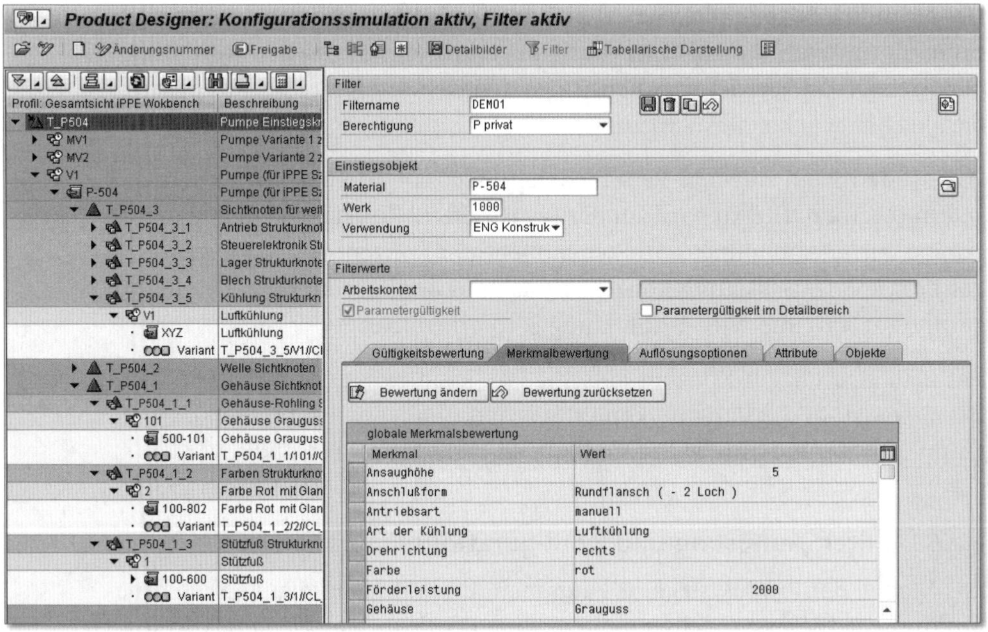

Abbildung 3.17 Der Filter

Im Beispiel in Abbildung 3.17 sind die Einstiegsvarianten MV1, MV2 und V1 zu sehen, letztere mit Material P-504. Es wurde ein solcher *Filter* angelegt. Als Einstiegsobjekt wird eine Kombination aus Material + Werk + Verwendung (hier: P-504 + 1000 + Konstruktion) ausgewählt.

Das gesetzte Flag PARAMETERGÜLTIGKEITEN erlaubt es, die Filterwerte der darunterliegenden Registerkarten zu nutzen. So wurde eine Konfiguration durchgeführt und automatisch das Beziehungswissen an der Produktvariantenstruktur ausgewertet. Dadurch erhält man in der Struktur links in Abbildung 3.17 das entsprechend der Konfiguration gefilterte Ergebnis. Zum Beispiel wurde in der Merkmalsbewertung die Luftkühlung ausgewählt, und dementsprechend wird für den Strukturknoten T_P504_3_5 der Kühlung laut Filter auch nur noch die erste Variante V1 angezeigt.

Da dieser Filter im nächsten Schritt, im Stücklistenkonverter, noch benötigt wird, wird der Filter hier unter dem Namen DEMO1 gespeichert. Dies geschieht jedoch erst, nachdem die Merkmalsbewertung zurückgesetzt wurde, da sie in diesem nächsten Schritt nicht gebraucht und gewünscht ist.

3.2.7 Stücklistenkonverter

In unserem Beispielszenario gehen wir davon aus, dass unsere Produktvariantenstruktur vollständig gepflegt ist (auch wenn gleich noch eine »Lücke« festgestellt wird). Wir möchten mit dem Modell jedoch in klassischen Prozessen arbeiten, die keine Produktvariantenstruktur berücksichtigen können. Was kann man tun? Man kann aus der Produktvariantenstruktur eine oder mehrere klassische Materialstücklisten ableiten. Das entsprechende Werkzeug ist der *Stücklistenkonverter*, der über die Transaktion PPECS aufgerufen wird.

Da man die Produktvariantenstruktur, wie bereits beschrieben, unterschiedlich auflösen kann und somit auch mehrere unterschiedliche klassische Materialstücklisten bei der Konvertierung entstehen können, wird ein Werkzeug gebraucht, das dies steuert.

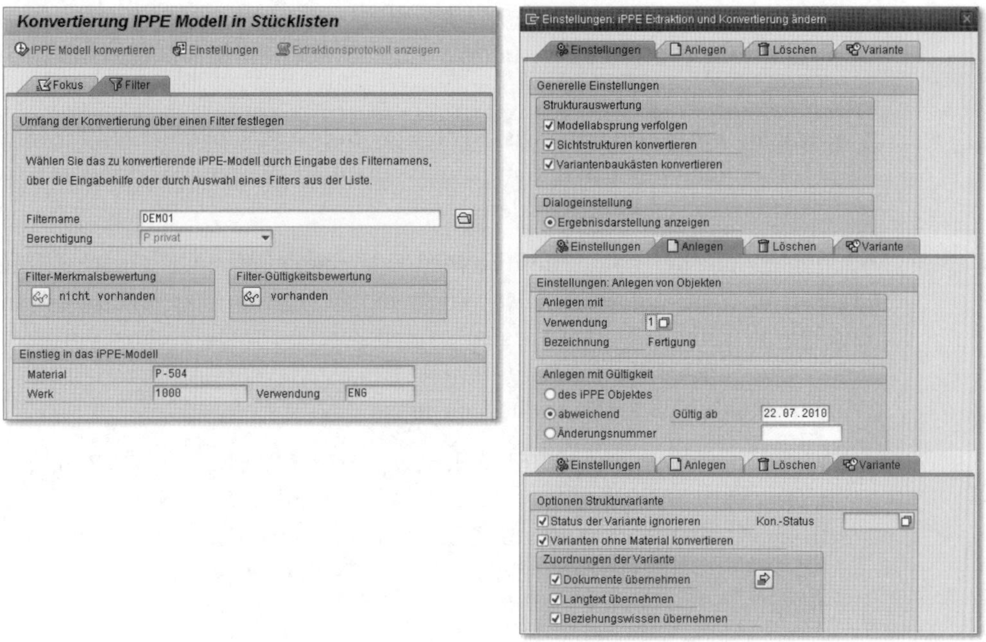

Abbildung 3.18 Stücklistenkonverter

Dieses Werkzeug kann ein *Filter* oder ein *Fokus* sein. In Abbildung 3.18 ist es der eben angelegte Filter. Wir wollen zum Beispiel eine Maximalstückliste für das konfigurierbare Material P-504 ableiten. Deshalb hatten wir eben, vor dem Speichern des Filters, die Merkmalsbewertung wieder gelöscht. Dies ist in Abbildung 3.18 links auch erkennbar (FILTER-MERKMALSBEWERTUNG NICHT VORHANDEN). Bevor die eigentliche Konvertierung mit dem Button IPPE MODELL KONVERTIEREN gestartet wird, müssen noch verschiedene Einstellungen über den gleichnamigen Button vorgenommen werden.

Die Einstellungen, die beim Anlegen der Maximalstückliste von Bedeutung sind, sind ebenfalls in Abbildung 3.18 dargestellt. Einige interessante Einstellungen wollen wir herausgreifen:

- Auf der Registerkarte EINSTELLUNGEN wurde festgesetzt, dass zunächst eine *Ergebnisdarstellung* (siehe Abbildung 3.19) aufgerufen wird, ehe die Materialstückliste erzeugt wird.
- Auf der Registerkarte ANLEGEN wurde eingestellt, dass eine Fertigungsstückliste angelegt wird, die ab dem angegebenen Datum gültig ist.
- Auf der Registerkarte VARIANTE wurde eingestellt, dass im Prinzip alle Varianten konvertiert werden:
  - unabhängig vom Status dieser Varianten
  - unabhängig davon, ob Material zugeordnet wurde (»Lücke« im Modell)
  - immer mit Beziehungswissen, Langtexten und Dokumenten, soweit vorhanden. Bei Dokumenten müssen noch die gewünschten Dokumentarten selektiert werden.

Nach dem Start der Konvertierung wird, wie eben eingestellt, zunächst eine *Ergebnisvorschau* angezeigt. Hier wären mögliche Konflikte erkennbar. In unserem Beispiel ist jedoch alles im grünen Bereich. Somit können wir über den Button ZUR EWB zur konvertierten Stückliste (eventuell auch zu mehreren) in Abbildung 3.19 links oben springen.

Die konvertierte Stückliste wird in der *Engineering Workbench* (EWB) dargestellt. Erst durch das Speichern in der EWB wird sie auf die Datenbank geschrieben. Auch hier kann vor dem Speichern nochmals kontrolliert werden, ob die zu erzeugende Stückliste das gewünschte Aussehen hat.

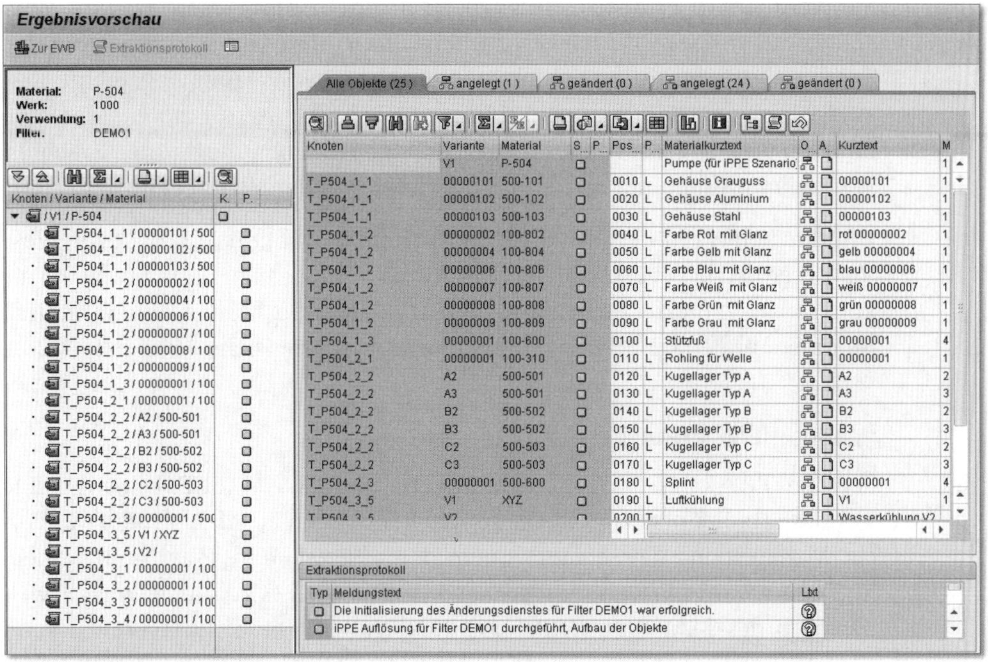

Abbildung 3.19 Ergebnisvorschau des Stücklistenkonverters

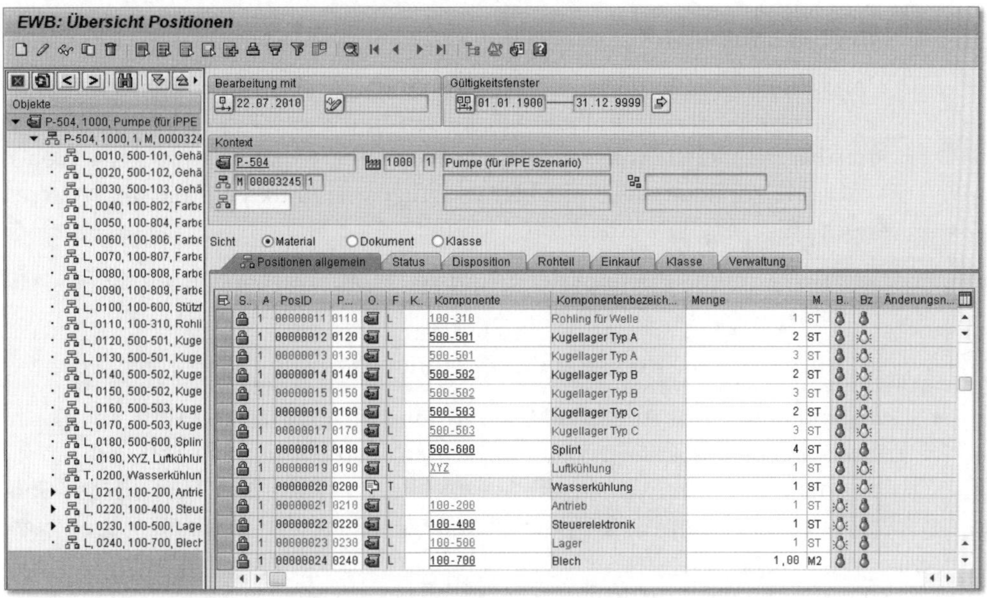

Abbildung 3.20 Konvertierte Stückliste in der EWB

Sie werden sich erinnern, dass wir zu Beginn dieses Abschnitts von einer »Lücke« in unserem Modell gesprochen hatten (diese Lücke kann gewollt und damit unkritisch sein, aber auch Probleme bereiten). Damit ist gemeint, dass »vergessen« wurde, der zweiten Variante V2 des Strukturknotens der Kühlung T_P504_3_5 ein Material zuzuordnen. Sie sehen dies in der Ergebnisvorschau in Abbildung 3.19 (links oder rechts in der letzten Zeile der Liste).

Laut Einstellungen des Stücklistenkonverters in Abbildung 3.18 sollen diese Varianten auch berücksichtigt werden, das heißt, auch sie wurden in die konvertierte Stückliste übernommen. Stücklistenpositionen ohne Materialnummer können im Prinzip nur Textpositionen sein (siehe Abbildung 3.20).

3.2.8 PLM WebUI

Seit dem ERP-Release 6.0 mit dem Erweiterungspaket 4 (EHP4) existiert eine webbasierte Benutzeroberfläche für Anwendungen aus dem Product Lifecycle Management. Diese läuft unter dem Kürzel *PLM WebUI* mit einem Release 7.00. Mit Erweiterungspaket 5 (EHP5) wird es voraussichtlich Erweiterungen des PLM WebUI (Release 7.01) geben. Dieses PLM WebUI kann per SAP NetWeaver Portal, per SAP NetWeaver Business Client (NWBC) oder Transaktion aufgerufen und genutzt werden.

Produktstrukturen

Im Rahmen der Variantenkonfiguration ist das PLM WebUI auch für die Pflege von Materialstämmen, Stücklisten und vor allem Produktstrukturen nutzbar. Besonders interessant sind zwei neue Funktionen in PLM WebUI 7.01, die voraussichtlich mit EHP5 verfügbar sind und auf die im Weiteren noch eingegangen werden soll:

- Tabellarische Beziehungswissenpflege (DMT – Dependency Maintenance Table)
- Stücklistensynchronisation (GSS – Guided Structure Synchronization)

In Abbildung 3.21 ist das PLM WebUI über den NWBC mit Hilfe der gleichlautenden Transaktion NWBC aufgerufen worden. In der Abbildung ist das sogenannte *Control Center*, die Startmaske, zu sehen. Der Umfang des Control Centers hängt von den Berechtigungen/Rollen ab, die einem User zugeordnet sind. Links in der Abbildung sind vor dunklem Hintergrund alle Funktionen der Arbeitsübersicht aufgelistet. Zu den einzelnen Themen kann man über die Einträge in der Menüzeile (Arbeitsübersicht, Materialien etc.) in sogenannte *Work Center* abspringen. Diese enthalten eine spezielle Arbeitsumgebung für das entsprechende Objekt.

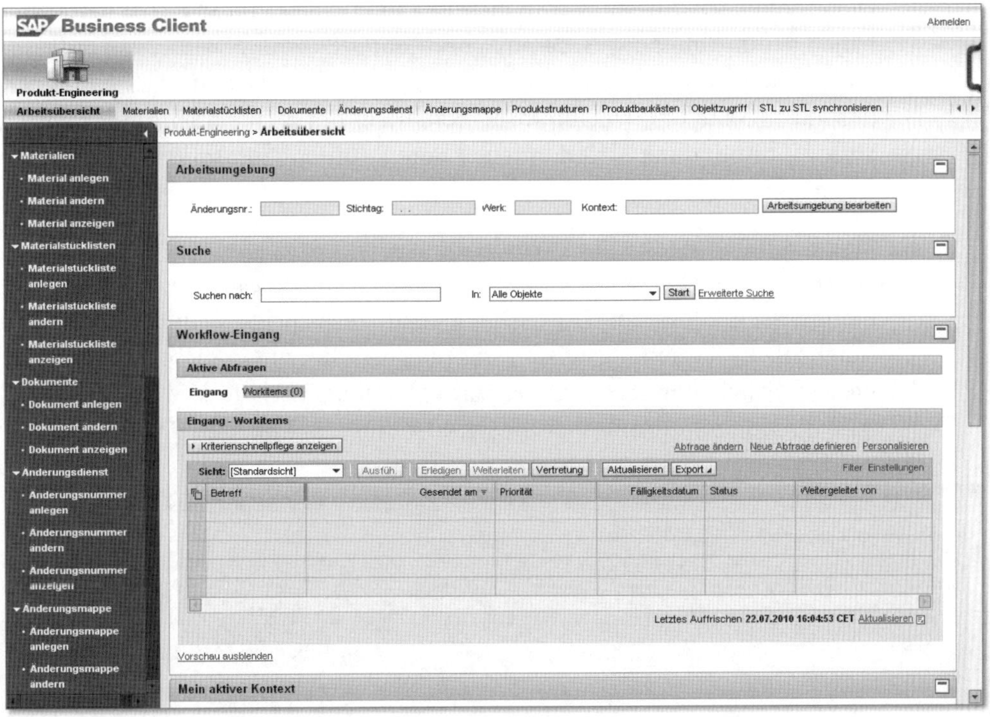

Abbildung 3.21 PLM WebUI im NWBC

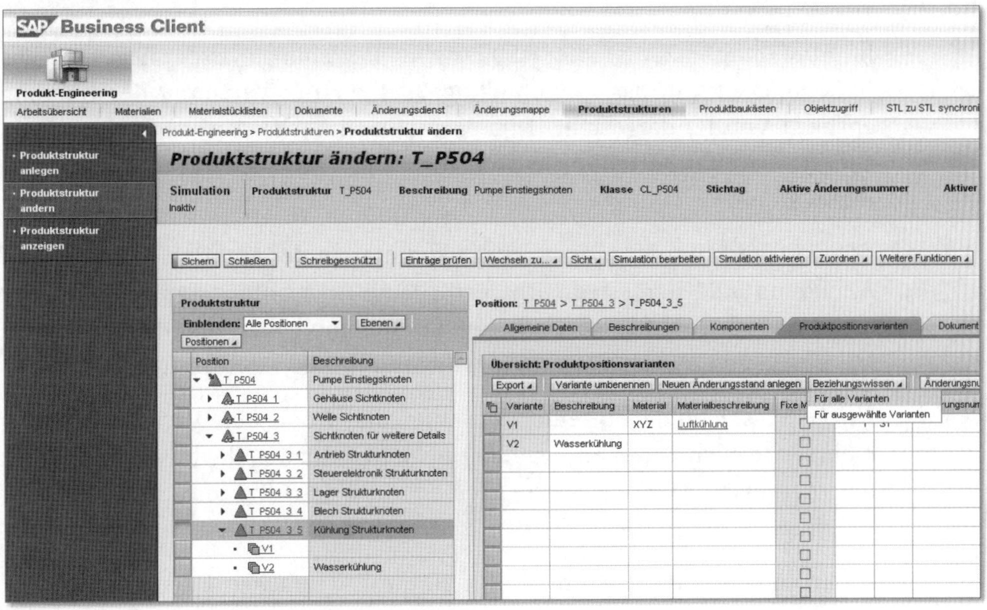

Abbildung 3.22 Produktstruktur im PLM WebUI

Die Produktstruktur, die wir in diesem Kapitel bisher im SAP GUI betrachtet haben, ist in Abbildung 3.22 im Work Center PRODUKTSTRUKTUREN aufgerufen worden. Ähnlich zum SAP GUI haben wir eine Strukturdarstellung auf der linken Seite und Detailinformationen auf der rechten Seite. Hier wurde analog zu Abbildung 3.12 der neue Knoten Kühlung mit seinen beiden Varianten angezeigt.

Eine Besonderheit des PLM WebUI ist, wie bereits erwähnt, die *Tabellarische Beziehungswissenpflege*. Hierbei handelt es sich analog zum erweiterten Beziehungswissen-Editor im SAP GUI um eine zusätzliche, deutlich einfachere Möglichkeit, Beziehungswissen zu pflegen. Sie rufen diese tabellarische Beziehungswissenpflege aus der Variantenübersicht auf, wie in Abbildung 3.22 über den Button BEZIEHUNGSWISSEN und z. B. FÜR ALLE VARIANTEN.

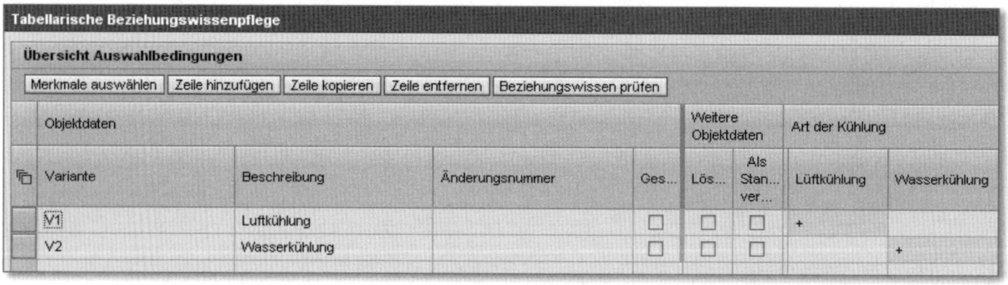

Abbildung 3.23 Tabellarische Beziehungswissenpflege – einfaches Beispiel

In Abbildung 3.23 ist die tabellarische Beziehungswissenpflege für das Beziehungswissen, das in Abbildung 3.14 für die Varianten der Kühlung angelegt wurde, dargestellt. Hier kann für einfache Auswahlbedingungen auf diese Art das Beziehungswissen angezeigt, aber auch angelegt und geändert werden.

Komplexere Fälle als an dieser Stelle kommen in der Praxis auch vor, wie in Abbildung 3.24 dargestellt. Das heißt, eine Auswahlbedingung kann über mehrere Zeilen in der tabellarischen Darstellung gehen und dabei mehrere Merkmale und Merkmalswerte (positiv und negativ) ansprechen.

Die Zeilen stellen die einzelnen Varianten dar, wobei eine Variante auch aus mehreren Zeilen bestehen kann. Die Spalten enthalten die möglichen Werte der Merkmale. Merkmalswerte können mit + (positiv) und mit – (negativ) abgefragt werden.

Natürlich wird auch hier zusätzlich zu dieser einfachen Darstellung klassische Beziehungswissen-Syntax erzeugt, die auch angezeigt werden kann. In

Abbildung 3.24 haben wir diese klassische Beziehungswissen-Syntax in die Darstellung integriert. Durch die Gegenüberstellung beider Darstellungen ist erkennbar, wie die tabellarische Beziehungswissenpflege zu interpretieren ist. So haben wir für die erste Variante (101) zwei Zeilen. Diese werden immer mit »oder« verknüpft. In der ersten Zeile ist nur das Grauguss-Gehäuse bewertet, aber sowohl die rote als auch die gelbe Farbe. Das heißt, es muss Grauguss sein und rot oder gelb.

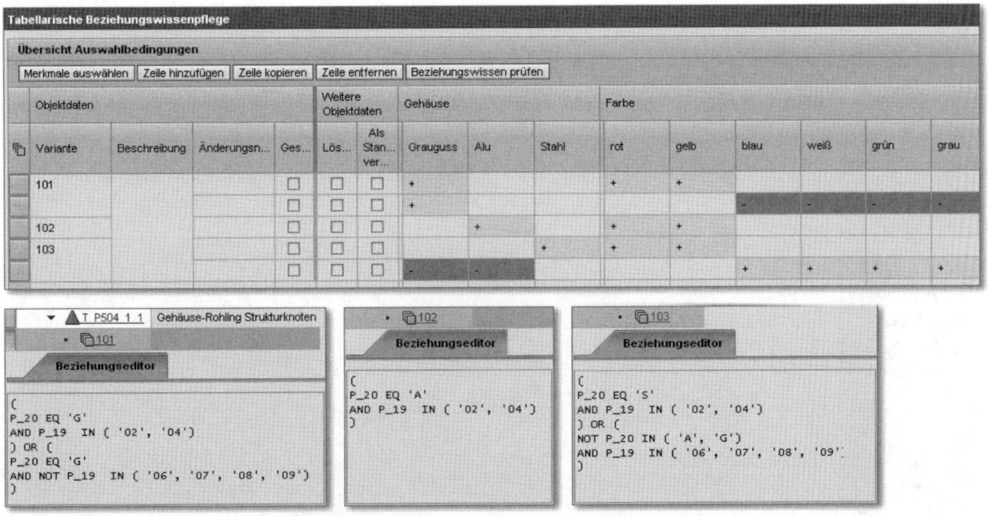

Abbildung 3.24 Tabellarische Beziehungswissenpflege – komplexeres Beispiel

Stücklistensynchronisation

Auch mit dem PLM WebUI ist ein Ableiten von Materialstücklisten aus Produktstrukturen möglich. Dies läuft unter dem Begriff der *Stücklistensynchronisation* oder *Guided Structure Synchronization (GSS)*. Es existieren drei Formen von GSS (*BOM = Bill of Material*).

- **GSS BOM to BOM**
  Hier können zum Beispiel aus Konstruktionsstücklisten Fertigungs- oder Instandhaltungsstücklisten abgeleitet werden.
- **GSS PSM to BOM**
  Hier können aus der Produktstruktur (*PSM = Product Structure Management*) verschiedene Materialstücklisten abgeleitet werden.
- **GSS Recipe to BOM**
  Dies stellt eine analoge Funktionalität zwischen dem sogenannten Rezept-Management und Materialstücklisten dar.

Diese drei Formen der Stücklistensynchronisation erlauben nicht nur, Stücklisten zu erzeugen, sondern können auch genutzt werden, um auf elegante Art Unterschiede zwischen den Quellstrukturen und den erzeugten Stücklisten zu verwalten (gewünschte Unterschiede, Delta-Synchronisation bei Weiterentwicklung der Quellstrukturen, Änderungsdienst).

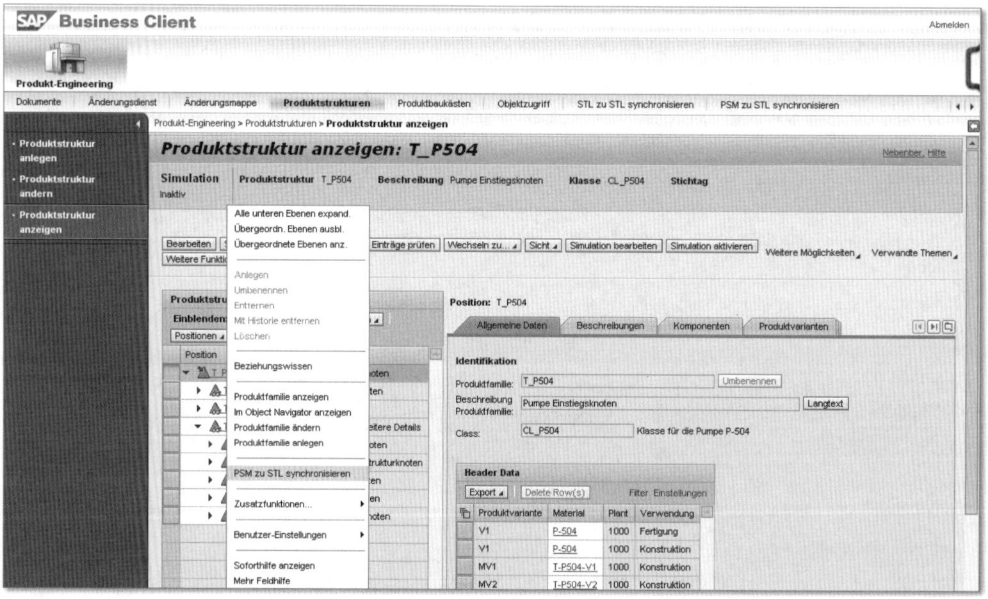

Abbildung 3.25 Synchronisation PSM zu STL

Wir wollen nun die zweite Form der GSS, PSM to BOM, einmal genauer betrachten: Sie kann zum Beispiel aus einer der drei Pflegefunktionen für Produktstrukturen gestartet werden. Wie Abbildung 3.25 zeigt, existiert ein entsprechender Eintrag im Kontextmenü für spezielle Knoten in der Strukturdarstellung.

Durch Selektieren des Eintrags PSM ZU STL SYNCHRONISIEREN gelangen Sie in ein neues Fenster (siehe Abbildung 3.26), das den Titel SYNCHRONISIERUNG PSM ZU STL PLANEN hat. Wir sprechen auch kurz vom *Plan UI*.

Hier ist eine sogenannte *Synchronisationseinheit* angelegt. Für jede aus der Produktstruktur abzuleitende Materialstückliste ist eine solche Synchronisationseinheit erforderlich. Sie entspricht in etwa den Filtern im SAP GUI, um dort über den Stücklistenkonverter Materialstücklisten zu erzeugen. Die Synchronisationseinheit steuert analog zu diesen Filtern und den Einstellungen im Stücklistenkonverter, wie die Produktstruktur aufzulösen ist und was für eine Stückliste zu erzeugen ist.

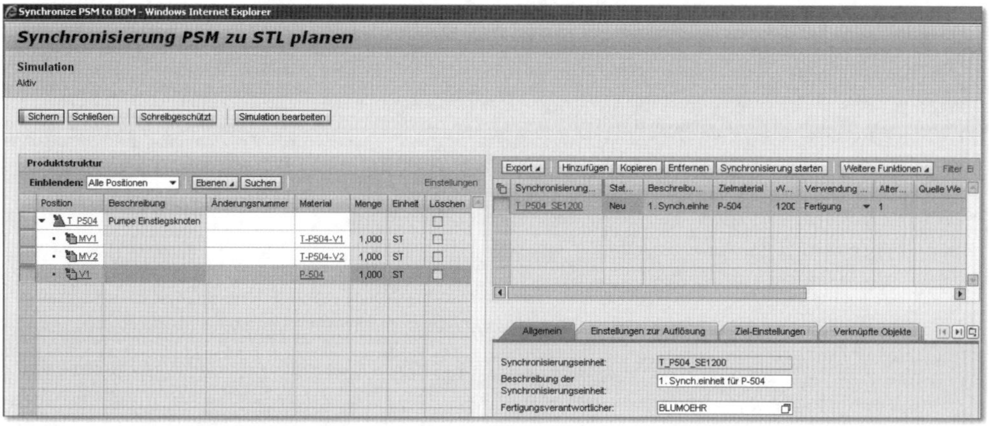

Abbildung 3.26 Synchronisationseinheit

Für die Pflege der Synchronisationseinheit gibt es in der Detaildarstellung eine Reihe von Registerkarten:

- Auf der Registerkarte ALLGEMEIN müssen der Name, die Bezeichnung, der Verantwortliche und der *Besitzerkontext* eingetragen werden. Letzterer dient einer feineren Berechtigungsverwaltung, als dies durch die Berechtigungsprofile möglich ist. Die Funktionalität der Besitzerkontexte wurde zusammen mit dem PLM WebUI eingeführt und ist an dieses gebunden.
- Auf der Registerkarte EINSTELLUNGEN ZUR AUFLÖSUNG muss eingestellt werden, *wie* die Produktstruktur aufzulösen ist. Hierzu müssen Materialnummer, Verwendung und meist auch das Werk angegeben sein. Die Materialnummer ergibt sich aus der Tatsache, dass die Synchronisationseinheit spezifisch zu einer Variante angelegt wird. Weiterhin kann hier der Entwicklungsstand der Produktstruktur für die Auflösung festgelegt werden – durch Änderungsnummern und deren Status.
- Auf der Registerkarte ZIEL-EINSTELLUNGEN müssen Sie festlegen, wie die anzulegende Stückliste bezüglich Werk, Stücklistenverwendung und Stücklistenalternative definiert sein soll. Man kann der Zielstückliste auch gleich einen Besitzerkontext (analog zur Synchronisationseinheit) zuordnen.
- Auf den restlichen beiden Registerkarten kann man noch weitere Elemente von Produktstrukturen für die neue Stückliste aufnehmen und Auswertungen bezüglich Berechtigungen durchführen.

Über den Button SYNCHRONISIERUNG STARTEN (siehe Abbildung 3.26) kann die Erzeugung der Materialstückliste gestartet werden. Gleichzeitig erscheint ein neues Fenster mit dem Titel RECONCILIATION WORKBENCH FÜR IPPE ZU STL.

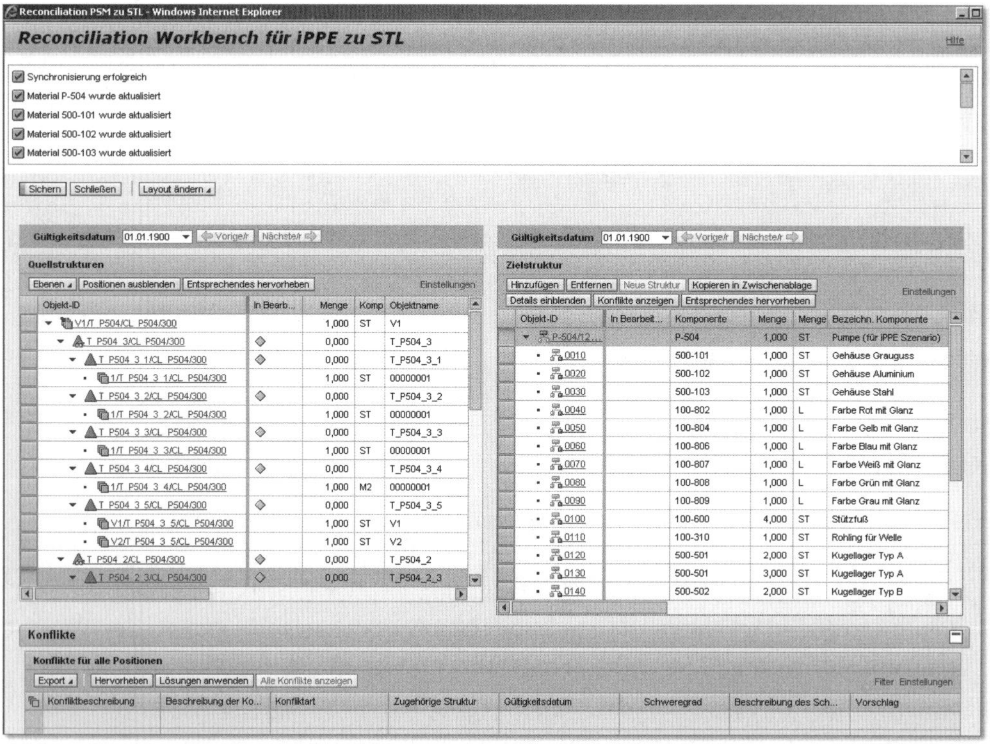

Abbildung 3.27 Abgeleitete Stückliste in der RWB

In Abbildung 3.27 ist diese Reconciliation Workbench (RWB) dargestellt. Die RWB besteht aus vier Teilen:

- Protokollfenster (oben)
- aus der Produktstruktur abgeleitete und aufgelöste Quellstruktur (Mitte, links)
- anzulegende Materialstückliste als Zielstruktur (Mitte, rechts)
- Auflistung der Konflikte (unten)

Die anzulegende Materialstückliste existiert noch nicht auf der Datenbank. Dies ist erst der Fall, wenn diese hier über den Button SPEICHERN gesichert wird.

Im Protokollfenster sehen Sie in Abbildung 3.27, dass die Synchronisierung erfolgreich war und eine Reihe von Materialstämmen aktualisiert wurde.

Damit ist gemeint, dass die Materialstämme hier um eine werksspezifische Sicht für das Werk 1200 automatisch erweitert wurden, um das Anlegen der entsprechenden werksspezifischen Stückliste zu ermöglichen – eine spezielle Funktionalität der GSS.

Die Liste der Konflikte ist in Abbildung 3.27 leer. Diese Liste dient in erster Linie dazu, Deltas zwischen Quell- und Zielstruktur zu verwalten. Ein Beispiel für einen Konflikt wäre, dass an der eben als Ergebnis einer *Initial-Synchronisation* entstandenen Materialstückliste sowohl an der Quellstruktur als auch an der Zielstruktur (= Materialstückliste) manuelle Änderungen vorgenommen werden. Bei einem anschließenden erneuten Start der Synchronisation (einer *Delta-Synchronisation*) würden diese Unterschiede als Konflikte aufgelistet werden. Der Anwender kann nun entscheiden, ob die Änderungen in der Zielstruktur beibehalten oder durch Daten aus der Quellstruktur überschrieben werden sollen.

Somit stellt diese Stücklistensynchronisation GGS (nicht nur die hier vorgestellte Form PSM to BOM) ein elegantes und weitreichendes Werkzeug dar, um abgeleitete Stücklisten, insbesondere für die Fertigung, im gewünschten Rahmen synchron zu halten.

Sie sollten nun einen guten Überblick über das integrierte Produkt- und Prozess-Engineering, den Stücklistenkonverter, das Produktstruktur-Management und die Stücklistensynchronisation (iPPE, PPECS, PSM und CSS) haben.

3.3 Integration der Variantenkonfiguration – der klassische Prozess

Schwerpunkt dieses Abschnitts sind die Besonderheiten, die beachtet werden müssen, wenn mit konfigurierbaren Produkten in den einzelnen Gliedern der logistischen Kette gearbeitet wird. Ein klassischer Prozess bezüglich der Integration der Variantenkonfiguration ist in Abbildung 3.28 angedeutet. Dies kann jedoch noch deutlich umfangreicher ausfallen, wie im nächsten Abschnitt anhand eines weiteren Beispiels beschrieben werden soll.

In dem klassischen – und relativ einfachen – Integrationsprozess Variantenkonfiguration wird angenommen, dass die benötigten Stammdaten (Kunde, Materialstamm, Stückliste, Arbeitsplan sowie Stammdaten aus Klassensystem und Variantenkonfiguration) vorhanden sind.

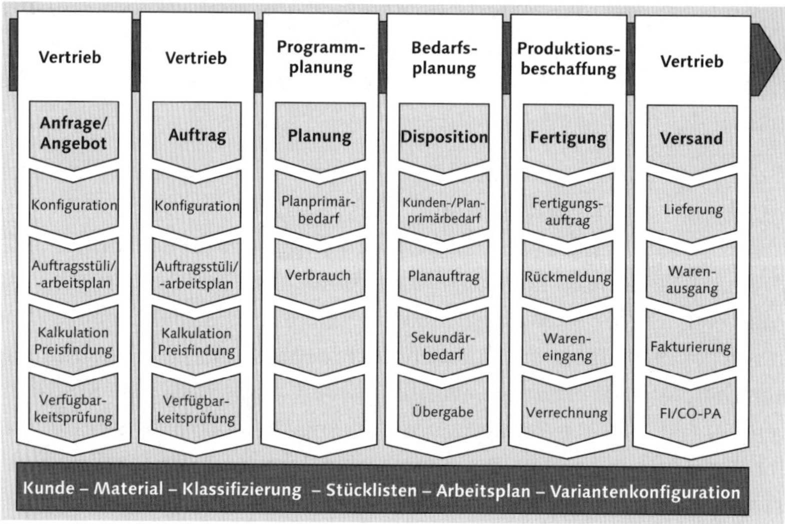

Abbildung 3.28 Integration in den logischen Geschäftsprozess

3.3.1 Vertriebsaktivitäten

Der Prozess beginnt nicht direkt mit dem Kundenauftrag, sondern mit *Vorverkaufsaktivitäten* wie *Anfrage* oder *Angebot* oder auch *Lieferpläne* oder *Kontrakte*. In diesen Aktivitäten kann genauso mit Variantenkonfiguration gearbeitet werden, wie dies für den Kundenauftrag möglich ist. Genauer gesagt, arbeitet das Variantenmodell mit seinem gesamten Beziehungswissen in allen Vertriebsbelegen gleich, soweit dies nicht explizit in der Syntax des Beziehungswissens anders vorgegeben ist.

[zB] **Unterschiedliches Beziehungswissen für verschiedene Vertriebsbelege**

Es kann zum Beispiel gewünscht sein, dass für den Kundenauftrag insbesondere andere Anforderungen an die Vollständigkeit bestehen, als dies für die Vorverkaufsaktivitäten gilt. Oder man möchte in Angeboten mit gewissen Vorschlagswerten arbeiten.

Wie wird dies realisiert? Man kann Regeln innerhalb des Beziehungswissens festlegen, die nur in gewissen Arten oder Typen von Vertriebsbelegen wirksam werden. Über Objektmerkmale mit Bezug zur Datenbanktabelle VBAK stehen die Kopfinformationen des Vertriebsbelegs im Zugriff. Hier hat man über das Feld VBTYP die Möglichkeit, grob zwischen den *Vertriebsbelegtypen* zu unterscheiden. Dieses Feld wurde in Abbildung 3.29 über ein erstes Objektmerkmal angesprochen und steht damit für Beziehungswissen für die Konfiguration im Vertrieb zur Verfügung.

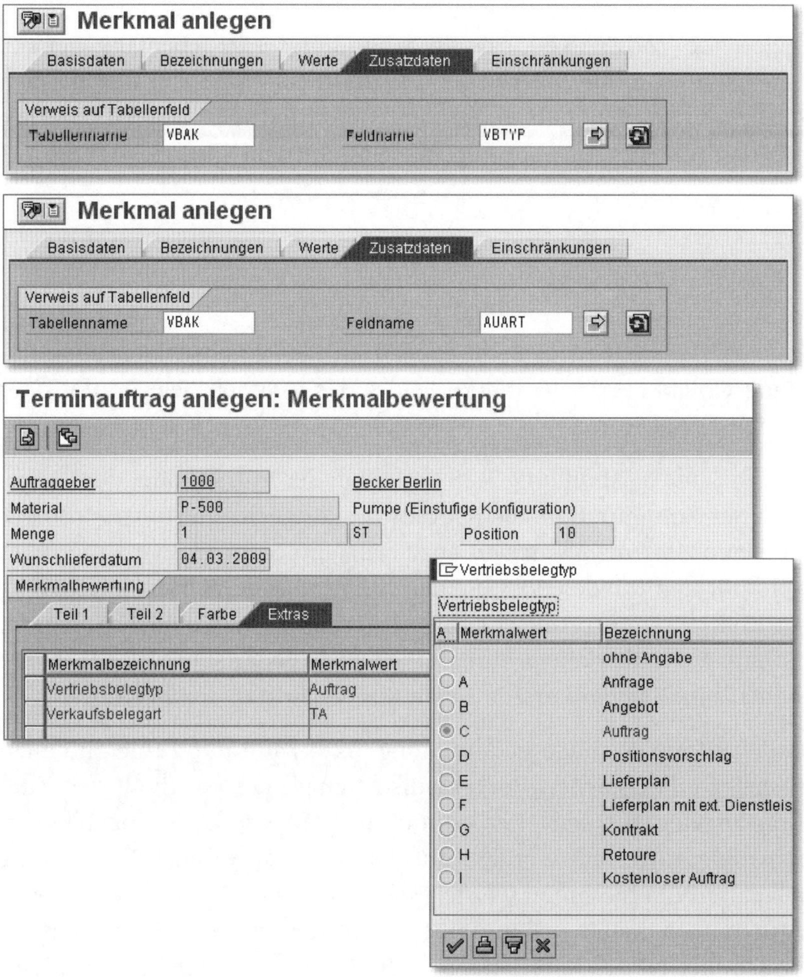

Abbildung 3.29 Objektmerkmale mit Bezug zu Vertriebsbelegtyp und Verkaufsbelegart

Entgegen der Darstellung in Abbildung 3.29 wird man im Standard diese Objektmerkmale als nicht anzeigbar einstellen. Hier in den Vertriebsbelegtypen gelten z.B. folgende Werte:

- A für Anfrage
- B für Angebot
- C für Auftrag
- E für Lieferplan
- G für Kontrakt

Die vollständige Liste erhalten Sie über die Wertehilfe. Eine andere, feiner differenzierende Möglichkeit, die in Abbildung 3.29 ebenfalls genutzt wurde, besteht darin, die *Auftragsart* über das Feld AUART in der gleichen Tabelle abzufragen. Bei entsprechender Definition der Objektmerkmale hätte dies dann für das Angebot folgende Gestalt (siehe Listing 3.1):

```
... if VBAK_VBTYP = 'B'
... if VBAK_AUART = 'AG'
```

Listing 3.1 Abfragen von Vertriebsbeleg-Informationen über Objektmerkmale

Es ist genauso vorstellbar, in Bedingungen im Beziehungswissen über entsprechende Objektmerkmale andere Felder des Vertriebsbelegkopfes oder der -position abzufragen.

In der ersten Säule in Abbildung 3.28 besteht in der Anfrage oder dem Angebot neben der Konfiguration auch bereits die Möglichkeit, *Auftragsstücklisten* oder einen *Auftragsarbeitsplan* anzulegen. Im Standard wird man dies jedoch erst für den Kundenauftrag anlegen und dort auch nur, soweit nötig und laut Konfigurationsprofil erlaubt. Ähnliche Themen sind Kalkulation, Preisfindung, Verfügbarkeitsprüfung, aber auch Bedarfsübergabe. Letztere wird ebenfalls im Standard erst mit dem Kundenauftrag durchgeführt.

Der Kundenauftrag (2. Säule in Abbildung 3.28) kann mit Bezug zu einem Vertriebsbeleg einer solchen Vorverkaufsaktivität oder einem älteren Kundenauftrag angelegt werden. Hier kann im Customizing in der sogenannten *Kopiersteuerung* eingestellt werden, ob und wie zum Beispiel Preisfindung und Kalkulation übernommen werden sollen. Genau in dieser Kopiersteuerung existiert auch die Einstellungsmöglichkeit zur Übernahme der Konfiguration. Auch hier gibt es unter anderem die Möglichkeit der Kopie und der Referenz.

3.3.2 Bedarfsplanung

Die *Programmplanung* (3. Säule in Abbildung 3.28) wird hier zunächst ausgeklammert, da dies im Rahmen der Vorplanung und Variantenkonfiguration separat behandelt werden soll.

In der *Bedarfsplanung* (4. Säule in Abbildung 3.28) wird auf die im Standard durch die Kundenaufträge erzeugten Primärbedarfe aufgesetzt. Analoges würde für Planprimärbedarfe aus der Vorplanung gelten. Standard ist, dass in der Bedarfsplanung im Rahmen der Terminierung nur eine Eckterminbestimmung durchgeführt wird. Hierfür wird die Stückliste – gegebenenfalls eine Auftragsstückliste – aufgelöst und somit für den Planauftrag die Komponentenliste ermittelt, über die wiederum Sekundärbedarfe ermittelt und übergeben werden. Die Komponentenliste im Planauftrag ist eine Kopie der aufgelösten Stückliste und kann hier geändert werden. Neben der reinen Eckterminbestimmung kann in der Bedarfsplanung auch eine Durchlaufterminierung durchgeführt werden. Das hätte zur Folge, dass bereits hier neben der Stückliste auch der Arbeitsplan gelesen und aufgelöst würde.

3.3.3 Steuerung der Bedarfsübergabe

Wie bereits erwähnt, wird in der Standard-Bedarfsplanung auf die durch die Kundenaufträge erzeugten Primärbedarfe aufgesetzt. Man kann jedoch auch bereits durch die Vertriebsbelege aus den anderen Verkaufsaktivitäten wie zum Beispiel dem Angebot Bedarfe absetzen. Analog kann man das *Kundenauftrags-Bestandssegment* mit Bezug zum Kundenauftrag, aber auch mit Bezug zum Angebot oder anderen Vertriebsbelegen anlegen. Entscheidend hierfür ist die Einstellung im Customizing für die Findung der *Bedarfsklassen* und der damit gekoppelten Bedarfsübergabe im Vertrieb (siehe auch Kapitel 4, »Customizing von SAP ERP für die Variantenkonfiguration«). Zusätzlich soll hier jedoch kurz auf das allgemeine Vorgehen und die Besonderheiten aus Sicht der Variantenkonfiguration eingegangen werden (siehe Abbildung 3.30).

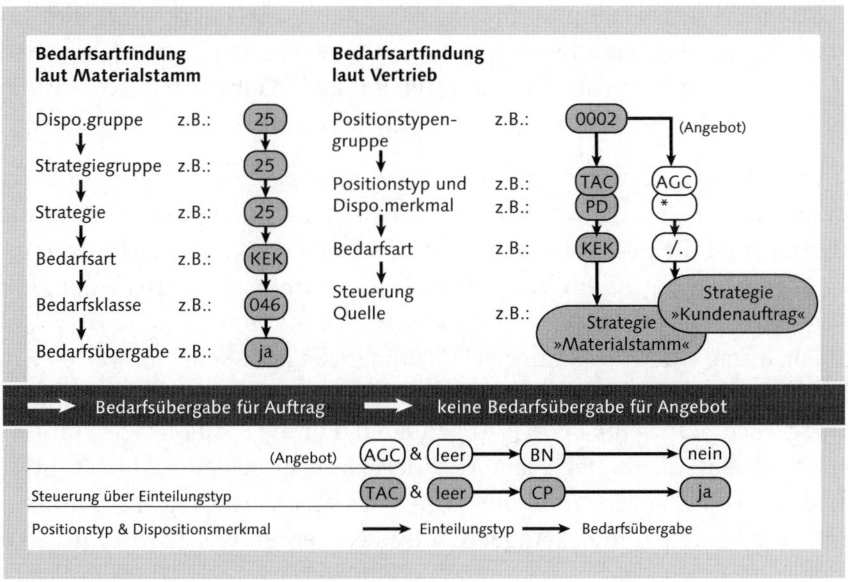

Abbildung 3.30 Steuerung der Bedarfsübergabe

Ganz grob gilt, dass Bedarf nur dann übergeben wird, wenn dies sowohl laut *Bedarfsklasse* als auch *Einteilungstyp* vorgesehen ist. Wie findet das System diese beiden Steuerungsgrößen? Man kann zunächst verkürzt sagen, dass dies über den Positionstyp, genauer gesagt, über folgende Kette erfolgt:

1. **Positionstypengruppe**
   Ausgangspunkt ist die *Positionstypengruppe*. Dies ist ein Steuerungsparameter aus dem Materialstamm. In der Variantenkonfiguration wird im Standard die Positionstypengruppe 0002 genutzt. Wie in Abschnitt 2.4, »Konfigurationsprofil und Konfigurationsszenarien«, beschrieben, ist das Paket- oder Set-Material im Szenario *Kundenauftrag* mit der Positionstypengruppe 0004 eine Ausnahme.
2. **Positionstyp**
   Auf Basis der Positionstypengruppe findet das System unter Berücksichtigung der Vertriebsbelegart den *Positionstyp*. So erhält man für 0002 und Angebot (= AG) den Positionstyp AGC und analog für 0002 und Terminauftrag (= TA) den Positionstyp TAC – siehe hierzu auch Abbildung 3.30 rechts oben und Kapitel 4, »Customizing von SAP ERP für die Variantenkonfiguration«.
3. **Einleitungstyp**
   Auf Basis des Positionstyps und unter eventueller Berücksichtigung des Dispositionsmerkmals wird der *Einteilungstyp* ermittelt. Wie in Abbildung 3.30 unten aufgelistet und im folgenden Kapitel erläutert, führt dies für das Angebot zu einem Einteilungstyp ohne Bedarfsübergabe und für den Terminauftrag zu einem Einteilungstyp mit Bedarfsübergabe. Damit ist im Standard keine Bedarfsübergabe für Angebote vorgesehen.

Auf Basis des Positionstyps und unter eventueller Berücksichtigung des Dispositionsmerkmals wird weiterhin entschieden, ob durch diese Größen die Bedarfsart und die Bedarfsklasse ermittelt werden. Bei der Bedarfsartermittlung über den Vorgang im Vertrieb wird im Customizing entschieden, mit welcher Priorität welche *Quelle* genutzt wird. Dies können Positionstyp laut Kundenauftrag oder die Strategie laut Materialstamm sein. Im Beispiel in Abbildung 3.30 wurde für die Position im Angebot über den Positionstyp (AGC) gesucht und keine Bedarfsart gefunden. Für die Position (TAC) im Terminauftrag wird die Strategie laut Materialstamm ausgewertet. Da das Angebot (AGC) keine Bedarfsart findet, kann das Kundenauftrags-Bestandssegment auch nicht zu diesem Angebot angelegt werden und wird somit zum Kundenauftrag angelegt.

Die *Strategie* kann nicht direkt im Materialstamm zugeordnet werden, sondern ergibt sich indirekt aus der Strategiegruppe. Ist die *Strategiegruppe* nicht zugeordnet, wird die *Dispositionsgruppe* ausgewertet. Im Beispiel in Abbildung 3.30 wird aus der Dispositionsgruppe 25 oder aus der Strategiegruppe 25 (Feld STRATEGIE) die Strategie 25 KUNDENEINZEL FÜR KONFIGURIERBARE MATERIALIEN ermittelt.

Eine Strategie kann aus einer BEDARFSART VORPLANUNG und einer BEDARFSART KUNDENBEDARF bestehen. Im Standard wird die Strategie 25 nicht im Rahmen der Vorplanung genutzt, so dass hier der entsprechende Eintrag fehlt. Der Strategie 25 wurde an dieser Stelle als Bedarfsart für Kundenbedarf KEK (KDEINZEL KONFIGURIERBARES MAT.) und damit indirekt die BEDARFSKLASSE 46 zugeordnet. Diese Bedarfsklasse sieht eine Bedarfsübergabe vor.

Weiterhin ist in Abbildung 3.31 in den letzten zwei Zeilen erkennbar, dass hier generell mit Variantenkonfiguration gearbeitet wird und keine Verrechnung gegen Vorplanung erfolgt. Letzteres spielt im nächsten Abschnitt eine Rolle (siehe auch Kapitel 4, »Customizing von SAP ERP für die Variantenkonfiguration«).

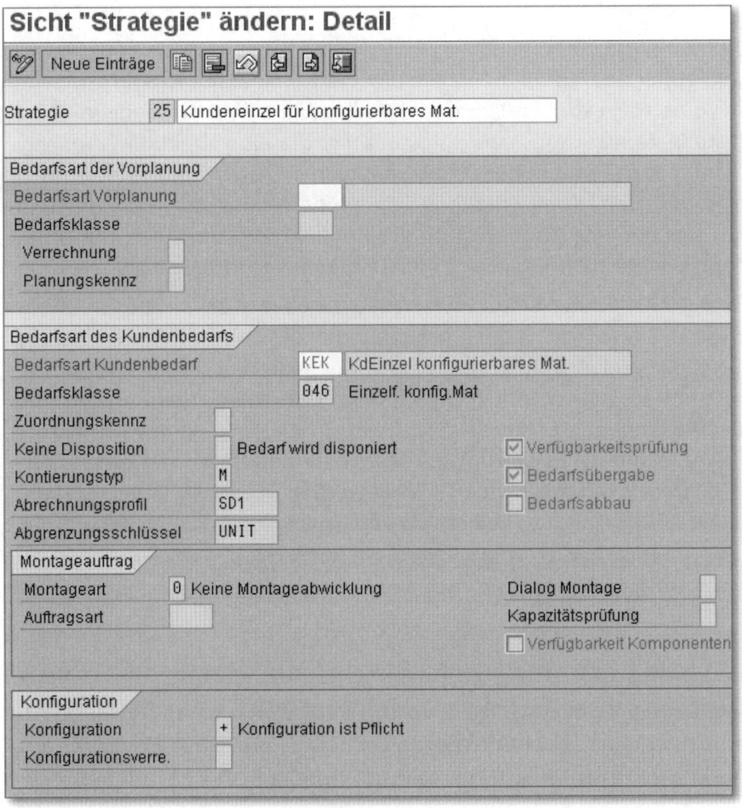

Abbildung 3.31 Customizing der Strategie

3.3.4 Beschaffung: Eigenfertigung oder Fremdbeschaffung

Die *Beschaffung* (5. Säule in Abbildung 3.28) behandeln wir nun besonders im Hinblick auf *Eigenfertigung* als Beschaffungsart.

[+] **Exkurs: Fremdbeschaffung**

Auch die *Fremdbeschaffung* kann als Beschaffungsart für konfigurierbare Materialien genutzt werden. Sowohl das komplette konfigurierbare Produkt, das die Kundenauftragsposition darstellt, kann so fremdbeschafft werden als auch einzelne konfigurierbare Komponenten. Diese Komponenten können dabei im Kundenauftrag im Rahmen einer mehrstufigen Konfiguration eine Konfiguration bekommen haben.

Es ist auch möglich, ohne eigene Konfiguration für diese konfigurierbaren Komponenten hier zu arbeiten. Dies ist zum Beispiel dann der Fall, wenn für das komplette konfigurierbare Produkt laut seinem Konfigurationsprofil nur eine einstufige Konfiguration eingestellt ist. Existiert für die fremdzubeschaffende konfigurierbare Komponente kein eigenes Konfigurationsprofil, müssen für die konfigurierbare Komponente notwendige Informationen aus der Konfiguration in der Bewertung des kompletten konfigurierbaren Produkts abgefragt werden. Die *Bestellung* der konfigurierbaren Komponente erhält eine Kopie der Konfiguration des konfigurierbaren Produkts – die vollständige Bewertung von hier, soweit über Oberflächendesign keine Filter bezüglich des Einkaufs eingestellt wurden.

Besitzt die konfigurierbare Komponente ein eigenes Konfigurationsprofil und wird bezüglich des kompletten konfigurierbaren Produkts laut dortigem Konfigurationsprofil nur einstufig konfiguriert, haben Sie zunächst dieselbe Situation wie oben. Im Vertrieb kann nur das Kopfmaterial bewertet werden. Das Konfigurationsprofil an der konfigurierbaren Komponente wird ignoriert, also als nicht existent betrachtet. Es wird nur eine Konfiguration des Kopfmaterials abgelegt. Die konfigurierbare Komponente stellt in dieser Konfiguration keine *Instanz* dar.

Obwohl es hier keinen Unterschied im Vertrieb zu oben gibt, existieren Unterschiede im Einkauf. Dieser Unterschied besteht darin, dass hier nicht wie oben die komplette Bewertung der Konfiguration des Kopfmaterials in die Bestellung kopiert wird, sondern das eigentlich unberücksichtigte Konfigurationsprofil der konfigurierbaren Komponente Auswirkungen hat. In die Bestellung wird hier im Unterschied zu oben nur die Bewertung der Merkmale kopiert, die der konfigurierbaren Komponente zugeordnet wurden. Die Bewertung dieser Merkmale stammt jedoch – analog zu oben – aus der Bewertung des Kopfmaterials im Kundenauftrag.

Man kann also sagen, dass das *Konfigurationsprofil der konfigurierbaren Komponente* bei dem hier besprochenen einstufigen Konfigurationsszenario wie ein *Filter* wirkt.

Nach diesem kurzen Exkurs in die Fremdbeschaffung soll nun die *Eigenfertigung* als Beschaffungsart betrachtet werden. Wird laut Planungsstrategie im Materialstamm mit Montageabwicklung gearbeitet, wird der *Fertigungsauftrag* direkt aus dem Kundenauftrag heraus angelegt. Im Standardfall mit Bedarfsplanung existieren Planaufträge, die in Fertigungsaufträge umgewandelt werden können. Hierbei kann die *Komponentenliste* aus dem Planauftrag kopiert werden oder auch eine erneute Auflösung der Stückliste durchgeführt werden. Letzteres passiert zum Beispiel generell, wenn Sie das Kopfmaterial für den Änderungsdienst für Fertigungsaufträge oder Order Change Management (OCM) aktiviert haben, indem dem Materialstamm in der Sicht ARBEITSVORBEREITUNG ein Gesamtänderungsprofil zugeordnet wurde. Für den Fertigungsauftrag wird der Arbeitsplan aufgelöst und analog zur Stückliste eine Kopie in Form einer *Vorgangsliste* angelegt.

Komponenten- und Vorgangsliste können nachträglich noch aktualisiert werden. Hierfür steht die Standardfunktionalität des Fertigungsauftrags PP-STAMMDATEN NACHLESEN zur Verfügung. Dies kann in folgenden Fällen erforderlich sein:

- wenn nachträglich an Stücklisten und Arbeitsplan Änderungen vorgenommen wurden
- wenn Auftragsstückliste und Auftragsarbeitsplan angelegt oder geändert wurden
- wenn Änderungen an der Konfiguration im Kundenauftrag gemacht wurden, die Änderungen in der Auflösung von Stückliste und Arbeitsplan ergeben

Die Durchführung des Fertigungsauftrags PP-STAMMDATEN NACHLESEN ist auch dann noch möglich, wenn der Fertigungsauftrag bereits freigegeben wurde. Diese Freigabe würde dann aber zurückgesetzt. Ist der Fertigungsauftrag jedoch angefertigt, was über (Teil-)Rückmeldungen und Warenbewegungen dokumentiert ist, ist dieses Nachlesen nicht mehr möglich. Hier käme der *Fertigungsauftrags-Änderungsdienst* (OCM) zum Zuge. Das heißt, auch solche Fertigungsaufträge können mit Systemunterstützung geändert werden. Dazu erfahren Sie in Abschnitt 6.2, »Änderungsdienst«, mehr.

In den der Beschaffung nachfolgenden Prozessen des Vertriebs (6. Säule in Abbildung 3.32) sind keine Besonderheiten aus Sicht der Variantenkonfiguration zu beachten.

3.4 Prozesse mit erweiterten Integrationsaspekten

Neben den Betrachtungen im Zusammenhang mit Abbildung 3.32 sollen hier weitere Integrationsaspekte angesprochen werden wie:

- Integration des Projektsystems (PS) inklusive Konfiguration von Projekten
- Integration von konfigurierbaren Muster-Leistungsverzeichnissen in Bestellprozessen

- Integration des Qualitätsmanagements (QM) inklusive Prüfung gegen Konfiguration
- Integration der Instandhaltung (*Plant Maintenance*, PM) und des Kundenservices (*Customer Services*, CS) inklusive konfigurierbarer Instandhaltungsanleitungen

Diese Integrationsaspekte werden im Weiteren ausführlich besprochen.

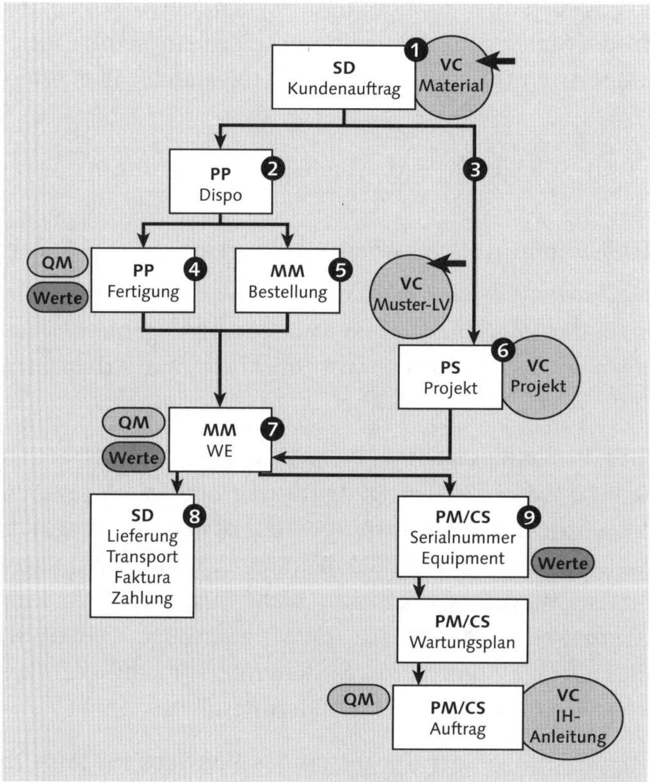

Abbildung 3.32 Beispiel eines Integrationsmodells mit Variantenkonfiguration

Für die Vorstellung dieser erweiterten Integrationsaspekte soll ein Beispiel genutzt werden, das die Autoren im Demonstrations- und Schulungssystem IDES von SAP aufgebaut haben. Die Anforderung war, in einem Modell alle konfigurierbaren Objekttypen, verschiedene Prozesse und einen hohen Grad an Integration zu vereinigen. Es sind folgende konfigurierbare Objekttypen integriert: Materialstamm, Netzplan, Instandhaltungsanleitung und Muster-Leistungsverzeichnis.

Die vorgestellten Prozesse sprechen folgende Module an:

- Planung und Fertigung (PP)
- Bestellung und Einkauf (MM)
- Kundenauftrag im Vertrieb (SD)
- Projektsystem (PS)
- Instandhaltung/Kundenservice (PM/CS)
- Qualitätsmanagement (QM)

Dabei wird versucht, im ganzen Prozess mit einer Konfiguration auszukommen, die in unserem Beispiel im Vertrieb durchgeführt wird. Diese Konfiguration wird im Rahmen der Integration automatisch an die Anwendungen in den anderen Modulen übergeben. Natürlich ist es an fast allen Stellen, an denen mit Variantenkonfiguration gearbeitet werden kann, auch möglich, explizit zu konfigurieren.

3.4.1 Prozess der Eigenfertigung

Wie bereits erwähnt, beginnt der Prozess in bekannter Weise mit einer Konfiguration in einem Kundenauftrag.

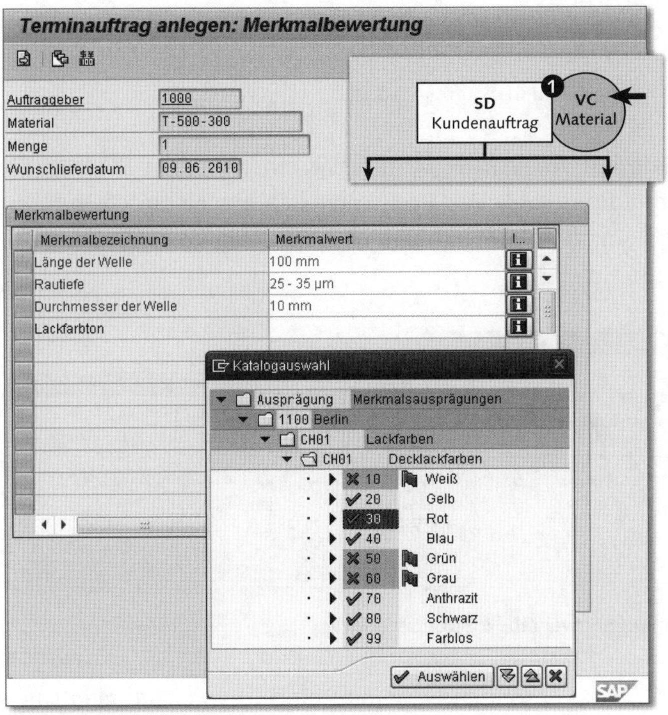

Abbildung 3.33 Konfiguration im Kundenauftrag

Der Kundenauftrag wird hier, wie in Abbildung 3.33 erkennbar, zu dem konfigurierbaren Materialstamm T-500-300 angelegt. Wir haben hier drei numerische Merkmale. Dabei fällt das Merkmal RAUTIEFE auf, da hier ein Intervall als Bewertung zulässig ist. Dies wurde dadurch erreicht, dass das Merkmal laut Definition Intervalle zulässt und gleichzeitig mehrwertig ist. Dabei ist jedoch zu beachten, dass ein solches Intervall als Bewertung nicht in Beziehungswissen angesprochen werden kann. Trotzdem kann ein solches Merkmal sinnvoll sein, um es zum Beispiel im Qualitätsmanagement zu nutzen (siehe Abschnitt 3.4.2). Das Merkmal LACKFARBTON ist in der Merkmalsdefinition auf der Registerkarte ZULÄSSIGE WERTE mit einem Katalog (hier mit dem Schlüssel 1100 CH01) verknüpft worden.

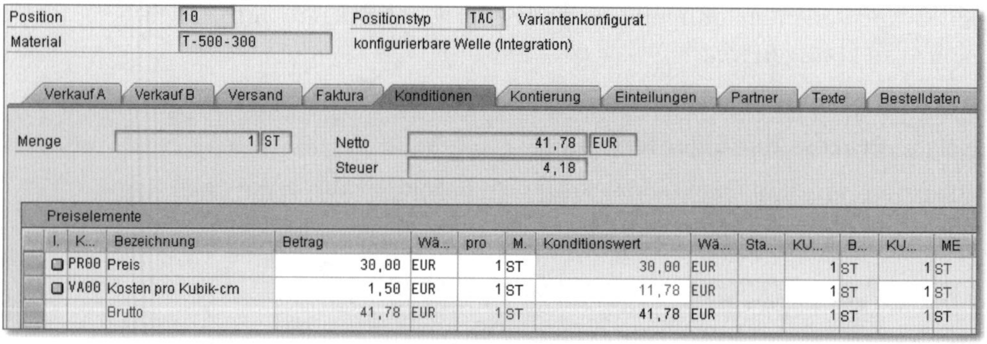

Abbildung 3.34 Preisfindung im Kundenauftrag

Nach der Bewertung der Merkmale werfen wir einen kurzen Blick in die Preisfindung in Abbildung 3.34. Der Preis setzt sich aus einem Grundpreis von 30,00 EUR und einem volumenabhängigen Zuschlag von 1,50 EUR pro Kubikzentimeter zusammen.

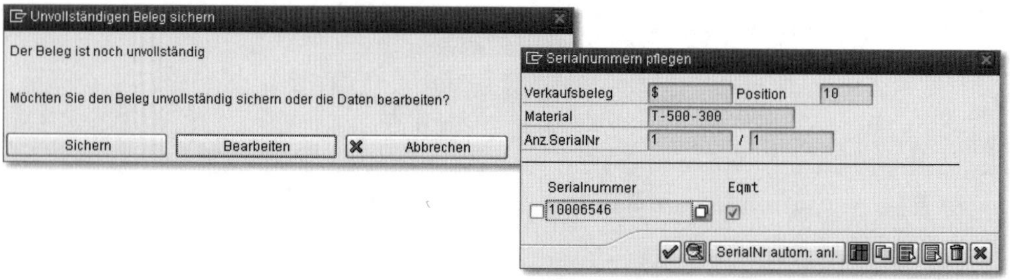

Abbildung 3.35 Serialnummernvergabe im Kundenauftrag

Wie in Abbildung 3.35 zu erkennen, erscheint eine Unvollständigkeitsmeldung beim Versuch, den Kundenauftrag zu speichern. Es wird noch eine

Serialnummer benötigt. Diese wurde hier über den Button SERIALNR AUTOM. ANL. angelegt.

Die Ursache für das Verhalten des Kundenauftrags bezüglich der Serialnummer liegt im Materialstamm, in dem in den allgemeinen Werksparametern des Vertriebs ein Serialnummernprofil zugeordnet wird. Auch hier im Materialstamm wurde über die sogenannte *SerialisEbene* ein synchrones Anlegen eines Equipments erreicht. Das Serialnummernprofil enthält im Prinzip alle möglichen Vorgänge, in denen Serialnummern benötigt werden können. In unserem Beispiel *müssen* in all diesen Vorgängen Serialnummern verwendet werden – und dies immer in Verbindung mit einem Equipment.

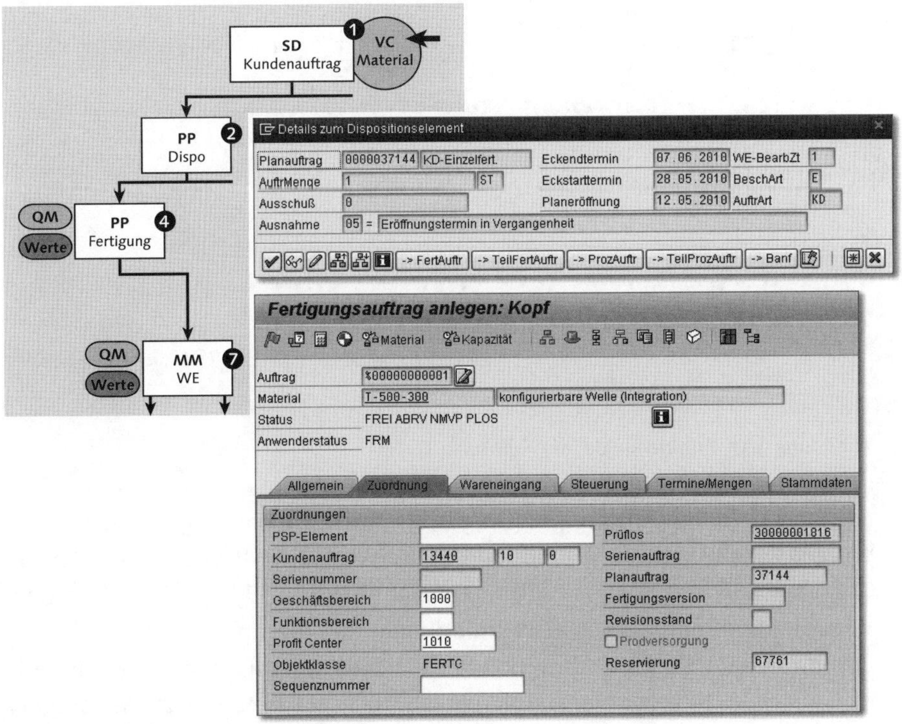

Abbildung 3.36 Eigenfertigungsprozess

In Abbildung 3.36 ist der weitere Verlauf angedeutet. Die mehrstufige Bedarfsplanung ❷ für diesen Kundenauftrag kann über die entsprechende Transaktion MD50 gestartet werden. Ergebnis dieses Planungslaufs ist ein Planauftrag, der zum Beispiel über die Bedarfs-/Bestandsliste (Transaktion MD04) angezeigt werden kann. Da laut Materialstamm (Sicht: DISPOSITION 2) auch Eigenfertigung zulässig ist, kann z. B. aus der Bedarfs-/Bestandsliste heraus der Planauftrag in einen Fertigungsauftrag umgewandelt werden.

Wird der Fertigungsauftrag freigegeben, wird automatisch ein Prüflos erzeugt (siehe Abbildung 3.36, Registerkarte Zuordnung).

3.4.2 Qualitätsmanagement und Variantenkonfiguration

Das Prüflos im Fertigungsauftrag ermöglicht eine fertigungsbegleitende Prüfung im Rahmen des *Qualitätsmanagements* (QM, siehe ❹ in Abbildung 3.36).

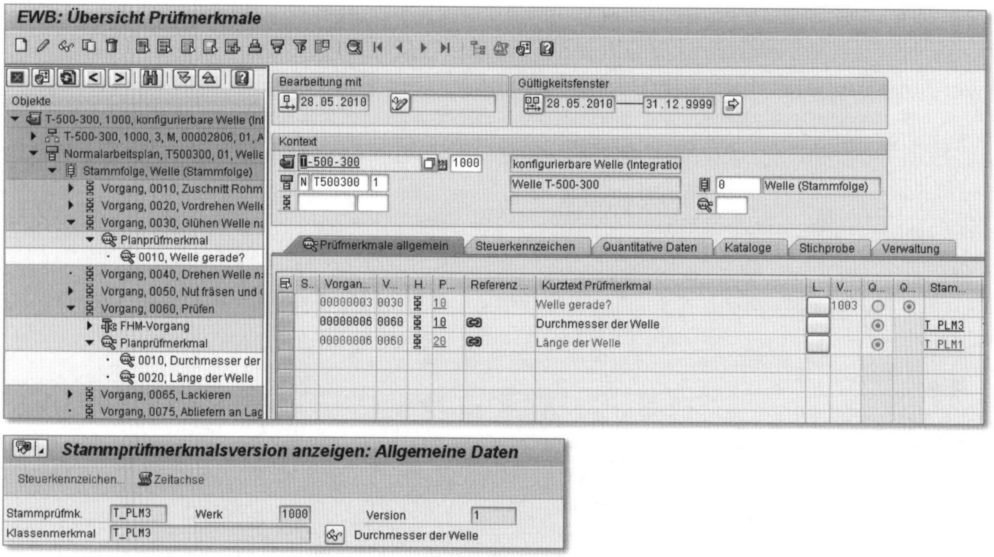

Abbildung 3.37 Prüfmerkmale im Arbeitsplan

Hierzu enthält der Fertigungsauftrag Prüfschritte als Vorgänge aus dem zugehörigen Arbeitsplan. In Abbildung 3.37 sehen Sie die Prüfmerkmale an den Vorgängen 30 und 60. Das Prüfmerkmal an Vorgang 30 hat keinen Bezug zur Variantenkonfiguration. Die Prüfmerkmale an Vorgang 60 besitzen einen Bezug zu einem Stammprüfmerkmal, das wiederum mit einem Klassenmerkmal gleichen Namens verknüpft ist. Diese sogenannten *Klassenmerkmale* sind genau die Merkmale, die in der Konfiguration im Kundenauftrag bewertet wurden. Auch für die restlichen Merkmale der Konfiguration im Kundenauftrag wurden Stammprüfmerkmale mit entsprechender Verknüpfung angelegt – diese sind jedoch nicht dem Arbeitsplan zugeordnet worden. Trotzdem spielen auch diese Prüfmerkmale hier eine Rolle, wie Sie gleich sehen werden.

Die Vorgänge 30 und 60 sind durch die Zuordnung eines entsprechenden Steuerschlüssels zu Prüfvorgängen geworden. Diese Prüfvorgänge wurden mit den anderen Vorgängen aus dem Maximalarbeitsplan des konfigurierbaren Materials in den Fertigungsauftrag kopiert.

Weiterhin wurde über den Materialstamm in der Sicht QUALITÄTSMANAGEMENT über die *Prüfart* eine Zwischenprüfung in der Fertigung aktiviert. Sie können die Variantenkonfiguration direkt mit der Prüfung im QM koppeln. Das heißt, es ist möglich, gegen die Konfiguration des Kundenwunschs zu prüfen.

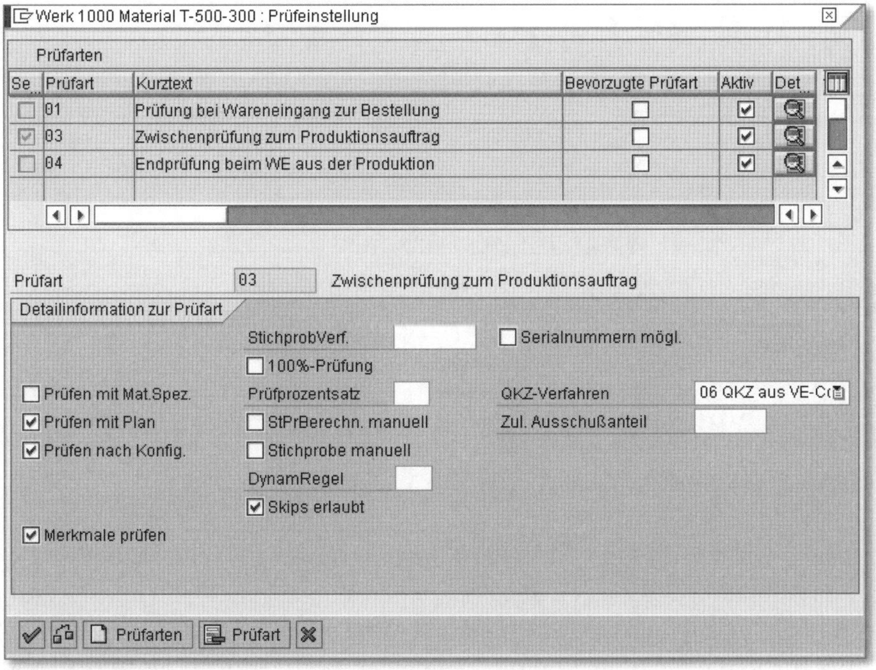

Abbildung 3.38 Einstellungen des Qualitätsmanagements im Materialstamm

Hierzu wählen Sie im Materialstamm im Abschnitt DETAILINFORMATION ZUR PRÜFART den Radiobutton PRÜFEN NACH KONFIG. (siehe Abbildung 3.38).

Prüfmerkmale und Merkmale aus der Variantenkonfiguration [+]

In der Prüfung in QM erscheinen alle Prüfmerkmale, die Vorgängen des Arbeitsplans zugeordnet wurden. Dies ist unabhängig davon, ob diese Prüfmerkmale mit Merkmalen aus der Variantenkonfiguration gekoppelt wurden.

Darüber hinaus erscheinen auch alle gekoppelten Prüfmerkmale, die nicht dem Arbeitsplan zugeordnet wurden. Das passiert jedoch nur, wenn das entsprechende Merkmal in der Konfiguration des Kundenauftrags bewertet wurde. In diesem Fall erscheint es als Prüfmerkmal zum letzten Vorgang. Ein gekoppeltes Prüfmerkmal muss nur bewertet werden, falls es als Muss-Merkmal gekennzeichnet ist und das zugehörige Merkmal in der Konfiguration bewertet wurde.

Eine Prüfung gegen die Konfiguration ist nur für numerische, jedoch nicht für qualitative Merkmale möglich. In der Variantenkonfiguration kann im Standard ein Merkmal nicht mit einem Intervall bewertet werden, so dass dann auch nur eine Prüfung gegen einen Einzelwert möglich ist. Eine Ausnahme stellen mehrwertige Merkmale, die Intervallwerte erlauben, dar. Diese können jedoch im Standard nicht in Beziehungswissen ausgewertet werden. Eine weitere Ausnahme stellen Toleranzbereiche dar (siehe zweiten Hinweis in Abschnitt 3.4.2).

Abbildung 3.39 Ergebniserfassung in QM

Schauen wir uns dies in QM in der Ergebniserfassung (Transaktion QE51N) an. In Abbildung 3.39 sehen Sie, dass zu den Vorgängen 30, 60 und 75 Prüfmerkmale existieren. Das Prüfmerkmal WELLE GERADE? hat keine Verbindung zur Variantenkonfiguration. Die beiden Prüfmerkmale zu Vorgang 60 sind mit Merkmalen aus der Variantenkonfiguration gekoppelt, so dass automatisch gegen die Konfiguration (Durchmesser = 10 mm, Länge = 100 mm) geprüft wird. Alle drei Prüfmerkmale wurden dem Arbeitsplan zugeordnet.

[+]

Toleranzen in Variantenkonfiguration und Qualitätsmanagement

Bisher konnten die Vorgaben aus der Variantenkonfiguration nur direkt in das Prüflos übergeben werden. Das heißt z. B., dass bei einer Länge von 100 mm in der Konfiguration keine noch so geringe Abweichung akzeptiert wurde. Dies entspricht jedoch häufig nicht den Anforderungen der Praxis, in denen Normen mit gewissen Toleranzen verknüpft sind. Intervallwerte in der Konfiguration werden wie in unserem Beispiel für die Rautiefe auch nicht gewünscht, da diese nicht in Beziehungswissen ausgewertet werden können.

Mit dem Erweiterungspaket 5 (EHP5) im ERP-Release 6.0 wird die Möglichkeit hinzugekommen, im Prüfmerkmal in QM *Toleranzen* für die Prüfung gegen die Konfiguration einzustellen. Im Beispiel aus Abbildung 3.39 wurde dies für das Merkmal der Länge genutzt. So können Sie in der Konfiguration einen Einzelwert angeben, in der QM-Prüfung aber gegen ein Intervall prüfen.

Zur Berechnung der Toleranzgrenzen und weiteren QM-Prüfvorgaben im Prüflos können im Stammprüfmerkmal Regeln der folgenden Art definiert werden, die die Variantenkonfiguration berücksichtigen:

- Regel für Berechnung der Toleranzgrenzen mit Absolutwerten (z.B. +/– 5 mm)
- Regel für Berechnung der Toleranzgrenzen mit Prozentwerten (z.B. +/– 5%, wie in unserem Beispiel)
- Berechnung anhand von Tabellen (z.B. ISO-Toleranzen für Passungen von Bohrungen und Wellen) mit Hilfe von Customizing-Einstellungen. Es kann auch das BAdI `BADI_QASDR_MASTERCHAR_TO_INSP` genutzt werden (siehe auch SAP-Hinweis 1465422).
- Regel zur Berechnung der Toleranzgrenzen über Hilfsmerkmale, die in der Variantenkonfiguration festgelegt werden

Folgende Voraussetzungen sind hierbei zu beachten:

- Das Kennzeichen Prüfen nach Konfig. muss im Materialstamm in der Sicht Qualitätsmanagement für die jeweilige Prüfart gepflegt sein. Diese Einstellung ist für die Prüfarten 01 (Wareneingang zur Bestellung), 03 (Produktion) und 04 (Wareneingang zum Produktionsauftrag) wirksam.
- Das Stammprüfmerkmal muss mit dem Klassenmerkmal der Variantenkonfiguration (Klassenart 300) verknüpft werden.

Prüfmerkmale, die nicht dem Arbeitsplan zugeordnet wurden, aber mit Merkmalen der Variantenkonfiguration gekoppelt sind und in der Konfiguration bewertet wurden, werden in QM zur Prüfung am letzten Vorgang aufgelistet. Deshalb erscheinen hier die letzten beiden Prüfmerkmale (Rautiefe = 25–35 mm, Lackfarbton = rot) am Vorgang 75.

Wir gehen an dieser Stelle davon aus, dass die Prüfung ergibt, dass die Fertigung entsprechend dem Kundenwunsch erfolgte.

- Welle gerade? Ergebnis: 0 Fehler => abgeschlossen und in Ordnung
- Durchmesser der Welle: 10 mm => abgeschlossen und in Ordnung
- Länge der Welle: 100 mm => abgeschlossen und in Ordnung
- Rautiefe: 30 m => abgeschlossen und in Ordnung
- Lackfarbton: rot => abgeschlossen und in Ordnung

Die Prüfung in QM wird mit dem Verwendungsentscheid abgeschlossen (wir entscheiden hier mit »Annahme = A«).

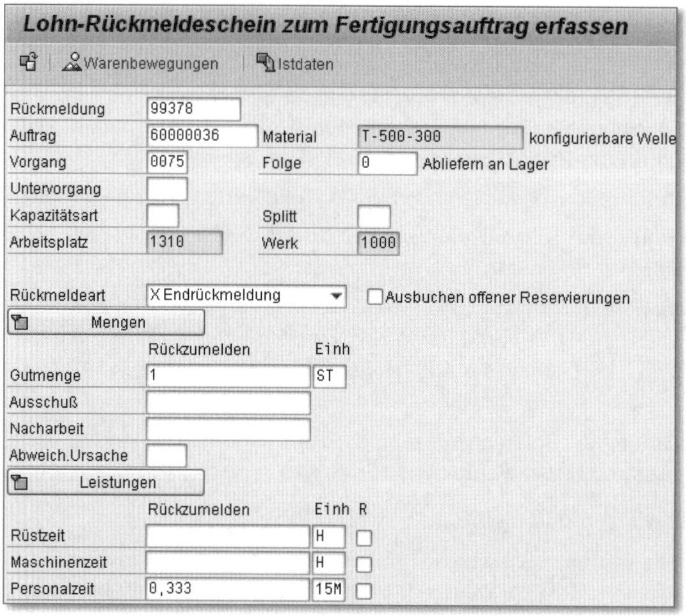

Abbildung 3.40 Rückmeldungen zum Fertigungsauftrag

Parallel zu der Ergebniserfassung in QM kann eine schrittweise Rückmeldung des Fertigungsauftrags erfolgen. Da wir hier im letzten Vorgang über den Steuerschlüssel einen Meilenstein ohne automatischen Wareneingang eingestellt haben, reicht eine Rückmeldung dieses letzten Vorgangs 75 (siehe Abbildung 3.40).

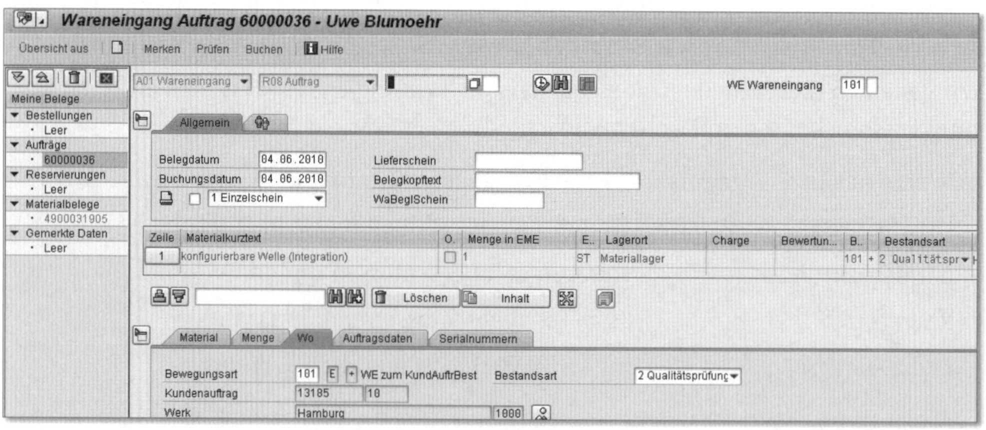

Abbildung 3.41 Wareneingang zum Auftrag

Da der Meilenstein am Vorgang 75 keinen automatischen Wareneingang enthält, ist nun der Wareneingang zu buchen. Wir haben uns hier für die Transaktion MIGO (WARENBEWEGUNGEN) entschieden. Der Wareneingang erfolgt zu dem Fertigungsauftrag, landet aber – wie gewollt und laut Bewegungsart – im Kundenauftragsbestand (siehe rechts unten in Abbildung 3.41).

Hier wurde auf der Registerkarte SERIALNUMMERN auch die Serialnummer automatisch eingetragen. Der Wareneingang wird jedoch zunächst in den QM-Sperrbestand gebucht. Auf Abbildung 3.38 war auch eine Prüfung beim Wareneingang aus der Produktion zu erkennen. Diese Prüfung in QM verläuft analog zu der oben beschriebenen, die die Fertigung begleitet. Hier können Sie sich bei dem Verwendungsentscheid für eine Annahme mit automatischer Buchung der Warenbewegung im Hintergrund (A2) entscheiden. Für die Warenbewegung ist wieder die Serialnummer erforderlich. Als Ergebnis des letzten Schritts ist die Welle im freien Kundenbestand.

Abschließend sind nun folgende Schritte erforderlich, die jedoch nichts Spezifisches aus Sicht der Variantenkonfiguration enthalten:

1. Der Verkaufsbeleg muss beliefert werden. Hierfür ist ein Transportauftrag anzulegen. Im Rahmen der Lieferung ist ein Warenausgang zu buchen.
2. Die Faktura zu dieser Lieferung muss angelegt werden.
3. Der Prozess wird mit dem Zahlungseingang abgeschlossen.

Abbildung 3.42 Belegfluss im Kundenauftrag

Als Ergebnis sieht man im Belegfluss des Kundenauftrags, wie in Abbildung 3.42 dargestellt, dass alle Belege den Status ERLEDIGT haben und der Buchhaltungsbeleg den Status AUSGEZIFFERT.

3.4.3 Bestellung und konfigurierbare Muster-Leistungsverzeichnisse

In Abbildung 3.43 ist skizziert, dass ein Auftrag ❷ aus der Disposition heraus nicht nur für die Eigenfertigung in einen Fertigungsauftrag, sondern auch für die Fremdbeschaffung in eine Bestellanforderung und Bestellung ❺ überführt werden kann.

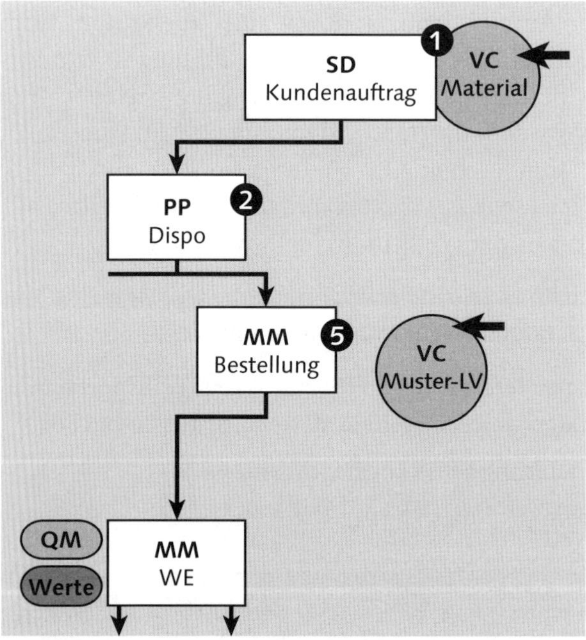

Abbildung 3.43 Fremdbeschaffungsprozess

Hierzu kann der Planauftrag, das Ergebnis eines Planungslaufs (siehe die Beschreibung zur Eigenfertigung in Abschnitt 3.4.1, »Prozess der Eigenfertigung«), in eine Bestellanforderung überführt werden. Diese wiederum wird in eine Bestellung umgewandelt – zum Beispiel über die Transaktion MD04 (Bestands-Bedarfsliste).

Abbildung 3.44 zeigt, dass in der Bestellung auf der Registerkarte MATERIALDATEN in die Konfiguration abgesprungen werden kann. Die Konfiguration aus dem Kundenauftrag wird in die Bestellung kopiert und somit dem Lieferanten zur Verfügung gestellt. Auf der Registerkarte KONDITIONEN ist zu erkennen, dass die Preisfindung analog zu der im Kundenauftrag – auch unter Nutzung der Variantenkonditions-Arten VA00 und VA01 – erfolgt.

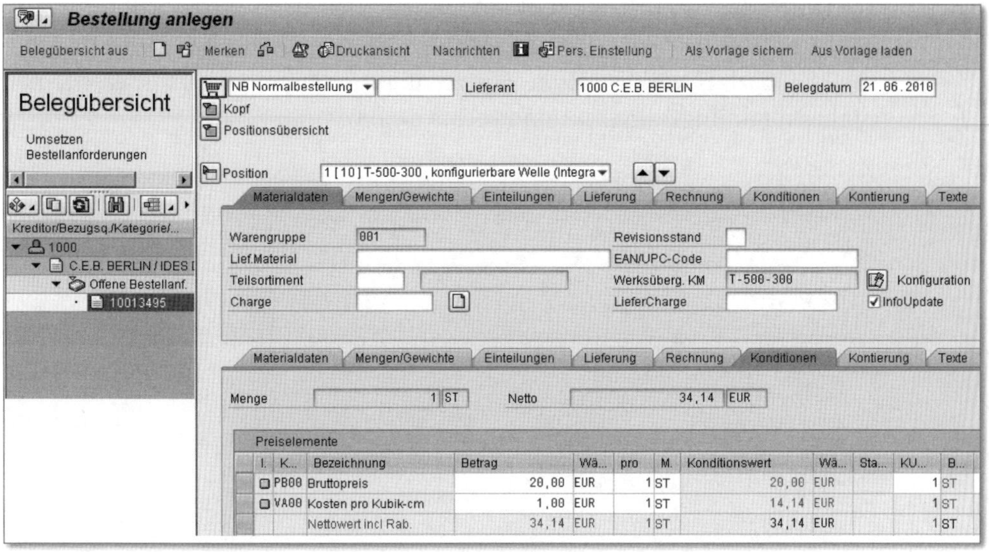

Abbildung 3.44 Bestellung: Materialdaten und Preisfindung

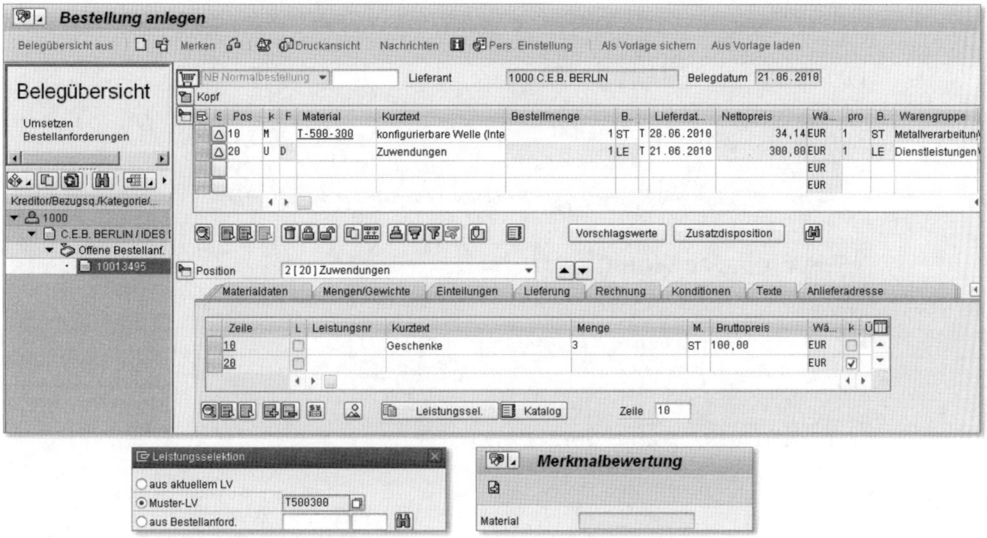

Abbildung 3.45 Bestellung – Dienstleistungen

In der *Bestellung* kann generell, d.h. unabhängig von konfigurierbaren Materialien, auch mit Dienstleistungen gearbeitet werden. Diese Dienstleistungen können aus einem Muster-Leistungsverzeichnis kopiert werden (siehe Abbildung 3.45). Dieses Muster-Leistungsverzeichnis kann wiederum konfigurierbar sein. In diesem Fall würde nach der Selektion des konfigurierbaren Muster-Leistungsverzeichnisses ein Merkmalsbewertungsbild entsprechend der Konfiguration des konfigurierbaren Materials erscheinen (siehe Abbildung 3.45 links und rechts unten).

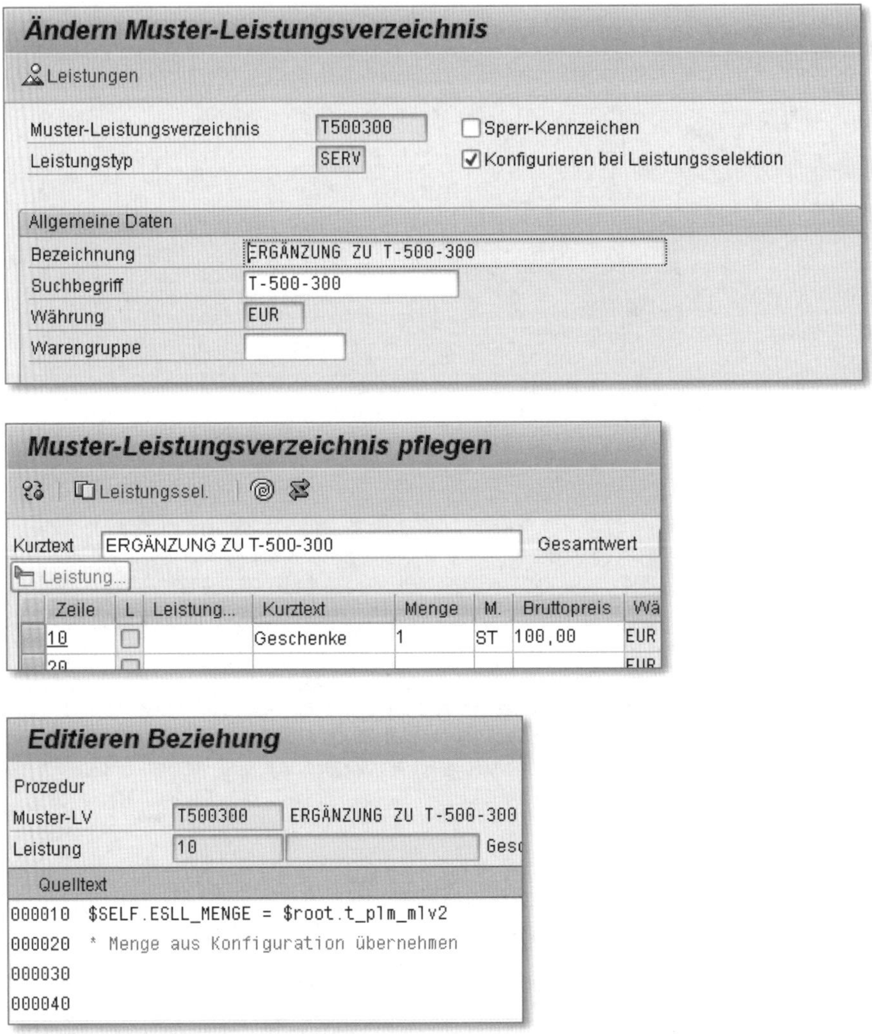

Abbildung 3.46 Muster-Leistungsverzeichnis

Die Konfiguration des Muster-Leistungsverzeichnisses ist generell unabhängig von der Konfiguration des Materials im Kundenauftrag. *Konfigurierbare Muster-Leistungsverzeichnisse* stellen ähnlich wie die anderen konfigurierbaren Objekttypen (Materialstamm, Netzplan, Instandhaltungsanleitung)

Maximalvorlagen dar, aus denen laut einer Konfiguration die zu übernehmenden Elemente selektiert (Auswahlbedingungen) und eventuell verändert (Prozeduren) werden. Die Prozeduren nutzen für diese Änderungen Objektmerkmale mit Bezug zur Tabelle ESLL. In Abbildung 3.46 wurde nur eine Leistung angelegt und diese mit einer Prozedur versehen. Die Prozedur überschreibt die Menge mit einem Wert aus der Konfiguration. Das Muster-Leistungsverzeichnis wird durch das Setzen des Flags KONFIGURIEREN BEI LEISTUNGSSELEKTION konfigurierbar. Weiterhin sind Konfigurationsprofil und Variantenklasse erforderlich.

Auch in diesem Szenario der Fremdbeschaffung ist es sinnvoll (analog zum Szenario der Eigenfertigung) den Wareneingang zur Bestellung zunächst in den QM-Sperrbestand zu buchen und eine Prüfung in QM durchzuführen.

Sie können auch direkt, das heißt ohne Bezug zu einem Kundenauftrag, eine Bestellanforderung oder Bestellung bezüglich des konfigurierbaren Materials anlegen. In diesem Fall besteht die Möglichkeit, in dem Beleg zu konfigurieren.

3.4.4 Projektsystem, konfigurierbare Standardnetzpläne und Variantenkonfiguration

Bisher wurde besprochen, dass der Prozess im Allgemeinen mit einer Konfiguration im SD-Kundenauftrag (siehe ❶ in Abbildung 3.47) beginnt. Hierzu wird der Kundenauftrag zu einem konfigurierbaren Material angelegt. Der Kundenauftrag kann über die Disposition entsprechende Planaufträge, aber auch direkt Beschaffungselemente ❸ erzeugen.

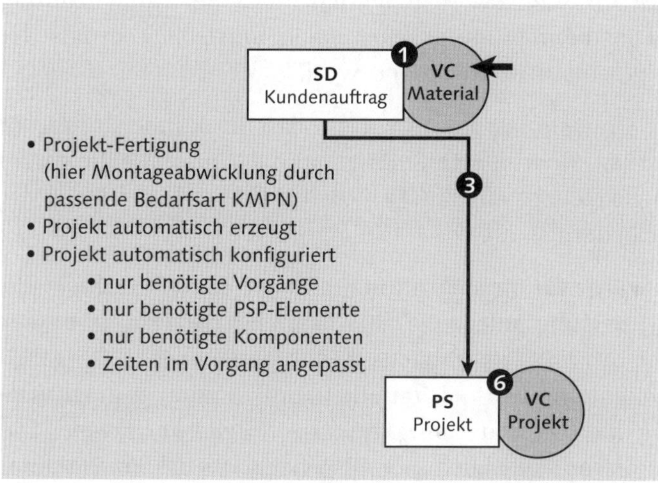

Abbildung 3.47 Prozess mit Projektsystem

Diese direkte Erzeugung des Beschaffungselements würde über Strategie und Bedarfsart erreicht, indem eine sogenannte *Montageabwicklung* angestoßen würde (siehe ❻ in Abbildung 3.47 bezüglich des Projektsystems).

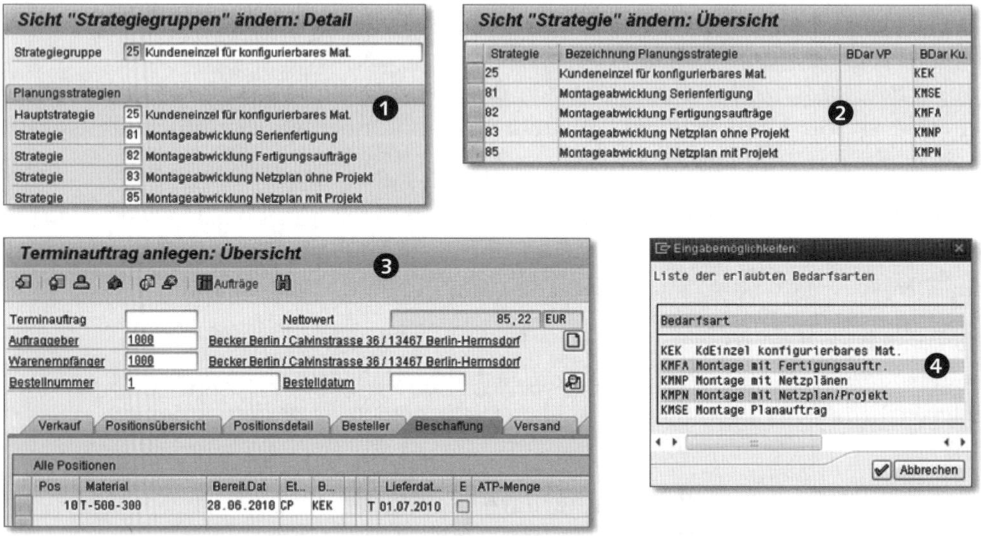

Abbildung 3.48 Strategiegruppe, Strategie und Bedarfsarten

Im Materialstamm des konfigurierbaren Materials wurde eine Strategiegruppe 25 zugeordnet. Diese Strategiegruppe wurde um weitere Strategien der Achtziger-Reihe erweitert (siehe ❶ in Abbildung 3.48), so auch die Strategie 85. Diese Strategie ist mit der Bedarfsart KMPN ❷ verknüpft. Diese Bedarfsart KMPN ist im Standard so eingestellt, dass der Kundenauftrag Bedarf disponiert. Dies können Sie gegebenenfalls umstellen, so dass der Bedarf zwar angezeigt, aber nicht disponiert wird.

Die Einstellung der Strategiegruppe führt dazu, dass im Kundenauftrag ❸ auf dem Feld Bedarfsart (hier mit KEK vorbelegt) die Wertehilfe die dargestellten Eingabemöglichkeiten anbietet ❹. Wir haben an dieser Stelle die Bedarfsart KMPN selektiert.

Der Kundenauftrag würde für diese Position mit dieser Bedarfsart direkt ein Projekt für dessen Fertigung anlegen. Dabei kann für die Ermittlung der benötigten Elemente des Projekts (Projektstruktur-Planelemente, Vorgänge und Materialkomponenten) auch die Variantenkonfiguration genutzt werden. Das Werkzeug hierfür sind *konfigurierbare Standardnetzpläne*. Die Integration kann an dieser Stelle auch so weit gehen, dass das *Projekt* automatisch passend zu den Anforderungen aus der Konfiguration des Kundenauftragsmaterials erzeugt wird, was in unserem Beispiel auch genutzt wurde.

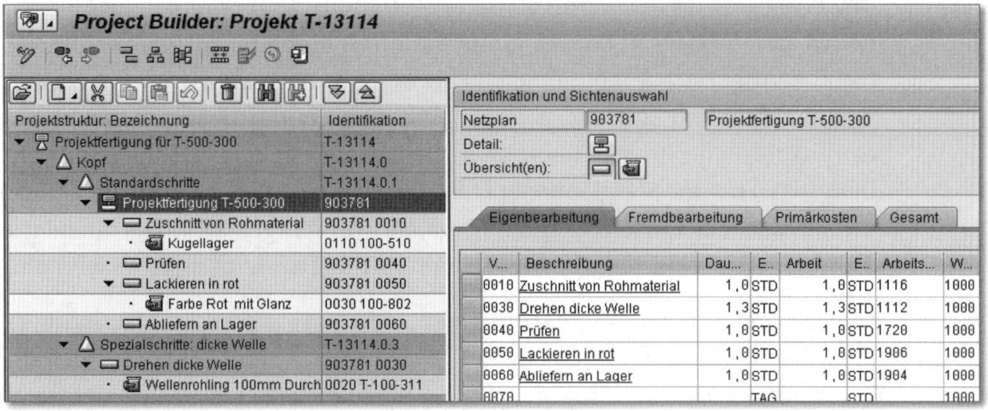

Abbildung 3.49 Projekt und Project Builder

Das vom Kundenauftrag automatisch angelegte Projekt ist in Abbildung 3.49 mit Hilfe des Project Builders dargestellt. Auf der linken Seite können Sie die Projektstruktur erkennen. Der Netzplankopf wurde dunkel hervorgehoben. Auf dieser Ebene finden Sie unter den Zusätzen im Menü die Konfiguration aus dem Kundenauftrag, die hier nur als Referenz angezeigt wird. Die Konfiguration im Kundenauftrag steuert auch die Auflösung des Projekts. Vergleichen Sie Abbildung 3.49 mit Abbildung 3.50, erkennen Sie, dass von den vier Elementen des *Standard-Projektstrukturplans* (kurz *Standard-PSP*) nur drei Elemente (mit Dreieck in Abbildung 3.49 gekennzeichnet) in das Projekt übernommen wurden. Analog sieht man, dass von den sechs Vorgängen aus dem Standardnetzplan nur fünf Vorgänge (mit Rechteck gekennzeichnet) übernommen wurden.

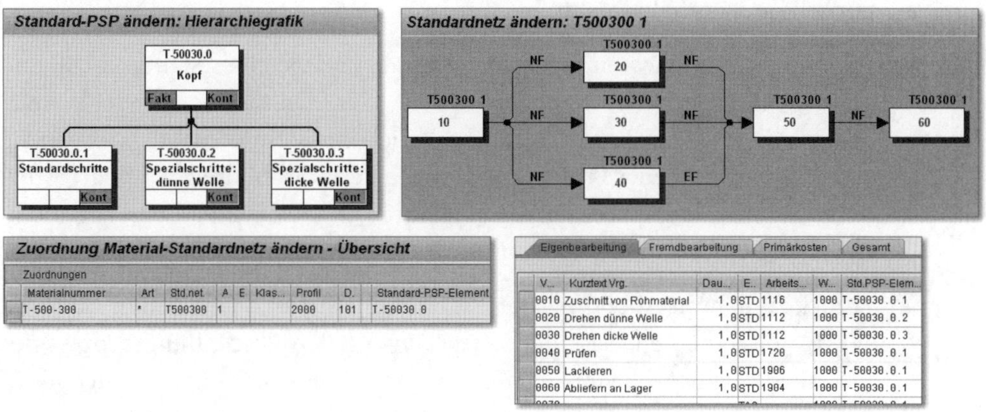

Abbildung 3.50 Standard-PSP und Standardnetzplan

Beim Anlegen des Standard-PSP (siehe Abbildung 3.50) sind keine Besonderheiten aus Sicht der Variantenkonfiguration zu beachten. Standard-PSPs sind nicht konfigurierbar und ihnen kann kein Beziehungswissen zugeordnet werden. Elemente aus dem Standard-PSP werden nur dann automatisch in das anzulegende Projekt übernommen, wenn nach Auswertung des Beziehungswissens der Standardnetzpläne den Elementen auch Vorgänge zugeordnet werden. Elemente ohne Vorgänge werden gelöscht. Der Standard-Projektstrukturplan muss somit als eine Maximalstruktur angelegt werden.

Gleiches gilt für den *Standardnetzplan*; den Vorgängen des Standardnetzplans kann jedoch Beziehungswissen zugeordnet werden. Sowohl Auswahlbedingungen als auch Prozeduren sind nutzbar. In unserem Beispiel (siehe Abbildung 3.50) wurden den Vorgängen 20, 30 und 60 sowohl Auswahlbedingungen als auch Prozeduren zugeordnet. Laut Auswahlbedingungen wird entweder Vorgang 20 oder Vorgang 30 gezogen – abhängig von der Bewertung des Durchmessers in der Konfiguration. Vorgang 50 wird nur gezogen, falls eine Farbe in der Konfiguration ausgewählt wurde. In den Prozeduren können analog zu den Arbeitsplänen über Objektmerkmale mit Bezug zur Tabelle PLPO Änderungen vorgenommen werden. Hier werden die Dauer des Drehens (Vorgang) und der Kurztext LACKIEREN (Vorgang) geändert.

Den Vorgängen können die Elemente des Standard-PSP und die Komponenten der konfigurierbaren Stückliste des Materials aus dem Kundenauftrag zugeordnet werden. Weiterhin können Sie dem Standardnetzplan über die entsprechende Transaktion (CN08, siehe Abbildung 3.50 links unten) das konfigurierbare Material zuordnen. Für den Standardnetzplan wird ein *Konfigurationsprofil* angelegt, das mit derselben Variantenklasse wie das konfigurierbare Material arbeitet.

Sie können aber auch ein neues Projekt mit Vorlage eines Standard-PSP und eines konfigurierbaren Netzplans direkt, das heißt ohne Kundenauftrag, anlegen. Dies ist auch für das hier beschriebene Beispiel möglich. Legen Sie zum Beispiel ein neues Projekt mit Vorlage des in Abbildung 3.50 dargestellten Standard-PSP an, werden Sie aufgefordert, entsprechend der Variantenklasse und des Konfigurationsprofils des Standardnetzes zu konfigurieren.

Zurück zu dem in Abbildung 3.32 skizzierten Prozess: Der Kasten MM und WE ❼ soll andeuten, dass der *Wareneingang* den Beschaffungsprozess des Materials beendet – unabhängig davon, ob die Beschaffung über Eigenfertigung, Fremdbeschaffung oder Projektabwicklung gelaufen ist.

Die der Beschaffung folgenden Schritte Lieferung, Transport, Faktura und Zahlung ❽ weisen, wie bereits weiter oben in diesem Abschnitt beschrieben, keine Besonderheiten aus Sicht der Variantenkonfiguration auf.

3.4.5 Kundenservice und konfigurierbare Instandhaltungsanleitungen

Als weiterer Integrationsaspekt sind in Abbildung 3.32 und in Abbildung 3.51 die Instandhaltung (PM) und der Kundenservice (CS) aufgelistet (siehe ❾ in Abbildung 3.32). Die Idee ist, für das verkaufte konfigurierte Produkt weiterhin Service anzubieten.

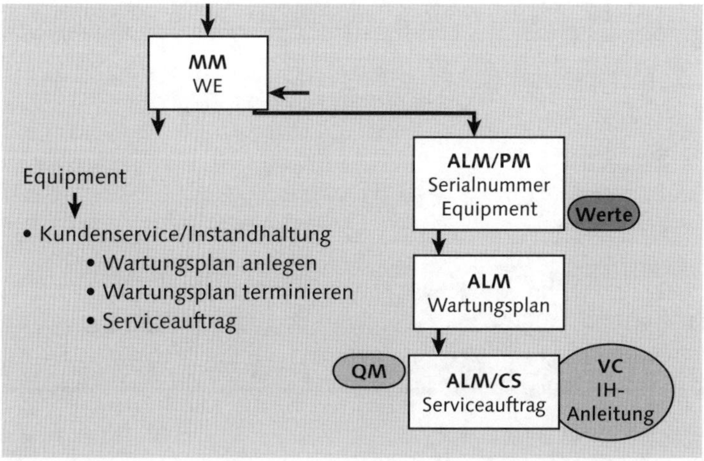

Abbildung 3.51 Kundenservice/Instandhaltung und Variantenkonfiguration

Auch in diesen Serviceangeboten und Servicemaßnahmen kann direkt auf die Konfiguration des Produkts (Konfiguration aus dem Kundenauftrag) zugegriffen werden. Hierzu muss das dem Kunden gelieferte Produkt im eigenen System (Lieferantensystem) als instandhaltungsrelevantes Objekt geführt werden. Dies geschieht durch ein sogenanntes *Kundenequipment*. Man kann durch Einstellungen im Materialstamm eine Serialisierung und damit eine gekoppelte Erzeugung von Equipments erreichen. Im Materialstamm in den Vertriebsdaten wurde hierfür ein Serialnummernprofil zugeordnet, das für alle relevanten Prozesse die Serialnummernverwendung zur Pflicht macht – und dies immer mit Equipment. An gleicher Stelle im Materialstamm wurde eingestellt, dass Serialnummer und Equipment synchron gehalten werden müssen.

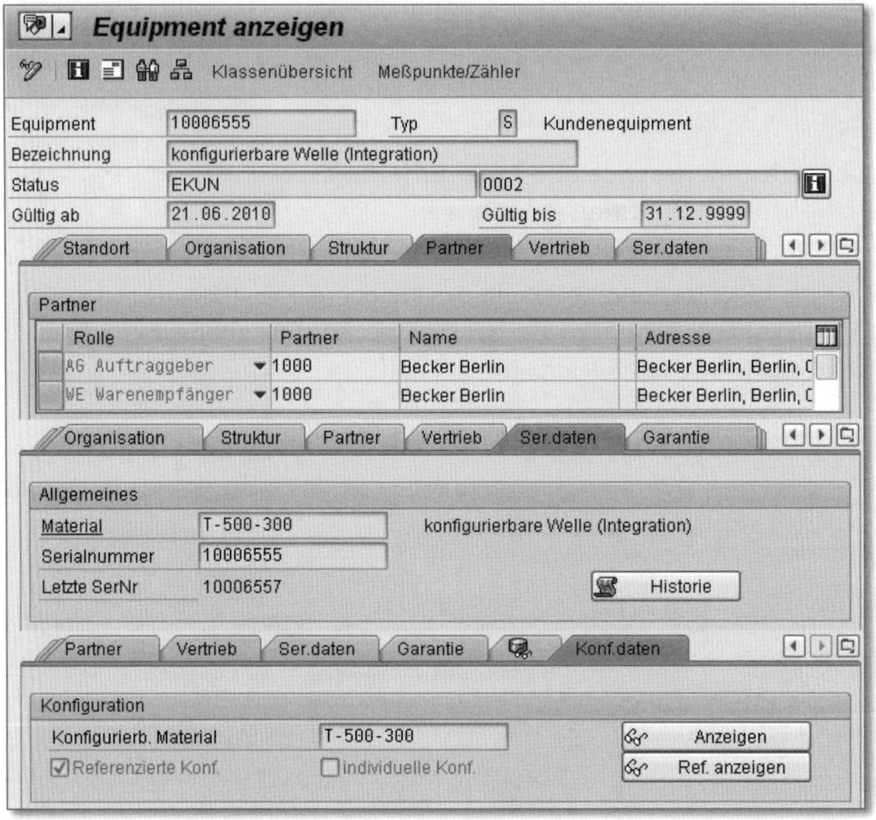

Abbildung 3.52 Equipmentstamm

Wird ein solches Equipment (siehe Abbildung 3.52) mit Bezug zu einer konfigurierten Position eines Kundenauftrags angelegt, hat es auch einen Bezug zur entsprechenden Konfiguration, die wiederum im Service genutzt werden kann. Die Konfigurationsdaten aus dem Kundenauftrag und auch der Bezug zum Kundenauftrag sind auf der gleichlautenden Registerkarte im Equipmentstammsatz anzeigbar. Im Equipment finden Sie weiterhin die Informationen zur Serialnummer und die Partner, die sich aus dem Bezug zum Kundenauftrag ergeben.

Plant man für dieses Equipment Servicemaßnahmen unter Zuhilfenahme eines *Wartungsplans* (siehe Abbildung 3.53), kann man hier mit konfigurierbaren Instandhaltungsanleitungen arbeiten. Eine solche *konfigurierbare Instandhaltungsanleitung* wurde in Abbildung 3.53 unten zugeordnet. Konfigurierbare Instandhaltungsanleitungen sind wie konfigurierbare Arbeitspläne, Netzpläne oder Muster-Leistungsverzeichnisse Maximalstrukturen. Sie enthalten alle möglichen Schritte, aus denen über Beziehungswissen entsprechend einer Konfiguration die notwendigen Schritte – hier zum Beispiel in einen Serviceauftrag – kopiert und eventuell geändert werden. In Abbildung 3.53 sehen Sie einen mit der Transaktion IP41 gepflegten Wartungsplan. Auf der ersten Registerkarte (oben) wurde ein ZYKLUS von drei Monaten und ein ABRUFINTERVALL von zwei Jahren zugeordnet. Startet man nun die Terminierung dieses Wartungsplans mit der Transaktion IP10, erhält man Plantermine im Abstand von drei Monaten. Für den ersten Plantermin ergibt sich auch sofort ein Serviceauftrag, wie in Abbildung 3.54 dargestellt.

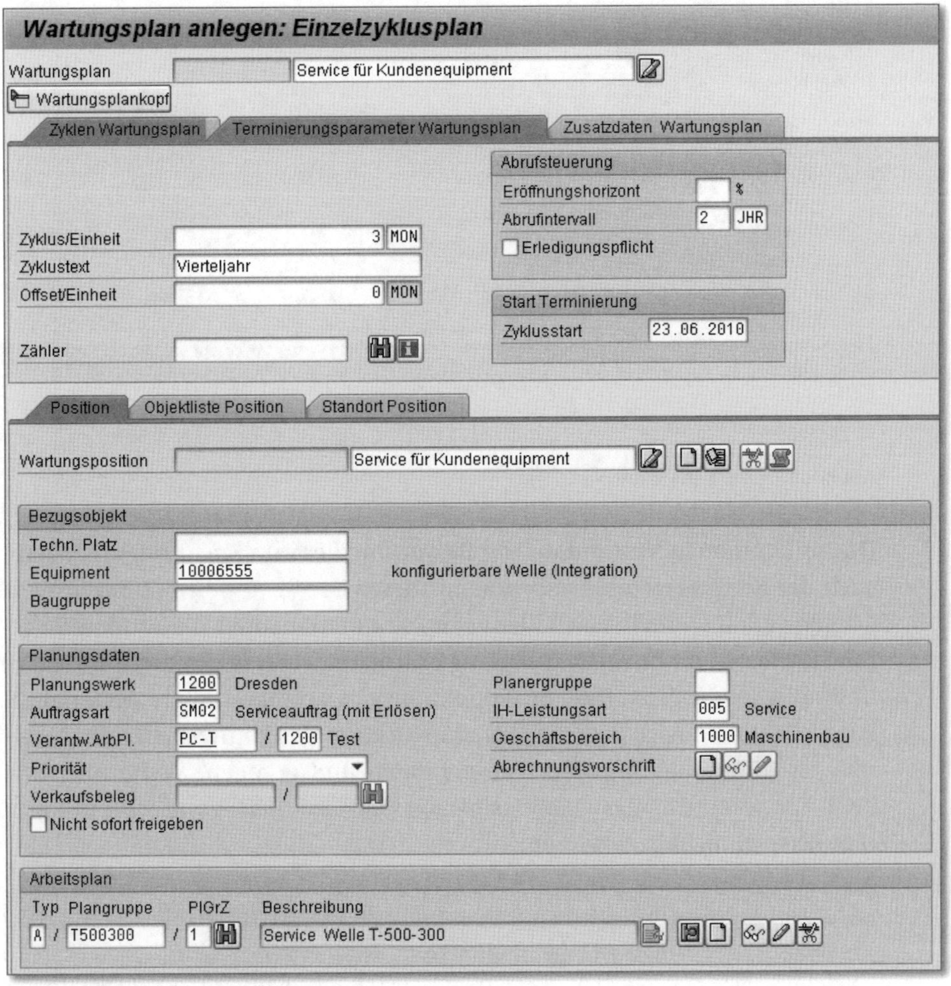

Abbildung 3.53 Wartungsplan

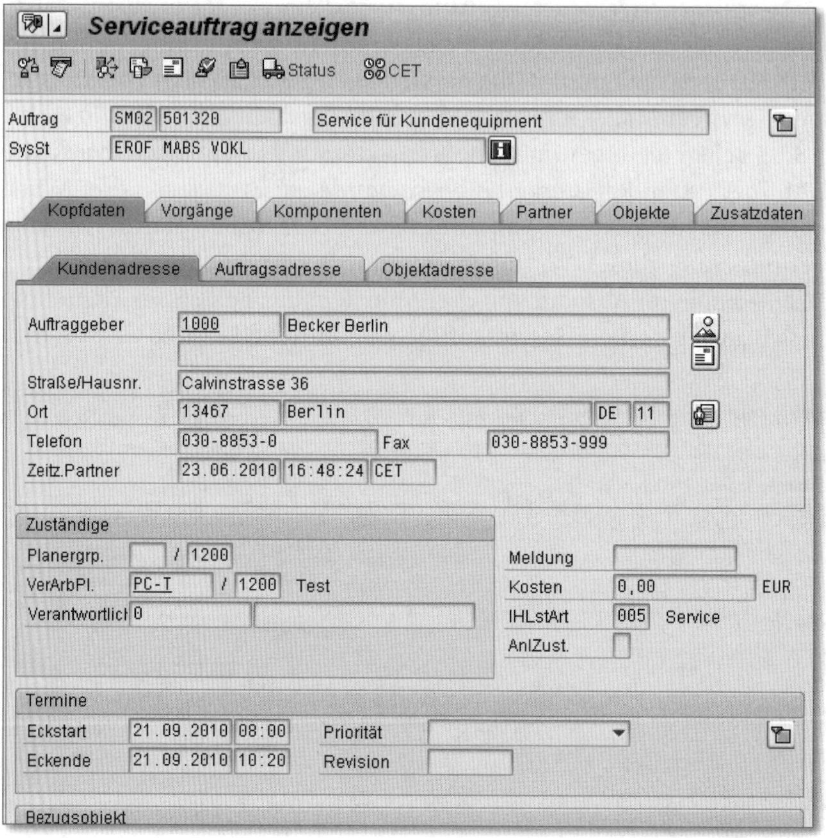

Abbildung 3.54 Serviceauftrag

Da das Equipment Verbindung zur Bewertung des Kundenauftrags hat, kann auch der *Serviceauftrag* entsprechend dieser Konfiguration mit Servicevorgängen gefüllt werden. Auch hier kann mit Komponenten aus konfigurierbaren Stücklisten für die Instandhaltung gearbeitet werden. Für die Stücklistenfindung wird genutzt, dass im Equipment das konfigurierbare Material als Bautyp steht. So wird hier die Materialstückliste des konfigurierbaren Materials als Instandhaltungsstückliste gefunden und gezogen. Weiterhin steht beim Serviceauftrag das Qualitätsmanagement zur Verfügung, was in unserem Beispiel nicht genutzt wurde.

[+]

Equipment mit eigener Konfiguration

Sollte sich das Equipment im Betrieb zum Beispiel durch Servicemaßnahmen ändern, so dass es nicht mehr der ursprünglichen Konfiguration des Kundenauftrags entspricht, kann dies auch berücksichtigt werden. In dem Fall wird die Konfiguration des Kundenauftrags in eine Konfiguration des Equipments kopiert und kann somit geändert werden. Aus der Referenz wurde somit eine Kopie. Nachfolgende Serviceaufträge würden konfigurierbare Instandhaltungsanleitungen entsprechend der kopierten und geänderten Konfiguration auflösen.

Legen Sie den Serviceauftrag unabhängig von dem hier beschriebenen Prozess und ohne ein Equipment mit Bezug zu einer Konfiguration an und nutzen dabei die konfigurierbare Instandhaltungsanleitung, werden Sie im Serviceauftrag aufgefordert, die Konfiguration durchzuführen. Man kann also auch direkt im Kundenservice oder in der Instandhaltung konfigurieren.

Im Rahmen der Instandhaltung und des Kundenservices kann mit der Variantenkonfiguration auf drei unterschiedliche Weisen gearbeitet werden:

- Es können, wie hier eben beschrieben, direkt beim Anlegen von Aufträgen konfigurierbare Instandhaltungsanleitungen konfiguriert werden.
- Es kann, wie zuvor beschrieben, mit Equipments gearbeitet werden, die Bezüge zu Konfigurationen von konfigurierbaren Materialien (zum Beispiel aus dem Kundenauftrag) besitzen.
- Es kann mit sogenannten *Dienstleistungsmaterialien* gearbeitet werden.

Dienstleistungsmaterialien sind Materialstämme mit der Materialart DIENSTLEISTUNG. Das Dienstleistungsmaterial kann wie jeder anderer Materialstamm konfigurierbar gemacht und mit Variantenklasse und Konfigurationsprofil versehen werden sowie Stücklisten besitzen. Darüber hinaus wird eine konfigurierbare Instandhaltungsanleitung angelegt. Dieser Anleitung wird als Baugruppe das Dienstleistungsmaterial zugeordnet, so dass die Komponenten der Stückliste mit den Vorgängen verknüpft werden können. Über die Transaktion OISD ist dem Dienstleistungsmaterial die Instandhaltungsanleitung für Serviceaufträge zuzuordnen.

Den Serviceauftrag können Sie z.B. auf folgende Weisen anlegen:

- direktes Anlegen des Serviceauftrags mit Dienstleistungsmaterial
- erst den Kundenauftrag mit Dienstleistungsmaterial anlegen und dann daraus den Serviceauftrag ableiten
- erst den Kontrakt mit Dienstleistungsmaterial anlegen, dafür dann einen Wartungsplan und daraus per Abruf die Serviceaufträge erzeugen

Diese Ausführungen zu dem in Abbildung 3.32 skizzierten Prozess sollten die Möglichkeiten bezüglich der Integration der Variantenkonfiguration in die verschiedenen Objekttypen und logistischen Prozesse umreißen und nur als Beispiel dienen. Sie erheben keinen Anspruch auf Vollständigkeit.

3.5 Vorplanung und Variantenkonfiguration

Der Begriff *Vorplanung* enthält grob gesprochen die Prozesse, die aus Planungs- und Prognosedaten entsprechende Planbedarfe ableiten. Diese Planbedarfe stoßen wiederum eine Beschaffung an.

Vorplanung und Variantenkonfiguration sind auf den ersten Blick zwei Themen, die sich widersprechen. Diesen Widerspruch möchten wir in Abschnitt 3.5.2, »Variantenkonfiguration und Vorplanung«, auflösen. Schwerpunkt dieses Abschnitts sind die Planungsstrategien und -techniken, die zusätzlich und damit ausschließlich für die Vorplanung in der Variantenkonfiguration entwickelt wurden.

3.5.1 Exkurs: Auswertungen im Umfeld der Variantenkonfiguration

Bevor das Thema Vorplanung im engeren Sinne vorgestellt wird, soll darauf verwiesen werden, dass auch in der Variantenkonfiguration Auswertungen mit Hilfe des Logistikinformationssystems (LIS) und SAP NetWeaver BW möglich sind.

Auswertungen im SAP ERP-System

Im Logistikinformationssystem finden Sie über die Transaktion MC(B eine Standardanalyse bezüglich der Variantenkonfiguration. Diese Datenquelle kann später auch in der Vorplanung genutzt werden.

Was ist das Besondere von Standardanalysen in der Variantenkonfiguration? Im Unterschied zu Infostrukturen im Logistikinformationssystem außerhalb der Variantenkonfiguration müssen hier zusätzlich zu den üblichen Aggregationskriterien und Kennzahlen auch die Konfigurationen ausgewertet werden. Es reicht in der Variantenkonfiguration gerade nicht aus, dass Sie wissen, wann, wo und wie oft welches Produkt verkauft wurde. Sie müssen zusätzlich die gewünschten Eigenschaften des Produkts berücksichtigen. Dies erfordert eigene Infostrukturen für die Variantenkonfiguration.

So nutzt die oben angesprochene Standardanalyse (Transaktion MC(B) die Infostruktur S138. Ohne diese Infostruktur S138 können Sie die Standardanalyse nicht durchführen.

Fortschreibung der Infostruktur S138 über das Copy Management [!]

Eine Besonderheit der Infostruktur S138 ist, dass sie nicht automatisch synchron, sondern über das sogenannte *Copy Management* (Transaktion MCSZ) fortgeschrieben wird. Durch eine geeignete Methode innerhalb dieses Copy Managements wird die Infostruktur S138 aus einer weiteren Infostruktur S137 erzeugt. Auch die Infostruktur S137 wird nicht automatisch synchron fortgeschrieben, sondern ist Resultat des Copy Managements auf die Infostruktur S126. Für diese Infostruktur S126, die die Rohdaten enthält, kann eine automatische Fortschreibung aktiviert werden.

Im Rahmen der Variantenkonfiguration sind für die Aktivierung der Fortschreibung zusätzliche Voraussetzungen zu erfüllen. Über folgende Schritte aktivieren Sie die Fortschreibung der Infostruktur S126 im Logistikinformationssystem:

1. **Vorplanungsprofile und eventuell Vorplanungstabellen anlegen**
   Für die auswertungsrelevanten Materialien müssen Sie *Vorplanungsprofile* und eventuell auch *Vorplanungstabellen* anlegen (siehe Abschnitt 3.5.4, »Merkmalsvorplanung/Standarderzeugnisvorplanung«). Dieser erste Schritt ist spezifisch für die Variantenkonfiguration und nur dort erforderlich.
2. **Fortschreibung einstellen**
   In einem weiteren Schritt stellen Sie die Fortschreibung ein. Hierzu werden Fortschreibungsgruppen für Kunde, Material, Belegart, Positionstyp und/oder Vertriebsbereich angelegt (Transaktion OVRP). Dieser Schritt ist Standard und kein spezifischer Aspekt der Variantenkonfiguration.
3. **Fortschreibung aktivieren**
   Analoges gilt auch für den letzten Schritt, die Aktivierung der Fortschreibung (Transaktion OMO1). Dieser Schritt ist notwendig, aber nicht spezifisch für die Variantenkonfiguration.

SAP-Hinweise zur Infostruktur S138 [+]

An dieser Stelle sei auf die beiden SAP-Hinweise 174758 und 173756 zum Thema Infostruktur S138 verwiesen.

Die Infostruktur S138 kann als Basis für die Merkmalsvorplanung genutzt werden (siehe Abschnitte 3.5.4, »Merkmalsvorplanung/Standarderzeugnisvorplanung«, und 3.5.5, »Merkmalsvorplanung/Standarderzeugnisvorplanung mit Langfristplanung«) und wird dort nochmals angesprochen. In BW können ebenfalls Auswertungen im Umfeld der Variantenkonfiguration auf

Basis der Infostruktur S138 durchgeführt werden. Hierfür werden Informationen aus der Infostruktur S138 über entsprechende generische Extraktoren in InfoCubes überführt.

Die Herausforderung bei Auswertungen im Umfeld der Variantenkonfiguration besteht darin, dass im SAP ERP-System die Datenstruktur für konfigurierbare Materialien so aufgebaut ist, dass die Konfigurationsdaten bei Bewegungsdaten nicht im Beleg, sondern in separaten Tabellen abgespeichert werden. Im Beleg wird lediglich zum Material ein Verweis auf die Konfiguration hinterlegt. Bei allen Analysen von Bewegungsdaten muss somit zusätzlich zum Beleg noch die Konfiguration zum Material gelesen werden.

Eine weitere Möglichkeit (neben der Infostruktur S138), direkt im SAP ERP-System Auswertungen durchzuführen, sind sogenannten InfoSets. Solche InfoSets können über die Transaktion SQ02 (InfoSet pflegen) anlegt werden. Sie können als Datenquelle hierfür eine transparente Tabelle, eine Datenbank-View oder auch ein Standard-DataSource verwenden. So liefert zum Beispiel die Standard-DataSource 2LIS_11_VAITM (Verkaufsbeleg Positionsdaten) des Business Contents im SAP-Quellsystem Informationen zu den Verkaufsbelegen. Diese Informationen der DataSource müssen nun mit den Konfigurationsdaten angereichert werden, was einen gewissen Programmieraufwand darstellt. Hierzu benötigen Sie gute ABAP-Kenntnisse und ein gutes Verständnis der Strukturen der Konfigurationsdatenablage.

Eine weitere Option zur Auswertung direkt im ERP-System ergibt sich durch den Einsatz sogenannter *transienter InfoProvider*. Es handelt sich hier um ein Laufzeitobjekt des BW-Systems, das aber auch außerhalb des BW-Systems modelliert werden kann. Die Komponenten des BW-Systems werden mit der NetWeaver-Basis bereitgestellt.

Auswertungen in SAP NetWeaver BW

In diesem Abschnitt wollen wir Ihnen einige Möglichkeiten aufzeigen, ein BW-System mit Daten aus dem Umfeld der Variantenkonfiguration aus dem SAP ERP-System zu versorgen.

Ein Data Warehouse ist ein eigenständiges System, das Teile der operativen Unternehmensdaten zur strategischen Analyse redundant zu den operativen Systemen vorhält. SAP NetWeaver BW 7.1 ist ein solches Data Warehouse. Wie überführen wir nun Konfigurationsdaten aus dem SAP ERP-System als Quellsystem in das BW-System?

Wie erwähnt besteht die Herausforderung darin, Daten aus den Anwendungen in der logistischen Kette mit Daten aus der Variantenkonfiguration anzureichern. Beispielsweise mit Hilfe der erwähnten Standard-DataSource 2LIS_11_VAITM (VERKAUFSBELEG POSITIONSDATEN) können Sie SAP-Standard-Extraktionsprozesse mit Konfigurations- und Klassifizierungsinformationen anreichern. Dabei können Sie die DataSource im Rahmen einer DataSource-Erweiterung um Felder zu den Konfigurations- und Klassifizierungsdaten erweitern. Im User Exit RSAP0001 müssen Sie dafür sorgen, dass die hinzugefügten Felder zum Zeitpunkt der Extraktion gefüllt werden.

Für diese Lösung sind jedoch wieder umfassende ABAP-Kenntnisse und ein Verständnis der Datenablage der Konfigurations- und Klassifizierungsdaten erforderlich.

Eine deutlich einfachere Lösung ist durch die Transaktion CTBW (TABELLENPFLEGE FÜR BW UND KLASSEN) gegeben.

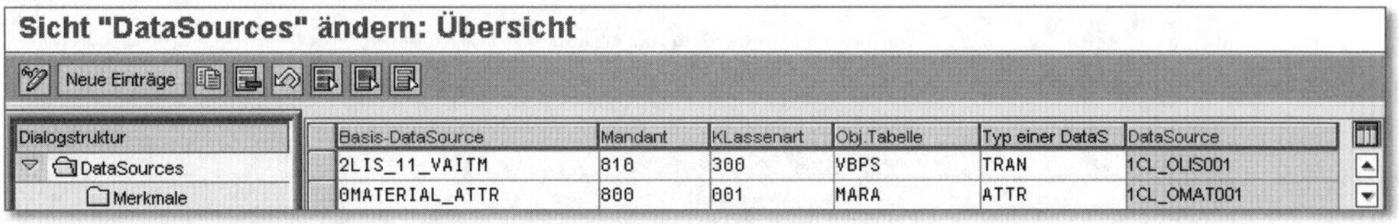

Abbildung 3.55 Generierte DataSources der Transaktion CTBW

Abbildung 3.55 zeigt die Basis-DataSource und die zu generierende Konfigurations- oder Klassifizierungs-DataSources in der Transaktion CTBW. Wie legt man eine solche Konfigurations- oder Klassifizierungs-DataSource an?

1. Hierzu wurde in einem ersten Schritt eine neue DataSource angelegt. In diesem Beispiel diente als BASIS-DATASOURCE die Standard-DataSource 2LIS_11_VAITM (VERKAUFSBELEG POSITIONSDATEN). Als KLASSENART wählen Sie 300 (Varianten), als OBJEKTTABELLE VBPS (Verkaufsbelege) und als TYP DER DATASOURCE TRAN (Transaktionale Daten). Nachdem Sie die Eingaben bestätigt haben, wird automatisch ein Name für die Konfigurations-DataSource (1CL_OLIS001) generiert und im Feld DATASOURCE eingefügt.
2. Im zweiten Schritt müssen Sie festlegen, welche Merkmale mit der Konfigurations-DataSource ins BW-System extrahiert werden sollen. Dies erfolgt links im Bereich DIALOGSTRUKTUR in der Mappe MERKMALE. Hier sind die Namen der Merkmale und eventuell eine Sortierreihenfolge einzugeben. Das System ermittelt einen Status, abhängig davon, ob für das Merkmal bereits eine MERKMAL-DATASOURCE existiert. (Status R = Datenelement braucht nicht generiert werden, N = Datenelement soll generiert

werden). Solche MERKMAL-DATASOURCES sind nur für nicht numerische Merkmale nötig, es können auch keine mehrwertigen Merkmale zugeordnet werden.

3. Abschließend werden in Transaktion CTBW die Daten gespeichert und über den Button DATASOURCE generiert (um die Variantenkonfigurationsdaten zu selektieren, ist noch ein Dialogbild mit JA zu bestätigen). Es werden nun automatisch die konfigurierten DataSources im SAP ERP-System generiert.

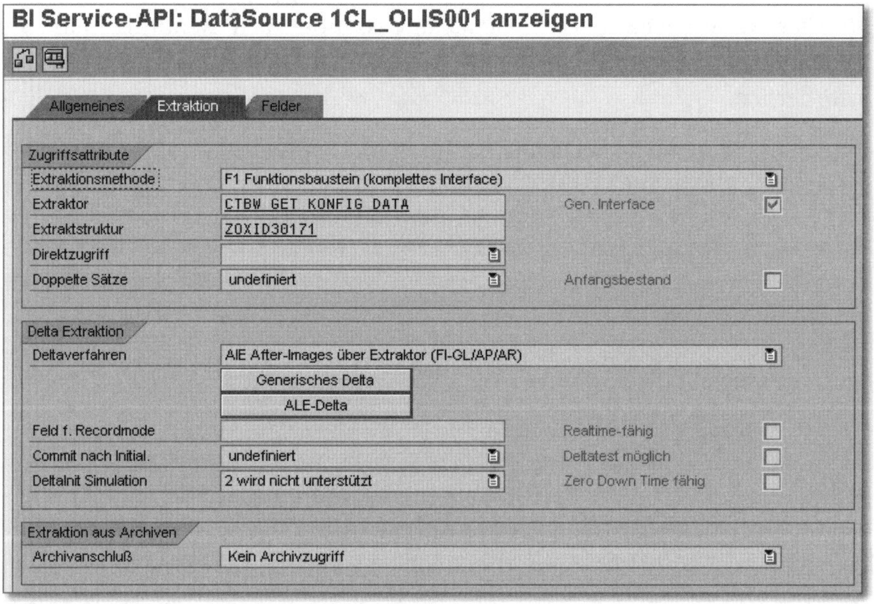

Abbildung 3.56 DataSource anzeigen in Transaktion RSA2

In der Transaktion RSA2 (SAPI DataSource Repository) können Sie sich das Ergebnis für die einzelnen DataSources ansehen. Abbildung 3.56 zeigt die Metadaten der oben generierten Konfigurations-DataSource im DataSource Repository. Hier sehen Sie den generischen EXTRAKTOR CTBW_GET_KONFIG_DATA, der bei allen Konfigurations-DataSources zum Einsatz kommt. Weiterhin sehen Sie die EXTRAKTSTRUKTUR der DataSources ZOXID30171.

Hier können Sie über den Button den EXTRAKTOR-CHECKER aufrufen. Dieser bietet Ihnen die Möglichkeit, die Funktionalität der DataSource im SAP ERP-System zu testen, bevor Sie im BW-System den Replikationsprozess starten. Als Ergebnis können Sie sich die Vertriebsbelege mit der Bewertung der analyserelevanten Merkmale anzeigen lassen (als ALV-Grid über einen gleichnamigen Button).

3.5.2 Variantenkonfiguration und Vorplanung

Das Grundprinzip der Variantenkonfiguration besteht in der kundenspezifischen Fertigung. Eine Fertigung soll somit erst durch den entsprechenden Kundenauftrag angestoßen werden. Das widerspricht der Idee der Vorplanung, in der durch Vorplanungsbedarfe die Beschaffung angestoßen wird. Trotzdem kann auch in der Variantenkonfiguration mit Vorplanung gearbeitet werden (siehe Abbildung 3.57).

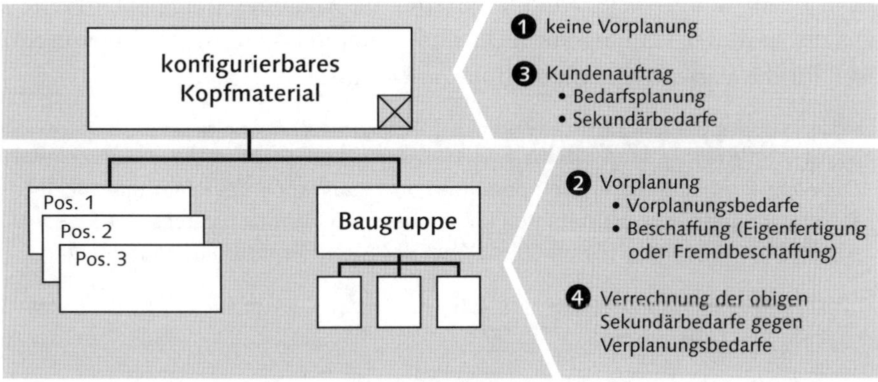

Abbildung 3.57 Variantenkonfiguration und Vorplanung

Natürlich soll für die Fertigung des konfigurierbaren Produkts auf den Kundenauftrag mit seiner entsprechenden Konfiguration gewartet werden ❶. Auf dieser Ebene soll keine Vorplanung stattfinden. Jedoch können wir für die nicht konfigurierbaren Komponenten und Baugruppen (fremdbeschafft oder eigengefertigt) Vorplanungsstrategien anwenden. Das heißt, für diese nicht konfigurierbaren Komponenten und Baugruppen werden über die Vorplanung Vorplanungsbedarfe erzeugt. Diese Vorplanungsbedarfe stoßen eine Beschaffung an, und die entsprechenden Materialien können in dem geplanten Umfang auf Lager gelegt werden. Das konfigurierbare Endprodukt bleibt bis dahin unberücksichtigt ❷. Wird für das konfigurierbare Endprodukt ein Kundenauftrag angelegt, erzeugt dies einen Kundenbedarf. Im Rahmen der Disposition wird für diesen Kundenauftrag passend zur Konfiguration die Stückliste aufgelöst, und es werden passende Sekundärbedarfe erzeugt ❸. Die Sekundärbedarfe müssen wiederum gegen die Bedarfe aus der Vorplanung bezüglich der nicht konfigurierbaren Komponenten und Baugruppen verrechnet werden, um die dort erzeugten Bestände abzubauen ❹. Weiterhin wird durch den in der Disposition entstandenen Planauftrag die Endmontage des Produkts angestoßen.

3.5.3 Reine Baugruppenvorplanung

Die reine Baugruppenvorplanung sollte aus der Vorplanung außerhalb der Variantenkonfiguration bekannt sein und kann hier fast in analoger Form angewandt werden.

Hierzu bekommt das konfigurierbare Produkt im Materialstamm eine Planungsstrategie, die Vorplanung ignoriert, zugeordnet. Außerhalb der Variantenkonfiguration existiert hierfür im Standard die Planungsstrategie 20 – dazu analog in der Variantenkonfiguration die Planungsstrategie 25. Weitere Details zu dieser Planungsstrategie sind in Kapitel 4, »Customizing von SAP ERP für die Variantenkonfiguration«, aufgeführt.

[+]

Planungsstrategie 70 und Mischdispositionskennzeichen

Die nicht konfigurierbaren Komponenten und Baugruppen der Maximalstückliste erhalten in ihren Materialstämmen im Standard die Planungsstrategie 70 zugeordnet (siehe Abbildung 3.58) und benötigen das Mischdispositionskennzeichen.

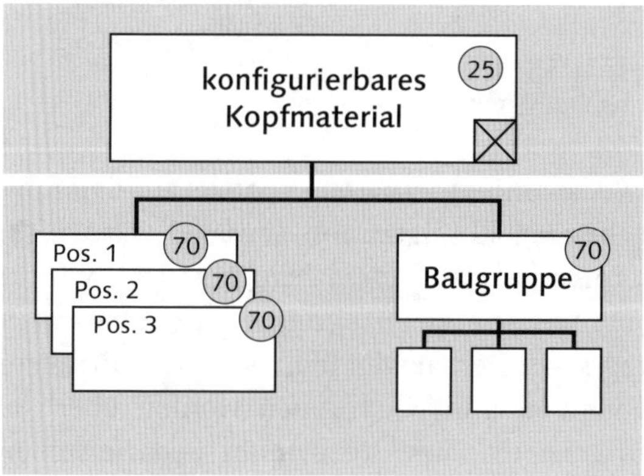

Abbildung 3.58 Reine Baugruppenvorplanung – Planungsstrategien 25 und 70

Für diese Komponenten und Baugruppen werden im Rahmen der Vorplanung entsprechende Vorplanungsbedarfe angelegt. Dabei muss das Verrechnungskennzeichen im Positionsbild des Primärbedarfs eine Verrechnung gegen Kundenbedarf, Reservierungen und Sekundärbedarfe zulassen. In der Disposition werden auf Basis dieser Vorplanungsbedarfe Planaufträge erzeugt, daraufhin kann die Beschaffung angestoßen werden. Die Beschaffung kann dabei sowohl in einer Fremdbeschaffung als auch in einer Eigenfertigung, wie hier zum Beispiel für solche nicht konfigurierbaren Baugruppen, bestehen.

Treffen nun Kundenaufträge für das konfigurierbare Enderzeugnis ein, wird auf dieser Ebene die Stückliste aufgelöst. Plan- und Fertigungsauftrag erzeugen Sekundärbedarfe. Der Kundenbedarf auf Ebene des konfigurierbaren Materials wird nicht gegen Vorplanung verrechnet. Weiterhin erfolgt im Vertrieb keine Prüfung auf die Mengen aus der Baugruppenvorplanung. Die Sekundärbedarfe, die sich aus dem Kundenauftrag ergeben, werden gegen die Bedarfe aus der Baugruppenvorplanung direkt auf dieser Ebene und damit exakt verrechnet. Zum Thema exakte Verrechnung sei auch auf die weiteren Ausführungen in diesem Kapitel verwiesen.

Worin bestehen die Vor- und Nachteile dieser Planungsstrategie? Es sind keine Bedarfsvorhersagen für das Kopfmaterial nötig. Dies ist Vor- und Nachteil zugleich: Da hier auf der Ebene der Komponenten und nicht konfigurierbaren Baugruppen vorgeplant wird, ist man an dieser Stelle auf Vorhersagen angewiesen. Diese sind häufig nicht vorhanden, sondern existieren höchstens für das konfigurierbare Kopfmaterial. Weiterhin stellt die Erfassung von Vorplanungsbedarf bei großen Maximalstücklisten auch einen erheblichen Zeitaufwand dar.

3.5.4 Merkmalsvorplanung/Standarderzeugnisvorplanung

Mit der Strategie der Standarderzeugnisvorplanung können Sie ohne die oben beschriebenen Nachteile (Strategien 25–70, siehe Abbildung 3.58) arbeiten:

- keine Bedarfsvorhersagen auf Kopfebene nutzbar
- hoher Erfassungsaufwand auf Komponentenebene

Hier werden auf Ebene des konfigurierbaren Kopfmaterials Vorplanungsbedarfe angelegt. Dabei reicht es jedoch nicht aus, nur entsprechende Mengen anzugeben, sondern es sind ebenfalls Angaben bezüglich der Eigenschaften aus der Konfiguration erforderlich. Es werden Angaben benötigt, in welchen Häufigkeiten welche Eigenschaften in der angegebenen Menge einzuplanen sind. Die zu planenden Eigenschaften können durch einzelne Merkmalswerte oder auch Bewertungskombinationen abgebildet werden. Hierfür werden als Werkzeuge *Vorplanungstabellen* und *Vorplanungsprofile* benötigt.

Bevor der Ablauf bezüglich dieser Planungsstrategie in Anlehnung an Abbildung 3.60 vorgestellt wird, ordnen Sie dem Materialstamm des konfigurierbaren Kopfmaterials zunächst die Strategie 56 (Standarderzeugnisvorplanung, siehe Kapitel 4, »Customizing von SAP ERP für die Variantenkonfiguration«) über die gleichlautende Strategiegruppe zu (siehe Abbildung 3.59).

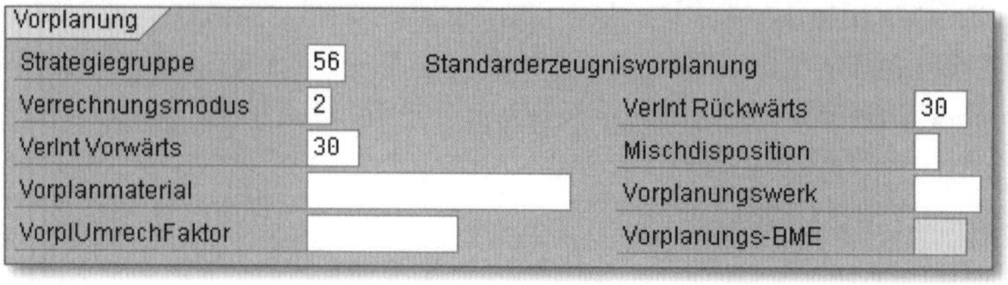

Abbildung 3.59 Strategie 56 im Materialstamm

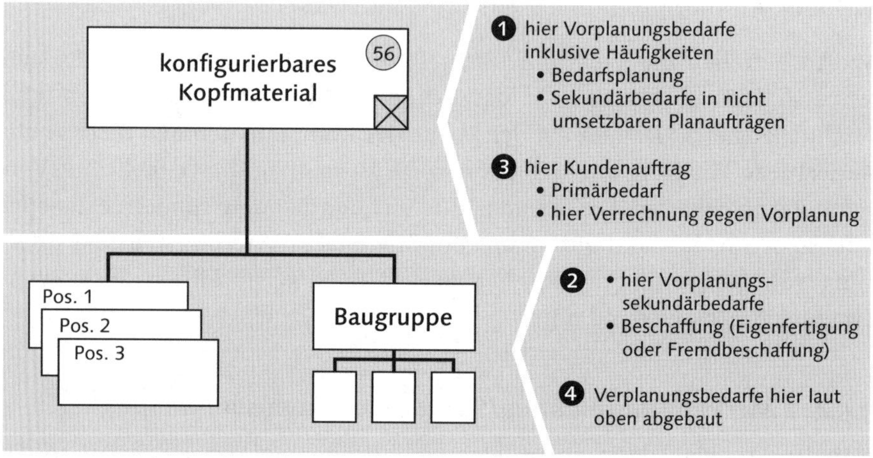

Abbildung 3.60 Standarderzeugnisvorplanung – Planungsstrategie 56

Darüber hinaus geben Sie hier im Materialstamm den VERRECHNUNGSMODUS mit den Zeitintervallen an.

[+]

Standarderzeugnisvorplanung und Merkmalsvorplanung

Der Begriff *Standarderzeugnisvorplanung* ist historisch bedingt und hat sich bis heute gehalten. Die Strategie enthält jedoch eine Merkmalsvorplanung für das konfigurierbare Material. Unter dem *Standarderzeugnis* wird das konfigurierbare Material verstanden.

Wenn für das konfigurierbare Kopfmaterial Planprimärbedarfe (siehe ❶ in Abbildung 3.60) angelegt werden sollen, ist, wie bereits beschrieben, die Häufigkeit planungsrelevanter Eigenschaften anzugeben. Um diese Häufigkeiten angeben zu können, müssen Sie über Vorplanungstabellen und Vorplanungsprofile eine passende Maske erstellen (siehe Abbildung 3.61). Im weiteren Verlauf beschreiben wir die einzelnen Schritte zur Erstellung einer solchen Maske näher. Doch betrachten wir zunächst die Maske selbst.

Ein Beispiel: Für einen konfigurierbaren Computer soll analog zu Abbildung 3.61 eine Maske erstellt werden. Diese Maske hat folgende planungsrelevante Merkmale:

- Zubehör mit den Werten »Maus«, »Modem« und »Tastatur«
- Gehäusetyp mit den Werten »Tower«, »Minitower« und »Desktop«
- Prozessor-CPU mit den Werten »langsam«, »mittel« und »schnell«

Maus		
Modem		
Tastatur		
Tower	CPU langsam	
Tower	CPU mittel	
Tower	CPU schnell	
Minitower	CPU langsam	
Minitower	CPU mittel	
Minitower	CPU schnell	
Desktop	CPU langsam	
Desktop	CPU mittel	
Desktop	CPU schnell	

Abbildung 3.61 Beispiel für Häufigkeitsmaske

Die Werte von Gehäusetyp und CPU werden in Kombination bewertet. So sind auch Abhängigkeiten zwischen Merkmalen abbildbar. Es könnte zum Beispiel das Merkmal »Tower« überproportional häufig mit der schnellen CPU bestellt werden. Würde man die Merkmalswerte einzeln planen, würde man von einer Unabhängigkeit ausgehen. Das heißt beispielsweise bei 50% Tower und 50% schneller CPU bei der Gesamtmenge der geplanten Computer, dass 25% der Computer beide Eigenschaften gleichzeitig haben.

Durch obige Maske kann eine Abhängigkeit abgebildet werden, so dass die Kombination beider Werte mit 40% zum Beispiel deutlich über dem berechneten Wert von 25% (= 50% mal 50%) liegt. Wie werden solche Masken im System abgebildet? Sie müssen dabei folgende Schritte durchlaufen:

- Vorplanungstabelle anlegen
- Vorplanungsprofil anlegen
- Vorplanungstabelle dem Vorplanungsprofil zuordnen

Vorplanungstabelle

Für die Zeilen der Maske mit Kombinationen aus Werten der Merkmale »Gehäusetyp« und »CPU« werden sogenannte *Vorplanungstabellen* benötigt. Diese ähneln stark den Variantentabellen und werden an analoger Stelle wie diese abgelegt. Sie werden aus dem Menü der Stammdaten der Programmplanung (Logistik • Produktion • Produktionsplanung) in der Transaktion MDP1 angelegt. Der Vorplanungstabelle geben Sie einen beliebigen Namen, eine Bezeichnung, einen Status, der Inhaltspflege erlaubt, und Merkmale als Spalten (hier »Gehäusetyp« und »CPU«). Der Inhalt der Vorplanungstabelle entspricht den letzten neun Zeilen aus der in Abbildung 3.61 gezeigten Maske.

Vorplanungsprofil

Nach der Anlage der Vorplanungstabelle müssen Sie ein *Vorplanungsprofil* anlegen. Im Unterschied zu den Vorplanungstabellen, die optional genutzt werden können, ist das Vorplanungsprofil generell notwendig für die Planungsstrategie 56.

Das Vorplanungsprofil legen Sie unter einem beliebigen Namen mit Bezug zu dem konfigurierbaren Material und der Variantenklassenart an. Anschließend stehen alle Merkmalswerte der Variantenklasse des konfigurierbaren Materials zur Verfügung. Hier können Sie die relevanten einzelnen Merkmalswerte für die Häufigkeitsmaske kennzeichnen – im Beispiel aus Abbildung 3.61 sind dies Modem, Maus und Tastatur. In der Pflegetransaktion des Vorplanungsprofils MDPH können Sie die Vorplanungstabellen zusätzlich zuordnen, so dass die restlichen neun Zeilen der Häufigkeitsmaske aus Abbildung 3.61 ebenfalls aktiviert sind.

Somit sind alle Voraussetzungen für die Standarderzeugnisvorplanung realisiert, und wir können den eigentlichen Prozess der Standarderzeugnisvorplanung betrachten.

Planung und Verrechnung bei »Merkmalsvorplanung/Standarderzeugnisvorplanung«

Nachdem die notwendigen Stammdaten angelegt wurden, kann der weitere Prozess der Vorplanung mit dieser Strategie der Standarderzeugnisvorplanung betrachtet werden. Dies sind:

- Planprimärbedarfe für das konfigurierte Material inklusive Konfigurationsstützpunkt anlegen ❶ (siehe Abbildung 3.60)

- Planungslauf und Beschaffung ❷
- Kundenaufträge und deren Verrechnung von Kundenbedarf gegen Vorplanungsbedarf (❸ und ❹)

Zunächst werden die *Planprimärbedarfe* für das konfigurierbare Material angelegt. Neben der geplanten Menge sind Informationen bezüglich der Merkmalsbewertung notwendig. Hierfür gibt es in der Anlagemaske der Planprimärbedarfe den Button KONF.-STÜTZPKT für den Konfigurationsstützpunkt (siehe ❶ in Abbildung 3.62), mit dem die Häufigkeitsmaske aufgerufen wird. Die Häufigkeiten können unter Nutzung der Infostruktur S138 aus dem Logistikinformationssystem angelegt werden.

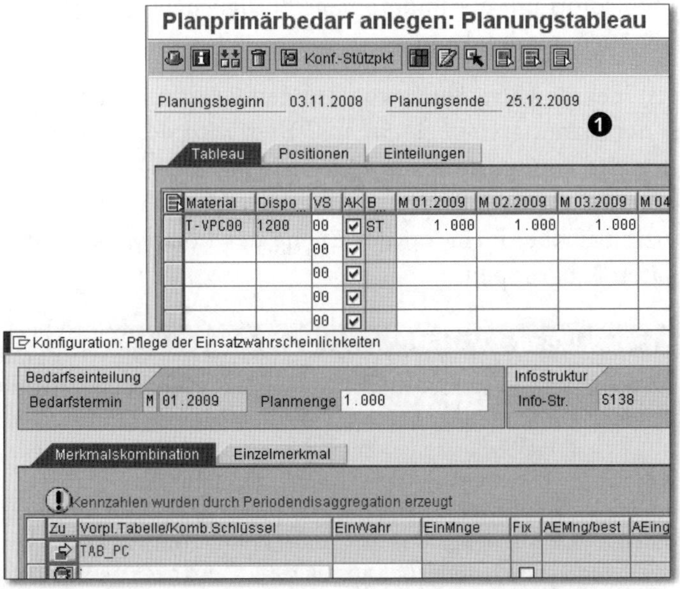

Abbildung 3.62 Vorplanungsprofil und Konfigurationsstützpunkt

Konfigurationsstützpunkt [+]

Für jeden Planprimärbedarf muss ein eigener Konfigurationsstützpunkt angelegt werden. Ein Konfigurationsstützpunkt gilt automatisch für alle Planprimärbedarfe bis zum nächsten Konfigurationsstützpunkt. Ein neuer Konfigurationsstützpunkt muss erst dann wieder angelegt werden, wenn sich die Häufigkeiten ändern.

Als Nächstes wird ein Planungslauf für das konfigurierbare Material durchgeführt. Ergebnis dieses Planungslaufs sind *Planaufträge* für das konfigurierbare Material entsprechend dem vorher eingegebenen Planprimärbedarf. Die Komponentenliste der Planaufträge wird unter Berücksichtigung der

Häufigkeiten aus den Konfigurationsstützpunkten erzeugt. Die Planaufträge für das konfigurierbare Material sind nicht in Beschaffungselemente, wie zum Beispiel Fertigungsaufträge, umsetzbar. Somit ist sichergestellt, dass – wunschgemäß – auf dieser Ebene keine Beschaffung angestoßen werden kann, sondern auf die Bedarfe durch Kundenaufträge gewartet werden. Anders sieht es jedoch für die Komponenten und nicht konfigurierbaren Baugruppen aus. Durch die Planaufträge für das konfigurierbare Material ergeben sich für diese Sekundärbedarfe entsprechende Planaufträge; diese können wiederum für die Beschaffung genutzt werden.

Somit sollte für die gewünschten Komponenten und nicht konfigurierbaren Baugruppen entsprechender Bestand verfügbar sein, so dass nach Eingang von Kundenaufträgen sofort mit der Endmontage bezüglich des konfigurierbaren Produkts begonnen werden kann.

Ein letztes Thema ist hier die *Verrechnung* von Kundenbedarf mit Planbedarf. Wie sieht dies bei der Planungsstrategie 56 aus? Hier wird der Kundenprimärbedarf bezüglich des konfigurierbaren Materials mit dem entsprechenden Planprimärbedarf auf dieser Ebene verrechnet. Die Verrechnung erfolgt somit auf der obersten Ebene, nicht auf der Ebene der Komponenten und nicht konfigurierbaren Baugruppen.

[zB]

Verrechnung gegen Vorplanung

Das soll an einem Zahlenbeispiel veranschaulicht werden: In einer Planungsperiode werden in Anlehnung an Abbildung 3.62 für einen konfigurierbaren Rechner 1.000 Stück geplant. Es soll weiterhin angenommen werden, dass sich aus dem Konfigurationsstützpunkt für den Gehäusetyp »Tower« eine Häufigkeit von 30% ergibt, d.h. ein Sekundärbedarf von 300 Stück. Darüber hinaus ergibt sich für diese Planungsperiode durch einen Kundenauftrag ein Auftrag über 100 Rechner, die neben einer Reihe weiterer Eigenschaften auch ausschließlich als Tower gewünscht werden. Wie bereits erwähnt, beginnt die Verrechnung auf Ebene des konfigurierbaren Materials.

Der Vorplanungsbedarf für den Rechner wird für die Planungsperiode um die 100 Stück auf 900 Stück verringert. Die Sekundärbedarfe, wie zum Beispiel auch für den Gehäusetyp »Tower«, aus der Vorplanung reduzieren sich dementsprechend proportional.

Das heißt, nach einem erneuten Planungslauf wird der Vorplanungssekundärbedarf für den Tower entsprechend der Bedarfsmenge von 900 Stück für den Rechner abgebaut und nicht entsprechend der Bedarfsmenge aus dem Kundenauftrag für den Tower.

Konkret bedeutet das Folgendes: Der Sekundärbedarf für den Tower verringert sich von 300 Stück auf 900 x 30% = 270 Stück (und nicht auf 300 minus 100 gleich 200 Stück).

Die Verrechnung ist auf Komponentenebene somit nicht exakt. Der Fehler dürfte sich aber über eine größere Anzahl von Kundenaufträgen ausmitteln. Ist dies für Sie zu wenig exakt, empfiehlt sich die nächste Strategie.

SAP-Hinweis 68033 [+]

Beachten Sie bitte den SAP-Hinweis 68033 zur Merkmalsvorplanung, der auch einige Einschränkungen bezüglich der Nutzung der Planungsstrategie 56 umfasst.

3.5.5 Merkmalsvorplanung/Standarderzeugnisvorplanung mit Langfristplanung

In der Strategie Standarderzeugnisvorplanung mit Langfristplanung werden die Vorteile der Merkmalsvorplanung aus dem letzten Abschnitt mit den Vorteilen der reinen Baugruppenvorplanung bezüglich der exakten Verrechnung gekoppelt.

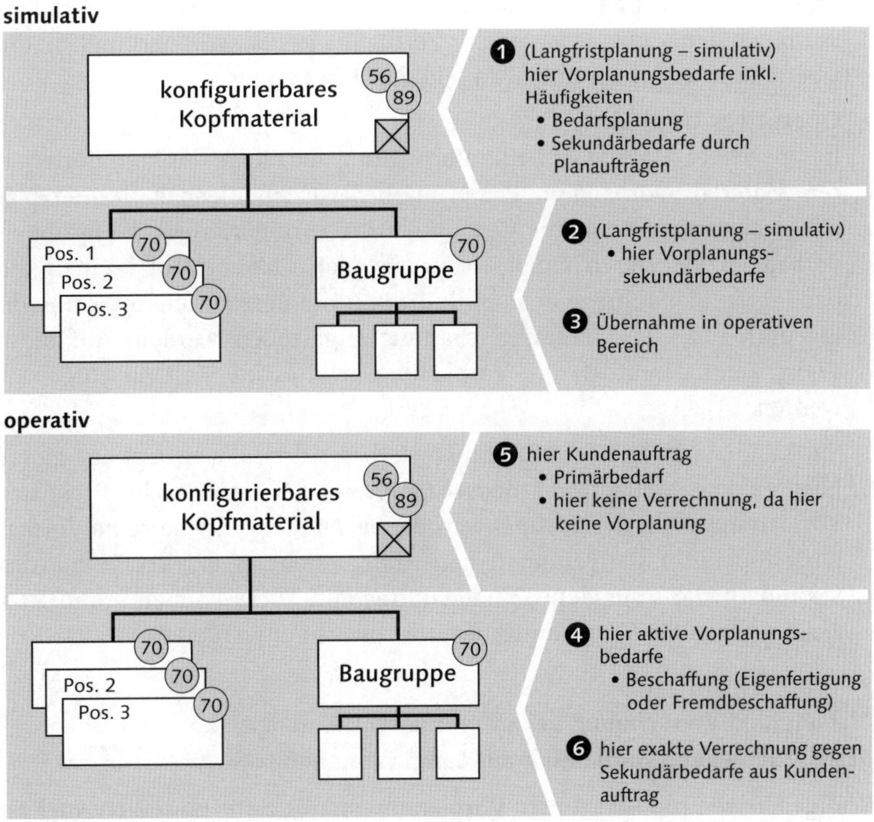

Abbildung 3.63 Standarderzeugnisvorplanung und Baugruppenvorplanung

Simulativ und operativ

Der »Trick« dieser Strategie besteht darin, die Merkmalsvorplanung auf Ebene des konfigurierbaren Materials simulativ im Umfeld der Langfristplanung vorzunehmen (siehe Abbildung 3.63). Betrachten wir das anhand der Abbildung näher:

- **Simulatives Umfeld**
  In der Langfristplanung ❶ werden Planprimärbedarfe für das konfigurierbare Material angelegt. Analog zu oben existieren auch hier Konfigurationsstützpunkte. An dieser Stelle können Häufigkeiten eingegeben werden, soweit dies über Vorplanungstabellen und Vorplanungsprofil vorbereitet wurde. Diese simulativen Planprimärbedarfe werden in der Langfristplanung einem Planungslauf unterzogen. Ergebnis sind nicht umsetzbare Planaufträge, die wiederum die gewünschten Sekundärbedarfe ❷ für die Komponenten und nicht konfigurierbare Baugruppen erzeugen. Diese Sekundärbedarfe sind jedoch zunächst simulativ. Ein Übernahmereport ❸, der durch die Transaktion MS66 (Simulationssekundärbedarfe übernehmen) zur Verfügung gestellt wird, ermöglicht die Übernahme in das operative Umfeld der Vorplanung.
- **Operatives Umfeld**
  Im operativen Umfeld ist keine Vorplanung auf Ebene des konfigurierbaren Materials vorhanden. Planprimärbedarfe sind jedoch für die planungsrelevanten Komponenten und nicht konfigurierbare Baugruppen vorhanden ❹. Durch einen entsprechenden Planungslauf können die benötigten Planaufträge erzeugt und somit die Beschaffung in Form von Eigenfertigung oder Fremdbeschaffung angestoßen werden. Auf diese Weise kann der durch die Vorplanung gewünschte Bestand aufgebaut werden.

  Ein Kundenauftrag über ein konfigurierbares Produkt erzeugt auf dieser Ebene einen Kundenprimärbedarf ❺. Dieser kann hier nicht direkt mit Vorplanungsbedarf verrechnet werden, da auf dieser Ebene keine Vorplanung (operativ) stattgefunden hat. Anders sieht es auf der Ebene des Sekundärbedarfs aus dem Kundenauftrag aus. Diese können – und jetzt exakt – gegen die Vorplanungsbedarfe verrechnet werden ❻.

Planung und Verrechnung bei »Merkmalsvorplanung/ Standarderzeugnisvorplanung mit Langfristplanung«

Wie gehen wir nun bei dieser Vorplanungsstrategie im Einzelnen vor? Es sind folgende Schritte notwendig, die wir Ihnen direkt im Anschluss näher erläutern werden:

- Einstellungen im Materialstamm – Strategie zuordnen
- Planprimärbedarfe anlegen – inklusive Konfigurationsstützpunkt
- Planung in der Langfristplanung
- Übernahmereport anwenden
- Planung im operativen Umfeld
- Kundenauftrag und dessen Verrechnung

Dem Materialstamm des konfigurierbaren Materials wird die Strategie über die gleichlautende Strategiegruppe zugeordnet. Dies kann die Strategie 89, 56 oder auch eine andere Strategien sein, soweit Vorplanung (im Standard über die Bedarfsart VSE und die Bedarfsklasse 103 – siehe hierzu die Planungsstrategien in Kapitel 4, »Customizing von SAP ERP für die Variantenkonfiguration«) vorgesehen ist. Darüber hinaus geben Sie im Materialstamm den Verrechnungsmodus mit den Zeitintervallen an.

Den planungsrelevanten Komponenten und nicht konfigurierbaren Baugruppen werden die Strategie 70 und der Verrechnungsmodus zugeordnet. Weiterhin benötigen diese Komponenten als Sekundärbedarfskennzeichen die 2 (Sammelbedarf) und als Mischdispositionskennzeichen die 1 (Baugruppenvorplanung mit Endmontage).

Für das konfigurierbare Material legen Sie Planprimärbedarfe an. Diese dürfen nicht in der Version 00 angelegt werden und müssen inaktiv gesetzt werden, um sicherzustellen, dass simulativ gearbeitet wird. Für diese Planprimärbedarfe werden Konfigurationsstützpunkte gefüllt.

Es wird ein Planungsszenario für die Langfristplanung benötigt (Transaktion MS31). Sie können einen beliebigen Schlüssel (größer als 0) wählen. Hier werden nur der Planungszeitraum, die Planprimärbedarfe (mit obiger Version) und das entsprechende Werk eingetragen und freigegeben. Bezüglich dieses Planungsszenarios wird in der Langfristplanung eine Einzelplanung für das konfigurierbare Material (Transaktion MS02) durchgeführt.

An dieser Stelle kommt der Übernahmereport ins Spiel. Er wird auf die planungsrelevanten Komponenten und nicht konfigurierbaren Baugruppen angewandt. Dabei werden die Daten aus dem Planungsszenario der Langfristplanung in die operative Version 00 der Bedarfsplanung überführt. Nun können im operativen Bereich die Planung und Beschaffung durchgeführt werden.

Verrechnung gegen Vorplanung [zB]

Abschließend werfen wir einen Blick auf die Verrechnung gegen Bedarfe aus Kundenaufträgen. Dazu nutzen wir wieder unser Zahlenbeispiel:

Für einen konfigurierbaren Rechner wurden 1.000 Stück geplant. Aus dem Konfigurationsstützpunkt ergibt sich für den Gehäusetyp »Tower« eine Häufigkeit von 30%, d.h. ein Sekundärbedarf von 300 Stück. Weiterhin ergibt sich für diese Planungsperiode durch einen Kundenauftrag ein Auftrag über 100 Rechner, die neben einer Reihe weiterer Eigenschaften auch ausschließlich als Tower gewünscht werden.

Auf Ebene des konfigurierbaren Rechners kann der Bedarf von 100 Stück aus dem Kundenauftrag nicht gegen Planprimärbedarf verrechnet werden, da hier laut Planungsstrategie kein solcher Planprimärbedarf existiert. Entsprechend der Planungsstrategie 70 (Baugruppenvorplanung) auf der Ebene des Gehäuses »Tower« wird hier der Sekundärbedarf von 100 Stück aus dem Kundenauftrag – nun exakt – gegen die Vorplanungsbedarfe verrechnet.

Konkret bedeutet das Folgendes: Der Planprimärbedarf für den Tower verringert sich von 300 Stück um diese 100 Stück auf 200 Stück.

Damit treten hier nicht die Ungenauigkeiten auf, die im letzten Abschnitt zur reinen Standarderzeugnisvorplanung beschrieben wurden.

3.5.6 Typenvorplanung/Vorplanung mit Vorplanungsvarianten

Als Letztes stellen wir Ihnen eine Planungsstrategie vor, die auf Basis von sogenannten *Vorplanungsvarianten* arbeitet. Diese Planungsstrategie kann auch ausgehend von der Planungsstrategie 56, der Merkmalsvorplanung aus Abschnitt 3.5.4, »Merkmalsvorplanung/Standarderzeugnisvorplanung«, motiviert werden. Anders als in Abschnitt 3.5.5, »Merkmalsvorplanung/Standarderzeugnisvorplanung mit Langfristplanung«, bei dem eine exaktere Verrechnung, verbunden mit einem Mehraufwand, im Vordergrund stand, geht es hier in der Hauptsache um die Verringerung des Planungsaufwands. Eine ungenaue Verrechnung mit Bedarf bezüglich der Kundenaufträge wird dabei akzeptiert.

In dem Szenario, das dieser Strategie und damit diesem Abschnitt zugrunde liegt, wird davon ausgegangen, dass Merkmalsvorplanung als eventuell zu kompliziert und möglicherweise zu aufwendig abgelehnt wird. Die Idee ist hier, die Vorplanung auf Basis einiger weniger typischer Vertreter des konfigurierbaren Materials – der Vorplanungsvarianten – durchzuführen.

Analog zur Strategie 56 ist auch die Bezeichnung der Strategie 54 (siehe Abbildung 3.64) mit *Typenvorplanung* historisch bedingt. Dies basiert noch auf Begriffen aus der SAP R/2-Ära. Inhaltlich und in der aktuellen Begriffswelt handelt es sich um eine Vorplanungsstrategie mit Vorplanungsvarianten.

[+]

Vorplanungsvarianten

Vorplanungsvarianten sind ähnlich den Materialvarianten Materialstämme für konfigurierte Materialien. Diese Materialstämme sind werksspezifisch (im Standard über die Dispositionssicht 3) mit dem konfigurierbaren Materialstamm gekoppelt und enthalten weiterhin eine Konfiguration. Die Bewertung der Vorplanungsvariante wird analog zu der Bewertung der Materialvariante durchgeführt, stellt aber einen eigenen Eintrag im Materialstamm dar.

Planung und Verrechnung bei »Vorplanung mit Vorplanungsvarianten/Typenvorplanung«

Wie gehen wir nun bei dieser Vorplanungsstrategie im Einzelnen vor? Es sind folgende Schritte erforderlich, die wir Ihnen direkt im Anschluss näher erläutern werden:

- Einstellungen im Materialstamm – Strategie zuordnen
- Vorplanungsvarianten anlegen
- Planprimärbedarfe anlegen
- Planungslauf und Beschaffungsprozess

Sowohl den Vorplanungsvarianten als auch dem konfigurierbaren Material muss die Planungsstrategie 54 zugeordnet werden (siehe ❶ in Abbildung 3.64). Weiterhin werden Verrechnungsmodus und Verrechnungsintervall eingetragen.

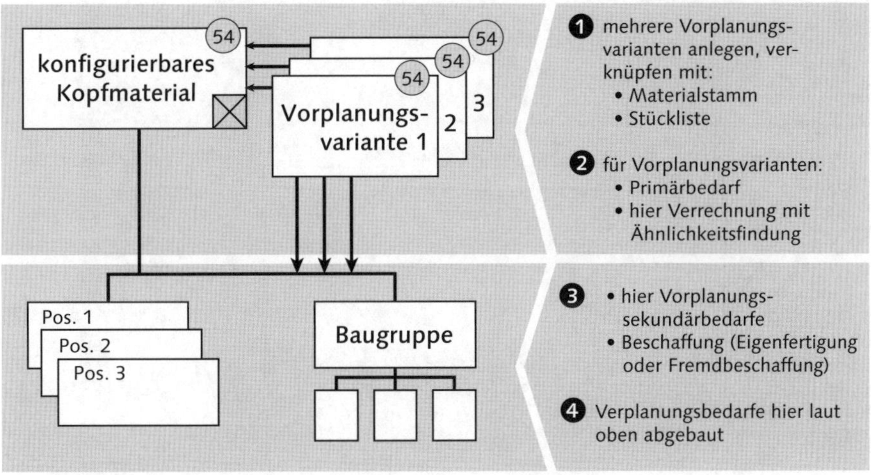

Abbildung 3.64 Typenvorplanung – Planungsstrategie 54

Für die Vorplanungsvarianten werden *Stücklisten* benötigt. Diese Stücklisten werden aber im Standard nicht explizit angelegt, sondern nur – ebenfalls analog zu Materialvarianten – durch eine Verknüpfung der Vorplanungsvarianten mit der Stückliste des konfigurierbaren Materials zur Verfügung gestellt. Dies geschieht in der Transaktion CS40 (Zuordnung konfiguriertes Material anlegen).

Anstatt eine Vorplanung für das konfigurierbare Material durchzuführen, wird dies für typische Vertreter – die Vorplanungsvarianten – durchgeführt ❷. Hierzu werden für die Vorplanungsvarianten *Planprimärbedarfe* angelegt. Der Planprimärbedarf kann analog zu »normalen«, nicht konfigurierbaren Materialien angelegt werden, d.h. ohne Variantentabellen oder -profile und Konfigurationsstützpunkte.

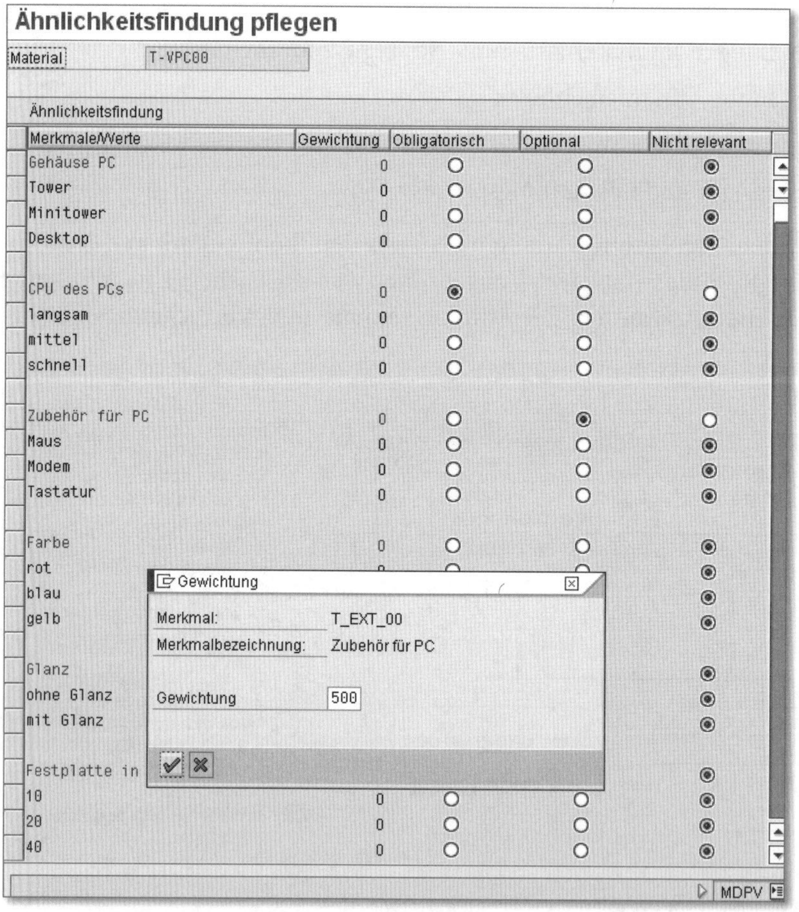

Abbildung 3.65 Ähnlichkeitsfindung für die Vorplanung mit Vorplanungsvarianten

Ein Planungslauf für die Vorplanungsvarianten erzeugt über die Planaufträge Vorplanungssekundärbedarfe. Diese Planaufträge können analog zur Strategie 56 nicht umgesetzt werden. Die Vorplanungssekundärbedarfe werden genutzt, um die Beschaffung der Komponenten und nicht konfigurierbaren Baugruppen anzustoßen ❸.

Kundenaufträge werden bei dieser Strategie jedoch nicht zu den Vorplanungsvarianten, sondern zum konfigurierbaren Material eingehen. Trotzdem können diese Kundenprimärbedarfe gegen die Planprimärbedarfe verrechnet werden ❷. Hierzu wird eine *Ähnlichkeitsfindung* eingestellt. Diese Funktionalität findet sich als Transaktion MDPV als letzter noch offener Punkt im Menü der Stammdaten der Programm- beziehungsweise Produktionsplanung – siehe Abbildung 3.65 (die restlichen Punkte des Menüs STAMMDATEN wurden unter der Planungsstrategie mit Merkmalsvorplanung in Abschnitt 3.5.4, »Merkmalsvorplanung/Standarderzeugnisvorplanung«, besprochen).

Im Allgemeinen kann man davon ausgehen, dass die Konfiguration des Kundenauftrags mit keiner Konfiguration der Vorplanungsvarianten vollständig übereinstimmt und mit allen Vorplanungsvarianten eine teilweise Übereinstimmung hat. Deshalb stellt sich die Frage, welche Vorplanungsvariante der Konfiguration des Kundenauftrags »am ähnlichsten« ist. Die hierfür notwendigen Einstellungen können in der Ähnlichkeitsfindung auf Ebene der Zeilen der MERKMALE vorgenommen werden. Die Einstellungsmöglichkeiten auf Ebene der Zeilen der WERTE, wie sie auch in Abbildung 3.65 erkennbar sind, haben aktuell keine funktionelle Bedeutung. Unter MERKMALE können Sie die folgenden Einstellungen vornehmen:

- **Nicht relevant**
  Der Default-Wert NICHT RELEVANT führt – wie der Name schon sagt – dazu, dass die Bewertung für dieses Merkmal nicht in die Ähnlichkeitsfindung einfließt.
- **Obligatorisch**
  Der Wert OBLIGATORISCH führt dazu, dass die entsprechende Vorplanungsvariante nur dann in der Ähnlichkeitsfindung berücksichtigt wird, wenn dieses »obligatorische« Merkmal im Kundenauftrag und in der Vorplanungsvariante im Prinzip identisch bewertet wurde. Dies bedeutet im Detail Folgendes:
  - Bewertete »obligatorische« Merkmale müssen im Auftrag mit der Bewertung in der Variante übereinstimmen. Das heißt auch, dass die Vorplanungsvariante an dieser Stelle nicht unbewertet sein darf.

Ansonsten werden diese Vorplanungsvarianten nicht mehr weiter berücksichtigt.

- Bei bewerteten einwertigen obligatorischen Merkmalen muss die Bewertung exakt übereinstimmen. Bei bewerteten mehrwertigen obligatorischen Merkmalen reicht eine Übereinstimmung mit der Variante in mindestens einem Wert der Bewertung.
- Es dürfen in der Variante mehr Werte als in der Bewertung im Kundenauftrag ausgewählt worden sein. Umgekehrt dürfen aber auch in der Bewertung im Kundenauftrag mehr Werte als in der Variante ausgewählt worden sein.
- Unbewertete »obligatorische« Merkmale im Kundenauftrag bleiben ohne Auswirkung. Sie werden also wie »nicht relevante« Merkmale behandelt. Alle Vorplanungsvarianten bleiben weiter berücksichtigt.
- Diese Regeln für »obligatorische« Merkmale gelten sowohl für CHAR- als auch für Nicht-CHAR-Merkmale. Nur intervallwertige Merkmale werden nicht berücksichtigt – also analog zu »nicht relevant«.

- **Optional**

  OPTIONAL sind die Merkmale, die in der Ähnlichkeitsfindung berücksichtigt werden, soweit die entsprechende Vorplanungsvariante nach Auswertung der obligatorischen Merkmale noch für die Ähnlichkeitsfindung relevant ist.

  - Bleibt keine Vorplanungsvariante nach Auswertung der obligatorischen Merkmale mehr im Rennen, wird auch keine Vorplanungsvariante gefunden und der Vorplanungsbedarf nicht verrechnet.
  - Für optionale Merkmale können Sie zusätzlich die Gewichtung angeben. Bleiben mehrere Vorplanungsvarianten im Rennen, werden die Gewichte der »optionalen« Merkmale addiert, die in beiden (Kundenauftrag und Vorplanungsvariante) bewertet und gleich bewertet sind. Die Vorplanungsvariante mit der höchsten Gewichtssumme wird als die »ähnlichste« betrachtet und »hat gewonnen«. Gegen diese Vorplanungsvariante wird der Vorplanungsbedarf verrechnet. Gibt es mehrere Sieger, wählt das System eine beliebige, nicht beeinflussbare Vorplanungsvariante aus.
  - Das Gewicht eines einwertigen CHAR-Merkmals wird berücksichtigt, falls die Bewertung exakt übereinstimmt.
  - Das Gewicht eines mehrwertigen CHAR-Merkmals wird berücksichtigt, falls mindestens ein Wert der Bewertung mit der Vorplanungsva-

riante übereinstimmt. Es dürfen in der Vorplanungsvariante mehr Werte als in der Bewertung im Kundenauftrag ausgewählt worden sein. Umgekehrt dürfen auch in der Bewertung im Kundenauftrag mehr Werte als in der Vorplanungsvariante ausgewählt worden sein.

- Nicht-CHAR-Merkmale werden nicht ausgewertet, also wie »nicht relevant« betrachtet.

Der Primärbedarf aus dem Kundenauftrag wird gegen die Planprimärbedarfe dieser nach obigen Regeln ermittelten Vorplanungsvariante verrechnet. Damit erfolgt analog zur Planungsstrategie 56 auch hier die Verrechnung auf Ebene des Kopfmaterials und damit nicht exakt auf der Ebene der Komponenten und nicht konfigurierbaren Baugruppen. Der Abbau der Vorplanungsbedarfe auf Ebene der Komponenten und nicht konfigurierbaren Baugruppen ergibt sich somit aus dem Abbau der Vorplanungsbedarfe der Vorplanungsvarianten (siehe ❹ in Abbildung 3.64).

3.5.7 Variantenkonfiguration und SCM APO

Auch im Rahmen der Variantenkonfiguration können Sie mit Planungswerkzeugen von *Advanced Planning and Optimization* (APO) des *Supply Chain Managements* (SCM) arbeiten. Hierzu müssen Sie die planungsrelevanten Daten des Modells der Variantenkonfiguration SCM APO zur Verfügung stellen. Dabei sind einige wenige Besonderheiten in der Modellierung zu beachten.

Im Rahmen der Variantenklassenpflege aktivieren Sie eine Anwendungssicht und ordnen alle planungsrelevanten Merkmale dieser Anwendungssicht zu. Dies ist erforderlich, da bei dem Anlegen des Integrationsmodells für SCM APO über diese Anwendungssicht die Merkmale selektiert werden.

Über Einstellungen im Materialstamm müssen Sie sicherstellen, dass die gewünschten Planungsfunktionalitäten in SCM APO und nicht in der klassischen Planung des ERP-Systems durchgeführt werden. Hierzu schalten Sie im Materialstamm in den Sichten der Disposition über das Dispositionsmerkmal die Disposition im ERP-System ab. Den Horizontschlüssel müssen Sie ebenfalls passend wählen.

Das Dispositionsmerkmal X0 in Abbildung 3.66 zeichnet sich in dessen Customizing durch das Dispositionsverfahren X (Ohne Disposition, mit Stücklistenauflösung) und die Planungsmethode 1 (= durch externes System geplant) aus. Im Customizing des Dispositionsmerkmals X0 sind keine weiteren Flags gesetzt.

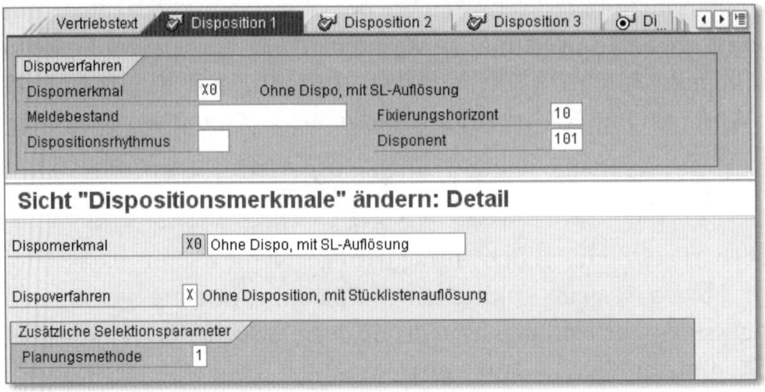

Abbildung 3.66 Dispositionsmerkmal im Materialstamm des konfigurierbaren Materials

Der Horizontschlüssel AP1 in Abbildung 3.67 zeichnet sich dadurch aus, dass Horizonte, aber keine Pufferzeiten definiert sind. Für die planungsrelevanten Komponenten der Maximalstückliste sollte das EINZEL-/SAMMELBEDARFSKENNZEICHEN, das Sie ebenfalls in den Sichten der Disposition im Materialstamm finden, auf SAMMELBEDARF stehen.

Abbildung 3.67 Horizontschlüssel im Materialstamm des konfigurierbaren Materials

Weiterhin wird für das konfigurierbare Material eine Fertigungsversion benötigt. Diese Fertigungsversion, die Sie zum Beispiel aus der Arbeitsvorbereitungssicht des Materialstamms anlegen können, beinhaltet die Schlüssel der Maximalstückliste und des Maximalarbeitsplans des konfigurierbaren Materials. Nur so kann das Integrationsmodell für SCM APO Stückliste und Arbeitsplan finden.

Über die Transaktion CFM1 legen Sie ein Integrationsmodell an, das dazu dient, über die so genannte *CIF-Schnittstelle* (Core Interface) alle für die gewünschten Planungsaktivitäten in SCM APO notwendigen Stamm- und Bewegungsdaten zur Verfügung zu stellen.

Selektion von Klassen und Merkmalen (Anwendungssichten) [+]

Beachten Sie, dass beim Anlegen des Integrationsmodells neben den planungsrelevanten Materialstämmen des Modells auch die Klassen und Merkmale zusätzlich mit selektiert werden müssen. Dies geschieht über die MATERIALUNABHÄNGIGEN OBJEKTE, hier wiederum über KLASSEN/MERKMALE und hier als SICHTKENNZEICHEN die oben angesprochene Anwendungssicht und die KLASSENART 300.

Anschließend aktivieren Sie das Integrationsmodell (Transaktion CFM2). Nach der Übertragung müssen Sie in SCM APO gegebenenfalls die Produktstämme ergänzen. Achten Sie dabei darauf, dass im Produktstamm des konfigurierbaren Enderzeugnisses keine Bedarfsstrategie eingetragen wird.

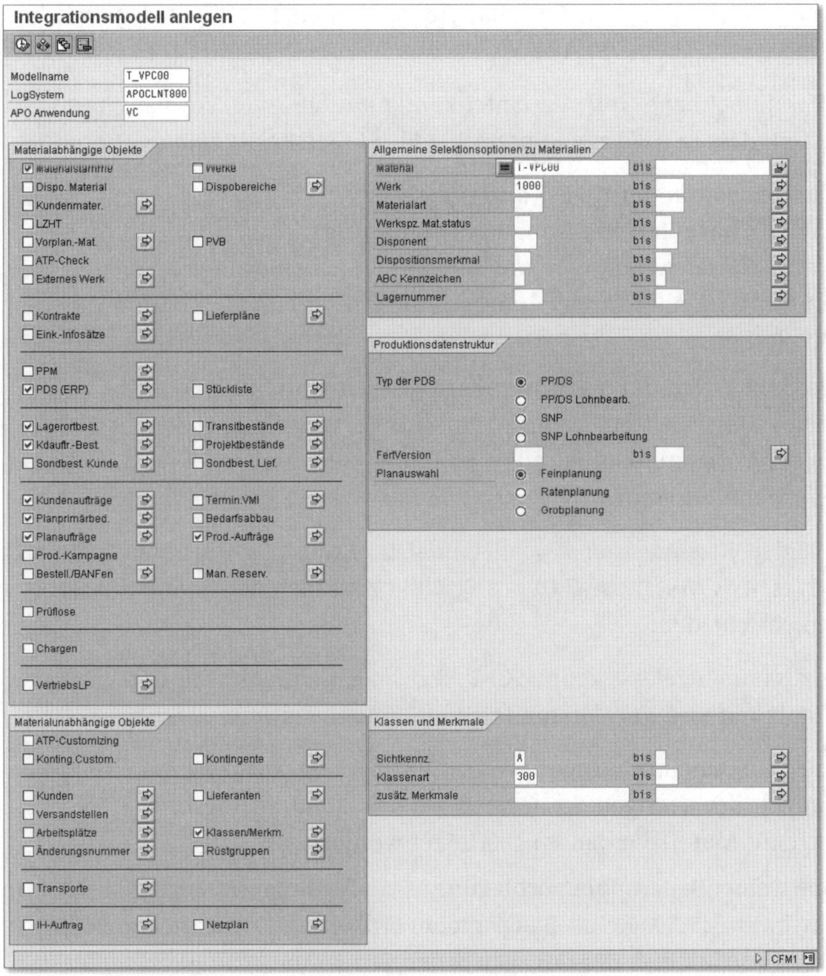

Abbildung 3.68 Selektionskriterien des Integrationsmodells

Mit dem hier angesprochenen Vorgehen können konfigurierte Kundenaufträge in SCM APO in die Planung einbezogen werden. Es soll darauf hingewiesen werden, dass die Merkmalsvorplanung auch in SCM APO möglich ist. Die Merkmalsvorplanung im ERP-System haben wir in den Abschnitten 3.5.4, »Merkmalsvorplanung/Standarderzeugnisvorplanung«, und 3.5.5, »Merkmalsvorplanung/Standarderzeugnisvorplanung mit Langfristplanung«, näher erläutert. Dort wurde auch das Thema Merkmalsvorplanung in SCM APO angesprochen.

3.5.8 Vorplanung und SCM APO

In Abschnitt 3.5.7 wurde bereits die Integration der Variantenkonfiguration in SCM APO beschrieben. Auch das Thema Variantenkonfiguration und Vorplanung ist ein Thema in APO.

Im Zusammenhang mit Variantenkonfiguration und Vorplanung ist zu beachten, dass in APO zwei unterschiedliche Klassensysteme existieren:

- **Klassensystem der CDP-Konfiguration (CDP = Characteristic Dependent Planning)**
  Dieses Klassensystem wird vor allem in Branchenlösungen eingesetzt und unterstützt keine Kundenaufträge mit Variantenkonfiguration aus dem ERP-System.
- **Klassensystem der Variantenkonfiguration aus ERP (LO-VC)**
  Dieses Klassensystem kommt zum Einsatz, wenn mit klassischen Modellen der Variantenkonfiguration im ERP-System gearbeitet wird, insbesondere wenn Kundenaufträge aus dem ERP-System genutzt werden.

Die beiden Klassensysteme schließen sich gegenseitig aus. Man kann sich jedoch (seit SCM-Release 7.0) pro Produkt zwischen den beiden Klassensystemen entscheiden.

Kurz zusammengefasst kennt SCM APO im Zusammenhang mit Variantenkonfiguration und Vorplanung folgende Vorgehensweisen:

- Eine Kundeneinzelfertigung ohne Vorplanung analog zum ERP-System (ähnlich der dortigen Strategie 25) – hier kann analog zum ERP-System auch mit Materialvarianten gearbeitet werden.
- Eine reine Baugruppenvorplanung – auch diese ist analog zu der in Abschnitt 3.5.3, »Reine Baugruppenvorplanung«, beschriebenen Vorgehensweise (ähnlich der dortigen Strategien 25 und 70).

- Eine Merkmalsvorplanung mit LO-VC aus dem ERP-System – diese Vorgehensweise entspricht der in Abschnitt 3.5.5, »Merkmalsvorplanung/Standarderzeugnisvorplanung mit Langfristplanung«, beschriebenen Vorgehensweise mit inaktiver Planversion (Strategien 56/89 und 70).
- Eine Merkmalsvorplanung mit aktiver Planversion, ähnlich dem Vorgehen in Abschnitt 3.5.4, »Merkmalsvorplanung/Standarderzeugnisvorplanung«, (Strategie 56) – diese Form der Vorplanung setzt jedoch das Klassensystem der CDP-Konfiguration voraus und ist deshalb mit den Einschränkungen bezüglich der Kundenaufträge aus dem ERP-System verbunden.
- Eine Vorplanung mit sogenannter *Merkmalspropagierung* in der Branchenlösung SAP for Mill Products. Auch hier wird das Klassensystem der CDP-Konfiguration vorausgesetzt.

Literaturhinweis [+]

Da dieses Thema recht komplex und umfangreich ist, wird es hier nicht weiter behandelt. Wir möchten stattdessen auf die folgenden beiden Bücher verweisen:

- Balla, Jochen, Layer, Frank: Produktionsplanung mit SAP APO, SAP PRESS, 2010.
- Dickersbach, J.: Characteristic Based Planning with mySAP SCM, Springer, 2005.

3.6 Zusammenfassung

Hiermit möchten wir dieses Kapitel abschließen. Es wurde eine Reihe von Aspekten, die die Integration der Variantenkonfiguration betreffen, zusammengestellt.

So haben wir zunächst die Stücklisten (wie Materialstückliste, Kundenauftragsstückliste, Variantenstückliste und auch Vertriebs- und Fertigungsstückliste) in der Variantenkonfiguration betrachtet und anschließend die Order Engineering Workbench vorgestellt.

Zudem haben wir angesprochen, wie in SCM APO mit Modellen der Variantenkonfiguration geplant werden kann, wie Modelldaten aus dem ERP-System auch dem SCM APO zur Verfügung gestellt werden können und wie Vorplanung in SCM APO aussehen kann.

Im Folgenden wurde das integrierte Produkt- und Prozess-Engineering (iPPE) mit seiner Workbench vorgestellt und in diesem Zusammenhang auch über Stücklistenkonverter, Stücklistensynchronisation und PLM WebUI gesprochen.

Integrationsaspekte der Variantenkonfiguration in die logistische Kette nahmen einen großen Raum dieses Kapitels ein. Dabei wurden Vertriebsaktivitäten, Einkauf, Disposition, Fertigung, Projektsystem, Qualitätsmanagement, Instandhaltung und Kundenservice im Zusammenhang mit Variantenkonfiguration vorgestellt.

Ein Abschnitt war den speziellen Planungsstrategien der Vorplanung gewidmet.

Und ein letztes Thema in diesem Kapitel waren die Auswertungsmöglichkeiten in der Variantenkonfiguration. Dies betraf sowohl Standardanalysen im ERP-System als auch die Auswertung im Business Warehouse.

Wir hoffen, Ihnen in diesem Kapitel Anregungen und Ergänzungen für die Arbeit mit der Variantenkonfiguration geboten zu haben. Natürlich ist uns klar, dass dies nur eine kleine Auswahl solcher Aspekte sein konnte, um den Rahmen eines solchen Buches nicht zu sprengen. Zudem ist die Auswahl sicherlich immer auch subjektiv, dennoch hoffen wir, dass sie in jedem Fall hilfreich war.

Experten soll dieses Kapitel als grobe Anleitung dienen. Einsteiger erfahren, dass eben kein umfangreiches Customizing notwendig ist, um die Variantenkonfiguration einsetzen zu können.

4 Customizing von SAP ERP für die Variantenkonfiguration

In diesem Kapitel werden Customizing-Einstellungen zum Thema Variantenkonfiguration zusammengetragen. Dies meint einerseits einige wenige Einstellungen, die explizit die Variantenkonfiguration betreffen, andererseits aber auch recht viele Einstellungen aus anderen Bereichen, wie z.B. dem Klassensystem, sowie Einstellungen, die Prozesse der logistischen Kette, wie Vertrieb, Planung und Fertigung, betreffen.

Ziel dieses Kapitels ist es, Ihnen unter anderem zu zeigen, dass man mit den Standardeinstellungen des Customizings die Variantenkonfiguration im SAP ERP-System direkt nutzen kann: Es sind hier keine umfangreichen Arbeiten notwendig, bevor Sie die Variantenkonfiguration einsetzen können.

Wir erläutern Ihnen die expliziten Customizing-Einstellungen der Variantenkonfiguration, was im Wesentlichen nur Fragen bezüglich Berechtigungen, Status, Gruppen und Vorschlagswerte umfasst. Weiterhin zeigen wir die entscheidenden Stellen für die Variantenkonfiguration im Customizing des Klassensystems, insbesondere in den Einstellungen der Klassenarten. Die Erläuterungen zum Customizing für die Prozesse der logistischen Kette, die wir Ihnen hier geben möchten, betreffen das Customizing des Materialstamms, der Positionstypen, der Bedarfsarten und -klassen sowie des Order Change Managements (OCM).

4.1 Explizites Customizing der Variantenkonfiguration

Im Customizing unter Logistik Allgemein gibt es einen eigenen Menüpunkt Variantenkonfiguration. Hier sind kleinere Anpassungen möglich, Sie können aber auch mit den Standardeinstellungen arbeiten. Trotzdem sollen hier diese vom Standard abweichenden Einstellungen im Detail vorgestellt werden.

Wir werden im Folgenden die Punkte anhand der in Abbildung 4.1 dargestellten Reihenfolge vorstellen. Davon weichen wir nur ab, wenn mehrere ähnliche Punkte zusammengefasst werden können.

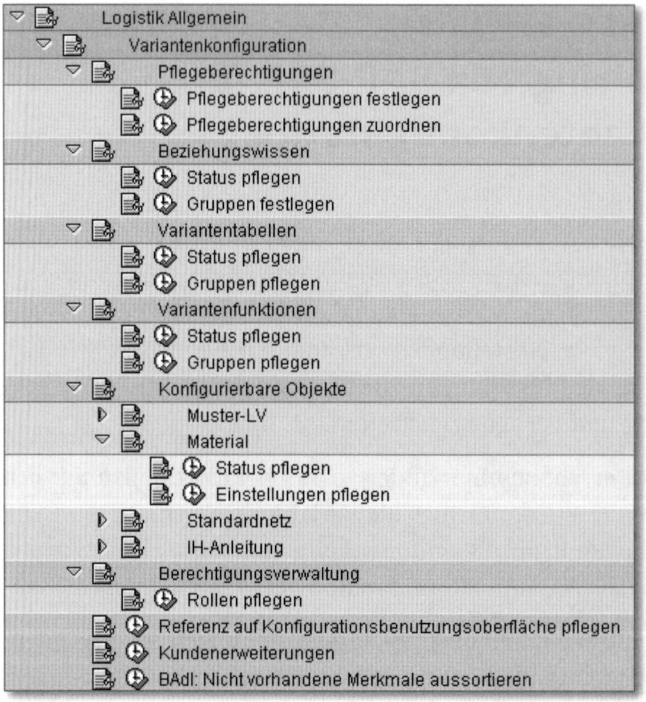

Abbildung 4.1 Customizing der Variantenkonfiguration

4.1.1 Pflegeberechtigungen

Der erste Punkt des Customizings der Variantenkonfiguration enthält die PFLEGEBERECHTIGUNGEN. Sie erfüllen zwei Aufgaben, die – knapp zusammengefasst – die folgenden beiden Fragen beantworten:

- Wer darf pflegen?
- Wo darf zugeordnet werden?

Über sie kann man mit Hilfe des Berechtigungsobjekts `C_LOVC_DEP` (Beziehungswissenspflege) die Pflege von Beziehungswissen steuern. Dieses Berechtigungsobjekt kann Berechtigungsprofilen und diese wiederum können Rollen zugeordnet werden.

Eine Pflegeberechtigung steuert darüber hinaus, welchen Objekten Beziehungswissen zugeordnet werden darf. In den Basisdaten der Beziehungswissenspflege existiert das Feld PFLEGEBERECHTIGUNG. Über dieses Feld kann die Zuordnung eingeschränkt werden. Hier kann eine Pflegeberechtigung zugeordnet werden, die zuvor im Customizing mit Namen und Bezeichnung festgelegt wurde. Weiterhin müssen im Customizing der Pflegeberechtigung die Namen der Tabellen zugeordnet werden, bei deren Einträgen Sie ein solches Beziehungswissen zuordnen dürfen. Zur Auswahl stehen unter anderem die folgenden Tabellen:

- Merkmal und Merkmalswert
- Konfigurationsprofil
- Positionen in Stücklisten
- Folge, Vorgang und FHM-Zuordnung im (Arbeits-)Plan
- Leistungen im Muster-Leistungsverzeichnis
- Klassen (in der Konfiguration nicht nutzbar)
- Ereignisse und Aufgaben (nur im *Advanced Mode* für den IPC nutzbar)

4.1.2 Status

Der zweite Punkt des Variantenkonfiguration-Customizings betrifft das BEZIEHUNGSWISSEN. Hier kann der Status, wie in Abbildung 4.2 erkennbar, eingestellt werden. Es existieren die drei Status: IN ERSTELLUNG, FREIGABE und GESPERRT. Diese Einstellungen sind meistens ausreichend. Änderungsbedarf könnte bestehen, wenn mit VERTEILSPERREN im Rahmen der Produktdatenreplikation oder ALE gearbeitet werden soll.

Sicht "Beziehungspflege - Status": Übersicht

Stat	Pflege	Freigabe	Sperre	Verteilsp.	Beschreibung
1		X			Freigabe
2	X				In Erstellung
3			X		Gesperrt

Abbildung 4.2 Customizing des Status für Beziehungswissen

[+]

Verteilsperre

Haben Sie einem Objekt über den Status GESPERRT eine Verteilsperre zugeordnet, kann das Objekt nicht verteilt werden, das heißt, es kann nicht mit Werkzeugen des *Application Link Enablings* (ALE) kontrolliert in andere Systeme kopiert werden.

Analog existiert die Möglichkeit, den Status für Variantentabellen (siehe Abbildung 4.3), Variantenfunktionen (siehe Abbildung 4.4) und das Konfigurationsprofil (siehe Abbildung 4.5) einzustellen.

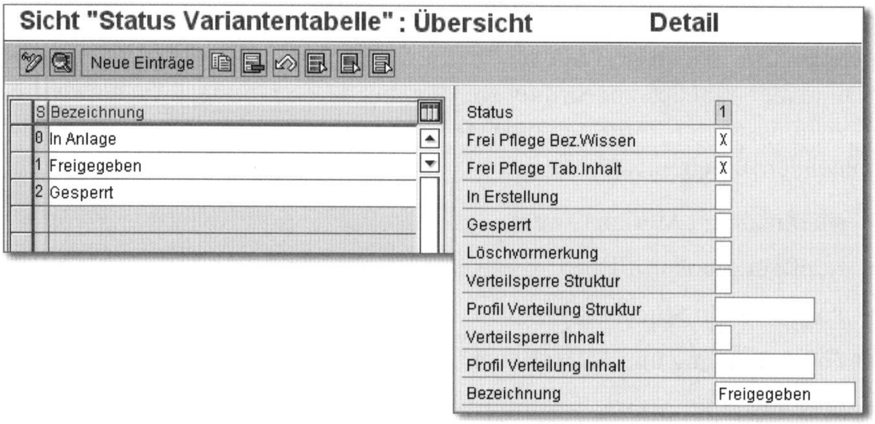

Abbildung 4.3 Customizing des Status für Variantentabellen

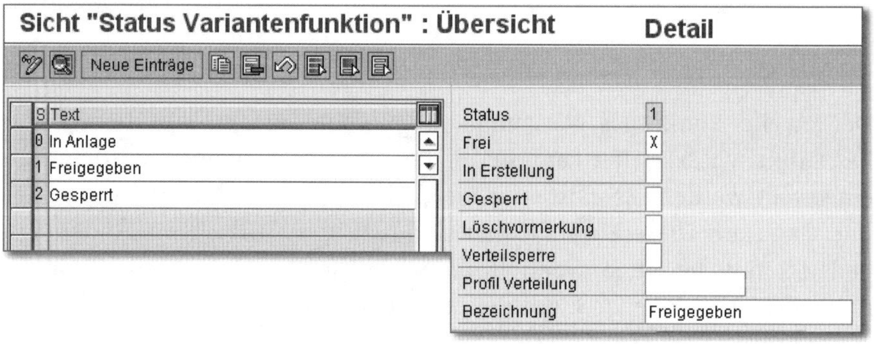

Abbildung 4.4 Customizing des Status für Variantenfunktionen

Im Unterschied zum Status für Beziehungswissen und Konfigurationsprofil existiert für die Status von Variantentabellen und -funktionen ein Detailbild. So können hier deutlich mehr Einstellungen vorgenommen werden: Beispielsweise können für Variantentabellen die Nutzung in Beziehungswissen, die Inhaltspflege und die Verteilung von Tabellenstruktur und Inhalt getrennt gesteuert werden.

Das Customizing des Status für Konfigurationsprofile verbirgt sich hinter dem Menüpunkt STATUS FÜR KONFIGURIERBARE OBJEKTE. Für Variantentabellen und Variantenfunktionen enthält die Statuspflege weitere Steuerungsmöglichkeiten.

Tabelle	Status	In Vorber	frei	gesperrt	Änd.Nr. erf.	Verteilsperre	Profilname
MARA	0	☑	☐	☐	☐	☐	
MARA	1	☐	☑	☐	☐	☐	
MARA	2	☐	☐	☑	☐	☐	
PLKOGMTL	0	☑	☐	☐	☐	☐	
PLKOGMTL	1	☐	☑	☐	☐	☐	
PLKOGMTL	2	☐	☐	☑	☑	☐	
PLKONET	0	☑	☐	☐	☐	☐	
PLKONET	1	☐	☑	☐	☐	☐	
PLKONET	2	☐	☐	☑	☑	☐	
TMPSPECLST	0	☑	☐	☐	☐	☐	
TMPSPECLST	1	☐	☑	☐	☐	☐	
TMPSPECLST	2	☐	☐	☑	☐	☐	

Abbildung 4.5 Customizing des Status für Konfigurationsprofile

4.1.3 Gruppen

Für eine Reihe von Objekttypen aus der Variantenkonfiguration und dem Klassensystem können sogenannte *Gruppen* festgelegt werden. Diese Gruppen erlauben, die entsprechenden Objekte einstufig zu strukturieren, um über diese eine weitere Selektions- und damit Auswertungsmöglichkeit zu nutzen. Die Gruppen besitzen keinerlei Funktionalität.

Die Möglichkeit, Gruppen zu pflegen, existiert für folgende Objekttypen:

- Beziehungswissen
- Variantentabellen
- Variantenfunktionen
- Merkmale (im Customizing des Klassensystems)
- Klassen (im Customizing des Klassensystems)

Sie können pro Objekttyp eigene unabhängige Gruppen definieren, indem Sie ausschließlich Namen und Bezeichnungen im entsprechenden Customizing-Schritt angeben. Weitere Eingaben sind nicht notwendig.

4.1.4 Konfigurierbare Objekte

Über den Menüpfad Konfigurierbare Objekte • Objekttyp • Einstellungen pflegen können für das Konfigurationsprofil in Abhängigkeit vom konfigurierbaren Objekttyp ein Status und das Flag für das Startlogo als Vorschlagswert voreingestellt werden. Das Thema Status wurde bereits in Abschnitt 4.1.2 angesprochen.

4.1.5 Konfigurationsoberfläche

Über den Menüpfad VARIANTENKONFIGURATION • REFERENZ AUF KONFIGURATIONSOBERFLÄCHE PFLEGEN können Sie, wie der Menüpunkt es bereits sagt, eine Referenz auf eine Konfigurationsbenutzeroberfläche (Konfigurations-UI) anlegen. Dieser Schritt ist erforderlich, falls Sie auch im ERP-System mit dem Konfigurator des Internet Price Configurators (IPC) arbeiten möchten. Wie in Kapitel 2, »Erstellung eines Produktmodells für die SAP-Variantenkonfiguration«, beschrieben, besteht über die neue Produktmodellierungsumgebung der Variantenkonfiguration die Möglichkeit, für jedes konfigurierbare Material einzustellen, ob und wann Sie auch im ERP-System mit dem Konfigurator des IPC arbeiten. Dazu gibt es in der Transaktion PMEVC im Detailbild des Materialstamms die Möglichkeit, zwischen den folgenden drei Einstellungen zu wählen:

- generell klassischer Konfigurator = VARIANTENKONFIGURATION
- Konfigurator des IPC nur in der Simulation = VARIANTENKONFIGURATION FÜR PRODUKTIVE NUTZUNG – IPC FÜR SIMULATION
- generell Konfigurator des IPC = NUR IPC

In dem hier erwähnten Customizing-Schritt wird eigentlich nur als letzter Schritt indirekt ein Konfigurations-UI zugeordnet. Vorher muss dieses Konfigurations-UI innerhalb eines sogenannten XCM-Szenarios angelegt werden (XCM = *Extended Configuration Management*, erweitertes Konfigurationsmanagement). Hier wird das Konfigurations-UI über einen Satz von Parametern definiert.

[+]

XCM-Szenarien

Diese XCM-Szenarien laufen außerhalb des eigentlichen SAP ERP-Systems ab, von einem J2EE-Server unterstützt. Hierzu müssen Sie den J2EE-Server mit dem SAP ERP-System verbinden. Dies geschieht durch eine RFC-Destination mit dem Namen `IPC_CONFIGURATION_UI`. Weitere Informationen dazu finden Sie in den SAP-Hinweisen 854170 und 844817.

Das hier in diesem Customizing-Schritt eingestellte Konfigurations-UI kann benutzerspezifisch übersteuert werden, indem dem Benutzer über einen Parameterwert bezüglich der Parameter-ID `IPC_CONFIGURATION_UI` ein Wert zugeordnet wird (Benutzereinstellungen).

Darüber hinaus ist es für die Nutzung des IPC-Konfigurators im ERP-System notwendig, dass der Report CFG_ERP_INITIALISE_DB gelaufen ist und in der Tabelle TB31 dem Event 00550002 der Funktionsbaustein COM_SCE_COLLECT_DATA_CHANGE (statt des Standardwerts CRS_SCE_COLLECT_DATA_CHANGE) zugeordnet wird. Umfassendere Informationen erhalten Sie in der SAP-Bibliothek im SAP Help Portal.

Die weiteren Punkte des Customizings der Variantenkonfiguration enthalten die Standardfunktionalität:

- ROLLENPFLEGE (Transaktion PCFG)
- USER EXITS PFLEGEN (Transaktion CMOD)
- BADI BUILDER FÜR CUDUI_MISSED_CHAR

4.2 Customizing des Klassensystems

Das Klassensystem stellt wichtige Werkzeuge für die Modellierung in der Variantenkonfiguration dar. So ist es auch nicht verwunderlich, dass es einige Einstellungen im Customizing des Klassensystems mit Relevanz für die Variantenkonfiguration gibt.

Hinweis zur folgenden Darstellung [+]

Das Klassensystem als anwendungsübergreifende Komponente wird hier in einem separaten Abschnitt behandelt, damit wir uns im nächsten Abschnitt auf die Customizing-Einstellungen im Umfeld der logistischen Prozesse konzentrieren zu können.

Es gibt zunächst, wie Sie in Abbildung 4.6 sehen können, einige Einstellungen zum Thema MERKMALE.

1. Der erste Menüpunkt, VOREINSTELLUNGEN FESTLEGEN, umfasst einige Vorschlagswerte für das Anlegen von Merkmalen, genauer: den Status und eine Reihe von Flags wie MEHRWERTIGKEIT, MUSSMERKMAL oder ZUSÄTZLICHE WERTE.
2. Der zweite Punkt, MERKMALGRUPPEN DEFINIEREN, stellt die Pflege von Gruppen dar, analog zu den im letzten Abschnitt beschriebenen Gruppen im Menü der Variantenkonfiguration.
3. Der dritte Punkt, MERKMALSTATUS DEFINIEREN, also die Statuspflege, enthält nur Kennzeichen bezüglich Freigabe, Löschvormerkung und Verteilsperre inklusive Profilname, so dass man hier analog zu den ersten beiden Punkten mit der Auslieferungsversion auch in der

4. Analog verhält es sich mit den Punkten SCHABLONEN und SCHABLONENZEICHEN des Themas MERKMALE. Im Standard spielen Schablonen in der Variantenkonfiguration keine Rolle, da diese eine freie Eingabe bezüglich der entsprechenden Merkmale voraussetzen. Dies ist in der Variantenkonfiguration im Prinzip nur im Szenario *Auftragsstückliste* nutzbar, da nur hier in Form einer technischen Nachbearbeitung die freie Eingabe in der Modellierung noch eingebaut werden kann. Auch in dem Fall kann man mit den Standard-Schablonenzeichen arbeiten. Und Schablonen müssen nur dann im Customizing angelegt werden, wenn diese als Vorschlag in der Merkmalsverwaltung gewünscht werden.

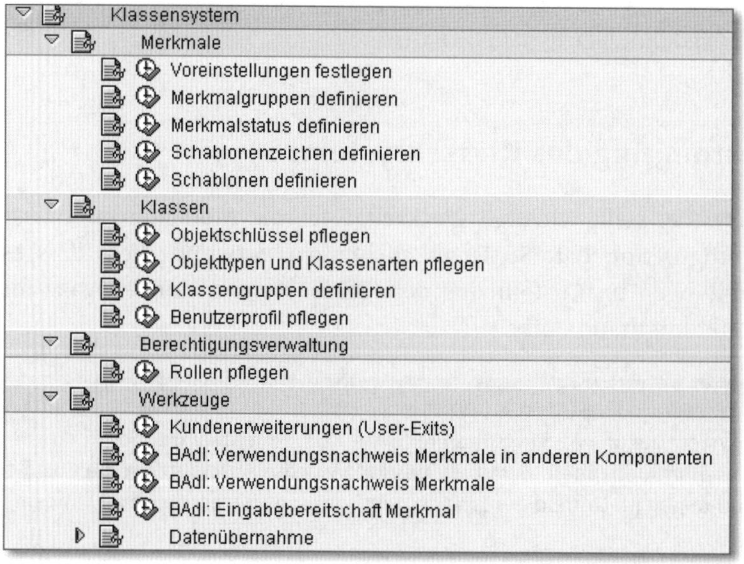

Abbildung 4.6 Customizing des Klassensystems

Das Customizing der Klassen beginnt mit dem Objektschlüssel. Im Menüpunkt OBJEKTSCHLÜSSEL PFLEGEN sind aus Sicht der Variantenkonfiguration keine Änderungen oder Ergänzungen sinnvoll. Diese Tabelle wird nicht nur im Klassensystem genutzt, sondern zum Beispiel auch für die Objektverknüpfung von Dokumenten. Sie wird nur erweitert, wenn zusätzliche klassifizierbare oder mit Dokumenten verknüpfbare Objekttypen definiert werden sollen.

Hinsichtlich der Variantenkonfiguration ist von Interesse, dass für Objekttypen, die in Beziehungswissen ansprechbar sind, in der letzten Spalte TABELLE aus Abbildung 4.7 die Schlüsselwörter für den Objektschlüssel angegeben sind. So ergibt sich aus den Informationen in Abbildung 4.7 und Abbildung

4.8 der Aufruf eines Materialstamms oder eines Dokuments im Beziehungswissen (siehe Listing 4.1).

```
(material)()(nr = 't-vpc')
(document)()(type = 'drm', nr= 't vpc', version = '00', part = '000')
```

Listing 4.1 Materialstämme und Dokumente in Beziehungswissen

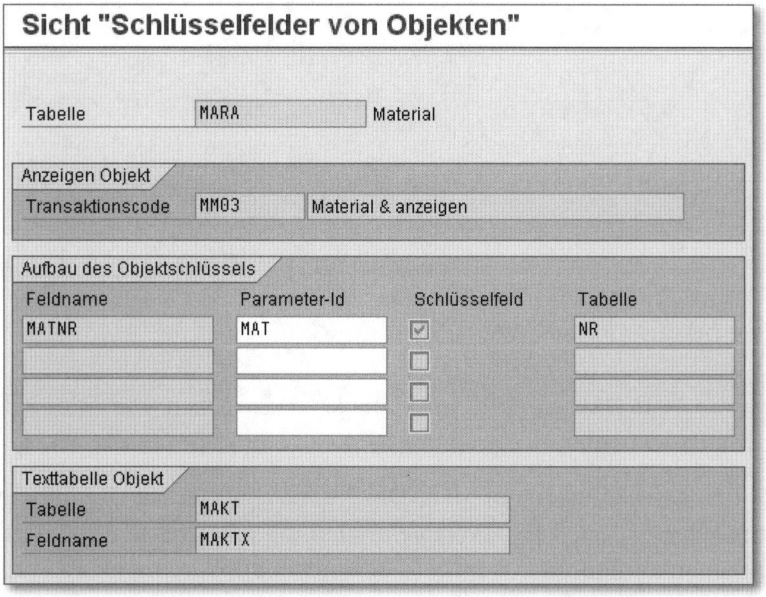

Abbildung 4.7 Objektschlüssel im Customizing des Klassensystems

Der sicher interessanteste Punkt des Customizings des Klassensystems ist der nächste, die Pflege der OBJEKTTYPEN und KLASSENARTEN (siehe Abbildung 4.8). Dieser Menüpunkt ist hierarchisch strukturiert. Zunächst existieren auf oberster Ebene Einstellungen zu den Objekttabellen, die den Objekttypen entsprechen. Details zu diesem Punkt sind in Abbildung 4.8 dargestellt. Aus Sicht der Variantenkonfiguration sind die Feldgruppe BILDER (rechts) und das Feld OBJEKTIDENT. (rechts unten) von Interesse.

Über die Feldgruppe BILDER kann auf dieser allgemeinen Ebene für fünf der sieben möglichen Registerkarten der Klassenpflege das Anzeigen in der Pflege der Klassen eingeschränkt werden. Ausnahmen stellen die restlichen beiden Registerkarten dar. Die BASISDATEN der Klassenpflege können generell nicht abgewählt werden. Und die Registerkarte ZUSATZDATEN wird im Detailbild des Klassenarten-Customizings durch das Flag KLASSENKNOTEN aktiviert.

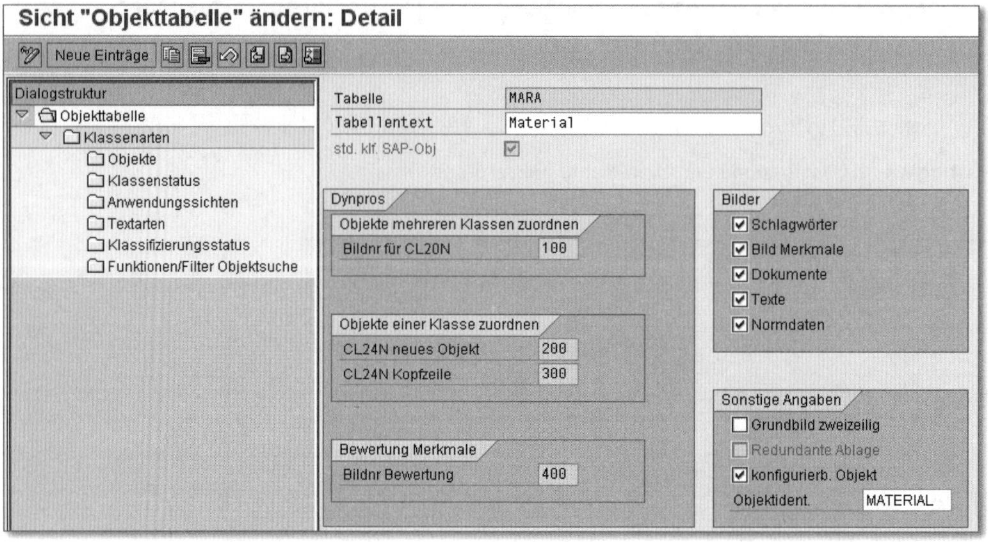

Abbildung 4.8 Objekttypen-Customizing im Klassensystem

Der Eintrag im Feld Objektident. wird für das Ansprechen von Materialstämmen und Dokumenten in Beziehungswissen genutzt.

Unterhalb der Einstellungen zu den Objekttabellen werden in diesem Customizing-Schritt speziell für die Objekttypen die Klassenarten definiert. Für die Variantenkonfiguration sind hier besonders die Variantenklassenarten 300 (für Materialstamm, Projektsystem und Instandhaltung) und 301 (für Dienstleistungen) sowie die Klassenknoten-Klassenarten 200 (für Materialstämme) und 201 (für Dokumente) von Interesse.

In Abbildung 4.9 sind die Einstellungen zu den Klassenarten im Detail dargestellt. Dies beginnt analog zu den Objekttabellen mit den erlaubten Bildern. Diese können Sie hier pro Klassenart weiter einschränken. So könnte man zum Beispiel Texte und (DIN-)Normdaten für die Variantenklassenart 300 ausblenden. Für die Klassifizierung kann pro Klassenart festgelegt werden, ob mit Änderungsdienst und Änderungsbelegen gearbeitet werden soll. Dies gilt nur für die Klassifizierung. Für Merkmals- und Klassenpflege ist beides permanent aktiv. Für die eigentliche Konfiguration spielt dies keine Rolle. Es wäre möglich, diese Änderungsbelege und den Änderungsdienst für die Klassifizierung in Klassenknoten oder die Verknüpfung Variantenklasse und konfigurierbares Material zu nutzen. Auch Letzteres stellt eine Klassifizierung dar.

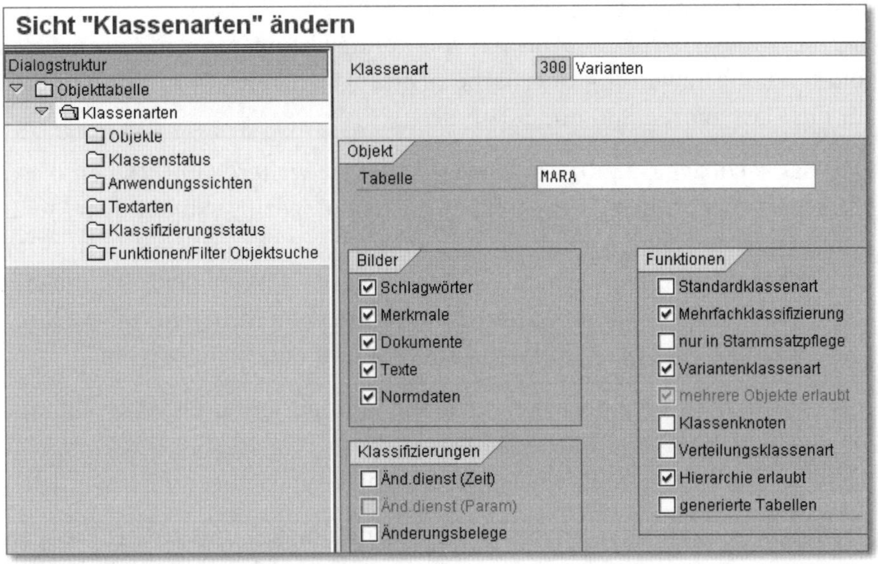

Abbildung 4.9 Customizing der Klassenarten

Es sollen nun die Flags auf der rechten Seite unter FUNKTIONEN betrachtet werden. Eine Klassenart pro Objekttyp ist STANDARDKLASSENART, eine Art Default-Klassenart. Dies ist für Materialstämme die Klassenart 001.

Das Flag MEHRFACHKLASSIFIZIERUNG erlaubt, einem Materialstamm bezüglich dieser Klassenart mehrere Klassen zuzuordnen. Dies benötigen Sie, falls Sie dem konfigurierbaren Material mehrere Variantenklassen zuordnen wollen, um so die Merkmale für die Bewertungsoberfläche zusammenzustellen. Weiterhin wird diese Einstellung genutzt, um bei der Klassenhierarchiepflege in dieser Klassenart auch Hierarchienetze zuzulassen. Das heißt, eine Klasse kann mehrere Vorgänger besitzen.

Das Flag NUR IN STAMMSATZPFLEGE verbietet die Klassifizierung aus den Transaktionen CL20N und CL24N des Klassensystems heraus. Materialstämme können somit nur aus der Materialstammpflege heraus klassifiziert werden. Dies gilt nicht für die Variantenklassenart, jedoch für die anderen Klassenarten, für Materialstämme und auch für die Klassenknoten.

Das Flag VARIANTENKLASSENART macht eine Klasse zu einer Variantenklasse. Was heißt das? Diese Klasse wird dem konfigurierbaren Objekt zugeordnet. Der Wertevorrat der Merkmale kann dabei beliebig eingeschränkt werden. Analog zur Hierarchiepflege von Klassen sind hier bei der Werteeinschränkung Beziehungswissen und Formatvorgaben der Merkmale, wie zum Beispiel die Einwertigkeit, abgeschaltet. Weiterhin erlaubt die Variantenklassenart, diese Klassenart beim Anlegen von Konfigurationsprofilen auszuwählen und somit die Bewertungsoberfläche zu erzeugen. Dieses Flag ist im Standard für die Klassenarten 300 und 301 gesetzt.

Das Flag MEHRERE OBJEKTE ERLAUBT gestattet es, weitere Objekttypen dieser Klassenart zuzuordnen. Dies geschieht klassenartspezifisch unter dem Menüpunkt OBJEKTE (siehe Abbildung 4.9, links unter KLASSENARTEN in der DIALOGSTRUKTUR). Für die Klassenart 300 wird diese Funktion benötigt, um eine Klassenart für die drei konfigurierbaren Objekttypen MATERIALSTAMM, STANDARDNETZPLAN und INSTANDHALTUNGSANLEITUNG nutzen zu können.

Aus historischen Gründen sind auch alle konfigurierten Objekttypen, also Objekte mit Konfigurationen, aufgelistet. Das Flag ist ausgegraut, wie in Abbildung 4.9 dargestellt, wenn weitere Objekttypen zugeordnet wurden.

Das Flag KLASSENKNOTEN sitzt in den Klassenarten 200 und 201. Dieses Flag erzeugt die zusätzliche Registerkarte ZUSATZDATEN in der Klassenpflege. Über diese Registerkarte können Sie erlauben, dass eine solche Klasse in konfigurierbare Stücklisten aufgenommen werden darf. Dieses Flag ist im Standard für Variantenklassenarten nicht gesetzt, wie aus Abbildung 4.9 ersichtlich ist.

[+] **Kombination: Klassenknoten und Variantenklasse**

Die Einstellung, Variantenklassenarten nicht gleichzeitig als Klassenknoten zu kennzeichnen, ist aus Performance-Gründen empfehlenswert. Jedoch wird eine Koppelung von Variantenklassenart und Klassenknoten dann erforderlich, wenn ein Klassenknoten konfigurierbare Materialien enthalten und auf dieser Ebene konfiguriert werden soll. Soweit man keine eigene neue Klassenart hierfür definiert, setzt man dann in der Variantenklassenart zusätzlich das Flag KLASSENKNOTEN.

Das Flag VERTEILUNGSKLASSENART steht im Standard nicht für Klassenarten aus der Variantenkonfiguration zur Verfügung. Für Materialstämme ist dieses Flag für die Klassenart ALM aktiviert und dient der Verteilung von Materialstämmen zwischen SAP-Systemen mit Hilfe von ALE.

Das Flag HIERARCHIE ERLAUBT gestattet Ihnen, innerhalb der Klassenart eine Klassenhierarchie aufzubauen. Falls Sie das Flag MEHRFACHKLASSIFIZIERUNG nicht setzen, muss die Abfolge streng hierarchisch sein, das heißt, eine Klasse kann höchstens einen übergeordneten Knoten haben. Mit dem Flag MEHRFACHKLASSIFIZIERUNG sind auch sogenannte Hierarchienetze erlaubt, die genannte Einschränkung besteht dann nicht.

Empfehlung [+]

Soll in der Klassenart nicht mit Klassenhierarchien gearbeitet werden, empfehlen wir Ihnen, das Flag HIERARCHIE ERLAUBT nicht zu setzen.

Das Flag GENERIERTE TABELLEN ist für Variantenklassenarten nicht sinnvoll und deshalb auch nicht nutzbar. Über dieses Flag kann in sehr großen Klassensystemen zur Verbesserung der Performance in der Objektsuche erlaubt werden, pro Klasse eine eigene Tabelle mit den Klassifizierungsdaten für die Suche zu generieren. Die Informationen aller Klassifizierungen (nicht Konfigurationen) aller Objekte werden in der Tabelle AUSP abgelegt.

Von sehr großen Klassensystemen spricht man, wenn die Anzahl der Einträge in dieser Tabelle 100 Millionen bis eine Milliarde übersteigt. Dann verbessern eigengenerierte Tabellen die Performance in der Objektsuche. Wie bereits erwähnt, ist dies für Variantenklassenarten nicht nutzbar und deshalb auch nicht erlaubt.

Konfigurationen werden (seit Release SAP R/3 4.5) nicht mehr in der Tabelle AUSP, sondern in den Tabellen der sogenannten IBASE abgelegt, die im Anhang aufgelistet sind. Auch für Klassenknoten spielt dieser Punkt aus Sicht der Performance kaum eine Rolle. Es gibt jedoch eine interessante Anwendung dieser generierten Tabellen.

Soll im Beziehungswissen recht einfach ausgewertet werden, was in einem Klassenknoten an klassifizierten Objekten existiert, kann dies über solche generierten Tabellen realisiert werden.

Generieren von Tabellen für Klassenknoten [zB]

Verdeutlichen wir uns diesen Umstand an einem Beispiel: Sie möchten in der Konfiguration im Kundenauftrag nur Wünsche zulassen, die garantiert auf eine gültige Bewertung in einem Klassenknoten stoßen und somit realisiert werden können. Gehen Sie folgendermaßen vor: Legen Sie die entsprechenden Merkmale der Konfiguration als einwertig und einschränkbar an. Weiterhin generieren Sie, nachdem alle Voraussetzungen erfüllt sind, eine DB-Tabelle, die ausschließlich alle klassifizierten Objekte des Klassenknotens mit der Bewertung enthält. Dies erfolgt über die Transaktion CLGT aus dem Klassensystem. Den Namen der generierten DB-Tabelle können Sie in den Tabellen GEN_TABLES_MAIN und GEN_TABLES_SUB ablesen. Es wird daraufhin eine Variantentabelle angelegt, die mit dieser generierten DB-Tabelle gekoppelt wird. Somit können Sie recht unkompliziert über ein Tabellen-Constraint (zum Beispiel über den entsprechenden Assistenten in der Tabelle PMEVC angelegt) die Merkmale immer so einschränken, dass nur aktuell im Klassenknoten verfügbare Komponenten gewünscht werden können.

Wie bereits erwähnt, sind die in Abbildung 4.9 in der Dialogstruktur unterhalb der Klassenarten aufgelisteten Punkte pro Klassenart spezifisch einstellbar. Für jede Klassenart müssen ein KLASSENSTATUS und ein KLASSIFIZIERUNGSSTATUS angelegt sein. Ohne diese beiden Status können keine Klassen angelegt und kein Objekt klassifiziert werden. Für die restlichen Punkte kann die Nutzung pro Klassenart festgelegt werden. Das Thema OBJEKTE wurde bereits im Zusammenhang mit mehreren Objekttypen in einer Klassenart angesprochen. ANWENDUNGSSICHTEN können für die Variantenklassenarten interessant sein, falls Sie über das Konfigurationsprofil filtern wollen, mit welchen Merkmalen in der Bewertungsoberfläche gearbeitet werden soll, also welche Merkmale dort angezeigt werden sollen. Für die Anwendungssichten existiert auch ein Berechtigungsobjekt C_TCLS_BER, so dass auch gesteuert werden kann, wer was in der Konfiguration sehen und bewerten kann. Die restlichen beiden Punkte des für die Klassenart spezifischen Customizings, TEXTARTEN und FUNKTIONEN/FILTER OBJEKTSUCHE, sind für die Variantenkonfiguration kaum von Bedeutung.

4.3 Für Variantenkonfiguration relevantes Customizing zu den Geschäftsprozessen

Mit dem Customizing der Variantenkonfiguration und des Klassensystems (siehe Abschnitte 4.1, »Explizites Customizing der Variantenkonfiguration«, und 4.2, »Customizing des Klassensystems«) sind die wesentlichen Punkte im Customizing zu den Stammdaten der Modellierung eines konfigurierbaren Produkts abgeschlossen. Im vorliegenden Abschnitt werden wir Ihnen einige für die Variantenkonfiguration relevante Aspekte aus dem Customizing der Logistik vorstellen.

4.3.1 Konfigurierbarer Materialstamm

Die wesentlichen Punkte im Customizing zu den Stammdaten der Modellierung eines konfigurierbaren Produkts wurden bereits vorgestellt. Wir möchten jedoch noch kurz auf die Materialarten für die konfigurierbaren Materialstämme eingehen.

Wie in Abbildung 4.11 erkennbar ist, enthält das Customizing des Materialstamms den Menüpunkt GLOBALE EINSTELLUNGEN VORNEHMEN. Hier kann unter anderem auch die Variantenkonfiguration generell deaktiviert werden. In diesem Fall würden im Materialstamm prinzipiell entsprechende Bildbausteine der Variantenkonfiguration nicht erscheinen.

Weiterhin kann pro Materialart entschieden werden, wie sie jeweils genutzt wird:

- **»Nur« für konfigurierbare Materialien**
  Eine Materialart nur für konfigurierbare Materialien ist KMAT. Im Detail des Customizings dieser Materialart ist das Flag MATERIAL IST KONFIGURIERBAR gesetzt.
- **»Auch« für konfigurierbare Materialien**
  Eine Materialart, die *auch* für konfigurierbare Materialien genutzt werden kann, ist die in Abbildung 4.10 dargestellte Materialart FERT.
- **»Nicht« für konfigurierbare Materialien**
  Durch Feld- und Bildsteuerung kann für einen Materialstamm einer solchen Materialart verhindert werden, dass dieser als konfigurierbar gekennzeichnet wird.

Abbildung 4.10 stellt die Materialart FERT dar. Wenn diese Materialart nicht nur für konfigurierbare Materialien genutzt werden kann, darf in diesem Fall, wie hier ersichtlich, das Flag MATERIAL IST KONFIGURIERBAR nicht gesetzt werden. Zusätzlich muss aber sichergestellt werden, dass im Materialstamm das gleichnamige Flag existiert und eingabebereit ist. Dies wird über die Bild- und Feldsteuerung realisiert. Hierfür gibt es im Customizing der Materialart eine Feldreferenz und eine Bildreferenz, wie in Abbildung 4.10 unter den ALLGEMEINEN DATEN zu sehen ist.

Die Bildreferenz (Feld BILDREF.MATERIALART) wird im ersten Menüpunkt des Materialstamm-Customizings KONFIGURIEREN DES MATERIALSTAMMS – wie in Abbildung 4.11 dargestellt – genutzt. Hier kann über einfache Customizing-Schritte der gesamte Bildaufbau des Materialstamms gesteuert werden. So wird durch die obige Bildreferenz das Finden einer sogenannten Bildsequenz unterstützt.

Die Bildsequenz enthält die Liste und die Reihenfolge aller Registerkarten des Materialstamms einschließlich der Zusatzdaten. Weiterhin wird pro Registerkarte festgelegt, welche Bildbausteine in welcher Reihenfolge aufgelistet werden. Hier muss für Materialarten, die konfigurierbare Materialien zulassen, sichergestellt werden, dass der Bildbaustein mit dem oben erwähnten Flag MATERIAL IST KONFIGURIERBAR genutzt wird.

Dies wird im Standard auf der Registerkarte GRUNDDATEN 2 durch den vorletzten Bildbaustein mit der Nummer 2499 realisiert. Sie können dies aus dem Materialstamm heraus kontrollieren, indem Sie aus der entsprechenden Registerkarte und dem Bildbaustein heraus im Menü die Option SYSTEM •

STATUS aufrufen. Man spricht beim Customizing der Bildsteuerung für den Materialstamm auch vom *benutzereigenen Materialstamm*, da das Finden der Bildsequenz nicht nur von der Materialart, sondern auch von der Branche, der Transaktion und vor allem vom Benutzer abhängen kann.

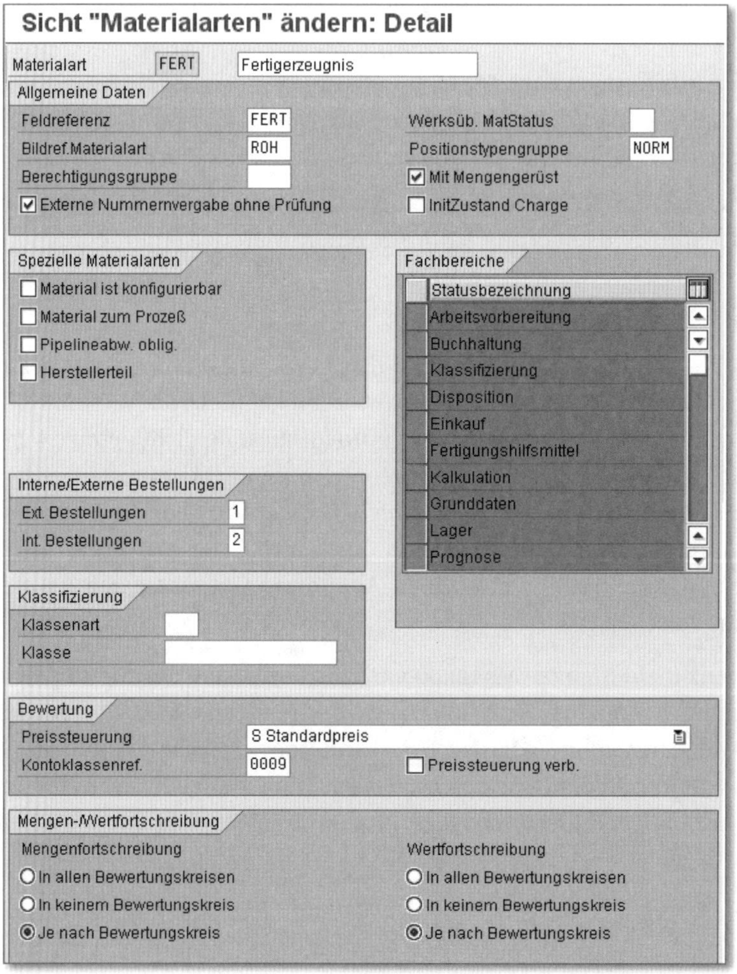

Abbildung 4.10 Konfigurierbarer Materialstamm und Customizing

Neben der Bildreferenz muss auch eine geeignete FELDREFERENZ gewählt werden, damit Materialstämme als konfigurierbar gekennzeichnet werden können. Hierzu wird im zweiten Menüpunkt des Materialstamm-Customizings (siehe Abbildung 4.11), der FELDAUSWAHL, festgelegt, wie ein Feld genau ausgeprägt wird:

- als eingabebereites Kann-Feld
- als eingabebereites Muss-Feld
- als nicht eingabebereites (graues) Feld
- als ausgeblendetes Feld

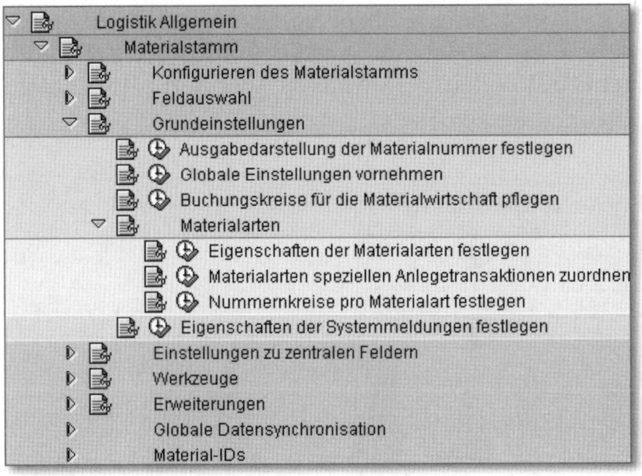

Abbildung 4.11 Materialstamm-Customizing

Neben der Materialart kann dies aber auch durch andere Größen gesteuert werden, wie Branche, Transaktion, Beschaffungsart und Werk.

4.3.2 Positionstypen und deren Findung

In Kapitel 3, »Geschäftsprozesse in SAP ERP«, wurde im Rahmen der Prozesse entlang der logistischen Kette darauf verwiesen, dass im Customizing einige relevante Einstellungen existieren, die das Arbeiten mit konfigurierbaren Materialien in den entsprechenden Prozessen betreffen. Hier soll mit den Prozessen im Vertrieb begonnen werden. Es ist notwendig, dass die Vertriebsbelege passende Positionstypen für konfigurierbare Materialien ermitteln. Dies gilt für den Kundenauftrag, aber auch für die anderen Vertriebsaktivitäten, etwa Anfrage und Angebot.

Die Findung des Positionstyps wird über die Einstellung im Customizing unter Positionstypen zuordnen gesteuert. Dazu werden die Vertriebsbelegart (1. Spalte der Positionstypenzuordnung in Abbildung 4.12), die Positionstypengruppe aus dem Materialstamm (2. Spalte) und Haupt- oder Unterposition (4. Spalte) ausgewertet. Die 3. Spalte, Verwendung, spielt bei Materialpositionen kaum eine Rolle.

So ist in Abbildung 4.12 auch zu sehen, dass für Terminaufträge (1. Spalte, TA) bei der Positionstypengruppe 0002 (2. Spalte) als Hauptposition (4. Spalte leer) der Positionstyp TAC ermittelt wird ❶.

Weiterhin sieht man, dass für Terminaufträge (1. Spalte, TA) bei der Positionstypengruppe 0004 (2. Spalte) als Hauptposition (4. Spalte leer) der Positionstyp TAM ermittelt wird ❷. Diese Positionstypengruppe und damit Positionstyp wird für das Kopfmaterial bei einem Konfigurationsszenario *Kundenauftrag* (SET) genutzt. Vergleichen Sie hierzu Abschnitt 2.4, »Konfigurationsprofil und Konfigurationsszenarien«.

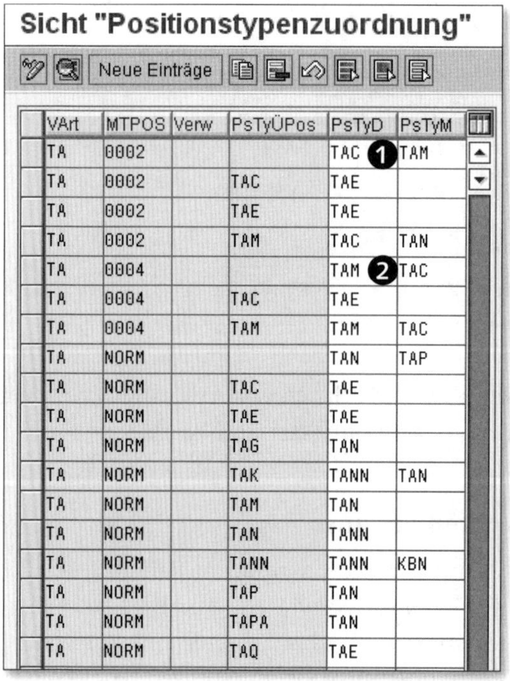

VArt	MTPOS	Verw	PsTyÜPos	PsTyD	PsTyM
TA	0002			TAC ❶	TAM
TA	0002		TAC	TAE	
TA	0002		TAE	TAE	
TA	0002		TAM	TAC	TAN
TA	0004			TAM ❷	TAC
TA	0004		TAC	TAE	
TA	0004		TAM	TAM	TAC
TA	NORM			TAN	TAP
TA	NORM		TAC	TAE	
TA	NORM		TAE	TAE	
TA	NORM		TAG	TAN	
TA	NORM		TAK	TANN	TAN
TA	NORM		TAM	TAN	
TA	NORM		TAN	TANN	
TA	NORM		TANN	TANN	KBN
TA	NORM		TAP	TAN	
TA	NORM		TAPA	TAN	
TA	NORM		TAQ	TAE	

Abbildung 4.12 Positionstypenfindung

Außerdem sehen Sie in Abbildung 4.12, dass für Unterpositionen (4. Spalte gefüllt) unter einer Hauptposition mit TAC generell der Positionstyp TAE, eine sogenannte *Erläuterungsposition*, gefunden wird. Für Unterpositionen unter einer Hauptposition TAM gelten die gleichen Regeln wie für die entsprechende Hauptposition.

Entsprechend werden Positionstypen für andere Vertriebsbelege ermittelt. Analog zu TAC im Terminauftrag wird zum Beispiel für das Angebot ein Positionstyp AGC gefunden.

Die Einstellungen im Positionstyp, wie sie in Abbildung 4.13 unter ❶ dargestellt sind, wurden bereits in Abschnitt 2.10, »Materialvarianten«, besprochen. Neben Faktura, Preisfindung und Einteilungsrelevanz ist vor allem die Feldgruppe Stückliste/Konfiguration wichtig. Hier müssen Sie für konfigurierbare Hauptpositionen die Konfigurationsstrategie 01 eintragen. Darüber hinaus wird hier über die drei Felder Variantenfindung, ATP Materialvariante und Aktion Materialvariante die Materialvariantenfindung im Vertrieb gesteuert. Für die Stücklistenauflösung sind die beiden Felder Strukturumfang und Anwendung von Bedeutung. Der Eintrag »D« im Feld Strukturumfang sagt aus, dass über die Stücklistenauflösung und den Umfang im Vertrieb die Einstellungen im Konfigurationsprofil entscheiden, nicht die Einstellungen hier.

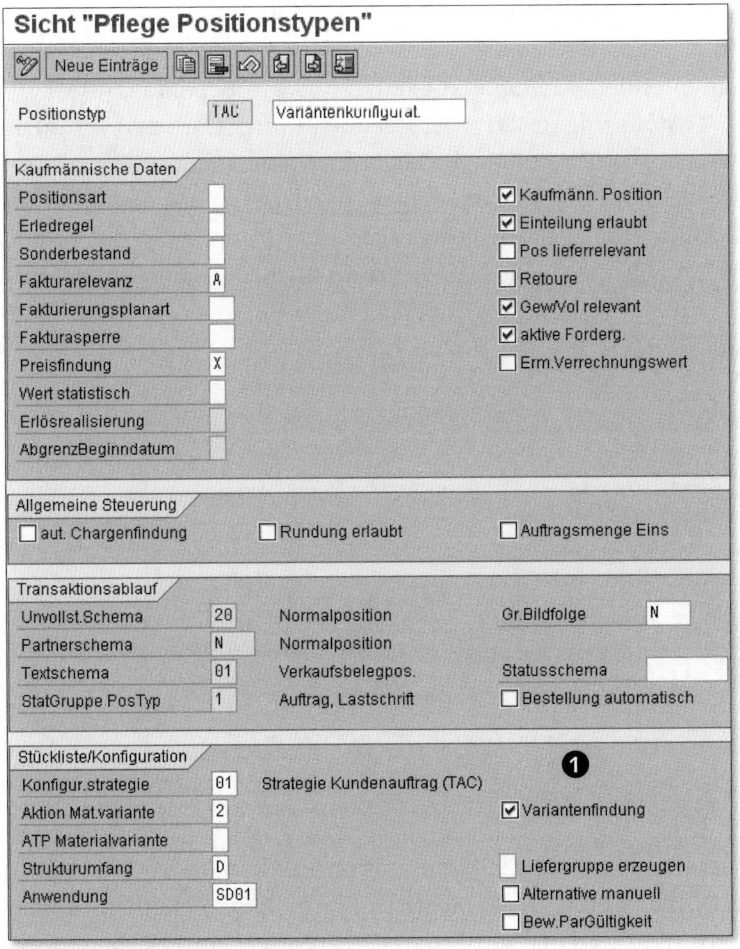

Abbildung 4.13 Positionstypen

Eine Ausnahme stellt die hier eingestellte ANWENDUNG SD01 dar. Diese Einstellung, die an dieser Stelle kein Pflichtfeld ist, übersteuert die Einstellung im Konfigurationsprofil. Die Einstellung im Konfigurationsprofil zur Stücklistenanwendung wird im Vertriebsbeleg nur dann gezogen, wenn beim entsprechenden Positionstyp (hier TAC) kein Eintrag für die Anwendung vorhanden ist. Dies ist in Abbildung 4.13 jedoch nicht der Fall. Deshalb würde bei einer Stücklistenauflösung im Kundenauftrag – eventuell entgegen der Einstellung im Konfigurationsprofil zur Stücklistenanwendung – die Anwendung SD01 ausgewertet und zunächst nach Vertriebsstücklisten gesucht.

4.3.3 Bedarfsarten, Bedarfsklassen und deren Findung

Auf Basis der Positionstypen, deren Findung oben beschrieben wurde, ermittelt das System die passende Bedarfsart und damit auch Bedarfsklasse für den Vertrieb. Wie findet das System diese Bedarfsart? Hierzu werden die Einstellungen unter dem Menüpunkt ERMITTLUNG DER BEDARFSART ÜBER DEN VORGANG im Customizing des Vertriebs genutzt (unter GRUNDFUNKTIONEN • BEDARFSÜBERGABE). Die Ermittlung der Bedarfsart basiert auf dem Positionstyp (zum Beispiel die drei oben beschriebenen Typen TAC, TAM und AGC) und dem Dispositionsmerkmal aus dem Materialstamm. Zunächst ist die 4. Spalte in Abbildung 4.14 ❶, die Quelle oder Herkunft der Bedarfsart, entscheidend.

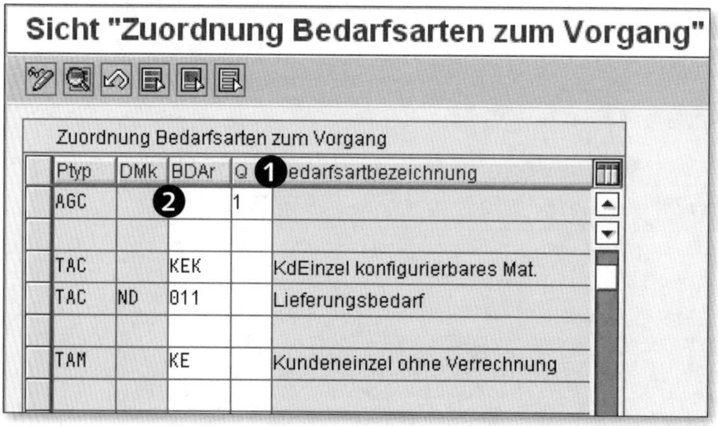

Abbildung 4.14 Bedarfsartenfindung über den Vorgang

Sie sehen, dass für die konfigurierbare Position aus dem Angebot (Positionstyp AGC) laut QUELLE BDA... = 1 (entspricht »Q« in 4. Spalte) über Positionstyp und Dispositionsmerkmal die Bedarfsart ermittelt wird. In diesem Fall entscheiden der Positionstyp und das Dispositionsmerkmal – und damit der Eintrag in der 3. Spalte ❷ – über die Bedarfsart. Diese Spalte ist jedoch leer. Somit wird keine Bedarfsart gefunden. Was bedeutet das?

Damit wird zum einen sichergestellt, dass das Angebot keinen Bedarf absetzt. Weiterhin kann kein Bedarfs-/Bestandssegment mit Bezug zu dem Angebot angelegt werden. Sowohl die Bedarfsübergabe als auch der Punkt mit dem Segment kann anders gewünscht sein. Die hier aufgelistete Variante ist auch nicht die Standardeinstellung. Und die hier gewählte Einstellung wurde aufgrund des Einsatzes des Fertigungsauftrags-Änderungsdienstes (Order Change Management, OCM) genutzt. Beachten Sie hierzu auch die Ausführungen in Abschnitt 6.2.2, »Order Change Management«.

Für das OCM wurde gewünscht, dass erst der Bedarf und auch das Bedarfs-/Bestandssegment mit dem Kundenauftrag angelegt wird. Nur so läuft der OCM-Änderungsprozess auch dann sauber ab, wenn nur der Kundenauftrag, aber nicht das dazugehörige Angebot geändert wird.

Für die beiden Positionstypen TAC und TAM wird als Quelle (»blank« = 0) zunächst die Strategie aus dem Materialstamm ausgewertet. In der Variantenkonfiguration wird im Standard – das heißt, falls nicht mit Vorplanung oder Montageabwicklung gearbeitet wird – die Strategie 25 genutzt. In Abbildung 4.15 ist erkennbar, dass dies zur Findung der Bedarfsart KEK (Kundeneinzelkonfiguration) und dann, wie in Abbildung 4.17 dargestellt, wiederum zur Bedarfsklasse 046 führt. Bedarfsart und Bedarfsklasse stellen eine 1:1-Verbindung dar. Die Trennung zwischen beiden hat historische Gründe.

In Abbildung 4.15 ist die Bedarfsklasse 046 im Detail dargestellt. Von besonderem Interesse ist hier die Feldgruppe KONFIGURATION in der Sicht BEDARFSKLASSEN. Diese Bedarfsklasse wird generell nur mit Konfiguration genutzt, deshalb das »+«. Es können aber auch Bedarfsklassen mit möglicher Konfiguration ».« genutzt werden. In der Strategie 25 (Bedarfsklasse 046) wird ohne Vorplanung gearbeitet und somit auch ohne Verrechnung. Es existieren Planungsstrategien mit Vorplanung und damit auch Verrechnungen gegen Merkmalsvorplanung (Strategie 56 – Bedarfsklasse 043) und gegen Vorplanungsvarianten (Strategie 54 – Bedarfsklasse 042).

Weiterhin ist in Abbildung 4.15 für die Bedarfsklasse 046 erkennbar, dass hier laut der Feldgruppe BEDARF eine Verfügbarkeitsprüfung und Bedarfsübergabe stattfinden. Laut der Feldgruppe MONTAGE wird nicht mit Montageabwicklung gearbeitet, was für konfigurierbare Materialien aber auch sinnvoll ist. Es sei hier weiterhin auf das Flag FERTAUFÄND verwiesen, über das das Fortschreiben sogenannter *Vormerkungen* für das OCM, also den Fertigungsauftrags-Änderungsdienst, aktiviert wird. Dieses Flag ist im Standard nicht gesetzt.

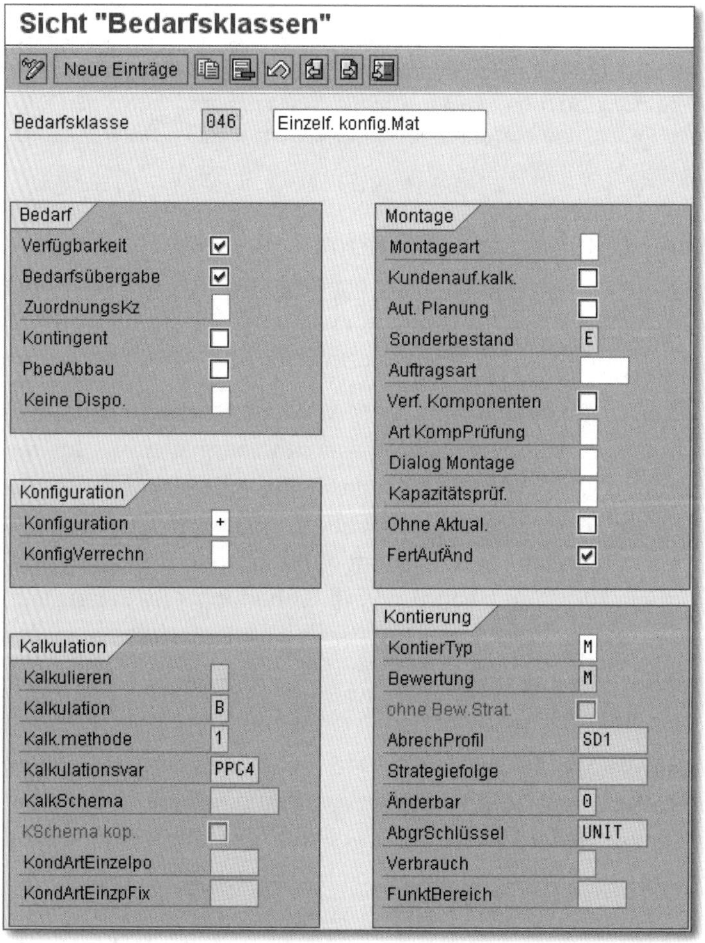

Abbildung 4.15 Bedarfsklasse 046

Angemerkt werden soll noch, dass hier nicht die Bedarfsart darüber entscheidet, ob eine TAC-Position Bedarf übergibt und eine TAM-Position nicht. In beiden Fällen würde, wie beschrieben, die gleiche Bedarfsart gefunden. Hier kommt der Einteilungstyp ins Spiel.

Im Standard findet eine TAC-Position den Einteilungstyp CP (Plangesteuerte Disposition mit Bedarfsübergabe). Demgegenüber wird für eine TAM-Position ein Einteilungstyp CT ohne Bedarfsübergabe gefunden.

4.3.4 Planungsstrategien

In diesem Abschnitt werden kurz anhand der entsprechenden Customizing-Einstellungen die für die Variantenkonfiguration relevanten Planungsstrategien mit ihren Bedarfsarten und Bedarfsklassen vorgestellt. Diese Einstellungen finden Sie im Customizing unter dem Menüpfad PRODUKTION • PRODUKTIONSPLANUNG • PROGRAMMPLANUNG • PLANPRIMÄRBEDARF.

In Abbildung 4.16 ist das Customizing der Planungsstrategien abgebildet. Eine Planungsstrategie kann aus einer Bedarfsart für die Vorplanung und/oder einer Bedarfsart für Kundenaufträge bestehen.

Sicht "Strategie" ändern: Übersicht

Neue Einträge

Strategie	Bezeichnung Planungsstrategie	BDar VP	BDar Ku
20	Kundeneinzelfertigung		KE
21	Kundeneinzelfertig. / Projektabrechnung		KP
25	Kundeneinzel für konfigurierbares Mat.		KEK
26	Kundeneinzel für lagerhaltige Type		KEL
54	Typenvorplanung	VSE	KEKT
55	Vorplanung lag. Type ohne Endmontage	VSE	KELV
56	Standarderzeugnisvorplanung	VSE	KEKS
70	Vorplanung auf Baugruppenebene	VSFB	
80	Projektabrechnung für Nichtlagermaterial		KPX
81	Montageabwicklung Serienfertigung		KMSE
82	Montageabwicklung Fertigungsaufträge		KMFA
83	Montageabwicklung Netzplan ohne Projekt		KMNP
84	Serviceaufträge		SERA
85	Montageabwicklung Netzplan mit Projekt		ZMPN
86	Konfiguration mit Prozeßaufträgen		KMPA
87	Montageabwicklung FAUF Bewertet		KMFB
88	Montageabwicklung FA, KEB bewertet		KMFC
89	Montageabwicklung mit Merkmalsvorplanung	VSE	KMSE

Abbildung 4.16 Planungsstrategien

Der Zusammenhang zwischen Bedarfsart und Bedarfsklasse, wie er bereits im letzten Abschnitt angesprochen wurde, ist in Abbildung 4.17 dargestellt.

Sicht "Bedarfsarten"

Neue Einträge

BDAr	Bedarfsart	BdKl	Bezeichnung
KEK	KdEinzel konfigurierbares Mat.	046	Einzelf. konfig.Mat
KEKS	Einz. Verr. Merkmalsvorplanung	043	Einz. Verr. Standv.
KEKT	Einz. Verr. Vorpl.Variante	042	Einz. Verr. LagType
KEL	KdEinzel Materialvariante	047	Einzelf. Lagertype
KELV	KdEinzel MatVar. mit Verrech.	048	Einz. Lagtyp Verr.
KEV	Kundeneinzel mit Verrechnung	045	Kundeneinzel mit V.
KEVV	Kundeneinzel mit Verr. VP-MAT	060	Einzel Verrech.VPMAT
KL	Kundenauftrag Losfertigung	041	Auftrag/Lieferbedarf
KMFA	Montage mit Fertigungsauftr.	201	Montage Fert.auftrag
KMFB	Montage mit FAUF bewertet	207	Montage Bewertet KD
KMFC	Montage mit FA, KEB bewertet	ZFA	Montage FA bewertet
KMNP	Montage mit Netzplänen	202	Netzplan
KMPA	Montage mit Prozeßaufträgen	206	Prozeßauftrag
KMPN	Montage mit Netzplan/Projekt	212	Netzplan/Projektabr.
KMSE	Montage Planauftrag	200	Montage Planauftrag
VSE	Vorplanung ohne Endmontage	103	Vorpl ohne Montage
VSFB	Vorplanung Baugruppen	105	Baugruppenvorplanu

Abbildung 4.17 Bedarfsarten und ihre Bedarfsklassen

Planungsstrategie 25

Die klassische Planungsstrategie für die Variantenkonfiguration ist die Strategie 25, die im Prinzip analog zur Strategie 20 außerhalb der Variantenkonfiguration ist. Diese Strategie 25 arbeitet ohne Vorplanung und hat damit auch keine Bedarfsart hierfür. Die Bedarfsart für die Kundenaufträge ist KEK mit der Bedarfsklasse 046, wie oben beschrieben.

Planungsstrategien mit Montageabwicklung

Weiterhin können alle Planungsstrategien, die im Vertrieb mit Montageabwicklung arbeiten, genutzt werden. Dies sind die in Abbildung 4.16 dargestellten Strategien zwischen 81 und 89.

Merkmalsvorplanung und Vorplanung mit Vorplanungsvarianten

In Abschnitt 3.5, »Vorplanung und Variantenkonfiguration«, wurden im Rahmen der Vorplanung die Planungsstrategien 54, 56, 70 und 89 erwähnt. Die Strategien 54, 56 und 89 nutzen eine Vorplanung direkt auf der Ebene des konfigurierbaren Kopfmaterials. In allen drei Fällen handelt sich um eine Vorplanung ohne Endmontage, d.h., Planaufträge, die aufgrund von Planprimärbedarfen erzeugt wurden, sind nicht umsetzbar. Die dazugehörige Bedarfsklasse 103 enthält folgende Kennzeichen:

- Planungskennzeichen 3 = Einzelplanung
- Verrechnungskennzeichen 2 = Verrechnung Vorplanung ohne Montage
- Bedarfstyp 1 = Planprimärbedarf

Die Strategie 56 kann für die reine Merkmalsvorplanung genutzt werden. Die Strategien 89 und 56 können für eine Merkmalsvorplanung in der simulativen Langfristplanung verwendet werden. Hier müssen für alle relevanten Komponenten die simulativen Vorplanungs-Sekundärbedarfe in operative Bedarfe überführt werden, wie es in Abschnitt 3.5, »Vorplanung und Variantenkonfiguration«, ausführlicher dargestellt wurde.

Baugruppenvorplanung

Diese Komponenten müssen mit der Planungsstrategie 70 versehen werden. Die dazugehörige Bedarfsklasse 105 unterscheidet sich von der obigen Bedarfsklasse 103 durch folgende Punkte:

- Planungskennzeichen 1 = Nettoplanung
- Verrechnungskennzeichen 1 = Verrechnung Vorplanung mit Montage

Die Strategie 70, die Vorplanung auf Baugruppenebene, kann auch direkt genutzt werden. Das heißt, die Planbedarfe werden direkt auf dieser Ebene angelegt. Weitere Ausführungen dazu finden Sie in Abschnitt 3.5, »Vorplanung und Variantenkonfiguration«.

4.3.5 Änderungsprofile für den Fertigungsauftrags-Änderungsdienst (OCM)

In Abschnitt 6.2, »Änderungsdienst«, wird der Fertigungsauftrags-Änderungsdienst OCM vorgestellt. Dort wird auch darauf hingewiesen, dass nur Materialstämme, denen ein Gesamtänderungsprofil zugeordnet wurde, am OCM teilnehmen. Weiterhin wird erwähnt, dass dieses Gesamtänderungsprofil für das Prüfen der ermittelten Änderungen benötigt wird. Hier soll, abhängig vom Status und vom Abarbeitungsgrad des Fertigungsauftrags, entschieden werden, wie die ermittelten Änderungen zu kennzeichnen sind. Es gibt folgende Möglichkeiten: Unkritisch, kritisch und verboten.

Unkritische Änderungen in diesem Sinne entsprechen den ersten beiden Spalten in Abbildung 4.18 (KEIN oder INFO) ❶ und lassen eine automatische Änderung zu.

Kritische Änderungen in diesem Sinne entsprechen der 3. Spalte in Abbildung 4.18 (WARNUNG) ❷ und erwarten vom User eine Bestätigung. Hier gibt es zwei Möglichkeiten, diese Bestätigung durchzuführen:

- **Änderungsprofil mit Flag »bei Warnung Änderung durchführen«**
  Sie können zunächst die Änderungen durchführen und sie anschließend im Fertigungsauftrag bestätigen.
- **Änderungsprofil ohne Flag »bei Warnung Änderung durchführen«**
  Sie können jedoch auch zunächst in der Liste der ermittelten und geprüften Änderungen diese bestätigen oder verwerfen und anschließend die Änderungen am Fertigungsauftrag durchführen lassen.

Das angesprochene Flag finden Sie in den Details des Änderungsprofils auf der Registerkarte ALLGEMEIN.

In diesem Sinne verbotene Änderungen können vom OCM generell nicht durchgeführt werden. So dürfen bereits eingebaute Komponenten oder rückgemeldete Vorgänge nicht gelöscht werden. Natürlich können Sie im Änderungsprofil weitere Änderungen verbieten.

Man unterscheidet drei Änderungsprozesse (Kundenauftrag, Stammdaten, Montage), für die Sie auch getrennt über entsprechende Änderungsprofile innerhalb des Gesamtänderungsprofils die Prüfungen einstellen können.

In Abbildung 4.18 ist das typische Aussehen der Einstellungen in einem Änderungsprofil dargestellt. Abhängig davon, an welchen Objekten innerhalb der Komponenten- und Vorgangsliste des Fertigungsauftrags Änderungen ermittelt wurden, kommt die entsprechende Registerkarte zur Anwendung. Zusätzlich existieren Einstellungen auf der Registerkarte ALLGEMEIN. Hier auf dieser Registerkarte ist das bereits erwähnte Flag enthalten, welches bei den beiden Verfahren für kritische Änderungen zur Anwendung kommt. Es kann weiterhin in der Montageabwicklung erlaubt werden, auch nur einzelne Änderungsschritte durchführen zu lassen. Darüber hinaus wird hier auch entschieden, ob manuell hinzugefügte Objekte gelöscht werden dürfen.

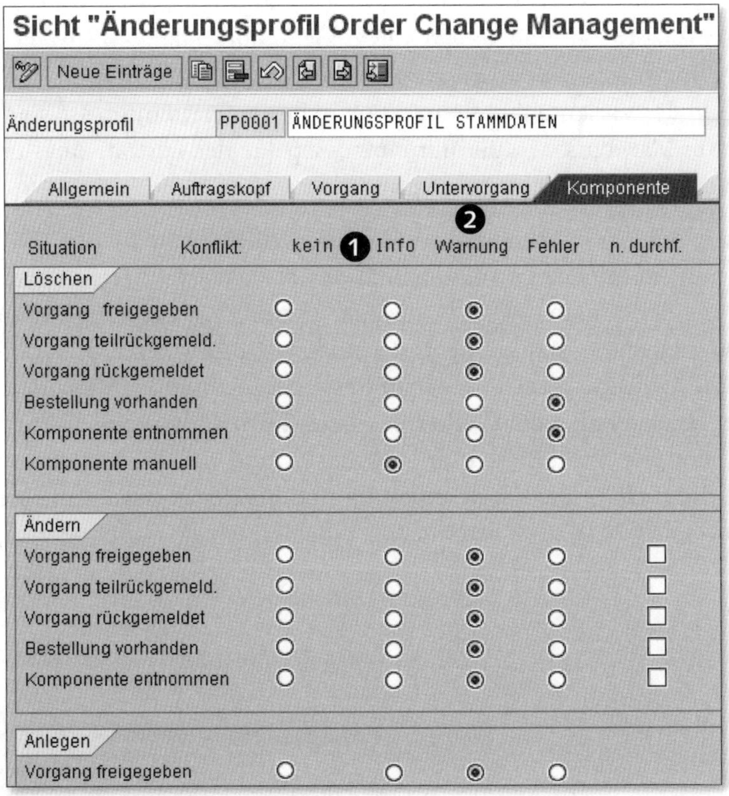

Abbildung 4.18 Änderungsprofile für das OCM

4.4 Zusammenfassung

Mit diesen Ausführungen beenden wir das Customizing-Kapitel. Sie haben nun einen vollständigen Überblick über das Customizing erhalten, das explizit für die Variantenkonfiguration gültig ist. Die Annahme, dass die Punkte in Abschnitt 4.1, »Explizites Customizing der Variantenkonfiguration«, ausschließlich für die Variantenkonfiguration gelten, ist nicht ganz korrekt. So sind die Einstellungen zu Beziehungswissen, Variantentabellen und -funktionen auch wirksam, wenn Sie in der Klassifizierung mit diesen Werkzeugen arbeiten.

Sie haben weiterhin gesehen, inwieweit die Einstellungen im Customizing des Klassensystems in der Variantenkonfiguration Auswirkungen haben.

In Abschnitt 4.3, »Für Variantenkonfiguration relevantes Customizing zu den Geschäftsprozessen«, sind einige Customizing-Einstellungen aus den Prozessen der logistischen Kette gesammelt worden, die aus unserer Sicht auch im Umfeld der Variantenkonfiguration von besonderem Interesse sind. Natürlich ist uns klar, dass wir hier nur einige Aspekte des Customizings im Umfeld der Variantenkonfiguration angesprochen haben.

Mit der durch die Erweiterungspakete 4 und 5 (EHP4 und 5) des ERP-Releases 6.0 aufgenommenen Funktionalität des PLM WebUI hat sich auch das Customizing der Punkte erweitert, die zum Thema PLM WebUI gehören (PLM = Product Lifecycle Management). Es sind zwei BAdIs zur VARIANTENKONFIGURATION AUF DEM WEBUI im Menü des Customizings der Variantenkonfiguration hinzugekommen. Weiterhin gibt es Einstellungsmöglichkeiten zu Objekttypen wie Materialstamm, Stückliste und Produktstruktur – Objekttypen, die auch für die Variantenkonfiguration relevant sind. Auf eine Vorstellung dieser Punkte des Customizings möchten wir hier aber verzichten.

Dieses Kapitel gibt Ihnen einen Einblick in die Variantenkonfiguration im Zusammenhang mit dem SAP CRM-System. Wir gehen hier vor allem auf Besonderheiten und Differenzen im Vergleich zu SAP ERP ein. Hervorzuheben sind die Produktmodellierungsumgebung und die Nutzung des IPC.

5 Spezifika der Produktkonfiguration in SAP CRM

In diesem Kapitel werden Sie einen Eindruck von der Produktkonfiguration im CRM-System gewinnen. Wir erläutern zunächst die verschiedenen Arten der Produktkonfiguration im SAP CRM-System und den Unterschied bei der Konfiguration von Produkten und Services. Bevor wir dann auf die Produktmodellierung im SAP CRM-System eingehen, beschreiben wir die Integration mit dem ERP-System. Schließlich gehen wir auf besondere Funktionen und die Benutzeroberfläche ein.

5.1 Produktkonfiguration in verschiedenen Kanälen

Eine Stärke des SAP CRM-Systems ist die Vielzahl der sogenannten *Kanäle*. Sie können Ihre Kunden trotz einheitlicher Infrastruktur auf verschiedensten Wegen erreichen. Die Produktkonfiguration ist in allen von SAP CRM angebotenen Kanälen einsetzbar. Da die dabei verwendete *AP Configuration Engine*, besser bekannt unter dem Begriff *IPC*, immer dieselbe ist, ist die Konsistenz gewährleistet, und Sie können mit minimalen Investitionen weitere Kanäle erschließen. Betrachten wir nun kurz gemeinsam die verschiedenen Kanäle von SAP CRM:

- **Web Channel (CRM und ERP)**
  Die Produktkonfiguration kann sowohl im Web Channel (auch bekannt als E-Commerce oder Internet Sales) für CRM als auch für ERP eingesetzt werden. Ob Sie das B2B- oder B2C-Szenario (*Business to Business* oder *Business to Customer*) einsetzen, spielt keine Rolle. Wie in Kapitel 3, »Geschäftsprozesse in SAP ERP«, beschrieben, können Sie die Benutzeroberfläche an das jeweilige Szenario anpassen (zum Beispiel im B2C-Szenario mit Bildern).

- **CRM Online und Interaction Center**
  Dies sind alle *Innendienst*-Szenarien. Die Produktkonfiguration kann dabei bereits in frühen Phasen des Verkaufszyklus, z.B. den Opportunities, zum Einsatz kommen. Darüber hinaus können auch nicht physische Produkte konfiguriert werden, zum Beispiel Telefon- und Wartungsverträge, Versicherungen etc.
- **CRM Mobile Sales**
  Sollen offline Produkte konfiguriert werden, ist CRM Mobile Sales die SAP-Standardlösung. Dieses »Mini CRM« auf dem Laptop enthält den gleichen Produktkonfigurator wie im CRM Online (da SAP NetWeaver als Basis nicht zur Verfügung steht, gibt es Anpassungen »unter der Haube«). Das UI ist identisch mit dem auf dem Server und wird im Webbrowser dargestellt. Die Wissensbasen werden auf die Datenbank des Mobile Clients repliziert. Bei häufigen Aktualisierungen der Modelle müssen Sie darauf achten, dass die Clients entsprechend zeitnah synchronisiert werden.
- **SAP ERP**
  Ab ERP 6.0 können Sie anstatt des LO-VC auch den IPC im SD verwenden. Dies kann aus zwei Gründen interessant sein:
  - Sie setzen CRM ein und wollen ein einheitliches Werkzeug, um Kosten für Tests und Nutzerschulung zu minimieren.
  - Sie wollen auch im SAP ERP-System von den besonderen Funktionen der IPC-Benutzeroberfläche (siehe weiter unten) profitieren.

[+] **Terminologie**

Seit CRM 2005 ist die Java-Komponente *Internet Pricing and Configurator* (IPC) in die Application Platform gewandert und basiert auf SAP NetWeaver-Technologie (siehe SAP-Hinweis 844816). Seitdem heißen die Bestandteile formal AP 7.00 Engines (*AP Configuration Engine; AP Pricing Engine* etc.).

Allerdings wird in der Praxis nach wie vor meist vom *IPC* gesprochen, wenn die in Java programmierten Funktionen der Produktkonfiguration, Preisfindung, Steuerermittlung und Listungen gemeint sind. Aus dem ursprünglichen Akronym ist also inzwischen ein abstrakter Begriff geworden.

5.2 Konfiguration von Produkten versus Services

Traditionell richten sich die Beispiele im Bereich der Variantenkonfiguration an die Fertigungsindustrie. Insbesondere im CRM-Umfeld bieten sich aber auch weitere Einsatzfelder für konfigurierte (Service-)Produkte. Produktkonfiguration kann z.B. in den folgenden Bereichen zum Einsatz kommen:

- Postdienstleistungen & Fahrkarten
- Versicherungs- & Versorgungsverträge (Gas, Wasser, Strom)
- Kommunikationsdienstleistungen (»Triple Play«)
- Wartungsverträge

All diese realen Beispiele haben gemeinsam, dass die angebotenen Services gemäß den Wünschen des Kunden ausgeprägt werden können, dass diese Wünsche in der Regel den Preis beeinflussen und es gegebenenfalls Regeln gibt, die beachtet werden müssen. Mit Hilfe der Produktkonfiguration können Sie praktisch jede Art von Produkt an die Bedürfnisse Ihrer Kunden anpassen.

Daher lassen sich die Prozesse in CRM in zwei große Gruppen einteilen:

- **Kompatibilität zu SAP ERP**
  Das (physische) Produkt wird in der Logistik des SAP ERP-Systems weiterbearbeitet (Produktion, Beschaffung etc.). SAP CRM wird für den Verkaufsprozess (Opportunity, Angebot etc.) verwendet. Somit ergibt sich die Konsequenz, dass in allen Prozessschritten die Kompatibilität zu SAP ERP gewährleistet sein muss.
- **Stammdaten direkt in CRM pflegen**
  Für das konfigurierte Produkt ist die ERP-Logistik nicht relevant. Entweder findet der Prozess vollständig in SAP CRM statt (Serviceverträge), es gibt industriespezifische Schnittstellen (z.B. SAP for Utilities), oder die Weiterverarbeitung findet in externen Systemen statt. Somit wäre eine Kompatibilität zu LO-VC nicht relevant, und die Stammdaten können in CRM gepflegt werden. Gelegentlich wird dies irreführend als *CRM Standalone* bezeichnet, da ein SAP ERP-System mit FI-CO durchaus beteiligt sein kann.

Unterscheidung der Prozessgruppen [+]

Bei der interaktiven Konfiguration und im Konfigurationsergebnis kann man nicht erkennen, ob die Stammdaten im ERP- oder CRM-System angelegt wurden. In beiden Fällen sind die Architektur, das User Interface (UI) und das Ergebnis dasselbe.

5.3 Vorgehen bei integrierter Produktion in SAP ERP

Betrachten wir nun das Vorgehen bei Kompatibilität zum SAP ERP-System: Hier konzentrieren wir uns auf das meistgenutzte Szenario der CRM-Implementierungen. Das berühmte Fahrrad wird produziert, geliefert und auch im

Internet verkauft. Wir sprechen also hiermit besonders den Nutzer an, der das CRM-System zu Vertriebszwecken nutzt, aber im Anschluss das Angebot bzw. den Vertriebsauftrag in SAP ERP repliziert und dort mit Hilfe der Low-Level-Konfiguration die Produktion und weitere logistische Prozesse anstößt.

5.3.1 Verkaufskonfiguration versus Produktionskonfiguration

Das SAP CRM-System orientiert sich am Verkauf der Produkte und hat keine Informationen über die Produktionsprozesse. Daraus folgt, dass das Produktmodell auf den Verkaufszyklus hin optimiert werden sollte. Entscheidend ist, welche Optionen in welcher Weise präsentiert werden, welche Merkmale und Komponenten preisrelevant sind und wie die Benutzerführung (Konflikterklärungen, Texte, Anordnung) zu gestalten ist. Dagegen sollten alle nur für die Produktion relevanten Faktoren, insbesondere eine sehr komplexe Stückliste, aus dem Modell entfernt werden.

Diese Trennung zwischen einem verkaufs- und einem produktionsorientierten Modell wird in der Praxis teils nur halbherzig umgesetzt, obwohl sie entscheidend zum Erfolg beiträgt. Aus dem Fokus auf die Verkaufskonfiguration resultieren auch einige wesentliche Einschränkungen bei der Konfiguration in CRM:

- Unterstützt werden sogenannte *Configure-to-Order-Prozesse*, bei denen das Produktmodell alle relevanten Informationen enthält.
- Nicht unterstützt werden sogenannte *Engineer-to-Order-Prozesse*, bei denen die Stückliste manuell im Auftrag angepasst werden kann.
- Arbeitspläne sind im SAP CRM-System nicht bekannt.
- Werksspezifische Informationen (z.B. Stücklisten) können nicht berücksichtigt werden.

Im SAP CRM-System werden alle verkaufsrelevanten Informationen erfasst (*High-Level-Konfiguration*). Nach der Replikation des Auftrags ins ERP-System können Sie dort in den produktionsrelevanten Prozessen auf das Konfigurationsergebnis zugreifen und z.B. eine detaillierte Stücklistenauflösung durchführen (*Low-Level-Konfiguration*).

Diese auch in ERP vorhandene grundsätzliche Trennung ist in Abschnitt 1.2.4, »Variantenkonfigurator LO-VC«, detailliert beschrieben.

5.3.2 Replikation der Stammdaten aus SAP ERP

Um die in ERP erstellten Stammdaten im CRM nutzen zu können, müssen diese IPC-konform zur Verfügung gestellt werden. Dabei arbeitet der IPC mit einem völlig anderen Konzept als der ERP-Variantenkonfigurator (LO-VC).

Im Gegensatz zur atomaren Stammdatenverwaltung des ERP-Variantenkonfigurators werden alle nötigen Stammdaten (z.B. auch Variantentabellen) des IPC in *Wissensbasen (Knowledge Bases)* gehalten. Verschiedene Gültigkeitsstände werden in Laufzeitversionen gehalten, wobei eine Laufzeitversion immer vollständig ist und ein Gültigkeitsdatum trägt, das den Gültigkeitsbeginn angibt. Die Laufzeitversion wird als »Schnappschuss-Abzug« der atomaren Stammdatenelemente in SAP ERP erzeugt.

Es würde den Rahmen dieses Kapitels sprengen, das Vorgehen detailliert zu beschreiben. Deshalb werden wir nur die grundsätzlichen Konzepte und Schritte erläutern. Prinzipiell erfolgt die Stammdatenreplikation in folgenden Schritten:

1. **Wissensbasen definieren**
   Sie definieren ein *Wissensbasisobjekt* in ERP, das die in der Wissensbasis enthaltenen Produkte auflistet. Sie nutzen Synergieeffekte und vermeiden Redundanzen, wenn Sie mehrere ähnliche Produkte (Produktfamilie) bündeln. Wird z.B. eine große Variantentabelle von 20 Produkten verwendet, so lässt sich anstelle von 20 Wissensbasen mit je einem Produkt auch eine Wissensbasis mit 20 Produkten erstellen.
2. **Laufzeitversionen definieren**
   Anschließend definieren Sie eine *Laufzeitversion* (Transaktion CU34). Beachten Sie dabei vor allem die folgenden Felder und Angaben:
   - Hier ist das GÜLTIG AB-Feld von zentraler Bedeutung: Beim Erstellen der Wissensbasis (KB) wird – unter Berücksichtigung des Engineering Change Managements – der zum angegebenen Zeitpunkt gültige Stand der Stammdaten kompiliert (»Schnappschuss«).
   - Es gibt kein GÜLTIG BIS-Feld, da Änderungen in der Zukunft durch neue Versionen repräsentiert werden. Laufzeitversionen sind auf der Datenbank als vollständige Objekte vorhanden. Somit sind vergangene, gegenwärtige und zukünftige Zustände Ihres Modells zugreifbar.
   - Weitere wichtige Felder sind WERK und STÜCKLISTENVERWENDUNG, da nur eine Stückliste pro Material möglich ist.
   - Anschließend generieren Sie die Wissensbasis, was einige Zeit in Anspruch nehmen kann, da alle Stammdaten gesammelt und kompiliert werden.

[+] **Generierung simulieren**

Sie können zur Analyse von Fehlern auch simulieren. Klicken Sie dazu auf den Button VERSION PRÜFEN (Taste F6). Der generierte Report ist wesentlich detaillierter als bei der regulären Generierung und weist auf eventuelle Probleme hin.

[!] **Bereits verwendete Wissensbasis ändern**

An bereits in Aufträgen verwendeten Wissensbasen sollten Sie aus Konsistenzgründen in der Regel keine Änderungen vornehmen. Wenn Sie jedoch kompatible Änderungen (z.B. Aufnahme zusätzlicher Merkmalswerte) durchführen, können Sie auch die bestehenden Laufzeitversionen aktualisieren, d.h. überschreiben, um Platz zu sparen (Deltalogik). Das Gleiche gilt natürlich auch für noch in der Entwicklung befindliche Wissensbasen oder Wissensbasen mit Gültigkeitsdatum in der Zukunft.

3. **Laufzeitobjekte verteilen**
   Die Laufzeitobjekte werden mit den Mechanismen der CRM Middleware verteilt (Objekt SCE). Da eine Wissensbasis vollständig ist, brauchen Sie keine weiteren Objekte wie Stücklisten oder Variantentabellen zu verteilen. Bei einer Aktualisierung einer Wissensbasis wird nur die Deltainformation übertragen.

Deltaliste

Die Generierung der Wissensbasis kann Fehler aufzeigen. Neben offensichtlichen Fehlern (unvollständige Daten), die sich auch im LO-VC zeigen würden, kann es auch zu Problemen mit der sogenannten *Deltaliste* kommen.

[+] **Deltaliste**

Die Deltaliste enthält eine Liste von Punkten, die den LO-VC-Konfigurator vom IPC unterscheiden. Sie ist unbedingt zu beachten, wenn beabsichtigt wird, ein bestehendes Produktmodell aus dem ERP- in das SAP CRM-System zu replizieren.

Der IPC kann zwar grundsätzlich das Datenmodell des VC verarbeiten, es gibt dabei allerdings eine Reihe von Einschränkungen. Diese lassen sich grob in drei Gruppen einteilen:

- **Einsatzgebiet**
  Der IPC führt ausschließlich eine Verkaufskonfiguration durch. Bestimmte Objekte oder Prozesse werden daher nicht unterstützt. Werksabhängige Informationen werden nicht verwertet (kein Bezug zur Produktion).

- **Kontextbezug**
  Der IPC wird meist in einem CRM-System verwendet, kann aber grundsätzlich auch unabhängig ablaufen, da er alle relevanten Informationen in der Wissensbasis vorhält (ein Vorteil gegenüber LO-VC). Das spiegelt sich auch in der Modellierung, die ebenfalls eine gewisse Kapselung erfordert (zum Beispiel beim Gestalten von Variantenfunktionen), wider. Wie im LO-VC lassen sich über Objektmerkmale Kontextparameter übergeben, die natürlich im Zielsystem bekannt sein müssen.
- **Konzeptionelle und funktionale Differenzen**
  Der ERP-Variantenkonfigurator hat sehr viele Freiheitsgrade bezüglich der Modellierung, und nicht alle Möglichkeiten entsprechen einer Best Practice. Der IPC dagegen erfordert eine striktere Modellierungsmethodik. So unterstützt der IPC keine Prozeduren an Merkmalswerten (nicht definierte Abarbeitungsreihenfolge). Auch werden leere Zellen in Variantentabellen, die im IPC als transparente Tabelle abgelegt werden, nicht unterstützt.

LO-VC und IPC – Informationen bezüglich der Unterschiede [+]

Informationen über die Unterschiede (die Deltaliste) zwischen IPC/SCE und der Variantenkonfiguration (VC) finden Sie im SAP Help Portal unter *http://help.sap.com/saphelp_crm50/helpdata/de/e8/a3fc3739a25941e10000009b38f8cf/frameset.htm* sowie im Hinweis 837111.

Die bereits erwähnte Funktion VERSION PRÜFEN bei der Generierung der Wissensbasen liefert Hinweise auf mögliche Probleme.

5.4 Erstellung eines Produktmodells mit Hilfe der PME

Neben SAP ERP bietet das SAP CRM-System ebenfalls eine Produktmodellierungsumgebung – da man das SAP CRM-System ja unabhängig vom ERP-System betreiben kann (siehe Aufzählungspunkt in Abschnitt 5.2, »Konfiguration von Produkten versus Services«). Wir gehen hier auf die Besonderheiten dieser Modellierungsumgebung und der Modellierungsobjekte ein.

5.4.1 Wesentliche Eigenschaften und Unterschiede zur Modellierung in SAP ERP

Die *Product Modeling Environment* (PME) ist ein Werkzeug in CRM, um Stammdaten unabhängig von SAP ERP zu modellieren. Sie richtet sich an

Kunden, die keine Kompatibilität zum ERP-Variantenkonfigurator (LO-VC) benötigen (siehe Kapitel 3, »Geschäftsprozesse in SAP ERP«).

Obwohl viele Konzepte der PME in CRM aus ERP bekannt sind, unterscheidet sie sich in einigen Punkten fundamental:

- **Lokale Sichtbarkeit**
  Alle Stammdaten für die Konfiguration (z.B. Klassen, Merkmale) liegen in den Wissensbasen (KB). Es gibt keine globalen Stammdaten. Das bedeutet einerseits eine Erleichterung, da in einem gekapselten Objektraum gearbeitet wird, macht aber andererseits die Wiederverwendung schwieriger.
- **Eigene Syntax**
  Trotz der Ähnlichkeiten sind die Produktmodelle aus PME und ERP nicht kompatibel. Es können weder Stammdaten aus ERP in der PME angezeigt oder gar verändert werden, noch können Stammdaten aus der PME im SAP CRM-System in ERP geladen werden.
  Damit ist jedoch nicht die Kompatibilität des ERP-Produktmodells mit der Ausführung im IPC gemeint. Diese ist natürlich, unter Berücksichtigung der Deltaliste, gegeben.
- **Radikale Vereinfachung**
  Das Datenmodell enthält zwar Konzepte wie Konfigurationsprofil, Constraints etc., diese existieren jedoch nur »unter der Haube«. Dem Anwender wird eine stark vereinfachte Sicht geboten, um mit minimalem Einarbeitungsaufwand die gängigen Modellierungsaufgaben bewältigen zu können.

Zur Laufzeit werden Modelle aus der CRM PME genauso verarbeitet wie Modelle aus dem ERP-System, so dass Sie keinen Unterschied feststellen können (siehe Abschnitt 5.2, »Konfiguration von Produkten versus Services«).

5.4.2 Aufruf der PME

Die PME wird aus der Übersichtsseite des CRM-Produktstamms aufgerufen. Wenn das Produkt (Material oder Service) konfigurierbar ist, erscheint der Zuordnungsblock PRODUKTMODELLE, der alle existierenden Laufzeitversionen anzeigt. Hier werden auch aus ERP replizierte Wissensbasen angezeigt, die aber nur in der Simulation aufgerufen werden können. Die Wissensbasis ist nicht vom Produktstamm abhängig. Da sie mehrere Produkte enthalten kann, taucht dasselbe Produktmodell u.U. in mehreren Produktstämmen auf.

[+]

Produktmodellierungsumgebung PME

Bis einschließlich CRM 5.0 war die PME eine externe Anwendung mit einem eigenen Java Swing UI. Seit CRM 2006s ist die PME Teil der CRM-Anwendung und muss nicht speziell installiert oder aktiviert werden. Das UI verwendet den bekannten CRM-Web-Client.

5.4.3 Produktmodelle versus Wissensbasen

Nähern wir uns den Begriffen Produktmodell und Wissensbasis gemeinsam an:

- **Produktmodell**
  Ein *Produktmodell* ist ein betriebswirtschaftlicher Begriff, der alle für die Konfiguration wichtigen Objekte kennzeichnet. Das sind Klassen, Merkmale, Werte, Beziehungswissen, Stücklisten, UI-relevante Daten (z.B. Merkmalsgruppen), Variantentabellen, -funktionen sowie -konditionsschlüssel.
- **Wissensbasis**
  Eine *Wissensbasis* oder *Knowledge Base* bezeichnet dagegen den technischen Container, der die Produktmodelle enthält. Eine Wissensbasis (genauer gesagt: eine Laufzeitversion eines Wissensbasisobjekts) beinhaltet eines oder mehrere Produktmodelle.

Der Grund für die Aufnahme mehrerer Produktmodelle in einer Wissensbasis liegt in der lokalen Sichtbarkeit der Daten. Die Verwendung von Klassen ist nur dann sinnvoll, wenn mehrere Produkte diesen Klassen zugeordnet werden können. Dadurch können Merkmale entsprechend referenziert und damit wiederverwendet werden. Eine Änderung der Merkmale erfolgt an einer Stelle und gilt damit für alle Produkte in dieser Klasse.

Ein Extrem wäre, sämtliche Produkte in einer Wissensbasis zu pflegen. Das ist allerdings auch problematisch, denn jede Änderung führt zu einer neuen Version der Wissensbasis. Darüber hinaus kann die Pflege sehr unübersichtlich werden, und nur ein Nutzer kann gleichzeitig Änderungen vornehmen.

Empfehlenswert ist daher, die Wissensbasis entlang von Produktfamilien oder -gruppen zu definieren. Produkte mit inhaltlichen Überlappungen (gleiche Merkmale, Variantentabellen etc.) sollten in einer Wissensbasis liegen, um eine Wiederverwendung zu erleichtern, während Produkte mit geringen Überschneidungen eher in eine andere Wissensbasis gehören.

5.4.4 Versions- und Statusmanagement

Wissensbasen haben verschiedene Status (FREIGEGEBEN/IN BEARBEITUNG/GESPERRT) und ein GÜLTIG AB-Datum. Die Bedeutung und der Mechanismus zur Findung sind bei Wissensbasen aus CRM und solchen, die aus ERP repliziert wurden, dieselben. In beiden Fällen wird mit dem *Tupel* (Produkt-ID, Produkttyp, logisches System, Datum) gesucht. Durch das logische System ist sichergestellt, dass auch für Produkte, die aus ERP repliziert wurden, nach Wissensbasen gesucht wird. Das interessanteste Kriterium ist sicherlich das Datum, da hierüber die verschiedenen Entwicklungsstände einer Wissensbasis selektiert werden. Im Standardfall ist dies das Anlagedatum des Auftrags, wobei die Details vom Auftrags-Customizing abhängen. Unabhängig davon gibt es ein BAdI `CRM_CONFIG_BADI`, das u.a. die Methoden `set_kb_date` und `set_kb` enthält. Mit diesen Methoden können Sie die Standardprozedur nach Ihren Wünschen beeinflussen.

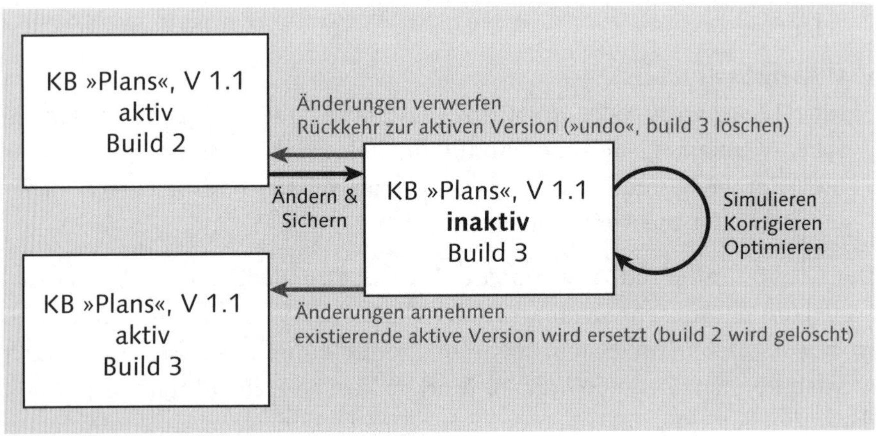

Abbildung 5.1 Versionsmanagement

Die PME kennt darüber hinaus noch das Konzept einer *inaktiven Wissensbasis*. Das bedeutet, dass Änderungen an einer bestehenden Laufzeitversion zunächst als Zwischenstadium in einem neuen inaktiven Stand gespeichert werden. Diesen Stand kann man in der Simulation testen, während in Aufträgen weiterhin der vorherige, aktive Stand verwendet wird (siehe Abbildung 5.1).

Erst durch die Übernahme der Änderungen wird diese inaktive Version aktiviert und damit die vorherige überschrieben. Sind die Änderungen jedoch fehlerhaft oder ist die Laufzeitversion gar »kaputt«, können die Änderungen verworfen werden, und man kehrt zur alten, aktiven Version zurück.

5.4.5 Klassen, Merkmale und Werte

Merkmale und Werte entsprechen konzeptionell weitgehend den Pendants der Variantenkonfiguration (siehe Kapitel 2, »Erstellung eines Produktmodells für die SAP-Variantenkonfiguration«). Daher sollen hier nur stichpunktartig die Spezifika der Werte und Merkmale der PME beschrieben werden:

- Typen: Zeichen, numerisch, Datum
- Beschreibung (132 Zeichen) und optionaler Langtext
- Kardinalität: ein- oder mehrwertig (Hinweis: Alle, auch mehrwertige, Merkmale sind in der PME per Definition einschränkbar.)
- vordefinierte Werteliste, Wertebereich (numerisch) oder freie Werteeingabe
- Attribute (»Facetten«), die statisch definiert oder per Beziehungswissen verändert werden können: unsichtbar, nicht eingabebereit, erforderlich, nicht erlaubt
- Klassen dienen ähnlich wie in SAP ERP dazu, Merkmale in einem Objekt zusammenzufassen und dann Produkten zuzuweisen. Ferner kann man über Vererbungsmechanismen eine Hierarchie aufbauen.

Während sich die Werte und Merkmale also nicht stark unterscheiden, weist die Klassifizierung in der PME jedoch einige Besonderheiten auf:

- **Implizite Klassen**
  Jedes Produkt besitzt eine implizite Klasse. Man kann damit Merkmale direkt über eine vom Nutzer definierte (explizite) Klasse genau einem Produkt zuordnen. Im einfachsten Fall (z.B. nur ein Produkt im Modell) entfällt damit die Notwendigkeit, sich überhaupt mit Klassifizierung zu beschäftigen. Vereinfacht kann man sagen, dass eine Klassifizierung dann sinnvoll ist, wenn Sie mehrere Produkte haben, die sich bestimmte Eigenschaften teilen.
- **Zuordnung nur** zu **einer expliziten Klasse**
  Produkte können im Gegensatz zur ERP-Modellierung nur einer expliziten Klasse zugeordnet werden, d.h., ein Produkt ist genau einer impliziten und höchstens einer expliziten Klasse zugeordnet.
- **Beziehungswissen in Klassen**
  Klassen können nicht nur Merkmale, sondern auch Beziehungswissen enthalten. Damit kann man Beziehungen definieren, die für mehrere Produkte in gleicher Form gelten sollen.

- **Unterklassen**
  Man kann Unterklassen anlegen, die die Merkmale und Beziehungen der Oberklasse erben. Da ein Produkt nur einer expliziten Klasse zugeordnet werden kann, ergibt sich damit auch eine Vererbungshierarchie für Produkte.

[zB] **Klasse und Unterklasse**

Sie verkaufen DSL-Verträge für Privat- und Geschäftskunden. Allen Verträgen sind bestimmte Merkmale gemeinsam, z. B. Bandbreite für Upload/Download. Diese Merkmale definieren Sie an der Oberklasse »DSL«, und sie werden an alle Unterklassen vererbt. In der Unterklasse »DSL Business« definieren Sie zusätzlich das Merkmal »Statische IP-Adresse« und ordnen dieser Klasse die entsprechenden Produkte zu. Ob Sie die DSL-Produkte für Privatkunden nun der Oberklasse oder einer eigenen Unterklasse zuordnen, hängt davon ab, ob diese Produkte eigene Merkmale enthalten sollen, die nicht an die Geschäftsprodukte vererbt werden sollen.

[+] **Arbeitsorganisation**

Die Verwendung des Klassensystems ist sehr effizient, aber Änderungen der Klassifizierung in einem produktiven Modell sind sehr aufwendig. Machen Sie sich vorab Gedanken über eine sinnvolle Strukturierung Ihrer Produkte.

5.4.6 Beziehungswissen in der PME

Das Beziehungswissen in der PME unterscheidet sich grundlegend vom ERP-Pendant. Die Zahl der Beziehungsarten ist deutlich reduziert und die Darstellung der Beziehungen so weit vereinfacht, dass sie relativ leicht zu erlernen ist. In manchen Beziehungen kann sogar völlig auf »Code« verzichtet werden. Intern werden die Beziehungen als Constraints abgebildet, so dass streng deklarativ modelliert wird. Die konzeptionellen Unterschiede zwischen deklarativer und prozeduraler Modellierungstechnik werden im Abschnitt 2.5.2, »Prozeduraler und deklarativer Charakter von Beziehungswissen«, erläutert. Abgesehen von der akademischen Betrachtung ergeben sich daraus an einzelnen Stellen spürbare Einschränkungen (siehe weiter unten die Hinweise zu `specified`), aber auch Vereinfachungen (keine Abarbeitungsreihenfolge).

Es gibt folgende Beziehungsarten, auf die wir näher eingehen:

- Formel
- Bedingung
- Tabellenformel

- Komponentenbedingung
- Komponentenformel
- Funktionsformel

Alle Beziehungen haben allgemeine Attribute – eine ID oder Namen, eine sprachabhängige Bezeichnung, einen Status und evtl. eine Erläuterung. Letztere kann zur Laufzeit von der Konfliktbehandlung ausgewertet werden.

Status [+]

Eine neue Beziehung hat den Status IN BEARBEITUNG. Damit diese wirksam wird, muss der Status auf FREIGEGEBEN geändert werden. Ist eine Beziehung fehlerhaft (z.B. falsche Syntax), wird sie automatisch in den Status GESPERRT gesetzt.

Beziehungen werden immer mit Bezug zu einem Produkt oder einer Klasse angelegt. Dadurch ist der Kontext definiert, d.h. es ist festgelegt, welche Merkmale angesprochen werden können. Wenn Sie eine Beziehung auf Klassenebene definieren, gilt sie für alle Produkte, die dieser Klasse (oder einer ihrer Unterklassen) zugeordnet sind. Es ist nicht möglich, Beziehungen direkt an Merkmalen zu pflegen.

Formel

Formeln dienen dazu, Werte (auch Variantenkonditionsschlüssel) oder Defaults zu setzen, Werte auszuschließen und die Konfigurationskonsistenz zu prüfen.

Die Formel setzt sich aus einem optionalen Bedingungsteil (wenn) und einem Ausführungsteil (dann) zusammen. Im Bedingungsteil wird definiert, wann die Formel ausgeführt wird. Ist dieser leer oder mit dem Schlüsselwort `true` gefüllt, wird die Formel immer ausgeführt. Das kann z.B. sinnvoll sein, um den Default-Wert eines Merkmals, das sich mehrere Produkte teilen, pro Produkt individuell festzulegen. Das Produkt selbst kommt in der Bedingung nicht vor, da Sie den Bezug durch die Zuordnung der Beziehung zum Produkt bereits festgelegt haben. Die allgemeine Syntax entspricht derjenigen der Constraints in ERP. Es können in boolescher Logik Werte abgefragt oder mathematische Ausdrücke verwendet werden.

Darüber hinaus gibt es in der PME zwei Besonderheiten (analog zu Constraints in ERP):

- Das Schlüsselwort `specifiable` darf nur in negierter Form (also `not specifiable`) verwendet werden. Damit kann abgeprüft werden, ob ein

Merkmal nicht mehr bewertet werden darf. Dies ist der Fall, wenn es entweder bereits einen Wert hat oder die Facette »nicht erlaubt« gesetzt wurde.

- Das Schlüsselwort `specified` darf dagegen wegen der streng deklarativen Modellierung nicht negiert werden. In positiver Form kann damit geprüft werden, ob ein Merkmal bereits einen Wert hat.

[+]

Nichtexistenz einer Bewertung kann nicht geprüft werden

Die PME-Syntax erlaubt nicht, die Nichtexistenz einer Bewertung, analog zu `not specified` in ERP-Prozeduren, zu prüfen. Ist dies erforderlich, muss man explizit die Nichtexistenz aller denkbaren Werte (`not MERKMAL in ['WERT A','WERT B', ...]`) prüfen oder mit Hilfskonstruktionen arbeiten (z. B. das zu prüfende Merkmal erhält den künstlichen Wert »kein Wert« und wird per Default gesetzt).

Der Ausführungsteil ist obligatorisch, denn sonst ergibt die Formel keinen Sinn. Es sind folgende Handlungen möglich:

- Zuweisen eines Wertes (`Merkmal = 'Wert'`), was auch die Zuweisung eines Variantenkonditionsschlüssels umfasst
- Ausschließen eines Wertes (`Merkmal <> 'Wert'`) oder Einschränkung eines Wertebereichs (`numMerkmal < zahl`)
- Zuweisen eines Default-Wertes (`Merkmal ?= 'Wert'`). Im Gegensatz zum »harten« Wert kann dieser Wert vom Benutzer geändert werden.
- Sofortiges Erzeugen eines Konfliktes (`false`). Dies kann bei komplexen Modellen in der Testphase nützlich sein, um unerlaubte Zustände sofort zu identifizieren.

Grundsätzlich gilt Folgendes: Die vom IPC hergeleiteten Werte sind vom Benutzer nicht mehr änderbar. Analog sind ausgeschlossene Werte nicht mehr wählbar. Hat der Benutzer bereits vor dem Wirksamwerden einer Formel einen abweichenden Wert gesetzt, kommt es zu einem *Konflikt*. Nutzereingaben werden niemals »unbemerkt« geändert, sondern müssen aktiv geändert werden.

[zB]

Unterschiedliche Möglichkeiten der Werteeinschränkung

Die Option Niedrige Latenz für Onlinespiele steht nur bei einer Uploadbandbreite von 640 KBit/s zur Verfügung. Mit einer Formel schließen Sie die Option Niedrige Latenz bei anderen Bandbreiten aus. Wählt der Benutzer nun zuerst die Niedrige Latenz, aber anschließend eine andere Bandbreite, kommt es zum Konflikt, und der Nutzer muss sich entscheiden, welche Eingabe ihm wichtiger erscheint. Es ist allerdings auch möglich, eine weitere Formel zu schreiben, die nach dem Setzen der Option Niedrige Latenz automatisch die Bandbreite auf 640 KBit/s setzt und somit den Konflikt vermeidet.

An diesem Beispiel erkennen Sie auch eine grundsätzliche Frage, die Sie sich selbst beantworten müssen: Bevorzugen Sie die Erstellung eines restriktiveren, »narrensicheren« Modells, das Konfliktsituationen grundsätzlich ausschließt, oder die eines »offenen« Modells, das dem Kunden mehr Freiheiten lässt und die Zusammenhänge offenlegt. Letzteres ist eher für erfahrene Nutzer geeignet.

Wenn infolge eines Konfliktes eine Konfiguration den Zustand INKONSISTENT hat, erscheint im UI eine entsprechende Meldung, und – je nach Konflikttyp – können Sie einen geführten Lösungsprozess mit Vorschlägen durchlaufen. Wenn Sie eine solche inkonsistente Konfiguration abspeichern, wird der Zustand im Auftrag vermerkt, und auch dort kommt eine entsprechende Fehlermeldung.

Bedingung

Mit einer Bedingung lassen sich die Attribute (»Facetten«) von Merkmalen dynamisch verändern. Dabei stehen folgende Attribute zur Verfügung:

- **Unsichtbar**
  Das Merkmal ist nicht sichtbar, kann aber einen Wert haben.
- **Nicht eingabebereit**
  Das Merkmal wird gezeigt, nur der IPC darf den Wert verändern.
- **Erforderlich**
  Das Merkmal muss für die Vollständigkeit bewertet werden.
- **Nicht erlaubt**
  Das betreffende Merkmal darf keinen Wert haben, sonst ist die Konfiguration inkonsistent. Nur über eine Bedingung setzbar.

Analog zu den Formeln haben die Bedingungen einen optionalen Beziehungsteil. Es gilt auch dieselbe Syntax wie bei den Formeln.

Der Ausführungsteil benötigt keine Syntax. Stattdessen werden alle relevanten Merkmale aufgelistet, und die zu setzenden Attribute sind ankreuzbar. Dadurch können mehrere Attribute mehrerer Merkmale gleichzeitig gesetzt werden.

Merkmalsattribute können auch statisch gesetzt werden. Eine Vermischung von statischer und dynamischer Attributsetzung für dasselbe Merkmal ist verwirrend und allgemein nicht empfehlenswert.

Tabellenformel

Tabellen sind mächtige Werkzeuge, um eine Vielzahl von gültigen Merkmalskombinationen effizient auszudrücken. Zudem bieten Tabellen durch eine Import-/Exportschnittstelle die Möglichkeit, die Pflege des Modells und seiner Strukturen von den betriebswirtschaftlichen Inhalten zu entkoppeln, d.h., Sie können Fachabteilungen in die Modellierung einbinden, ohne dass diese sich mit dem SAP CRM-System und der PME auseinandersetzen müssen.

Mit Tabellen lassen sich zwei wesentliche Ziele erreichen:

- Wertebereiche einschränken und somit Konsistenz sicherstellen
- Werte bzw. Vorschlagswerte herleiten

Die Verwendung von Tabellen erfolgt in drei Schritten.

Schritt 1 – Struktur der Tabelle definieren

In der PME gibt es einen eigenen Abschnitt für Tabellen. Neben Kopfdaten legen Sie dort fest, welche Merkmale als Spalten in der Tabelle referenziert werden. Sofern Sie die Tabelle (auch) für Herleitungen nutzen wollen, muss mindestens ein Merkmal ein Schlüsselfeld sein, mit dem analog zu einer relationalen Tabelle die zutreffenden Zeilen gefunden werden.

Sobald eine Tabelle mit Inhalten gefüllt ist oder in Tabellenformeln verwendet wird, können Sie die Struktur einer Tabelle nicht mehr ändern.

Schritt 2 – Tabelleninhalte pflegen

Tabellen können direkt in der PME gepflegt werden. Sie können Tabellenzeilen erzeugen und pro Feld einen Wert eintragen. Leere Felder oder Jokerzeichen (*) sind nicht zulässig, d.h., Sie müssen einen expliziten Wert eintragen.

In der Praxis dürfte jedoch die Import-/Exportschnittstelle eine große Bedeutung haben. Dabei können Sie eine Variantentabelle als CSV-Datei (*Comma Separated Value*) exportieren und in Programmen (z.B. Microsoft Excel oder OpenOffice) bearbeiten. Anschließend können Sie diese Datei wieder in die PME importieren, wobei die existierenden Inhalte überschrieben werden. Um das Format des CSV-Files zu sehen, exportieren Sie einfach eine leere Tabelle.

Ablage der Tabellen in der Wissensbasis [+]

Der Tabelleninhalt wird mit der Wissensbasis auf der Datenbank abgelegt. Inhaltliche Änderungen an der Tabelle sollten daher in einer eigenen Version der Wissensbasis abgelegt werden.

Schritt 3 – Tabellen verwenden

Mit Tabellenformeln können Sie die Tabellen im Modell ansprechen. Die Formeln haben keinen Bedingungsteil und kein sonstiges Coding. Sie geben die Tabelle an und wählen unter TYP eines der beiden Ziele EINSCHRÄNKEN oder HERLEITEN, d.h., was mit der Tabelle erreicht werden soll.

Es erscheinen alle Merkmale der Tabelle. Wollen Sie Merkmale herleiten, sind die als Schlüsselfelder definierten Spalten automatisch auf LESEN gesetzt. Bei den sonstigen Spalten können Sie wählen, ob ein Vorschlagswert (Default) oder ein »harter« Wert gesetzt wird. Die Auswirkung ist die Gleiche wie bei Formeln: Ein Vorschlagswert kann von der Engine oder vom Benutzer geändert werden. Ein »harter« Wert darf nicht in Widerspruch zu einer anderen Herleitung oder Benutzereingabe stehen, da sonst ein Konflikt ausgelöst wird.

Herleitungen [+]

Falls keine Merkmale als Schlüssel definiert wurden, kann die Tabelle nicht für Herleitungen verwendet werden.

Wird die Tabelle für Wertebereichseinschränkungen verwendet, markieren Sie beliebig viele Spalten mit WERTE EINSCHRÄNKEN. In der PME wird grundsätzlich in alle Richtungen eingeschränkt, d.h., die Merkmale können in beliebiger Reihenfolge bewertet werden und beeinflussen die jeweils anderen.

Wertebereichseinschränkungen [zB]

Bei einem Auto bestehen Abhängigkeiten zwischen Ausstattungslinie, Art der Sitzbezüge und den Innenraumfarben. Zur Laufzeit kann jedes Merkmal die Auswahl der anderen beeinflussen. So wird durch die gewählte Art der Sitzbezüge die Auswahl der Ausstattungslinie und Farben eingeschränkt.

Bei beiden Verwendungen besteht die Möglichkeit, Merkmale als nicht relevant (KEIN WERT) zu kennzeichnen.

Wertebereichseinschränkungen [+]

Sie können zwei Tabellenformeln mit Referenz auf dieselbe Tabelle erstellen, um Wertebereiche einzuschränken und gleichzeitig bestimmte Werte herzuleiten.

Komponentenbedingung

Mit einer *Komponentenbedingung* können Sie definieren, welche Komponenten aus einer Stückliste unter welchen Bedingungen ausgewählt werden. Diese Komponenten erscheinen als Unterpositionen im Auftrag. Auch mehrstufige Stücklisten sind möglich, d.h., eine Komponente kann wiederum eine Komponente haben. Die Komponenten können auch selbst konfigurierbar sein.

[zB] **Komponentenbedingung**

Ihr Telefontarif hat die Option INTERNATIONAL FLAT. Falls gewählt, soll eine Unterposition erzeugt werden, da es dafür besondere Kündigungsregeln gibt.

Anders als in ERP ist die Sichtweise bei der Komponentenbedingung »von oben nach unten«, d.h., sie wird am übergeordneten Produkt und nicht an der auszuwählenden Komponente angelegt.

- Der Bedingungsteil entspricht dem der Formel oder Bedingung.
- Im Ausführungsteil markieren Sie diejenigen Komponenten, die ausgewählt werden, wenn die Bedingung zutrifft. Somit können Sie mit derselben Bedingung auch mehrere Komponenten auswählen.

Falls Sie eine Komponente in mehreren Komponentenbedingungen ansprechen, reicht es, wenn eine dieser Komponentenbedingungen erfüllt ist.

Komponentenformel

Mit einer *Komponentenformel* können Sie Beziehungen zwischen Komponenten der Stückliste ausdrücken, d.h., die Regeln erstrecken sich über die Produktgrenze hinweg.

[zB] **Komponentenformel**

Die obenerwähnte Komponente INTERNATIONAL FLAT kann die Ausprägung STANDARD oder ERWEITERT haben. Letztere steht aber nur zur Verfügung, wenn der Kunde einen besonders hochwertigen Telefontarif gewählt hat.

In der PME beschränkt sich das auf direkte Vater-Kind-Relationen. Beziehungen über mehrere Stufen hinweg können nur über Umwege ausgedrückt werden. Komponentenformeln können naturgemäß nur an Produkten und nicht an Klassen definiert werden. Auch die Sichtweise der Komponentenformel ist dabei »von oben nach unten«, d.h., sie wird am übergeordneten Produkt angelegt, und man spricht von dort explizit die Komponente an.

Der Aufbau einer Komponentenformel unterscheidet sich nur geringfügig von einer einfachen Formel. Im Kopf der Formel wahlt man eine Komponente aus. Im Bedingungs- bzw. Ausführungsteil steht dann das Schlüsselwort `component` zur Verfügung, um gezielt die ausgewählte Komponente anzusprechen.

Funktionsformel

Es ist in der PME möglich, Variantenfunktionen anzusprechen. Wie in der ERP-Modellierung werden in der Wissensbasis selbst nur die Schnittstelle und der Aufruf der Variantenfunktion definiert, während deren eigentliches Coding in Java programmiert und im Virtual Machine Container installiert wird. Das Vorgehen dazu ist im Anhang des Hinweises 870201 erläutert.

Um Variantenfunktionen im Produktmodell zu verwenden, sind zwei Schritte notwendig:

1. Zunächst wird die Schnittstelle definiert. Dazu gibt es in der PME einen eigenen Bereich FUNKTIONEN. Hier legen Sie fest, welche Merkmale in der Schnittstelle vorkommen und welche davon Schlüsselfelder sind. Diese sind automatisch Eingabeparameter, während die übrigen Merkmale entweder zu verändernde Ausgabeparameter sind oder unbeachtet bleiben.
2. Die definierte und freigegebene Funktion kann in Klassen oder Produkten in einer oder mehreren Funktionsformeln angesprochen werden. Die Funktionsformel hat keinen Bedingungsteil, d.h., sie wird stets prozessiert. Man definiert lediglich, welche der Ausgabeparameter durch die Funktion gesetzt werden sollen.

5.4.7 Transport von Wissensbasen

Seit CRM 2006s können Wissensbasen mit Hilfe des *XIF Interfaces* (eXternal Interface) von einem SAP CRM-System in ein anderes ex- bzw. importiert werden. Somit können Sie Ihre Modelle im Test- oder Konsolidierungssystem erstellen und testen und später in Produktivsysteme übertragen.

Weitere Informationen zur XIF-Schnittstelle [+]

Details dazu finden Sie in der Online-Hilfe zum SAP CRM-System (PRODUKTKONFIGURATION • IMPORT DER WISSENSBASIS).

5.5 Benutzeroberfläche des IPC

Es führt hier zu weit, auf alle Architekturdetails der Benutzeroberfläche (UI) einzugehen. Deshalb werden nur einige Kernpunkte genannt: JavaServer Pages und J2EE Engine sowie *Extended Configuration Management* (XCM).

5.5.1 JavaServer Pages und J2EE Engine

Das UI baut auf dem Framework des E-Commerce auf. Dieses verwendet JavaServer Pages (JSP) und Struts. Das UI läuft auf der SAP J2EE Engine (für Mobile Sales gibt es eine spezielle Architektur). Wenn Sie die Produktkonfiguration in CRM oder in ERP mit dem IPC verwenden wollen, müssen Sie daher die J2EE Engine und darauf die Webanwendung installieren.

Es wird dasselbe UI (einheitliche Codebasis) in sämtlichen Szenarien einschließlich Mobile Sales und ERP verwendet.

[+]

Weitere Informationen zu Framework und Änderungskonzept

Details zum generellen Framework und zum Änderungskonzept finden Sie im detaillierten Artikel »SAP E-Commerce – Development and Extension Guide« auf dem SAP Service Marketplace (Quicklink *crm-inst*). Weitere Informationen finden Sie auf den Seiten der CWG (*www.configuration-workgroup.com*).

5.5.2 Extended Configuration Management (XCM)

Ein besonderes Merkmal der IPC-Benutzeroberfläche ist ihr umfangreiches Customizing. Dahinter steckt die Idee, dass je nach Kontext (Nutzergruppe, Kanal etc.) und »Geschmack« unterschiedliche Darstellungsweisen und Funktionen erwünscht sind, ohne Coding modifizieren zu müssen.

[zB]

Anforderungen an die Benutzeroberfläche

Im Call-Center soll das UI möglichst kompakt sein, und für erfahrene Benutzer reservierte Funktionen wie Schnelleingabe per Tastatur oder XML-Import/-Export sind hilfreich. Im Webshop soll das Produkt dagegen möglichst anschaulich (Bilder etc.) präsentiert werden, aber die Nutzer dürfen keinen Zugriff auf Interna haben.

Im Folgenden gehen wir nur auf die Grundkonzepte ein. Was wird in XCM gepflegt?

- Einige technische Parameter wie JCo-Parameter (JCo = Java Connector) müssen gepflegt werden, sonst kommt eine Fehlermeldung (häufige Fehlerquelle bei Erstinstallationen).

- Zahlreiche Einstellungen bezüglich der Darstellung (Ampel versus Text, Merkmalsgruppen, Bilder, Textarten, ...) sind notwendig.
- Allgemeine Steuerparameter, z.B. ob eine Prüfung durch den Server nach jeder Benutzereingabe erfolgt oder nur auf Anforderung. Letztere Einstellung erlaubt eine schnellere Eingabe, ist aber nur für erfahrene Benutzer geeignet.
- Fast alle Sonderfunktionen (siehe nächster Abschnitt) können per XCM (de-)aktiviert werden und erfordern bestimmte Parameter.
- Einige sehr einfache Erweiterungen (benutzerdefinierte Buttons) können ebenfalls durchgeführt werden.

Es kann mehrere XCM-Konfigurationen geben. Beim Aufruf des UI wird in der URL ein `xcm.scenario`-Parameter übergeben. Daraufhin liest das UI die entsprechenden Einstellungen aus dem XCM nach. Benutzereinstellungen sind vom SAP-Standard getrennt, d.h., die Einstellungen stellen keine Modifikation dar und werden nicht durch Upgrades überschrieben.

SAP liefert verschiedene Standardkonfigurationen aus, in denen nicht alle Möglichkeiten standardmäßig aktiviert sind. Werfen Sie daher unbedingt einen Blick ins XCM und die dortige Dokumentation, um das volle Potenzial des UI auszuschöpfen. Einige Sonderfunktionen (z.B. Variantensuche, große Bilder) können unter Umständen spürbaren Einfluss auf die Performance haben.

5.6 Besondere Funktionen der IPC-Benutzeroberfläche

Betrachten wir nun die besonderen Funktionen der IPC-Benutzeroberfläche.

5.6.1 Bilder und andere Objekte

Da der IPC über eine im Webbrowser dargestellte Benutzeroberfläche verfügt, können Multimediaobjekte wie Bilder, Töne, PDFs etc. eingebunden werden. Gängige Objekttypen werden »out of the Box« angezeigt; bei exotischeren Typen muss gegebenenfalls eine geringfügige Coding-Anpassung auf der Serverseite zur Generierung des korrekten HTML-Outputs und/oder ein entsprechendes Plugin zur Darstellung auf der Browserseite vorhanden sein. Bilder können sowohl Merkmalen als auch Werten zugeordnet werden.

Wenn die Produktmodelle in ERP angelegt werden, pflegen Sie Objekte wie Bilder über das Dokumentenmanagementsystem und ordnen diese Merkmalen bzw. Werten zu. Die Dateien werden bei der Generierung der Wissensbasis automatisch eingebunden und stehen dann dem IPC zur Verfügung.

5.6.2 Import/Export von Konfigurationsergebnissen

Normalerweise wird ein Konfigurationsergebnis im zugehörigen Dokument (z.B. Angebot oder Auftrag) gespeichert. Ebenso basieren Vorlagen für häufig verwendete Konfigurationen auf solchen Dokumenten.

In manchen Fällen erscheint es aber wünschenswert, das »nackte« Konfigurationsergebnis verwalten zu können. Sehen wir uns dazu drei Anwendungsbeispiele an:

- Sie möchten Konfigurationen als Favoriten lokal speichern.
- Sie möchten Zwischenstände einer Konfiguration per E-Mail mit anderen Bearbeitern austauschen.
- Sie arbeiten an einer hochkomplexen Konfiguration und möchten zur Sicherheit einen Zwischenstand lokal speichern.

Mit dem IPC haben Sie die Möglichkeit, den aktuellen Stand der Konfiguration, per Knopfdruck aus dem UI, als XML-Datei (Dateiendung *.cfg*) lokal abzuspeichern. Genauso können Sie XML-Dateien importieren und so eine Konfiguration mit den gespeicherten Werten beginnen. Dabei wirkt der übliche Toleranzmechanismus beim Laden: Merkmale und Werte, die nicht gesetzt werden können (z.B. weil die Wissensbasis geändert wurde), werden ignoriert. Das Format der XML-Datei ist in SAP-Hinweis 385773 beschrieben.

[!] **Konfigurationsergebnisse extern verwalten**

Das externe Verwalten von Konfigurationsergebnissen stellt ein Sicherheitsrisiko dar, da zum einen auch unsichtbare Merkmale einsehbar sind und zum anderen die Ergebnisse manipuliert werden könnten. Deshalb steht der Import/Export nur zur Verfügung, wenn im XCM die Sicherheitsstufe NIEDRIG gewählt wurde.

5.6.3 Preisübersicht

Der Preis eines konfigurierbaren Produkts setzt sich prinzipiell aus den im Kalkulationsschema ermittelten Preisen und Rabatten sowie den während der Konfiguration ermittelten Zu- und Abschlägen (Variantenkonditionen) zusammen. Letztere können wiederum in zwei Gruppen unterteilt werden:

- sogenannte »1:1-Aufschläge«, die direkt mit einem Merkmalswert verknüpft und dort als Zuschlag angezeigt werden
- über Beziehungen ermittelte Aufschläge

Erstere sind einfacher in der Handhabung, Letztere deutlich flexibler. So kann der Aufpreis für die Ausstattung »Leder« abhängig vom gewählten Modelltyp und zusätzlich von der Art der Sitze sein. Damit ergibt sich aber auch die logische Schwierigkeit der Zuordnung dieses Preises, da der Preis nicht von einem, sondern mehreren Faktoren abhängt. Nur bei den direkt mit einem Merkmalswert verknüpften Aufschlägen kann der Preis direkt hinter dem Merkmalswert angezeigt werden (»Leder: 1.000 €«).

Die Benutzeroberfläche des IPC bietet allerdings eine Möglichkeit, dem Nutzer während der Konfiguration eine Erklärung für den aktuell errechneten Preis zu zeigen. In der Preisübersicht wird dabei eine im XCM definierte Teilmenge der verwendeten Konditionssätze, also z.B. auch Grundpreise und Rabatte, angezeigt. Technisch gesehen sind das Zeilen aus dem Kalkulationsschema. Bei Variantenkonditionen wird der sprachabhängige Text gezeigt, sofern dieser gepflegt ist (in ERP mit Hilfe der Transaktion VK30, in CRM in der Tabelle CRMC_VARCOND/CRMC_VARCOND_T). Dieser Text ist wichtig, um die Herkunft der Kondition verbal zu erläutern, z.B. EDITION LUXUS: LEDER FÜR SPORTSITZE. Auf diese Weise können Sie dem Benutzer auch komplexe Preisherleitungen transparent machen (siehe Abbildung 5.2).

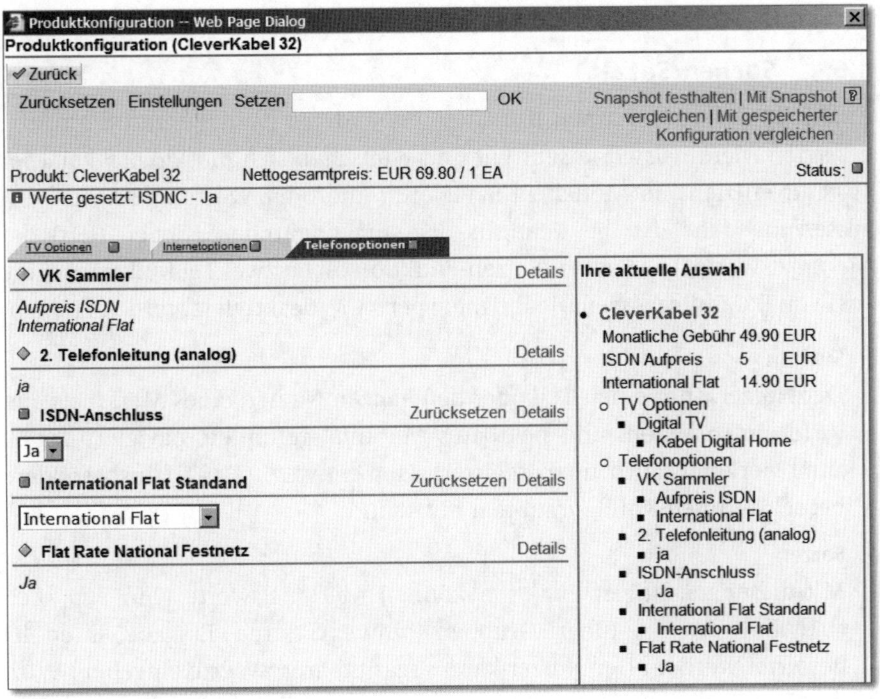

Abbildung 5.2 Preisübersicht

5.6.4 Bessere Handhabung einschränkbarer Merkmale

Im ERP-Variantenkonfigurator haben einschränkbare Merkmale einen u.U. gravierenden Nachteil in der Handhabung: Sobald diese bewertet sind, sieht man keine anderen prinzipiell möglichen Werte mehr, weil der Wertebereich aus Sicht der Engine auf den gesetzten Wert eingeschränkt ist (Singleton-Problem). Um den Wert zu ändern, muss zuerst der gesetzte Wert gelöscht werden, damit der dynamische Wertebereich neu ermittelt wird, und erst in einem zweiten Schritt kann der gewünschte Wert gesetzt werden.

[zB]

Singleton-Problem

Die Liste von zehn möglichen Farben wird durch Constraints auf drei mögliche eingeschränkt. Wird nun »Rot« gewählt, kann man im Variantenkonfigurator (LO-VC) nicht sofort sehen, dass »Grün« und »Blau« auch gültig wären. Man muss erst »Rot« löschen, um dann die Auswahl Rot|Grün|Blau zu sehen.

Seit IPC 5.0 besteht dieses Problem nicht mehr. Diese rechenintensive Funktion (*User Domain*) kostet zwar möglicherweise etwas Performance (diese ist in den VMC-Einstellungen deaktivierbar), eine deutliche Verbesserung der Nutzerfreundlichkeit wiegt diesen Nachteil aber in aller Regel auf.

5.6.5 Suchen/Setzen

Erfahrene Benutzer kennen u.U. die verwendeten Modelle und die häufig gesetzten Merkmalswerte sehr gut und wünschen sich die Möglichkeit, per Tastatur effizient im Modell zu navigieren und/oder Werte zu setzen. Voraussetzung dabei ist die Kenntnis der sprachneutralen Namen (IDs) der Merkmalswerte. Die Suchen/Setzen-Funktion bietet zwei Teilfunktionen, die – wie im IPC üblich – szenarioabhängig per XCM deaktiviert werden können:

- **Suchen**
  Der Nutzer tippt einen Teil oder den ganzen Namen eines Merkmals ein. Wird ein passendes und sichtbares Merkmal gefunden, navigiert das UI zum Merkmal (auch über Registerkarten hinweg). Das ist insbesondere bei sehr großen Konfigurationen nützlich.
- **Setzen**
  Mit dieser mächtigen Funktion können Merkmalswerte vom Typ »Zeichenkette« direkt (über Gruppen hinweg) durch Eingabe ihrer ID bewertet werden. Der Nutzer kann sogar mehrere Werte eingeben. Wird der Wert nicht gefunden oder kommt er mehrmals im Modell vor, kommt

eine Meldung. Voraussetzung ist also, dass die IDs der zu setzenden Merkmale modellweit eindeutig sind.

5.6.6 Anzeige von Langtexten (ab CRM 2006s)

Ein häufig geäußerter Wunsch ist die Möglichkeit, Merkmals(wert)texte mit einer Länge von mehr als 30 Zeichen zu verwenden. Obwohl das Datenmodell des IPC längere Texte vorsieht, gilt diese Beschränkung aus ERP auch im CRM, wenn dort aus ERP replizierte Modelle verwendet werden.

Im IPC ist diese Beschränkung mit einem »Trick« umgehbar. In ERP können unter DOKUMENTATION Texte mit (fast) beliebiger Länge gepflegt werden. Im IPC werden diese Texte angezeigt, wenn Sie auf den Button DETAILS klicken.

Seit CRM 2006s lassen sich Langtexte im Bewertungsbild entweder zusätzlich oder gar anstelle der Kurztexte anzeigen. Im XCM können Sie auf Ebene der Merkmale und Werte wählen, ob Sie die ID, den Kurztext, den Langtext oder Kombinationen daraus anzeigen lassen wollen. Ein definierbarer Schwellenwert sorgt dafür, dass sehr lange Texte nach n Zeichen abgebrochen werden.

5.6.7 Vom Konfigurator gesteuerte Meldungen (ab CRM 2006s)

Sie möchten dem Benutzer während der Konfiguration Hinweise wie marketinggetriebene Informationen, Erklärungen, Warnungen o. Ä. anzeigen?

Seit CRM 2006s können Sie im IPC sogenannte *Meldungsmerkmale* einsetzen. Der Mechanismus dahinter ist äußerst simpel und daher modellierungstechnisch abwärtskompatibel: Die Merkmale sind ganz normale Merkmale vom Typ »Zeichenkette«, die Sie wie üblich im UI positionieren können. Das Merkmal (auch mehrere sind möglich) wird durch Beziehungswissen hergeleitet. Anhand des Präfixes der Merkmals-ID wird das Meldungsmerkmal identifiziert und in spezieller Form (siehe Abbildung 5.3) dargestellt. Die einzelnen Merkmalswerte enthalten dabei die Meldungstexte. Der Wert an sich wird nicht dargestellt, und eine Bewertung ist natürlich nicht möglich. Es gibt drei Meldungsarten (Info, Warnung, Fehler), die sich durch die Farbe und das Icon unterscheiden und anhand des Präfixes des Merkmalswertes gewählt werden. In der XCM-Standardkonfiguration ist das Präfix für das Meldungsmerkmal `UIMESSAGE_` und für die Texte (Merkmalswerte) `I`, `W` und `E`.

Dem Merkmal `UIMESSAGE_EXT` wird der Wert `WEXT` zugewiesen. Es wird wie in Abbildung 5.3 dargestellt:

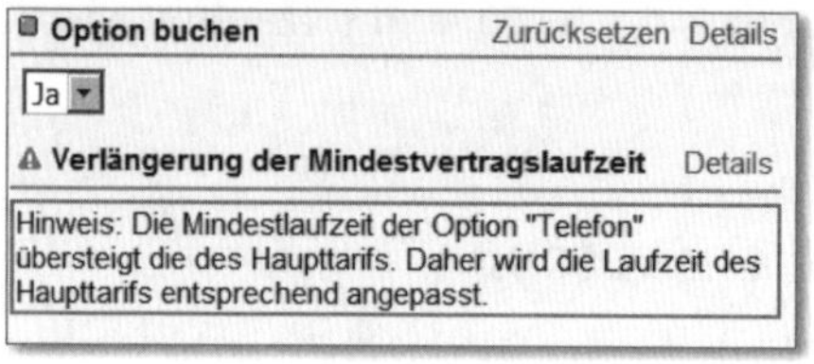

Abbildung 5.3 Meldungsmerkmale

5.6.8 Konfigurationsvergleich (ab CRM 2006s)

Erreicht eine Konfiguration einen gewissen Grad der Komplexität, ist nicht immer leicht zu erkennen, welche weiteren Werte durch den Nutzer hergeleitet werden. Unter ungünstigen Umständen findet sich der Benutzer in einer Sackgasse wieder, in der sich kein konsistenter Stand mehr erreichen lässt.

Mit dem Konfigurationsvergleich werden folgende Funktionen abgedeckt:

- Der aktuelle Stand der Konfiguration lässt sich sichern (»Snapshot«). Sie können zu dem Snapshot zurückkehren und die seitdem gemachten Eingaben rückgängig machen (siehe Abbildung 5.4).
- Sie können jederzeit den Stand der Konfiguration mit dem Snapshot vergleichen. Dabei sehen Sie nicht nur die von Ihnen gesetzten Werte, sondern auch Herleitungen durch die Engine.
- Im Falle der Änderung einer Konfiguration können Sie den aktuellen Stand der Konfiguration mit dem auf der Datenbank vergleichen.

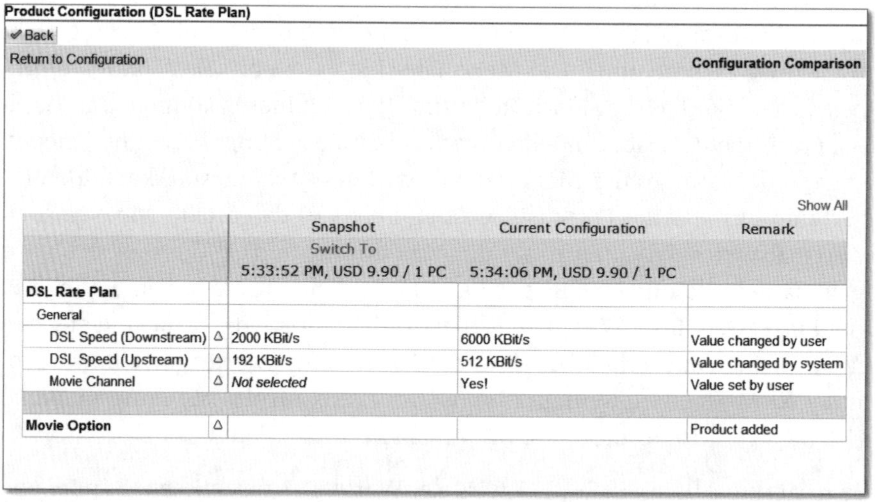

Abbildung 5.4 Vergleich zweier Konfigurationsstände mit der Möglichkeit, zum Snapshot zurückzukehren

5.7 UI Designer (ab CRM 7.0)

Wie beschrieben, kann das IPC-UI in CRM mit zahlreichen Parametern im XCM hinsichtlich Funktionen, Darstellung und Verhalten beeinflusst werden. Die grundsätzliche Darstellung des Modells, d.h. Reihenfolge der Merkmale, Zuordnung zu Gruppen, Bilder etc., entspricht jedoch genau den Stammdaten. Abbildung 5.5 zeigt das Standard-UI des IPC in der Webanwendung.

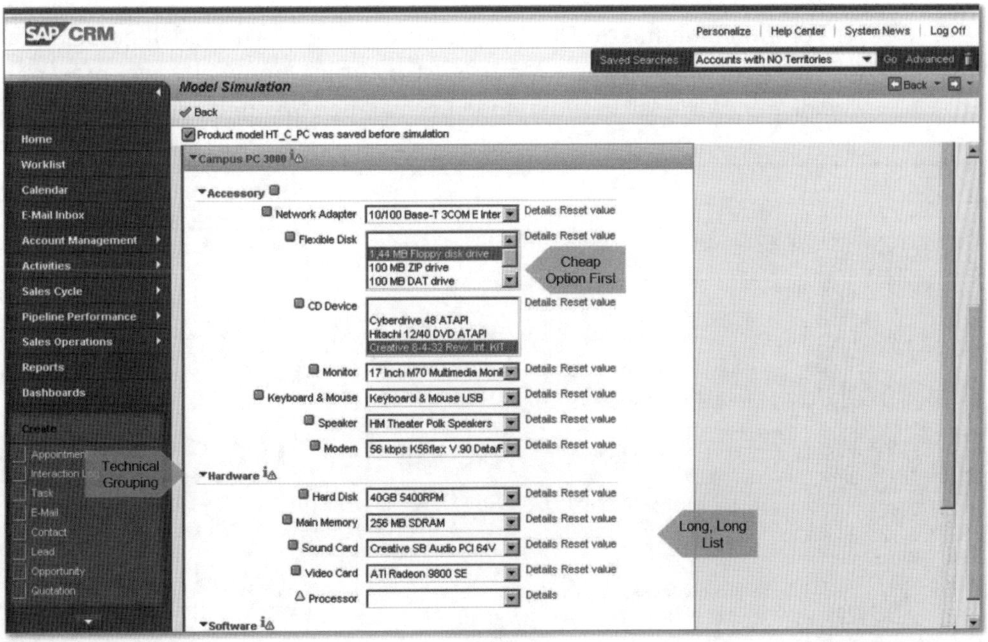

Abbildung 5.5 IPC-Standard-UI in der Webanwendung

Der UI Designer ermöglicht es – seit CRM 7.0 –, die Darstellung der Produktkonfiguration szenariospezifisch zu beeinflussen, egal, ob diese in ERP oder CRM modelliert wurde. Folgende Änderungsmöglichkeiten bestehen:

- Sie können die Reihenfolge von Stücklistenkomponenten, Gruppen, Merkmalen und Merkmalswerten verändern.
- Sie können für jedes Merkmal mit Werteliste individuell bestimmen, ob es als kompakte Dropdown-Liste oder mit Auswahlbuttons bzw. Ankreuzfeldern dargestellt wird.

- Sie können entscheiden, bei welchem Merkmal oder Wert welche zusätzlichen Inhalte (Bilder, Text, Dokumente) sichtbar werden. Sie können sogar zusätzliche Bilder hinzufügen.
- Sie können die Merkmale auf Seiten anordnen, die dem Endbenutzer Schritt für Schritt präsentiert werden. Im Gegensatz zu den frei anwählbaren Registerkarten können Sie hiermit eine bestimmte Reihenfolge erzwingen (*geführte Konfiguration*).

Abbildung 5.6 zeigt das neu angeordnete IPC-UI in der Simulation.

Die von Ihnen definierte Darstellung wird in einem UI-Modell gespeichert. Das Anlegen eines solchen Modells ist natürlich optional – wenn es kein Modell gibt, wird das Produktmodell gemäß den Stammdaten dargestellt.

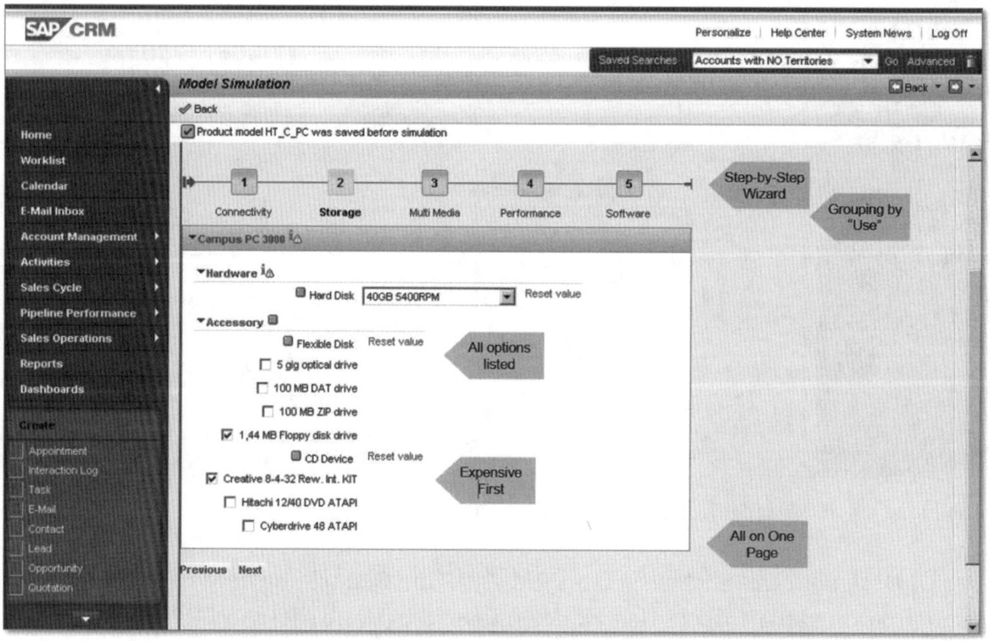

Abbildung 5.6 IPC-UI, neu angeordnet mit dem UI Designer

Das UI-Modell legen Sie in der PME von CRM an – das gilt auch für Modelle, die aus ERP repliziert werden (in diesem Fall ist das eigentliche Produktmodell nicht editierbar). Dem Modell weisen Sie als Selektionskriterien ein sogenanntes *PME-Szenario* zu – für den Fall, dass Sie darüber hinaus eine Benutzerrolle besitzen, die zur Laufzeit als Selektionskriterium dient. Damit können Sie erreichen, dass z.B. im Webshop B2C die geführte Konfiguration verwendet wird, während Sie im Innendienst eine kompakte Darstellung verwenden.

5.8 Zusammenfassung

In diesem Kapitel haben wir Ihnen die spezielle Systematik der Produktkonfiguration im SAP CRM-System vorgestellt. Neben der direkten Verwendung des Produktmodells aus dem SAP ERP-System bietet das CRM-System ebenfalls eine Pflegeumgebung (PME), um die Daten für eine Konfiguration bereitzustellen. Insbesondere wurden Unterschiede und Spezifika, wie das Customizing des UI und die besonderen Möglichkeiten im Beziehungswissen, dargestellt. Da nicht alle Möglichkeiten des SAP CRM-Systems behandelt werden können und die Erläuterung kompletter Prozessabläufe den Umfang dieses Buches sprengen würde, verweisen wir auf die entsprechende Literatur zum Thema SAP CRM.

Wenn Sie unseren Ausführungen bis hierher gefolgt sind, werden Sie uns zustimmen, dass die Produktkonfiguration komplex und vielschichtig ist. Mit ausgewählten Herausforderungen, denen Sie in der Produktkonfiguration mitunter begegnen, befassen wir uns in diesem Kapitel.

6 Herausforderungen in der Variantenkonfiguration

Wie für spannende Aufgabenbereiche üblich, bringt auch die Variantenkonfiguration eine Reihe von Herausforderungen mit sich. Wir möchten in diesem Kapitel vier Themen für die nähere Betrachtung herausgreifen, die in der Produktkonfiguration häufig auftauchen und dann auch schnell zur Herausforderung werden können.

- **Performance-Optimierung**
  Die Lösung einer hinreichend komplexen Konfigurationsaufgabe bedingt einen entsprechend starken Einsatz von Ressourcen. Dabei kann insbesondere die zur Abarbeitung von Konfigurationsschritten erforderliche Rechenzeit den interaktiven Bearbeitungsfluss erheblich beeinträchtigen. Sie sollten frühzeitig potenzielle Problempunkte identifizieren.
- **Änderungsdienst**
  Weder die Optionen eines konfigurierbaren Produkts noch die Wünsche von Kunden sind unveränderbar. Wenn in Ihrer Anwendung Veränderungen am Produktmodell kontrolliert und nachvollziehbar in den laufenden Logistikprozess einfließen sollen oder wenn Änderungswünsche von Ihren Kunden nach Möglichkeit noch im laufenden Fertigungsprozess Berücksichtigung finden sollen, dann können Ihnen der Stammdaten- und der Auftrags-Änderungsdienst hilfreiche Werkzeuge sein.
- **Komplexe Systemkonfiguration**
  Konfigurierbare Komponenten, die zu komplexen Systemen zusammengesetzt werden, erzeugen Abhängigkeiten untereinander. Diese Abhängigkeiten sind mitunter schwer formulier- und beherrschbar. Sie lernen, drei Arten der Systemkonfiguration voneinander abzugrenzen, und erfahren, mit welchen Modellierungswerkzeugen entsprechend vorzugehen ist.

- **Stammdatenverteilung**
  Ihre Produktmodelle können aus hunderten, ja tausenden einzelner Objekte bestehen. Früher oder später müssen Sie die Modelle von einem System in ein anderes transportieren. Die Werkzeuge der Product Data Replication (PDR) können Ihnen diese Arbeit erheblich erleichtern.

Diese vier Themen beleuchten wir nachfolgend in einem jeweils eigenen Abschnitt. In der Praxis tauchen sie häufig kombiniert auf; wer z.B. eine komplexe Systemkonfiguration bearbeitet, kann sich auch schnell mit Laufzeitproblemen konfrontiert sehen. Die Größe der Herausforderung nimmt entsprechend zu.

6.1 Performance-Optimierung

Wir alle wünschen uns von einer Softwarelösung Antwortzeiten, die so kurz sind, dass unsere Arbeitsabläufe nicht beeinträchtigt werden. Sobald wir das Gefühl haben, auf das System warten zu müssen, fühlen wir uns in unserem Arbeitsfluss gestört. Wir sprechen dann von Performance-Problemen. Die natürliche Herangehensweise der Performance-Optimierung ist es, Engstellen zu erkennen und dann nach Möglichkeiten zu deren Beseitigung zu suchen. Die Qualität der Verbesserung hängt ganz wesentlich davon ab, wie früh potenzielle Engstellen erkannt werden. Sind bereits hohe Investitionen in den Aufbau und die operative Nutzung von Konfigurationsmodellen geflossen, dann sind grundlegende Umstellungen schmerzhaft.

Wie wir in Kapitel 1, »Grundlagen der Variantenkonfiguration«, ausgeführt haben, ist die Variantenvielfalt das eigentliche Kernproblem sowie die Daseinsberechtigung der Variantenkonfiguration. Die Anzahl der möglichen Konfigurationen wächst exponentiell mit der Anzahl der beteiligten Merkmale. Algorithmen mit exponentieller Aufwandszunahme gelten in der Informatik als schwer beherrschbar. Wer sich mit Variantenkonfiguration beschäftigt, sollte mit potenziellen Performance-Problemen rechnen und dementsprechend das Laufzeitverhalten der Softwarelösung von Anfang an in die Erarbeitung und den Test jeder Lösung einbeziehen.

6.1.1 Performance-Engpässe – Auftreten und Einflussfaktoren

Sowohl bei der High-Level-Konfiguration, bei der eine Konfigurationsaufgabe im interaktiven Dialog bearbeitet wird, als auch bei der Low-Level-Konfiguration, bei der ohne Benutzereingriff aus einem Konfigurationsergebnis und einer oder mehreren Maximalstücklisten die konkrete Komponentenstruktur berechnet wird, können lange Laufzeiten auftreten. Lange Laufzeiten in der High-Level-Konfiguration sind kritischer, da dort der Arbeitsfluss der interaktiven Bearbeitung gestört wird. Beschäftigen wir uns also mit diesem Problemfeld etwas näher.

Die High-Level-Konfiguration läuft in aller Regel im Kontext der Kundenauftragsbearbeitung ab. Dabei können wir nachfolgende Bearbeitungsschritte unterscheiden:

1. **Konfiguration öffnen**
   Das Konfigurationsmodell und die eventuell schon vorhandene Konfiguration müssen gegebenenfalls von der Datenbank geladen werden. Wenn gleichartige Konfigurationsaufgaben wiederholt bearbeitet werden, ist das Modell eventuell noch in einem systeminternen Puffer, und das erneute Laden des Modells von der Datenbank entfällt. Eine neu angelegte Konfiguration muss beim Öffnen initialisiert werden.
2. **Wertehilfe für Merkmale**
   Die für ein Merkmal zur Verfügung stehenden Werte können über die Wertehilfe ermittelt werden. Die Werte können permanent oder auf Anforderung über die [F4]-Taste angezeigt werden.
3. **Werte auswählen**
   Wenn Sie einen Merkmalswert interaktiv auswählen, wird der Wert in der Konfiguration gesetzt, und bei entsprechender Einstellung des Konfigurators läuft dann jedes Mal eine Prüfung gegen das Konfigurationsmodell, bei der das entsprechende Beziehungswissen abgearbeitet wird.
4. **Konfiguration prüfen**
   Wenn das System so eingestellt ist, dass bei der Auswahl eines Merkmalswertes nicht automatisch eine Prüfung gegen das Konfigurationsmodell erfolgt, kann die Prüfung auf Anforderung erfolgen. Dabei wird auch die Konfigurationsstruktur neu berechnet. Wenn in einer Konfiguration mit Stückliste der Fokus von einer Komponente auf eine andere verlagert wird, erfolgt in jedem Fall eine Prüfung der Konfiguration.

Das Laufzeitverhalten beim Lösen von Konfigurationsaufgaben wird von verschiedenen Einflussfaktoren bestimmt:

- **Konfigurationsmodell**
  Die Größe und der Aufbau des Konfigurationsmodells beeinflussen das Laufzeitverhalten in erheblichem Maße. Für eine Konfigurationsaufgabe gibt es keine eindeutig beste Art der Modellierung. Die SAP-Varianten-

konfiguration bietet einen umfangreichen Satz an Modellierungsinstrumenten. Ein Konfigurationsmodell kann damit nach sehr unterschiedlichen Gesichtspunkten optimiert werden. Ein günstiges Laufzeitverhalten sollten Sie immer als Modellierungsziel anvisieren.

- **Verwendungskontext**
  Der Verwendungskontext bestimmt, in welcher Art und Weise die Konfigurationsaufgabe abgearbeitet wird. Entsprechend der konkreten Konfigurationsaufgabe werden die Abarbeitungsfolge und das Benutzerverhalten ganz anders sein. Daher kann das Laufzeitverhalten immer nur in einem Verwendungskontext beurteilt werden.

[zB]

Unterschiedliche Verwendungskontexte

Wenn die Konfiguration in SAP ERP in der Verkaufstransaktion VA01 läuft, wird klassischerweise der LO-VC im direkten Dialogmodus von einem Verkaufsmitarbeiter verwendet. Das gleiche Konfigurationsmodell kann aber auch in einem *Internet-Sales*-Szenario von vielen Endkunden in konkurrierendem Zugriff genutzt werden. Anstelle des LO-VC läuft der IPC beziehungsweise die AP Configuration Engine dann als Konfigurator.

- **Software**
  Bei der verwendeten Software können insbesondere das Datenbanksystem und das Betriebssystem auch innerhalb des gleichen Verwendungskontextes verändert werden. In Einzelfällen kann auch das einen spürbaren Einfluss auf das Laufzeitverhalten haben.

- **Hardware**
  Bei viel frequentierten Anwendungen ist die Auslegung der Hardware von entscheidender Bedeutung. Bei Konfigurationsaufgaben ist neben der Anzahl der unter Umständen parallel ablaufenden Transaktionen pro Zeiteinheit auch der genaue Inhalt der Konfigurationsaufgabe bei der Auslegung der Hardwareressourcen zu beachten.

Den Verwendungskontext und die im Einsatz befindliche Software betrachten wir hier nicht als Gegenstand einer möglichen Optimierungsstrategie. Die Auslegung der Hardware und insbesondere das Sicherstellen der Skalierung mit der eingesetzten Serverarchitektur sehen wir ganz eindeutig als Teilaufgabe eines Implementierungsprojekts.

Hierbei muss für den Kontext der speziellen Problemstellung jeweils eine individuelle Analyse vorgenommen werden, die den genauen Inhalt der Konfigurationsaufgabe im entsprechenden Verwendungskontext berücksichtigt. Wir werden die Frage der Hardwareauslegung hier nicht vertiefen. Beim Aufbau des Konfigurationsmodells werden grundsätzliche Entscheidungen getroffen, die das Laufzeitverhalten bei der Lösung einer Konfigurationsaufgabe nachhaltig beeinflussen. Diesen Einflussfaktor beleuchten wir nachfolgend.

6.1.2 Ursachen von Performance-Engpässen

Wer ein kleines, überschaubares Konfigurationsmodell hat, läuft weit weniger Gefahr, in Performance-Engpässe zu geraten, als derjenige, der viele große Konfigurationsmodelle unterhält. Leider ist es gar nicht so einfach, eine Grenze zwischen diesen beiden Lagern zu ziehen. Konfigurationsmodelle können wachsen, und wie die Praxis zeigt, wachsen sie in sehr unterschiedliche Richtungen.

Wir formulieren nachfolgend einige Anhaltspunkte, um ein Konfigurationsmodell auf potenzielle Performance-Engpässe hin abzuklopfen. Modelle, die hierbei nicht auffällig erscheinen, können dennoch Gegenstand langer Laufzeiten sein. Umgekehrt können Modelle, die hinsichtlich dieser Punkte auffallen, sehr wohl gute Laufzeiten erzielen. Dennoch sollten Sie in solchen Fällen die Modellierung hinterfragen und ein besonderes Augenmerk auf das Laufzeitverhalten richten.

Anzahl der Merkmale und Merkmalswerte

Die Anzahl der *Merkmale*, die für die vollständige Beschreibung einer ganzen Konfiguration bzw. für die Beschreibung einer konfigurierbaren Instanz, also z.B. einer konfigurierbaren Stücklistenkomponente, benötigt werden, ist ein sehr einfaches Indiz für die Komplexität einer Konfigurationsaufgabe. Oft werden neben den für den Anwender sichtbaren Produktoptionen noch Hilfsmerkmale mitgeführt, mit deren Hilfe Zwischenergebnisse bestimmt werden. Natürlich hängt es sehr stark davon ab, welche Verarbeitungsschritte auf den Merkmalen ablaufen. Bei Modellen, die an die 100 oder mehr Merkmale umfassen, sollten Sie genau prüfen, welche Merkmale tatsächlich unentbehrlich sind und warum.

Die Anzahl der möglichen *Merkmalswerte* vermittelt einen weiteren Eindruck von der Beschaffenheit des Konfigurationsmodells – insbesondere wenn Einzelwerte definiert sind. Wenn die Menge der definierten Einzelwerte für ein Merkmal in die Größenordnung von 100 kommt, lohnt es sich, genauer hinzuschauen.

Aufbau der Stückliste

Bei Stücklisten ist weniger die reine Komponentenanzahl von Bedeutung als vielmehr der konkrete Aufbau der Stückliste, die Zahl der ausgeführten Stücklistenauflösungen und zu welchem Zeitpunkt diese erfolgen. Die Nutzung von Stücklisten in der High-Level-Konfiguration sollte auf ein Mindestmaß beschränkt bleiben. Einfache Auswahlbedingungen haben kurze Verarbeitungszeiten. Wenn Sie deutlich mehr als zehn alternative Komponenten in einer Stückliste haben, kann die Modellierung über einen Klassenknoten unter Umständen schneller sein; das Modell wird durch den Klassenknoten in jedem Fall übersichtlicher.

Beziehungswissen

Beim Beziehungswissen sind neben dem Mengengerüst insbesondere das Zusammenspiel von Beziehungen unterschiedlicher Beziehungsarten und das Zusammenspiel mit dem Stücklistenauflösungsprozess zu beachten. Die Wechselwirkung sollten Sie immer intensiv testen.

[+] **Aktion und Prozedur**

Beziehungswissen von der Beziehungsart Aktion ist nicht zuletzt unter Performance-Gesichtspunkten heraus als obsolet anzusehen. Sie sollten daher auf Konfigurationsregeln der Beziehungsart Aktion möglichst verzichten und stattdessen auf die Beziehungsart Prozedur ausweichen.

Bei diesen Konfigurationsregeln findet man gelegentlich sehr lange Regeln, die über mehrere Seiten gehen. Mehrseitige Prozeduren sind generell eine kritische Überprüfung wert.

Bei jedem Konfigurationsschritt werden Herleitungen aus prozeduralem Beziehungswissen zurückgenommen, und es erfolgt eine wiederholte Ausführung. Deklaratives Beziehungswissen in Constraints hat den Vorteil, dass es nur dann ausgeführt wird, wenn eine Änderung der Konfiguration, z.B. das Setzen eines Merkmalswertes, die Ausführung tatsächlich erforderlich macht. Wenn nun aus Prozeduren hergeleitete Merkmalswerte die Ausführung von Constraints anstoßen, wandelt sich der Vorteil in einen Nachteil: Es gibt dann auch bei den Constraints sehr viele, meist unnötigerweise wiederholte Auswertungen.

Constraints

Constraints sind sehr effizient, um komponentenübergreifende Zusammenhänge zu formulieren. Sie sollten sich im Umkehrschluss aber bewusst sein, dass wenige, kompakt formulierte Constraints mitunter sehr umfangreiche, manchmal unnötige Auswertungen anstoßen können. Wenn dabei Werte von tieferen Stücklistenkomponenten auf höhere übertragen werden, kann das zusätzliche Schleifen in der Stücklistenauflösung bedingen.

Variantentabellen

Wir haben Sie mehrfach aufgefordert, von Variantentabellen möglichst viel Gebrauch zu machen. Der Zuschnitt von Variantentabellen kann für das Laufzeitverhalten eine große Rolle spielen. Sehr große Variantentabellen stellen einen Performance-Engpass dar und sollten eher vermieden werden. Wenn Ihnen Variantentabellen mit einigen hunderttausend Zellen begegnen, sollten Sie nach alternativen Modellierungen forschen. Eine Variantentabelle kann über die Transaktionen CU61 (VARIANTENTABELLE ANLEGEN) oder CU62 (VARIANTENTABELLE ÄNDERN) an eine Datenbanktabelle gekoppelt werden. Das sollten Sie allerdings nur für große Variantentabellen ab circa 100.000 Zellen (z.B. mehr als zehn Spalten und 10.000 Zeilen) tun. Bei kleinen Variantentabellen ergeben sich bei der Kopplung an Datenbanktabellen eher Laufzeitnachteile. Variantentabellen sollten grundsätzlich so aufgebaut werden, dass in jeder Zelle genau ein Einzelwert steht.

Wissensbasen und Laufzeitversionen

Beim Einsatz des IPC benötigen Sie auch Wissensbasen und deren Laufzeitversionen. Die Laufzeitversion einer Wissensbasis wird als zu einem Stichdatum gültiger Schnappschuss des Konfigurationsmodells erzeugt. Das Stichdatum wird an der Laufzeitversion als Gültigkeitsdatum GÜLTIG AB interpretiert. Wenn Sie häufig Modelländerungen vornehmen und dabei immer neue Laufzeitversionen erzeugen, kann die hohe Anzahl der Laufzeitversionen zu Performance-Engpässen beim Laden der jeweils richtigen Laufzeitversion führen. In vielen Fällen wäre es bei kleinen Modellanpassungen vielleicht ausreichend, eine existierende Laufzeitversion zu überschreiben, anstatt eine neue zu generieren. Die Größe einer Laufzeitversion wird mitunter von der Menge an Texten für Merkmale und Merkmalswerte geprägt. Wenn Sie viele lange Texte mehrsprachig in Ihrem Modell gepflegt haben, kann es sinnvoll sein, eine Laufzeitversion nur für eine bestimmte Zielsprache zu erzeugen. Auch für das Erstellen von Laufzeitversionen gilt, dass Stücklisten nur dann einbezogen werden sollten, wenn sie für die Bearbeitung der Konfigurationsaufgabe tatsächlich benötigt werden.

Wenn in SAP ERP eine große Menge von Konfigurationsergebnissen gespeichert wurde, kann es ebenfalls zu längeren Laufzeiten beim Zugriff auf die Konfigurationsergebnisse kommen. Dies kann z.B. durch die über einen langen Zeitraum erfassten Kundenaufträge zu konfigurierbaren Produkten verursacht werden. In solchen Situationen sind sehr viele Merkmalsbewertungen abgelegt.

[+] **SAP-Hinweise 917987 und 1081650**

Weitere Empfehlungen zur Erstellung performanter Konfigurationsmodelle für den LO-VC finden Sie im SAP-Hinweis 917987 (Allgemeine Performance Variantenkonfiguration). Im SAP-Hinweis 1081650 (Tipps für die Modellierung bei Verwendung des IPC) sind entsprechende Ergänzungen für den Einsatz des IPC beziehungsweise der AP Configuration Engine enthalten.

6.1.3 Performance-Analyse

Ihre Konfigurationsmodelle sollten Sie in der Entstehungsphase fortlaufend und gründlich testen. Neben funktionalen Aspekten steht dabei auch immer das Laufzeitverhalten im Mittelpunkt des Interesses. Stellen Sie die Bedingungen des realen Einsatzszenarios und das typische Interaktionsverhalten der Benutzer, die die Konfigurationsaufgabe später regelmäßig ausführen werden, möglichst genau nach. Das Modell lässt sich daraufhin optimieren. Zum Beispiel kann die Bewertungsreihenfolge deutlich spürbare Auswirkungen auf das Laufzeitverhalten haben. Bei einem Modell, das viel mit Werteeinschränkungen arbeitet, ist es von Vorteil, zunächst die Merkmale zu bewerten, die eine hohe Selektivität haben und somit den Variantenraum stark einschränken.

Sollten bei den Belastungstests lange Laufzeiten auftreten, ist eine genauere Performance-Analyse empfehlenswert. Das sollten Sie jedoch auch dann anstoßen, wenn die Laufzeiten als »noch akzeptabel« eingestuft werden. Denn Weiterentwicklungen am Modell können in solchen Fällen schnell zu inakzeptablen Antwortzeiten führen.

Das einfachste Analysewerkzeug für die bei einer interaktiven Konfiguration ausgelöste Abarbeitungsfolge im LO-VC-Konfigurator ist dessen *Trace-Funktion*. Die Trace-Funktion können Sie während der interaktiven Konfiguration z.B. bei der Kundenauftragsbearbeitung über den Menüpfad Zusätze • Trace ansprechen. Die Menüeinträge steuern folgende Trace-Funktionen:

- Einstellen: Definieren der Trace-Parameter
- Aktivieren: Starten der Protokollierung

- Anzeigen: Ansehen des Protokolls
- Deaktivieren: Abschalten der Protokollierung
- Löschen: Löschen des Protokolls

Auf der linken Seite von Abbildung 6.1 finden Sie beispielhaft gewählte Einstellungen zur Trace-Funktion. Unter Tracebereiche ist das Kennzeichen Dyn. Datenbasis aktiviert. Die *dynamische Datenbasis* (DDB) ist der Teil des Konfigurators, in dem die Menge der in einer Konfiguration vorkommenden Merkmale mit ihren Werten und gegebenenfalls eingeschränkten Wertebereichen verwaltet wird.

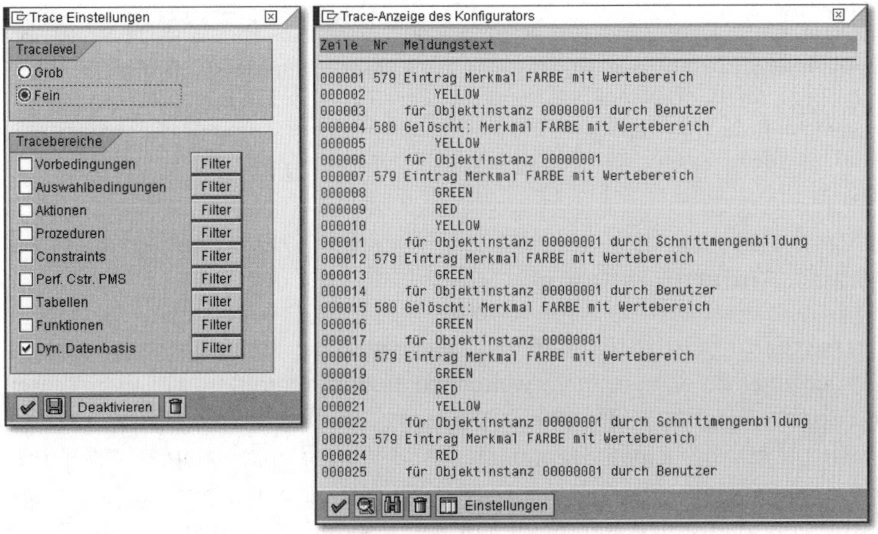

Abbildung 6.1 Trace-Funktion LO-VC – Einstellungen und Protokoll

Das in Abbildung 6.1 rechts dargestellte Trace-Protokoll beschreibt eine Folge von Konfigurationsschritten für das in Kapitel 1, »Grundlagen der Variantenkonfiguration«, vorgestellte Hello-World-Beispiel. Der Benutzer hat dabei nacheinander verschiedene Bewertungen am Merkmal Farbe vorgenommen; zunächst wurde der Wert Yellow gesetzt und wieder gelöscht, dann der Wert Green gesetzt und gelöscht und schließlich der Wert Red gesetzt.

Die Filter-Funktion bei den Trace-Einstellungen erlaubt es, das Protokoll einzuschränken. Bei der dynamischen Datenbasis kann die Protokollierung so auf bestimmte Merkmale eingeschränkt werden. Wir möchten Sie noch auf das bei den Trace-Einstellungen wählbare Kennzeichen Perf. Cstr. PMS hinweisen. PMS steht für das *Pattern Matching System*, also für den Teil des Konfigurators, der die Ausführung von Constraints steuert.

[+]

SAP-Hinweis 1121318

Für weitergehende Analysen mit dem LO-VC verweisen wir auf den SAP-Hinweis 1121318 (Analysis of the Performance of Dependency Knowledge in VC). In diesem Hinweis wird ein erweitertes Werkzeug zur Performance-Analyse mit dem Variantenkonfigurator vorgestellt. Dabei können insbesondere auch die konkreten Laufzeiten für einzelne Abarbeitungsschritte ermittelt werden.

Für den IPC beziehungsweise für die SCE und die AP Configuration Engine stehen ebenfalls Trace-Funktionen und weitere Werkzeuge zur Performance-Analyse zur Verfügung.

[+]

Transaktionen STAD und ST05

An dieser Stelle möchten wir lediglich auf die Transaktionen STAD (SAP NetWeaver Business Transaction Analysis) und ST05 (SAP NetWeaver-Performanceanalyse) sowie auf die SAP-Hinweise 997111 (JRAM Instrumentierung der Konfiguration) und 901689 (Engine Trace für die Konfiguration) verweisen.

6.2 Änderungsdienst

Der Änderungsdienst ist eine zentrale logistische Funktion. Er erlaubt es, Änderungen zu planen, zu verwalten, zu dokumentieren und in allen Phasen zu überwachen. Im SAP-Umfeld finden wir das *Engineering Change Management* (ECM), das einen Stammdaten-Änderungsdienst darstellt. Weiterhin existiert ein *Order Change Management* (OCM), das einen Fertigungsauftrags-Änderungsdienst darstellt. Beide Formen des Änderungsdienstes sind in der Variantenkonfiguration von Bedeutung.

6.2.1 Engineering Change Management (ECM)

In Kapitel 2, »Erstellung eines Produktmodells für die SAP-Variantenkonfiguration«, haben wir gesehen, aus welchen Teilen ein Modell für die Variantenkonfiguration besteht und wie diese anzulegen sind. Wir gehen jetzt davon aus, dass Ihr Modell vollständig gepflegt wurde. Das heißt, alle notwendigen Stammdaten wurden angelegt, das Modell wurde ausreichend getestet und, wo notwendig, korrigiert und ergänzt. Damit konnte das Modell für die Prozesse der logischen Kette freigegeben werden und ist somit bereits operativ im Einsatz.

Der Ansatz, dem wir uns mit diesem Kapitel annähern, ist, dass ein solches Modell in der Variantenkonfiguration nicht starr ist, sondern lebt und sich stetig entwickelt. Die Weiterentwicklung eines Modells muss deutlich höheren Anforderungen in Bezug auf die Planung, Dokumentation und Überwachung genügen, als dies während der Entwicklungsphase notwendig war. ECM ermöglicht es, Modelländerungen kontrolliert zu planen und zum gewünschten Zeitpunkt wirksam zu machen.

Bei Verwendung von ECM ergeben sich folgende Vorteile:

- Alle Änderungen werden überwacht und sind nachvollziehbar dokumentiert.
- Die Änderungen werden geplant und zu einer definierten Gültigkeit (meistens zu einem Gültigkeitsdatum) umgesetzt.
- Für jedes Modellobjekt gibt es eine Historie, weil jeder Entwicklungsstand gespeichert wird.
- Alle wesentlichen Prozesse erkennen automatisch den entsprechend gültigen Entwicklungsstand.
- Mehrere zusammengehörige Stammdatenänderungen werden über eine gemeinsame Änderungsnummer zusammengefasst.

Das Vorgehen und die Anwendung des Stammdaten-Änderungsdienstes stellen wir an einem Beispiel vor.

Neuer Prozessor für konfigurierbaren Computer [zB]

Für einen konfigurierbaren Computer werden mehrere Prozessoren als alternative Komponenten angeboten. Mit einem Vorlauf von drei Monaten soll zu einem Stichdatum der leistungsschwächste Prozessor aus dem Angebot genommen werden. Gleichzeitig wird ein neuer Hochleistungsprozessor angeboten, so dass die Variabilität für den Kunden gleich bleibt.

Welche Elemente des Modells des konfigurierbaren Computers sind von diesen geplanten Änderungen betroffen?

- **Material**
  Für den neuen Prozessor wird ein neues Material im Materialstamm angelegt.
- **Dokumente**
  Eventuell ergeben sich Änderungen an den Dokumenten, wie Zeichnungen oder Spezifikationen. In diesem Fall werden für die entsprechenden Dokumenteninfosätze neue Versionen angelegt.
- **Stückliste**
  In die Stückliste wird der neue Prozessor aufgenommen, gleichzeitig wird der leistungsschwächste gelöscht.

- **Arbeitsplan**
  Vielleicht muss der Arbeitsplan angepasst werden. Das kann neue oder geänderte Vorgänge, geänderte Zeiten, Fertigungshilfsmittelzuordnungen oder auch Komponentenzuordnungen betreffen.
- **Merkmal**
  Das Merkmal zur Abfrage des gewünschten Prozessors muss geändert werden. Der Wert für den leistungsschwächsten Prozessor muss gelöscht und ein neuer Wert für den neuen Prozessor hinzugefügt werden. Weiterhin muss geprüft werden, wo dieses Merkmal genutzt wird, insbesondere im Zusammenhang mit dem zu löschenden Wert. Hierfür ist der Verwendungsnachweis für Merkmale und Merkmalswerte unter der Transaktion CT12 besonders geeignet.
- **Variantenklasse**
  Generell könnten sich Änderungen an der Variantenklasse ergeben. Dies ist hier nicht der Fall, da an der Zuordnung von Merkmalen zur Klasse keine Änderungen notwendig sind.
- **Konfigurationsprofil**
  Häufig muss das Konfigurationsprofil geändert werden. Dies ist dann erforderlich, wenn sich zum Beispiel an der Zuordnung von Beziehungswissen Änderungen ergeben oder weitere Einstellungen verändert werden müssen.
- **Beziehungswissen**
  Das Beziehungswissen, das durch den Verwendungsnachweis für Merkmale und Merkmalswerte gefunden wurde, muss kontrolliert werden. Am Beziehungswissen für die High-Level-Konfiguration ist oft keine Änderung erforderlich. Für die Low-Level-Konfiguration auf der Stückliste und dem Arbeitsplan wird eine Auswahlbedingung für die Stücklistenposition des neuen Prozessors benötigt.
- **Variantentabelle**
  Die Prüfungen auf Vollständigkeit und Konsistenz sowie die Wertsetzungen, die in der High-Level-Konfiguration erfolgen, werden häufig über Variantentabellen vorgenommen. Dies hat hier den großen Vorteil, dass nur der Inhalt der entsprechenden Variantentabelle geändert werden muss, das Beziehungswissen selbst braucht nicht angefasst zu werden.

In den nachfolgenden Abschnitten stellen wir vor, wie die Modelländerungen für den konfigurierbaren Computer mit ECM eingeplant werden.

Um die angesprochenen Änderungen mit dem Änderungsdienst durchführen zu können, wird ein *Änderungsstammsatz* benötigt, der über die sogenannte *Änderungsnummer* identifiziert wird.

Änderungsstammsatz und Änderungsnummer [+]

Der Änderungsstammsatz wird oft vereinfachend nur Änderungsnummer genannt und enthält die wesentlichen Einstellungen zu den geplanten Änderungen.

Änderungsnummer anlegen: Einstieg

Wenn Sie mit der Transaktion CC01 eine neue Änderungsnummer anlegen, gelangen Sie zunächst zu dem in Abbildung 6.2 dargestellten Einstiegsbild. Hier wählen Sie einen Typ für die Änderungsnummer aus. Es existieren die Typen Änderungsstamm und Änderungsantrag.

Der Unterschied besteht in der Unterstützung im Änderungsprozess, nicht im Ergebnis. Das Ergebnis bezüglich der Änderungen mit einer entsprechenden Änderungsnummer ist in beiden Fällen das gleiche.

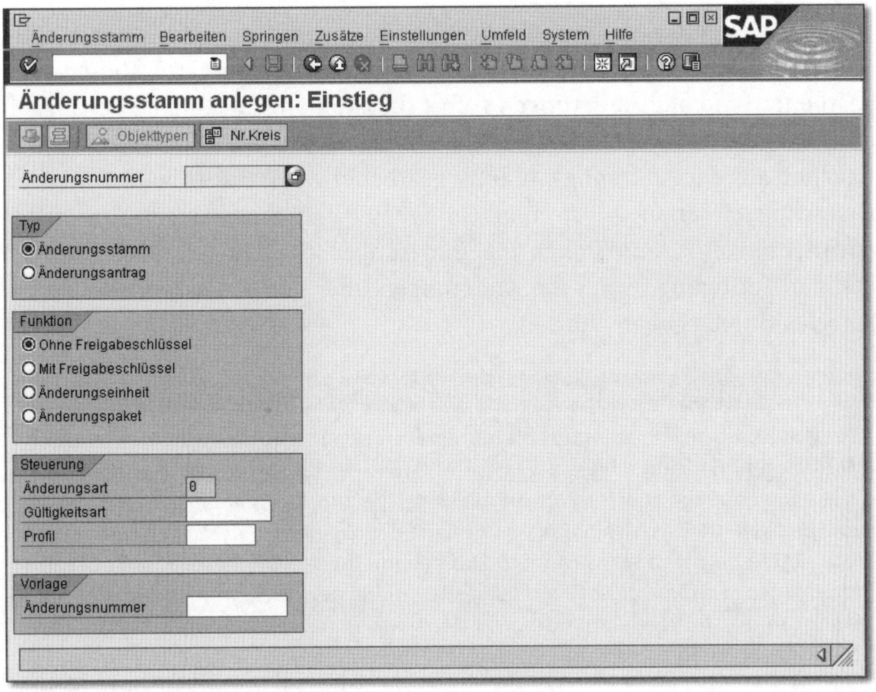

Abbildung 6.2 Anlegen einer Änderungsnummer – Einstieg

Gegenüber einem *Änderungsprozess* mit Hilfe des Typs Änderungsstamm erlaubt Ihnen der Typ Änderungsantrag, über die Änderungsnummer zusätzliche, im Systemstatusnetz definierte Schritte zu durchlaufen:

1. Nach dem Start der Antragsphase werden die relevanten Objekte ermittelt.
2. Die betroffenen Abteilungen werden beauftragt, die geplanten Änderungen auf Relevanz und eventuelle Probleme zu prüfen.
3. In der Prüfphase werden alle Prüfergebnisse protokolliert.
4. In der Genehmigungsphase werden alle Änderungen bestätigt.
5. Wenn der Änderungsantrag in einen Änderungsauftrag umgewandelt wird, werden alle betroffenen Abteilungen damit beauftragt, die Änderungen durchzuführen.
6. Die tatsächlich durchgeführten Änderungen werden protokolliert.
7. Durch die Freigabe des Änderungsauftrags ist dieser eingefroren und kann nicht mehr geändert werden. Eventuelle Korrekturen erfordern eine neue Änderungsnummer.

Die Funktion einer Änderungsnummer entscheidet darüber, ob mit oder ohne *Freigabeschlüssel* gearbeitet werden soll. Wird ohne Freigabeschlüssel gearbeitet, sind alle Änderungen sofort für alle Bereiche entlang der logistischen Kette sichtbar und damit auch aktiv, sofern in den Bereichen mit Gültigkeiten aus der Änderungsnummer gearbeitet wird. Das Arbeiten mit Freigabeschlüssel erlaubt es, die Gültigkeit der Änderungen zusätzlich einzuschränken. Dann stehen die Änderungen für den jeweiligen Bereich erst zur Verfügung, wenn die Änderungen über den Freigabeschlüssel entsprechend freigegeben wurden.

[zB] **Prozessoraustausch mit und ohne Freigabeschlüssel**

Der Austausch des Prozessors soll mit einem Vorlauf von drei Monaten erfolgen. Würde ohne Freigabeschlüssel gearbeitet, stünden die Änderungen an der Stückliste nach dem Speichern sofort für alle Bereiche zur Verfügung. Das heißt, würde zum Beispiel die Bedarfsplanung sofort nach dem Speichern der geänderten Stückliste für die nächsten sechs Monate Planbedarfe für den konfigurierbaren Computer anlegen, würden diese Planbedarfe für die ersten drei Monate mit der alten Stückliste und für die letzten drei Monate mit der geänderten Stückliste arbeiten. Wird dagegen mit Freigabeschlüssel gearbeitet, würde in der beschriebenen Situation in der Bedarfsplanung in allen sechs Monaten mit der alten Stückliste gearbeitet. Die geänderte Stückliste würde für die letzten drei Monate erst wirksam werden, wenn ein entsprechender Freigabeschlüssel in der Änderungsnummer gesetzt würde.

Zu beachten ist, dass die Nutzung eines Freigabeschlüssels auch dann erforderlich ist, wenn im Rahmen des Order Change Managements Änderungen an den Stammdaten berücksichtigt werden sollen. Dies wird in Abschnitt 6.2.2, »Order Change Management (OCM)«, noch genauer besprochen.

Beim Anlegen von Änderungsnummern kann weiterhin mit *Änderungseinheiten und -paketen* gearbeitet werden. Damit können Sie Änderungshierarchien anlegen und so Änderungsnummern entsprechend strukturieren. Die Änderungseinheit stellt den Kopf einer solchen Hierarchie dar, die Änderungspakete die Blätter.

Die *Änderungsart* ist ein Steuerungselement im Änderungsdienst – analog zu den Klassenarten im Klassensystem und den Materialarten für den Materialstamm. Die Änderungsart steht nur für Änderungsanträge und nicht für Änderungsstammsätze zur Verfügung. Über das entsprechende Customizing kann der Änderungsart z. B. die Funktion eines Anwenderstatusschemas zugewiesen werden, das dann das oben erläuterte Systemstatusnetz erweitert.

Einer Änderungsnummer kann eine *Gültigkeitsart* zugeordnet werden. Ohne die Zuordnung einer solchen Gültigkeitsart wird der Entwicklungsstand einer Änderung durch das Stichdatum GÜLTIG AB bestimmt. Für unser Beispiel mit dem Prozessoraustausch ist also keine spezielle Gültigkeitsart notwendig. Für die Gültigkeitsarten können über das Customizing andere Vorgehensweisen definiert werden. So könnten zum Beispiel die Änderungen, die mit einer bestimmten Gültigkeitsart angelegt werden, nur für ein ganz spezielles Intervall von Serialnummern gelten.

Arbeiten mit Vorlagen [+]

Darüber hinaus können Sie beim Anlegen von Änderungsnummern mit einem Profil von Vorschlagswerten oder einer Kopiervorlage arbeiten.

Änderungsstamm anlegen: Änderungskopf

Auf dem *Änderungskopf* muss eine Bezeichnung eingegeben werden (siehe Abbildung 6.3). Weiterhin müssen Sie das Stichdatum GÜLTIG AB eintragen, ab dem die Änderungen wirksam sein sollen. Dies gilt, soweit nicht mit speziellen Gültigkeitsarten gearbeitet werden soll. Für andere Gültigkeitsarten sind natürlich auch Eingaben notwendig, wie zum Beispiel das relevante Intervall der Serialnummern. Außerdem müssen Sie für die Gültigkeitsnummer einen Status angeben. Er steuert, ob Stammdaten bereits mit Bezug zur Änderungsnummer geändert werden dürfen, ob das Stichdatum GÜLTIG AB nachträglich geändert werden darf und ob eine Verteilsperre für geänderte Stammdaten gilt.

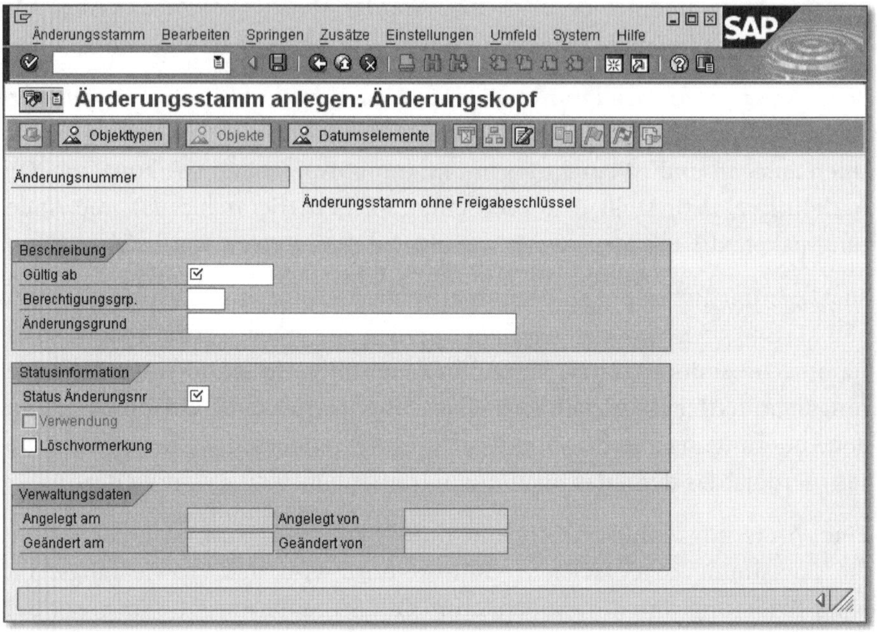

Abbildung 6.3 Änderungskopf des Änderungsstamms

Änderungsstamm anlegen: Objekttypen

Weitere Pflichtangaben gibt es bezüglich der Objekttypen. Die Liste der Objekttypen ist in Abbildung 6.4 dargestellt.

In der Liste müssen die Objekttypen als Aktiv gekennzeichnet werden, die mit dieser Änderungsnummer geändert werden sollen. Wie Sie sehen, sind alle wesentlichen Objekttypen, die ein Modell in der Variantenkonfiguration ausmachen, enthalten. Folgende Elemente eines Konfigurationsmodells werden allerdings als Objekttypen eines Änderungsstamms nicht unterstützt:

- Variantenfunktion
- Struktur einer Variantentabelle (der Tabelleninhalt kann mit dem Änderungsdienst geändert werden)
- Klasse (die Merkmalszuordnung kann ebenfalls mit dem Änderungsdienst geändert werden)
- Konfiguration einer Materialvariante

Kommen wir zu den Kennzeichen in der Liste der Objekttypen in Abbildung 6.4 zurück. Zunächst muss das Kennzeichen bei Aktiv gesetzt werden, damit Objekte des entsprechenden Objekttyps mit Änderungsnummer geändert werden können. Ist nur dieses Kennzeichen in dieser einen Spalte gesetzt, kann jedes Objekt des Objekttyps mit der Änderungsnummer geändert werden, wie dies in Abbildung 6.3 und Abbildung 6.4 für PLAN, MERKMAL, BEZIEHUNGSWISSEN und einige weitere Zeilen gilt.

Abbildung 6.4 Objekttypen zum Änderungsstamm

Wenn nicht alle Objekte eines Objekttyps mit der Änderungsnummer geändert werden können sollen, setzt man zusätzlich das Kennzeichen OBJEKT. Für den entsprechenden Objekttyp können dann nur die Objekte mit Bezug zur Änderungsnummer geändert werden, die explizit auf der über den Button OBJEKTE ansprechbaren Objektliste eingetragen wurden. Das Kennzeichen ist für den Objekttyp MATERIAL standardmäßig gesetzt. Das heißt, wir müssen in unserem Beispiel das Material für den neuen Prozessor in die Objektliste für den Objekttyp MATERIAL eintragen. Wenn wir dies tun, erzeugen wir damit einen *Objektverwaltungssatz*.

Objektverwaltungssatz [+]

Ein Objektverwaltungssatz hat zusätzliche steuernde Funktionen. Er besitzt z.B. einen Status, um die Bearbeitung des Objekts zeitweise zu verbieten. Weiterhin gibt es auf der Ebene der Objektverwaltungssätze Dokumentationsmöglichkeiten und für Änderungsanträge hier auch die Zuordnung von Änderungsarten.

In der Liste der Objekttypen können Sie folgende Kennzeichen setzen:

- **Objektverwaltungssatz wird generiert**
  Das Kennzeichen bei ObjVGen (Objektverwaltungssatz wird generiert) bewirkt ein automatisches Erweitern der Objektliste für diesen Objekttyp, wenn ein Objekt des entsprechenden Objekttyps mit Bezug zur Änderungsnummer angelegt oder geändert wird.
- **Generierung nur bei Erstanlage**
  Das Kennzeichen Gen.Anl (Generierung nur bei Erstanlage) löst die automatische Erweiterung der Objektliste nur für das Anlegen von Objekten aus – nicht für das Ändern.
- **Generierung mit Dialog**
  Das gesetzte Kennzeichen Gen.Dia (Generierung mit Dialog) führt bei jeder Erweiterung der Objektliste zu einem Dialogfenster.

Betrachten wir den letzten Punkt: Warum sind solche automatischen Erweiterungen der Objektliste zugelassen? Widerspricht das nicht der Idee der expliziten Objektliste? Nicht generell. Ein Problem bei expliziten Objektlisten kann nur so gelöst werden, und dies ist das Anlegen von Stammdaten mit interner Nummernvergabe. Hier kann der Objektschlüssel nicht vorher manuell der Liste zugeordnet werden.

In Abbildung 6.3 und Abbildung 6.4 finden Sie auch den Button Datumselemente. Dieser ist in der Lage, innerhalb einer Änderungsnummer mit unterschiedlichen Angaben bezüglich des Stichdatums Gültig ab zu arbeiten. In unserem Beispiel soll das anzulegende Material für den neuen Prozessor sofort aktiv zur Verfügung stehen. Wir legen ein Datumselement mit einem Datum in der Gegenwart an und ordnen diesem den Objektverwaltungssatz des Materials für den Prozessor zu.

Wenn wir die Änderungsnummer wie beschrieben als Änderungsstammsatz angelegt haben, können wir nun mit den eigentlichen Änderungen beginnen.

Änderungen am Material

Zunächst legen wir das Material für den neuen Prozessor an. Durch das Datumselement wirkt die Änderung sofort. Nur aktive Materialien können der Stückliste zugeordnet werden – auch für nur geplante Stücklistenänderungen. Weiterhin kann nur so die Beschaffung des Materials, zum Beispiel über den Einkauf, sofort angestoßen werden. Nun können wir auch die

Stückliste ändern. Den leistungsschwächsten Prozessor tauschen wir gegen den neuen aus. Auch Dokumente können mit Bezug zur Änderungsnummer geändert werden.

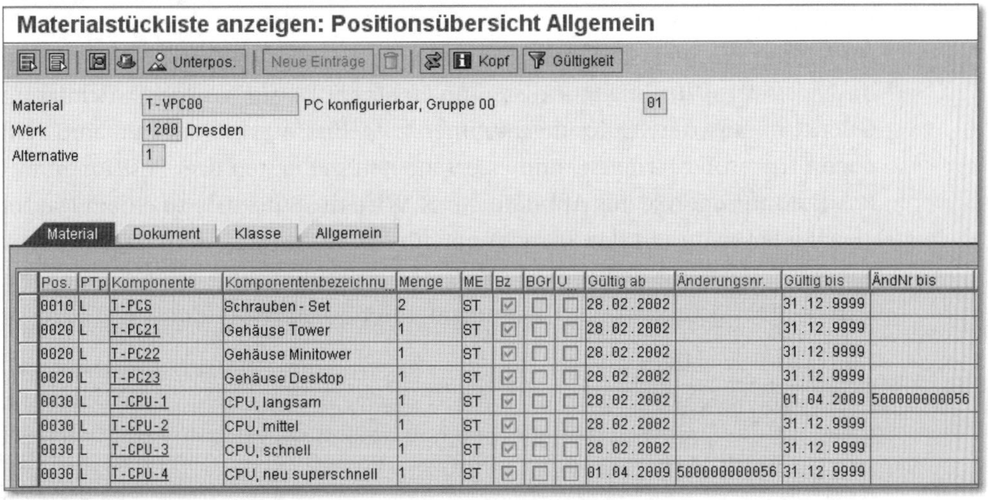

Pos.	PTp	Komponente	Komponentenbezeichnu...	Menge	ME	Bz	BGr	U...	Gültig ab	Änderungsnr.	Gültig bis	ÄndNr bis
0010	L	T-PCS	Schrauben - Set	2	ST	☑	☐	☐	28.02.2002		31.12.9999	
0020	L	T-PC21	Gehäuse Tower	1	ST	☑	☐	☐	28.02.2002		31.12.9999	
0020	L	T-PC22	Gehäuse Minitower	1	ST	☑	☐	☐	28.02.2002		31.12.9999	
0020	L	T-PC23	Gehäuse Desktop	1	ST	☑	☐	☐	28.02.2002		31.12.9999	
0030	L	T-CPU-1	CPU, langsam	1	ST	☑	☐	☐	28.02.2002		01.04.2009	500000000056
0030	L	T-CPU-2	CPU, mittel	1	ST	☑	☐	☐	28.02.2002		31.12.9999	
0030	L	T-CPU-3	CPU, schnell	1	ST	☑	☐	☐	28.02.2002		31.12.9999	
0030	L	T-CPU-4	CPU, neu superschnell	1	ST	☑	☐	☐	01.04.2009	500000000056	31.12.9999	

Abbildung 6.5 Stücklistenänderungen mit und ohne Änderungsdienst

Änderungen an der Stückliste

Am Beispiel der Stückliste kann recht gut der Unterschied zwischen Änderungen mit und ohne Änderungsdienst und damit Änderungen mit und ohne Historie demonstriert werden. In der in Abbildung 6.5 gezeigten Stückliste wurden zwei Änderungen vorgenommen. Ohne Änderungsdienst wurde zunächst die Komponentenmenge in Position 10 von 1 auf 2 erhöht. Anschließend wurde mit Bezug zur Änderungsnummer 500000000056 in Position 30 der Prozessor T-CPU-1 mit dem neuen Prozessor T-CPU-4 überschrieben.

Nachdem ein Objekt erstmals mit Bezug zu einer Änderungsnummer geändert wurde, unterliegt es der *ECM-Historienpflicht*. Alle nachfolgenden Änderungen an einem Objekt mit Historienpflicht können nur mit ECM, also mit Bezug zu einer Änderungsnummer, vorgenommen werden. Ansonsten könnte die Änderungshistorie des Objekts nicht konsistent gehalten werden.

Von der Änderung an der Position 10 ohne Änderungsdienst ist in der Stücklistenanzeige nichts zu erkennen. Wird die Stückliste zu einem beliebigen Datum, zu dem die Stückliste gültig ist, aufgelöst, erscheint immer als Position 10 die auf zwei Stück geänderte Menge.

Im Unterschied dazu existiert für die Änderung des Prozessors in Position 30 eine Historie. Wird eine Position mit Änderungsdienst geändert, wird technisch die Position nicht geändert, sondern kopiert. Die alte Position erhält eine neue Information bezüglich des Stichdatums GÜLTIG BIS. Die kopierte Position erhält als Stichdatum GÜLTIG AB das entsprechende Datum aus der Änderungsnummer. Die Änderungen werden auf der kopierten Position durchgeführt. Wird die Stückliste nun zu einem Datum vor dem Stichdatum GÜLTIG AB aus der Änderungsnummer aufgelöst, wird weiterhin mit dem alten Prozessor gearbeitet, und es erscheinen die ersten drei Positionen mit Positionsnummer 30 aus Abbildung 6.5. Wird die Stückliste zu einem Datum gleich oder später als das Stichdatum GÜLTIG AB aus der Änderungsnummer aufgelöst, wird mit dem neuen Prozessor gearbeitet, und es erscheinen die letzten drei Positionen mit Positionsnummer 30 aus Abbildung 6.5.

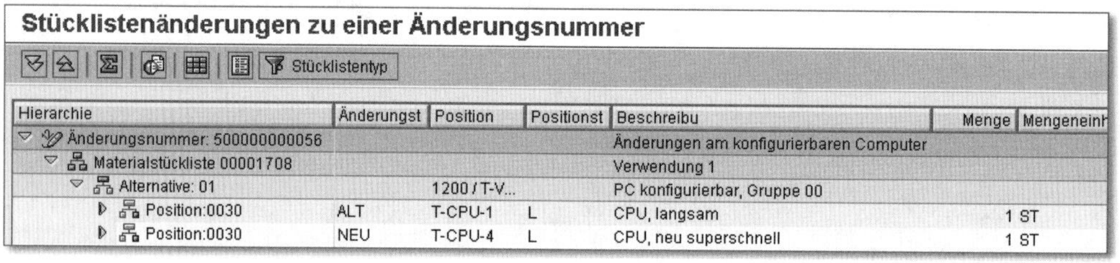
Stücklistenänderungen zu einer Änderungsnummer

Stücklistentyp

Hierarchie	Änderungst	Position	Positionst	Beschreibu	Menge	Mengeneinh
Änderungsnummer: 500000000056				Änderungen am konfigurierbaren Computer		
Materialstückliste 00001708				Verwendung 1		
Alternative: 01		1200 / T-V...		PC konfigurierbar, Gruppe 00		
Position:0030	ALT	T-CPU-1	L	CPU, langsam	1	ST
Position:0030	NEU	T-CPU-4	L	CPU, neu superschnell	1	ST

Abbildung 6.6 Dokumentation von Stücklistenänderungen

In der Transaktion CC03 können Sie über den Menüpfad UMFELD • AUSWERTUNGEN • STÜCKLISTE die mit Bezug zu der Änderungsnummer ausgeführten Stücklistenänderungen auswerten. Einen Überblick über die Auswertung für unser Beispiel finden Sie in Abbildung 6.6. Es gibt zwei Möglichkeiten, die gewünschte Änderung bezüglich des Prozessors durchzuführen:

- **Überschreiben**
  Wir haben in der Position mit dem Material für den alten Prozessor einfach den Materialeintrag überschrieben. In Abbildung 6.6 können Sie das daran erkennen, dass in der Spalte ÄNDERUNGST die Änderungstypen ALT beziehungsweise NEU angegeben sind.
- **Löschen und neu anlegen**
  Alternativ hätten wir die Position mit dem alten Prozessor löschen und eine neue Position für den neuen Prozessor anlegen können. Die zugehörigen Änderungstypen sind LOE und NEU.

Bezüglich ihres Ergebnisses sind beide Möglichkeiten sehr ähnlich. Zu beachten ist nur das Thema der Zuordnung von Beziehungswissen. Der ersten Möglichkeit folgend, haben wir das Beziehungswissen übernommen; das müssen wir noch entsprechend anpassen. Bei der zweiten Möglichkeit wird Beziehungswissen neu zugeordnet – entweder neues Beziehungswissen oder das alte, entsprechend angepasste Beziehungswissen.

Änderungen am Arbeitsplan

Nach der Änderung der Stückliste können eventuelle Änderungen am Arbeitsplan durchgeführt werden. Diese setzen die Änderungen an der Stückliste zum Beispiel dann voraus, wenn an den Komponentenzuordnungen Änderungen vorgenommen werden sollen.

Änderungen an den Merkmalen

In der Merkmalspflege müssen wir mit dem Änderungsdienst einen Merkmalswert für den neuen Prozessor im entsprechenden Merkmal aufnehmen und den Wert für den alten Prozessor löschen. Ähnlich wie bei der Stückliste müssen wir darauf achten, inwieweit Beziehungswissen an den Merkmalswerten von den Änderungen betroffen ist. Ebenfalls müssen wir die Zuordnung von Variantenkonditionen zu den Merkmalswerten überprüfen.

Änderungen an Variantenklasse und Konfigurationsprofil

Es würden sich eventuelle Änderungen an der Variantenklasse und am Konfigurationsprofil anschließen. Das ist in unserem Beispiel jedoch nicht nötig. Änderungen an der Variantenklasse ergeben sich, falls Merkmale gelöscht oder neu hinzugefügt werden müssen. Änderungen am Konfigurationsprofil können verschiedene Einstellungen betreffen oder auch die Zuordnung von Beziehungswissen.

Änderungen in Beziehungswissen und Variantentabelle

Beim Beziehungswissen muss in unserem Beispiel auf jeden Fall die Auswahlbedingung für die geänderte Stücklistenposition angepasst werden. Da wir den neuen Merkmalswert definiert haben, können wir die Anpassung jetzt vornehmen. Weiterhin muss überprüft werden, inwieweit das Merkmal und insbesondere der alte Merkmalswert für den alten Prozessor in Beziehungswissen, Variantentabellen und anderen Objekten der Variantenkonfiguration genutzt wird. Dazu ist der bereits erwähnte Verwendungsnachweis in der Transaktion CT12 besonders geeignet (siehe Abbildung 6.7).

Das so gefundene Beziehungswissen muss unter dem Gesichtspunkt der geplanten Änderungen überprüft werden – das umfasst sowohl die Syntax als auch den Verwendungsnachweis des Beziehungswissens über die Transaktion CU05. Als vorteilhaft erweist sich hier, wenn verstärkt mit Variantentabellen gearbeitet wurde. So muss das eigentliche Beziehungswissen nicht geändert werden. Stattdessen wird nur der Inhalt der Variantentabelle überarbeitet, was deutlich einfacher sein sollte.

Ergebnis der Änderungen

Abschließend müssen bei einem Ergebnis, wie in Abbildung 6.7 dargestellt, die Verwendungen in Vorplanungstabellen und Materialvarianten kontrolliert werden.

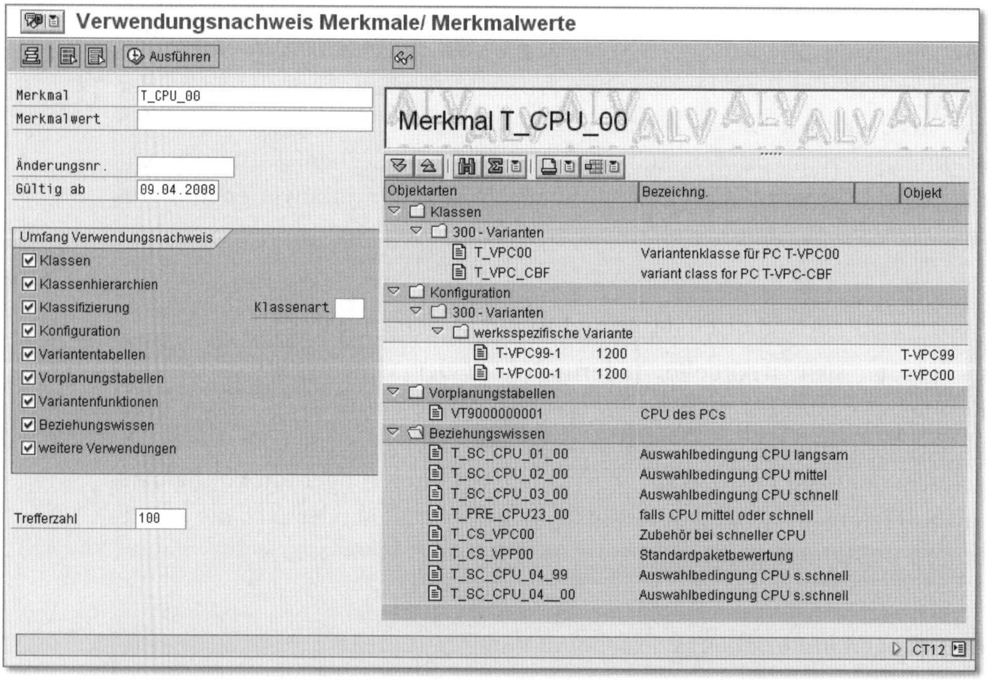

Abbildung 6.7 Verwendungsnachweis für Merkmale und Merkmalswerte

Damit sind die gewünschten Modelländerungen im System vorhanden und aktiv. Das geänderte Modell können wir sofort nutzen. Was heißt das? Legen Sie jetzt einen Kundenauftrag an, der zeitnah beliefert werden soll, wird noch mit dem alten Entwicklungsstand gearbeitet. Sie können im Bewertungsbild der Konfiguration bei dem Merkmal zum Prozessor zwischen den drei alten Werten wählen. Wenn das Konfigurationsprofil entsprechend eingestellt ist, sehen Sie im Kundenauftrag die Maximalstückliste. Sie finden hier nur die drei Stücklistenpositionen mit den drei alten Prozessoren.

Legen Sie einen Kundenauftrag an, dessen Belieferung erst weit in der Zukunft gewünscht wird, kommt der neue Entwicklungsstand zum Einsatz. Der neue, leistungsstarke Prozessor wird im Bewertungsbild angeboten. Dafür ist der ehemals schwächste Prozessor nicht mehr im Angebot. Um das erweiterte Modell zu testen, müssen Sie nicht unbedingt Kundenaufträge anlegen; Sie können das auch in der Konfigurationssimulation in der Transaktion CU50 testen.

6.2.2 Order Change Management (OCM)

Fertigungsaufträge, die sich bereits in der Abarbeitung befinden, so dass Materialverbrauch oder erste Rückmeldungen gebucht wurden, lassen sich in der Regel nicht automatisch ändern. Hier können Sie den *Fertigungsauftrags-Änderungsdienst* (*Order Change Management*, OCM) als Werkzeug nutzen, um doch noch kontrolliert und zumindest teilweise automatisch Änderungen am Fertigungsauftrag durchzuführen. Klären wir zunächst die Eckdaten:

- **Wer benötigt das OCM?**
  Die Werkzeuge des OCM kommen zum Einsatz, wenn Ihre Produkte lange Durchlaufzeiten haben oder wenn kundenauftragsbezogene Einzelfertigung angesagt ist.
- **Wann wird das OCM benötigt?**
  Sie wollen Änderungen an Kundenaufträgen zulassen, vor allem an der Konfiguration, obwohl der Fertigungsauftrag bereits in der Abarbeitung ist. Eine Anwendung des OCM ergibt sich ebenfalls, wenn konstruktive oder technologische Änderungen noch in die vorhandenen Fertigungsaufträge einfließen sollen.

Wir gehen von einer Situation aus, wie sie in Abbildung 6.8 im oberen Teil zu sehen ist. Ein Kundenauftrag für ein konfigurierbares Material wurde angelegt. Dieser Kundenauftrag erzeugt einen entsprechenden Bedarf. Im Planungslauf (Dispo) wird diesbezüglich ein Planauftrag angelegt. Dieser wurde anschließend in einen Fertigungsauftrag umgewandelt und freigegeben. Mit der Fertigung wurde bereits begonnen, was durch Warenbewegungen oder Rückmeldungen dokumentiert wurde. Nun wird nachträglich der Kundenauftrag geändert. Genauer gesagt, wird die Konfiguration im Kundenauftrag abgeändert.

Diese Änderungen an der Konfiguration würden zu einer anderen Auflösung von Stückliste und Arbeitsplan führen. Sie können jedoch in der Regel nicht mehr automatisch in den Fertigungsauftrag übernommen werden. Da bereits Warenbewegungen oder Rückmeldungen für diesen Fertigungsauftrag existieren, ist die Funktionalität PP-STAMMDATEN NACHLESEN nicht mehr nutzbar.

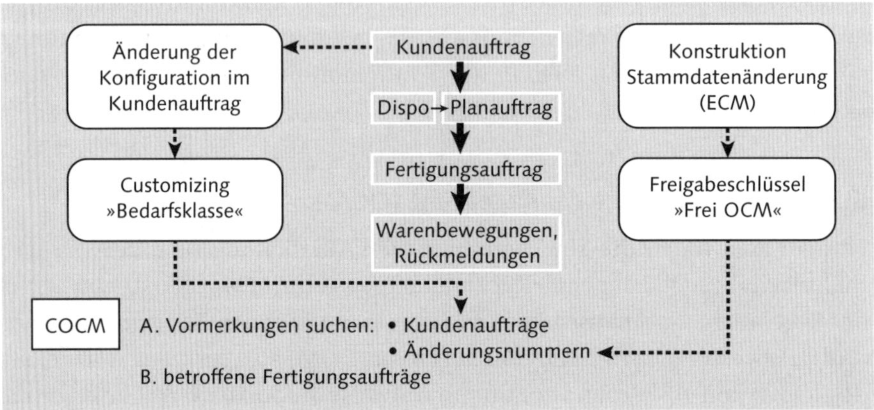

Abbildung 6.8 Vormerkungen suchen im OCM-Prozess

Betrachten wir ein anderes Szenario: Ähnlich der Situation, dass der Kundenauftrag in der beschriebenen Form nachträglich geändert wurde, kann es auch erforderlich sein, Änderungen an den Stammdaten in Fertigungsaufträgen zu berücksichtigen. Nähern wir uns auch diesem Szenario mit einigen Kernfragen:

- **Zu welchen Materialien werden Fertigungsaufträge im OCM berücksichtigt?**
  Um ein Material für das OCM zu aktivieren, müssen Sie im Materialstamm auf der Registerkarte ARBEITSVORBEREITUNG ein Gesamtprofil für den Auftrags-Änderungsdienst zuordnen, z.B. PP0001 – GESAMTÄNDERUNGSPROFIL (OCM MARKIERT) – siehe Abbildung 6.9.
- **Für welche Kundenaufträge werden späte Änderungen im OCM berücksichtigt?**
  Ein Kundenauftrag schreibt nur dann eine *Vormerkung* für das OCM, wenn für die Kundenauftragsposition eine *Bedarfsklasse* gefunden wird, in der OCM aktiviert wurde. Hierzu gibt es im Customizing der Bedarfsklasse das Kennzeichen FERTAUFÄND (Auftrags-Änderungsdienst anstoßen), das steuert, ob für den Auftrags-Änderungsdienst für Fertigungsaufträge eine Verursachervormerkung geschrieben werden soll. Dieses Kennzeichen muss gesetzt sein. Die Bedarfsklasse ergibt sich aus der im Materialstamm

eingestellten *Planungsstrategie*. Details zu den Einstellungen der Bedarfsklassen finden Sie in Kapitel 4, »Customizing von SAP ERP für die Variantenkonfiguration«.

- **Welche Änderungen an Stammdaten werden im OCM berücksichtigt?**
  Damit Änderungen an den Stammdaten wie Stückliste und Arbeitsplan im OCM berücksichtigt werden können, müssen diese Änderungen mit dem Änderungsdienst (ECM) durchgeführt werden. Eine Änderungsnummer schreibt allerdings nur dann eine Vormerkung für das OCM, wenn sie mit einem Freigabeschlüssel versehen wurde, der die Änderungen auch für das OCM freigibt. Freigabeschlüssel können im Customizing eingestellt werden. Bei der Zuweisung eines Freigabeschlüssels zu einer Änderungsnummer ist in der Wertehilfe (F4) erkennbar, ob die Änderungen für das OCM freigegeben werden.

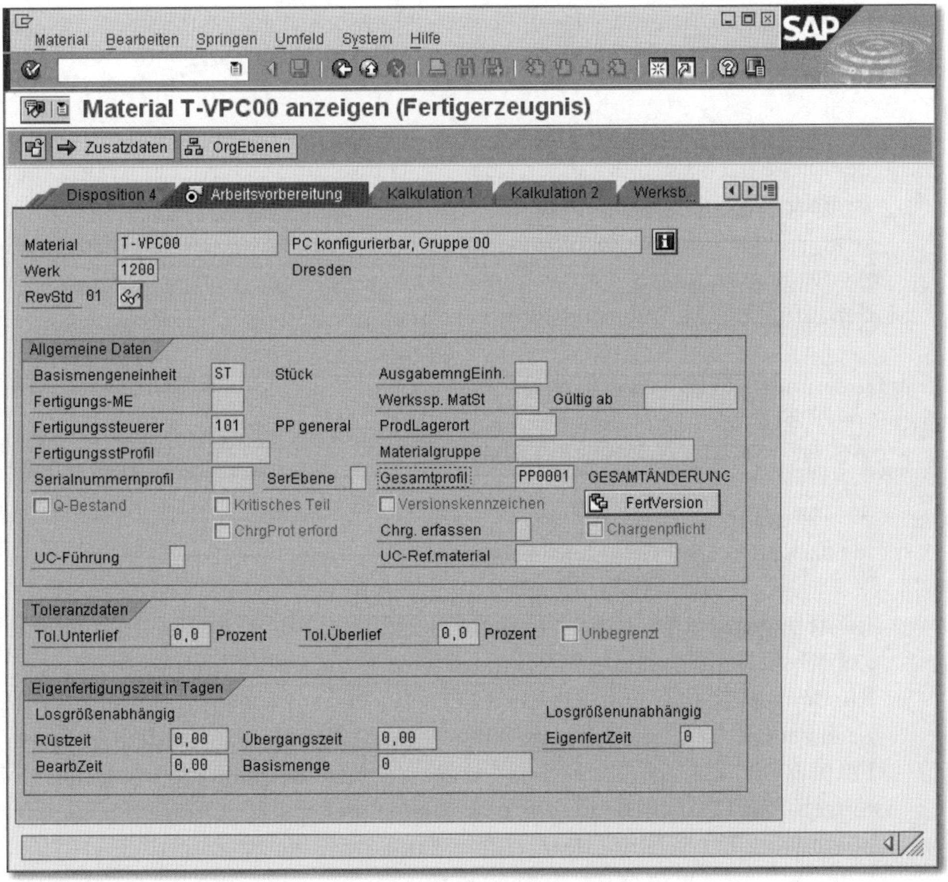

Abbildung 6.9 Registerkarte »Arbeitsvorbereitung« im Materialstamm

Es können drei OCM-Prozesse unterschieden werden:

- Kundenauftragsänderungsprozess
- Stammdatenänderungsprozess
- Änderungsprozess bei Montageaufträgen

Wir stellen hier beispielhaft den wichtigsten OCM-Prozess, den *Kundenauftragsänderungsprozess*, im Detail vor. Auslöser ist eine Änderung am Kundenauftrag. In unserem nachfolgend erläuterten Beispiel gehen wir davon aus, dass eine passende Bedarfsklasse zum Einsatz kommt, so dass Vormerkungen für das OCM geschrieben wurden.

[zB]

Änderung eines Kundenauftrags für einen Computer

Nachdem der Kundenauftrag bereits Grundlage eines laufenden Beschaffungsprozesses ist, ruft der Kunde an und wünscht einige Änderungen an der Konfiguration: Minitower (statt Tower), mittlere Prozessorleistung (statt schnelle), blaue Farbe mit (statt ohne) Glanzlack und das MS Office-Paket (statt nur MS Word).

Der eigentliche OCM-Prozess beginnt, wie Sie in Abbildung 6.8 sehen, mit der Suche nach Vormerkungen über die Transaktion COCM. Die Transaktion ist über folgenden Menüpfad zu erreichen: SAP Menü • Logistik • Produktion • Fertigungssteuerung • Steuerung • Auftragsänderungsdienst • Änderungsprozess • Verursachervormerkung. Verursacher können Kundenaufträge und Änderungsnummern sein.

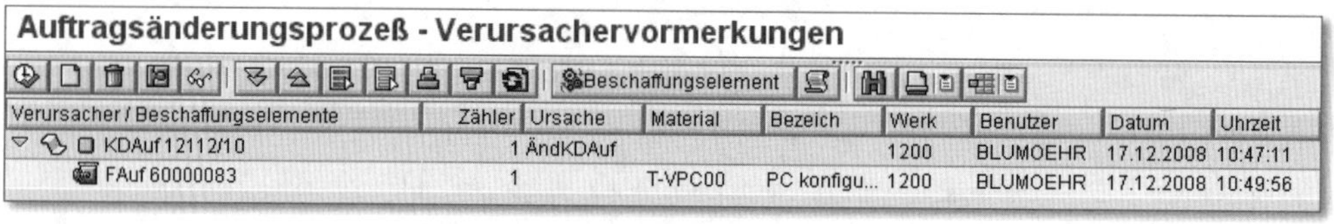

Abbildung 6.10 Verursachervormerkungen

In Abbildung 6.10 haben wir die Suche für unser Beispiel ausgeführt. Zunächst werden nur die vorgemerkten Verursacher angezeigt: hier die Kundenauftragsposition KDAuf 12112/10. Über das Icon Ausführen wird nach betroffenen Beschaffungselementen gesucht: hier der Fertigungsauftrag FAuf 60000083. Sie können den OCM-Prozess bis dahin als Selektionstool nutzen, um anschließend die betroffenen Fertigungsaufträge manuell zu bearbeiten. Die weitere Bearbeitung kann aber auch automatisch erfolgen. Wie das geht, schauen wir uns jetzt an.

Mit diesen Informationen können wir jetzt über die Transaktion COCM1 in die Bearbeitung der Beschaffungselemente gehen (siehe Abbildung 6.11).

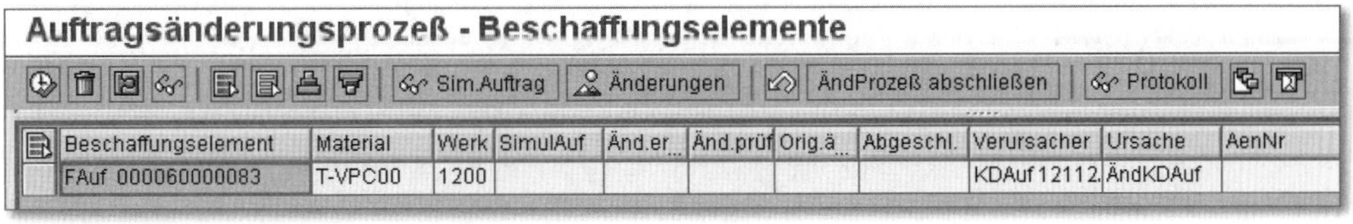

Abbildung 6.11 Beschaffungselemente

Die Bearbeitung umfasst die folgenden, in Abbildung 6.12 dargestellten Einzelschritte.

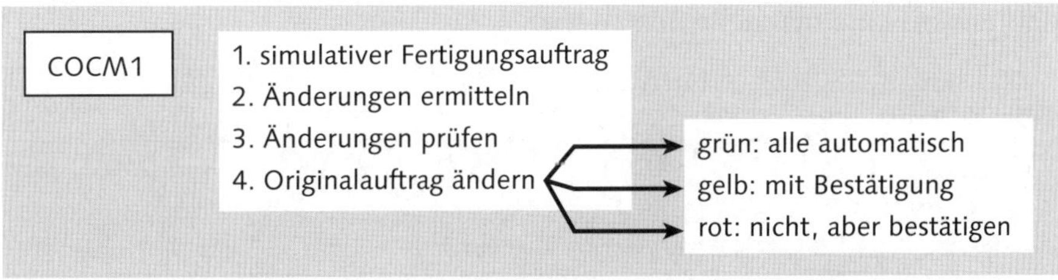

Abbildung 6.12 Vormerkungen zu Beschaffungselementen im OCM-Prozess

Diese Schritte sind über das Icon AUSFÜHREN aufrufbar und können nacheinander getrennt oder in einem Durchlauf ausgeführt werden.

Der erste Schritt, SIMULATIONSAUFTRAG ERSTELLEN, erzeugt einen simulierten Fertigungsauftrag, den Sie sich über das Icon ANZEIGEN SIM.AUFTRAG anzeigen lassen können.

Der zweite Schritt, ÄNDERUNGEN ERMITTELN, vergleicht den simulierten mit dem originalen Fertigungsauftrag. Das Ergebnis können Sie sich über das Icon ÜBERBLICK ÄNDERUNGEN anzeigen lassen. Der originale Fertigungsauftrag bekommt einen zusätzlichen Status AEVB. Dies verbietet, den Fertigungsauftrag zwischenzeitlich manuell zu ändern.

Der dritte Schritt, ÄNDERUNGEN PRÜFEN, führt zu einem zusätzlichen Status RWVB am originalen Fertigungsauftrag. Dies verbietet nun auch, weitere Rückmeldungen und Warenbewegungen zu buchen. Die Annahme ist, dass die Fertigung in diesem Zustand gestoppt ist. Ziel der Prüfung ist es zu ermitteln, welche Änderungen durch das OCM durchgeführt werden dürfen. Hier spielt das im Materialstamm zugeordnete Gesamtprofil eine große Rolle.

Details zu den Einstellungen der Gesamtprofile finden Sie in Kapitel 4, »Customizing von SAP ERP für die Variantenkonfiguration«. Generell sind unkritische, kritische und verbotene Änderungen zu unterscheiden.

In Abbildung 6.13 sehen Sie die für unser Beispiel ermittelten Änderungsschritte mit entsprechender Kennzeichnung der Änderung in der Spalte STATUS. Die unkritischen Änderungen der Vorgänge 0030, 0040 und 0050 beziehen sich auf den Austausch des Prozessors und die Verpackung; sie können in jedem Falle durchgeführt werden. Die verbotenen Änderungen beziehen sich auf die ausgetauschte Materialkomponente FARBE BLAU MIT GLANZ statt FARBE BLAU OHNE GLANZ. Verbotene Änderungen können über das OCM nicht automatisch übernommen werden. Die anderen ausgetauschten Materialkomponenten sind als kritisch eingestuft. Der Austausch erfordert jeweils eine manuelle Bestätigung.

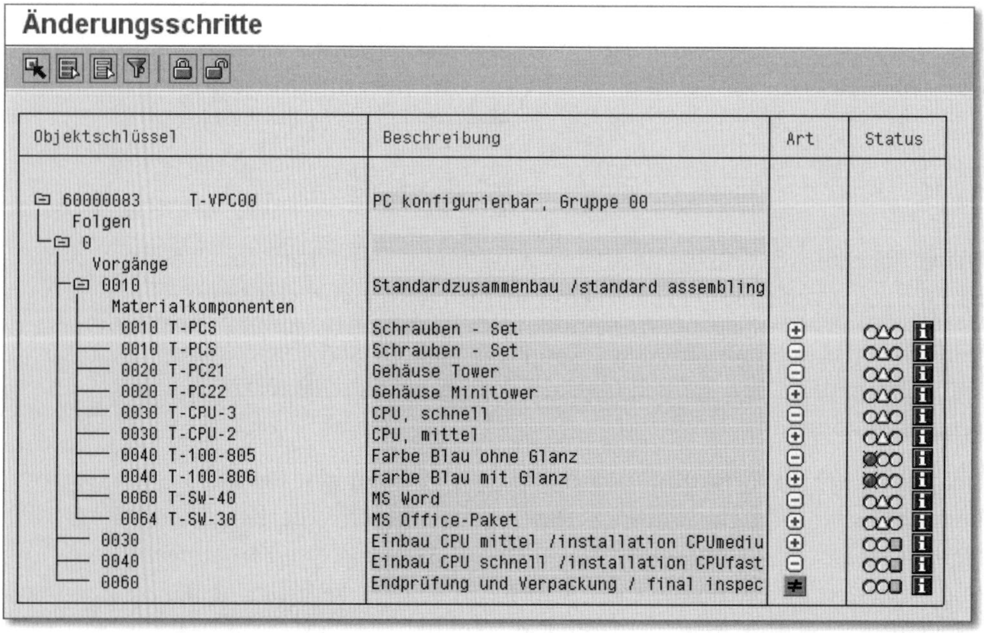

Abbildung 6.13 Prüfung der Änderungsschritte

Im vierten Schritt, ORIGINALAUFTRAG ÄNDERN, wird der originale Fertigungsauftrag geändert. Die kritischen Änderungen werden entweder bestätigt oder verworfen. Anschließend sind die beiden Statuskennzeichen AEVB und RWVB wieder gelöscht.

Der zweite OCM-Prozess, der *Stammdatenänderungsprozess*, läuft ähnlich wie der beschriebene Kundenauftragsänderungsprozess ab. Einziger Unterschied ist, dass beim Stammdatenänderungsprozess kein simulierter Fertigungsauftrag erforderlich ist. Die Änderungen können sofort und damit direkt aus der Änderungsnummer ermittelt werden.

Der dritte OCM-Prozess, der *Änderungsprozess für Montageaufträge*, kommt zum Einsatz, falls im Vertrieb, wie der Name bereits sagt, mit *Montageabwicklung* gearbeitet wird. Das ergibt sich aus der genutzten Bedarfsklasse. Montageabwicklung heißt, dass der Kundenauftrag direkt das Beschaffungselement, hier den Fertigungsauftrag, bei Umgehung der Disposition erzeugt. In dem Fall würde das System versuchen, Änderungen am Kundenauftrag direkt an den Fertigungsauftrag weiterzugeben. Ist das OCM für das Material und den Kundenauftrag aktiviert, würde das OCM auch versuchen, den laufenden Fertigungsauftrag ohne Benutzereingriff automatisch zu ändern. Dabei werden im Hintergrund alle Schritte des OCM-Prozesses abgearbeitet. Ergeben sich bei der Prüfung der Änderungen kritische oder verbotene Änderungen, stoppt der OCM-Prozess und informiert über den Sachverhalt mit einer Meldung. Der OCM-Prozess muss dann über die Transaktion COCM1 manuell fortgeführt werden.

6.3 Komplexe Systemkonfigurationen

In diesem Abschnitt wollen wir den in Kapitel 1, »Grundlagen der Variantenkonfiguration«, eingeführten Begriff der *Systemkonfiguration* genauer unter die Lupe nehmen.

Die Herzen leidenschaftlicher Konfigurationsexperten schlagen bei dieser Thematik höher, weil ihre Modellierungsfähigkeiten hier oft außerordentlich herausgefordert werden. Ebenfalls höher schlagen die Herzen von Anwendern, deren tägliches Geschäft sich um komplexe, konfigurierbare Systeme dreht, weil ihr Geschäftsprozess oft ganz und gar an die im Einsatz befindliche, spezifische Konfigurationslösung angepasst werden muss. In diesem Spannungsfeld getroffene Entscheidungen für eine Softwarelösung sind in aller Regel sehr umfangreich und nur mit hohen Aufwänden revidierbar.

Ausgehend von einer einfachen Definition, betrachten wir drei Beispiele, die zum Teil etwas akademisch klingen. Da deren allgemeine Verständlichkeit es Ihnen jedoch leicht machen wird, verschiedene Komplexitätsgrade zu unterscheiden, haben wir sie ausgewählt.

6.3.1 Was ist eine Systemkonfiguration?

Als erstes Beispiel einer Systemkonfiguration hatten wir das Großraumbüro mit einer Vielzahl zueinander passender und teilweise aneinander anschließender Tische, Schränke, Regale und Stellwände betrachtet. Die technischen Ausstattungen von Mobilfunknetzen, Schaltschrankanlagen für Fabrikhallen, Notstromversorgungsanlagen für Krankenhäuser oder unterirdische Bahnhöfe sind ebenfalls als Systemkonfigurationen aufzufassen. Die Palette von Beispielen, bei denen das Zusammenspiel einer Reihe von konfigurierbaren Systembestandteilen eine Rolle spielt, ließe sich beliebig fortführen.

Mit der folgenden Definition wollen wir das Wesen von Systemkonfigurationen erschließen, das sie unterscheidet von der Konfiguration eines einzelnen Produkts – so wie wir Produktkonfiguration integriert in die Standardgeschäftsprozesslösung SAP Business Suite bisher kennengelernt haben.

[+] **Definition der Systemkonfiguration**

Bei einer Systemkonfiguration handelt es sich um eine Konfigurationsaufgabe mit einer Menge konfigurierbarer Komponenten, deren Zusammenhang im Rahmen der Konfiguration nicht vollständig in einer statischen Stücklistenhierarchie beschreibbar ist.

Im Kern geht es also um die Eigenschaften der *Konfigurationsstruktur*. Bei der Konfiguration eines konkreten, klar abgegrenzten Produkts hatten wir die Maximalstückliste als Instrument zur Beschreibung eventuell konfigurierbarer Komponenten ausgemacht. Nach der oben angeführten Definition haben wir es immer dann mit einer Systemkonfiguration zu tun, wenn sich die Struktur der Komponenten nicht allein mit einer Maximalstückliste beschreiben lässt.

Die breite Palette von Systemkonfigurationen teilen wir nachfolgend in drei Problemklassen ein:

- **Dynamisierung der Stücklistenstruktur**
  Eine konkrete Konfiguration erfordert die Erweiterung der vorgedachten Maximalstückliste um weitere, gegebenenfalls konfigurierbare Komponenten.
- **Vernetzte Konfigurationsstrukturen**
  Die konfigurierbaren Komponenten stehen in einer Weise zueinander in Beziehung, wie sie über die Stückliste nicht ausgedrückt werden kann.

Das ist unter anderem dann der Fall, wenn für benachbarte Komponenten auf gleicher Hierarchieebene Anschlussbedingungen gelten, z.B. sollen zwei aneinander anstoßende Schreibtische an der Stoßkante die gleiche Abmessung haben.

- **Kompositionsprobleme**
  Aus einem Satz von konfigurierbaren und kombinierbaren Komponenten wird durch fortwährendes Hinzufügen konkret ausgeprägter Komponenteninstanzen sukzessive ein System auf- bzw. weiter ausgebaut.

In den folgenden Abschnitten wollen wir das an drei charakteristischen Beispielen weiter veranschaulichen. Selbstverständlich können diese Aspekte bei einer Systemkonfiguration auch kombiniert auftreten.

6.3.2 Dynamisierung der Stücklistenstruktur

In diesem Abschnitt stellen wir anhand eines konkreten Anwendungsbeispiels die Problematik der Stücklistenerweiterung um konfigurierbare Komponenten vor.

Anwendungsbeispiel »Holzfenster«

Ein konfigurierbares Holzfenster lässt sich durch Parameter wie Breite, Höhe, Außen- und Innenfarbe sowie Glasart und Öffnungsrichtung (links oder rechts) gut beschreiben. Es sollte nicht schwerfallen, die eventuell benötigten Komponenten in einer Maximalstückliste aufzuzählen. Die Doppelglasscheibe wird typischerweise in einer eigenen Fertigungsstufe auf Maß hergestellt oder eingekauft.

Fenster können auch mit Sprossen versehen werden. Dabei stehen verschiedene Sprossenarten zur Auswahl. Neben aufgeklebten Sprossen sind auch scheibenteilende Sprossen möglich. Die Anordnung der Sprossen kann entsprechend vorgegebener Geometriemuster erfolgen oder nach individuellen Wünschen des Kunden gestaltet werden. In Abbildung 6.14 ist eine Beispielkonfiguration dargestellt.

Die Anzahl der Scheiben mit unterschiedlichen Abmessungen ergibt sich erst für eine konkret gewählte Konfiguration. Der Ansatz einer vorgedachten Maximalstückliste stößt hier offensichtlich an seine Grenzen. Die bekannte Komponente »Scheibe« muss entsprechend den Gegebenheiten der konkreten Konfiguration mehrfach dargestellt werden, damit sie mit unterschiedlichen Abmessungen ausgeprägt werden kann. Diese auch *dynamische*

Instanziierung genannte Mehrfachverwendung einer konfigurierbaren Komponente steht im Widerspruch zu einer statisch vorgedachten Maximalstückliste.

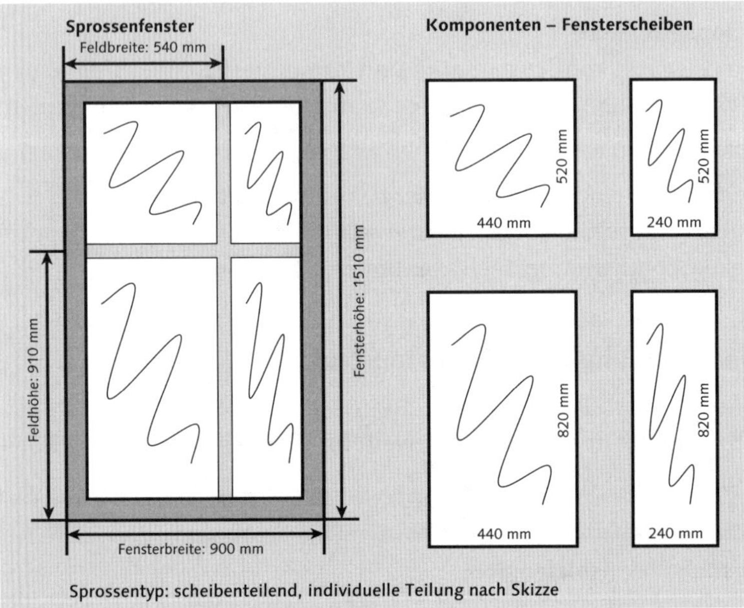

Abbildung 6.14 Sprossenfenster mit vier unterschiedlichen Scheiben

Wenn die mögliche Anordnung der Sprossen auf eine kleine Menge von Geometrietypen beschränkt ist, können in einem pragmatischen Ansatz mehrere Scheiben als Komponenten in die Maximalstückliste eingefügt werden. Die Anzahl der Komponenten entspricht dabei der maximal möglichen Anzahl von Scheiben mit unterschiedlichen Abmessungen. Der erforderliche Formalisierungsaufwand ist vergleichsweise hoch. Auch dieser Ansatz versagt, wenn – wie im Beispiel des Holzfensters mit kundenindividueller Sprossenteilung – die Anzahl der möglicherweise unterschiedlich ausgeprägten Komponenten nicht verlässlich vorherbestimmt werden kann.

Konfigurationsprozesse »Kundenauftrag« und »Auftragsstückliste«

Mit dem Variantenkonfigurator LO-VC können statische Stücklisten auf zwei Arten manuell erweitert werden: über die Konfigurationsprozesse *Kundenauftrag* oder *Auftragsstückliste* (ETO-Fertigungsszenario). In Abbildung 6.15 sehen Sie einige Einstellungen am Konfigurationsprofil.

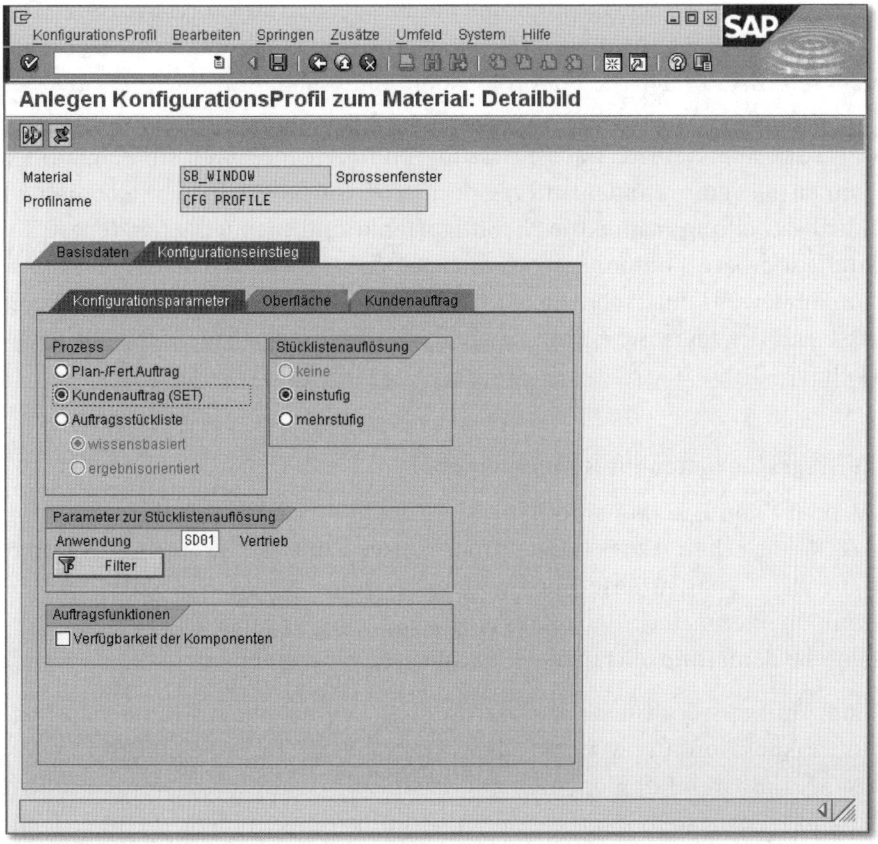

Abbildung 6.15 Registerkarte »Konfigurationsparameter« am Konfigurationsprofil

Der im Konfigurationsprofil auf der Registerkarte KONFIGURATIONSPARAMETER wählbare Prozess KUNDENAUFTRAG (SET) ermöglicht das manuelle Hinzufügen von konfigurierbaren (und nicht konfigurierbaren) Komponenten als Unterpositionen in den Kundenauftrag – sofern im Konfigurationsprofil das Kennzeichen bei MANUELLE ÄNDERUNG ERLAUBT gesetzt ist. Die konfigurierbaren Komponenten können jeweils unterschiedlich ausgeprägt werden. Die manuell hinzugefügten Komponenten sind im Kundenauftrag sichtbar. Nur dort ist die Gesamtstruktur der Konfiguration bekannt. Eine Fertigungsstufe, die sich auf das Gesamtsystem bezieht, kann nicht unterstützt werden. Da beim Fensterkauf typischerweise fertig montierte Fenster (und nicht Rahmen, Scharniere und Scheiben als Bausatz) verkauft werden, ist der Konfigurationsprozess *Kundenauftrag* für das Holzfenster eher ungeeignet.

Bei dem im Konfigurationsprofil ebenfalls auf der Registerkarte KONFIGURATIONSPARAMETER wählbaren Prozess AUFTRAGSSTÜCKLISTE wird die Stückliste in der technischen Nachbearbeitung des Kundenauftrags vervollständigt. Die Transaktion CU51 für die technische Nachbearbeitung der auftragsbezogenen Stückliste finden Sie über folgenden Menüpfad: SAP MENÜ • LOGISTIK • PRODUKTION • STAMMDATEN • STÜCKLISTEN • STÜCKLISTE • AUFTRAGSSTÜCKLISTE • PFLEGEN MEHRSTUFIG. Nach Erfassung und Freigabe eines Kundenauftrags können Sie eine kundenauftragsspezifische Stückliste in der technischen Nachbearbeitung manuell nachkonfigurieren und manuell verändern. Eine konfigurierbare Komponente können Sie dabei mehrfach als weitere Position mit jeweils unterschiedlicher Konfigurationsbewertung einfügen. Damit lässt sich der logistische Prozess für das Holzfensterbeispiel sehr gut abwickeln.

Auftragsstücklisten für Komponenten

Wenn im Konfigurationsprofil für den Konfigurationsprozess *Kundenauftrag* das Kennzeichen ERGEBNISORIENTIERT ausgewählt ist, können für unterschiedlich konfigurierte Komponenten (mit Bezug auf das gleiche Komponentenmaterial) ebenfalls auftragsspezifische Stücklisten erstellt werden, die dann ihrerseits manuell nachbearbeitet werden können.

Eine Auftragsstückliste wird über die drei Kennungen für Kundenauftrag, Auftragsposition und Material identifiziert. Wenn auch die Stücklisten von konfigurierbaren Komponenten auftragsspezifisch angepasst werden sollen, kommt es spätestens dann zu einem Identifikationsproblem, wenn es mehrere gleiche Komponentenmaterialien gibt, die aber unterschiedlich konfiguriert sind. Um auch Auftragsstücklisten für unterschiedlich konfigurierte Komponenten unterscheiden zu können, wird für jede der unterschiedlich ausgeprägten Komponenten eine Materialvariante angelegt, d.h., es wird ein neuer Eintrag im Materialstamm erzeugt.

Dieser Vorgang wird in der Benutzeroberfläche als *Instanziieren* der konfigurierten Komponente bezeichnet. Damit lassen sich die Auftragsstücklisten für die Komponenten dann ebenfalls über die drei Kennungen für Kundenauftrag, Auftragsposition und Material (bzw. Materialvariante) identifizieren.

In Abbildung 6.16 ist der Konfigurationsprozess *Auftragsstückliste mit instanziierten Komponenten* schematisch an einem Beispiel dargestellt: Der Kundenauftrag MÜLLER enthält in Position 020 ein Material SYSTEM_KMAT mit der Konfigurationsbewertung KONFIG_1. In der zugehörigen Auftragsstückliste MÜLLER, 020, SYSTEM_KMAT taucht das konfigurierbare Material KOMP_

KMAT an den Positionen 110 und 120 mit den Konfigurationsbewertungen KONFIG_K1 bzw. KONFIG_K2 auf ❶. Um für diese beiden Komponenten ebenfalls Auftragsstücklisten führen zu können, werden die konfigurierten Komponenten KOMP_KMAT, KONFIG_K1 und KOMP_KMAT, KONFIG_K2 als Materialvarianten KOMP_VAR_K1 und KOMP_VAR_K2 instanziiert. Dadurch sind die gekennzeichneten auftragsspezifischen Komponentenstücklisten identifizierbar und unterscheidbar (❷ und ❸).

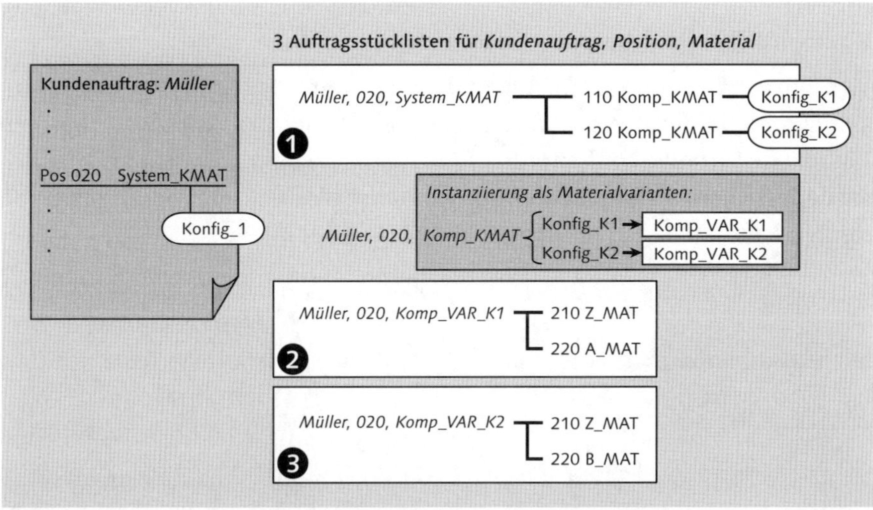

Abbildung 6.16 Auftragsstücklisten mit instanziierten Komponenten

Bei intensivem Einsatz der instanziierten Materialvarianten wird der Materialstamm allerdings erheblich ausgeweitet. Hier stößt die generische Lösung des LO-VC, Varianten durch Parametrisierung zu beschreiben, an ihre Grenzen.

Die in diesem Abschnitt beschriebene konfigurationsspezifische Erweiterung der als Stammdatum definierten Maximalstückliste wird in SAP Business Suite unterstützt und ist vollständig in die logistischen Prozesse eingebunden.

6.3.3 Vernetzte Konfigurationsstrukturen im LO-VC

Abhängigkeiten zwischen Komponenten lassen sich oft einfach formulieren, wenn die entsprechenden Komponenten aufgrund ihrer hierarchischen Schachtelung oder anhand ihres Typs unterschieden werden können. Die hierarchische Struktur wird über Stücklistenbeziehungen wie »ist Teil von«

(englisch »part of«) angesprochen. Wichtig ist, die Komponenten, die in Beziehung zueinander stehen, bei der Formulierung von Regeln unterscheiden zu können. Komponenten unterschiedlichen Typs können über ihre Stücklistenposition, ihr jeweiliges Komponentenmaterial oder über die jeweils zugeordnete Variantenklasse unterschieden werden. In vielen Fällen reicht dies nicht aus, weil zwischen Komponenten weitere Ordnungsstrukturen bestehen.

Konfigurationsstruktur beim Sudoku

Wir illustrieren die Problematik an dem in Kapitel 1, »Grundlagen der Variantenkonfiguration«, eingeführten Beispiel des Sudoku, das zwar über den Kontext der Produktkonfiguration hinausgeht, an dem aber sehr anschaulich wird, dass auch in statischen Komponentenstrukturen sehr viel Information stecken kann.

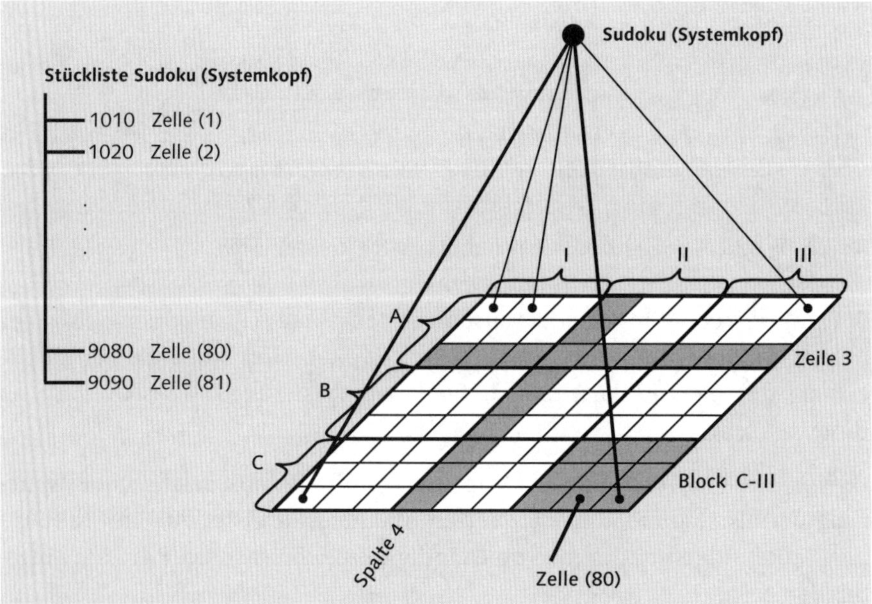

Abbildung 6.17 Stückliste und Konfigurationsstruktur des Sudoku

Die in einem Quadrat von neun mal neun Zellen angeordneten Ziffernfelder sind in neun Zeilen, neun Spalten und neun Blöcke mit je drei mal drei Zellen aufgeteilt. Wenn wir das Sudoku im Variantenkonfigurator LO-VC darstellen möchten, liegt es nahe, die Zelle als Variantenklasse (bzw. als Material) `ZELLE` zu modellieren und ihr das Ziffernfeld als Merkmal `WERT` zuzuordnen. Das Sudoku-System wird als Variantenklasse (und Material) SUDOKU dargestellt und erhält eine Stückliste mit 81 Positionen für die 81 Zellen – siehe Abbildung 6.17. Die erste Zelle an der Stücklistenposition 1010 liegt in Zeile 1 und in Spalte 1, die zweite Zelle an Stücklistenposition 1020 liegt in Zeile 1 und Spalte 2 und so fort. Die problementscheidende Strukturierung in Zeilen, Spalten und Blöcke bzw. die individuelle Lage einer Zelle in der Gesamtstruktur ist damit allerdings noch nicht vollständig erfasst. Die Lage einer Zelle beschreiben wir, indem wir jeder Zelle zusätzlich die Merkmale ZEILE, SPALTE, BLOCKZEILE und BLOCKSPALTE zuordnen. Damit lässt sich die mehrdimensionale Struktur beschreiben und in deklarativen Konfigurationsregeln der Beziehungsart Constraint ansprechen.

Das nachfolgende Constraint ermittelt anhand der Stücklistenposition alle Zellen in der Spalte 4 und weist den Merkmalen SPALTE und BLOCKSPALTE entsprechende Werte zu. Im Condition-Teil sind beispielhaft nur drei der neun Zellen aufgezählt.

Regel »Identifikation aller Zellen in Spalte 4 und Blockspalte II« [+]

```
OBJECTS:
  SD is_a (300) SUDOKU, Z is_a (300) ZELLE.

CONDITION:
     PART_OF (Z, SD, '1040')
  OR PART_OF (Z, SD, '2040')
```

... analog für alle weiteren Zellen der vierten Spalte bis ...

```
  OR PART_OF (Z, SD, '9040').

RESTRICTIONS:
  Z.SPALTE =  '4', Z.BLOCKSPALTE = 'II'.

INFERENCES:
  Z.SPALTE, Z.BLOCKSPALTE.
```

Mit je einer Regel pro Spalte und Zeile lässt sich so die Struktur der Zellen in insgesamt 18 Regeln aufbauen. Die Struktur des Sudoku in Zeilen, Spalten und Blöcken – die nicht durch eine Stückliste beschrieben werden kann – ist nun über die Merkmale der Zellen ansprechbar.

Konfigurationsregeln auf der vernetzten Struktur

Die Sudoku-Regel »In jeder Spalte kommt jede Ziffer genau einmal vor« kann jetzt einfach in einem Constraint formuliert werden:

[+]

Regel »In jeder Spalte kommt jede Zahl nur einmal vor«

```
OBJECTS:
  SD is_a (300) SUDOKU,
  Z1 is_a (300) ZELLE, Z2 is_a (300) ZELLE.

CONDITION:
  Z1.SPALTE = Z2.SPALTE AND Z1.ZEILE <> Z2.ZEILE.

RESTRICTION:
    Z2.WERT  IN ('2', '3', '4', '5', '6', '7', '8', '9' )
             IF Z1.WERT  =  '1'
  , Z2.WERT  IN ('1', '3', '4', '5', '6', '7', '8', '9' )
             IF Z1.WERT  =  '2'
... analog für die Werte '3' bis '9' der Zelle Z1
  .

 INFERENCES:
   Z2.WERT.
```

Was beschreibt dieses Constraint? Die Zellen (Z1 und Z2) jeder Spalte werden paarweise miteinander verglichen. Eine Zelle (Z1), die einen Wert trägt, schränkt den Wertebereich für die anderen Zellen (Z2) in der gleichen Spalte ein, indem genau dieser Wert für die anderen Zellen (Z2) ausgeschlossen wird. Die beiden Regeln für die Zeilen und Blöcke lassen sich in analoger Weise in Constraints ausdrücken.

Das Beispiel illustriert die hohe Ausdrucksfähigkeit des Variantenkonfigurators. Auch für komplexe Konfigurationsstrukturen können Regeln in einem deklarativen Ansatz problemgerecht und kompakt formuliert werden. Dass die Regeln vergleichsweise einfach formulierbar sind, darf allerdings nicht über die dem Problem innewohnende Komplexität hinwegtäuschen. Das vorgestellte Regelwerk ist zwar ausführbar, bedingt durch die hohe Kombinatorik treten allerdings lange Rechenzeiten auf.

[+]

Grafische Benutzeroberfläche

Ein weiteres Problem wird am Beispiel des Sudoku sichtbar: Konfigurationsaufgaben mit einer komplexen Konfigurationsstruktur verlangen meist nach einer grafischen Benutzeroberfläche, die den Eigenschaften der Konfigurationsstruktur gerecht wird. Niemand möchte sich beim Lösen eines Sudoku mit einer Liste von 81 Einträgen in einer Stückliste herumschlagen.

6.3.4 Kompositionsprobleme in SCE Advanced Mode

In der Produktkonfiguration mit SAP Business Suite wird primär eine hierarchische, in Stücklisten formulierbare Konfigurationsstruktur unterstützt. Dabei wird diese Konfigurationsstruktur, ausgehend vom Gesamtsystem (wie beim Fenster oder beim Sudoku vorgestellt), als Zerlegungsproblem in einem Top-down-Ansatz beschrieben. Es gibt allerdings auch Systeme, bei denen die Konfigurationsaufgabe ein konstruktives Zusammensetzen von konfigurierbaren Elementen zu einem großen Ganzen erfordert. Es handelt sich dabei um Kompositionsprobleme, die einem Bottom-up-Ansatz folgen. Hier lassen sich Produktkonfigurationsaufgaben wie die Ausstattung einer Großraumbürofläche mit Möbeln, das Zusammenstellen von Förderbandanlagen oder die Ausrüstung von Schaltschrankanlagen für Fabrikgebäude und Kraftwerke einordnen. Derartige Konfigurationsaufgaben umfassen meist eine Vielzahl von konfigurierbaren Elementen und erfordern aufgrund ihrer Komplexität eine speziell zugeschnittene High-End-Konfigurationslösung, die im Kern einen Best-of-Breed-Konfigurator enthält.

Die *Sales Configuration Engine* (SCE) kennt mit dem sogenannten *Advanced Mode* eine Betriebsart, die speziell auf die Erfordernisse von komplexen Kompositionsproblemen ausgerichtet ist. Die Arbeitsweise des SCE Advanced Mode stellen wir nachfolgend vor. Dabei greifen wir auf das Lehrbeispiel einer konfigurierbaren Bücherregalwand zurück. Das allgemein leichtverständliche Problem, eine Regalwand für die geordnete Unterbringung einer großen Menge von Büchern zu konfigurieren, geht auf eine reale Konfigurationsaufgabe einer Schaltschrankanlage zurück.

Nach vorgegebenen Regeln können fortlaufend neue Bücher Regalbrettern zugeordnet werden, bis diese ausgelastet sind. Die Dimensionierung der Regale erfolgt in Abhängigkeit von den Büchern, die das Regal tragen soll. Neue Regale können nach Bedarf angefügt werden. In Abbildung 6.18 sind das Regalwandsystem und seine Grundkomponenten in zwei Stücklisten und anhand eines kleinen Beispiels illustriert.

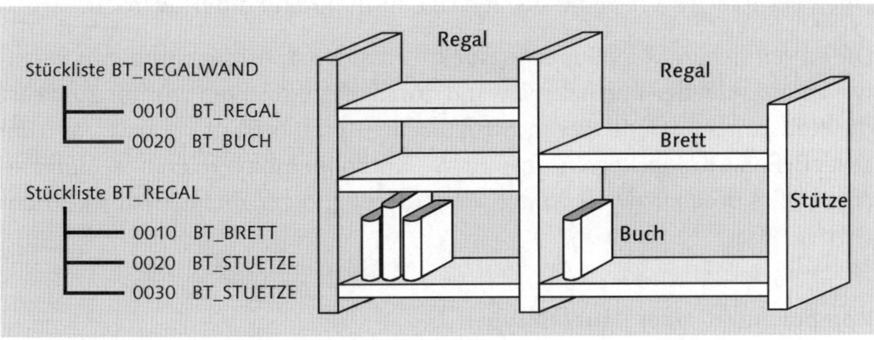

Abbildung 6.18 Kompositionsproblem »Bücherregalwand«

Aus betriebswirtschaftlicher Sicht laufen logistische Prozesse wie Fertigung und Bereitstellung bei großen Kompositionsaufgaben typischerweise auf Basis der Komponenten ab. Diese können meist als »einfach« konfigurierbare Produkte bzw. aus Konfigurationssicht als Zerlegungsprobleme behandelt werden. Der Verbau der Komponenten zum Gesamtsystem erfolgt normalerweise nicht beim Komponentenhersteller, sondern häufig am Bestimmungsort, an dem das System betrieben wird.

Die Einbindung der hier besprochenen Konfigurationsaufgaben in eine Geschäftsprozesslösung ist immer problemspezifisch und daher nicht standardisierbar. Hier möchten wir nur beispielhaft nochmals auf die bereits beim Sudoku diskutierte Anforderung einer problemspezifischen Benutzeroberfläche für die interaktive Systemkonfiguration hinweisen.

Die Anzahl der in der Praxis auftretenden Kompositionsprobleme ist im Vergleich zu den in der Produktkonfiguration auftretenden Zerlegungsproblemen klein.

All diese Betrachtungen haben letztlich dazu geführt, dass es sich als optimales Verfahren erweist, die Einbettung der SCE in eine Geschäftsprozesslösung für ein komplexes Kompositionsproblem problemspezifisch in einem Custom-Development-Projekt zu implementieren.

Rein technisch gesehen, erkennt die SCE anhand der Stammdaten, d.h. an einem Eintrag in der Laufzeitversion einer Wissensbasis, ob es sich um ein im Advanced Mode modelliertes Konfigurationsproblem handelt. Für die Erstellung eines Advanced-Mode-Modells bzw. einer entsprechenden Wissensbasis mit Laufzeitversionen gibt es zwei Alternativen: Zum einen kann die Stammdatenpflege mit erweiterten Pflegemöglichkeiten in SAP ERP erfolgen. Dafür muss über die Transaktion SU03 der Benutzerparameter CFG auf SCE gesetzt werden. Alternativ können Laufzeitversionen auch über einen erweiterten Pflegemodus der Java PME direkt editiert werden.

Die wesentlichen Modellierungsaspekte eines Kompositionsproblems gehen wir am Beispiel der Bücherregalwand durch. Dazu schauen wir uns zunächst die Komponenten und deren Struktur im Gesamtsystem genauer an, um abschließend das in Regeln formulierte Komponentenverhalten zu untersuchen. Die Vorgehensweise in der Modellierung folgt dabei dem objektorientierten Ansatz.

Komponenten- oder Bausteintypen

Die Komponenten des Kompositionsproblems werden als *Bausteintypen* beschrieben. Ein Bausteintyp umfasst ein konfigurierbares Material und eine (möglichst gleichnamige) Variantenklasse mit den Merkmalen, die den Bausteintyp charakterisieren. Zur Verdeutlichung kennzeichnen wir die Bausteintypen im folgenden Beispiel durch eine mit BT_ beginnende Bezeichnung.

Für die Bücherregalwand sind die folgenden Bausteintypen definiert:

- **BT_Regalwand**
  Dieser Bausteintyp ist der Einstiegspunkt und repräsentiert das Gesamtsystem Bücherregalwand.
- **BT_Buch**
  Dieser Bausteintyp steht für ein einzelnes Buch oder ein mehrbändiges Werk mit gleichartigen Büchern; als Merkmale werden Eigenschaften wie die `Bandzahl` oder `Hoehe`, `Breite` und `Dicke` des einzelnen Bandes geführt.
- **BT_Regal**
  Dieser Bausteintyp steht für ein einzelnes Regal mit Seitenstützen und Regalbrettern. Ein Regal kann an das nächste angebaut werden; es benötigt dann lediglich eine zusätzliche Stütze. Das Regal wird z.B. durch Merkmale wie `Linksstuetze` und `Rechtsstuetze` mit den Werten `ja` und `nein` beschrieben.
- **BT_Brett**
  Diesem Bausteintyp sind Merkmale wie `Laenge`, `Tiefe`, `Dicke` und `Belegte_Laenge` zugeordnet.
- **BT_Stütze**
  Eine Stütze begrenzt ein Regal auf der linken oder rechten Seite. Der Bausteintyp kennt daher z.B. das Merkmal `Stuetzrichtung` mit den Werten `links` und `rechts`.

Statische und dynamische Komponentenstruktur

Mit den Bausteintypen bzw. mit den konfigurierbaren Materialien der Bausteintypen wird der hierarchische Teil der Komponentenstruktur in einer statischen Stückliste beschrieben. Im Gegensatz zur Maximalstückliste, die bei einem Zerlegungsproblem den maximalen Umfang an Komponenten beschreibt, handelt es sich bei Kompositionsproblemen um eine Minimalstückliste, die im Sinne eines Baukastens lediglich die minimale und maximale Anzahl von Bausteinen eines bestimmten Bausteintyps in einer bestimmten Funktion, also an einer bestimmten Position in der Stückliste, festlegt.

Die kompositorische Eigenschaft des Problems kommt während der Konfiguration dadurch zum Ausdruck, dass die Komponenten eines bestimmten Bausteintyps nach Bedarf zu konkreten Bausteinen instanziiert werden. Jeder Baustein (oder anders formuliert: jede Instanz) erhält eine konfigurationsweit eindeutige Baustein- oder Instanzkennung. Ein Baustein ist von einem bestimmten Bausteintyp, der die Eigenschaften des Bausteins festlegt. Die konkreten Bausteine sind Träger der Merkmalswerte.

In Abbildung 6.19 ist die über Stücklisten definierte statische Komponentenstruktur der Bausteintypen dargestellt. Die mit `Stüli` und Positionsnummer gekennzeichneten Pfeile repräsentieren Stücklistenbeziehungen. In Pfeilrichtung ist die mehrfache Beziehung `enthält das Teil` (englisch: »has part«) dargestellt. An der Pfeilspitze sind jeweils die minimale und maximale Anzahl von referenzierbaren Komponenten angegeben. Entgegen der Pfeilrichtung handelt es sich um die einfache Beziehung `Teil von` (englisch: »part of«). Darüber hinaus zeigt Abbildung 6.19 die im Weiteren für uns wichtigen Merkmale der Bausteintypen einschließlich ihrer Datentypen. Dabei steht `num` für numerisch und `char` für Zeichenformat.

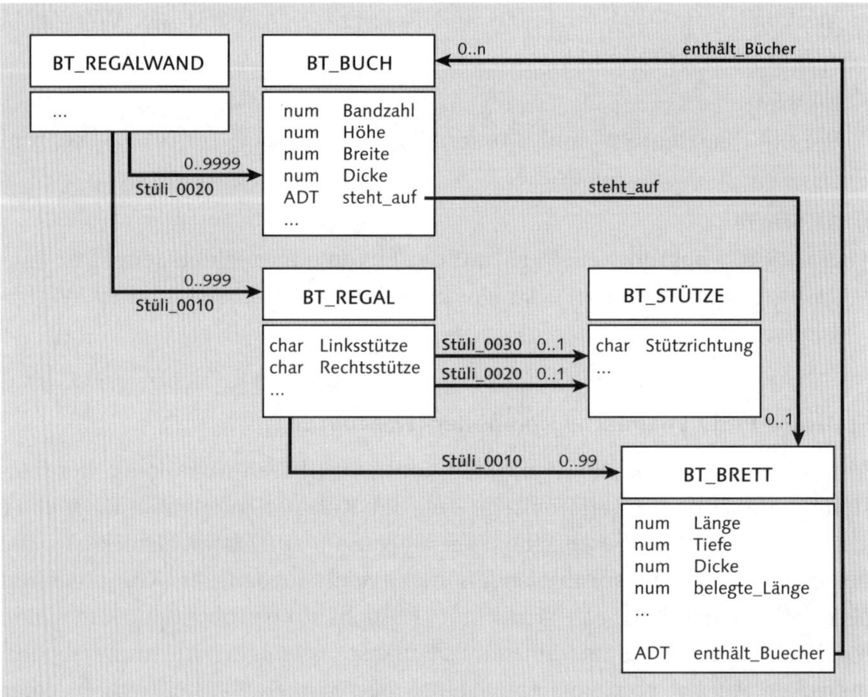

Abbildung 6.19 Komponentenstruktur »Regalwand«

Die dynamische Komponentenstruktur ist in Abbildung 6.19 ebenfalls berücksichtigt. Wir hatten vereinbart, dass jedes Buch einem Regalbrett fest zugeordnet werden soll. Der mit `steht_auf` gekennzeichnete Pfeil steht für die in der Stückliste nicht abgebildete eindeutige bzw. einfache Beziehung eines Buchs zu dem ihm zugeordneten Regalbrett. Umgekehrt ist die Beziehung eines Regalbretts zu den diesem Brett zugeordneten Büchern durch den Pfeil `enthält_ Bücher` beschrieben. Einem Brett können mehrere Bücher zugeordnet sein, was in der Grafik durch `0..n` gekennzeichnet ist.

Die dynamischen Beziehungen zwischen konkreten Bausteinen werden durch sogenannte *ADT-Merkmale (Abstrakter Datentyp)* beschrieben. Die Bezeichnung *Abstrakter Datentyp* deutet an, dass mit dem Verweis von einem Baustein auf einen oder mehrere (dann gleichartige) Bausteine auch ein bestimmtes Verhalten impliziert wird. Bei einem ADT-Merkmal handelt es sich um einen typisierten Verweis. Für einfache Beziehungen werden einwertige und für mehrfache Beziehungen mehrwertige ADT-Merkmale verwendet und in die Variantenklasse des referenzierenden Bausteintyps aufgenommen.

Verhalten von Bausteinen

Das Verhalten von Bausteintypen wird über Konfigurationsregeln modelliert. Im SCE Advanced Mode gibt es zwei Arten von Regeln:

- **Constraints**
  Deklarative Regeln werden in Constraints formuliert, mit gegenüber dem LO-VC deutlich erweiterten Ausdrucksmöglichkeiten.
- **Rules**
  Rules erlauben die Formulierung von Algorithmen, die prozedural abgearbeitet werden.

Monitoring Rules werden für die Aggregation von Merkmalswerten genutzt, z.B. beim Aufsummieren der Dicke aller Bücher, die einem Regalbrett zugeordnet sind. Auch die Bilanzierung von Versorgungs- und Verbrauchsgrößen erfolgt über Monitoring Rules, die immer im Hintergrund aktiv sind. Daneben gibt es *Reevaluating Rules*, deren Auswertung ereignisgesteuert, z.B. durch eine Benutzeraktion, angestoßen werden kann.

Constraint-Netze dienen als Gruppierungsinstrument für Regeln, z.B. um die Regeln, die das Verhalten eines Bausteintyps definieren, zusammenzufassen. Aus technischen Gründen enthält ein Constraint-Netz entweder Constraints oder Rules.

Schauen wir uns nun einige typische Beispiele aus dem Kompositionsproblem der Bücherregalwand an (siehe Regel 6.1 bis 6.4):

```
 Objects:
  Brett is_a (300) BT_BRETT.
Restrictions:
    Brett.Domain Tiefe >= Brett.enthaelt_Buecher.Breite.
Inferences:
  Brett.Domain Tiefe.
```

Regel 6.1 Constraint zur Werteinschränkung

Das Schlüsselwort `Domain` (siehe Regel 6.1) erlaubt die explizite Formulierung von Regeln für den Wertebereich eines Merkmals. Im Beispiel wird der Wertebereich für das Merkmal `Tiefe` der Regalbretter eingeschränkt. Jedes Brett muss mindestens so tief sein, dass das breiteste der dem jeweiligen Regalbrett zugeordneten Bücher vollständig auf das Brett passt. Die dem Brett zugeordneten Bücher werden über das ADT-Merkmal `enthaelt_Buecher` angesprochen. Der Durchgriff auf das Merkmal `Breite` der betroffenen Bücher kann einfach über den Ausdruck `Brett.enthaelt_Buecher.Breite` erfolgen.

```
Objects:
  Brett is_a (300) BT_BRETT
  Buch is_a (300) BT_BUCH.
Condition:
    Buch.steht_auf = Brett.
Restrictions:
    Brett.enthaelt_Buecher = Buch.
Inferences:
  Brett.enthaelt_Buecher.
```

Regel 6.2 Constraint zur Wertsetzung eines ADT-Merkmals

Wir gehen davon aus, dass ein Buch immer manuell einem Regalbrett zugeordnet wird, d.h., für das jedem Buch zugeordnete ADT-Merkmal `steht_auf` wird die Kennung eines der zuvor erzeugten `BT_Brett`-Bausteine über die Wertehilfe manuell ausgewählt. Das Constraint in Regel 6.2 ergänzt daraufhin die Werteliste des mehrwertigen ADT-Merkmals `enthaelt_Buecher` beim entsprechenden Regalbrett.

```
Objects:
  Regal is_object (Material) (300) (NR = BT_REGAL).
Restrictions:
  has_part (Regal,
            pos_no = '0020' and pos_type = (300) BT_STUETZE,
```

```
          with Stuetzrichtung = 'rechts')
    if Regal.Linksstuetze = 'ja'.
```

Regel 6.3 Constraint zur Bausteininstanziierung

Dieses Constraint in Regel 6.3 stellt sicher, dass für jedes Regal, dessen Merkmal Linksstuetze mit 'ja' bewertet ist, ein BT_Stuetze-Baustein auf der Stücklistenposition '0020' vorhanden und dessen Merkmal Stuetzrichtung mit 'rechts' bewertet ist. Sollte das nicht der Fall sein, wird ein BT_Stuetze-Baustein vom Constraint erzeugt und entsprechend bewertet.

```
Objects:
  Brett is_a (300) BT_BRETT.
Then Increment:
  Brett.Belegte_Laenge by
     Brett.enthaelt_Buecher.Bandzahl
   * Brett.enthaelt_Buecher.Dicke
```

Regel 6.4 Monitoring Rule zur Ermittlung der Brettauslastung

Über die Monitoring Rule in Regel 6.4 wird das Aggregationsmerkmal Belegte_Laenge eines Regalbretts aus der Summe über die Dicke der dem Regalbrett zugeordneten Bücher ermittelt. Für mehrbändige Werke wird das Merkmal Bandzahl als Faktor berücksichtigt.

Auch wenn das hier vorgestellte Beispiel der Bücherregalwand nur ein sehr kleines Spektrum der Regelvielfalt abdeckt, lässt sich doch erahnen, wie Kompositionsprobleme im SCE Advanced Mode grundsätzlich angegangen werden.

6.4 Stammdatenverteilung mit Product Data Replication (PDR)

Sobald Sie die ersten Modelle für den Produktivbetrieb aufbauen, stellt sich schnell die Frage, in welchem System die VC-Modelle aufgebaut und später, während des Produktivbetriebs, geändert werden sollen. Insbesondere die Frage der Wartung (Fehlerbehebung) und Weiterentwicklung bestehender VC-Modelle im Produktivbetrieb erinnert stark an die Erstellung und Wartung »echter« Programme: Die Programmierung, z.B. von kundeneigenen ABAP-Programmen, erfolgt stets in einem Entwicklungssystem, ohne den Produktivbetrieb zu stören. Erst wenn die funktionalen Tests erfolgreich waren, wird mit der bekannten SAP-Softwarelogistik (KTW = Korrektur- und Transportwesen) der neue oder geänderte Programmcode in ein Testsystem transportiert, wo er mit Produktivsystem-ähnlichen Bewegungsdaten integrativ getestet wird. Waren diese Tests erfolgreich, »entlässt« man die neue/geänderte Funktionalität mittels Transportauftrag in das Produktivsystem.

Würde ein ABAP-Programmierer, der an seinem Job hängt, direkt im Produktivsystem programmieren, also eine Art »Operation am offenen Herzen« riskieren? Sicher nicht, zumal mit dem KTW eine bewährte und selbstverständliche Transportlogistik für das ABAP-Repository und Data Dictionary zur Verfügung steht.

Bei einem VC-Modell ergibt sich ebenfalls die Notwendigkeit, dessen Daten zwischen Systemen zu transportieren. Dieser Abschnitt beschreibt die Möglichkeiten, die das SAP-System mit der *Product Data Replication* dafür bietet. Nach einem Überblick über die Funktionalität der PDR werden vorbereitende Schritte im System und die initiale Einrichtung (Customizing) der PDR beschrieben. Abschließend wird ein Produkttransport Schritt für Schritt erklärt.

6.4.1 Herausforderung und Möglichkeiten

Haben Sie die Analogie im Einleitungstext noch im Ohr? Würden Sie guten Gewissens im Produktivsystem an komplexen VC-Modellen Änderungen vornehmen, testen und hoffen, dass alles sofort wie gewünscht funktioniert – während mit denselben Daten gleichzeitig Geschäftsprozesse abgewickelt, Kundenaufträge erfasst, die Fertigung gesteuert wird? Wohl eher nicht.

Daher lautet unsere klare Empfehlung, auch VC-Daten nicht im Produktiv-, sondern in einem vorgeschalteten System zu pflegen. Typischerweise bietet sich dafür das Entwicklungssystem an (eventuell ein eigener Mandant). In größeren Systemlandschaften kann dies auch in einem eigenen PLM-System erfolgen.

Mit einem KTW-Transportauftrag steht für ABAP-Entwicklungen ein einfaches »Transportvehikel« über mehrere Systeme hinweg zur Verfügung. Wie aber kann ein komplexes VC-Modell mit seiner Vielzahl von Einzelobjekten von einem System in ein anderes transportiert werden?

Die grundlegende SAP-Funktionalität für den Transport (Verteilung) von Applikationsobjekten ist *Application Link Enabling (ALE)*. Auf Senderseite wird aus jedem Objekt ein *Intermediate Document (IDoc)* gebildet, das via RFC-Destination an das Empfangssystem geschickt und dort eingebucht (»gepostet«) wird. Für jede Art von Objekt (Stammdaten, Bewegungsdaten) wird eine exakt definierte IDoc-Struktur, der Nachrichtentyp, benötigt. Für alle VC-Objekte existieren in SAP Standard-Nachrichtentypen, so dass eine ALE-Verteilung, Objekt für Objekt, mit Standardtransaktionen erfolgen kann (im Menü: Werkzeuge • ALE • Stammdatenverteilung • Logistik • Variantenkonfiguration).

Auf diese Weise kann ein VC-Modell vollständig, aber mühselig von A nach B verteilt werden. Sie müssen selbst alle VC-Objekte sammeln, die zu Ihrem Modell gehören, und diese nacheinander (in der richtigen Reihenfolge!) mit den ALE-Einzeltransaktionen verteilen. Wenn Sie dabei auch nur ein Objekt aus dem VC-Modell übersehen und nicht verteilen, sind die VC-Modelle in den beiden Systemen nach der ALE-Verteilung nicht identisch.

Komfortabel ist diese Lösung also nicht. Wäre es nicht angenehmer, dem SAP-System das fehlerfreie Einsammeln aller Objekte zu überlassen, die ALE-Verteilung ohne Einzeltransaktionen bewerkstelligen zu können und sich keine Sorgen um Vollständigkeit und Reihenfolge machen zu müssen? Wäre es nicht ideal, wenn im Zielsystem alle IDocs eines VC-Modells in einem konsistenten Paket kontrolliert eingebucht würden? Wenn der Transportvorgang so transparent und nachvollziehbar wäre, dass Sie auch später noch leicht erkennen könnten, wann welches VC-Modell mit welchen Objekten von A nach B transportiert wurde?

Wahrscheinlich verfügen Sie schon über die Lösung für all diese Anforderungen – nutzen sie aber noch nicht! Jedes SAP ERP-System ab R/3 Enterprise 4.70 bietet mit der PLM-Produktdatenverteilung (englisch: *Product Data Replication*, PDR) eine Standardfunktionalität, die genau diesen »paketierten« Transport eines VC-Modells für Sie erledigt.

Sie starten die Verteilung nicht für die einzelnen Objekte, sondern lediglich für das Kopfmaterial. Die PDR sammelt daraufhin alle Objekte, die zum Kopfmaterial gehören, selbständig zusammen, bildet daraus ein Verteilungspaket mit IDocs, versendet dieses zu dem/den Zielsystem(en) und sorgt dort für die korrekte Einbuchung (siehe Abbildung 6.20).

Die PDR bietet folgende Kernfunktionen:

- Replikation von kompletten Produktmodellen, Paketieren aller Daten und Objekte des VC-Modells
- initialer Transport aller Produktmodelldaten in das Zielsystem; Unterstützung eines Delta-Modus bei Updates (nur neue und geänderte Daten werden verteilt)
- durchgängige Unterstützung des SAP-Änderungsdienstes

- Einbuchung der Objekte in korrekter Reihenfolge (Serialisierung)
- gleichzeitige Verteilung in mehrere Zielsysteme möglich
- Empfangsbestätigung (»Lieferschein«, »Quittung«) und Statusrückmeldungen von Empfänger an Sender
- Korrekturmöglichkeiten auf Sender- und Empfangsseite
- Erweiterbarkeit (BAdIs)

Sie erkennen an den aufgeführten Vorteilen, dass der Einsatz der PDR einen kontrollierten und transparenten Prozess ermöglicht.

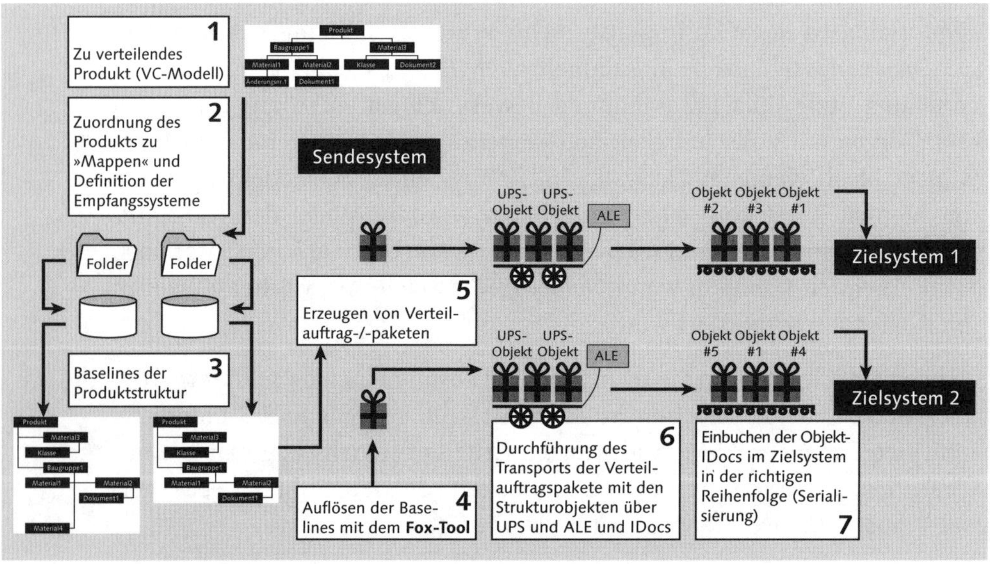

Abbildung 6.20 Produktverteilung mit PDR im Überblick

6.4.2 PDR-Komponenten (ALE, Konfigurationsmanagement und Workflow)

Auch PDR nutzt bei der Replikation von VC-Modellen ALE und bedient sich der bekannten IDoc-Nachrichtentypen für die VC-Objekte (z. B. CHRMAS für Merkmale, KNOMAS für Beziehungswissen), ergänzt um zwei neue Nachrichtentypen, um die logische Einheit des »Pakets« zu kontrollieren:

- **UPSMAS:** enthält alle Informationen über ein PDR-Paket; wird vom Sende- ins Empfangssystem übertragen
- **UPSRCP:** Empfangsbestätigung (Quittung) und Statusrückmeldung vom Empfangs- zurück an das Sendesystem

Um PDR zu nutzen, ist es also zunächst erforderlich, das ALE-Customizing für die Verteilung zwischen den beteiligten Systemen einzurichten. In vielen Fällen werden Sie die Einstellungen für die IDoc-Typen der VC-Objekte schon im ALE-Verteilungsmodell vorgenommen haben, wenn Sie bereits die VC-Einzelobjekte mit ALE verteilt haben. Aufgrund der neuen Nachrichtentypen UPSMAS und UPSRCP müssen Sie Ihr ALE-Verteilungsmodell jedoch ergänzen und die ALE-Partnervereinbarungen neu generieren.

Weiterhin benutzt die PDR das Framework des Configuration Managements sowie Workflow-Funktionalität, so dass auch hier Einstellungen vorzunehmen sind.

Nachfolgend wird die Einrichtung der PDR exemplarisch für eine Systemlandschaft mit Entwicklungs-, Test- und Produktivsystem beschrieben.

6.4.3 Ablauf der PDR-Einrichtung

Die Einrichtung der PDR umfasst verschiedene, voneinander abhängige Schritte (sowohl mandantenabhängig als auch mandantenunabhängig). Eine vorbereitende Transaktion (UPSSETUP) muss in jedem System und Mandanten ausgeführt werden, da dessen Änderungen nicht in einem Transportauftrag aufgenommen und damit transportiert werden können.

Folgender Ablauf wird für den PDR-Setup empfohlen.

1. Aktivierung der PLM-Extension (EA-PLM) im Entwicklungssystem (D) und Transport der EA-PLM-Aktivierung in das Test- (Q-) und Produktivsystem (P) – siehe Abschnitt »EA-PLM aktivieren« in Abschnitt 6.4.4, »Vorbereitungen im System«
2. Einbau der empfohlenen SAP-Hinweise im D-System, anschließend Transport ins Q- und P-System – siehe Abschnitt »SAP-Hinweise« in Abschnitt 6.4.4
3. Aufruf von UPSSETUP (Vorbereitung von Standard-Customizing) jeweils im D-, Q- und P-System separat; es wird kein Transportauftrag angelegt (!) – siehe Abschnitt »UPSSETUP« in Abschnitt 6.4.4
4. ALE-Customizing: Einrichtung des ALE-Verteilungsmodells bzw. Ergänzung um Nachrichtentypen UPSMAS und UPSRCP – siehe Abschnitt »ALE-Customizing« in Abschnitt 6.4.5
5. Verteilung der Sichten des ALE-Verteilungsmodells in alle Systeme des Verteilungspfades; Generierung und Korrektur der Partnervereinbarun-

gen in allen Systemen – siehe Abschnitt »Korrekturen an generierten Partnervereinbarungen« in Abschnitt 6.4.5

6. Customizing-Einstellungen für das Configuration Management (siehe Abschnitt »Customizing für das Konfigurationsmanagement« in Abschnitt 6.4.5), den Uniform Packaging Service (UPS, siehe Abschnitt »UPS-Customizing « in Abschnitt 6.4.5) und SAP Business Workflow (siehe Abschnitt »Workflow-Customizing« in Abschnitt 6.4.5) im D-System
7. nochmaliger Aufruf von UPSSETUP im D-System – siehe Abschnitt »Customizing-Transport, abschließendes UPSSETUP« in Abschnitt 6.4.5
8. Transport des Customizings ins Q- und P-System – siehe Abschnitt »Customizing-Transport, abschließendes UPSSETUP« in Abschnitt 6.4.5
9. nochmaliger Aufruf von UPSSETUP im Q- und P-System – siehe Abschnitt »Customizing-Transport, abschließendes UPSSETUP« in Abschnitt 6.4.5
10. zentrale ALE-Einstellungen in jedem System (D, Q, P) – siehe »UPS-Customizing « im Abschnitt 6.4.5
11. Vervollständigung des Workflow-Customizings in allen Systemen (Ereignistyp-Kopplung aktivieren, Workflow-Customizing verifizieren) – siehe Abschnitt »Workflow-Customizing« in Abschnitt 6.4.5

Die Schritte zur Einrichtung der PDR werden in den nächsten Abschnitten im Detail beschrieben. Halten Sie sich dabei an diese Abfolge.

6.4.4 Vorbereitungen im System

Bevor mit dem eigentlichen Setup der PDR begonnen werden kann, sind einige Vorbereitungen in den SAP-Systemen zu treffen, die in diesem Abschnitt beschrieben werden.

EA-PLM aktivieren

Um die PDR nutzen zu können, muss die *Enterprise Extension für PLM* (EA-PLM) im Switch Framework aktiviert werden. Dazu wird die Berechtigung SAP_ALL benötigt; ansonsten ist die Aktivierung unvollständig. Informationen finden Sie in der Dokumentation im Customizing-Einführungsleitfaden. Beachten Sie auch die SAP-Hinweise 1049251 und 908007. Transportieren Sie die Aktivierung ins Q- und P-System.

Die Aktivierung der PLM-Extension ist nicht reversibel. Sie ändert keine Standardfunktionalität, sondern schaltet nur neue Funktionen frei. Diese erscheinen als neue Einträge im Menü oder im Customizing-IMG.

SAP-Hinweise

Um einen möglichst reibungslosen Betrieb sicherzustellen und unnötige Fehlfunktionen von vornherein zu vermeiden, sollten Sie noch vor Einrichtung der PDR relevante SAP-Hinweise einbauen.

Konsultieren Sie den von SAP-Beratung und -Support erstellten Sammelhinweis 1518479, der regelmäßig aktualisiert wird.

Lassen Sie die darin empfohlenen Hinweise von Ihrer Basis einbauen. Einige Hinweise korrigieren kritische Fehler, die zu echten Fehlfunktionen oder gar Inkonsistenzen führen. Viele beheben kleinere Fehler, verbessern die Usability oder korrigieren seltener auftretende Fehlfunktionen.

SAP-Hinweise	Bedeutung
1338819	Delta-Filterung für Klassifizierungsdaten
1368808, 1428463, 1438278, 1458988, 1493491, 1505486, 1518796, 1523829, 1523884, 1527557	wichtige Hinweise, falls Daten mit Änderungsdienst gepflegt werden insbesondere 1493491 muss implementiert werden, am besten zusammen mit 1338819
1470587, 1495240, 1502748	Verbesserungen bei Paketverarbeitung, Vermeidung von Inkonsistenzen

Tabelle 6.1 Wichtige PDR-bezogene SAP-Hinweise (Stand: Dezember 2010)

Berechtigungen

Um die PDR einrichten und nutzen zu können, sind verschiedene Berechtigungen und Transaktionen erforderlich. Die nachfolgende Auflistung erhebt keinen Anspruch auf Vollständigkeit.

- **PDR-Einrichter**

  Empfehlenswert für die Einrichtung der PDR ist die Berechtigung SAP_ALL (für die Aktivierung der PLM-Extension sogar zwingend).

  Eine Rolle sollte die Berechtigungen aus Tabelle 6.2 und folgende Transaktionen beinhalten.

Obj. Class	Auth. Obj.	Activity	Auth. Group
BC_A	S_TABU_DIS	02, 03	DICBERCLS CV, &NC&, XXXX
BC_A	S_USER_GRP	05	CLASS <DUMMY>
BC_Z	B_FOX	03	

Tabelle 6.2 Empfohlene Berechtigungsobjekte für den PDR-Einrichter

Obj. Class	Auth. Obj.	Activity	Auth. Group
AAAB	B_ALE_MODL	02	CUSTMODEL ' '
BC_Z	B_UPS_CUS	02	

Tabelle 6.2 Empfohlene Berechtigungsobjekte für den PDR-Einrichter (Forts.)

Transaktionen: BD64, BD82, BF01, CVIX, ODI1, ODI2, ODI3, ODI4, OYSM, SALE, SFW5, SM34, SM59, SPRO, SWEQADM, SWU3, SWWA, SWWD, UPSC00, UPSC01, UPSC01S, UPSC02, UPSC03, UPSSETUP, WE20, WE21

Zusätzlich sollte der PDR-Einrichter auch die Rolle des PDR-Users zugeordnet haben.

- **PDR-User**

  Ein PDR-User sollte mindestens die Berechtigungen aus Tabelle 6.3 haben und folgende Transaktionen ausführen können.

  Transaktionen: BD87, CRWDB, EXPO_TEST, UPS, UPS01, UPS02, UPS03, UPS04, UPSMAS, UPSRCP, UPSREP02, UPSREP05

Obj. Class	Auth. Obj.	Activity	Auth. Group
BC_Z	B_UPS_CUS	02	DICBERCLS CV
CV	C_DRZA_TCD	01, 06	
CV	C_DRZI_TCD	03	

Tabelle 6.3 Empfohlene Berechtigungen für den PDR-User

Nummernkreis-Anpassungen

Wenn Sie alle Stammdaten in einem zentralen Pflegesystem anlegen und von dort aus transportieren, müssen Sie gegebenenfalls bei den *Nummernkreisen* einiger Objekte (z.B. Materialstamm, Änderungsnummern) das Customizing in den beteiligten Systemen individuell anpassen. Wenn Änderungsnummern im Pflegesystem aus einem internen Nummernkreis angelegt werden, so muss dieser Nummernkreis in den Zielsystemen als extern eingestellt sein.

UPSSETUP

Die Customizing-Vorbereitungstransaktion UPSSETUP legt das Standard-Customizing an (Kopie aus Mandant 000). Dies ist die Voraussetzung für weitere spezifische Anpassungen.

Für die Änderungen durch die Transaktion UPSSETUP wird kein Transportauftrag angelegt. UPSSETUP muss in jedem System/Mandant separat aufgerufen werden.

UPSSETUP [+]

UPSSETUP können Sie als Transaktion aus dem PDR-Menü aufrufen – LOGISTIK • ZENTRALE FUNKTIONEN • PRODUKTDATENVERTEILUNG • ALE-VERTEILUNGSEINHEITEN (UPS) • WERKZEUGE) – oder als Aktion im Customizing-IMG.

In bestimmten Fällen ist das Customizing nach dem ersten Aufruf nicht vollständig (SAP-Hinweis 1431281). UPSSETUP ist beliebig oft aufrufbar.

ALE-Vorgangscode in Partnervereinbarungsgenerierung korrigieren
Während des ALE-Setups können die Partnervereinbarungen automatisch generiert werden, wenn Sie sich an die Empfehlung halten, RFC-Destination und logisches System identisch zu benennen. Dabei werden jedoch für einige Nachrichtentypen falsche Vorgangscodes eingetragen. Sie können die Ursache dafür mit der manuellen Anleitung aus dem SAP-Hinweis 318927 beheben. Löschen Sie zusätzlich die Einträge aus Tabelle TMSG2, die im Feld EVCODE die Werte BOM2, DOC2, ECM2 oder MAT2 haben. Dann werden die Eingangsparameter korrekt für das PDR-Szenario generiert.

Business Transaction Events registrieren
In älteren Support Packages fehlt in der Standardauslieferung die Registrierung von zwei *Business Transaction Events* (BTE), wodurch die Einbuchung des VC-Oberflächendesigns nicht von der PDR kontrolliert wird. Der SAP-Hinweis 1271354 beschreibt, wie Sie diese beiden BTEs, BUS1401E und BUS1401I, mit Hilfe der Transaktion BF01 nachträglich manuell registrieren.

Rufen Sie die Transaktion UPSSETUP nochmals auf. Tabelle TBE31 muss anschließend 34 Einträge mit dem Wert ‚UPS' im Feld APPLK haben.

6.4.5 Setup und Customizing der PDR

Nachdem die Vorbereitungen abgeschlossen sind, muss das Customizing vorgenommen werden.

ALE-Customizing

Die technische Grundlage der Product Data Replication ist ALE. Somit sind bei Nutzung der PDR alle Einstellungen für ALE zu treffen, die auch für die

Einzelverteilung der VC-Objekte notwendig sind, ergänzt um die beiden IDoc-Typen UPSMAS und UPSRCP.

In diesem Abschnitt werden nur einige für PDR wichtige ALE-Einstellungen genannt. Für die allgemeine ALE-Einrichtung beachten Sie bitte die Dokumentation im Customizing-IMG. In der Customizing-Transaktion SALE finden Sie die erforderlichen Einstellungen unter RFC-Verbindungen, Logische Systeme und Verteilungsmodell pflegen und Sichten verteilen.

Eine komplette Modellsicht für die PDR-Verteilung von VC-Modellen sieht etwa so aus (als Beispiel von Mandant 875 nach 675):

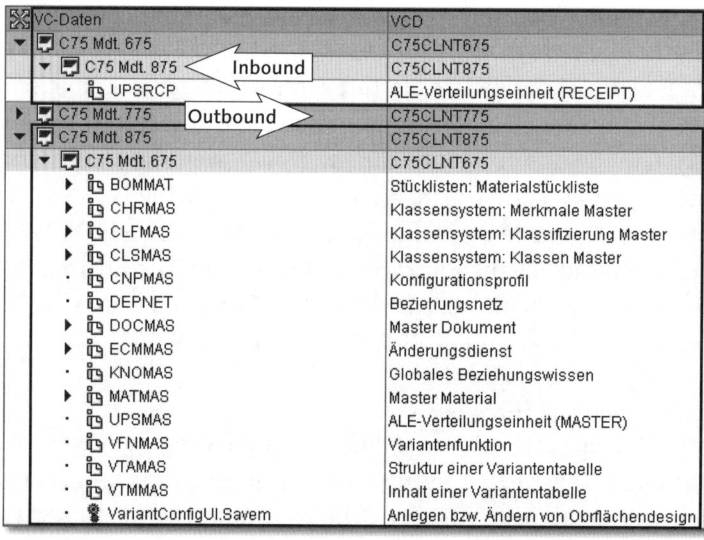

Abbildung 6.21 ALE-Verteilungsmodell für VC- und PDR-Objekte

Die ALE-Modellsicht muss in die beteiligten Systeme verteilt werden. In jedem System müssen die ALE-Partnervereinbarungen generiert oder manuell angelegt werden.

Korrekturen an generierten Partnervereinbarungen

Nach der automatischen Generierung der Partnervereinbarungen müssen Sie in den allermeisten Fällen einige wichtige Korrekturen vornehmen! Öffnen Sie in der Transaktion WE20 die Details zum Ausgangsparameter `VCUI_SAVEM`, und korrigieren Sie gegebenenfalls den Basistyp von `VCUI_SAVEM01` in `VCUI_SAVEM02`. Mit dem Basistyp `VCUI_SAVEM01` würde das Oberflächendesign-IDoc im Zielsystem unkontrolliert außerhalb des PDR-Pakets eingebucht (SAP-Hinweis 1403560).

Prüfen Sie bei allen weiteren Nachrichtentypen, ob der aktuelle Basistyp eingetragen ist, der die UPS-Erweiterung unterstützt (BOMMAT04, CHRMAS04, CLFMAS02, CLSMAS04, CNPMAS03, DEPNET02, DOCMAS05, KNOMAS02, MATMAS05, VFNMAS02, VTAMAS02, VTMMAS02). In Systemen, die aus älteren Releases upgegradet wurden, können Sie eventuell noch ältere Basistypen vorfinden, die geändert werden müssen.

Unerlässlich sind die Kontrolle und die Korrektur falsch generierter Einstellungen im IDoc-Eingang.

Stellen Sie sicher, dass die in Tabelle 6.4 genannten Nachrichtentypen den zugehörigen Vorgangscode eingetragen haben.

Objekttyp	Nachrichtentyp	Vorgangscode
Stückliste	BOMMAT	BOMM
Dokument	DOCMAS	DOCM
Änderungsnummer	ECMMAS	ECM_UPS
Materialstamm	MATMAS	MATM

Tabelle 6.4 Zu kontrollierende Nachrichtentypen und ihre Vorgangscodes

Customizing für das Konfigurationsmanagement

Die notwendigen Einstellungen am Konfigurationsmanagement finden Sie unter folgendem Customizing-Pfad: Logistik Allgemein • Konfigurationsmanagement • Anwendungssteuerung. Die PDR bedient sich des Konfigurationsmanagement-Frameworks; daher müssen in diesem Bereich einige Einstellungen gemacht werden.

Zunächst definieren Sie die Lebenszyklusphase. Rufen Sie dazu die Aktivität Lebenszyklus-Profil definieren auf. Das Profil für die PDR soll nur eine einzige *Lebenszyklusphase* haben. Legen Sie eine neue Lebenszyklusphase an, und tragen Sie diese in ein ebenfalls neu erstelltes *Lebenszyklusprofil* für PDR ein (in die Felder Phase von und Phase bis).

Das *Auflösungsprofil* steuert die Strukturauflösung eines Produktmodells durch FOX (*Framework for Object EXplosion*). Ausgehend vom Top-Produkt (»Root«) werden alle VC-Objekte eingesammelt. Über alle Stücklistenstufen hinweg werden Materialien, Konfigurationsprofile, Beziehungswissen, Klassen, Merkmale etc. aufgrund ihrer gegenseitigen Zuordnungen ermittelt. Mit dem Auflösungsprofil werden die Auflösungskriterien bzw. Einschränkungen für die mehrstufige Strukturauflösung festgelegt, u.a. der Ausschluss bestimmter Objekttypen oder -verknüpfungen oder die Stücklistenanwendung für die mehrstufige Stücklistenauflösung (z.B. PP01, SD01).

Legen Sie in der Aktivität AUFLÖSUNGSPROFIL DEFINIEREN ein neues Auflösungsprofil als Kopie des Standardprofils SAPREPLICA im Kundennamensraum an (kopieren Sie auch alle abhängigen Einträge).

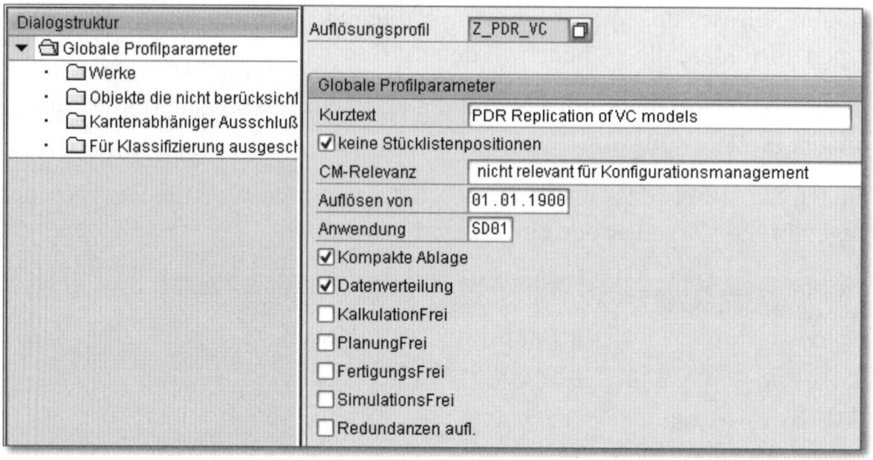

Abbildung 6.22 Auflösungsprofil

Nehmen Sie folgende Einstellungen vor:

- KEINE STÜCKLISTENPOSITIONEN: dieses Häkchen für PDR setzen
- CM-RELEVANZ: NICHT RELEVANT FÜR KONFIGURATIONSMANAGEMENT wählen
- AUFLÖSEN VON: Vorschlagswert für das untere Datumslimit für die Auflösung – tragen Sie das übliche untere Datumslimit 01.01.1900 ein.
- ANWENDUNG: Stücklistenanwendung, mit der die mehrstufige Stücklistenstruktur aufgelöst werden soll (z.B. SD01, PP01)
- KOMPAKTE ABLAGE: Für PDR wird die kompakte Strukturablage empfohlen.
- DATENVERTEILUNG: Für PDR ist dieses Kennzeichen zu setzen.

Navigieren Sie nun mit einem Doppelklick in die Dialogstruktur zu dem Profil:

- WERKE: Tragen Sie hier die Werke ein, zu denen die Stücklisten Ihrer VC-Produktmodelle aufgelöst werden sollen.
- OBJEKTE, DIE NICHT BERÜCKSICHTIGT WERDEN SOLLEN: Falls Sie hier Einträge machen, stoppt die FOX-Strukturauflösung bei diesen Objekttypen.
- KANTENABHÄNGIGER AUSSCHLUSS VON OBJEKTEN: Die Einträge sollten aus dem Vorlageprofil SAPREPLICA kopiert worden sein (siehe Abbildung 6.23).

Kantenabhängiger Ausschluß von Objekten

Objekttyp	Aufrufende Beziehung	Abhängige Beziehung
CLAS Klasse	CLA2DEP Klasse im Beziehungswissen	SUBCLF2CLA Unterklassifizierung einer Klasse
CLAS Klasse	SUBCLA2CLF Unterklasse einer Klassifizierung	SUPCLF2CLA Oberklassifizierung einer Klasse
CLAS Klasse	SUPCLA2CLF Oberklasse einer Klassifizierung	SUBCLF2CLA Unterklassifizierung einer Klasse
CLSF Klassifizie	CLF2DEP Klassifizierung im Beziehungswissen	SUBCLA2CLF Unterklasse einer Klassifizierung
CLSF Klassifizie	CLF2OBJ Klassifizierung eines Objekts	OBJ2CLF Objekt einer Klassifizierung
CLSF Klassifizie	CLF2OBJ Klassifizierung eines Objekts	SUBCLA2CLF Unterklasse einer Klassifizierung
CLSF Klassifizie	SUPCLF2CLA Oberklassifizierung einer Klasse	OBJ2CLF Objekt einer Klassifizierung
CLSF Klassifizie	SUPCLF2CLA Oberklassifizierung einer Klasse	SUBCLA2CLF Unterklasse einer Klassifizierung
DOCU Dokument	ANY_TYPE beliebiger Linktyp	MAT2DOC Material zu einem Dokument
DOCU Dokument	SUBDOC2DOC untergeordnetes Dokument zu einem Dc	SUPDOC2DOC übergeordnetes Dokument zu einem Dok

Abbildung 6.23 Kantenabhängiger Ausschluss von Objekten

Sollten die Einträge fehlen, rufen Sie die Transaktion UPSSETUP erneut auf; kontaktieren Sie gegebenenfalls den SAP-Support. Fahren Sie erst fort, wenn die Einträge vorhanden sind; ohne sie funktioniert die PDR nicht korrekt!

Das Auflösungsergebnis wird blockweise in die Baseline-Struktur geschrieben. In der Customizing-Aktivität BLOCKGRÖSSE BEI AUFLÖSUNG EINSTELLEN hat sich ein Wert von 100.000 bewährt.

UPS-Customizing

Customizing-IMG: LOGISTIK ALLGEMEIN • PRODUCT DATA REPLICATION • APPLICATION LINK ENABLING (ALE) • UNIFORM PACKAGING SERVICE (UPS).

Nachdem Sie das Customizing für ALE und Konfigurationsmanagement abgeschlossen haben, kommen wir zum Herz der PDR, dem *Uniform Packaging Service* (UPS).

Mit dem UPS kann eine beliebige Liste von Objekten als Paket von einem System an ein Zielsystem verteilt werden. Integrierte Mechanismen wie Objekt-Serialisierung gewährleisten Datenvollständigkeit und -konsistenz. Die Verteilung mit UPS basiert auf ALE-Verteilungseinheiten.

Zentrale Einstellungen für die Verteilung

Für die folgenden zentralen Einstellungen wird kein Transportauftrag erzeugt, nehmen Sie sie in allen Systemen/Mandanten vor.

- **Verzögerung bei synchronen Jobs**
  Für das Versenden und Einbuchen von PDR-Paketen werden Jobs (`RUPSSEND`, `RUPSPOST`) eingeplant. Unabhängig von dem hier eingetragenen Wert vergehen bis zu eineinhalb Minuten, bis der Job tatsächlich losläuft – das ist im Dialogmodus lästig.

[+]

SAP-Hinweis 1514681

Bauen Sie den SAP-Hinweis 1514681 ein. Dann wird das Senden und Einbuchen exakt um die angegebene Zeit verzögert (Vorschlag: 2 s).

- **Größe IDoc-Gruppe beim Senden**
  Anzahl der pro parallelem Prozess paketweise erzeugten IDocs. Starten Sie mit einem Wert von 50.
- **Anzahl Prozesse zum IDoc-Aufbau**
  Während des Versands eines PDR-Pakets werden die IDocs zur Performance-Optimierung in parallelen Prozessen erzeugt. Fünf parallele Prozesse sind ein sinnvoller Wert.
- **Logon/Server-Gruppe zum IDoc-Aufbau**
  Dieses Feld kann normalerweise leer bleiben. Fragen Sie gegebenenfalls Ihr SAP-Basisteam.

Objekttypen

Unter OBJEKTTYPEN DEFINIEREN finden Sie eine Liste aller *Objekttypen*, die mit PDR verteilt werden können. Zu den VC-Objekten, für die Sie beim ALE-Customizing bereits Nachrichtentypen ausgewählt haben, gibt es auch korrespondierende UPS-Objekttypen.

Für jeden Objekttyp wird unter OBJEKTTYPEN - ABHÄNGIGKEITEN seine Abhängigkeit von Vorgängern bzw. zu Nachfolgern definiert. Aus diesen Abhängigkeiten bestimmt die PDR die globale Reihenfolge, in der die Objekte im Zielsystem eingebucht werden. Die Abhängigkeiten sind VC-Modellierern wohlbekannt. So sind Merkmale (CHR) Vorgänger von Klassen (CLS), Beziehungswissen (KNO) und Variantentabellen (VTA). Klassen (CLS) wiederum sind Vorgänger von Klassifizierung (CLF) und Constraint-Netzen (DEP). Die Abhängigkeiten sind im Standard-Customizing bereits gepflegt.

Prüfen Sie die Einstellungen unter ALE-SCHNITTSTELLE von Objekttyp VCUI (Oberflächendesign); korrigieren Sie den Basistyp gegebenenfalls in `VCUI_SAVEM02`.

Anschließend öffnen Sie für die Objekttypen CHR (Merkmal) und DEP (Beziehungsnetz) die Details OBJEKT IN DER VERTEILUNG. Aktivieren Sie die Option AUTOMATISCH NACHVERB – siehe Abbildung 6.24.

Diese Einstellung ist wegen der wechselseitigen Abhängigkeit von Merkmalen und den Merkmalen/Werten zugeordneten Beziehungswissen notwendig; bei Beziehungsnetzen wird bei der Objektdeklaration über die Materialnummer (Syntax IS_OBJECT) deren Klassifizierung vorausgesetzt. Durch das Nachverbuchungsflag werden während der Paketeinbuchung auf Fehler gelaufene IDocs in einem zweiten Anlauf erfolgreich eingebucht.

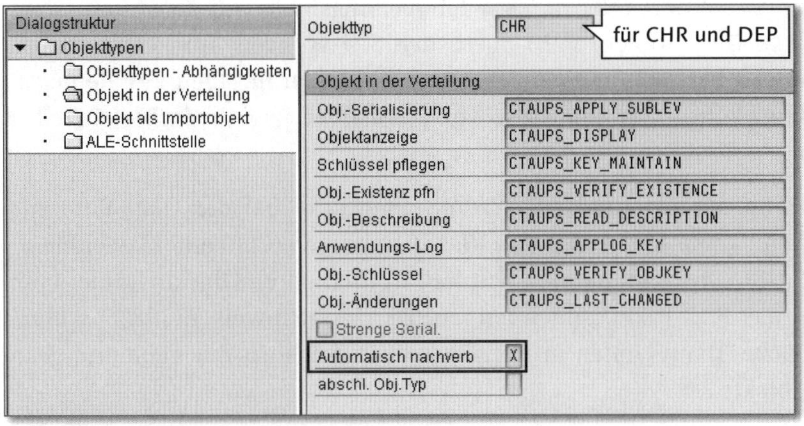

Abbildung 6.24 Aktivierung der automatischen Nachverbuchung

Generierung der Serialisierungsebenen (Report »RUPSHIELEV«)

Aus den einzelnen Abhängigkeiten der Objekttypen untereinander wird mit dem Report RUPSHIELEV eine Hierarchie zur Serialisierung bei deren Einbuchung erzeugt. Es wird die aus den einzelnen Abhängigkeiten ermittelte globale Serialisierung dargestellt (siehe Abbildung 6.25).

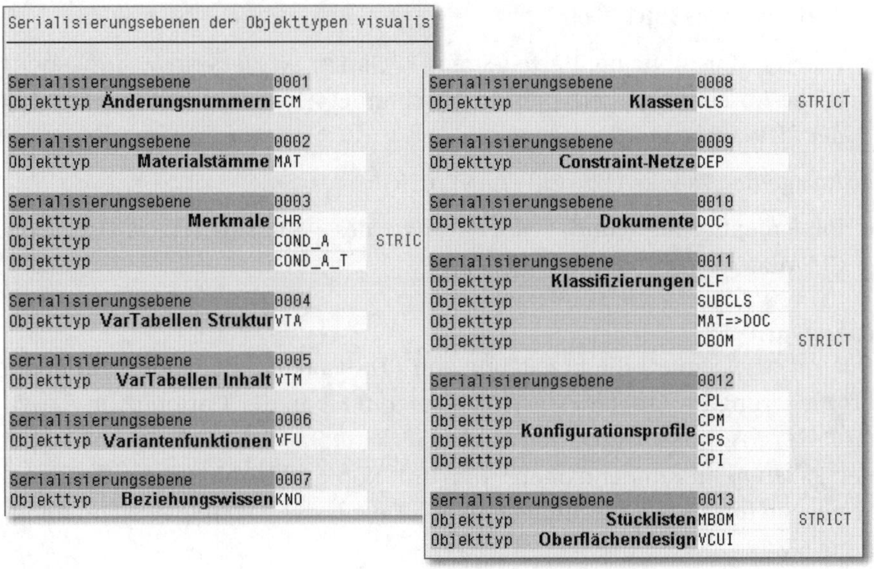

Abbildung 6.25 Serialisierung der VC-Objekte bei der Einbuchung

»Customizing Tuning«: Objekte mit Änderungsdienst, Delta-Filterung für Klassifizierung

Wenn Sie den Änderungsdienst nutzen und Objekte mit *gemischter Gültigkeit* (initialer Zustand *ohne* Änderungsnummer und Änderungsstände *mit* Änderungsnummer) pflegen, sind Einbuchungsfehler im Zielsystem wahrscheinlich. Das Problem wird durch den SAP-Hinweis 1493491 behoben. Der Hinweis hat auch in einem System ohne Änderungsdienst keine negativen Auswirkungen. Er sollte also vorsichtshalber »auf Verdacht« eingebaut werden.

PDR hat in der Standardauslieferung eine Lücke bei der Delta-Filterung. Auch wenn keine Änderungen an Klassifizierungen (CLF) und Klassenhierarchien (SUBCLS) vorgenommen wurden, werden deren Objekte immer komplett in das PDR-Paket aufgenommen. Der SAP-Hinweis 1338819 schließt diese Lücke. Dann landen in Delta-Paketen tatsächlich nur neue und geänderte Objekte.

Bauen Sie daher beide Hinweise – 1493491 (auch die Nachfolgekorrektur 1527557) und 1338819 – zusammen ein. Neben dem Einbau der Code-Korrekturen enthalten die Hinweise auch manuelle Aktivitäten:

- Objekttyp-Customizing für CHR und SUBCLS:
  - Unterstützung der Replikationstabelle aktivieren
  - Funktionsbausteine zur Ermittlung der letzten Änderung unter OBJEKT IN DER VERTEILUNG eintragen (der Code der Bausteine muss der aus Hinweis 1338819 sein)
- Pakettyp-Customizing: Verteil-Status P, OBJEKT IM ZIELSYSTEM EINGEBUCHT (siehe Abschnitt »Pakettypen« in Abschnitt 6.4.5, »Setup und Customizing der PDR«)
- Anlage der Tabelle UPS_CLF_LAST_CHG
- Implementierung und Aktivierung des Klassifizierungs-User-Exits CLFM0002

Pakettypen

Der *Pakettyp* steuert die Erzeugung von PDR-Paketen im Sende- und deren Prozessierung im Empfangssystem. Kopieren Sie in der Customizing-Aktivität PAKETTYPEN DEFINIEREN den Vorlage-Pakettyp SAP_REPLI auf einen eigenen Pakettyp im Kundennamensraum (mit Kopie aller abhängigen Einträge). Setzen Sie folgende Einstellungen in den Details des Pakettyps – siehe Abbildung 6.26:

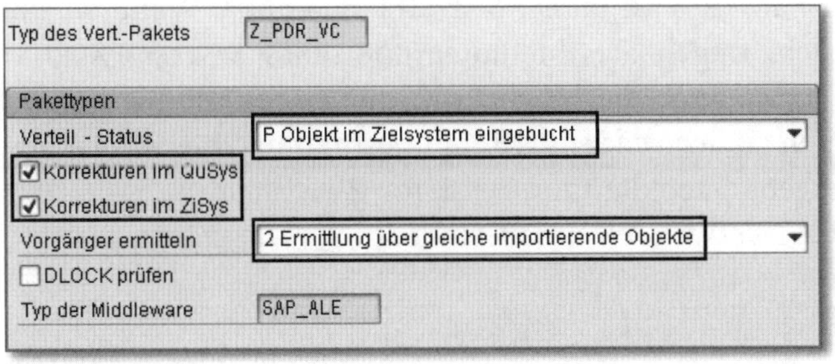

Abbildung 6.26 Einstellungen in den Pakettyp-Details

- Der Verteil-Status P OBJEKT IM ZIELSYSTEM EINGEBUCHT aktiviert die Replikationstabelle für die Delta-Filterung. Somit kommen nur neue und geänderte Objekte in das Paket.
- Fehler bei Paketeinbuchungen erfordern bisweilen Korrekturen, bei denen z.B. Objekte aus dem Paket gelöscht werden. Legen Sie fest, in welchem System die Korrektur erlaubt sein soll. Eine Korrektur im Quellsystem hat den Vorteil, transparent auf beiden Seiten zu sein, während eine Korrektur im Zielsystem nur dort sichtbar bleibt.
- Die Vorgängerermittlung 2 ERMITTLUNG ÜBER GLEICHE IMPORTIERENDE OBJEKTE verhindert Paket-Überholer: Ein Paket kann erst eingebucht werden, wenn alle Vorgängerpakete, die mindestens ein gleiches Objekt enthalten, abgeschlossen sind.

In der Dialogstruktur zum Pakettyp nehmen Sie folgende Einstellungen vor:

- **Verwaltete Objekttypen**
  Fügen Sie den fehlenden Objekttyp VCUI (Oberflächendesign) hinzu. Falls Sie bestimmte Objekte nicht per PDR transportieren möchten, löschen Sie deren Objekttyp.
- **Automatische Vorgangssteuerung**
  Sie können einstellen, ob bestimmte Schritte manuell oder automatisch ausgeführt werden sollen. Zu Beginn sollten Sie sich mit der manuellen Steuerung vertraut machen.
- **Quittierung an Sender**
  Die Paket-Status I8804 bis I8810 sollten hier vom Standard-Customizing kopiert worden sein. Falls nicht, ergänzen Sie sie.

Szenarien, Paketzuordnung

Unter SZENARIEN DEFINIEREN UND PAKETZUORDNUNGEN PFLEGEN treffen Sie die Zuordnung von logischem (Ziel-)System und Pakettyp. Legen Sie bitte *kein* eigenes Szenario an, es wird immer SAP_REPLI benutzt. Wenn Sie nur einen Pakettyp haben, tragen Sie ihn unter LOGISCHES SYSTEM PAKETTYP ZUORDNEN ein. Sie haben auch die Möglichkeit, für bestimmte Zielsysteme spezifische Pakettypen zu verwenden (z.B. um bestimmte Objekttypen auszuschließen). Im abgebildeten Beispiel wird für Zielsystem C75CLNT675 Pakettyp ZVC_NOMAT verwendet, für alle anderen Z_PDR_VC:

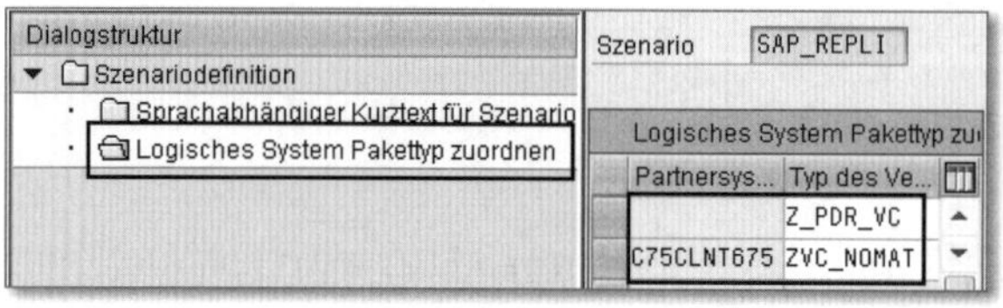

Abbildung 6.27 Zuordnung Pakettyp zu Zielsystem

Workflow-Customizing

Folgende Aktivitäten unter SAP BUSINESS WORKFLOW-CUSTOMIZING müssen für das Funktionieren der PDR ausgeführt werden (Customizing-IMG: LOGISTIK ALLGEMEIN • PRODUCT DATA REPLICATION • WORKFLOW-EINSTELLUNGEN FÜR DIE PRODUKTDATENVERTEILUNG • DOKUMENTENVERTEILUNG):

- **Ereignistyp-Kopplung aktivieren**
  Dieser Schritt ist äußerst wichtig. Wenn der Verteilauftrag und sein Paket nicht erzeugt werden, oder das Paket leer bleibt, ist die fehlende Ereignistyp-Kopplung meist der Grund.
- **Workflow-Customizing verifizieren**
  Mit dieser Aktivität können Sie das Workflow-Customizing kontrollieren und ergänzen (teilweise systemunterstützt). Es ist für das Funktionieren der PDR nicht erforderlich, dass tatsächlich alle Einträge den grünen Haken haben. Jedoch müssen die Punkte unter LAUFZEITUMGEBUNG PFLEGEN vervollständigt und somit grün werden. Relevant ist außerdem der Punkt VORSATZNUMMERN PFLEGEN unter DEFINITIONSUMGEBUNG PFLEGEN.

  Markieren Sie einen »roten« Eintrag, und klicken Sie auf den Button AUTOMATISCHES WORKFLOW-CUSTOMIZING DURCHFÜHREN oder den Button AUSFÜHREN für die manuelle Ausführung.
- **Kontext definieren**
  Folgende Einstellung eignet sich für PDR:
  - ‚*' (Stern) in Feld KONTEXT
  - Flag VERS. SOFORT aktiviert

- **Verteilungsart**
  Stellen Sie unter VERTEILUNGSART DEFINIEREN sicher, dass für ALE das Aktiv-Flag gesetzt ist. Kontrollieren Sie unter GENERIERUNG DER VERTEILAUFTRAGSPAKETE, ob der Funktionsbaustein CVVCM_GENERATE_ALE_DISTRIB für ALE eingetragen ist.

Customizing-Transport, abschließendes UPSSETUP

Nachdem das Customizing abgeschlossen ist, rufen Sie nochmals die Transaktion UPSSETUP auf. Importieren Sie die Customizing- und Workbench-Transportaufträge in das Q- und P-System, und rufen Sie auch dort die Transaktion UPSSETUP nochmals auf.

Sie können die Customizing-Einstellungen zwischen den Systemen mit der Transaktion SCU0 vergleichen. Nutzen Sie auch den speziellen Prüfreport RUPSCHECKCUSTOMIZING für das PDR-Customizing (SAP-Hinweis 1113681).

6.4.6 Replikation eines VC-Modells mit der PDR

Nachdem die Einrichtung der PDR abgeschlossen ist, sollten Sie testweise ein komplettes VC-Modell replizieren. Erzeugung und Versand eines PDR-Pakets steuern Sie in der Replication Workbench (Transaktion CRWBD).

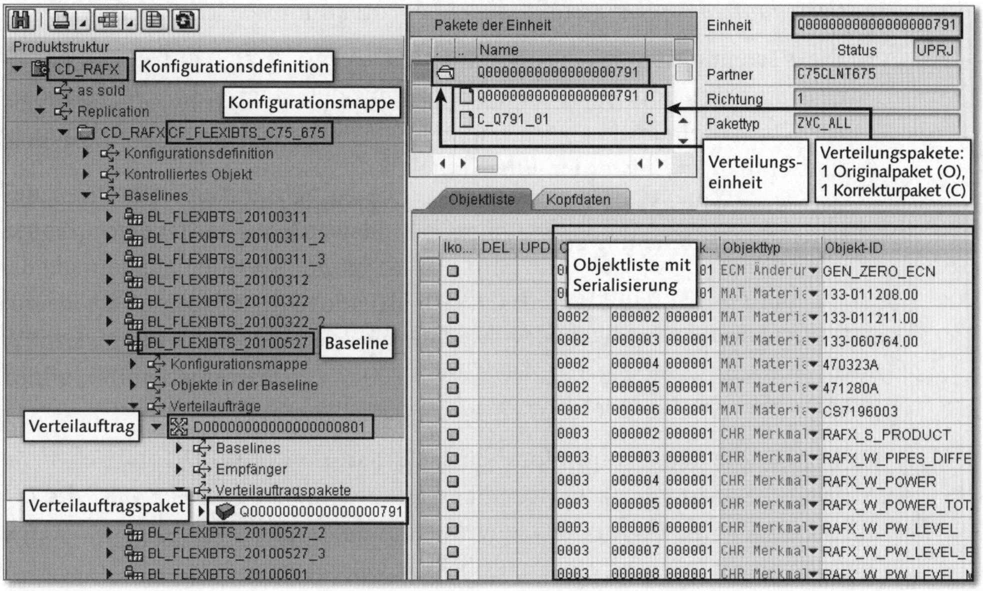

Abbildung 6.28 Replication Workbench

Lassen Sie uns zunächst einige Begriffe erläutern:

- Die *Konfigurationsdefinition* fasst mehrere Konfigurationsmappen zusammen. Sie können eine Konfigurationsdefinition für alle PDR-Konfigurationsmappen benutzen oder diese organisatorisch mit mehreren Definitionen bündeln. Funktionelle Bedeutung hat die Konfigurationsdefinition nicht.
- In einer *Konfigurationsmappe* werden das zu verteilende Kopfmaterial und das bzw. die Zielsystem(e) definiert. Sie können auch mehrere Materialnummern eintragen und somit deren Modelle gemeinsam übertragen.
- Mit dem ***F**ramework for **O**bject **EX**plosion* (FOX) werden die Objekte des VC-Modells aufgelöst.
- Die *Baseline* wird in einer Konfigurationsmappe erstellt und entspricht einer Replikation. Sie stellt ein Verzeichnis aller im Produktmodell enthaltenen Einzelobjekte dar, aber nicht von deren Objektinhalten. Diese werden erst später bei der IDoc-Erstellung eingelesen. Das Ergebnis des FOX zum Auflösungszeitpunkt wird in der *Baseline* eingefroren. Pro Konfigurationsmappe können beliebig viele Baselines erstellt werden.
- Ein *Verteilauftrag* wird beim Verteilungsstart für eine Baseline angelegt; er enthält lediglich die Information über die Zielsysteme.
- Aus dem Verteilauftrag wird beim Start sofort für jedes Zielsystem ein *Verteilauftragspaket* erstellt (gleichbedeutend mit *Verteilungseinheit*).
- Die Verteilungseinheit besteht aus *Verteilungspaketen*: aus genau einem *Originalpaket* und gegebenenfalls einem oder mehreren *Korrekturpaketen*. Das Originalpaket wird automatisch beim Verteilungsstart angelegt und enthält die Liste der Einzelobjekte inklusive deren Änderungsständen. Korrekturpakete werden bei Bedarf manuell angelegt, um Fehler bei der Paket-Einbuchung zu beheben.

Weiterführende Erläuterungen finden Sie auch in der SAP-Online-Hilfe: *http://help.sap.com* • SAP ERP • ERP CENTRAL COMPONENT (z. B. 6.0 SP17) • SAP ERP CENTRAL COMPONENT • LOGISTIK • PRODUCT LIFECYCLE MANAGEMENT (PLM) • PLM PRODUKTDATENVERTEILUNG.

Starten Sie die Replication Workbench (Transaktion CRWBD), und gehen Sie Schritt für Schritt wie nachfolgend beschrieben vor. In dem Beispiel wird die Replikation eines VC-Modells vom Mandant 875 nach Mandant 675 desselben Systems (C75) beschrieben. Es besteht kein prinzipieller Unterschied zur Replikation zwischen verschiedenen Systemen.

Konfigurationsdefinition und -mappe

Beim ersten Aufruf legen Sie die *Konfigurationsdefinition* und die erste Konfigurationsmappe gemeinsam an (Button PRODUKTMAPPE ANLEGEN, siehe Abbildung 6.29):

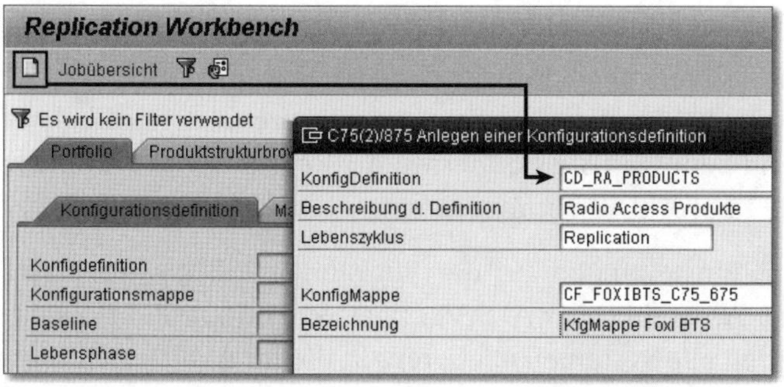

Abbildung 6.29 Konfigurationsdefinition und -mappe anlegen

Die erste *Konfigurationsmappe* wurde hier zusammen mit der Konfigurationsdefinition angelegt. Weitere Mappen legen Sie an, indem Sie die Konfigurationsdefinition öffnen und in deren Kontextmenü KONFIGURATIONSMAPPE ANLEGEN wählen.

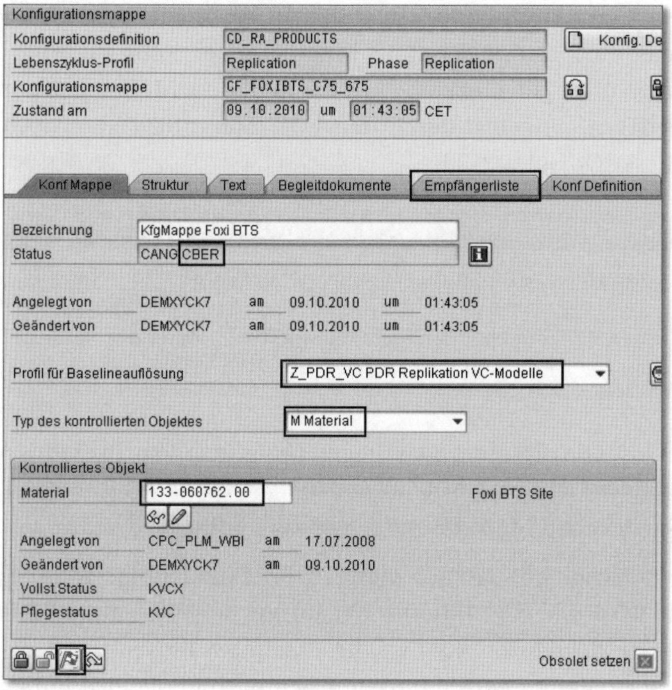

Abbildung 6.30 Konfigurationsmappe

Tragen Sie nun die Details in der Konfigurationsmappe ein (siehe Abbildung 6.30, Registerkarte KONF MAPPE):

- PROFIL FÜR BASELINEAUFLÖSUNG: Wählen Sie das für die PDR angelegte Auflösungsprofil.
- TYP DES KONTROLLIERTEN OBJEKTES: Wählen Sie den Eintrag M MATERIAL.
- MATERIAL: Tragen Sie hier die Materialnummer des Kopf-KMAT ein. Sie können auch mehrere VC-Modelle zusammen replizieren. Lassen Sie dann dieses Feld leer, und benutzen Sie stattdessen die Registerkarte STRUKTUR; tragen Sie dort alle Kopf-KMAT-Nummern ein.

Nehmen Sie folgende Einstellungen auf der Registerkarte EMPFÄNGERLISTE vor: Wählen Sie in der Auswahl unter ALE-VERTEILUNGSEINHEIT: PARTNER das Zielsystem. Hier werden alle Systeme angeboten, in die im ALE-Verteilungsmodell UPSMAS-IDocs verteilt werden dürfen. Falls zuerst das Auswahl-Popup mit INTERNE BENUTZER, VERTEILERLISTEN etc. erscheint, brechen Sie dieses ab. Anschließend erhalten Sie die Auswahl der logischen Systeme.

Geben Sie anschließend mit dem Button BASELINING FREIGEBEN die Konfigurationsmappe frei. Die Mappe erhält den Status CBER.

Baseline

Für jede Replikation eines Produktmodells zu einem bestimmten Zeitpunkt erstellen Sie jeweils eine eigene Baseline innerhalb der Konfigurationsmappe. Die Baseline enthält alle Einzelobjekte, die in diesem Moment zu der Produktstruktur gehören, aufgelöst durch den FOX. Sie enthält aber noch nicht die Inhalte dieser Objekte!

[+] **Konfigurationsmappe direkt öffnen**

Öffnen Sie eine existierende Konfigurationsmappe in der Transaktion CRWBD direkt über die Registerkarte MAPPE und ohne die übergeordnete Konfigurationsdefinition. Das spart den ohnehin knappen Platz im Struktur-Browser der Replication Workbench.

Das Anlegen und Auflösen einer Baseline erledigen Sie in einem Schritt durch Einplanen eines Jobs über das Kontextmenü der Mappe: HINTERGRUNDVERARBEITUNG • BASELINE ANLEGEN UND AUFLÖSEN (siehe Abbildung 6.31).

Es mag ungewohnt erscheinen, dass für diesen Schritt (und einige weitere) ein Job eingeplant wird und die Aktion nicht im Vordergrund ausgeführt wird. Bei sehr großen Strukturen können die Baseline-Auflösung und die nachfolgende Paketerstellung, -versendung und -einbuchung jedoch einige

Zeit in Anspruch nehmen. Durch einen Batchjob wird kein Dialog-Workprozess blockiert und das Risiko eines Timeouts vermieden.

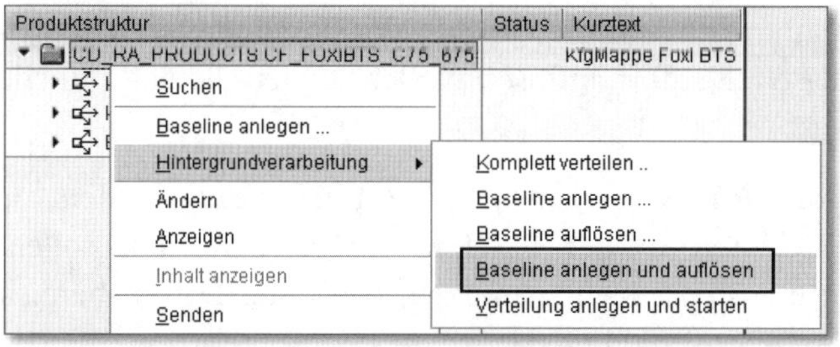

Abbildung 6.31 Anlage und Auflösung einer Baseline

In dem Popup-Dialog zur Job-Einplanung tragen Sie die Details der Baseline ein (siehe Abbildung 6.32).

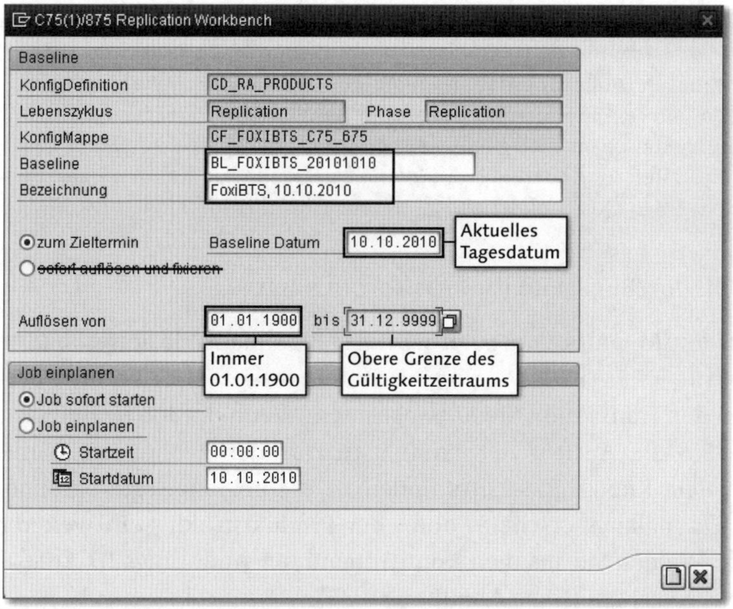

Abbildung 6.32 Details der Baseline

Tragen Sie Name und Bezeichnung der Baseline ein.

Datum in den Namen der Baseline aufnehmen [+]

Da die Baseline einen eindeutigen Datumsbezug hat, nehmen Sie das Datum der Baseline in den Namen auf. Dies verbessert die Übersicht und erleichtert das spätere Auffinden einer Baseline.

Wählen Sie nicht den Radiobutton SOFORT AUFLÖSEN UND FIXIEREN. Dies würde ungewollt die Stückliste historienpflichtig machen. Belassen Sie die Auswahl auf ZUM ZIELTERMIN. Das BASELINE DATUM ist nicht zu verwechseln mit dem Gültigkeitsdatum, zu dem die Objekte der Baseline eingesammelt werden. Da Sie die Baseline sofort auflösen wollen, tragen Sie das aktuelle Tagesdatum ein.

In den Feldern AUFLÖSEN VON • BIS tragen Sie den Zeitbereich ein, zu dem die Änderungsdienst-Gültigkeiten in der Baseline aufgelöst werden sollen. Wenn Sie den Änderungsdienst nicht benutzen, spielt der Datumsbereich keine Rolle. Geben Sie 01.01.1900 und 31.12.9999 ein.

Auch bei Nutzung des SAP-Änderungsdienstes sollten Sie als untere Grenze immer 01.01.1900 angeben. Mit der oberen Datumsgrenze können Sie gegebenenfalls neuere Änderungsstände aus der Baseline-Auflösung ausschließen.

[!]

Unteres Auflösungsdatum: Gefahr von Replikations-Schiefständen

Setzen Sie das untere Auflösungsdatum immer auf 01.01.1900. Mit einem »echten« Datum, das ältere Änderungsstände aus der Baseline ausschließt, werden nur neuere Änderungsstände ins Zielsystem gesendet und angelegt. Nachfolgend können dann keine älteren Änderungsstände mehr eingebucht werden, und die Objekthistorie wäre in Quell- und Zielsystem unterschiedlich!

Belassen Sie die Job-Einplanung auf JOB SOFORT STARTEN.

Mit dem Button CM-OBJEKT ANLEGEN wird der Baseline-Auflösungsjob (`CM_CONFIGBASELINE_CREATEMULTI`) eingeplant und gestartet. Sie können dessen Verlauf in der Transaktion SM37 beobachten. Wenn der Job beendet ist, aktualisieren Sie die Ansicht der Produktstruktur der Replication Workbench. Unter dem Knoten BASELINES finden Sie die neu angelegte Baseline. Nach einem Doppelklick erscheint unter der Produktstruktur ein weiterer Detailbereich. Wählen Sie aus dem Kontextmenü der Auflösungs-ID AUFLÖSUNGSERGEBNIS ANZEIGEN (siehe Abbildung 6.33).

Die Statistik der Auflösung listet die Anzahl der Objekte je Objekttyp auf. Sie können über den Button AUFLÖSUNG ANZEIGEN alle Objekte des Produktmodells auch hierarchisch strukturiert anzeigen und darin über die Suchfunktion beliebige Objekte finden. Zu jedem Objekt haben Sie die Möglichkeit, z. B. seine Nachbarn (Vorgänger und Nachfolger) oder seinen Pfad zum Root-Objekt zu ermitteln.

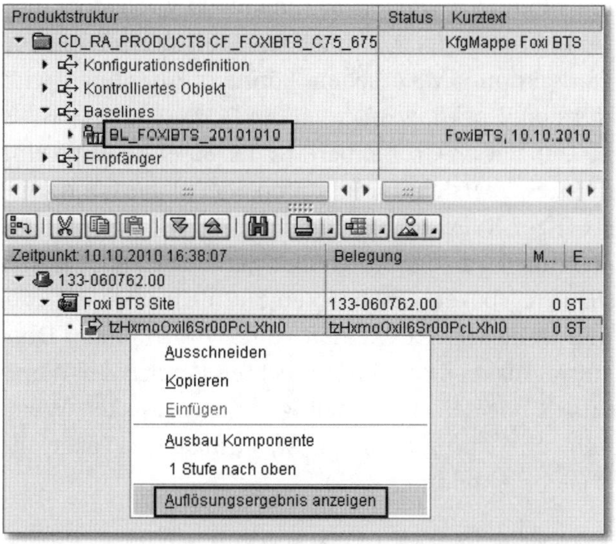

Abbildung 6.33 Ergebnis der Baseline-Auflösung anzeigen

Verteilauftrag, Verteilungseinheit, Verteilungspaket

Nachdem mit der Baseline-Auflösung nun bekannt ist, welche Objekte in Ihrem VC-Modell stecken, legen Sie den eigentlichen Verteilauftrag an. Wählen Sie dazu aus dem Kontextmenü der Baseline VERTEILUNG ANLEGEN UND STARTEN. Anders als der Begriff vielleicht suggeriert, wird – bei manueller Vorgangssteuerung, siehe Customizing »Pakettypen«, Seite 440 – der Versand des UPS-Pakets noch nicht gestartet. Es wird jedoch sofort aus dem Verteilauftrag ein Verteilungspaket erstellt.

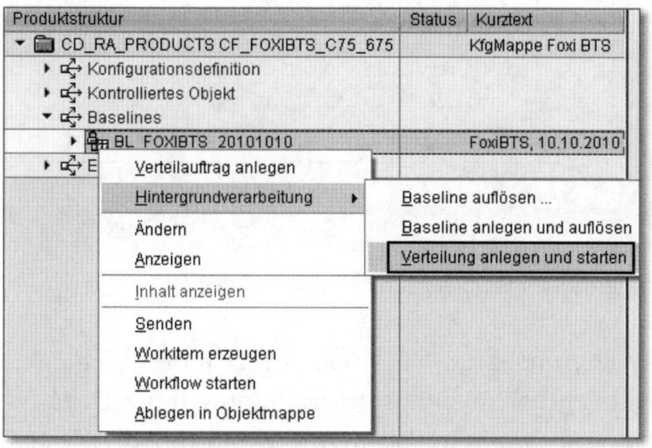

Abbildung 6.34 Starten der Verteilung für eine Baseline

Im erscheinenden Popup wählen Sie wiederum JOB SOFORT EINPLANEN. Der Job selbst (CRWB_MULTIPLE_DISTORDERS) ist nach wenigen Sekunden beendet, wie Sie in der Transaktion SM37 sehen können. Allerdings wird dadurch ein Programm für den Workflow-User WF-BATCH gestartet, das bei größeren Strukturen eine Laufzeit im Größenbereich der Baseline-Auflösung hat. Beobachten Sie die Prozessübersicht (Transaktion SM50), bis die Aktivitäten des Users WF-BATCH zur Ruhe gekommen sind. Dann öffnen Sie die Struktur unterhalb der Baseline und navigieren über den Verteilauftrag zum soeben erstellten Verteilauftragspaket. Erschrecken Sie nicht über das rote Status-Icon – das bedeutet in diesem Fall keinen Fehler. Nach einem Doppelklick auf das Verteilauftragspaket erscheint im rechten Bereich der Workbench die Verteilungseinheit mit dem gleichnamigen Originalpaket. Wenn das PDR-Setup vollständig und korrekt erfolgt ist, enthält das Paket alle Objekte des VC-Modells (siehe Abbildung 6.35).

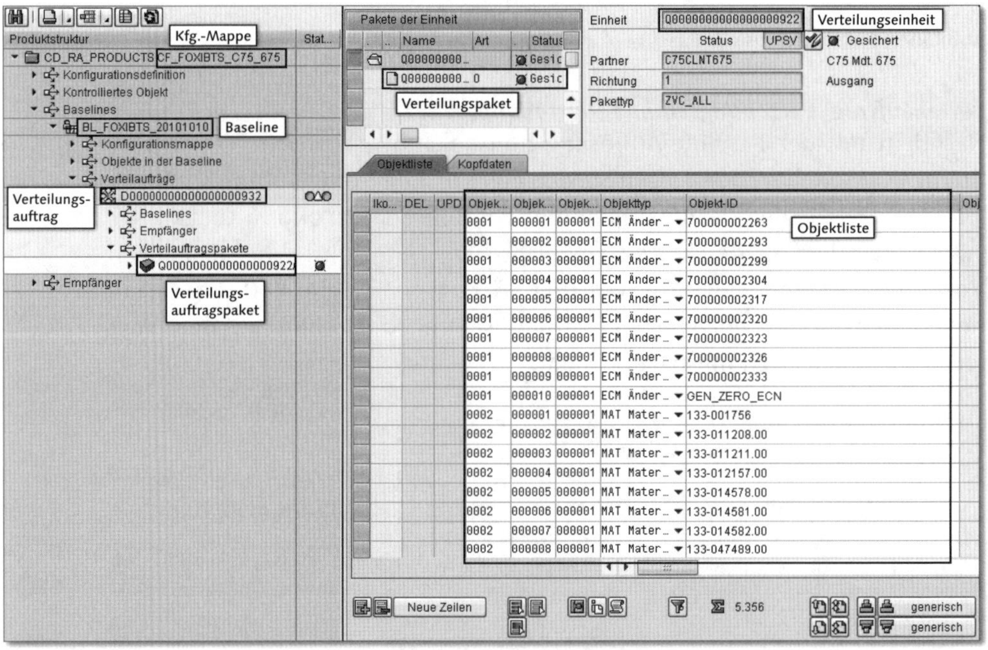

Abbildung 6.35 PDR-Verteilungspaket mit Objekten des Produktmodells

Beachten Sie, dass nach Änderungen im VC-Modell in nachfolgenden Paketen nicht mehr alle Objekte enthalten sind, sondern aufgrund der Delta-Filterung nur neue und geänderte (wenn im Pakettyp-Customizing der Verteil-Status auf P OBJEKT IM ZIELSYSTEM EINGEBUCHT eingestellt ist, siehe S. 441).

Versand des UPS-Pakets

Das Verteilungspaket enthält lediglich die Information, *welche* Objekte verteilt werden sollen, jedoch noch nicht deren Inhalt. Die Liste stammt aus der Baseline-Auflösung; der Inhalt der Objekte wird erst beim Versand des Pakets abgegriffen und in die dabei erzeugten IDocs »übersetzt«. Daher sollte das Produktmodell in der Zeit zwischen Baseline-Auflösung, Erzeugung des Pakets und dessen Versand nicht verändert werden; so stellen Sie Konsistenz zwischen Baseline und Paketinhalt sicher. Nachdem Sie im vorangegangenen Schritt das Verteilungspaket erstellt haben, versenden Sie es nun und buchen es anschließend im Zielsystem ein.

Betrachten wir zunächst den Versand: Rechts oben wird der Status der Verteilungseinheit angezeigt; nach Erstellung des Pakets ist er UPSV (GESICHERT). Ändern Sie ihn über den Button daneben auf UPRL (PAKET FREIGEGEBEN). Damit wird der Button PAKETE SENDEN (F8) in der Buttonleiste aktiv. Klicken Sie ihn an, und bestätigen Sie das Popup mit JOB SOFORT STARTEN.

Der Job `RUPSSEND` erstellt nun zu jedem Objekt ein IDoc und schickt es ins Zielsystem. Das UPSMAS-IDoc verschickt die Paketinformation. Sie können IDoc-Erstellung und -Versand in der Transaktion BD87 verfolgen.

Paket im Display-Modus belassen [!]

Beachten Sie, dass mit dem Start von `RUPSSEND` das Paket in den Display-Modus geschaltet wurde. Wechseln Sie nicht in den Änderungs-Modus während die Replikation im Zielsystem aktiv ist! Ansonsten können die Status-Updates aus dem Zielsystem (UPSRCP-IDocs) nicht eingebucht werden.

Nach Empfang des Pakets im Zielsystem wechselt der Status auf UPRC (EMPFANGEN). Lassen Sie sich auch hier nicht durch das rote Status-Icon irritieren – es bedeutet keinen Fehler. Jedes Objekt hat nun ein grünes Status-Icon (IDOC ERSTELLT/VERSANDT), und in der Spalte NACHRICHTEN wurde die Nummer des zugehörigen IDocs eingetragen – siehe Abbildung 6.36.

Das Paket steht nun im Zielsystem zur Einbuchung bereit. Im ALE-Statusmonitor (Transaktion BD87) können Sie die zugehörigen IDocs überprüfen:

- **Auf Senderseite**
  - alle einzelnen Objekt-IDocs (Ausgang)
  - 1 UPSMAS-IDoc (Ausgang) – das Paket
  - 1 UPSRCP-IDoc (Eingang) – die Quittung aus dem Zielsystem

- **Auf Empfängerseite**
  - alle einzelnen Objekt-IDocs mit (beabsichtigtem) Fehlerstatus 51 VERBUCHUNG NUR MÖGLICH DURCH VERTEILUNGSEINHEIT QNN (Eingang)
  - 1 UPSMAS-IDoc gebucht (Eingang) – das Paket
  - 1 UPSRCP-IDoc (Ausgang) – die Quittung ins Sendesystem

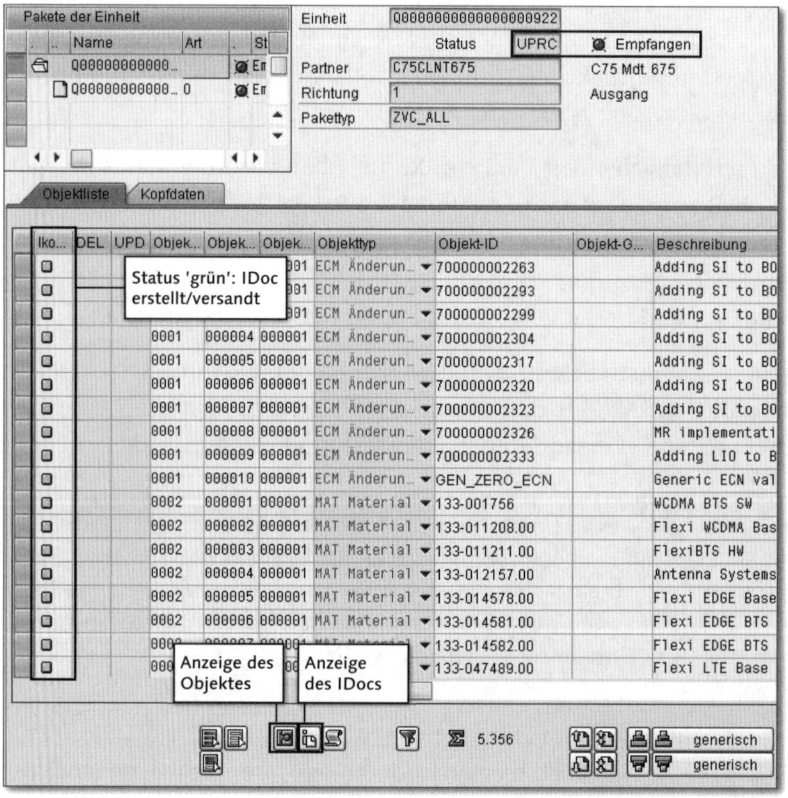

Abbildung 6.36 Paket nach erfolgreichem Versand und Empfang im Zielsystem

Einbuchung des Pakets

Wechseln Sie nun ins Zielsystem. In der Transaktion UPS wird Ihnen das soeben empfangene Paket angeboten (mit dem Tastaturbefehl [F8] sehen Sie alle Pakete). Öffnen Sie das Paket im Änderungsmodus. Es ist fast identisch mit dem Paket aus dem Sendesystem. In der Spalte NACHRICHTEN sind jedoch nun die Nummern der IDocs im Empfangssystem eingetragen. Es kann hier u.U. noch Lücken geben, falls noch nicht alle Objekte identifiziert wurden, d.h. die Relation zwischen Objekt und IDoc noch fehlt. Sie erhalten in diesem Fall vor der Genehmigung des Pakets noch ein Hinweis-Popup, dass nun die fehlenden Objekte identifiziert werden.

An dieser Stelle haben Sie noch die Möglichkeit, die Replikation zu stoppen, indem Sie den Status des Pakets auf UPRJ (ABGELEHNT) setzen. Dadurch werden die Objekt-IDocs nicht eingebucht, sondern mit Status 68 (FEHLER, KEINE WEITERE BEARBEITUNG) abgeschlossen. Da Sie aber das empfangene Paket in diesem Beispiel nun einbuchen wollen, wechseln Sie den Paketstatus in UPAP (GENEHMIGT, siehe Abbildung 6.37). Der Button EINBUCHEN wird damit aktiv. Klicken Sie ihn an.

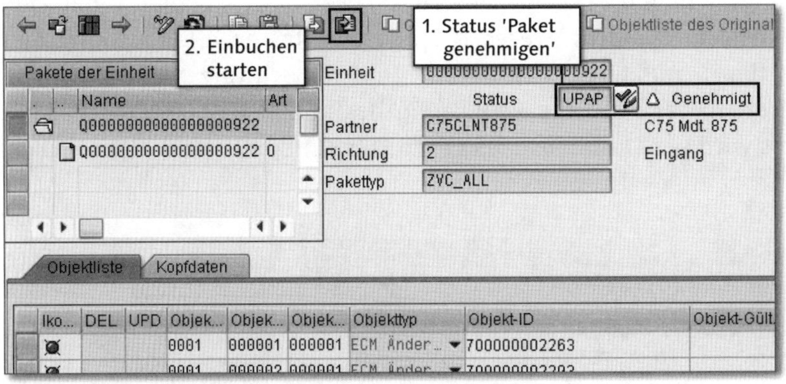

Abbildung 6.37 Einbuchung des Pakets im Zielsystem

In dem darauffolgenden Popup zur Job-Einplanung markieren Sie unbedingt den Radiobutton VOLLSTÄNDIGE VERBUCHUNG.

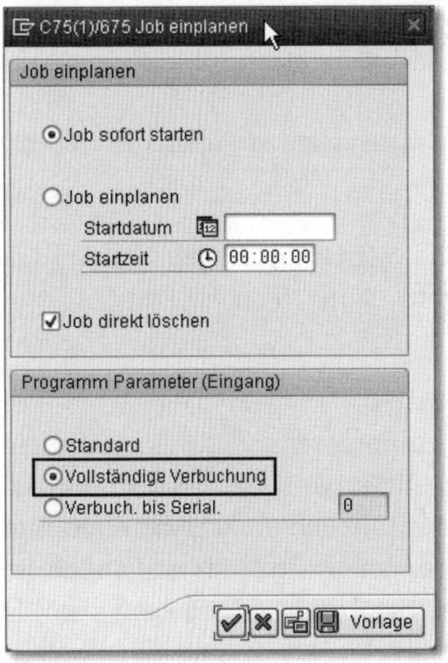

Abbildung 6.38 Einbuchungsjob – Option »Vollständige Verbuchung«

Die Option VOLLSTÄNDIGE VERBUCHUNG stellt sicher, dass bei unvermeidlichen IDoc-Posting-Fehlern bei Objekttypen mit automatischer Nachverbuchung (z.B. Merkmale mit Beziehungswissen-Zuordnung, siehe S. 438) die Paketeinbuchung nicht abbricht, sondern fortgesetzt wird. In einem automatischen zweiten Einbuchungslauf werden diese IDocs dann erfolgreich nachgebucht.

Mit dem Start des Jobs bzw. Programms RUPSPOST werden alle IDocs des Pakets eingebucht und damit die Objekte angelegt bzw. geändert. Wenn kein Einbuchungsfehler auftritt, wechselt der Paketstatus nach Einbuchung aller IDocs in den Status UPPO (VERBUCHT), und die schwarz-weiße Zielflagge symbolisiert die erfolgreiche Replikation des kompletten Produktmodells. Der Status wird per Quittungs-IDocs (Typ UPSRCP) ins Sendesystem rückgemeldet.

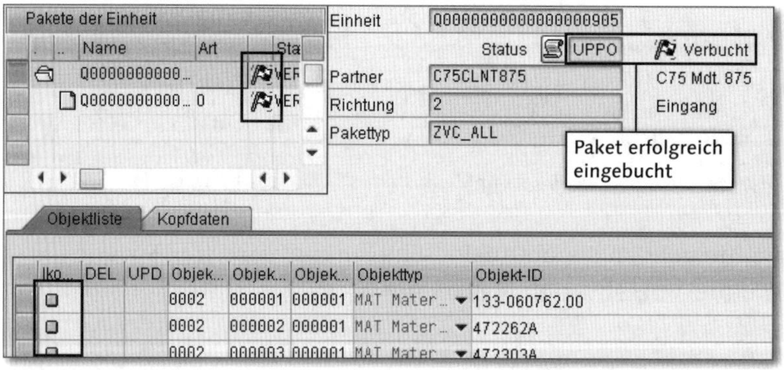

Abbildung 6.39 Paket erfolgreich eingebucht – VC-Modell repliziert!

Ihr VC-Modell ist nun im Sende- und Empfangssystem völlig identisch.

Korrekturpaket

Es kann passieren, dass ein UPS-Paket nicht vollständig eingebucht werden kann. Einzelne Objekte haben dann ein rotes Status-Icon im Empfangssystem und deren IDocs bleiben im Fehlerstatus 53. Es gibt einige mögliche Ursachen:

- Das Objekt kann nicht wie gewünscht geändert werden, z.B. kann für ein Merkmal, das in Beziehungswissen verwendet wird, das EINSCHRÄNKBAR-Flag nicht geändert werden, oder aus einer Tabellenstruktur kann ein Feld nicht entfernt werden. Für diese Änderungen wurde wahrscheinlich im Pflegesystem temporär die Verwendung des Objekts aufgehoben, also alle Beziehungswissen auf Status GESPERRT gesetzt. Dann sind die obengenannten Änderungen möglich. Anschließend müssen die Beziehungswissen wieder freigegeben werden. Wenn ein Objekt, das eine solche »Änderung unter Nebenbedingungen« erfahren hat, per IDoc verteilt wird, schlägt die Einbuchung zunächst natürlich fehl.

- Bei der Verwendung des Änderungsdienstes kann folgendes Problem auftreten: Es soll ein initialer Änderungsstand (ohne Änderungsnummer) eingebucht werden, wenn schon ein Änderungsstand mit Änderungsnummer existiert. Dies kann passieren, wenn die PDR nicht korrekt für Stammdaten mit Änderungsdienst vorbereitet wurde (siehe S. 440) oder bei inkonsistenten Einträgen in der Replikationstabelle UPSREP01.
- Eine dritte Ursache kann sein, dass das Objekt im Moment gegen Änderung gesperrt ist.

Die Fehlerursache kann für jedes fehlerhafte Objekt aus dem Anwendungslog ermittelt werden. Das globale Log finden Sie in der Transaktion SLG1; praktischer ist jedoch der Abruf der für eine IDoc-Einbuchung spezifischen Logeinträge. Markieren Sie die Objektzeile im Paket, und klicken Sie auf den Button PROTOKOLL AUFRUFEN (siehe Abbildung 6.40).

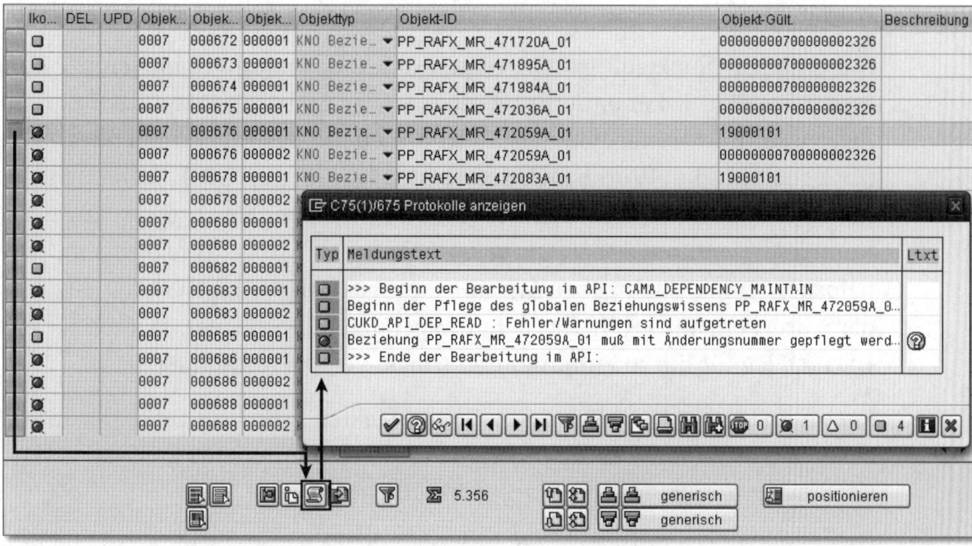

Abbildung 6.40 Anwendungslog für fehlerhaftes Objekt-IDoc aufrufen

Bei dem ersten und dritten Fehler kann die Ursache im Zielsystem behoben werden. Im ersten Fall muss das Objekt mit Fehlerstatus z. B. durch Sperrung des verwendeten Beziehungswissens für Änderungen freigegeben werden.

Bei Strukturänderungen von Variantentabellen muss z. B. auch der Inhalt der Tabellenspalte gelöscht werden. Buchen Sie das Paket anschließend neu ein: Klicken Sie nochmals auf den Button EINBUCHEN (das ist mehrfach möglich). Wenn das Paket dann erfolgreich eingebucht wurde, machen Sie die temporären Statusänderungen etc. rückgängig.

Im zweiten Fall reicht die »Hilfestellung« im Zielsystem nicht: Diese IDocs können nicht mehr eingebucht werden. Sie müssen aus dem Paket entfernt werden, um es sauber abschließen zu können. Dies geschieht durch die Erstellung eines Korrekturpakets.

Korrekturpakete können Sie sowohl im Sende- als auch im Empfangssystem anlegen. Empfohlen ist die Anlage im Sendesystem, da diese transparenter ist: Anpassungen am Paket sind sowohl auf Sende- als auch auf Empfangsseite sichtbar.

In Abbildung 6.40 sehen Sie als Beispiel einige Fehler durch initiale Gültigkeiten (ohne Änderungsnummer) von Beziehungswissen, die bereits mit einem Änderungsstand im Zielsystem existieren. (Die Gültigkeit mit Änderungsnummer wird dann sicherheitshalber auch nicht mehr eingebucht. Deswegen erscheinen diese auch rot, haben aber keine Fehlermeldung im Log.)

Die initialen Objektgültigkeiten (ohne Änderungsnummer) müssen per Korrektur aus dem Paket entfernt werden. Stellen Sie sicher, dass das Paket im Zielsystem im Anzeigemodus ist, und öffnen Sie das Paket im Sendesystem (in der Replication Workbench oder in der Transaktion UPS). Wählen Sie im Menü BEARBEITEN • KORREKTUR ANLEGEN. Folgen Sie einer stringenten Namenskonvention (z. B. C_Qnnn_01 für das erste Korrekturpaket des Originalpakets Qnnn), und geben Sie eine aussagekräftige Beschreibung ein. Erst dann drücken Sie [↵]. In der darauffolgenden Objektliste markieren Sie das DELETE-Flag für die zu entfernenden Objekte (siehe Abbildung 6.41).

Speichern Sie das Korrekturpaket. Setzen Sie den Status auf UPRL (FREIGEGEBEN), und senden Sie es »dem Originalpaket hinterher« ins Zielsystem. Das Sendesystem sollte nun im Display-Modus sein.

Wechseln Sie ins Zielsystem, und öffnen Sie das Paket (Transaktion UPS) im Änderungsmodus. Im Fenster PAKETE DER EINHEIT wählen Sie das Korrekturpaket aus. Dort sehen Sie dann die gelöschten Objekte bzw. Objektgültigkeiten (siehe Abbildung 6.42).

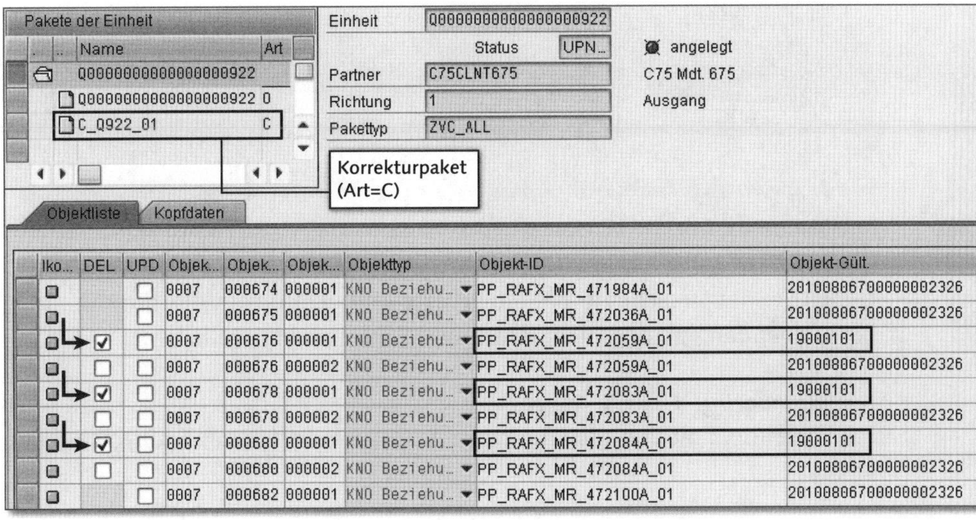

Abbildung 6.41 Anlegen eines Korrekturpakets (Löschen von Objekten)

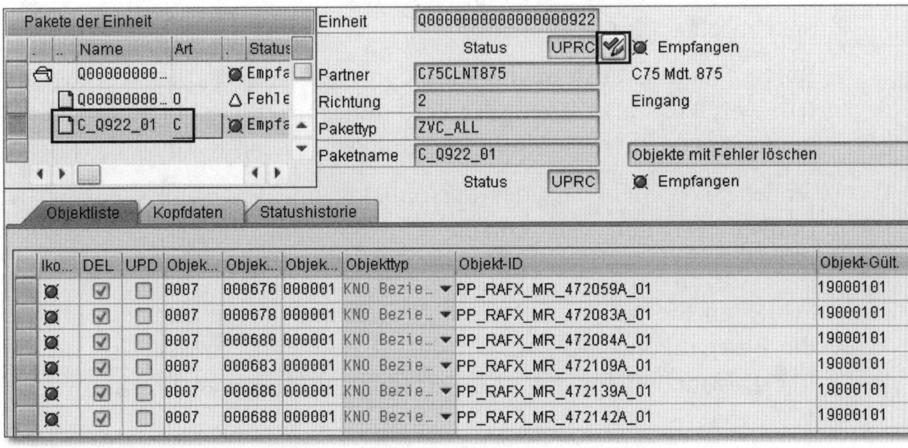

Abbildung 6.42 Korrekturpaket im Zielsystem

Geben Sie nun das Korrekturpaket frei (STATUS UPAP GENEHMIGT), und buchen Sie es ein (Button EINBUCHEN). Wenn Sie mit dem Korrekturpaket alle für die Fehler ursächlichen IDocs erwischt haben, werden gegebenenfalls verbliebene, noch nicht gebuchte IDocs eingebucht (im Beispiel die zugehörige Änderungsnummer-Gültigkeit der Beziehungswissen), und die Verteilungseinheit wechselt in den finalen Status UPPO (VERBUCHT):

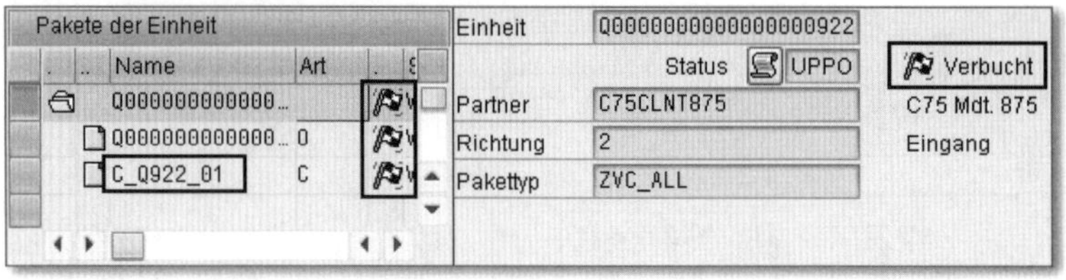

Abbildung 6.43 Original- und Korrekturpaket zusammen erfolgreich eingebucht

Gehen Sie der Ursache für die fehlerhafte Einbuchung auf den Grund, um in nachfolgenden Paketen nicht denselben Fehler wieder zu haben.

Troubleshooting, Tipps & Tricks
Im Folgendem finden Sie, thematisch grob sortiert, einige hilfreiche Hinweise:

- **Customizing und Berechtigungen**
  - Wenn die Auflösung einer Baseline, die Erstellung eines Verteilungspakets und Versand oder Empfang nicht funktionieren, kontrollieren Sie zunächst das Customizing.
  - Rufen Sie den Customizing-Prüfreport `RUPSCHECKCUSTOMIZING` auf (Hinweis 1113681). Wenn das Verteilungspaket leer bleibt, aktivieren Sie nochmals die Ereignistyp-Kopplung.
  - Stellen Sie sicher, dass das Customizing im Zielsystem identisch ist (nutzen Sie den Customizing Cross-System Viewer, Transaktion SCU0).
  - Schließen Sie fehlende Berechtigungen aus: Vergeben Sie temporär die Berechtigung SAP_ALL an den Dialog-User, an den User in der RFC-Destination für die ALE-Verteilung und an den Workflow-User WF-Batch.

    Tritt der Fehler dann nicht mehr auf, ermitteln Sie die fehlenden Berechtigungen im Berechtigungs-Trace (Transaktion ST01), oder sehen Sie im Anwendungslog (SLG1) nach.
- **Der FOX kann auch simulieren (Strukturermittlung außerhalb PDR)**
  - Die Struktur eines VC-Modells mit allen Objekten können Sie jederzeit – außerhalb der PDR – mit der FOX-Simulation (Transaktion EXPO_TEST) ermitteln.
- **Versand eines Pakets**
  - Wird ein Job bei Wiederholung nicht eingeplant, löschen Sie gegebenenfalls den Eintrag in der Tabelle UPSJOB.

  - Nachbuchung von UPSRCP-IDocs: Wenn das Paket im Sendesystem im Änderungsmodus ist, kann ein Status-Update nicht erfolgen. Buchen Sie alle »verlorenen« Status-Updates regelmäßig mit der gleichnamigen Transaktion UPSRCP nach!
- **Probleme beim Einbuchen eines UPS-Pakets**
  - Generell gilt: Bei Fehlern nicht kurzerhand eine weitere Baseline und ein Paket erzeugen und versenden, sondern die Fehlerursache herausfinden und das Paket sauber abschließen (gegebenenfalls mit Korrekturpaket).
  - Eventuell verweigert ein Paket die Einbuchung, weil ein Vorgängerpaket noch nicht abgeschlossen ist. Bringen Sie erst dieses zu Ende.
  - Wird ein Paket unvollständig eingebucht und laufen einige Objekte auf Fehler, gehen Sie wie folgt vor:

    Versuchen Sie zunächst, die Ursache des Einbuchungsfehlers zu ermitteln und zu beseitigen. Mit der Fehlermeldung aus dem Anwendungslog und dem Wissen über das VC-Modell und seine Objektabhängigkeiten lässt sich in den meisten Fällen eine geeignete Maßnahme im Zielsystem ermitteln, die die Einbuchung ermöglicht. Sie können beliebig viele Einbuchungsversuche unternehmen!

    Eventuell ändern Sie Objekte auch nochmals im Sendesystem. Auch diese Aktualisierungen können Sie mit Hilfe eines Korrekturpakets in derselben Verteilungseinheit mit der PDR übertragen. Setzen Sie in diesem Fall das Flag in der Spalte UPD (UPDATE).

    Sie können in einem Korrekturpaket auch weitere Objekte hinzufügen (Button NEUE ZEILEN).

    Zuletzt löschen Sie die fehlerhaften Objekte mit Hilfe eines Korrekturpakets.
  - Haben Sie Objekte per Korrekturpaket aus der Verteilungseinheit gelöscht, sollten Sie anschließend die Ursache für den Einbuchungsfehler korrigieren, da derselbe Fehler sich sonst wiederholen wird.
- **Änderungsdienst, Replikationstabelle**
  - Bei Verwendung des Änderungsdienstes ist spezielles Customizing sowie der Einbau von Hinweisen erforderlich (siehe Seite 440).
  - Inkonsistente Einträge in der Replikationstabelle (UPSREP01) können insbesondere bei Verwendung des Änderungsdienstes zu Einbuchungsfehlern initialer Objektgültigkeiten (ohne Änderungsnummer) führen, wenn das Objekt im Zielsystem bereits mit Änderungsstand und Änderungsnummer existiert:

Stellen Sie sicher, dass alle UPSRCP-IDocs im Sendesystem eingebucht wurden. Rufen Sie dazu die Transaktion UPSRCP auf.

Wird der initiale Stand eines Objekts nochmals in ein Paket aufgenommen, obwohl er bereits im Zielsystem existiert und alle UPSRCP-IDocs im Sendesystem eingebucht wurden, ist dessen Eintrag in der Replikationstabelle inkonsistent. Setzen Sie seinen Replikationsstatus auf P (POSTED): Tabelle UPSREP01, Objektsuche über OBJTYP, OBJID, OBJVAL (keine ÄndNr, nur Datum!). Ändern Sie REPSTS von S auf P (dies ist nur durch direkte Änderung in der Tabelle möglich). Das Zielsystem (Feld SYSNUM) können Sie über die Tabelle TUPS05 ermitteln. In den folgenden Paketen sollte die initiale Objektgültigkeit dann nicht mehr enthalten sein.

- **Einige nützliche Tabellen zur PDR**
  Für Techniker, die einen Blick »unter die Motorhaube« werfen möchten (z. B. bei Problemanalyse):
  - UPSHDR: Verteilungspakete (Original und Korrektur)
  - UPSITM: Objekte noch nicht abgeschlossener Verteilungspakete
  - UPSITX: Objekte in abgeschlossenen Verteilungseinheiten
  - UPSJOB: Eingeplante Jobs
  - UPSPRE: Vorgänger eines Pakets
  - UPSREP01: Replikationstabelle mit Objektgültigkeit (z. B. Änderungsnummer), Datum der letzten Änderung (Ausnahme: Bei Verteilung am selben Tag wird ein Tag früher eingetragen) und Replikationsstatus (S: GESENDET, P: EINGEBUCHT/POSTED)
  - UPSSRC: Quell-Objekte eines Pakets (»Top-Produkt«, bei VC-Modell das »Root-KMAT«)
  - TUPS05: Zielsysteme (einstelliges Kürzel wird in UPSREP01 verwendet)

6.5 Zusammenfassung

In diesem Kapitel haben wir vier Themen besprochen, die manchmal als besonders anspruchsvoll gelten und daher auch gerne einer kleinen Expertengemeinde überlassen werden. Beim genauen Studium haben Sie ganz sicher erkannt, dass es keinen Grund gibt, diesen Themen aus dem Weg zu gehen.

Mit den Ausführungen zur *Performance-Optimierung* ist klar geworden, dass die Produktkonfiguration an sich ein Themengebiet ist, bei dem auf das

Laufzeitverhalten von Softwarelösungen besonders zu achten ist. Die kritischen Engpässe können vor allem in der interaktiven Konfiguration auftreten. Die Art und Weise, in der Ihre Konfigurationsmodelle gestaltet sind, hat ganz erheblichen Einfluss auf das Laufzeitverhalten beim Lösen einer Konfigurationsaufgabe. Sie wissen jetzt, auf was Sie beim Aufbau Ihrer Konfigurationsmodelle in Bezug auf ein günstiges Laufzeitverhalten achten sollten. Frühe Belastungstests im geplanten Verwendungskontext sind unentbehrlicher Teil der Modellierung. Entscheidend dafür, günstigere Modellierungsalternativen rechtzeitig zu erarbeiten, ist eine genaue Analyse von identifizierten Engpässen.

Über den *Änderungsdienst* können Sie geplante Änderungen am Konfigurationsmodell kontrolliert und dokumentiert in ein laufendes SAP ERP-Produktivsystem einbringen. Dazu nutzen Sie ECM. Wie das geht, haben Sie an einem Beispiel gesehen. Es wird Ihnen leichtfallen, das jetzt selbst zu tun. Für die kontrollierte Änderung der Konfiguration an einer bereits freigegebenen Kundenauftragsposition steht Ihnen OCM in SAP ERP zur Verfügung. Das Vorgehen beim Kundenauftragsänderungsprozess konnten Sie an einem Beispiel nachvollziehen.

Bei *Systemkonfigurationen* werden immer mehrere Komponenten konfiguriert, deren Zusammenspiel nicht einfach in einer Maximalstückliste ausgedrückt werden kann. Anhand von anschaulichen Beispielen haben wir drei Problemklassen unterschieden: konfigurierbare Produkte, die eine Aufnahme zusätzlicher konfigurierbarer Komponenten in eine Auftragsstückliste erfordern, vernetzte Konfigurationsstrukturen, bei denen oftmals umfangreiche Abhängigkeiten quer zur hierarchischen Stücklistenstruktur zu beachten sind, und Kompositionssysteme, die erst während der Konfiguration durch fortwährendes Hinzufügen konfigurierbarer Bausteine konkrete Gestalt annehmen. Auftragsstücklisten und vernetzte Konfigurationsstrukturen werden in der SAP Business Suite sehr gut unterstützt. Für Kompositionsprobleme kann der SCE Advanced Mode als Konfigurationswerkzeugkern einer problemspezifischen Softwarelösung genutzt werden.

Die *Product Data Replication* unterstützt Sie bei der Verteilung von Produktmodellen zwischen SAP ERP-Systemen. Da Produktmodelle typischerweise aus vielen einzelnen Stammdatenobjekten bestehen, erfolgt die Weiterentwicklung der Modelle in der Regel nicht im Produktivsystem, sondern in vorgeschalteten Entwicklungs- und Testsystemen. Sie haben sich einen Überblick darüber verschafft, wie Sie die erforderliche Stammdatenverteilung aus dem Entwicklungs- in die Folgesysteme systematisch angehen können.

Dieses Kapitel wird Ihnen einen Einblick in die Welt der Branchenlösungen von SAP geben. Aus den 28 Branchen, für die SAP spezielle Software entwickelt, greifen wir hier DIMP (Discrete Industries and Mill Products) heraus, da in diesem Bereich einige interessante Erweiterungen für den Variantenfertiger zu finden sind.

7 Weiterentwicklungen in der SAP-Branchenlösung DIMP

Neben dem reinen Standard liefert SAP auch sogenannte Branchenlösungen aus. Diese Lösungen sind zum großen Teil kostenfrei und bieten auch Weiterentwicklungen im Bereich der Variantenkonfiguration an. In diesem Kapitel geben wir Ihnen einen Überblick über die verfügbaren Lösungen. Der Fokus liegt hierbei auf den fertigenden Unternehmen, die insbesondere durch die Branchenlösung *Discrete Industries and Mill Products* (DIMP) angesprochen werden. Ab SAP ERP 6.0 werden Branchenlösungen übrigens mit dem Standard ausgeliefert und können durch das sogenannte *Switch Framework* im Customizing zugeschaltet werden. Nähere Informationen erhalten Sie auf den entsprechenden Seiten unter *http://help.sap.com*.

7.1 Überblick

Trotz ihrer langjährigen Existenz – die erste Branchenlösung für Mill Products wurde bereits Mitte 1999 ausgeliefert – sind immer wieder Kunden anzutreffen, die die Industrielösungen von SAP nicht oder nur unzureichend kennen. Dies kann unter anderem daran liegen, dass die meisten Lösungen kostenfrei sind und somit nicht speziell durch SAP beworben werden. Obwohl die Branchenlösungen (oder Industry Solutions, IS) also eine Art Schattendasein führen, lohnt sich ein Blick in diese Welt der industriespezifischen Weiterentwicklungen. Insbesondere, weil gerade im Bereich der Variantenkonfiguration Funktionen zu finden sind, die sich manch ein Kunde durch Partner oder selbst hat entwickeln lassen, da ihm die Existenz dieser Standardlösungen nicht bekannt war.

Ein maßgeblicher Grund, warum Kunden trotz Kenntnis der Lösung eine IS nicht einsetzen wollten, war der Umstand, dass die Industrieerweiterungen immer mit einem gewissen zeitlichen Versatz ausgeliefert wurden. So konnte es durchaus passieren, dass bis zu sechs Monate zwischen der Auslieferung des aktuellen Standardreleases von SAP R/3 und der entsprechend passenden Branchenlösung lagen. Auch wurde nicht jedes Standardrelease unterstützt bzw. explizit dafür entwickelt. Die Kunden waren also aufgefordert, sich an dem speziellen Releasezyklus der Branchenlösung zu orientieren. Dieser Missstand wurde durch die Änderung der Auslieferungsstrategie ab ERP 6.0 beseitigt.

Ab ERP 6.0 werden die Branchenlösungen nun sofort im Standard-ERP-System ausgeliefert und müssen nicht mehr separat angefordert und installiert werden. Trotzdem müssen sich Interessenten weiterhin unter den verschiedenen Lösungen eine spezifische Lösung im Switch Framework im ERP-Customizing aussuchen und sich damit auch festlegen, da sich nicht alle Industrien miteinander vertragen. So gibt es z.B. sehr große Unterschiede zwischen der SAP-Lösung für Banken, der für den Handel und der für die Fertigungsindustrie.

SAP bedient 28 Branchen. Aufgrund dieser Vielfalt wollen wir uns hier exemplarisch DIMP etwas genauer anschauen. Wir haben uns für dieses Beispiel entschieden, da hier nach unserer Erfahrung die interessantesten Dinge für Sie als Interessent an der Variantenkonfiguration zu entdecken sind. Wahrscheinlich finden Sie sich in einer der DIMP zugeordneten Industrien wieder.

[zB] **Weitere Industrieausprägungen**

Trotzdem seien beispielhaft das Vehicle Management System (IS-A_VMS) für Automobilhändler und die Apparel and Footwear Solutions (SAP AFS) für die Bekleidungsbranche genannt. Deren genauere Betrachtung und die der anderen Branchenlösungen würden den geplanten Umfang des Buches jedoch sprengen. Sie adressieren aber ebenfalls den Variantenaspekt.

7.2 DIMP – Discrete Industries and Mill Products

Die Branchenlösung, die sich speziell an die fertigenden Unternehmen richtet, ist *Discrete Industries and Mill Products* (DIMP). Diese Lösung wendet sich an mehrere Branchen gleichzeitig, da man festgestellt hat, dass bei diesen Branchen die Grundanforderungen am ähnlichsten sind. Dabei handelt es sich z.B. um die folgenden Industriezweige:

- SAP for Industrial Machinery & Components (Maschinenbau)
- SAP for High Tech
- SAP for Aerospace & Defense (Luftfahrt und Verteidigung)
- SAP Engineering & Construction (Anlagenbau)
- SAP for Automotive

Für die sogenannte *Mill-Branche* wurden spezielle Funktionen und Erweiterungen entwickelt. Der Platz würde jedoch nicht ausreichen, um diese Subindustrie erschöpfend darzustellen.

Funktionalität der Komponente SAP for Mill-Products [+]

Schauen Sie auf *http://help.sap.com* unter ERP 6.0 (EHPS) • SAP ERP ENHANCEMENT PACKAGES • Languages GERMAN • INDUSTRIEN IN ERP • SAP DISCRETE INDUSTRIES AND MILL PRODUCTS nach, und lesen Sie die umfangreichen Beschreibungen der Funktionalität.

Entsprechend dem Titel dieses Buches greifen wir hier nur die Dinge aus der Mill-Products-Lösung heraus, die unter dem Gesichtspunkt der Variantenkonfiguration von Interesse sind.

7.3 Spezielle Anforderungen der Mill-Branche

Die Komponente SAP for Mill Products als Bestandteil der DIMP-Branchenlösung erweitert das ERP-System um branchenspezifische Funktionen für die komplexen Anforderungen der sogenannten *Mill-Industrien*, wie z.B. die Industriebereiche Metall, Holz, Papier, Textil, Baumaterialien und Kabel.

Die verschiedenen Zweige der Mill-Branche verbindet, dass sie mit einer sehr großen Anzahl von Merkmalen und Materialvarianten arbeiten. Außerdem sind die verwendeten Materialien in den obengenannten Branchen vorwiegend flächen- (z.B. Papier, Stoffe oder Folien) oder längenorientiert (z.B. Kabel oder Rohre). Diese Materialeigenschaften – beschrieben durch Konfigurationsmerkmale – müssen entlang der gesamten Logistikkette berücksichtigt werden.

Aufgrund dieser starken Affinität zur Variantenkonfiguration hat man in dieser Branchenlösung Erweiterungen gegenüber dem ERP-Standard vorgenommen bzw. bietet eine Zusatzfunktionalität an, die sich für Variantenfertiger als nützlich erweist. Die ursprüngliche Standardfunktionalität ist natürlich weiterhin vorhanden und nutzbar.

Speziell in der Mill-Branche ist die Variantenvielfalt praktisch unendlich, weil typischerweise die Abmessungen z.B. von Stahlcoils als Merkmale modelliert werden müssen. Länge, Breite und Dicke können innerhalb technischer Grenzen nahezu jeden Wert annehmen – jede dieser Ausprägungen als voll auskonfigurierte Variante zu modellieren ist kaum möglich bzw. sinnvoll.

Neben konfigurierbarem Material (KMAT) und »normalen« auskonfigurierten Varianten werden daher häufig änderbare Materialvarianten eingesetzt.

[+] **Änderbare Materialvarianten**

Der Großteil der Merkmale ist in der änderbaren Variante bereits ausspezifiziert. Im Kundenauftrag werden nach der Auswahl des Produkts vorwiegend Abmessungen und zusätzliche Veredelungsschritte und Zertifizierungswünsche ergänzt; gegebenenfalls werden bereits ausspezifizierte Merkmale noch geändert.

Mit SAP CRM 7.0 wird insbesondere für die Mill-Branchen und andere Fertigungsindustrien ein neues Szenario »Lead to Cash« angeboten. In diesem Szenario unterstützt das SAP CRM-System die änderbaren Materialvarianten nun auch im Angebot und im Auftrag.

Die mehrstufige Konfiguration ist in den Mill-Branchen eher unüblich; allerdings wird die einstufige Konfiguration über viele Dispostufen eingesetzt. Die Art der logistischen Komplexität ist dahingehend eine andere als die eines Maschinenbauers.

7.3.1 Auftragsabwicklung/Fertigungsszenarien

In den Mill-Branchen wird neben der klassischen Kundeneinzelfertigung und Lagerfertigung ein Mischszenario immer wichtiger: die kundenauftragsgetriebene Lagerfertigung (*Finish to Order*).

Je später im Ablauf der Fertigung der Entkopplungspunkt zwischen Lagerfertigung und kundenindividueller Fertigung gelegt werden kann, desto mehr Flexibilität erhält der Supply-Chain-Planer bzw. das Planungssystem in der Zuordnung von Zwischenprodukten zu Kundenaufträgen. Diese als *Postponement* bezeichnete Verspätung der Kundenindividualisierung führt zu deutlich verringerten Vorlaufzeiten (*Lead Times*).

Innerhalb der Mill-Erweiterung wird dieses Mischszenario über Variantenkonfiguration im Make-to-Stock-Szenario ermöglicht.

7.3.2 Fertigungsdiskrepanzen – Plankonfiguration und Ist-Konfiguration

Wie in anderen Industrien wird der Kundenwunsch auch in der Konfiguration spezifiziert. Die Bedarfsplanung erzeugt Bestellungen, Plan- und

Fertigungsaufträge, die die Konfiguration übernehmen bzw. sich darauf referenzieren.

Charakteristisch für die Mill-Branchen sind Produktionstoleranzen und Abweichungen, die dazu führen, dass die Ist-Merkmale der gefertigten Produkte vom Kundenwunsch (hoffentlich nur geringfügig) abweichen. Diese »abweichende Ist-Konfiguration« wird über die Chargenklassifizierung modelliert.

Charge [+]

Eine Charge beschreibt hier entweder das einzelne Stück Material im Bestand oder mehrere gleichartige Stücke mit einer Chargennummer und den zugehörigen Merkmalen: eine einzelne Rolle Papier oder ein Sortiment von Papierrollen, bei dem die einzelnen Rollen in Bezug auf die charakteristischen Merkmale wie Länge, Breite, Dichte etc. identisch sind.

Die Charge wird also mit der Semantik einer Konfiguration verwendet, um damit die Ist-Bewertung der Konfigurationsmerkmale anhand der Chargenklassifizierung zu beschreiben, und weniger im Sinne eines Produktionsloses wie in der Chemie.

Innerhalb von SAP Advanced Planning & Optimization (APO), das Bestandteil der SAP SCM-Lösung ist, bietet die merkmalsbasierte Planung umfangreiche Funktionen, die eine Bedarfsplanung anhand von Merkmalen ermöglichen. Hier haben Sie folgende Möglichkeiten:

- **Bedarfsverrechnung**
  Konfigurierte Bedarfe oder geplante Zugänge können gegen chargenklassifizierte Bestände anhand gleichnamiger Merkmale verglichen und verrechnet werden.
- **Blockplanung**
  Über die Blockplanung können Rüstzeiten anhand von Merkmalen optimiert werden.

Innerhalb von ERP ist ein derartiger Vergleich zwischen Wunschkonfiguration und Ist-Klassifizierung nur über die Chargenfindung möglich. In der Lieferung kann mit Hilfe von Chargenselektionskriterien, die aus der Konfiguration des Kundenauftrags abgeleitet werden, nach Beständen mit Ist-Merkmalen (also Chargen) gesucht werden.

Im Rahmen der merkmalsbasierten Planung in APO können darüber hinaus Konfiguration und Chargenselektionskriterien (als Bewertung und Anforderung) für eine differenzierte Planung eingesetzt werden. Dabei beschreibt die Konfiguration den exakten Kundenwunsch, während die Chargenselektionskriterien ein Intervall bzw. eine Toleranz vorgeben, innerhalb derer das spezifische Ist-Merkmal liegen darf.

[zB] **Konfiguration und Chargenselektionskriterien**

Der Kunde wünscht ein 1.000 m langes Kabel. Das Konfigurationsmerkmal EINZELLÄNGE ist im Kundenauftrag mit 1000 m bewertet.

Der Kunde akzeptiert nach vorheriger und im Kundenstamm hinterlegter Vereinbarung (untere bzw. obere Abweichungstoleranz von Tu 0,5% bzw. To 5%) Längen zwischen 995 und 1.050 m. Somit ist das Merkmal EINZELLÄNGE in den Chargenselektionskriterien mit dem Wertebereich 995–1050 m bewertet. Das System reagiert damit wie folgt:

Die Bedarfsplanung soll zunächst Bestände finden, die im Toleranzbereich liegen. Falls keine gefunden werden, soll ein Fertigungsauftrag über exakte Längen von 1.000 m angelegt werden. Dies kann so modelliert werden, dass der Kundenwunsch in der Konfiguration und das Toleranzintervall in den Chargenselektionskriterien beschrieben werden.

7.4 Erweiterungen zur Produktkonfiguration in SAP for Mill Products

In diesem Abschnitt beschreiben wir funktionale Erweiterungen aus einem Teilbereich der Branchenlösung DIMP, die Ihnen bei der täglichen Arbeit mit der Variantenkonfiguration von Nutzen sein können. Hervorzuheben sind die Merkmalsschnellerfasssung, die, wie ihr Name schon treffend sagt, eine Erfassung von Merkmalen deutlich beschleunigen kann. Die zugehörige Vererbungsfunktionalität über Auftragspositionen hinweg verstärkt den Effekt zusätzlich. Nimmt man dann noch einen Kundeninfosatz hinzu, in dem Merkmale schon auf den Kunden abgestimmt hinterlegt sind, reduziert sich der Eingabeaufwand nochmals.

Mit Kundenauftragsversionen können Sie Änderungswünsche an der Konfiguration in Ursprungsbelegen hinterlegen und speichern, ohne in Gefahr zu geraten, logistische und bedarfsrelevante Prozesse unbeabsichtigt und eventuell verfrüht anzustoßen.

Speziell in dieser Branche wird eine Variantenkonfiguration in Verbindung mit Lagerfertigung benötigt (siehe Abschnitt 7.4.5, »Variantenkonfiguration in Verbindung mit Lagerfertigung«).

Die Auftragszusammenfassung hingegen wird nahezu alle Variantenfertiger interessieren, da Merkmale wie »Farbe« oft fertigungsauftragsübergreifend vorkommen und es somit für Ihre Lackiererei interessant wäre, wenn Sie z.B. Fertigungsvorgänge über die normale Reihenfolge der Bedarfsplanung hinweg neu ordnen und zusammenfassen könnten.

7.4.1 Die Merkmalsschnellerfassung – vereinfachte Erfassung von konfigurierbaren Belegpositionen

Im ERP-Standard muss bei Erfassung eines konfigurierbaren Materials oder einer Chargenbewertung immer positionsweise in den Konfigurationsmodus bzw. in das Merkmalsbewertungsbild verzweigt werden. Dies kann bei Eingabe von sehr vielen Kundenauftragspositionen sehr umständlich und zeitraubend sein. Ein Vergleich der Konfigurationen über mehrere Positionen hinweg ist dadurch ebenfalls schwer möglich.

Über die Merkmalsschnellerfassung können Sie die Konfiguration über mehrere Kundenauftragspositionen hinweg in einem Schritt ohne weiteren Bildwechsel erfassen.

Eine Vererbungsfunktionalität erlaubt die Übergabe von Merkmalswerten einer übergeordneten Position auf alle zugeordneten Positionen. Auf diese Weise können sehr effizient Merkmalswerte positions- und materialübergreifend erfasst oder nachträglich geändert werden. Erfassungsfehler und ungewollte Abweichungen in den Merkmalswerten zwischen den Kundenauftragspositionen (z.B. bei nachträglicher Änderung der Oberflächenfarbe einer auskonfigurierten Küche) werden zudem sofort erkannt.

Die Merkmalsschnellerfassung eignet sich besonders für Materialien oder Chargen, die nur wenige noch zu bewertende Merkmale enthalten. Aus diesem Grund wird die Schnellerfassung deshalb oft in Verbindung mit vorkonfigurierten Materialvarianten eingesetzt oder wenn durch die Eingabe weniger Konfigurationsmerkmale mit Hilfe von Beziehungswissen die weiteren Merkmale ergänzt werden können. Für Konfigurationsmodelle mit vielen zu erfassenden Merkmalen ist der extra Abzweig in das Merkmalsbewertungsbild zwar möglich – die Vorteile der Schnellerfassung können dabei aber nicht ausgenutzt werden.

Die Registerkarte SCHNELLERFASSUNG, die erst durch die Aktivierung der Merkmalsgruppe im Customizing eingerichtet wird, ist ähnlich aufgebaut wie die Registerkarte KONFIGURATION (siehe Abbildung 7.1). Allerdings können hier neue Positionen und Merkmalswerte in einem Schritt erfasst werden, während auf der Registerkarte KONFIGURATION die Merkmalswerte nur angezeigt werden können.

Auf der Registerkarte SCHNELLERFASSUNG wird zudem angezeigt, welchen Status die Konfiguration hat. In der Spalte ZUSTAND DER KONFIGURATION zeigt das System mit Symbolen, ob die Konfiguration vollständig ist oder noch Inkonsistenzen aufweist. Auch dies verbessert die Übersichtlichkeit bei vielen Verkaufsmaterialien pro Beleg erheblich, da der Absprung zur Überprüfung des Status entfällt.

Insbesondere das Vervollständigen von vorkonfigurierten Materialien oder Materialvarianten wird wesentlich beschleunigt. Darüber hinaus können Sie die Anzeigereihenfolge bzw. die Merkmalsanzeige selbst benutzerabhängig abspeichern oder sogar mit dem zugehörigen Material verknüpfen. Dadurch erreichen Sie eine Entkoppelung von der Merkmalsreihenfolge, die in der Klassifizierung hinterlegt wurde. Ein direkter Absprung in das »klassische« Bewertungsbild, also den LO-VC-Konfigurator, ist jedoch jederzeit möglich.

Die Schnellerfassung steht für die Variantenkonfiguration in den Vertriebsbelegen (Kundenanfrage, Kundenangebot, Kundenauftrag, Kundenlieferplan und Kundenkontrakt), der Bestellung, dem Fertigungsauftrag, der Rückmeldung dazu und dem Trading-Kontrakt zur Verfügung. Die Schnellerfassung für die Chargenklassifizierung ist darüber hinaus im Wareneingang und in der Rückmeldung zum Fertigungsauftrag verfügbar.

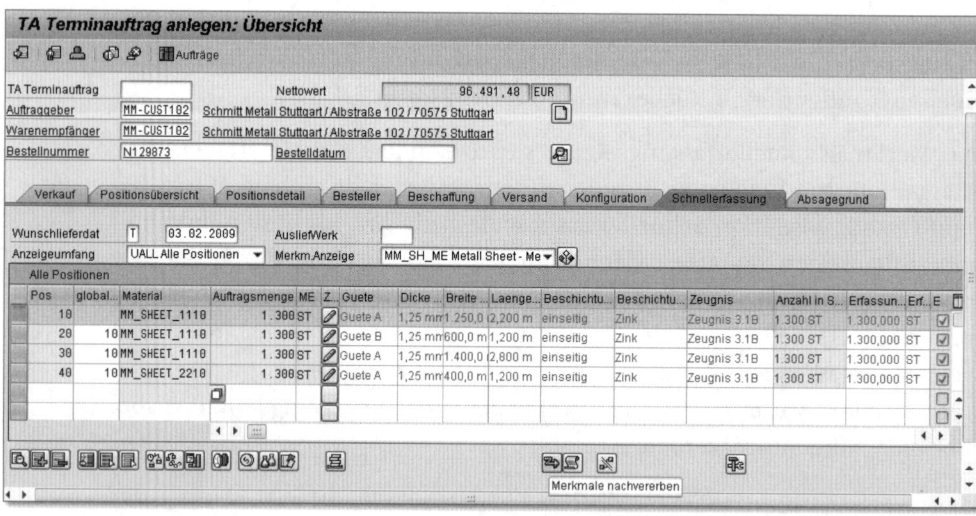

Abbildung 7.1 Merkmalsschnellerfassung im Kundenauftrag

Welche zehn Merkmale im Übersichtsbild eingeblendet werden, kann über eine Merkmalsanzeige, Feld MERKM.ANZEIGE, ausgewählt werden (siehe Abbildung 7.1). Die Merkmalsanzeige wird im Customizing definiert.

Registerkarte »Merkmalsschnellerfassung« [+]

Bitte beachten Sie, dass die Registerkarte Merkmalsschnellerfassung (Fast Order Entry) erst dann sichtbar ist, wenn Sie mindestes eine Merkmalsanzeige im Customizing definiert haben.

Die Merkmalsanzeige muss nun noch einer Anwendungsgruppe zugeordnet werden. Diese stellt die Verbindung zur jeweiligen Transaktion bereit, so dass man die richtige Darstellung in der gewünschten Anwendung bekommt. Die Anwendungsgruppe MM umfasst z.B. die Transaktionen Bestellung und Wareneingang.

Die Merkmalsanzeige kann im entsprechenden (Verkaufs- oder Einkaufs-) Beleg materialabhängig anhand der ersten Belegposition oder benutzerabhängig vorgeschlagen werden oder aber manuell durch den Benutzer ausgewählt werden. Die Einstellungen hierzu nehmen Sie ebenfalls im Customizing vor.

Möchten Sie die Merkmalsschnellerfassung z.B. für Verkaufsbelege nutzen, dann müssen Sie im Customizing des Verkaufs folgende Einstellungen vornehmen:

1. Legen Sie eine Merkmalsanzeige an, die die gewünschten Merkmale für den Kundenauftrag umfasst.
   Die Merkmalsanzeige definieren Sie unter Verkaufsbelege • Schnellerfassung von Merkmalen in Verkaufsbelegen • Merkmalsanzeige für Übersichtsbild definieren (SAP Mill Products).
2. Diese Merkmalsanzeige ordnen Sie einer Anwendungsgruppe zu, die die Transaktion Vertriebsbeleg umfasst.

   Eine Anwendungsgruppe definieren Sie unter Verkaufsbelege • Schnellerfassung von Merkmalen in Verkaufsbelegen • Anwendungsgruppe für Merkmalsanzeige definieren.

Wenn Sie die gewünschte Merkmalsanzeige nicht selbst wählen möchten, sondern mit einem Material verknüpfen wollen, gehen Sie wie folgt vor.

Materialanzeige mit einem Material verknüpfen [zB]

Sie möchten, dass das System in einem Verkaufsbeleg des Materials »Flansch« die Merkmalsanzeige FLANSCH_MM vorschlägt.

- Dazu müssen Sie dieser Merkmalsanzeige in der IMG-Aktivität Schnellerfassung für Merkmalswerte einstellen lediglich das Merkmal Vorschlag zuordnen.

- Gleichzeitig ordnen Sie das Merkmal VORSCHLAG der 300er-Klasse des Materials »Flansch« zu und bewerten es dort mit dem Wert FLANSCH_MM.

Die genannten Merkmale und Werte müssen natürlich vorher angelegt werden.

Die Einstellungen finden Sie im Customizing unter folgendem Pfad: VERKAUFSBELEGE • SCHNELLERFASSUNG VON MERKMALEN IN VERKAUFSBELEGEN • SCHNELLERFASSUNG FÜR MERKMALSWERTE EINSTELLEN.

7.4.2 Vererbung in Positionsbelegen – globale und lokale Positionen

Häufig unterscheiden sich die Positionen eines Belegs nur in wenigen Merkmalen, wie z.B. den Abmessungen. Obwohl die meisten anderen Merkmalsbewertungen der Positionen identisch sind, müssen im Standard alle Merkmale verschiedener Auftragspositionen separat bewertet werden.

Diese über mehrere Positionen identischen Merkmalswerte können nun in einer globalen Position vordefiniert werden und dann auf eine beliebige Anzahl sogenannter *lokaler Positionen*, die jeweils einer globalen Position zugeordnet sind, weitervererbt werden. Dazu markieren Sie die globale Position und klicken auf den Button MERKMALE NACHVERERBEN. Das System vererbt die geänderten Merkmalsbewertungen an alle Positionen der ausgewählten globalen Position, d.h. an diejenigen, denen Sie in der Spalte GLOBALE POSITION eine übergeordnete Position zugeordnet haben (siehe Tabelle 7.1).

Pos	Globale Position	Material	DIN-Zeugnis	Werkstoff
10		Flansch 4711	3.1b	St37
20		Flansch 4711	3.1c	V2A
30	10	Flansch 4712	3.1b	St37

Tabelle 7.1 Globale und lokale Positionen

In Tabelle 7.1 ist die Position 10 die globale und die Position 30 die lokale Position. Bei einer Nachvererbung übernimmt die lokale Position 30 die Merkmalsbewertungen der globalen Position 10. Die Merkmalswerte der Position 20 bleiben hierbei unverändert. Die Konfiguration kann in den lokalen Positionen natürlich weiter verfeinert werden. Eine erneute Vererbung aus der globalen Position ist immer möglich, überschreibt jedoch eventuell lokal manuell geänderte Merkmalswerte nicht mehr. Das genaue Verhalten hierzu kann im Customizing des Verkaufs eingestellt werden.

Vererbung [+]

Die Vererbung erfolgt über die Namensgleichheit der Merkmale in den jeweiligen Belegpositionen (material- und klassenübergreifend), d.h., Sie können auch über verschiedene Materialien hinweg vererben, solange Sie die gleichen Merkmale nutzen.

Sollte einer lokalen Position ein bestimmtes Merkmal der globalen Position nicht zugeordnet sein, wird es lediglich ausgegraut dargestellt. Eine Fehleingabe ist somit nicht möglich. Die Verwendung von globalen und lokalen Positionen wird sowohl im Kundenauftrag als auch in der Bestellung unterstützt. Sie können einer globalen Position natürlich mehrere lokale Positionen zuordnen.

7.4.3 Übernahme von Vorschlagswerten aus dem Kunden-Material-Infosatz

Die Schnellerfassung lässt sich noch weiter beschleunigen, indem bestimmte Merkmalswerte für eine Kombination von Material und Kunde vorbelegt werden können. Dazu wird im Kunden-Material-Infosatz das Material klassifiziert. Die Merkmalswerte aus der Klassifizierung werden dann beim Erfassen neuer Kundenauftragspositionen übernommen. Die Klasse und die Merkmale, die Sie für die Klassifizierung der Kunden-Material-Information verwenden möchten, müssen für die Klassenart 052, MATERIAL-KUNDEN-INFOSATZ, zugelassen sein.

Wenn Sie möchten, dass das System die Merkmalsbewertungen aus der Kunden-Material-Information in die Konfiguration einer Verkaufsbelegposition übernimmt, dann müssen Sie dies im Customizing des *Verkaufs* unter VERKAUFSBELEGE • SCHNELLERFASSUNG VON MERKMALEN IN VERKAUFSBELEGEN • MERKMALSWERTE AUS DEM MATERIAL-KUNDEN-INFOSATZ ÜBERNEHMEN erlauben.

Eine analoge Funktionalität besteht auch in der Bestellung. Diese wird dann Einkaufsinfosatz genannt. Die Klasse und die Merkmale, die Sie für die Klassifizierung des Einkaufsinfosatzes verwenden möchten, müssen für die Klassenart 057, EINKAUFSINFOSATZ, zugelassen sein.

7.4.4 Arbeiten mit Kundenauftragsversionen

Nachträgliche Änderungen an Kundenaufträgen können je nach Fortschritt der Bedarfsplanung und Produktion nur noch eingeschränkt durchgeführt werden. Um den Änderungswunsch einerseits zu dokumentieren, andererseits den Originalbeleg aber unverändert zu lassen, bis die Machbarkeit der Änderung geklärt ist, bietet die Branchenlösung Mill die Kundenauftragsversionen an.

Der Vertriebsmitarbeiter kann die Änderungswünsche des Kunden, z.B. geänderte Konfigurationen, direkt in einer Version der Kundenauftragsposition erfassen. Nach Klärung, ob der Änderungswunsch im Vertrieb, in der Disposition oder der Fertigung akzeptiert wird, kann die Version als aktive Kundenauftragsposition anstelle der Originalposition übernommen werden. Hauptvorteil dieser Funktionalität ist einerseits die Möglichkeit zur Dokumentation der Änderungswünsche an sich (es sind mehrere Versionen pro Beleg möglich), zum anderen die Vergleichsmöglichkeit der einzelnen Versionen und des Originalbelegs auf Merkmalswertebene. Dies alles erfolgt, ohne dispositiv wirksame Prozesse anzustoßen.

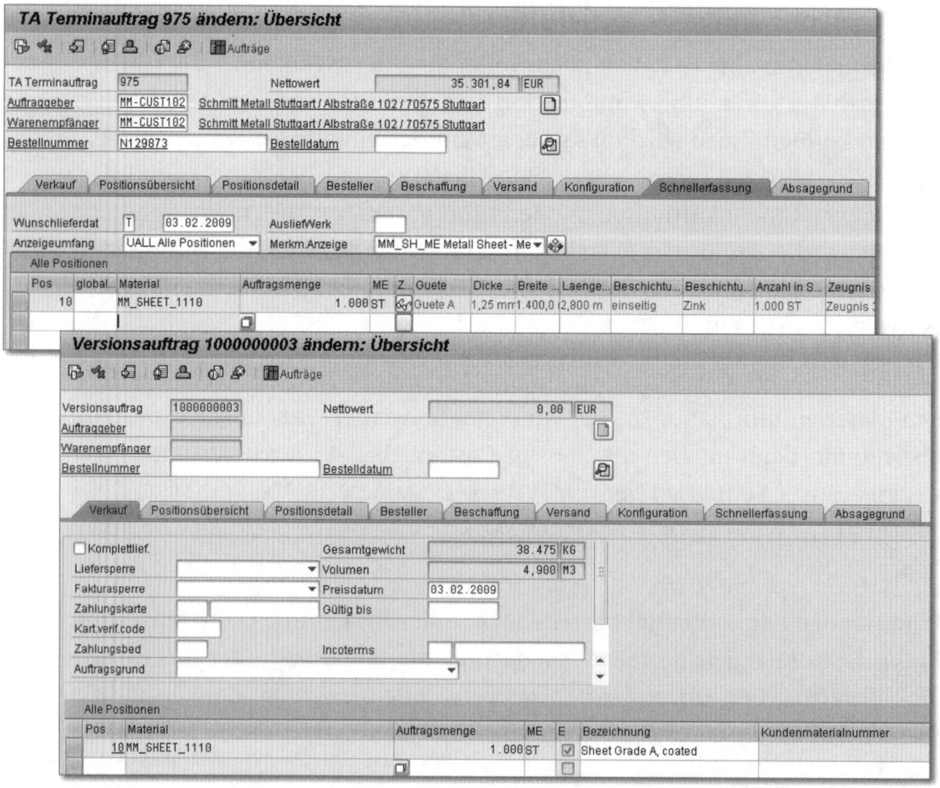

Abbildung 7.2 Kundenauftragsversion und Originalbeleg

Abbildung 7.2 zeigt im oberen Abschnitt einen Original-Kundenauftrag, in dem beim Verkaufsmaterial MM_SHEET_1110 u.a. das Merkmal BESCHICHTUNG mit dem Merkmalswert EINSEITIG und das Merkmal ZEUGNIS mit dem Wert ZEUGNIS 3.1B bewertet wurden. In Abbildung 7.3 ist die Kundenauftragsversion 1000000003 dieses Auftrags dargestellt, in der diese beiden Merkmale mit den Werten BEIDSEITIG und ZEUGNIS 3.1A bewertet sind. Man erkennt gut, dass die Konfigurationsmerkmale nur in der Version änderbar sind.

Versionsbelege außerhalb der Versionsverwaltung nicht verfügbar [+]

Die Versionsbelege sind außerhalb der Versionsverwaltung nicht sichtbar und dienen lediglich der Ablage von Daten. Es gibt auch keine Suchfunktionen etc. für Versionsbelege. Sie können lediglich über BEARBEITEN • VERSIONSDATEN • ÜBERSICHT im jeweiligen Originalbeleg angezeigt werden.

Der Versionsvergleich in Abbildung 7.3 zeigt farblich hervorgehoben die Unterschiede einer Belegposition auf Merkmalswertebene. So lassen sich unterschiedliche Eigenschaften der Produkte, die in Merkmalen abgelegt wurden, sehr leicht identifizieren.

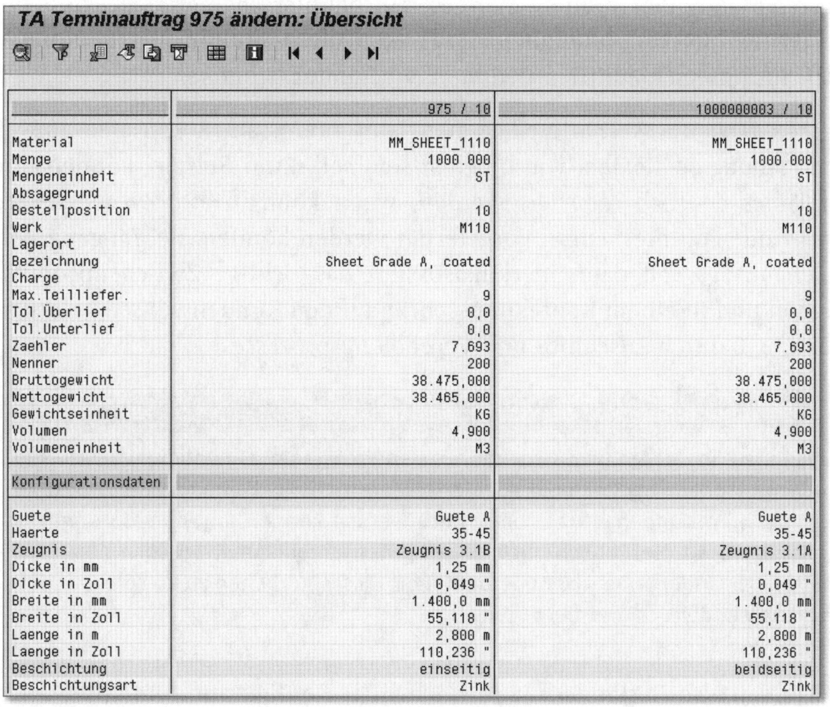
TA Terminauftrag 975 ändern: Übersicht

	975 / 10	1000000003 / 10
Material	MM_SHEET_1110	MM_SHEET_1110
Menge	1000.000	1000.000
Mengeneinheit	ST	ST
Absagegrund		
Bestellposition	10	10
Werk	M110	M110
Lagerort		
Bezeichnung	Sheet Grade A, coated	Sheet Grade A, coated
Charge		
Max.Teilliefer.	9	9
Tol.Überlief	0,0	0,0
Tol.Unterlief	0,0	0,0
Zaehler	7.693	7.693
Nenner	200	200
Bruttogewicht	38.475,000	38.475,000
Nettogewicht	38.465,000	38.465,000
Gewichtseinheit	KG	KG
Volumen	4,900	4,900
Volumeneinheit	M3	M3
Konfigurationsdaten		
Guete	Guete A	Guete A
Haerte	35-45	35-45
Zeugnis	Zeugnis 3.1B	Zeugnis 3.1A
Dicke in mm	1,25 mm	1,25 mm
Dicke in Zoll	0,049 "	0,049 "
Breite in mm	1.400,0 mm	1.400,0 mm
Breite in Zoll	55,118 "	55,118 "
Laenge in m	2,800 m	2,800 m
Laenge in Zoll	110,236 "	110,236 "
Beschichtung	einseitig	beidseitig
Beschichtungsart	Zink	Zink

Abbildung 7.3 Vergleich der Position des Originalbelegs und der Kundenauftragsversion auf Merkmalswertebene

Dies erleichtert insbesondere bei vielen Merkmalen die einfache Suche nach differierenden Bewertungen, da ja einige Bewertungen eventuell auch durch die Abarbeitung von Beziehungswissen durchgeführt wurden, was ja nicht immer sofort ersichtlich ist. So könnten auch Merkmale geändert worden sein, die nicht in der Merkmalsanzeige der Schnellerfassung zu sehen waren.

Nachdem Sie überprüft haben, ob die Version durchführbar ist, haben Sie die Möglichkeit, eine der angelegten Kundenauftragsversionen »aktiv« zu schalten, d.h., Sie überschreiben die aktuelle Bewertung des Materials. Dies startet dann automatisch bei Speicherung des SD-Belegs die hinterlegten logistischen Prozesse. Hierbei sei insbesondere bei konfigurierbaren Materialien auf den Kundenauftrags-Änderungsdienst OCM verwiesen.

7.4.5 Variantenkonfiguration in Verbindung mit Lagerfertigung

Eine wesentliche Erweiterung der Variantenkonfiguration in der Branchenlösung ermöglicht eine echte Nutzung der Variantenkonfiguration im Make-to-Stock-Szenario. Grundsätzlich verbieten sich ja Konfiguration und Lagerfertigung, da der Standard-MRP-Lauf die unterschiedliche Bewertung der konfigurierbaren Materialien im anonymen Lager nicht unterscheiden kann – deshalb auch die Ablage im Kundeneinzelsegment. Die Mill-Branchen benötigen jedoch aus unterschiedlichen Gründen ein anderes Vorgehen.

Das MTS-Fertigungsszenario ist immer dann interessant, wenn die Supply-Chain-Planung so flexibel wie möglich sein soll. Zum Beispiel können die Lead Times deutlich reduziert werden, wenn konfigurierte Zwischenprodukte kundenauftragsneutral vorgefertigt werden können. Bei Eingang des Kundenauftrags soll dann merkmalsbasiert das richtige Zwischenprodukt gefunden und in einem Konfektionsschritt auf den Kundenwunsch gefertigt werden, z. B durch Zuschnitt- und Veredelungsprozesse.

[zB] **Prozess »Umwidmung« in der Stahlindustrie**

Insbesondere in der Stahlindustrie gibt es den Prozess der Umwidmung. Dazu soll Zwischenmaterial oder Material auf Vorstufen durch das Planungssystem flexibel einem anderen Kundenauftrag zugeordnet werden können. Im Szenario *Kundeneinzelfertigung* ist dies jedoch nur manuell durch Umbuchung zwischen den Kundeneinzelbeständen möglich. Außerdem führt dieses Vorgehen zu entsprechenden Unschärfen in der Bestandsbewertung.

Wie können also Bestände mit abweichender Konfiguration im anonymen Bestand unterschieden werden? In der Kundeneinzelfertigung ist dies ja durch den Kundeneinzelbestand gewährleistet.

Im Szenario *Lagerfertigung* müssen Sie dazu das Material chargengeführt kennzeichnen, um so die Bestände mit unterschiedlicher Konfiguration im anonymen Bestand desselben Materials unterscheiden zu können. Wenn die unterschiedlichen Konfigurationen zu unterschiedlichen Fertigungskosten führen, sollten Sie die Bestände auch wertmäßig unterschiedlich führen. Dies ist durch die Chargeneinzelbewertung möglich. Vor dem Wareneingang des Fertigprodukts wird dazu der Wert der Charge aus den Ist-Kosten der Fertigung exakt bestimmt. So bleiben auch im Lagerfertigungsszenario die Kosten über mehrere Stufen transparent und nachvollziehbar.

Wie funktioniert in diesem Fall die Bedarfsplanung? Im Szenario *Kundeneinzelfertigung* berücksichtigt die Bedarfsplanung immer nur das Kundeneinzelsegment. So ist eine direkte Zuordnung des Kundenauftrags, der Fertigungsaufträge und der Bestellungen möglich.

Im Szenario *Lagerfertigung* muss die Bedarfsplanung gewährleisten, dass die Bedarfsdecker, z.B. die Fertigungsaufträge, mit der richtigen Konfiguration und der richtigen Menge angelegt werden. Eine direkte Zuordnung des Kundenauftrags zum Fertigungsauftrag ist im ERP-System über das Sammelsegment nicht möglich.

Deshalb wird die merkmalsabhängige Planung in einem externen Planungssystem (z.B. SAP APO) vorausgesetzt. Sie stellt die korrekte Zuordnung von Bedarfen und Bedarfsdeckern anhand der Konfigurationsmerkmale sicher.

Konfiguration von Materialvarianten im Kundenauftrag ändern – Preisfindung und Chargenfindung (ohne Bedarfsplanung) mit Lagerfertigung

Häufig wird die Konfigurationsänderung in der Preisfindung nur genutzt, um – ohne echte Fertigung und Bedarfsplanung – geeignete lagerhaltige »Ist-Konfigurationen« anhand von Merkmalen für den Kundenauftrag auszuwählen. Dazu wird die Konfigurationsänderung in der Chargenfindung verwendet.

Beispiel [zB]

Der Kunde benötigt Rohre mit der Länge von 5 m. Der Sachbearbeiter legt einen Kundenauftrag für eine Materialvariante »Restlängen« an und ändert die Konfiguration entsprechend, sodass Chargen mit einer Länge von mehr als 5 m gefunden werden. Die Chargen werden direkt im Kundenauftrag oder in einer Lieferung aufgenommen. Eine Bedarfsplanung ist nicht erforderlich.

Konfiguration im Produktionsauftrag mit Lagerfertigung ändern – »Vorfertigung« nicht ausspezifizierter Varianten

Es ist darüber hinaus möglich, direkt einen Produktionsauftrag mit abweichender Konfiguration anzulegen (Transaktion CO01). Dies ermöglicht die Vorfertigung von Spezifikationen, für die keine eigene Materialvariante angelegt werden soll, noch ehe ein Kundenauftrag mit dieser Spezifikation erfasst wurde.

Dieses Szenario wird häufig auch dann genutzt, wenn Kleinmengen neuer Spezifikationen im Rahmen der Produktentwicklung produziert werden sollen, ohne dass dafür bereits Stammdaten angelegt werden, oder wenn Spezialaufträge z.B. zur Umarbeitung von Zwischenmaterial mit Qualitätsabweichungen durchgeführt werden müssen.

Die Zuordnung dieser abweichend konfigurierten Produktionsaufträge zu Bedarfen erfordert ein externes Planungssystem wie SAP APO.

7.4.6 Auftragszusammenfassung mit konfigurierbaren Produkten

In den meisten Mill-Branchen, wie z.B. der Stahl-, Papier- und Textilindustrie, aber auch im Maschinenbau, werden für verschiedene Produkte übereinstimmende Vorgänge in einem gemeinsamen Fertigungsprozess ausgeführt.

[zB]

Zusammenführung in einen gemeinsamen Fertigungsprozess

Dies kann im Stahlbereich z.B. das Stranggießen und das anschließende Warm-/Kaltwalzen sein. Im Maschinenbau kann dies ein gleichzeitiges Lackieren mehrerer Komponenten unterschiedlicher Aufträge sein. Die Zusammenfassung beim Lackieren wird getrieben durch die hohen Umrüst- und Reinigungskosten, bei der Wärmebehandlung dient dieses Vorgehen zur Optimierung der Energiekosten pro Stück.

Vor und/oder nach diesen übereinstimmenden Vorgängen werden für die verschiedenen Produkte wieder unterschiedliche Vorgänge in eigenen Fertigungsaufträgen durchgeführt. Die Zusammenführung erfolgt also nur zeitweise.

Mit Hilfe der Auftragszusammenfassung können nun solche übereinstimmenden Vorgangsfolgen in einem gemeinsamen Fertigungsauftrag zusammengefasst werden. Folgende Auftragstypen können Sie zusammenfassen:

- Kundenaufträge
- Planaufträge
- Fertigungsaufträge

Welche Aufträge zusammengefasst werden sollen, kann z.B. über eine Auswahl nach gemeinsamem Kopfmaterial, anhand eines bestimmten Arbeitsplatzes oder auch häufig anhand der gleichartigen Konfiguration der Ursprungsaufträge erfolgen. So können Sie Aufträge zusammenfassen, die für das Merkmal BESCHICHTUNG die gleiche Merkmalsbewertung haben und am selben Arbeitsplatz gefertigt werden.

Die Zusammenfassung kann sowohl einzelne Vorgänge als auch komplette Aufträge umfassen. Grundsätzlich werden immer Fertigungsaufträge zusammengefasst – auch bei Kundenaufträgen. Daher werden während der Zusammenfassung für Kundenaufträge Fertigungsaufträge angelegt bzw. Planaufträge in Fertigungsaufträge umgesetzt. Entsprechend können nur Aufträge zusammengefasst werden, die für Eigenfertigung vorgesehen sind. Es können Fertigungs-, Montage- und Prozessaufträge zusammengefasst werden. Fertigungs- und Prozessaufträge können allerdings nicht miteinander kombiniert werden. Auch sind für Prozessaufträge nicht alle Funktionen unterstützt, z.B. erfolgt keine Anpassung der Formeln zur Mengenberechnung.

7.5 Zusammenfassung

Dieses Kapitel kann Ihnen wie gesagt nur einen Ausschnitt aus der Welt der Zusatzfeatures und der Funktionalität der Industrielösungen zeigen. Durch die Fokussierung auf die Branchenlösung DIMP und deren Subbranche Mill haben wir insbesondere Erleichterungen im Bereich des Vertriebs (Merkmalsschnellerfassung, Kundenauftragsversionen, Kunden-Material-Infosatz) und der Fertigung (Auftragszusammenfassung, Lagerfertigung konfigurierbarer Produkte) hervorgehoben.

Alle Themen können wir leider nicht behandeln, daher möchten wir auf die entsprechenden Serviceseiten von SAP (*http://help.sap.com;* Menüpfad: SAP FOR INDUSTRIES • SAP FOR MILL PRODUCTS • SAP ECC DIMP 5.0) verweisen. Schauen Sie nach – es lohnt sich.

Neben dem SAP-Standard gibt es im SAP-Umfeld zahlreiche Erweiterungen – teils modifikationsfrei, teils programmiert. Im Folgenden zeigen wir Ihnen einige Partner- und Beraterlösungen, die die Grundfunktionen von SAP ERP bzw. SAP CRM im Bereich Variantenkonfiguration um wichtige Funktionen erweitern.

8 Weiterentwicklungen und Add-ons im SAP-Partnerumfeld

Im Umfeld von SAP tummeln sich sehr viele Spezialisten als Partner oder Freelancer im Bereich der Variantenkonfiguration, die ihr Wissen u.a. dazu genutzt haben, eigene Programme und Erweiterungen für diese Funktionalität zu entwickeln. Die Liste der Möglichkeiten ist sehr lang, daher möchten wir Ihnen beispielhaft nur einige wenige Erweiterungen von uns bekannten deutschen SAP-Partnern aus der Configuration Workgroup vorstellen.

Die Auswahl ergab sich einerseits aus Abdeckungen von Defiziten des SAP-Standards und andererseits aus gut gemachten Ergänzungen der jeweiligen Partner. Wir beschäftigen uns hierbei in diesem Kapitel mit den folgenden Weiterentwicklungen:

- **Sybit Model Tester**
  (Firma »Sybit GmbH«)
  Es handelt sich hierbei um ein von SAP zertifiziertes Testwerkzeug auf Basis von SAP NetWeaver zur automatischen Qualitätskontrolle von Produktmodellen. Sybit ist Special Expertise Partner für SAP CRM und die Fertigungsindustrie sowie Mitglied in der CWG.
- **Sybit Configuration Visualizer**
  (Firma »Sybit GmbH«)
  Hierbei handelt es sich um eine Komponente zur grafischen 2-D-Visualisierung von SAP-Konfigurationsergebnissen.
- **VCPowerPack**
  (Firma »AICOMP/VCXI Group«)
  Hier geht es um eine Software-Erweiterung innerhalb von SAP ERP für alle Prozessfertiger, die produktherstellungsorientiert konfigurieren

möchten. AICOMP ist Business-All-in-One-Partner von SAP und Mitglied in der CWG.

- **it.cadpilot**
  (Firmen »itelligence AG« und »ACATEC Software GmbH«)
  Es handelt sich hierbei um die automatische Generierung von 3-D-CAD Konstruktions- und Fertigungsunterlagen durch Fernsteuerung aus der SAP-Variantenkonfiguration heraus. Die itelligence AG ist einer der größten Implementierungspartner von SAP. In Zusammenarbeit mit der ACATEC Software GmbH wurde der it.cadpilot entwickelt. itelligence und ACATEC sind Mitglieder in der CWG.
- **K-Select, K-Assistant, K-Connect, K-Document und Quoteassistant**
  (Firma »encoway GmbH«)
  Dies sind Komfortfunktionen, die sich mit dem Finden von konfigurierbaren Artikeln, dem Auslegen von Lösungen, dem Dokumentieren von Produktmodellen, dem komfortablen Druck von SAP-Angeboten in Microsoft Word und dem schnellen Erstellen von Angeboten im Multichannel-Vertrieb beschäftigen. Die encoway GmbH ist Certified-by-NetWeaver-Partner von SAP und Mitglied in der CWG.
- **Framework und Varianten-Engine**
  (Firma »top flow GmbH«)
  Hierbei handelt es sich um Anpassungsmöglichkeiten eines neu entwickelten Konfigurationsdialogs und Prozessoptimierungen im Logistikablauf im SAP ERP-System. top flow ist Softwarepartner von SAP und Mitglied in der CWG.

8.1 Sybit Model Tester (Firma »Sybit GmbH«)

Produktmodelle sind komplex, und variantenreiche Produkte können leicht mehrere hundert Freiheitsgrade (d.h. Merkmale) enthalten – entsprechend umfangreich und unübersichtlich sind die zugehörigen Produktmodelle. Dies gilt umso mehr bei »gewachsenen« Modellen, die sich über mehrere Jahre entwickelt haben.

Der Komplexität der Modelle steht die Wichtigkeit ihrer Korrektheit gegenüber. Werden bei einer Modelländerung unbeabsichtigte Auswirkungen übersehen, kann dies vielerlei schlimme Folgen haben, so z.B. die folgenden:

- Bestseller können nicht mehr konfiguriert werden oder nicht produzierbare Konfigurationen werden verkauft.

- Falsches Material wird bestellt, unbemerkt verbaut oder vergessen.
- Bei der Preisfindung werden Komponenten nicht berücksichtigt, oder es werden falsche Preise gezogen

Die Korrektheit der Produktmodelle ist daher als unternehmenskritisch einzustufen. Umso schwerer wiegt die Tatsache, dass im SAP-Standard keinerlei Unterstützung zum Testen von Produktmodellen verfügbar ist. Die meisten Unternehmen greifen daher zur Qualitätssicherung ihrer Modelle auf das einzige standardmäßig verfügbare Instrument zurück: manuelles Testen.

8.1.1 Manuelles Testen – Transaktion CU50

Die herkömmliche Vorgehensweise zum Testen von Produktmodellen führt unweigerlich zur Transaktion CU50 (Simulation/Modellierung Materialkonfiguration). Hier können Sie einerseits das Beziehungswissen zum Setzen von Merkmalswerten und andererseits die Stücklistenauflösung testen. Eine Möglichkeit zum Abspielen bereits eingegebener Tests existiert nicht. Wiederholtes Testen bedeutet daher auch immer die wiederholte manuelle Eingabe der Konfiguration sowie die manuelle Kontrolle des Ergebnisses.

8.1.2 Vorteile automatisierter Tests

Im Gegensatz zum manuellen Testen werden beim automatisierten Testen die Testfälle gespeichert. Diese können dann zu jeder Zeit automatisch ausgeführt werden. Manuelles Eingreifen ist nur noch dann nötig, wenn beim Testlauf Fehler auftreten. Gegenüber manuellem Testen hat automatisches Testen folgende Vorteile:

1. **Reduktion von Folgekosten fehlerhafter Produktmodelle**
   Manuelles Testen bedeutet häufig, dass zu wenig getestet wird. Die Folge sind Fehler im Produktmodell, die – falls durch sie beispielsweise Rückabwicklungen erforderlich werden – in Ihrem Unternehmen hohe Folgekosten verursachen können.
2. **Kostenreduktion**
   Manuelles Testen von Produktmodellen ist zeitaufwendig und kann nur von Experten geleistet werden. Automatisiertes Testen schont Ihre wertvollsten Ressourcen (insbesondere, wenn Sie Ihr Produktmodell nach jeder Änderung testen).

3. **Testqualität und Testdokumentation**
   Manuelle Tests verlangen hohe Konzentration; Fehler sind dabei vorprogrammiert. Zudem lässt sich die manuelle Ausführung von Tests kaum dokumentieren. Ergebnisse automatisierter Tests sind jederzeit nachvollziehbar.
4. **Durchlaufzeiten/Time-to-Market**
   Sowohl bei der Neuerstellung von Produktmodellen als auch bei ihrer Weiterentwicklung müssen Sie umfassende Tests durchführen. Dadurch kann sich die Markteinführung eines Produkts oder einer Neuerung entscheidend verzögern. Durch Testautomatisierung können Sie Änderungen im Produktmodell per Knopfdruck verifizieren und ohne Verzögerung freigeben.

8.1.3 Sybit Model Tester

Der von SAP zertifizierte *Sybit Model Tester* minimiert die zum Testen nötige manuelle Interaktion. Die zentrale Idee des Model Testers besteht darin, Tests abzuspeichern und automatisch auszuführen. Somit werden nicht nur Kosten und Durchlaufzeiten reduziert, sondern es wird gleichzeitig die Qualität der Tests erhöht, und Folgekosten werden vermieden.

Verglichen mit dem manuellen Testen via CU50 können Sie davon ausgehen, dass der Einsatz des Model Testers zwischen 60 und 90% des Testaufwands einspart. Das Einsparpotenzial steigt dabei mit dem Umfang des Testaufwands. Das höchste Einsparpotenzial findet sich somit in Szenarien, in denen regelmäßig umfangreiche Tests durchgeführt werden.

Damit Sie Ihre Produktmodelle durchgängig kontrollieren können, kann der Sybit Model Tester Produktmodelle auf allen Systemen Ihrer Multisystemlandschaft testen. Dabei können sowohl VC-Modelle als auch IPC-Modelle getestet werden. Die zentralen Elemente des Model Testers sind *Testfall* und *Testlauf*.

Testfall und Testlauf

Der Testfall ist das atomare Testelement im Model Tester. Mit ihm können Sie genau eine Bewertung der Merkmale eines konfigurierbaren Materials testen. Im Folgenden werden die Begriffe *Testfall* und *Test* synonym verwendet. Wie in Abbildung 8.1 dargestellt, besteht ein Testfall aus einer Eingabe und einem erwarteten Resultat. Die Eingabe besteht – analog zur CU50 – aus einer Reihe von Merkmalsbewertungen. Im erwarteten Resultat sind Bereiche für verschiedene Elemente vorgesehen:

- **Meldungen**
  Grundsätzlich können Sie im Model Tester sowohl gültige als auch nicht gültige Konfigurationen testen. Erwarten Sie, dass die Eingabekonfiguration ungültig ist, können Sie im Meldungsbereich die erwarteten Fehlermeldungen spezifizieren.
- **Konfiguration**
  Im Konfigurationsbereich können Sie die erwartete Konfiguration angeben. Dies dient zum Test des Beziehungswissens, das zur systemseitigen Befüllung von Merkmalen verwendet wird.
- **Stückliste**
  Im Bereich für die Stückliste können Sie die erwarteten Stücklistenpositionen spezifizieren.
- **Preise**
  Wird Ihre Preisfindung über Variantenkonditionen gesteuert, so können Sie in diesem Bereich die relevanten Konditionssätze spezifizieren.

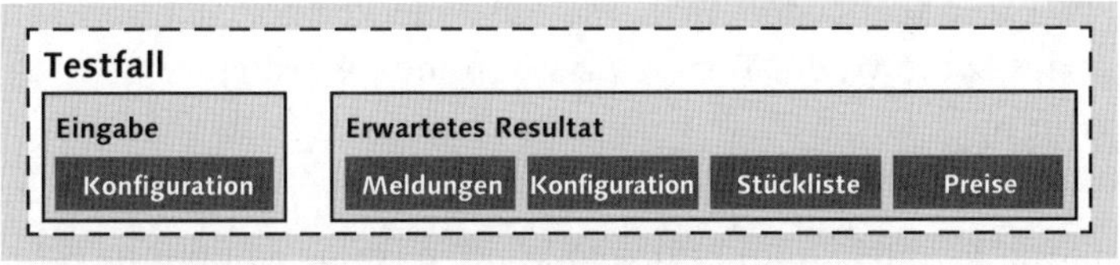

Abbildung 8.1 Testfall – Eingabe und erwartetes Resultat

Abbildung 8.2 zeigt den Zusammenhang von Testfall und Testlauf. Im oberen Bereich ist nochmals der Testfall aus Abbildung 8.1 dargestellt. Beim Testlauf wird die Eingabe an den VC/IPC übergeben und das erzeugte *tatsächliche* Resultat aufgezeichnet. Anschließend werden die erwarteten mit den tatsächlichen Resultaten verglichen, wobei zwischen Fehler (rote Ampel), Warnung (gelbe Ampel) und Erfolg (grüne Ampel) unterschieden wird.

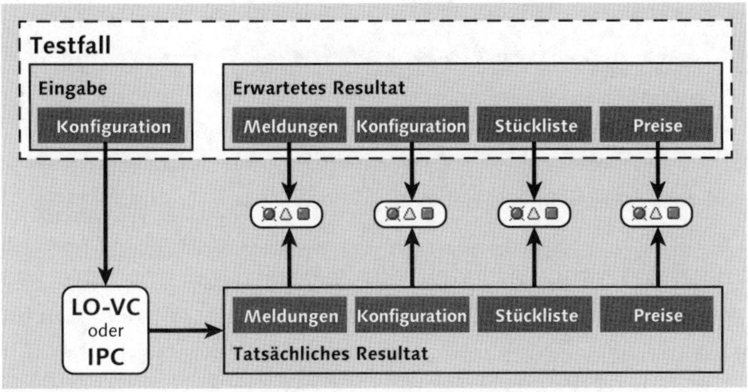

Abbildung 8.2 Zusammenhang von Testfall und Testlauf

Erstellung, Pflege und Organisation von Testfällen

Um die Erstellung und Pflege von Testfällen so einfach und effizient wie möglich zu gestalten, verfügt der Model Tester über mehrere Alternativen:

- **CU50-Speichern**
  Eine Erweiterung der Transaktion CU50 ermöglicht, einen in der CU50 manuell durchgeführten Test direkt im Model Tester zu speichern. Der Testfall kann somit wie gewohnt eingegeben und anschließend jederzeit automatisch ausgeführt werden.
- **Import von Vertriebsbelegen**
  In jeder Anfrage, jedem Angebot und jedem Auftrag stecken wertvolle Informationen zur Konfiguration und zur Stückliste des jeweiligen Materials. Der Sybit Model Tester liest diese Informationen und erzeugt daraus vollautomatisch Testfälle.
- **Import aus Excel/XML**
  In Unternehmen mit festgelegtem Testprozess liegen Testfälle in der Regel bereits vor (etwa in Excel-Dateien). Diese Testfälle können per XML in den Testvorrat des Sybit Model Testers übernommen werden.
- **Manuelle Testfallpflege**
  Der Model Tester hat eine grafische Benutzeroberfläche, mit der Sie Testfälle direkt im System anlegen und pflegen können (siehe Abbildung 8.3). Anstatt das erwartete Resultat von Hand einzugeben, können Sie es hier vom System erzeugen lassen.

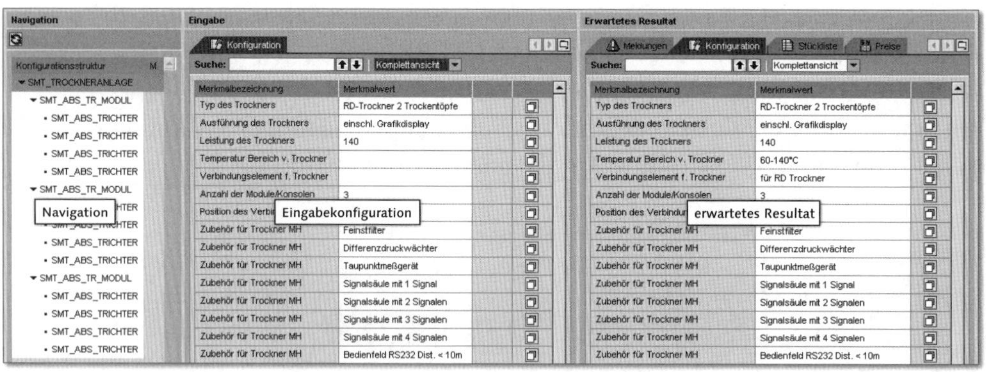

Abbildung 8.3 Ansicht zur Bearbeitung von Testläufen

Werden Änderungen am Produktmodell durchgeführt, müssen auch die Testfälle angepasst werden. Mit dem Werkzeug zur Massenpflege bietet Ihnen der Model Tester die Möglichkeit, eine große Anzahl an Testfällen mit wenigen Klicks an Ihre Modelländerungen anzupassen.

Ausführung und Auswertung von Testläufen

Im Sybit Model Tester können Testläufe auch über die SAP-eigene Jobplanung im Hintergrund ausgeführt oder regelmäßig eingeplant werden. So können Sie beispielsweise jede Nacht vollautomatisch Regressionstests durchführen lassen.

Um Testläufe für verschiedene Rollen im Unternehmen aussagekräftig zu halten, können Sie bestimmte Informationen per Profil ein- bzw. ausblenden.

Mit dem Evaluationswerkzeug können Sie die Testläufe analysieren. Die Übereinstimmung des erwarteten mit dem tatsächlichen Resultat wird für jeden Bereich separat als Ampelsignal angezeigt. In der Analyseansicht können Sie den Testlauf im Detail auswerten. Unterschiede zwischen erwartetem und tatsächlichem Resultat werden in der Anwendung dunkel hinterlegt (siehe Abbildung 8.4).

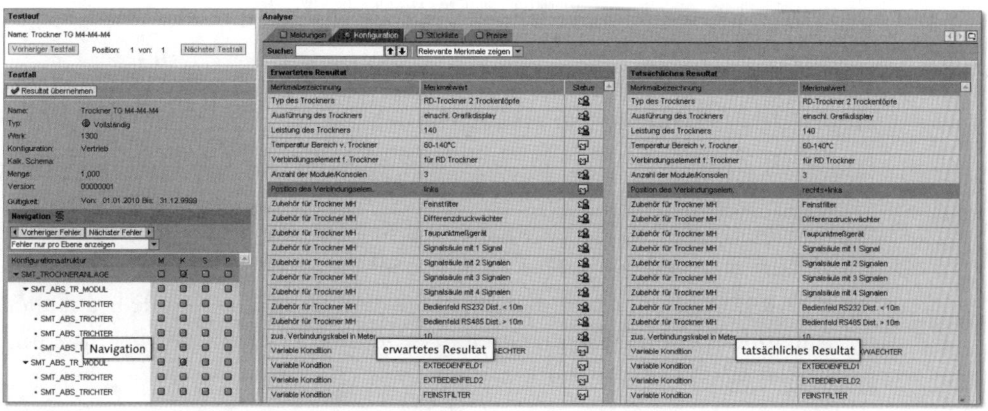

Abbildung 8.4 Ansicht zur Analyse von Testfällen

Prozesse und Systemlandschaft

Viele Unternehmen realisieren im SAP ERP-Bereich eine Multisystemlandschaft (Entwicklungs-, Test- und Produktivsystem). Der Model Tester kann Testläufe auf Konfiguratoren entfernter Systeme ausführen. Auf diese Weise können Sie VC-Konfiguratoren in mehreren ERP-Systemen sowie IPC-Konfiguratoren in CRM-, E-Commerce- und Stand-Alone-Szenarien in Ihre Tests einbeziehen.

Ein Überblick über Multisystemlandschaften ist in Abbildung 8.5 dargestellt. Der Model Tester läuft hier im Produktivsystem und verbindet sich per Remote Function Call (RFC) mit weiteren Systemen.

Der Model Tester läuft als SAP-zertifizierte Anwendung im ABAP-Stack von SAP NetWeaver. Er fügt sich daher nahtlos in die SAP-Systemlandschaft ein und erfordert keine eigenen Systeme. Die webbasierte Benutzeroberfläche ist mit Web Dynpro ABAP realisiert und daher voll Web-, Portal- und SAP GUI-fähig. Testfälle und Testläufe werden in eigenen Tabellen in der Datenbank des SAP-Systems gespeichert.

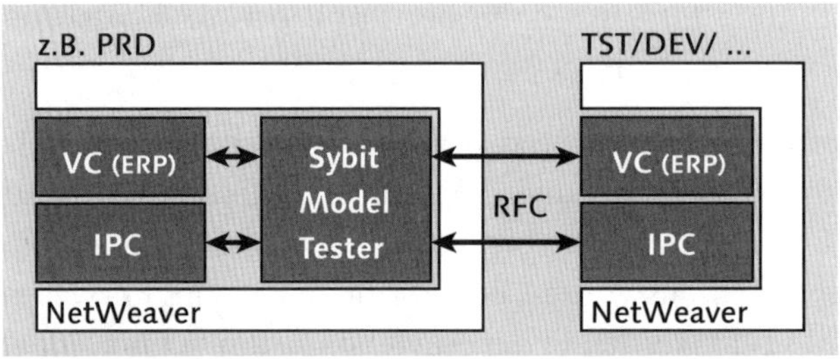

Abbildung 8.5 Einbindung in eine Multisystemlandschaft mit VC und IPC

8.1.4 Zusammenfassung

Der Sybit Model Tester wird zur Qualitätskontrolle von Produktmodellen eingesetzt. Er vermindert somit Folgekosten, die durch Produktmodellfehler entstehen. Ressourcen, die durch manuelles Testen gebunden sind, werden eingespart. Außerdem verbessert er die Qualität der Testdurchführung und ermöglicht erstmalig die Dokumentation der Testläufe. Gleichzeitig werden Durchlaufzeiten reduziert. Der Sybit Model Tester ist ein durch SAP zertifiziertes ABAP-Add-on. Mit ihm können Sie die VC- und IPC-Modelle auf allen Systemen Ihrer Multisystemlandschaft testen. Er ist somit ein wichtiges und hilfreiches Werkzeug bei der Erstellung und Pflege von Produktmodellen.

8.2 Sybit Configuration Visualizer (Firma »Sybit GmbH«)

Um ein Produkt zu konfigurieren, muss vom Anwender eine Reihe von Merkmalen mit Werten belegt werden. Diese ausschließlich textgestützte Interaktion ist häufig wenig intuitiv. Insbesondere für unerfahrene Anwender ist es oft schwierig, die Auswirkungen ihrer Merkmalsbewertungen abzuschätzen.

Dieser Abschnitt beschreibt daher eine Lösung zur visuellen Unterstützung des Anwenders während des Konfigurationsprozesses, die mit dem IPC integriert werden kann.

8.2.1 Problemstellung

In der Praxis hat sich schon oft gezeigt, dass sich die rein textbasierte Interaktion des Anwenders mit dem Variantenkonfigurator nicht leicht erschließt und Anwender häufig vor Herausforderungen stellt. Natürlicherweise wachsen diese Herausforderungen nicht nur mit der Unerfahrenheit des Anwenders, sondern gleichermaßen mit der Komplexität des Modells. Insbesondere, wenn viele Merkmalswerte durch Beziehungswissen aus anderen Merkmalswerten hergeleitet werden, können ungeschulte Anwender kaum die Auswirkungen ihrer Merkmalsbewertungen beurteilen, geschweige denn voraussagen oder gezielt steuern. An die Stelle eines zielgerichteten Konfigurationsprozesses tritt in diesem Szenario ein Trial-and-Error-Vorgehen, bei dem der Anwender das Verhalten des Produktmodells Schritt für Schritt ausprobieren muss. Dieser empirische Prozess des Ausprobierens ist nicht nur mühsam, sondern auch langsam und somit teuer. Insbesondere bei Produktmodellen, die häufigen Änderungen unterworfen sind, führt dies unweigerlich zur Verunsicherung der Anwender.

Gleichzeitig zeigt die Praxis, dass mit der Komplexität der Modelle ebenfalls die Wahrscheinlichkeit von Fehlkonfigurationen zunimmt.

Fehlproduktionen können produziert werden [+]

Es sollte beachtet werden, dass hier mit Fehlkonfigurationen keine unmöglichen Konfigurationen gemeint sind – diese werden vom Produktmodell verhindert –, sondern mögliche Konfigurationen, die jedoch nicht den wahren Kundenwunsch widerspiegeln. Der daraus entstehende finanzielle Schaden kann dementsprechend umfangreich ausfallen.

Die hier diskutierten Probleme sind im Wesentlichen darauf zurückzuführen, dass sich der Anwender während des Konfigurationsprozesses keine Übersicht über seine momentane Konfiguration verschaffen kann. Der SAP-Standard verfügt neben dem Konsistenz- und Vollständigkeitscheck in Ampelform über keinen Mechanismus, den Anwender in dieser Hinsicht zu unterstützen. Der Configuration Visualizer schließt diese grafische Lücke.

Webshop von Easton Bell Sports [+]

Easton Bell Sports, ein weltweit führender Ausrüster für Sport- und Freizeitaktivitäten, führte die Visualisierung zunächst im Händlerportal (B2B) ein; mittlerweile kommt der Sybit Configuration Visualizer aber auch im Endkundenshop zum Einsatz. Abbildung 8.6 zeigt die Konfiguration und die Visualisierung eines Sporthelms.

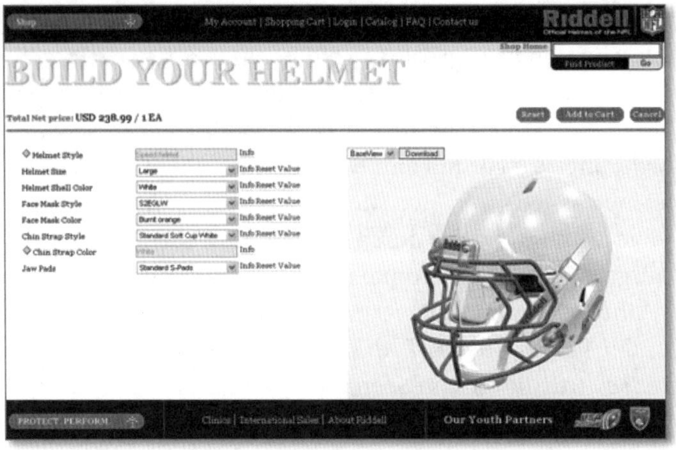

Abbildung 8.6 Der Sybit Configuration Visualizer im Webshop der Firma Easton Bell Sports (»https://shop.riddell.com«; abgerufen am 07.09.2010)

8.2.2 Sybit Configuration Visualizer

Der Sybit Configuration Visualizer (SCV) unterstützt Sie während des Konfigurationsprozesses. Er liefert ein aktualisiertes Bild der momentanen Produktkonfiguration nach jeder Merkmalsbewertung. Auf diese Weise können Sie die Auswirkungen der Konfigurationsschritte jederzeit visuell überprüfen. Die Vorteile liegen auf der Hand:

- **Der Konfigurationsprozess wird signifikant beschleunigt**
  Die visuelle Überprüfbarkeit der Konfiguration bestätigt den Anwender und beschleunigt seine Arbeit.
- **Die Visualisierung führt zu höherer Qualität**
  Der Erstellung von Fehlkonfigurationen – vor allem durch unerfahrene Anwender – wird effektiv vorgebeugt.

Der Configuration Visualizer besteht aus zwei Teilen: Zum einen befindet sich die eigentliche Visualisierung auf einer zusätzlichen Registerkarte des Variantenkonfigurators. Zum anderen enthält der SCV mit dem Visualization Modeling Environment (VME) ein webbasiertes Werkzeug zur Erstellung und Pflege der Anzeigelogik.

8.2.3 Anwendersicht

Der SCV erweitert den IPC um eine Registerkarte, die die VISUALISIERUNG enthält. Abbildung 8.7 zeigt diese Erweiterung am Beispiel eines Krans.

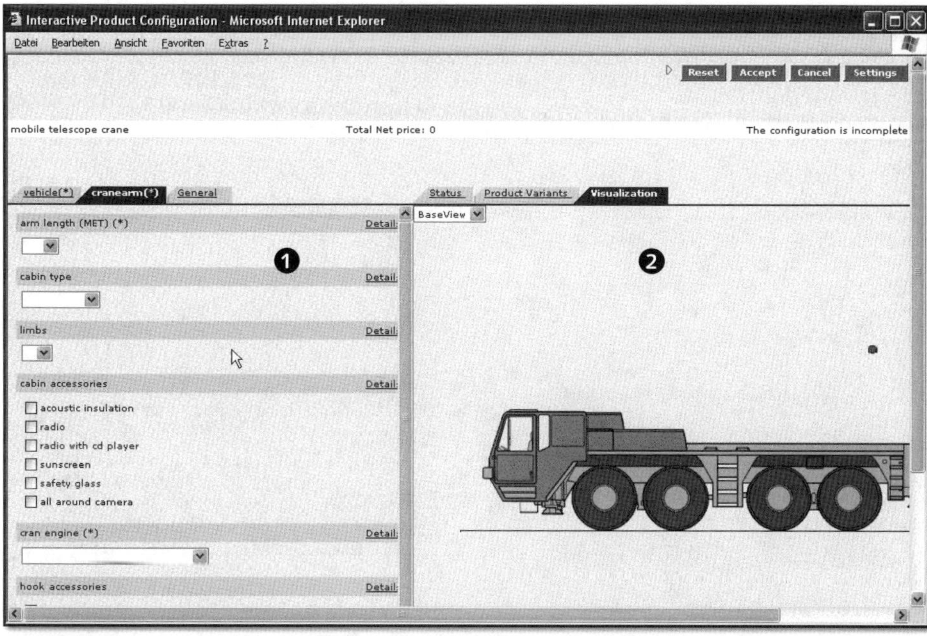

Abbildung 8.7 Erweiterung des IPC um die Registerkarte »Visualisierung« – Darstellung ohne Kranarm

Auf der linken Seite des Bildschirms kann die Bewertung der Merkmale durchgeführt werden ❶. Nach jeder Zuweisung passt sich das Bild rechts automatisch an die aktuell konfigurierte Produktinstanz an ❷. Sind Teile des Produkts noch nicht spezifiziert, fehlen sie im Bild. Abbildung 8.7 zeigt in der Anwendersicht des Configuration Visualizers die Konfiguration des Mobilkrans bei fehlender Spezifikation des Kranarms.

Direkt nach der Bewertung der für den Kranarm verantwortlichen Merkmale zeigt der IPC das in Abbildung 8.8 dargestellte Bild.

In der Praxis kommt die von SAP ausgelieferte Benutzeroberfläche des IPC so gut wie nie unverändert zum Einsatz. In aller Regel werden Sie unternehmensspezifische Anpassungen des Layouts und teilweise sogar der Bedienungslogik vornehmen. Um die zusätzliche Registerkarte trotzdem möglichst einfach in den verschiedenen Ausprägungen der Benutzeroberfläche integrieren zu können, befindet sich die Visualisierungskomponente in einem sogenannten *Customer Tab*.

Customer Tabs [+]

Mit der Technologie der *Customer Tabs* bietet SAP Drittanbietern die Möglichkeit, die Benutzeroberfläche des IPC um eigene Komponenten zu erweitern.

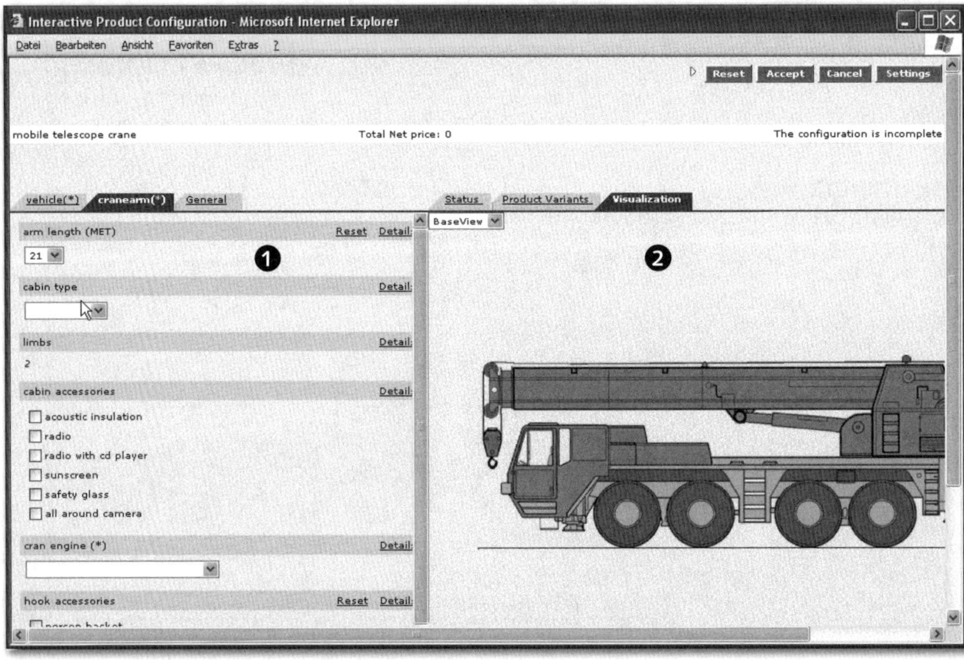

Abbildung 8.8 Erweiterung des IPC um die Registerkarte »Visualisierung« – Darstellung mit Kranarm

8.2.4 Modellierersicht – das Visualization Modeling Environment

Um dem Anwender des IPC die grafische Unterstützung zu ermöglichen, müssen zunächst einige Vorbereitungen getroffen werden. Mit dem *Visualization Modeling Environment* (VME) des Configuration Visualizers wird der Aufbau der grafischen Unterstützung erleichtert.

Das VME dient zur Verwaltung der angezeigten Bilder sowie zu deren Verknüpfung mit den Merkmalen und Werten des Produktmodells. Um jedoch nicht für alle denkbaren Konfigurationsmöglichkeiten separate Bilder erzeugen und pflegen zu müssen, ist das VME in der Lage, partielle Bilder zu überlagern und so die im IPC angezeigten Bilder zu generieren.

Werden also, wie in Abbildung 8.7 und Abbildung 8.8 angedeutet, zu einem bereits teilweise spezifizierten Material weitere Komponenten hinzugefügt, wird lediglich ein zusätzliches partielles Bild in das Bild der bestehenden Konfiguration eingeblendet.

Methode

Die im VME implementierte Methode basiert auf den folgenden drei Schritten:

1. **Laden der Bilder in die Bilddatenbank**
   Die Bilddatenbank enthält alle partiellen Bilder, die für die Überlagerung benötigt werden.
2. **Skalierung und Ausrichtung der Bilder**
   Um korrekte Überlagerungen produzieren zu können, werden die partiellen Bilder eines Produkts entlang eines vorgegebenen Koordinatensystems ausgerichtet.
3. **Erstellen von Regeln zur Modellierung der Anzeigelogik**
   Regeln verknüpfen die Merkmale und Werte der IPC Knowledge Base mit partiellen Bildern der Bilddatenbank. Wählt ein Anwender z.B. »Farbe« = »Gelb« und »Fahrerkabine« = »Standard«, kann durch eine Regel sichergestellt werden, dass in der Visualisierung die gelbe Standard-Fahrerkabine sichtbar wird.

Benutzeroberfläche

Abbildung 8.9 zeigt die Ansicht zum Skalieren und Platzieren partieller Bilder. Die Größe und Position der Fahrerkabine des Mobilkrans werden per Mausklick auf den Unterbau abgestimmt. Um korrekte Bildüberlagerungen erzeugen zu können, muss lediglich noch in der Tabelle über dem Editierbereich die Ebene der Fahrerkabine (LAYER) angegeben werden, damit sichergestellt ist, dass die Fahrerkabine nicht *hinter* dem Unterbau angezeigt wird.

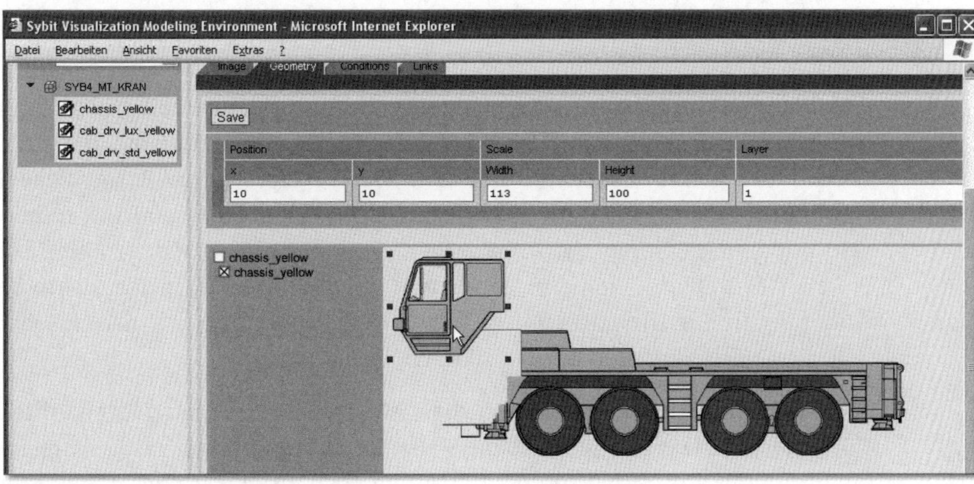

Abbildung 8.9 Skalieren und Platzieren eines partiellen Bildes

In Abbildung 8.10 ist die Erstellung einer Regelbedingung zu sehen. Regelbedingungen sind stets an mögliche Merkmalswerte geknüpft. In der Abbildung wird eine Bedingung erstellt, die erfüllt ist, sobald das Merkmal »Fahrerkabine« (DRIVING CAB) mit dem Wert STANDARD belegt wird. Im darauffolgenden Schritt wird das in Abbildung 8.9 dargestellte partielle Bild der (Standard-)Fahrerkabine mit der erstellten Bedingung verknüpft. Sobald der Anwender das Merkmal »Fahrerkabine« mit dem Wert »Standard« befüllt, wird das richtige Bild in der richtigen Größe an der richtigen Stelle im Gesamtbild eingeblendet.

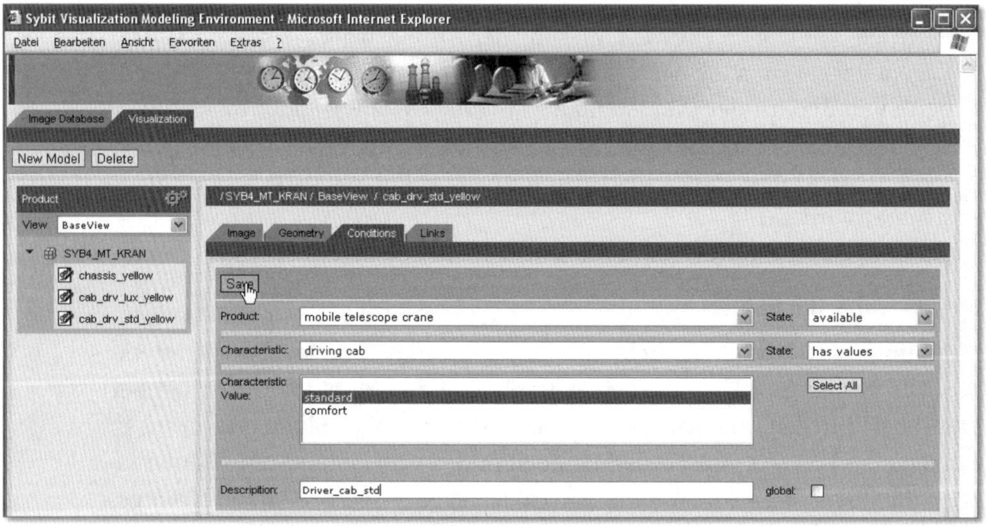

Abbildung 8.10 Erstellen einer Regelbedingung

8.2.5 Systemsicht

Abbildung 8.11 gibt einen Überblick über die Systemlandschaft. Teil A zeigt das Standard-IPC-Szenario. Der Anwender ❶ kommuniziert mit dem IPC WebUI per Webbrowser ❷. Das IPC WebUI läuft im SAP NetWeaver Application Server Java (SAP NetWeaver AS Java) und kommuniziert seinerseits mit dem IPC Server ❸. Teil B zeigt das um den Configuration Visualizer erweiterte Szenario. Für den Anwender ❹ besteht die einzige sichtbare Änderung in der zusätzlichen Registerkarte im WebUI ❺, auf der zu jeder Zeit die gerade aktuelle Konfiguration angezeigt wird.

Wie bereits erwähnt, befindet sich die Visualisierung in einem sogenannten Customer Tab. Das Anlegen und die Verwaltung von Bildern, von Anzeigelogik und somit von Visualisierungen werden vom Visualisierungsmodellierer durchgeführt. Der Visualisierungsmodellierer ❻ interagiert mit dem VME ❼ über den Webbrowser ❽. Analog zum IPC WebUI läuft das VME im SAP NetWeaver AS Java ❾. Die Modellinformationen (d.h. Bilder und Logik) werden in der Standard-Web-AS-Datenbank abgelegt.

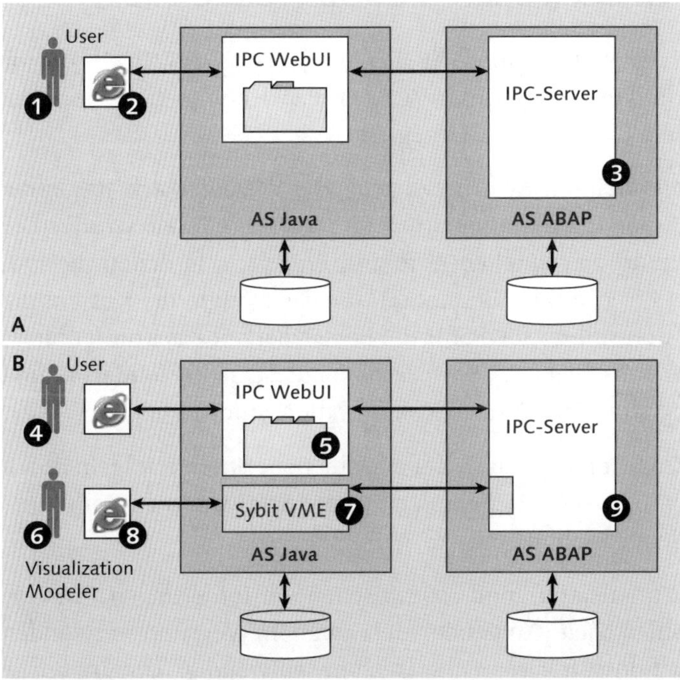

Abbildung 8.11 Standard-IPC-Architektur (A) und IPC mit integriertem Configuration Visualizer (B), zusätzliche Registerkarte und VME

8.2.6 Zusammenfassung

Der Sybit Configuration Visualizer visualisiert das vom Benutzer konfigurierte Produkt. Das angezeigte Bild befindet sich auf einer zusätzlichen Registerkarte des IPC und wird nach jeder Merkmalsbewertung aktualisiert. Damit nicht für jede mögliche Konfiguration Bildmaterial vorgehalten werden muss, wird das angezeigte Bild aus einer Überlagerung partieller Bilder generiert. Zur Pflege der partiellen Bilder enthält der Configuration Visualizer das Visualization Modeling Environment (VME). Hier werden partielle Bilder verwaltet und per Mausklick aufeinander abgestimmt. Die partiellen Bilder können dann mit Hilfe einer einfachen Regellogik mit den Merkmalswerten des Produktmodells verknüpft werden. Bei relativ geringem Pflegeaufwand ermöglicht der Configuration Visualizer somit die Generierung hilfreicher Übersichtsbilder und liefert dem Anwender wertvolles grafisches Feedback im Konfigurationsprozess.

[+] Die Beiträge zur Firma »Sybit GmbH« wurden von Dr. Christoph Mangold verfasst (Internet: *www.sybit.de*).

8.3 VCPowerPack (Firma »AICOMP/VCXI Group«)

Als einer der ersten Partner von SAP hat die AICOMP/VCXI Group ihr Lösungs- und Produktportfolio (inkl. VCPowerPack) komplett in den SAP NetWeaver Business Client (NWBC) integriert.

In diesem Abschnitt erläutern wir die Vorteile von VCPowerPack, das basierend auf der SAP-Variantenkonfiguration (LO-VC) entwickelt wurde. Die Add-on-Software führt zu schnellem Erfolg in Branchen, in denen die Produktkonfiguration ein zentraler Bestandteil für das Design, die Kosten, die Preisbildung, das Controlling sowie für die Einsetzbarkeit des Konfigurators selbst ist. Zudem verspricht VCPowerPack eine schnelle, einfache und genaue Einstellung von individuellen Konfigurationsanforderungen.

Die Produktkonfiguration kann auf zwei verschiedene Arten erfolgen: durch die Verwendung von LO-VC/IPC oder den Einsatz eines externen Konfigurators mit anschließender Schnittstelle zu SAP ERP.

Aufgrund von Komplexität und spezifischen Anforderungen an die Konfiguration wählen viele Anwender den zweiten Weg und verwenden externe Konfigurationssoftware. Dies ist sehr aufwendig: Umfangreiche Stammdatentabellen und sonstige Details müssen strukturiert und erfasst werden, viele Berechnungen müssen gelesen und verarbeitet werden etc. Anschließend werden diese Daten über eine SAP-interne Schnittstelle zurück an den Variantenkonfigurator LO-VC geliefert und dort weiterprozessiert.

Mit VCPowerPack bringt man die Konfiguration dorthin zurück, wo sie hingehört: ins SAP ERP-System. Es erlaubt das Erstellen eines eigenen Konfigurators (mehr Berechnungsmöglichkeiten, eigenes Screen-Layout, schnellere System-Performance und detaillierte Fehleranalyse mit strukturierter Anleitung zur Lösung des Problems) in SAP ERP und stellt somit eine sinnvolle Alternative zum Standardlösungsweg LO-VC/IPC dar.

8.3.1 Wie funktioniert VCPowerPack?

VCPowerPack besteht aus den Modulen *CoreVC*, *SmartVC*, *SmartMD* und *SmartPR*. In Abhängigkeit von der Komplexität der Kundenanforderungen können die Module einzeln verwendet werden. Nachfolgend erläutern wir den Nutzen der genannten Anwendungen.

8.3.2 VCPowerPack – CoreVC

Die Architektur von VCPowerPack beruht auf einem Basismodul, das die Konfigurationsdaten über das gesamte SAP ERP-System hinweg konsistent zur Verfügung stellt. Dadurch wird Folgendes erreicht:

- nahtlose Integration der in VCPowerPack berechneten Konfigurationsdaten in den Informationsfluss des SAP-Systems
- Datenintegrität (keine historisch wachsende Konfigurationslösung) innerhalb eines Produktmodells, unterschieden durch angepasste Stammdaten und nicht durch immer wieder nötige Zusatzprogrammierungen
- Ein flexibles System-Setup der CoreVC (über Tabelleneinträge pflegbar) bewältigt selbst komplexe Branchenanforderungen.
- CoreVC ermöglicht die schnelle und strukturierte Entwicklung von Standardschnittstellen zu anderen SAP- oder Nicht-SAP-Systemen.

8.3.3 VCPowerPack – SmartVC

VCPowerPack dient vor allem der Benutzerfreundlichkeit. Die Baumstruktur ersetzt die limitierte Darstellung der Merkmal-Merkmalswertstruktur der Konfiguratoren LO-VC/IPC. Die an den Produkteigenschaften orientierte Anzeige und die Menüsteuerungen ändern die Einstellungsoptionen der Produktkonfiguration von einer taborientierten Werteingabe zu einer produktherstellungsorientierten und intuitiven Konfiguration. Dabei führen Echtzeitkonsistenz-Kontrollen und Gültigkeitserklärungen aller Einträge zu einem hohen Konfigurationsergebnis und einem niedrigen Frustrationsniveau.

Die SmartVC stellt den vollständigen Inhalt der Konfiguration für die Baumstruktur zur Verfügung – beginnend mit der freien Definition von Ebenen und Produktionsdetails wie Maschinen/Arbeitsplätzen, Verbrauchsmaterialien und Design (siehe Abbildung 8.12).

SmartVC erlaubt zudem die Integration von CAD (inklusive der Übernahme von Werten), Dokumenten und Stammdaten in den Konfigurationsdialog (siehe Abbildung 8.13).

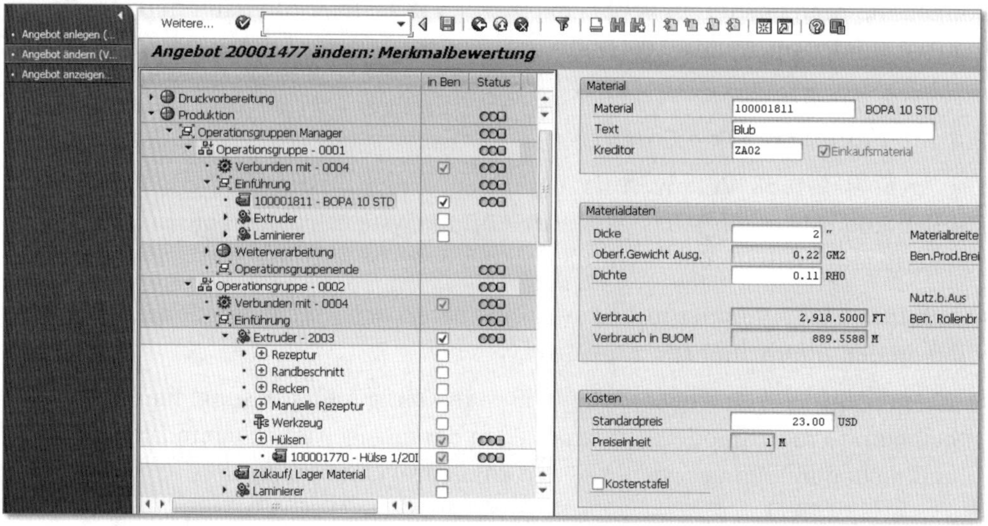

Abbildung 8.12 SmartVC – Konfigurationsbild (Beispiel flexible Verpackung)

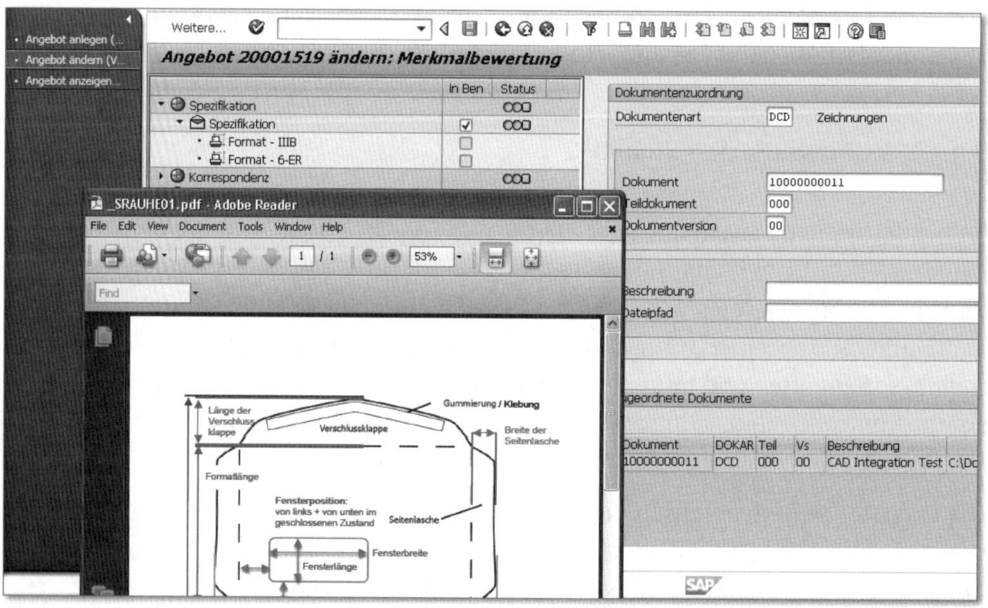

Abbildung 8.13 SmartVC – Dokumentenverwaltung (CAD-Integration)

8.3.4 VCPowerPack – SmartPR

VCPowerPack ermöglicht eine »smarte« Preisfindung – transaktional, als »mobile« App oder als Web-Plugin. Das zugrunde liegende Prinzip ist einfach: Über ein frei definierbares Szenario werden auf Basis einer Referenzkonfiguration signifikante Merkmale abgefragt, um durch Simulation mengenspezifisch oder kundenspezifisch ein Angebot zu erstellen. Dabei ist SmartPR kompatibel mit jedem Webbrowser und universal auf jedem Betriebssystem darstellbar.

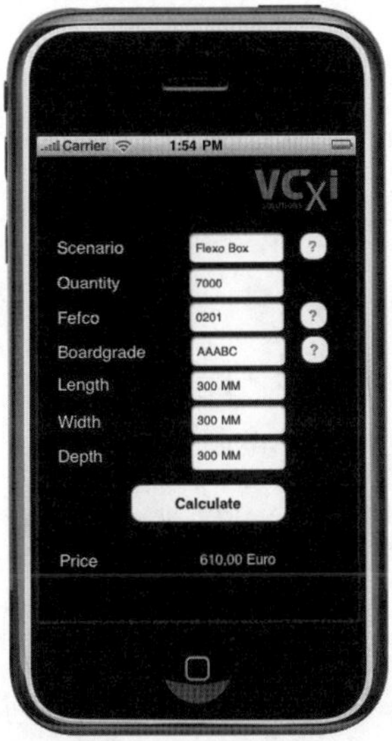

Abbildung 8.14 Preisfindung über Smartphone-Integration (mobile iPhone-Applikation)

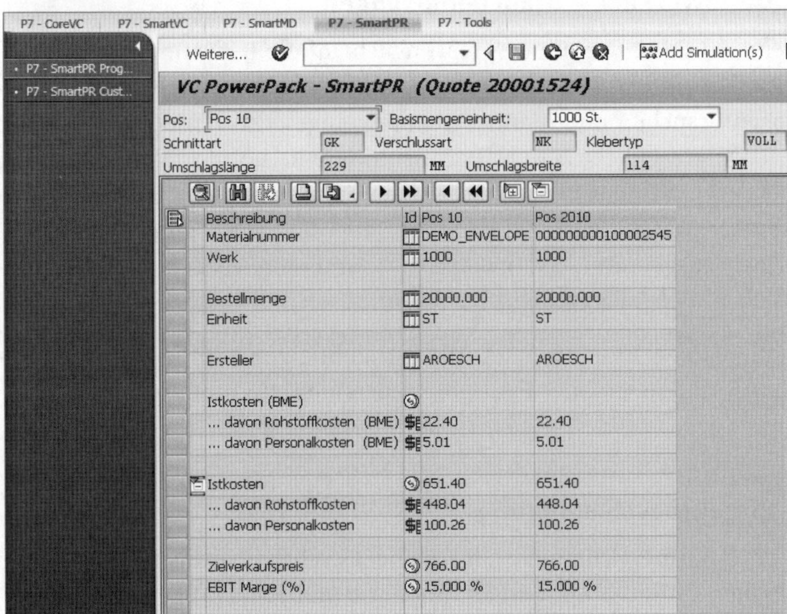

Abbildung 8.15 Preisfindung über Web Interface (OS: Apple 10.6/Browser: Mozilla Firefox)

8.3.5 VCPowerPack – SmartMD

SmartMD ermöglicht es, Ihre Prozesskette zu beschleunigen und Stammdatenarbeiten standardisiert und automatisiert durchzuführen. Es automatisiert die Materialstammdatenanlage, kalkuliert Kosten, aktualisiert Konditionen und pflegt Kunden-Material-Infosätze mit einem Knopfdruck. Somit ersetzt es die zeitraubende Pflege von Stammdaten in SAP ERP. Durch die Verwendung eines *Core Frameworks* können Sie SmartMD Ihren Anforderungen entsprechend definieren. Dabei wird die Anlage redundanter Stammdaten durch intelligente Filter verhindert.

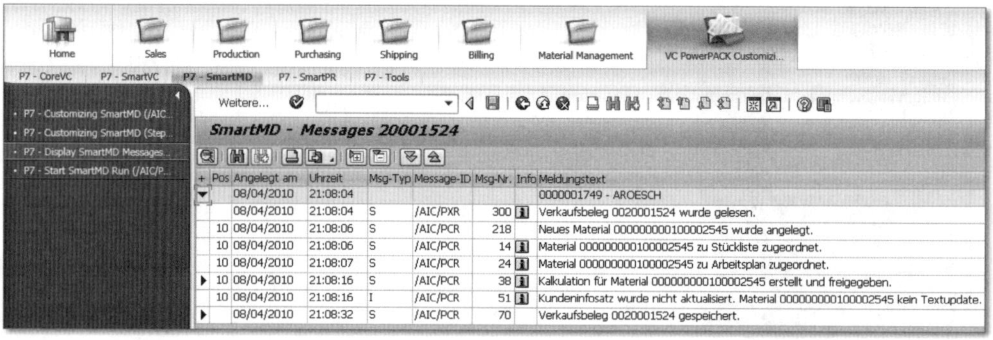

Abbildung 8.16 SmartMD – Protokoll einer erfolgreichen Stammdatenanlage

8.3.6 VCPowerPack – Branchenlösungen

Auch wenn AICOMP Consulting ursprünglich auf die Bedürfnisse der Papier- und Verpackungsindustrie ausgerichtet war, kann VCPowerPack in unterschiedlichen Branchen und Marktsegmenten eingesetzt werden. Mit CoreVC und SmartVC ermöglicht AICOMP Consulting eine komfortablere Nutzung der SAP Konfiguration. CoreVC und SmartVC unterstützen z.B. die Design-, Material- oder Maschinenablaufplanung. Dabei sind alle mit demselben Baukastenprinzip ausgestattet. Zudem können sich mehrere verschiedene Bestandteile dieselben molekularen Elemente teilen.

Die modulare Programmierung in ABAP erlaubt eigene Entwicklungen (eingebaut in ABAP-Klassen oder Funktionsbausteinen) für eine zusätzlich Funktionalität.

8.3.7 Projektbeschleunigung

VCPowerPack ermöglicht eine allgemeine Geschäftsprozessdefinition, die eine logische Konfiguration enthält. Zudem benötigt das Projektteam weniger Ausbildung und geringere kundenspezifische Kenntnisse. Die Implementierungszeit verkürzt sich aus folgenden Gründen:

- Es sind weniger kundenspezifische Entwicklungen erforderlich.
- Stamm- und Prozessdaten aus funktionellen Beschreibungen lassen sich automatisch anlegen.
- Die Konfiguration mehrerer Produkte ist parallel möglich (auch ohne Programmierkenntnisse).
- Durch die anpassbare Konfiguration wird die Flexibilität erhöht.
- Die Konfiguration und das ERP-System sind harmonisch integriert.

8.3.8 Zusammenfassung

VCPowerPack erlaubt die Abbildung industriespezifischer Bedürfnisse und eine kostengünstige Implementierung ohne aufwendige Zusatzprogrammierung. Mit VCPowerPack erfüllen Sie Ihre individuellen Konfigurationsanforderungen und steuern damit die Erfassungsmaske zur Angebotskalkulation, alle relevanten Berechnungen sowie die automatisierte Stammdatenanlage selbst.

Bei kleinem Zeit- und Projektbudget ist VCPowerPack die Antwort auf Ihre komplexen Konfigurationsanforderungen.

Der Beitrag wurde von Jens Hennecke, Sascha Rauhe und Rainer Förster von der Firma »AICOMP/VCXI Group« verfasst (Internet: *www.aicomp.com*). [+]

8.4 it.cadpilot (Firmen »itelligence AG« und »ACATEC Software GmbH«)

Ein Produkt wird ganz wesentlich über CAD-Modelle und -Zeichnungen (*Computer Aided Design*) beschrieben. Dies gilt natürlich auch für konfigurierte Varianten einer Produktfamilie. Denn gerade für diese benötigen die Unternehmen CAD-fähige Einbaumodelle, um Kundenanfragen zu bedienen oder später CAD-basierte Fertigungs- oder Montagezeichnungen für die eigene Auftragsabwicklung oder den Service bereitzustellen.

Mit der Variantenkonfiguration können im SAP-Standard u.a. folgende Produktdaten in SAP ERP regelbasiert und automatisiert bestimmt und hergeleitet werden: Preise, Stücklisten, Arbeitspläne, Prüfpläne und damit auch das Mengengerüst für die Kostenkalkulation.

CAD-Unterlagen wie 3-D-Modelle und Zeichnungen können Sie bereits seit Längerem voll integriert in SAP Product Lifecycle Management (SAP PLM) verwalten – dadurch erhalten Sie neben einer professionellen Ein- und Aus-Check-Kontrolle ein Freigabeverfahren und eine Versionierung bzw. Einbindung in den Änderungsdienst. Bei der Produktkonfiguration geht es aber um die möglichst automatisierte regelbasierte Erstellung einer neuen Produktausprägung, also um den CAD-Content. Trotz des Einsatzes eines Konfigurationssystems wird die Erstellung der CAD-Unterlagen noch in vielen Unternehmen aufwendig manuell durch die Auftragskonstruktion durchgeführt.

Im Folgenden wird dargestellt, wie die CAD-Automatisierung voll integriert mit der SAP-Variantenkonfiguration ermöglicht wird. Es handelt sich dabei um das Produkt *it.cadpilot* der Firmen itelligence AG und ACATEC Software GmbH (dort unter dem Namen spyydmaxx® Enterprise).

8.4.1 CAD und SAP – zwei Konfigurationswelten?

Da SAP keine eigenständige CAD-Anwendung anbietet, hat sich über Jahre das Gerücht gehalten, SAP und CAD müssten sich immer in zwei unterschiedlichen Welten abspielen. Durch etliche erfolgreiche Kundenprojekte kann man diese Darstellung leicht widerlegen. Schon vor der Jahrtausendwende konnte man direkt in SAP ERP integriert grafisch konfigurieren (siehe Küchen- und Möbelindustrie), jedoch war dies meist eine Projektlösung ohne Bezug zu echten parametrischen CAD-Systemen und nicht mit einer Standardlösung zu vergleichen. Aufgrund der offenen servicebasierten SAP-Plattform bietet es sich nun an, Standardprodukte einzubinden, die diese Möglichkeiten bieten.

8.4.2 Aufbau moderner 3-D-CAD-Systeme

Ein modernes parametrisches CAD-System weist in sich eine komplexe und reichhaltige Datenstruktur auf. Diese beschreibt den Aufbau eines Modells ausgehend von grundlegenden parametrisierten Skizzen, darauf aufbauenden CAD-Modellierungsschritten, Einbaubedingungen und CAD-Hilfsgeometrien wie Ebenen, Achsen und Skeletten.

Eine geometriebezogene Produktstruktur ergibt sich über die Zusammenstellung von CAD-Parts zu CAD-Assemblies. CAD-Drawings werden innerhalb des CAD-Systems aus den Modellen assoziativ abgeleitet. Die Zeichnungen repräsentieren bemaßte und weiter ausgezeichnete Ansichten und Schnitte der Modelle und somit die gültigen Produktdokumentationen aus Sicht der mechanischen Konstruktion.

Die CAD-Produktstruktur ist aus folgenden Gründen jedoch oft nicht identisch mit der Stücklistenstruktur:

- Einige Bauteile inklusive ihrer Befestigungsteile und Bohrungen können im CAD-Modell, ohne Änderung der Stückliste, verschieden positioniert sein, natürlich mit erheblichen Auswirkungen auf die Funktionalität und Montage.
- Neben mechanischen Teilen kann auch Elektrik/Elektronik in der Stücklistenstruktur vorhanden sein. Dies gilt auch für zugehörige Softwaresteuerungen (z. B. bei Werkzeugmaschinen).
- Nicht-CAD-modellierte Teile sind in der Stücklistenstruktur erforderlich, z. B. Klebstoffe, Befestigungsteile oder komplette Rohteilstücklisten.
- Auf der anderen Seite sollten CAD-Hilfsobjekte (wie Skelette) keinen ablaufrelevanten Einfluss in der Stückliste finden.

Deshalb kann nicht immer eine 1:1-Verbindung zwischen Stücklistenkomponenten und der CAD-Grafik hergestellt werden. Dies ist auch nicht notwendig, da Sie viele Beziehungen über Merkmalswertkombinationen ableiten können.

8.4.3 Steuerung von CAD-Systemen

Die Benutzeroberfläche eines CAD-Systems erlaubt dem CAD-Konstrukteur, sein Modell aufzubauen und zu verändern. Über Werkzeuge der CAD-Automatisierung können die benötigten CAD-Operationen auch programmgesteuert und somit automatisch durchgeführt werden (siehe Tabelle 8.1).

Steuerungstyp	CAD-Operation	Beispiel
Komponente	Einfügen, Austauschen, Unterdrücken, Zurückholen, Löschen, Umreferenzieren, Umbenennen	gesteuerter Einbau alternativer Werkstücke, auch an konfigurationsabhängigen CAD-Einbaureferenzen
Bemaßung	Wert setzen/ändern	Steuern von Abmessungen, Toleranzen, Abständen, ...
Parameter	Wert setzen/ändern	Werkstoff, Farbe, ...
Formelement	Einfügen, Austauschen, Unterdrücken, Zurückholen, Löschen, Umreferenzieren, Umbenennen	Steuern von CAD-Features, wie Bohrungen, Sicken, Verzahnungen, Freistichen, ...

Tabelle 8.1 Aus der SAP-Variantenkonfiguration steuerbare CAD-Operationen

Startpunkte der CAD-Konfiguration sind dabei sogenannte *Mastermodelle.* Das Mastermodell ist eine Minimal-Produktausprägung, von der aus alle erlaubten Produktvarianten durch Einsatz der CAD-Operationen regelbasiert ableitbar sind. Die Modellierung konfigurations- und baukastengerechter Mastermodelle (CAD-Grunddaten) erfolgt mit Standardfunktionen des CAD-Systems, setzt aber die konsequente Einhaltung einer Modelliermethodik voraus.

8.4.4 Maximalstückliste der Variantenkonfiguration

In SAP ERP muss der Lösungsraum der Produktstruktur im Standard grundsätzlich vorab definiert werden, wenn auch über Klassenpositionen, Steuerung der Teiligkeit und Aufnahme neuer Positionen eine dynamische Komponente gegeben ist. Der Grundansatz in SAP ERP geht also von einem Maximalansatz aus, während beim CAD-Modell daraus sofort ein entsprechendes Maximalmodell würde, das oft nicht mehr ladbar wäre und vollkommen unübersichtlich ausfallen würde.

Deshalb heißt es, den »Maximalansatz« wie auch den »Masteransatz« konzeptionell unter einen Hut zu bringen.

8.4.5 Architektur

Um CAD-Daten automatisiert aus der SAP-Variantenkonfiguration zu erzeugen, sind aufseiten der Stammdaten drei Voraussetzungen zu erfüllen:

- Aufbau eines CAD-Mastermodells für einen Variantenbereich im jeweiligen CAD-System
- Festlegung der erlaubten CAD-Operationen am Mastermodell im CAD-bezogenen Teil der Zusatzlösung
- Schließlich wird definiert, welche CAD-Operationen durchzuführen sind, und zwar abhängig vom SAP-Konfigurationsergebnis (dies wird in einer Steuertabelle auf der SAP-Seite der Zusatzlösung festgelegt, siehe Abbildung 8.17).

Ein Beispiel ist in Abbildung 8.17 dargestellt. Hier wird definiert, wie ein Merkmalsinhalt durch die CAD-Steuerung ein Maß verändert. Durch die Steuertabelle hat der Benutzer direkten Zugriff sowohl auf Stammdaten der Variantenkonfiguration als auch auf die erlaubten CAD-Operationen.

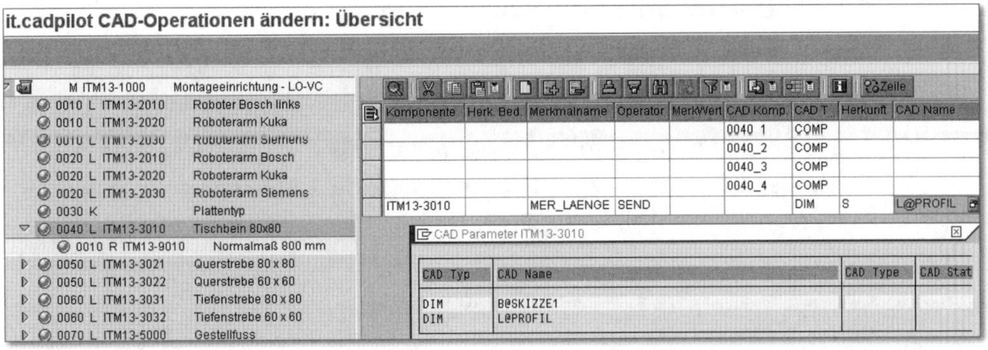

Abbildung 8.17 Beispiel »Steuertabelle«

Mastermodelle, inklusive der einbaufähigen Teile, werden darüber hinaus in der SAP-Dokumentenverwaltung zusammen mit ihren Steuerungsinformationen geführt. So kann über den SAP-Änderungsdienst eine vollständige Kontrolle der Release-Stände bzw. Datumsgültigkeiten erfolgen. Ist zusätzlich zur Dokumentenverwaltung noch die SAP-gestützte CAD-Modell- und Zeichnungsverwaltung im Einsatz, werden auch die Master-CAD-Originale in diese Stammdatenverwaltung integriert aufgenommen. Abbildung 8.18 gibt einen Überblick über die Gesamtarchitektur der Zusatzlösung: Stammdaten im oberen Bereich, Bewegungsdaten im unteren Bereich.

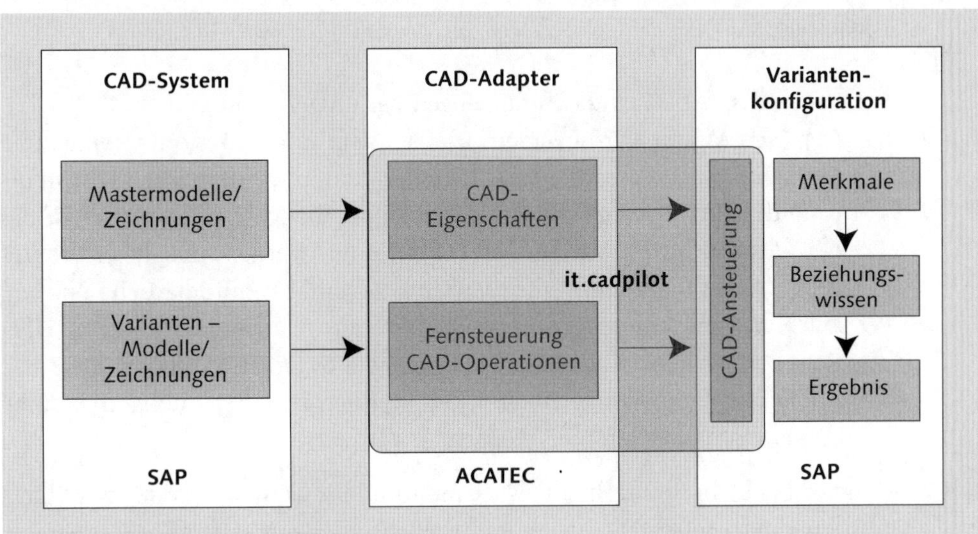

Abbildung 8.18 Architektur der CAD-Ansteuerung in der Variantenkonfiguration

8.4.6 Durchführung der CAD-Konfiguration

Nach der Stammdatenanlage ergibt sich folgender Ablauf bei einer Variante:

1. **Konfiguration in SAP ERP**
   Die Konfiguration erfolgt wie gewohnt, etwa aus der Transaktion VA02 heraus. Über einen Zusatzbutton kann die CAD-Erzeugung aufgerufen werden – siehe Abbildung 8.19.

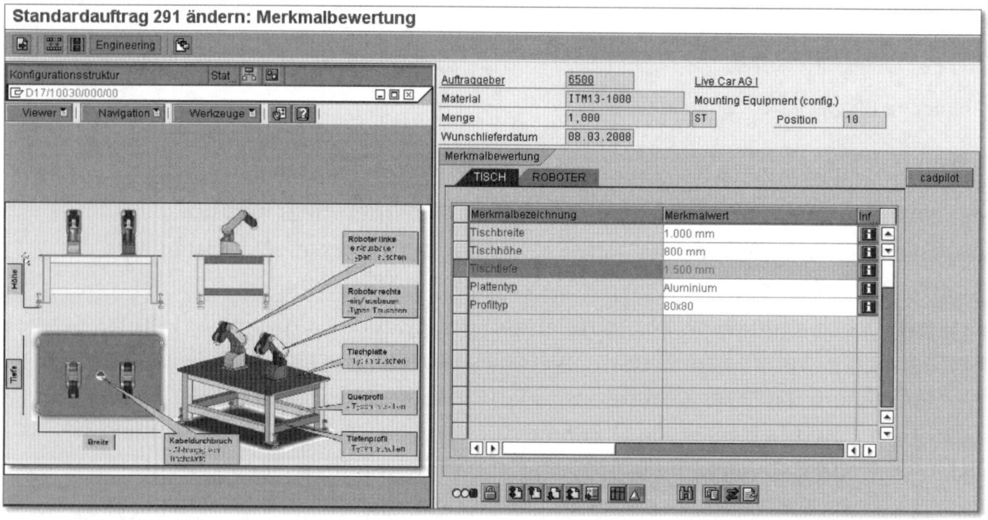

Abbildung 8.19 Start der CAD-Erzeugung aus der Kundenauftragsbearbeitung

2. **Laden des CAD-Masters und Erzeugen der CAD-Variante**
   Der CAD-Master wird geladen. Die aus dem Konfigurationsergebnis und der Steuertabelle ermittelten CAD-Operationen werden durch Fernsteuerung des CAD-Systems auf das Mastermodell angewendet. Damit ist das CAD-Modell für die Variante erzeugt. Hieraus werden nun alle erforderlichen Ableitungen für die Variante ebenfalls automatisch erzeugt: Zeichnungen, Konvertierungen in Neutralformate wie JPG oder TIFF, Konvertierungen in Austauschformate wie STEP, IGES oder DXF (siehe Abbildung 8.20). Abgeleitete Produktbilder und Zeichnungen können automatisch übernommen werden.

Die CAD-Beschreibungen zum Variantenprodukt werden simultan zur Stückliste und gegebenenfalls auch zum Arbeitsplan erzeugt. Natürlich können bei solch einem Ansatz die Stücklistenstrukturen auch reichhaltiger sein als die reinen CAD-modellierten Strukturen – siehe Rohmaßpositionen und Schüttgut.

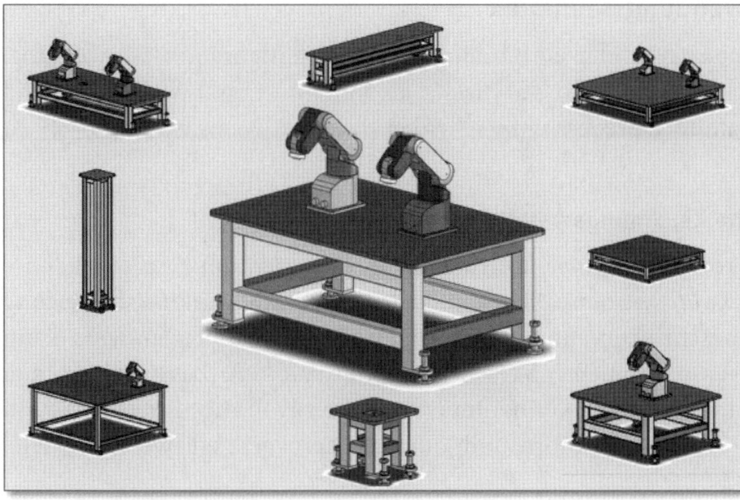

Abbildung 8.20 Variationsbreite der CAD-Modelle

Ist die SAP-gestützte CAD-Modell- und Zeichnungsverwaltung im Einsatz, können die CAD-Ergebnisse dort integriert abgelegt werden und stehen damit einer je nach Szenario erforderlichen weiteren Ergänzungskonstruktion zur Verfügung – dies auch im Zusammenspiel mit der simultan erzeugten Auftragsstückliste.

8.4.7 Vorteile der SAP ERP-integrierten CAD-Konfiguration

Durch die Zusammenführung der drei wesentlichen Typen in der Produktkonfiguration (Vertrieb, Auftragsabwicklung und CAD) in eine SAP-Anwendungsplattform ergeben sich vielfältige Vorteile:

- Stückliste und zugehörige CAD-Unterlagen laufen nicht auseinander.
- Ein Regelwerk kann für alle Konfigurationen genutzt werden, aufwendige und risikobehaftete Redundanzen werden vermieden.
- Beziehungswissen, Maximalstückliste und zugehörige Mastermodelle werden auf einer Plattform verwaltet.
- Mit dem Änderungsdienst steht eine durchgehende Funktionalität für das Release-Management zur Verfügung.
- Im Unternehmen können alle an der Produktkonfiguration Beteiligten einfacher und ohne Medienbrüche zusammenarbeiten.
- Die Generierung von CAD-Daten wird um Faktoren beschleunigt.

8.4.8 Anwendungsszenarien

Das Einsatzspektrum der SAP-basierten CAD-Konfiguration ist vielfältig. Grundsätzlich lassen sich die Szenarien in Auftragsabwicklungs- und Auftragsanbahnungsprozess unterscheiden.

Automatische Zeichnungserstellung im ATO-Fall

Beim ATO-Prozess (*Assemble to Order*) handelt es sich um eine sogenannte *geschlossene Konfiguration*: Das Produkt ist durch die Merkmalsbewertung vollständig beschrieben, und der Fertigungs- und Montageprozess kann sofort ohne eine Engineering-Nachbearbeitung starten. Zusätzlich zu den SAP-Fertigungsunterlagen können nun auch die zugehörigen Montage- und Fertigungszeichnungen sofort und automatisiert erzeugt werden (siehe Abbildung 8.21).

Die Firma Teckentrup (Hersteller industrieller Türen und Tore) hat auf diese Weise ihren Auftragsabwicklungsprozess durchgehend automatisiert. Die Zeichnungen werden gleichzeitig mit den Fertigungspapieren zu den konfigurierten Materialien ausgegeben. Die Nachbehandlung durch das Engineering entfällt. Der Aufwand für die Erstellung der CAD-Konfiguration rechnet sich bereits nach kurzer Zeit. Auftragsbeschleunigung und Qualitätsverbesserung bei den Unterlagen setzen sofort ein.

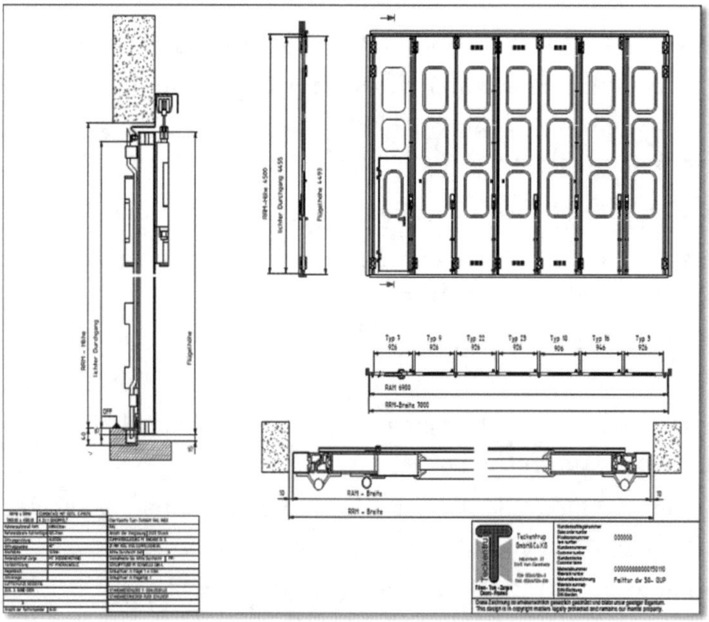

Abbildung 8.21 Automatisch erstellte Variantenzeichnung (Quelle: Firma Teckentrup)

Auftragsbezogenes CAD-Design beim MTO-Fall

Beim *Make-to-Order*-Prozess ist teilweise ein auftragsbezogenes manuelles Engineering erforderlich. Das Regelwerk kann nicht wirtschaftlich für alle denkbaren Kundenwünsche vorgedacht werden. Hier bietet sich die *80:20-Regel* an: Im Schnitt werden 80% regelbasiert vorkonfiguriert, die restlichen Besonderheiten werden durch eine manuelle Nachbearbeitung ergänzt.

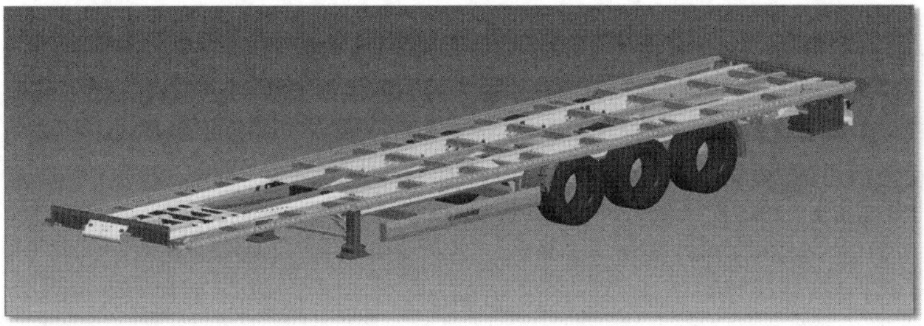

Abbildung 8.22 CAD-Konfiguration von Lkw-Aufliegern (Quelle: Firma Krone)

Die Firma Krone (Hersteller von Lkw-Sattelaufliegern, siehe Abbildung 8.22) setzt die integrierte CAD-Konfiguration zur Steuerung von Pro/Engineer-Modellen ein und erreicht erhebliche Einsparungspotenziale. Die raren CAD-Konstrukteure können sich nun fast vollständig ihrer eigentlichen Aufgabe widmen, nämlich der Neuentwicklung und Pflege der Modellpalette.

CAD-Dokumente für die Anlagenbestückung im ETO-Fall

Auch beim im Anlagenbau vertretenen *Engineer-to-Order*-Fall ist die automatische Erstellung von CAD-Modellen und -Zeichnungen ein wesentlicher Faktor. Die Ansteuerung kann hier z.B. auch über die Aufnahme von Anlagenkomponenten zu Netzplanvorgängen erfolgen. Nach der dort durchgeführten Merkmalsbewertung werden Projektstücklisten und zugehörige CAD-Unterlagen automatisch erzeugt, in die SAP-gestützte CAD-Verwaltung eingecheckt und mit anlagenbezogenen PSP-Elementen (Projektstrukturplan) automatisch verknüpft.

CAD-Unterlagen für Händler und Architekten im B2B-Fall

Unternehmenskunden sowie Partner und Architekten benötigen bereits beim Anfrage- und Angebotsprozess hochwertige CAD-Unterlagen zu Produktvarianten. Dazu gehören etwa die folgenden:

- einbaufähige CAD-Modelle, gegebenenfalls mit vorher (zum Schutz des geistigen Eigentums) automatisch entfernten Details

- nach DIN vollständig bemaßte Zeichnungen als verbindliche Vertriebsunterlage
- CAD-Austauschformate, wie STEP bei 3-D oder DXF bei 2-D

All dies kann – eingebettet in den Webshop des SAP E-Commerce for ERP und CRM – vollständig automatisiert erfolgen.

8.4.9 Weitere Möglichkeiten

Mit der bei CAD eingesetzten Methodik lassen sich analog auch weitere Unterlagen steuern: z. B. Microsoft-Word- und Microsoft-Excel-Formate sowie Viewing-Formate, die zu einer konfigurierbaren Produktstruktur gehören.

Frei gestaltbare Dokumente

Auch bei Microsoft Word werden eine Art Master – z. B. für die automatisierte Angebotserstellung – und darüber hinaus die erlaubten Änderungen und Ergänzungen des Word-Masters, und zwar auf der Ebene von Platzhaltern oder Textbausteinen, definiert.

Werte aus der SAP-Datenbank können dynamisch dazugespielt werden, wie etwa Kundennummer, Belegnummer, Betreff des Angebots, Merkmalsbewertung, Preise und ferner maßstabsgerechte 3-D-Bilder und Zeichnungen des konfigurierten Produkts. Somit können Angebote und Produktspezifikationen ebenfalls automatisiert aus der Variantenkonfiguration erzeugt werden.

Dynamisches 3D-Viewing

Ein weiteres Feld ist die Steuerung von Viewing-Formaten. Diese können aus den CAD-Unterlagen abgeleitet werden. Sie sind aber kompakter und schneller zu laden und eignen sich deshalb oft besser dazu, das entstehende Variantenprodukt bereits während der Konfiguration im Internet in Echtzeit zu veranschaulichen. Erfolgt dann der Auftrag, werden die Konfigurationsergebnisse zur Steuerung des CAD-Systems verwendet, um die erforderlichen Fertigungsdaten abzuleiten. So kann ein durchgängiger Prozess von der WEB- Konfiguration mit Online-3-D-Visualisierung in Echtzeit bis hin zur auftragsspezifischen CAD-Modellierung abgebildet werden.

Im Zuge der SOA-Initiative von SAP werden die Integrationsmöglichkeiten von Third-Party-Produkten zunehmend erweitert, insbesondere über die Auslieferung von Services im Bereich der Variantenkonfiguration. Dies eröffnet Möglichkeiten, weitere benachbarte Felder für die SAP-Integration anzugehen, wie zum Beispiel:

- **Grafische Benutzeroberfläche**
  Hierbei kann im SAP-Webshop eine frei gestaltbare grafische Konfigurationsoberfläche genutzt werden, die deutlich mehr Gestaltungsmöglichkeiten bietet. Aufbau und Pflege erfolgen dabei mit einem Autorensystem durch den Fachbereich. Für die Konfigurationslogik kann auch direkt auf den IPC zugegriffen werden, also auch inklusive Conflict Handling.
- **Guided Selling**
  Eine lösungsbezogene Unterstützung beim Produktfindungsprozess. Auch hier sind grafische Darstellungen von Produkten oder Produktbereichen oft essentiell. So lässt sich hierbei die SAP-Variantenkonfiguration über externe grafische, frei konfigurierbare Benutzeroberflächen ansteuern.
- **Lösungskonfiguration**
  Ein Einbauraum wird vom Kunden/Interessenten geometrisch vorgegeben, z.B. das Layout einer Anlage. Unter diesen Rahmenbedingungen sind sowohl die Gesamtzusammenstellung der Anlage wie auch die Detailkonfiguration grafisch möglich.

Der Beitrag zu it.cadpilot wurde von Dr. Hans Joachim Langen (itelligence AG) und Dr. Rainer Kader (ACATEC Software GmbH) verfasst (Internet: *www.itelligence.de; www.acatec.de*). [+]

8.5 Komfortfunktionen für Vertrieb, Marketing und Modellierung (Firma »encoway GmbH«)

Die Variantenkonfiguration kann in den Planungs- und Abwicklungsprozessen eines Unternehmens von großem Nutzen sein; es liegt nahe, das Produktwissen auch für die stärker kundenorientierten Prozesse in Vertrieb und Marketing einzusetzen. Die Vorteile liegen auf der Hand: die Bereitstellung konsistenter Informationen über die gesamte Prozesskette und der reduzierte Pflegeaufwand durch Vermeidung redundanter Datenhaltung. Hierbei entstehen jedoch auch besondere Herausforderungen, zum Beispiel muss der Vertrieb auch ohne Anbindung an SAP ERP Aussagen treffen und agieren können.

Im Folgenden stellen wir Ihnen ausgewählte Add-on-Lösungen auf Basis der SAP-Variantenkonfiguration vor, die diesen besonderen Herausforderungen gerecht werden:

- **K-Select**
  kundenorientiert passende Produkte und KMAT finden

- **K-Assistant**
  Lösungen entsprechend den Kundenanforderungen auslegen
- **K-Connect**
  VC-Modelle übersichtlich darstellen und in Microsoft Word dokumentieren
- **K-Document**
  Angebotsdokumente aus SAP ERP mit den Layout-Optionen von Microsoft Word generieren
- **Quoteassistant**
  Angebote standardisiert im Multichannel-Vertrieb erstellen, auch für konfigurierbare Produkte

K-Select, K-Assistant und K-Connect gehören zur modularen Plattform- und Werkzeugpalette bei encoway, auf deren Basis kundenindividuelle Lösungen realisiert werden. K-Document ist die Lösung für die Dokumentengenerierung aus der SD-Komponente in Microsoft Word.

Die encoway-Lösungen unterstützen die hierarchische und parametrische Suche über Produkteigenschaften und Merkmale, die mehrstufige Konfiguration mit Regeln und Constraints sowie die Vererbung von Beziehungen. Die Lösungen sind mit LO-VC kompatibel und unicodefähig.

8.5.1 K-Select

Klassische Probleme beim Verkauf variantenreicher Produkte sind die zeitintensive und fehlerbehaftete Suche nach den passenden Produkten, die zeitaufwendige Beantwortung von Rückfragen, aber auch die hohe Anzahl fehlerhafter oder ungenügend spezifizierter Bestellungen.

Elektronische Kataloge, Selektoren oder intelligente Suchassistenten auf Basis von K-Select machen das in SAP ERP vorhandene Produktwissen für Kunden und Vertriebsmitarbeiter voll nutzbar.

Häufig ist das Produktwissen für die Abwicklung in SAP ERP bereits vollständig erfasst. Jedoch liegen Marketinginformationen wie Bilder und Texte in inselartigen Systemen ohne Anbindung vor. K-Select schließt diese Lücken. Die Umsetzung erfordert eine Zusammenführung der verschiedenen internen Sichten, Prozesse und Datengrundlagen. Mit der Realisierung wird das Produktwissen konsolidiert, standardisiert und gesichert.

Für die optimale Prozessintegration sorgt die Anbindung an Shopsysteme, z.B. SAP E-Commerce for ERP, und die Generierung und Übergabe SAP-konformer Auftragsdaten. Gefundene Produkte werden nach SAP ERP übermittelt und erzeugen dort einen SD-Beleg.

Die encoway-Lösungen lassen sich im Internet, Intranet oder auf Notebooks einsetzen. Ansprechend gestaltete Bedienoberflächen und die Präsentation weiterer Produktinformationen in Form von Datenblättern oder Visualisierungen gewährleisten eine marketinggerechte Kundenansprache.

Key Facts zu K-Select: passende Produkte und KMAT kundenorientiert finden [+]

- SAP ERP-Produktwissen für Vertrieb und Marketing nutzen
- SAP ERP bleibt das führende System.
- Flexibilität durch einfaches und schnelles Finden von Produkten anhand von Eigenschaften, Eigenschaftskombinationen und Merkmalen
- marketinggerechte Kundenansprache, z.B. durch eine intuitive Bedienoberfläche und weitere Produktinformationen (z.B. USP-Argumentationen, Details und Preislisten)
- Entlastung des Vertriebsinnendienstes von zeitraubenden Nachfragen
- geringerer Aufwand bei der Auftragsabwicklung; verkürzte Lieferzeiten
- Effizienzsteigerung und Kostenreduktion durch Prozessoptimierung

Abbildung 8.23 zeigt den Online-Suchassistenten des Unternehmens Phoenix Contact. Kunden und Vertrieb finden anhand von Produktmerkmalen schnell das passende Produkt. Darüber hinaus werden SAP ERP-konforme Bestelldaten generiert.

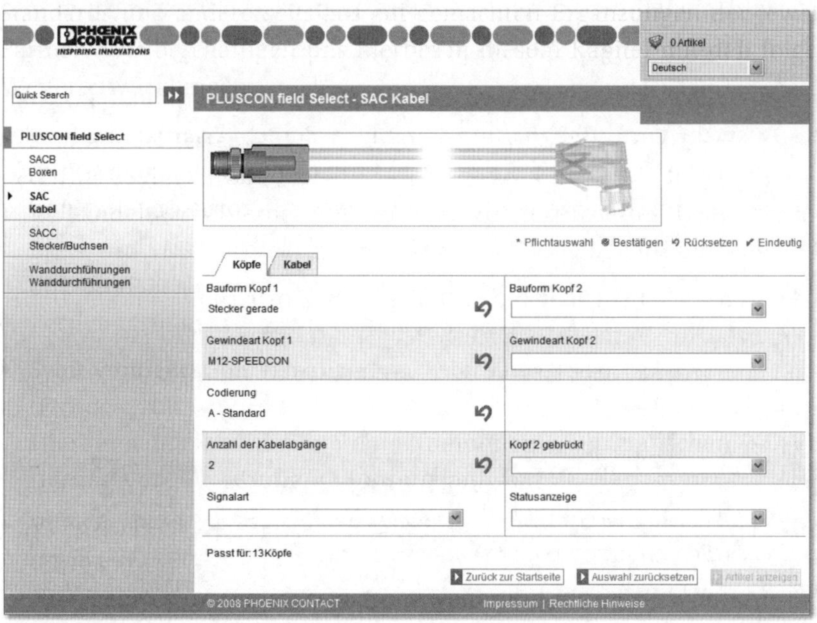

Abbildung 8.23 K-Select – kundenorientiert passende Produkte und KMATs finden (Quelle: Phoenix Contact GmbH & Co. KG)

8.5.2 K-Assistant

Ein typischer Fall: Ihr Kunde kann die Lösungsanforderungen beschreiben, diese aber nicht in die Auftragspositionen übersetzen, die Sie im SAP-System erfassen müssen. Leider ist der neue Vertriebsmitarbeiter oder auch Ihr Händler dazu ebenfalls nicht in der Lage. Wie attraktiv wäre es, bereits bei der Erfassung der Kundenanforderungen Aussagen zu den Einsatzmöglichkeiten und der Leistung der Produkte zu erhalten oder auch passend zum geplanten Anwendungsszenario alternative Produktkombinationen, verfügbares Zubehör und Serviceleistungen angezeigt zu bekommen.

Produktanbieter suchen heute typischerweise über den Wandel zum Lösungsanbieter eine Verbesserung ihrer Wettbewerbssituation.

Wie erreichen Sie diese Ziele? Das im SAP ERP-System modellierte Beziehungswissen fokussiert typischerweise auf die reibungslose Abwicklung von Aufträgen, d.h. die vertriebliche Sicht auf das einzelne Produkt und die detailliertere Fertigungssicht in Form von Stücklisten und Arbeitsplänen. Für die anwendungsgerechte Auslegung von Produkten und Lösungen mit K-Assistant wird das vorhandene Beziehungswissen nun ausgeleitet und mit zusätzlicher, produktübergreifender Anwendungslogik extern erweitert.

Der entscheidende Unterschied: Der Ausgangspunkt der Konfiguration ist nun die Kundensituation, nicht mehr Ihr Produkt. Durch wenige Entscheidungen wird schnell die passende Kombination von konfigurierbaren und nicht konfigurierbaren Materialien gefunden.

Sofern sinnvoll, erweitern Sie den SAP ERP-konformen Produktbaukasten um die Auswahl von Zubehör, um komplexe Berechnungsschemata oder auch um grafische Profile und Analysen. Mit der Bereitstellung von Projektierungsdaten und Makros wird der Engineering-Prozess beim Kunden umfassend unterstützt.

Mit K-Assistant wird darüber hinaus ein großes Einsparungs- und Optimierungspotenzial im Vertrieb erreicht: Der Schulungsbedarf sinkt, der Aufwand für die technische Klärung wird geringer und die Fehlerquoten der Auslegung sinken deutlich.

[+] **Key Facts zu K-Assistant: Produkte und Lösungen anwendungsgerecht auslegen**

- ERP-Produktwissen wird für Vertrieb und Marketing besser nutzbar (z.B. offline), zusätzlich kann extern Anwendungslogik modelliert werden.
- SAP ERP bleibt das führende System.
- höhere Beratungs- und Lösungskompetenz für den Vertrieb

- Der Schulungsbedarf wird reduziert.
- zugeschnittene Angebote und Planungsunterstützung (etwa durch Projektierungsdaten oder Makros), marketinggerechte Kundenansprache
- vereinfachte, vereinheitlichte und verkürzte Angebotserstellung
- reduzierter Aufwand bei der Auftragsabwicklung, verkürzte Lieferzeiten
- erhöhte Wettbewerbsfähigkeit durch Beratungskompetenz für Lösungen
- Effizienzsteigerung und Kostenreduktion

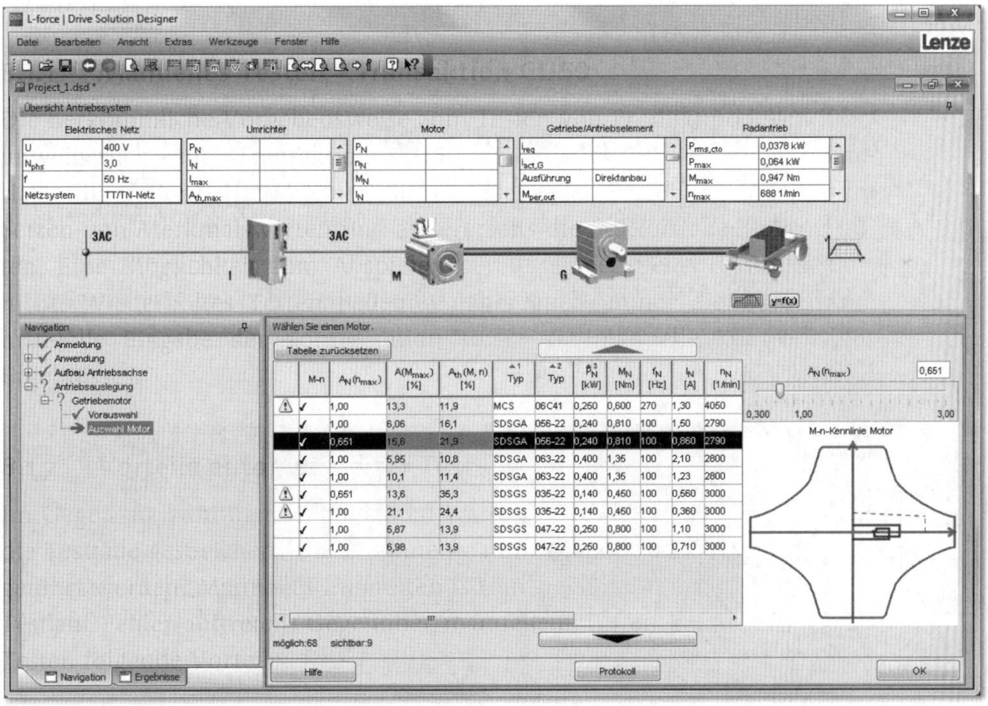

Abbildung 8.24 Screenshot des Drive Solution Designers (DSD) der Lenze SE, realisiert auf Basis von K-Assistant

8.5.3 K-Connect

Um neue Produktvarianten schnell in den Markt einzuführen und prozesssicher in SAP ERP abzuwickeln, müssen Unternehmen eine Reihe von Herausforderungen meistern. Die Fehleranfälligkeit der Informationsübertragung zwischen den beteiligten Abteilungen Produktentwicklung, Produktmanagement, Vertrieb und SAP-Modellierung ist eine Herausforderung. Weitere Aspekte sind die häufig begrenzten Ressourcen und die hohen Kosten für Modellierungsspezialisten.

K-Connect bietet Modellierungsunterstützung in Form eines übersichtlichen Browsers zur Visualisierung, Analyse und Dokumentation von VC-Konfigurationsmodellen. Die Konfigurationsmodelle können auf Knopfdruck schnell und fehlerfrei aus SAP ERP in K-Connect geladen und ohne Verbindung zum SAP-System von allen beteiligten Abteilungen betrachtet werden. Darüber hinaus wird mit K-Connect die gesamte im LO-VC modellierte Konfigurationslogik transparent, aktuell, übersichtlich und fehlerfrei im Microsoft-Word-Format dokumentiert.

[+]

Key Facts zu K-Connect: VC-Modelle darstellen und dokumentieren, Beziehungswissen editieren

- Produktmodelle aus SAP ERP ausleiten und offline verteilen
- einfache Navigation und übersichtliche Baumstruktur
- Modellstatistiken und -dokumentationen in Microsoft Word erstellen
- Konfigurationswissen im Unternehmen dokumentieren und transparent machen

Abbildung 8.25 zeigt K-Connect. Die verschiedenen Details eines Konfigurationsmodells werden in der Baumstruktur übersichtlich dargestellt und per Knopfdruck in Microsoft Word dokumentiert.

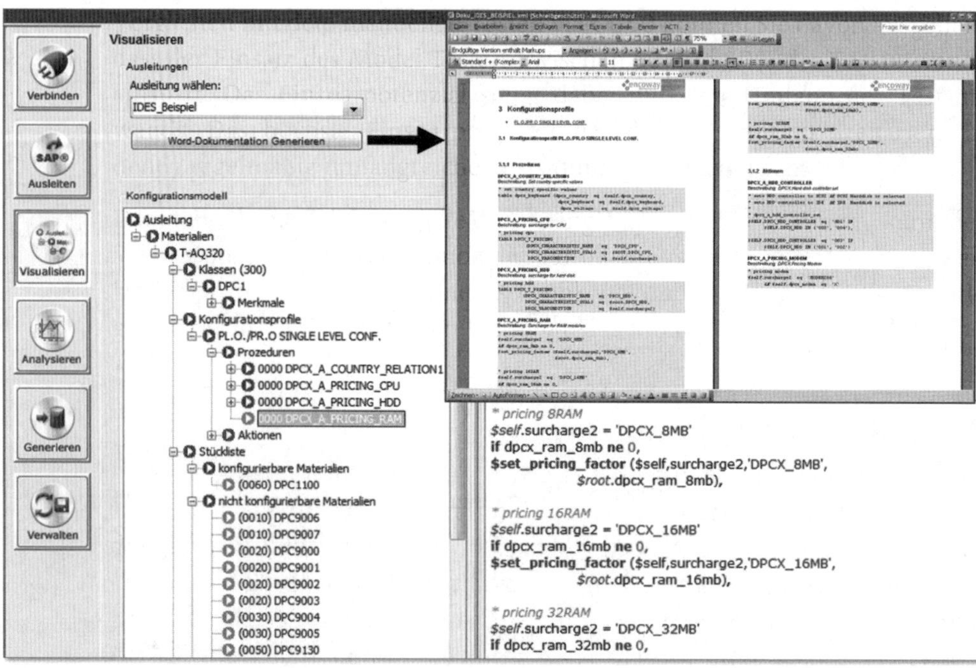

Abbildung 8.25 Screenshot des Werkzeuges K-Connect

8.5.4 K-Document

Für den Erfolg eines Angebots von höherwertigen Gütern ist dessen Gestaltung von erheblichem Einfluss, die Wertigkeit der Produkte spiegelt sich im Angebot wider. Die Erstellung von Angebotsdokumenten in SAP ERP ist zum Teil mit einem hohen Aufwand verbunden (SAPScript und/oder Smart Forms). Als Alternative erstellen Anbieter daher häufig Angebote in einem Textverarbeitungsprogramm. Im Ergebnis ist die Angebotserstellung dann häufig ein manueller, zeitaufwendiger und fehlerbehafteter Prozess. Die so erstellten Angebotsdokumente sind oft uneinheitlich strukturiert und entsprechen nicht dem Corporate Design des Unternehmens.

K-Document verbindet Microsoft Word mit der SAP-Komponente SD. Mit K-Document können Sie sowohl Angebotsdokumente in Microsoft Word gestalten als auch schnell und einheitlich aus SD heraus generieren.

Mit dem K-Document Designer wählen Sie die gewünschten Felder und erstellen die benötigten Vorlagen. Für die Gestaltung und Sicherung des Corporate Designs nutzen Sie alle bekannten Möglichkeiten von Microsoft Word. Eine Nachbearbeitung und Ergänzung in Word sowie eine Ausgabe im PDF-Format sind möglich. Ebenso können die Dokumente beim SD-Beleg abgelegt werden.

[+]

Key Facts zu K-Document: Angebotsdokumente aus SAP ERP mit den Layoutoptionen von Microsoft Word generieren

- Kundenansprache mit einheitlichen, attraktiven Angebotsdokumenten
- Gestaltung der Angebotsvorlagen in Microsoft Word
- Generierung umfassender Angebotsdokumente (inklusive Produktabbildungen, Zeichnungen und Textbausteinen)
- Integration unterschiedlicher Quellsysteme für die Angebotsdaten und -inhalte
- Fehlerreduktion und Kostenersparnis im Vertrieb durch Automatisierung
- verbesserte Wettbewerbsfähigkeit, Effizienzsteigerung und Kostenreduktion

Abbildung 8.26 und Abbildung 8.27 zeigen die Dokumentengenerierung aus SAP ERP mit den Layoutoptionen von Microsoft Word.

Mit dem K-Document Designer werden die gewünschten Felder ausgewählt und in der Vorlage platziert (siehe Abbildung 8.26). Abbildung 8.27 zeigt das Ergebnis als druckfähiges Dokument.

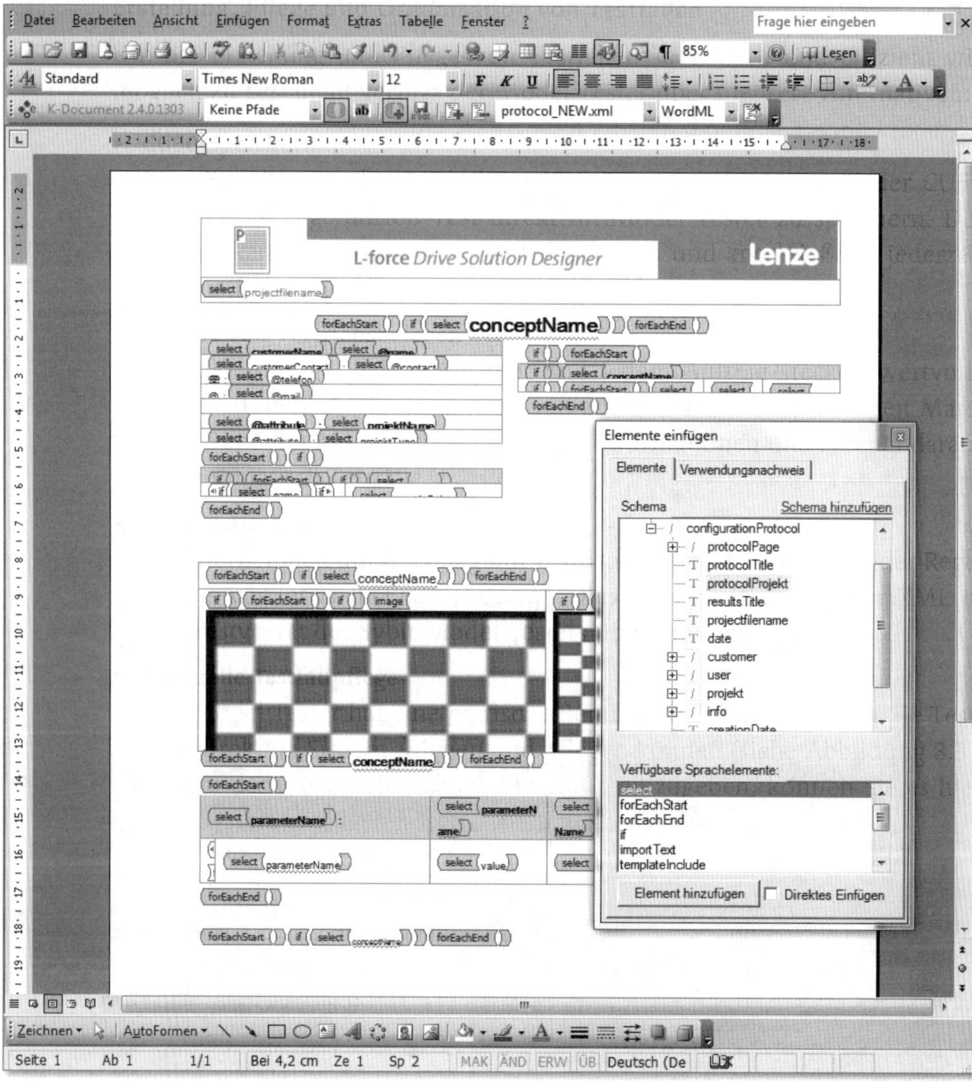

Abbildung 8.26 Ansicht des K-Document Designers – hier im Einsatz bei der Lenze SE

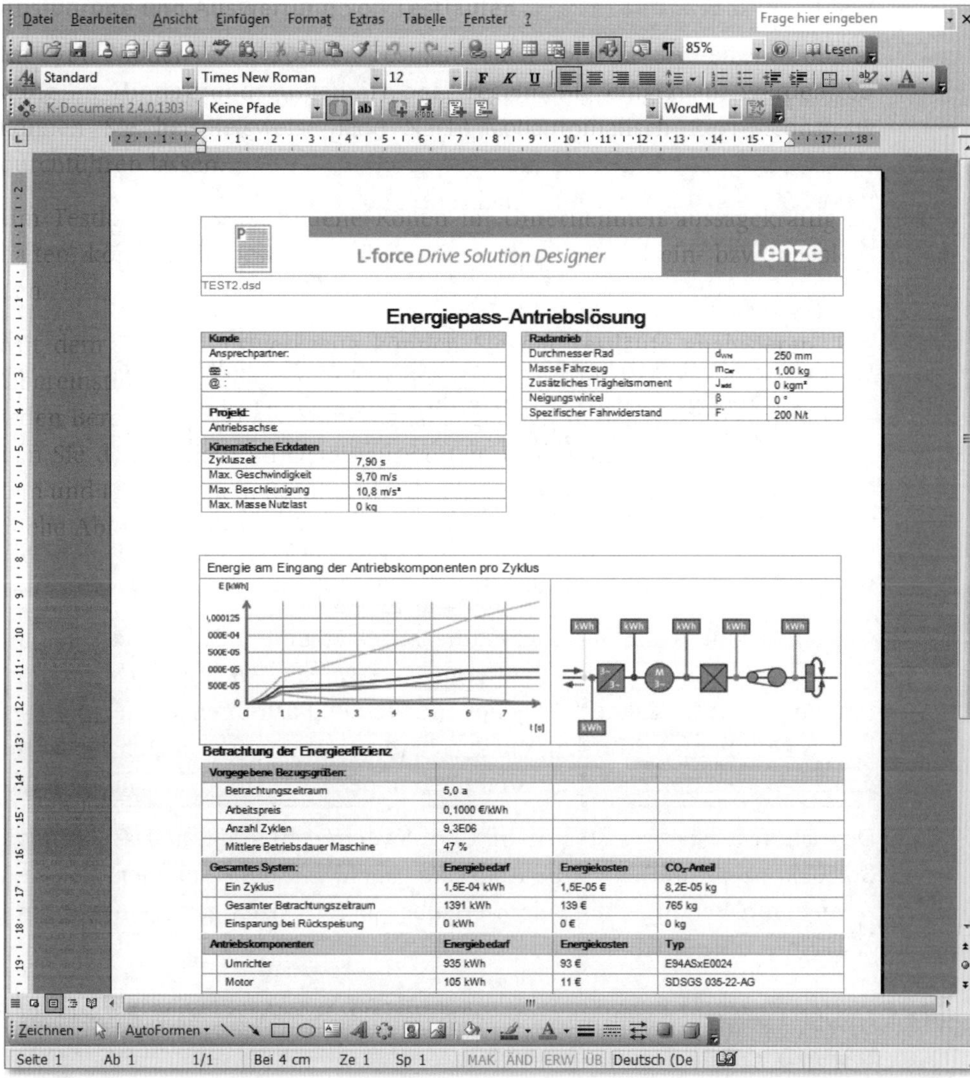

Abbildung 8.27 Mit K-Document erstelltes Dokument

8.5.5 Quoteassistant

Wie bereits beschrieben, ist es sinnvoll, das im SAP ERP definierte Produktwissen auch für Prozesse in Vertrieb und Marketing zu nutzen. Was jedoch, wenn die Anwender keinen Zugang zu SAP ERP oder SAP CRM haben? Dieses Szenario betrifft insbesondere die große Zahl der externen Handelsvertreter. Sie vertreten ein oder mehrere Unternehmen in einem regionalen Markt, typischerweise ohne Zugriff auf die Systeme der Hersteller. Stattdessen wird noch häufig mit Papierkatalogen, Papier und Bleistift oder Excel-Listen gearbeitet.

Für den Vertrieb durch Handelsvertreter sind nicht nur aktuelle Informationen über konfigurierbare Produkte notwendig, sondern auch die Möglichkeit, Fremdprodukte oder »freie« Artikel in ein Angebot aufzunehmen. Darüber hinaus sollte der Angebotsinhalt bei Ausschreibungen gemäß den Anforderungen des Kunden strukturierbar sein. Quoteassistant erlaubt die direkte Wiederverwendung des Produktwissens aus SAP ERP und die Prozessintegration ohne den unmittelbaren Zugriff auf das SAP ERP-System.

Ordnerstrukturen können mehrstufig angelegt und frei wählbar benannt werden. Preisfindung und Rabattierung sind gemäß den angelegten Strukturen möglich. Alle in einem Angebot enthaltenen Positionen können darüber hinaus kommentiert werden, um auch anderen Prozessbeteiligten die Nachvollziehbarkeit der Zusammenstellung und der Kalkulation zu ermöglichen.

Der Quoteassistant lässt sich in CRM-Systeme integrieren. Das intuitive Bedienkonzept und der hohe Abdeckungsgrad mit den typischen Anforderungen von Variantenherstellern erlauben bereits nach geringem Customizing einen effizienten Einsatz.

[+]

Key Facts zu Quoteassistant: Angebote standardisiert im Multichannel-Vertrieb erstellen, auch für konfigurierbare Produkte

- Integration in den SAP-Angebotserstellungsprozess
- direkte Wiederverwendung des Produktwissens aus SAP ERP
- optimale Zusammenstellung des Angebotsinhalts, inklusive Kommentierungen und der Aufnahme »freier« Artikel
- ohne direkte Anbindung an SAP ERP nutzbar
- Steigerung der Qualität und der Sicherheit der Vertriebsprozesse
- Verbesserung der Wettbewerbsfähigkeit und der wahrgenommenen Kompetenz

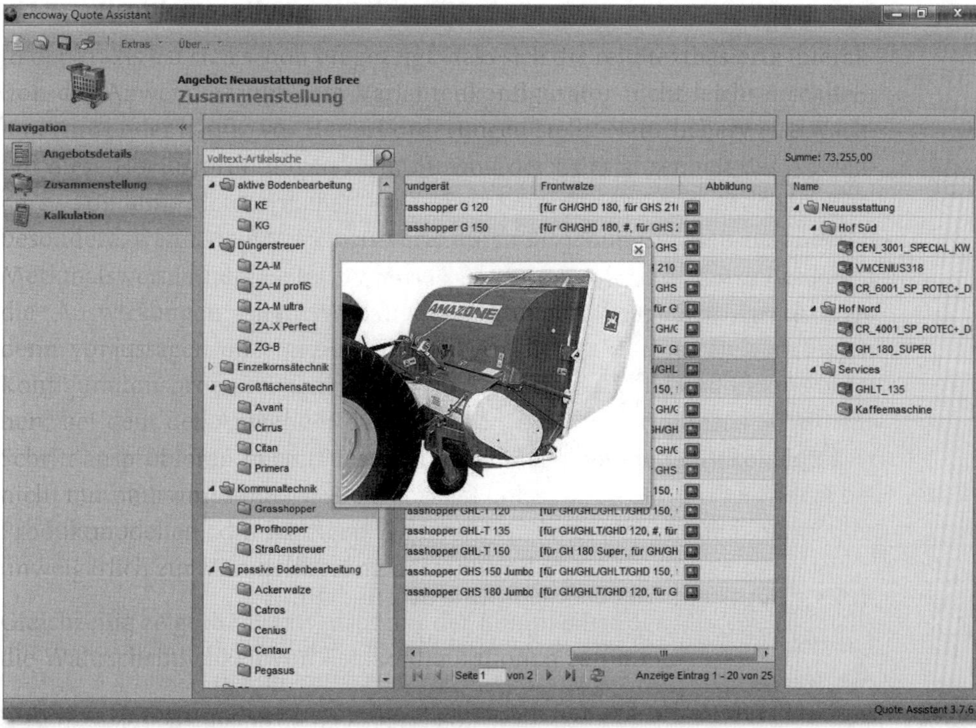

Abbildung 8.28 Screenshot des encoway Quoteassistants

8.5.6 Zusammenfassung der Komfortfunktionen

Die encoway-Module K-Select und K-Assistant unterstützen Vertrieb und Kunden bei der Suche nach der passenden Lösung: vom Finden des richtigen KMAT bis zur Auslegung komplexer Lösungen in online- und offline-Szenarien. Mit K-Connect werden Produktmodelle aus SAP ERP in Microsoft Word übersichtlich dargestellt und dokumentiert. K-Document ist die richtige Wahl, wenn Sie Ihre Kunden schnell mit gut strukturierten und attraktiv gestalteten Angebotsdokumenten begeistern wollen.

Der Quoteassistant, eine Lösung für den Angebotserstellungsprozess, ist integrierbar in CRM-Systeme. Vertriebsmitarbeiter, aber auch externe Vertriebseinheiten wie Händler oder Repräsentanten, erstellen online und offline attraktive Angebote auf Basis der in SAP ERP gepflegten Produkte.

Der Beitrag wurde von Ralf Purnhagen und Oliver Hollmann von der Firma »encoway GmbH« verfasst (Internet: *www.encoway.de*). [+]

8.6 top flow-Framework und top flow-Varianten-Engine (Firma »top flow GmbH«)

Das top flow-Framework stellt keine Insellösung dar, sondern ist durch die Realisierung in ABAP vollständig in die SAP ERP-Umgebung integriert. Sie können mit der neuen Funktionalität Änderungen und Anpassungen effizienter vornehmen, ohne die SAP-Standardfunktionalität einzuschränken.

Durch die Erweiterungen der ERP-basierten Variantenkonfiguration (LO-VC) ergeben sich Optimierungspotenziale in dreierlei Hinsicht:

- Optimierung des Konfigurationsdialogs über den Standard hinaus
- erweiterte Möglichkeiten zur Pflege von Beziehungslogik
- Möglichkeit der anonymen Fertigung trotz Variantenkonfiguration

Auf die einzelnen Vorteile gehen wir in den nächsten Abschnitten genauer ein.

8.6.1 Optimierung des Konfigurationsdialogs

Die erste Optimierung ist an die Usability der Konfigurationsoberfläche und die Möglichkeit der Integration von Zusatzfunktionen gerichtet. Dieser Punkt ist insofern bemerkenswert, als an dieser Stelle am häufigsten Kritik an der SAP ERP-Konfigurationsanwendung geäußert wird. Um hier eine Verbesserung zu erzielen, hat top flow die Kommunikation zwischen der SAP-Standard-Variantenkonfiguration und eigenen, selbstentwickelten und somit kundenspezifischen Oberflächen standardisiert, d.h., die Oberflächen reagieren automatisch auf die Eingaben in der Standard-Konfigurationslogik.

Wird z.B. im Standard über Beziehungswissen gesteuert, dass das Merkmal »Lackierung« eingeblendet werden soll, dann reagiert die selbstentwickelte Oberfläche genauso wie die Standardoberfläche der Merkmalsbewertung (siehe Abbildung 8.29).

Die Abbildung zeigt die erwähnte Dialogerweiterung. Man erkennt, dass hier nicht der Konfigurations-Editor des SAP-Standards genutzt wird. Trotzdem ist die Reaktion auf das Standard-Beziehungswissen identisch: Einblendung eines Merkmals in Abhängigkeit von einem anderen Merkmalswert.

Durch diese Standardisierung ist es möglich, Konfigurationsoberflächen mit allen SAP NetWeaver-Entwicklungswerkzeugen aufzubauen.

- Dynpro-basiert (Transaktion SE51)
- Business Server Pages (Transaktion SE80)
- Web Dynpro (Transaktion SE80)

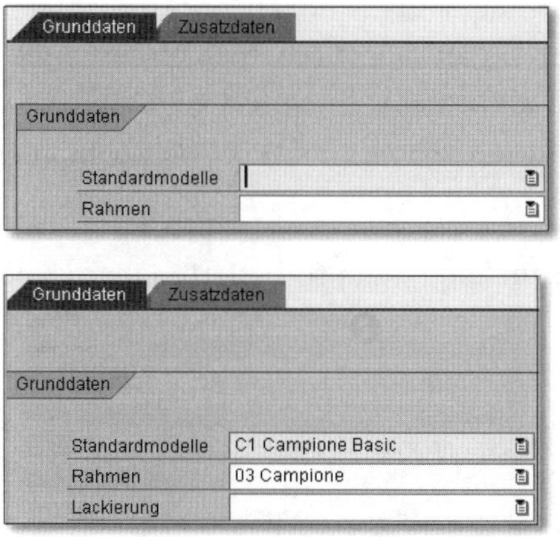

Abbildung 8.29 Dialogerweiterung mit Einblendung eines Merkmals in Abhängigkeit von einem anderen Merkmalswert

Beispieldialog mit externer Oberfläche (Dynpro-basiert)

Das folgende Beispiel zeigt eine auf Dynpro basierende Oberfläche, die anstelle der im Standard vorgesehenen Merkmalsbewertung automatisch angezeigt wird (siehe Abbildung 8.30).

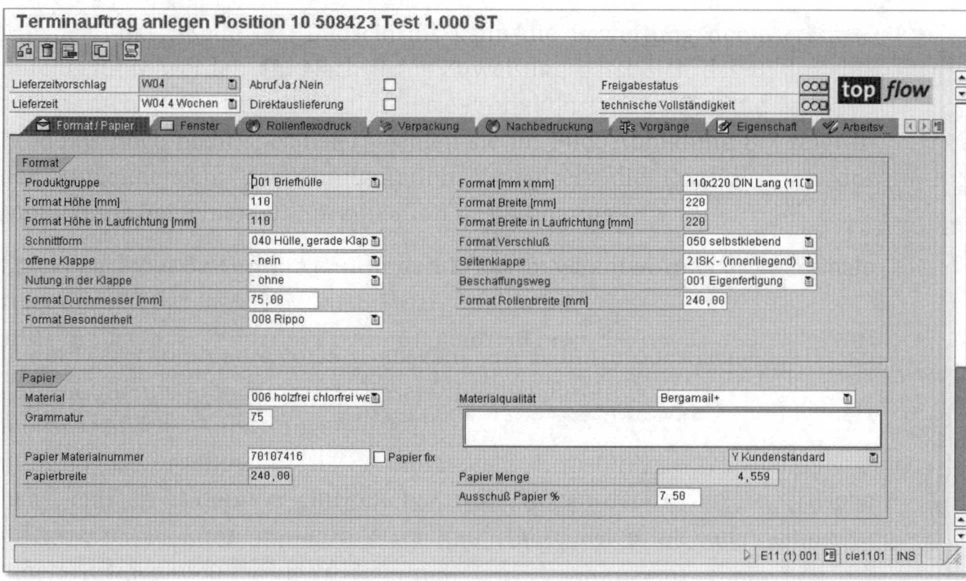

Abbildung 8.30 Neu designte und auf Dynpro basierende Oberfläche

Der Unterschied ist auf den ersten Blick erkennbar: Man ist nicht mehr an die starre Reihenfolge von Merkmalswerten gebunden. Neben der verbesserten Usability, z.B. durch die Verwendung von Listboxen zur Auswahl der Merkmalswerte, können aufgrund der freien Oberflächengestaltung beliebige Zusatzfunktionen in den Konfigurationsdialog integriert werden.

Beispieldialog mit Web Dynpro oder BSP

Betrachten wir nun weitere Beispiele für eine Dynpro-basierte Oberfläche (siehe Abbildung 8.31).

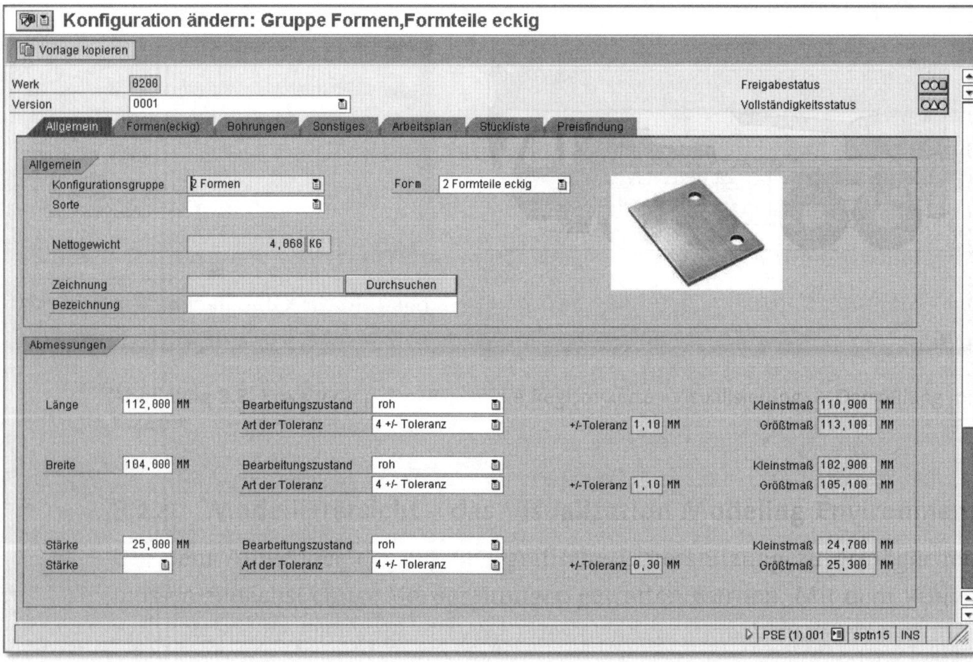

Abbildung 8.31 Weiteres Beispiel für eine Dynpro-basierte Oberfläche

Im Folgenden sehen Sie zwei Beispiele für SAP-Webanwendungen mit Hilfe von Web Dynpro bzw. Business Server Pages (BSP). Abbildung 8.32 zeigt die Darstellung von Merkmalswerten analog zur CU50, jedoch mit Darstellung eines statischen Produktbildes während der Konfiguration.

In Abbildung 8.33 sehen Sie das Beispiel eines mehrwertigen Merkmals. In Webanwendungen ist es möglich, auf das sogenannte *Mouseover* zu reagieren und somit eine automatische, kontextabhängige Hilfe in Form von Bildern und Langtexten abzubilden. In diesem Fall werden durch das »Überfahren« des Merkmalswertes PROCRAFT ALU FLASCHENHALTER das entsprechende Produktbild und eine Erläuterung angezeigt.

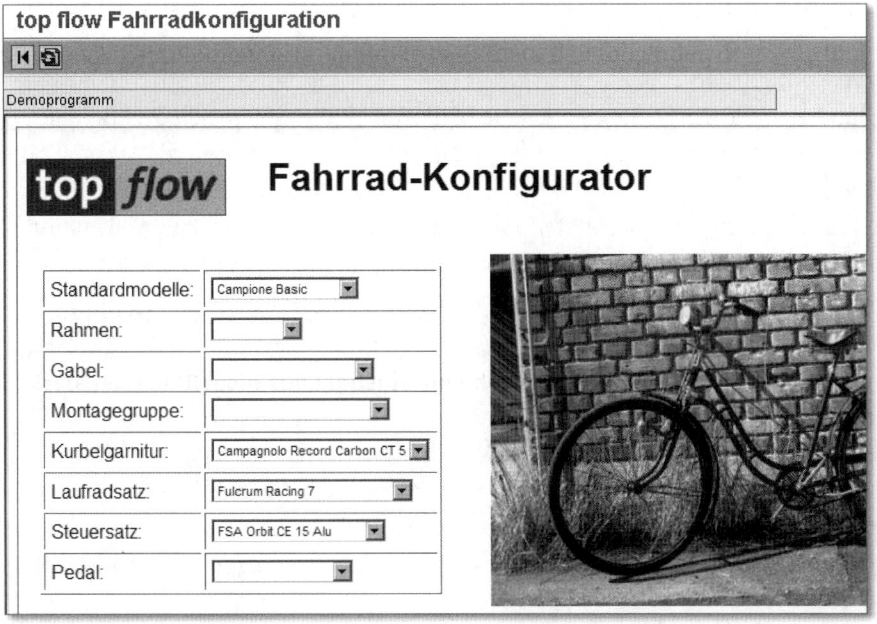

Abbildung 8.32 Darstellung der Merkmalswerte inklusive des statischen Produktbildes

Abbildung 8.33 Merkmalswertdarstellung mit Hilfe von BSP und Mouseover-Funktionalität

8.6.2 Funktionserweiterungen

Innerhalb der Konfigurationsoberflächen können nun modifikationsfrei beliebige Funktionen integriert werden. Zum Beispiel können Sie das Produktionswerk erst nach erfolgter Konfiguration ermitteln. Im Standard geschieht das bereits vorher in Abhängigkeit vom Verkaufsmaterial. Durch die Funktionserweiterung kann das Produktionswerk nun in Abhängigkeit von der erfolgreichen Verfügbarkeitsprüfung der ermittelten Komponenten bestimmt und verändert werden. Diese und andere Informationen können angezeigt und automatisch oder manuell überschrieben werden.

Aufgrund der Komplexität können oder möchten Sie manchmal nicht die komplette Konfigurationslogik im System hinterlegen. Trotzdem möchten Sie aber die Konfiguration als Einstiegshilfe oder Absprungpunkt nutzen, um anschließend z.B. das Ergebnis der Arbeitsplanermittlung dynamisch zu korrigieren. Eventuell möchten Sie weitere Vorgänge oder Komponenten hinzufügen oder interaktiv ändern. Alle nachgelagerten Prozesse wie die Kalkulation oder die Plan-/Fertigungsauftragserstellung übernehmen diese Zusatzinformationen dann automatisch.

Weitere Beispiele für Funktionserweiterungen sind die integrierte Preisfindung innerhalb der Konfigurationslogik, die Anzeige von Bildern, eine Workflow-Integration und die einfache Anzeige von Zusatzinformationen.

8.6.3 Neue Möglichkeiten der Beziehungswissenslogik

Die Erweiterung der Beziehungswissenslogik basiert auf der Idee, Beziehungswissen direkt in transparenten Tabellen abzulegen (siehe Abbildung 8.34).

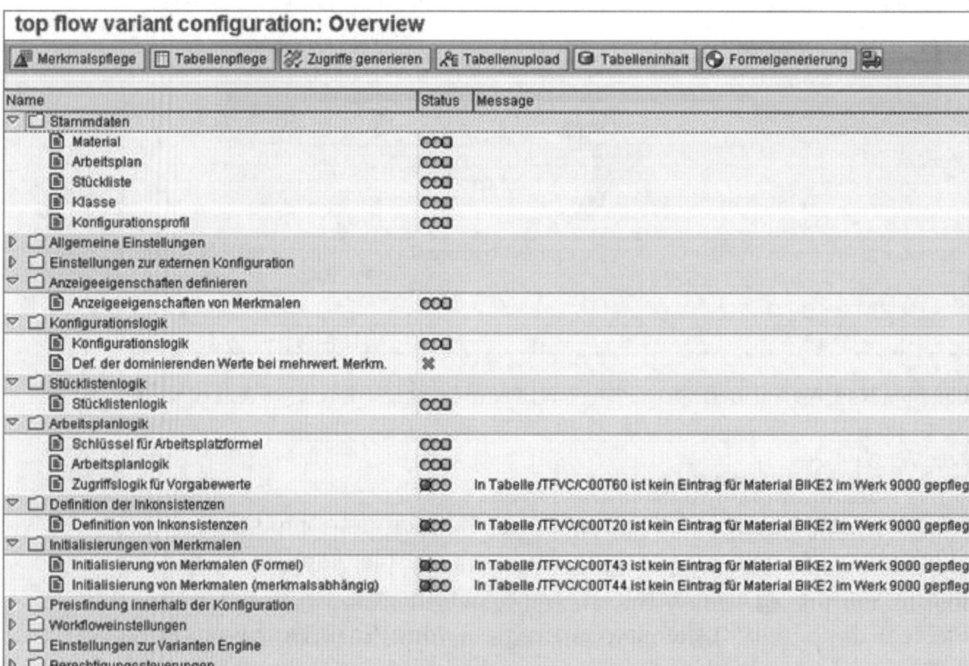

Abbildung 8.34 Neue Möglichkeiten der Beziehungswissenslogik

Tabellenaufbau

Um die Tabellenpflege zu vereinfachen, wird über eine Transaktion ein Tool zur Verfügung gestellt, mit dem per Drag & Drop Tabellen erstellt, geändert und gelöscht werden können. Zusätzlich wird der Pflegedialog aufgebaut, so dass die Tabellen direkt gepflegt (Transaktion SM30) oder mit Hilfe des mitgelieferten Tools aus Microsoft Excel gefüllt werden können.

Konfigurationslogik

Die Konfigurationslogik beschreibt das sequenzielle Abarbeiten der vom Anwender definierten Tabellen und Formeln. Diese Logik wird nicht nur für den Konfigurationsdialog selbst genutzt, sondern auch für die Ermittlung der Stückliste, von deren Komponenten, der Fertigungshilfsmittel sowie des Arbeitsplans.

Zur Interpretation der Tabellen wird definiert, wie auf die Tabelle zugegriffen und welche Tabelleninhalte übernommen werden sollen. Es ist auch möglich, Zugriffsfolgen zu hinterlegen.

Pflege der Anzeigeeigenschaft von Merkmalen

In Konfigurationsprojekten kann die Definition der Anzeige – d.h., wann welches Merkmal in Abhängigkeit von einem anderen Merkmal angezeigt oder ausgeblendet werden soll – sehr komplexe Formen annehmen. Daher kann die Pflege der Vor- und Auswahlbedingungen sehr zeitaufwendig und unübersichtlich werden. Dies betrifft insbesondere Änderungen am Beziehungswissen. Die top flow-Lösung erlaubt auch hierfür die übersichtliche Pflege in Tabellenform (siehe Abbildung 8.35).

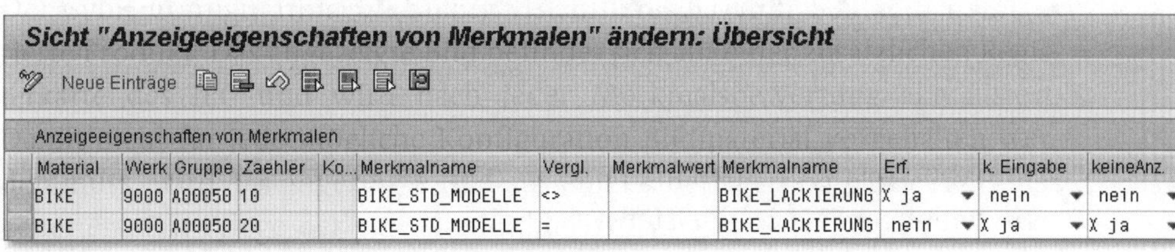
Sicht "Anzeigeeigenschaften von Merkmalen" ändern: Übersicht

Neue Einträge

Anzeigeeigenschaften von Merkmalen

Material	Werk	Gruppe	Zaehler	Ko...	Merkmalname	Vergl.	Merkmalwert	Merkmalname	Erf.	k. Eingabe	keineAnz.
BIKE	9000	A00050	10		BIKE_STD_MODELLE	<>		BIKE_LACKIERUNG	X ja	nein	nein
BIKE	9000	A00050	20		BIKE_STD_MODELLE	=		BIKE_LACKIERUNG	nein	X ja	X ja

Abbildung 8.35 Erleichterte Pflege der Anzeigeeigenschaften von Merkmalen

Unterstützung beim Aufbau von Formeln

Können Tabellen nicht genutzt werden, steht dem Anwender auch ein Werkzeug zur Erstellung von Formeln zur Verfügung.

Beim Anlegen einer Formel wird in einem Editor der standardisierte Formelaufruf automatisch generiert. Für die eigentliche Abbildung bzw. Abarbeitung der Formel stehen dem Anwender dann alle im Kontext sinnvollen Konfigurationsdaten zur Verfügung. Die Formel wird beim Sichern als ABAP-Routine angelegt und kann in der Konfigurationslogik eingetragen werden. Die bekannte Standardfunktionalität wie Syntaxprüfung und Debugging unterstützt den Anwender bei seiner Tätigkeit.

8.6.4 Prozessoptimierung mit der top flow-Varianten-Engine

Oft möchte man die Vorteile der Variantenkonfiguration nutzen, aber im Einzelfall bei bestimmten Aufträgen trotzdem die anonyme Fertigung verwenden oder zumindest automatisiert Materialvarianten generieren. Diese werden oft für komplexe Warehouse-Management-Einstellungen oder gewisse EDI-Prozesse mit Kunden und Lieferanten benötigt.

Mit Hilfe der top flow-Varianten-Engine lässt sich die automatische Erstellung von Materialvarianten auf einfache Art und Weise realisieren. Auf Grundlage einer Verkaufsbelegposition mit Konfiguration kann die top flow-Varianten-Engine alle im Prozess beteiligten Stammdaten anlegen (siehe Abbildung 8.36).

Folgende Schritte können automatisiert vorgenommen werden:

- Anlage des Materialstamms mit Feldsteuerung über Formeln bzw. in Abhängigkeit von der Konfiguration
- Kopie der Merkmalsbewertung aus der Verkaufsbelegposition in den neuen Materialstamm (Anlage einer Materialvariante)
- Materialstammzuordnung zu Maximalstückliste und -arbeitsplan
- Kalkulation des Materials inklusive Standard-Preisfortschreibung
- Anlage des Kunden-Material-Infosatzes und der SD-Konditionssätze
- Klassifizierung des Materials
- Anlage von MM-Stammdaten und der Beleginformationen (Anfragen, Bestellungen) für Handelsteile

Somit stehen in einem Schritt alle für einen Folgeprozess notwendigen Stammdaten zur Verfügung. Dadurch kann ein Auftrag mit Bezug zum Angebot auch automatisch herangezogen werden.

[+] Der Beitrag wurde von Mitarbeitern der Firma »top flow GmbH« verfasst (Internet: *www.top-flow.de*).

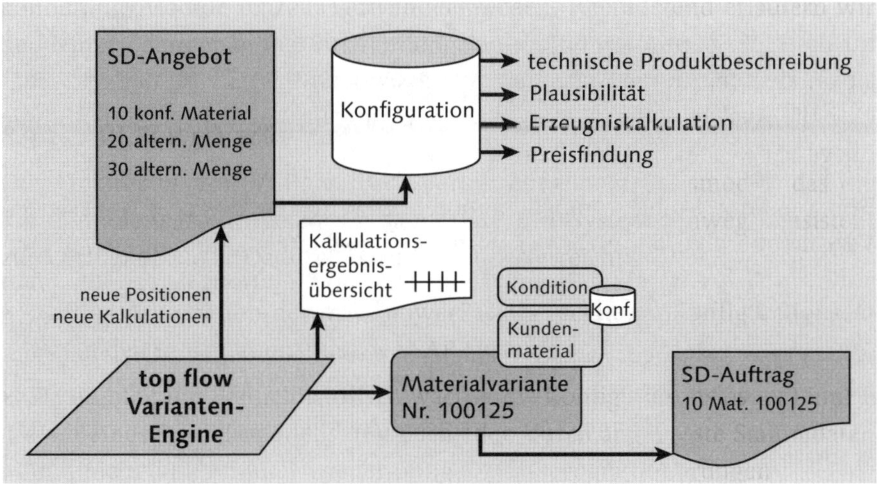

Abbildung 8.36 Ablauf der top flow-Varianten-Engine

8.7 Zusammenfassung

In diesem »Partnerkapitel« haben wir mehrere Partnerlösungen bzw. Add-ons vorgestellt, die aus unserer Sicht sinnvolle Erweiterungen des SAP-Standards im Bereich des Variantenkonfigurationsprozesses darstellen.

Der von SAP zertifizierte *Sybit Model Tester* ermöglicht die automatisierte Qualitätskontrolle von SAP-Produktmodellen. Sie können damit die VC- und IPC-Modelle aller Systeme Ihrer Mehrsystemlandschaft einbeziehen und somit effizient eine durchgängige Qualitätskontrolle realisieren. Der *Sybit Configuration Visualizer* visualisiert das vom Benutzer konfigurierte Produkt. Das angezeigte 2-D-Bild befindet sich auf einer zusätzlichen Registerkarte des IPC und wird nach jeder Merkmalsbewertung aktualisiert.

Mit *VCPowerPack* stellt die AICOMP/VCXI Group Konfigurationsmodule vor, die es ermöglichen, mit SAP ERP komfortabler zu konfigurieren. Die Bestandteile von VCPowerPack unterstützen dabei eine Reihe von Konfigurationsvoraussetzungen wie Design-, Material- oder Maschinenablaufplanung.

Im vierten Abschnitt haben wir dargestellt, wie mit Hilfe einer Partnerlösung die CAD-Automatisierung voll integriert mit der SAP-Variantenkonfiguration ermöglicht wird. Es handelt sich dabei um das Produkt *it.cadpilot* der Firmen itelligence AG und ACATEC Software GmbH.

Die encoway GmbH bietet eine Reihe von sogenannten Komfortfunktionen für die Prozessoptimierung mit dem Fokus auf Marketing und Vertrieb an. Neben dem leichteren Auffinden des passenden Materials werden insbesondere die Auslegung von Lösungen, der Druck der Vertriebspapiere und die Pflege der Regeln im Produktmodell unterstützt.

Die top flow GmbH ermöglicht durch Erweiterungen der ERP-basierten Variantenkonfiguration (LO-VC) Optimierungspotenziale in dreierlei Hinsicht: Zunächst ist eine Optimierung des Konfigurationsdialogs über den Standard hinaus möglich. Daneben bietet auch top flow ähnlich wie encoway erweiterte Möglichkeiten zum Anlegen und Nutzen von Beziehungslogik. Und drittens ist es mit Hilfe eines Add-ons möglich, mit der top flow-Varianten-Engine die anonyme Fertigung trotz des Einsatzes der Variantenkonfiguration zu nutzen.

In diesem Kapitel lassen wir Projektleiter zu Wort kommen, die über ihre Erfahrungen bei der Einführung der SAP-Variantenkonfiguration berichten. Der Erfahrungsbericht eines SAP-Projektleiters wird ergänzt durch Empfehlungen aus Sicht der SAP-Beratung.

9 Projektleiter berichten über Projekte und Projektstrukturen

Dieses Kapitel wird alle Leser interessieren, die entweder ein Projekt vor Augen haben oder bereits auf SAP-Einführungen zurückschauen können. Zum einen kann man sicherlich einiges an neuen Informationen erhalten, zum anderen ermöglicht es auch den Vergleich mit der Vorgehensweise bei vergleichbaren Projekten. Im ersten Abschnitt wird der Projektablauf aus Sicht eines Projektleiters aufseiten eines SAP-Kunden dargestellt. Im zweiten Abschnitt gehen wir auf die von erfahrenen Beratern empfohlene Zusammensetzung des Projektteams ein, und im dritten Abschnitt stellen wir eine bei der Einführung der SAP-Variantenkonfiguration empfohlene Vorgehensweise vor.

9.1 »Wir implementieren SAP!« – Erfahrungsbericht eines Projektleiters

Dieser Bericht entstammt der Feder eines Mitarbeiters einer großen Büromöbelfirma, die sich nach der Entscheidung für SAP ERP sofort an die Implementierung der Variantenkonfiguration macht. Der Blickwinkel ist hierbei der eines betroffenen Projektleiters, der sich mit der Aufgabe der Implementierung konfrontiert sieht.

Hinweis zur folgenden Darstellung [+]

Auch hier hätte es den vorgesehenen Rahmen gesprengt, wenn alle Punkte erwähnt würden, die tatsächlich von Bedeutung sein können. Es geht hier mehr darum, Schlaglichter zu setzen und Ihnen ein Gefühl für die kritischen Wendepunkte und Erfolgsfaktoren zu vermitteln.

Sie sitzen an Ihrem Schreibtisch, studieren Ihre E-Mails, und plötzlich kommt einer Ihrer Kollegen herein und ruft atemlos: »Weißt du was? Wir haben uns gerade SAP zugelegt!«

Da kommt Ihnen natürlich augenblicklich die Frage in den Sinn: »Und was hat das mit mir zu tun?« Nun, nicht viel, bis Sie den verhängnisvollen Anruf von Ihrem Chef bekommen. Er erzählt Ihnen etwas wie »Wir werden das Variantenkonfigurationsmodul von SAP einführen, und Sie werden das Projekt leiten!«. Hört sich klasse an, nicht wahr? Wenn Sie nun aber SAP nur als Sponsor von Formel-1-Rennen oder Ihrem örtlichen Fußballverein kennen? »Variantenkonfigurationsmodul von SAP«? Was in aller Welt ist das?

Tatsächlich beginnen viele Projekte genau so. Wenn Sie Glück haben, gehören Sie zu einem der guten Projekte, und Sie waren bereits an der Auswahl der Software beteiligt. In diesem Fall wissen Sie, was das Variantenkonfigurationsmodul von SAP (auch bekannt als Variantenkonfigurator LO-VC) ist. Wenn nicht, werden Sie es wissen, wenn Sie dieses Buch gelesen haben. So oder so, es werden Ihnen interessante Zeiten bevorstehen. In diesem Abschnitt finden Sie sowohl eine Zusammenstellung der typischen Herausforderungen, denen Sie sich bei einem Einführungsprojekt stellen müssen, als auch die praktischen Hinweise, um diese Herausforderungen zu bewältigen.

9.1.1 Der Marketingrummel und was danach kommt – klären Sie die Voraussetzungen für Ihre Arbeit

Irgendwann ganz am Anfang machten einer oder mehrere Ihrer Geschäftsführer eine dieser aufsehenerregenden Äußerungen, für die sie so bekannt sind. Ungefähr mit folgendem Wortlaut: »Hm, wir hören dauernd, dass man mit dem Internet richtig coole Sachen machen kann. Ich frage mich, was wir damit anstellen können?« Während diese Äußerung noch die Führungshierarchie hinabwandert, macht irgendjemand (gewöhnlich jemand aus der IT-Abteilung, aber nicht immer) die Bemerkung »SAP kann unser Problem lösen!«. Jetzt werden alle Arten von Versprechungen – sowohl von Personen innerhalb des Unternehmens als auch von Kontakten außerhalb – gemacht.

Eines der schätzenswerten Dinge an SAP ist, dass bei Besprechungen mitunter auch Warnungen der folgenden Art ausgesprochen werden: »Seien Sie darauf vorbereitet, Ihre Geschäftsvorgänge ändern zu müssen, um den ganzen Vorteil der Software auszuschöpfen.«

Rechnen Sie auf jeden Fall damit, dass Ihr Management große Erwartungen hinsichtlich der zu erzielenden Geschäftsergebnisse hat, die es für das viele Geld, das es in die Software investiert, erzielt. Das ist ja auch in Ordnung, Investitionen sollen sich bezahlt machen. Das ist schließlich das Ziel, wenn man Geld in Technologie investiert. Ihre Aufgabe ist es, das in die Tat umzusetzen.

Kann man etwas realisieren, was man nicht versteht? Normalerweise nicht. Also werden Sie als Erstes sicherstellen müssen, dass Sie die Erwartungen mit dem Management genau abgestimmt haben. Hört sich ganz einfach an, nicht wahr? Dies ist eine der schwierigeren Aufgaben, denen Sie sich stellen müssen, während Sie Ihrer Arbeit nachgehen. Je nach Ihrer Rolle in der Organisation können Sie Folgendes beitragen und tun:

- Einfluss nehmen auf den Auswahlprozess
- Einfluss nehmen nach dem Angebotsprozess, aber vor der tatsächlichen Anschaffung
- Einfluss nehmen nach der Anschaffung

Auf jeden Fall werden Sie auf dem Weg dorthin mehrmals die gleichen Dinge tun. Behalten Sie das Ziel im Auge.

Empfehlung [+]

Bringen Sie Ordnung in geäußerte Erwartungen! Machen Sie sich klar, was vom Projekt und von Ihnen selbst erwartet wird.

Zunächst müssen Sie also verstehen, was das Management erreichen möchte. Dazu müssen Sie einige Gespräche führen. Steigen Sie in der Hierarchie so weit oben ein, wie Ihr derzeitiger Einfluss in Ihrem Unternehmen reicht. Sie sind auf der Suche nach den Strategien, an die der Chef durch *seine* Chefs gebunden ist. Schließlich bekommt jeder Mitarbeiter eine Leistungsbeurteilung. Was ist das Ziel dieser sogenannten Leistungsbeurteilungen? Sicherzustellen, dass die Erwartungen des jeweiligen Chefs erfüllt wurden! Und je weniger Stationen die ursprünglichen Ideen und Anforderungen durchlaufen haben, desto höher ist die Wahrscheinlichkeit, dass Sie sie richtig erfassen.

Zieldefinition [+]

Fassen Sie die Strategien, die Ziele, die Taktik und die messbaren Ergebnisse Ihres Managers in Schriftform ab.

Sie denken zwischenzeitlich vielleicht, dass es genügt, die drei bis fünf Stichpunkte, die Ihnen am wichtigsten erscheinen, auf einer Seite zu komprimieren? Dies reicht jedoch in den seltensten Fällen aus. Stellen Sie sicher, dass Sie dieselbe Metrik benutzen. Ohne dieselbe Metrik wird es schwer werden, Entscheidungen, die Sie später treffen, zu quantifizieren und zu vergleichen.

Machen Sie Ihre Gedanken anschließend bekannt, und zeigen Sie sie so vielen Chefs, die von der Variantenkonfiguration betroffen sind, wie möglich. Was diese Bereiche sind? Einfach jeder Bereich in Ihrem Unternehmen, der irgendetwas mit Verkauf, Logistik, Transport oder Finanzen zu tun hat, ist irgendwann von der Variantenkonfiguration betroffen. Das einzige Gebiet, das Sie außer Acht lassen können, ist das Personalmanagement! Ergänzen Sie Ihr Papier um die Anregungen Ihrer Gesprächspartner. Wenn Sie einmal die Stichpunkte von allen Chefs auf einer Seite haben, kommt die nächste Aufgabe.

[+] **Überschneidungen ausfindig machen**

Finden Sie die Themen und Interessen, die alle Unternehmensbereiche gemeinsam haben.

Diese Überschneidungen – die Punkte, die vielen Unternehmensbereichen wichtig sind – sind Ihre Dreh- und Angelpunkte, die Dinge, auf die Sie Ihren Fokus legen werden. Diese Gemeinsamkeiten sind das, auf was Ihr Unternehmen kritisch Wert legt. Zu Beginn Ihrer Arbeit werden Sie vermutlich den Eindruck haben, dass sich einige dieser Punkte nicht miteinander vereinbaren lassen. Und mehr noch: Manchmal ist das nicht nur Ihr Eindruck, sondern eine Tatsache. Lassen Sie sich von diesen Punkten jedoch nicht entmutigen, sondern betrachten Sie sie als Herausforderungen. Das sind wichtige Informationen, die über die Laufzeit des eigentlichen Projekts hinaus von Bedeutung sind. Damit können und werden Sie sich zu gegebener Zeit beschäftigen.

9.1.2 Analysieren Sie Ihre Geschäftsprozesse und verbessern Sie sie

Eine Frage, die immer wieder auftaucht, ist »Soll ich meine bereits existierenden Geschäftsprozesse verwenden oder lieber etwas, das auf zukünftigen Prozessen basiert?«. Diese Frage wird unter Beratern heftig debattiert. Man muss hierzu die grundsätzliche Frage stellen, was von dem System erwartet wird.

[+]

Was erwarten Sie vom SAP-System?

Möchten Sie genau die gleichen Ergebnisse mit SAP erzielen, die Sie mit der Software erzielt haben, die es ersetzt?

Wenn Sie diese Frage mit »Ja« beantworten, dann extrahieren Sie einfach Ihre existierenden Prozesse und nehmen die SAP-Software damit in Betrieb. Wenn Sie aber andererseits denken, dass die Tatsache, dass Sie viel Geld in SAP investiert haben, mehr bringen müsse als die Fortsetzung des Bisherigen, dann fangen Sie damit an, Ihre laufenden Prozesse zu verstehen. Finden Sie heraus, was man verbessern kann, und *dann* installieren Sie eine Lösung, die sich diesen besseren Prozessen anpasst.

Das bedeutet, Sie brauchen ein Geschäftsprozessmodell. Es gibt hierbei einige Tools auf dem Markt, unter denen man wählen kann. Viele Anwender nutzen die traditionelle Geschäftsprozessmodellierung mit Wertschöpfungsketten-Diagrammen, andere verwenden eine ursprünglich von Toyota entwickelte Variante mit dem Namen *Wertstromdesign* oder *Lean Management* (siehe *http://de.wikipedia.org/wiki/Wertstromdesign* oder *http://de.wikipedia.org/wiki/Lean_Management*).

Diese Methodik orientiert sich nicht nur am Materialfluss, sondern auch am Informationsfluss. Es gibt umfangreiche Standardliteratur zur Geschäftsprozessmodellierung.

[+]

Vermitteln Sie Ihre Strategie den Mitarbeitern

Vergessen Sie nicht, dass der erfolgreiche Verlauf des Projekts der Anstrengung aller Mitarbeiter bedarf. Die besten Ideen nützen Ihnen nichts, wenn sie nicht umgesetzt werden.

Welche Methode Sie auch immer wählen, stellen Sie sicher, dass Sie die Mitarbeiter, die einen Prozess »beherrschen«, genauso mit einbeziehen wie die Mitarbeiter, die von einem Prozess betroffen sind. Durch das Einbeziehen dieser Mitarbeiter in jeden einzelnen Schritt werden Sie ein besseres Verständnis und mehr Unterstützung erlangen, und Sie werden den Menschen helfen, die Herausforderungen Ihres Projekts zu verstehen.

[+]

Empfehlung

Entwickeln Sie die neuen Prozesse aus Ihren bestehenden Prozessen.

Auf jeden Fall beginnt man typischerweise mit dem bestehenden Prozess, und dann sucht man Stellen und Wege, um ihn zu vervollständigen. Hat man die Prozesse einmal dargestellt, geht man mit einem feinporigen Schwamm darüber und nimmt alle überflüssigen Schritte heraus. Suchen Sie die Stellen, von denen Sie glauben, dass die fortschreitende Technologie in den nächsten drei bis fünf Jahren entscheidende Vorteile bringen wird. Wenn Sie solch einen Technologievorteil erkennen, bestimmen Sie jemanden aus Ihrer IT-Abteilung, der so viel wie möglich darüber herausfinden soll.

Warum? Denken Sie an die explosionsartige Entwicklung des Internets innerhalb der letzten zehn Jahre. 1999 dachten die Unternehmen noch darüber nach, wie das Internet Geschäftsprozesse verändern könnte. Spätestens 2003 hatten bereits grundlegende Veränderungen in den geschäftlichen Wechselwirkungen stattgefunden. Geschäftsmodelle änderten sich dramatisch, und die Bedürfnisse der Unternehmen wurden typischerweise nicht aufrechterhalten. Welcher Teil Ihres Unternehmens könnte profitieren, wenn man sich Gedanken über die Zukunft auf diesem Gebiet macht?

9.1.3 Wie viele Instanzen hätten Sie gerne?

Irgendwann werden Sie darüber nachdenken müssen, auf wie vielen unterschiedlichen physischen ERP-Instanzen und logischen Mandanten Sie Ihre Geschäftsprozesslösung betreiben möchten.

[+]

Kriterien für den Aufbau der Systemlandschaft

Entscheidungen bezüglich des Aufbaus der Systemlandschaften werden von unterschiedlichen Fragestellungen beeinflusst:

- Systemarchitektur und Upgrade-Verfahren auf neue Softwareversionen
- Strategie für die globale Kooperation im Unternehmen

Wenn Sie planen, die neue SAP Business-ByDesign-Lösung, die von einem Hosting-Unternehmen betrieben wird, zu verwenden, mag diese Diskussion nicht allzu interessant für Sie sein (lesen Sie hierzu Kapitel 12, »Ausblick auf SAP Business ByDesign«). Wenn Sie SAP ERP nutzen, sollten Sie sehr früh über den Aufbau Ihrer Systemlandschaft nachdenken.

Natürlich werden Sie eine produktive SAP ERP-Instanz, das sogenannte *Produktivsystem*, haben. Aber was brauchen Sie noch? Abhängig von der Größe Ihres Unternehmens und davon, wer Ihre Software betreut, vielleicht nicht viel, aber vielleicht auch eine Menge mehr.

Eine Systemarchitektur enthält die Systeme, in denen Dinge entwickelt, getestet und freigegeben werden, bevor sie ins Produktivsystem übergeben werden. Viele Unternehmen folgen dabei einer dreistufigen Architektur, wobei man dieser auch noch ein »Spiel-« oder Sandbox-System hinzufügen kann (siehe Abbildung 9.1).

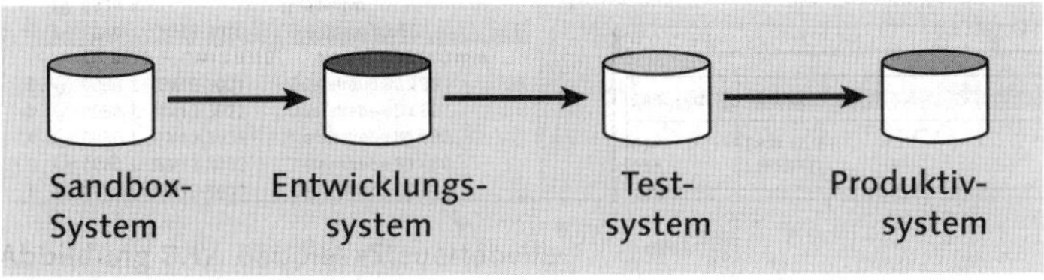

Abbildung 9.1 Systemlandschaft

Am Anfang jeder neuen Entwicklung arbeitet man im Sandbox-System. Das ist das »schmutzigste« aller Systeme, da hier jeder neue Dinge ausprobiert. Es kann sein, dass die Daten nicht aktuell sind und die Programme ohne Warnung geändert werden können. Es gibt viele Firmen, die kein Sandbox-System betreiben und stattdessen einfach ein Entwicklungssystem zum Ausprobieren benutzen.

Entwicklungssystem versus Sandbox-System [+]

Der Hauptunterschied zwischen einem Sandbox-System und einem Entwicklungssystem ist, dass es zumindest eine gewisse Kontrolle im Entwicklungssystem gibt. Ein Freigabeprozess greift, wobei signifikante Änderungen allen betroffenen Parteien mitgeteilt werden. Die Daten mögen noch immer »schmutzig« sein, und die Programme werden permanent geändert, aber grundsätzlich weiß jeder Bescheid, der damit zu tun hat, und erhält regelmäßig Kenntnis darüber, was sich ändert.

Stellen Sie sich dieses System als den Ort vor, wo die Komponententests vorgenommen werden. Im Entwicklungssystem wird es nicht viele Integrationstests geben, obwohl es wahrscheinlich clever wäre, bei größeren Änderungen solche Integrationstests schon hier vorzunehmen.

Das Testsystem ist ein ziemlich beständiges System. Es sollte eine aktuelle Kopie des Produktivsystems sein, in die alle Änderungen aus dem Entwicklungssystem einfließen. Die Daten sollten »fast« so sauber sein wie im Produktivsystem – inklusive der jüngsten Transaktionsdaten. Hier führen alle Teams Integrationstests durch, um sicherzustellen, dass nach dem Transport der erarbeiteten Lösung in das Produktivsystem keine Fehler auftreten.

Und natürlich haben Sie ein Produktivsystem. Das ist das System, in dem Sie tagtäglich Ihre geschäftlichen Transaktionen durchführen. Hier legen Sie Ihre Bestellungen und Verkaufsaufträge an, buchen Ihre Finanzdaten und machen Ihre Bedarfsplanung. Das Informationssystem bzw. Business-Intelligence-System Ihres Unternehmens wird aus dem Produktivsystem gespeist. Niemand sollte in diesem System die Programme ändern! Man kann in diesem System Stammdaten ändern oder auch nicht, das hängt ganz von den Regularien Ihrer Industrie ab und von der Fähigkeit, die Daten, die Sie entwickeln, von einem System zum nächsten zu verschieben.

[+] **Transfer von Daten**

SAP hat mehrere Standardmethoden (z. B. ALE) zur Verschiebung von Daten zwischen den einzelnen Systemen. Das übliche Problem bei all diesen Methoden ist, dass sie, wenn überhaupt, Abarbeitungsinformationen *nicht* ordnungsgemäß übertragen.

9.1.4 Regionaler oder globaler Ansatz?

Dann wäre da noch die große Diskussion zum Thema »Sind wir regional, international oder global tätig?«. Das kann eine ziemlich große Sache sein, also stellen Sie sicher, dass Sie dabei mitzureden haben. Im Grunde genommen wird dies darüber bestimmen, wie viele Wechselbeziehungen bzw. Schnittstellen Sie am Ende haben werden und wie hoch die Redundanz Ihrer Daten sein wird. Wenn Ihr Unternehmen in jeder geographischen Region autonom und ohne Überschneidung mit anderen Regionen arbeitet, mögen Sie vielleicht denken, dies mache keinen Unterschied. Wie auch immer, die Welt wird auf alle Fälle immer überschaubarer. Vom Standpunkt des Kunden aus macht es immer weniger Unterschiede, wie oder wo das Produkt hergestellt wurde. Wenn man es im Internet findet, muss man es auch bekommen können. Wie mag die Infrastruktur also aussehen?

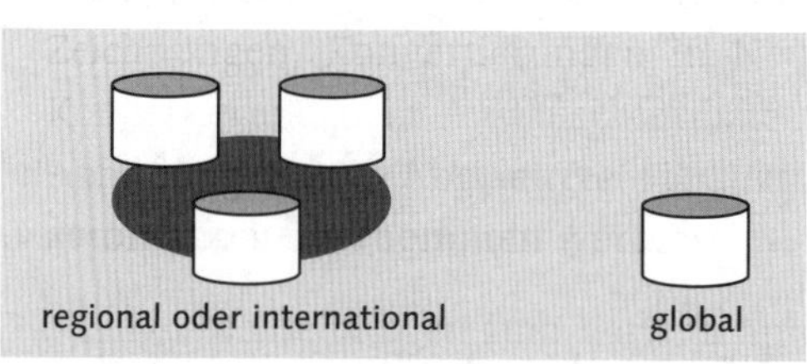

Abbildung 9.2 Regionale/internationale oder globale Infrastruktur?

Wie Sie in Abbildung 9.2 sehen können, hat jede individuell existierende Geschäftseinheit – sei sie nun regional oder international tätig – ihre eigene

Landschaft von ERP-Instanzen. Denken Sie daran, dass jede Geschäftseinheit ihr eigenes Entwicklungs-, Test- und Produktivsystem hat. Wenn Sie also jemals irgendwelche Informationen in Ihrem Unternehmen teilen müssen, haben Sie eine Menge Möglichkeiten.

- Kaufen Sie bei SAP die Master-Data-Management-Lösung SAP NetWeaver MDM. Man wird Sie dort sehr dafür schätzen und sich sehr darüber freuen.

  Woran man hier aber denken sollte, ist, dass das MDM-System im Moment nicht gut mit konfigurierbaren Produkten umgehen kann.
- Schreiben Sie Ihre eigene Schnittstelle zwischen den Systemen jeder Region oder jeder Nation. Üblicherweise werden Sie, wenn Sie das tun, eine Menge Daten in einem Werkzeug eines Drittanbieters unterbringen. Auf alle Fälle werden Sie viele Schnittstellen zu verwalten haben.

Da sich bei den regionalen und internationalen Ansätzen verschiedene Schwierigkeiten auftun, scheint es nahezuliegen, dass der globale Ansatz der richtige ist. Das hört sich logisch an, kann aber wirklich schwer zu bewerkstelligen sein. Um der Wahrheit ins Auge zu sehen: Es kann sein, dass Ihr Unternehmen für diesen Schritt noch nicht bereit ist. Es erfordert nämlich ein viel höheres Maß an Zusammenarbeit und Integration auf der Geschäftsprozessebene. Seien Sie sehr vorsichtig, wenn Sie ein solches Szenario wählen. Das könnte leicht zu politischen Auseinandersetzungen führen, die Sie vielleicht gar nicht austragen möchten.

9.1.5 Der Umgang mit Modifikationen am Standard

In fast jedem Fall, besonders wenn Sie Ihren bisherigen Geschäftsprozess mit einbeziehen, werden Sie auf irgendeine Art und Weise die Software verändern. SAP hat eine Software geschaffen, die auf ein breites Publikum abzielt. Das bedeutet im Umkehrschluss, dass SAP nicht die funktionalen Wünsche jedes Unternehmens exakt erfüllen kann. Dass Sie Anpassungen vornehmen müssen, ist also weder zu vermeiden noch tragisch.

Was bei Modifikationen beachtet werden sollte [+]

Es gibt einige Punkte, die Sie bei der Modifikation beachten sollten:

- **Auswahl**
  Beschränken Sie die Anzahl der Modifikationen auf ein Minimum. Tun Sie nur die Dinge, die Ihnen einen Wettbewerbsvorteil gegenüber den anderen Unternehmen in Ihrer Branche verschaffen. Verändern Sie nichts, nur weil Ihnen jemand erzählt: »So war das schon immer.«

- **Freigabeprozess**
  Sie sollten einen geeigneten Freigabeprozess haben. Das stellt sicher, dass alle Änderungen in Ihren Entwicklungs- und Testsystemen eine Reihe von Tests durchlaufen. Erst wenn diese Tests erfolgreich absolviert wurden und alle funktionalen Erwartungen erfüllt haben, dürfen sich die Änderungen in Ihrem Produktivsystem ausbreiten.
- **Kontrollprozess**
  Steuern Sie das, was Sie modifizieren. Sie sollten einen strengen Kontrollprozess haben, der sicherstellt, dass eine Anpassung nicht in Ihr System gelangen kann, ohne überprüft zu werden. Registrieren Sie den Namen jedes angepassten Objekts auf eine in Ihrem Unternehmen gut funktionierende Art und Weise. Das wird Ihnen auch bei einem Upgrade auf eine aktuellere Softwareversion das Leben erleichtern. Wenn Sie eine Datenverwaltungsorganisation haben, passt das ganz gut. Alles zielt darauf ab sicherzustellen, dass der Aufbau des Systems dauerhaft und stabil ist.

Sie müssen nicht unbedingt dieses Dreistufenprogramm durchsetzen. Tatsächlich praktizieren das nur wenige Firmen. Realistisch betrachtet, müssen Sie immer zusätzliche Zeit, zusätzlichen Aufwand und zusätzliches Geld in Ihren Projektplan einkalkulieren, wenn Sie irgendwann in der Zukunft ein Upgrade auf eine neuere Version von ERP planen und Anpassungen am System vorgenommen haben. Die Frage ist jedoch, wie viele Extrastunden und wie viel zusätzliches Geld man in das Projekt steckt bzw. stecken muss. Daher sollten Sie einen Überblick über die durchgeführten Modifikationen haben, im Einzelnen über folgende Punkte:

- was Sie modifiziert haben
- wo sich die Modifikationen befinden
- wie man die Modifikationen testen kann (Komponenten-, Integrations- und Regressionstest)
- welche Auswirkungen diese Modifikationen auf Ihr Unternehmen haben

Wie Sie das bewerkstelligen, liegt an Ihnen. Sie werden mit Sicherheit gut darüber nachdenken, bevor Sie Ihre erste Modifikation vornehmen!

9.1.6 Welche Kompromisse sind tragbar und welche nicht?

Mit dem Kauf der Software ist noch lange nicht das Ziel erreicht, auch wenn dies gerne so gesehen wird. Es liegt noch ein weiter Weg vor Ihnen, auf dem Sie eines nicht vergessen sollten: Sie werden gezwungen sein, Kompromisse zu machen. Die Einführung von SAP-Software zieht eine ganze Reihe von Kompromissentscheidungen nach sich. Das Wichtigste hierbei ist, dass Sie sich immer bewusst sind, wann Sie auf einen Kompromiss eingehen können und wann Sie auf Ihrem Standpunkt beharren müssen.

Best Practice versus bewährte und sinnvolle Arbeitsabläufe [zB]

Viele Unternehmen müssen beispielsweise einsehen, dass ihre bewährten Arbeitsabläufe nicht mit Best-Practice-Lösungsansätzen vereinbar sind. Eine Anpassung daran erfordert von jedem einzelnen Mitarbeiter Kompromissbereitschaft.

Was man auf keinen Fall aus den Augen verlieren darf, ist, dass sich Ihr Unternehmen durch irgendetwas von der Konkurrenz abhebt. Das können Ihre Vertriebsmitarbeiter sein, Ihr Produkt, Ihr Prozess oder etwas anderes. Jemand in Ihrem Unternehmen glaubt, Sie haben einen Wettbewerbsvorteil. Wenn Ihr Unternehmen erfolgreich ist, haben Sie womöglich wirklich einen. Wissen Sie, welchen?

Vorteile aus Kompromissen ziehen [+]

Es ist Ihre Aufgabe, genau die Kompromisse zu machen, die Ihren Wettbewerbsvorteil schützen und Ihnen sogar erlauben, »leicht« einen Vorteil aus neuen, besseren Features zu ziehen, wie sie SAP entwickelt.

Das ist keine einfache Aufgabe. Es bedeutet, dass Sie bis zum Hals in zwei Philosophien stecken: in der Ihres Unternehmens und in der von SAP. Wie Sie das schaffen? Bauen Sie sich ein Einflussgebiet auf. Es ist sehr wichtig, dass Sie Ihre Fähigkeit zum Networking entwickeln, um den Kreis derer zu vergrößern, auf die Sie Einfluss nehmen können. Warum? Weil dieser Personenkreis Sie anderen Personen vorstellen wird, die Sie wiederum noch mehr Personen vorstellen werden. Immer vorausgesetzt, Sie machen Ihre Sache mit der Beeinflussung wirklich gut. Eventuell werden Sie die Menschen finden, die im Einklang sind mit den richtigen Strategien in Ihrem Unternehmen.

Unternehmensphilosophie [+]

Entwickeln Sie Verhandlungsgeschick und Gesprächskompetenz, und bauen Sie sich ein Netzwerk auf. Erkennen Sie, dass Ihre Entscheidungen nicht nur fachlicher, sondern auch politischer Natur sind. Wer politisch arbeitet, muss auch politisches Handeln lernen.

Wie sehr Sie auch denken mögen, dass Politik nichts damit zu tun hat, sie spielt eine große Rolle. Sie können es sich nicht leisten, diese Tatsache im geschäftlichen Alltag außer Acht zu lassen. Ein Teil der Reise ist von Konflikten begleitet. Es ist so gut wie sicher, dass Sie unterwegs jemandem auf den Schlips treten werden. Wenn diese Person dann bessere politische Verbindungen hat als Sie selbst, ist Ihre Reise ziemlich schnell vorbei. Also ergänzen Sie Ihre Fähigkeiten noch um Verhandlungstaktik und Konfliktmanagement. Finden Sie Menschen und Orte, die Ihnen helfen können, Ihre sozialen Fähigkeiten zu verbessern. Diese fungieren probeweise als Kritiker, wenn ein guter Kompromiss geschlossen werden soll. Schließlich kann man keinen Kompromiss schließen, wenn man nicht die Argumente beider Seiten verstanden hat.

Damit sind die inneren Abläufe gesichert, aber was ist mit SAP? Woher wissen Sie, in welche Richtung sich SAP entwickelt? Das muss man verstanden haben, bevor man Kompromisse empfiehlt, nicht wahr?

[+]

SAP-Philosophie

Es gibt eine ganze Reihe von Organisationen, die SAP fördert und in denen SAP tätig ist. Finden Sie sie. Viele sind auf der SAP-Webseite *www.sap.com* aufgelistet. Schließen Sie sich einer Anwendergruppe an, und sprechen Sie mit den Leuten darüber, was Sie mit der Software tun möchten und warum.

Die Mehrheit derer, die in Anwendergruppen vertreten sind, ist passiv. Sie wirkt nicht mit. Deshalb hat sie das Gefühl, dass die Gruppe nichts zu ihrem Erfolg beisteuert. Das ist falsch! Die Anwendergruppe kann Ihnen nicht helfen, sofern Sie nicht anfangen, Inhalte beizusteuern. Hand aufs Herz: Kann man Ihre Fragen beantworten, wenn Sie sie niemals stellen? Nein – also stellen Sie sie. Wenn es um Fragen zur Variantenkonfiguration geht, ist die SAP Configuration Workgroup die wichtigste Anwendergruppe. In Kapitel 11, »Configuration Workgroup«, und im Internet unter *www.configuration-workgroup.com* finden Sie mehr Informationen dazu.

Letzten Endes muss man sicherstellen, dass jeder Kompromiss, den man macht, den geschäftlichen Erwartungen entspricht oder sie übersteigt. Wenn man sich nicht darum kümmert, was das Unternehmen *wirklich* möchte (und das ist manchmal etwas anderes als das, was es *sagt*), hat man keine Chance. Wie macht man das?

Beginnen Sie mit Ihrer Zieldefinition und dem Geschäftsprozessmodell. Erinnern Sie sich? Sie haben beides am Anfang des Projekts erarbeitet und hatten das Unternehmen daran beteiligt. Bringen Sie das Unternehmen zurück zur Konversation, die sich um den Prozess dreht, und arbeiten Sie mit

Ihren sozialen Fähigkeiten. Sie arbeiten dauernd daran, nicht wahr? Denken Sie daran, dass diese Fähigkeiten auf lange Sicht wichtiger sind als Ihre technischen. Sie werden nichts erreichen, wenn Ihnen niemand hilft!

Das Ziel im Blick halten [+]

Konzentrieren Sie sich auf den Prozess und auf das Endergebnis, das Sie erreichen möchten. Der große Wurf gelingt selten, aber auch viele kleine Schritte führen ans Ziel.

9.1.7 Wie finden Sie die passende externe Unterstützung?

Die Entscheidung, ob Ihr Unternehmen ein externes SAP-Beratungsunternehmen engagieren sollte, können Sie sich anhand einer einzigen Frage selbst beantworten: Wissen Sie alles über SAP-Software? Wahrscheinlich nicht, deshalb werden Sie wohl früher oder später einen SAP-Berater engagieren. Hier haben Sie die Qual der Wahl. Alle Unternehmen werden Ihnen überzeugend darlegen, dass sie die Variantenkonfiguration wirklich verstanden haben. Das ist schon einmal eine gute Grundlage. Aber Sie müssen beachten, dass es verschiedene Grade von Verständnis gibt. Können Sie es sich leisten, dass jemand auf Ihre Kosten lernt?

Es ist Ihre Aufgabe, die Spreu vom Weizen zu trennen. Ihr Ziel muss es sein, ein Beratungsunternehmen zu finden, mit dem Sie eine richtige Partnerschaft eingehen können. Diese Firma wird Ihr Unternehmen wie ihr eigenes behandeln. Sie möchte, dass Sie Erfolg haben. Sie wird Ihnen Dinge sagen, die Sie nicht hören möchten. Sie wird ein Teil Ihrer Mannschaft werden, nicht nur für die kurze Laufzeit des Projekts, sondern für die kommenden Jahre.

Es gibt eine Menge Taktiken, um sicherzustellen, dass potenzielle Berater Ihre Partner werden. Es gibt die Standardfragen sowie einige gezielte Fragen, die auf die Fähigkeiten auf dem Gebiet der Variantenkonfiguration abzielen.

Fragen an potenzielle Beratungspartner [+]

Die folgenden Fragen sind natürlich kein Patentrezept, um den passenden Berater bzw. das passende Beratungsunternehmen zu finden. Aber Sie werden Ihnen helfen, sich in den unterschiedlichen Angeboten zu orientieren.

- Wie haben Sie Ihre Fähigkeiten auf dem Gebiet der Variantenkonfiguration erworben?
- Seit wie vielen Jahren führen Sie Projekte auf dem Gebiet der Variantenkonfiguration durch?

- Wie viele Projekte auf dem Gebiet der Variantenkonfiguration haben Sie von Anfang bis Ende durchgeführt?
- Wer sind Ihre erfolgreichen Kunden, und kann ich mit ihnen sprechen?
- Welchen professionellen Organisationen gehören Sie an?

  Wenn ein Unternehmen nicht Mitglied der Configuration Workgroup ist, ist das unter Umständen ein Warnsignal, sollte Sie aber nicht per se daran hindern, ihnen den Auftrag zu erteilen.

Welche Antworten sollten Sie nun überzeugen? Eine Schulung besucht zu haben mag sicherlich hilfreich sein, reicht aber nicht aus, um überzeugende Fähigkeiten vorweisen zu können. In der Schulung werden oft nur die Grundlagen gelehrt. Die Finessen erlernen Sie nur in Projekten! Kundenreferenzen sind das A und O. Sprechen Sie mit den dortigen Projektleitern, nicht nur mit den CIOs. Auch in Referenzunternehmen haben die Abteilungen unterschiedliche Bewertungskriterien und beantworten die Frage, ob ein Projekt erfolgreich war, manchmal recht unterschiedlich. Aber auch der gute Verlauf eines Projekts muss nicht viel heißen – wenn das Produktmodell nicht weitsichtig und konsistent aufgebaut wurde, ergeben sich in den späteren Jahren Probleme. Man kann diese Thematik sehr gut mit dem Bau eines Hauses vergleichen: Auch ein hübsches Gebäude mit interessantem Grundriss kann einen geplanten Wasserschaden haben. Die Configuration Workgroup ist ein idealer Platz, um sich – auch weltweit – über Projekte zu unterhalten und bei den Kunden die Implementierungen zu hinterfragen. Ihr avisierter Partner sollte dort vertreten sein.

[+] **Berater spontan testen**

Am wichtigsten ist, dass Sie eine Liste mit Ihren geschäftlichen Problemen haben, die eine Variantenkonfigurationslösung erfordern. Fragen Sie den Berater nach entsprechenden Lösungen. Erzählen Sie ihm aber nicht, wie viele Lösungen Sie erwarten.

Der Hintergrund ist folgender: Die besten Berater wissen, dass sie Sie in einem Vorgespräch nicht mit genug Details versorgen, um wirklich das Problem zu »lösen«. Trotzdem werden sie genug wissen, um Ihnen mindestens drei potenzielle Lösungen oder Konzepte zu geben, die sie anwenden würden, um es zu lösen.

Denken Sie lange und gut darüber nach, bevor Sie Ihre Entscheidung treffen. In vielen Fällen werden die Lösungen, die diese Partner anbieten, Sie auf Jahre hinaus begleiten. Stellen Sie sicher, dass Sie ein gutes Beratungsunternehmen bekommen!

9.1.8 Kommunizieren Sie die Veränderungen erfolgreich

Nachdem Sie die bisherigen Schritte alle erfolgreich gemeistert haben, stehen Sie nun vor der Aufgabe, die Veränderungen in Ihrem Unternehmen publik zu machen und zu etablieren. Dies ist ein immanent wichtiger Teil eines SAP-Projekts, der erfahrungsgemäß meist übersehen wird. Ständig wird vergessen, dass die Menschen Veränderungen nicht *mögen.*

Sie werden also auf allen Unternehmensebenen auf Widerstand gegen die Veränderungen stoßen: vom Arbeiter in der Fertigung bis zum Vorstand. Warum wehren sich die Menschen, und was kann man dagegen tun?

Hauptursachen für den Widerstand gegen Veränderung [+]

Es haben sich mit der Zeit zwei hauptsächliche Ursachen herauskristallisiert, warum Veränderungen abgelehnt werden:

- Die Vorteile, die man aus Veränderungen ziehen kann, werden nicht verstanden.
- An die Vorteile, die man aus Veränderungen ziehen kann, wird nicht geglaubt.

Nun ist es an der Zeit, den Vertriebsmitarbeiter, der tief in Ihnen schlummert, wieder ins Leben zu rufen.

Um diese Vorbehalte zu zerstreuen, müssen Sie mit den Mitarbeitern Ihres Unternehmens sprechen. Finden Sie heraus, was die Menschen erwarten, warum sie es erwarten und welchen Nutzen sie erhoffen bzw. welche Nachteile sie befürchten. Das alles sind kritische Daten, die Sie brauchen, um Widerstände zu überwinden. Sie müssen wirklich sicher sein, dass Sie die Gefühle und Emotionen der Betroffenen verstanden haben, bevor Sie versuchen können, darauf einzugehen. Nehmen Sie sich die Zeit, wirklich mit ihnen zu reden und ihnen das Gefühl zu geben, dass ihre Probleme ernst genommen werden. Achten Sie darauf, dass sie nicht denken, das Gespräch mit ihnen wird einfach abgehakt. Stellen Sie unbedingt klärende Fragen. Schreiben Sie sich die Antworten auf. Sie sollten sicherstellen, dass Sie die Meinung Ihres Gesprächspartners genau verstehen, bevor Sie versuchen, ihm Ihre zu verkaufen.

Und schließlich müssen Sie betonen, was für die Menschen herausspringt. Menschen agieren und reagieren, wenn sie wissen, dass sie etwas zurückbekommen. Sie werden Ihre Mitarbeiter höchstwahrscheinlich darum bitten müssen, etwas aufzugeben. Für diesen Verlust müssen Sie Ihnen im Gegenzug etwas bieten können!

9.1.9 Kommunizieren Sie die notwendigen Kompromisse erfolgreich

Im Zuge der Veränderungen, die Sie anstoßen, werden Sie feststellen, dass es in jeder Abteilung des Unternehmens Gewinner und Verlierer geben wird. Einige Manager werden sich als Gewinner sehen, weil sie die Anzahl der Mitarbeiter reduzieren, Arbeitsabläufe verbessern, Geld sparen etc. Andererseits gibt es Manager, die das Personal aufstocken müssen oder die Laufzeit ihrer Geschäftsprozesse erhöhen. Diese Manager sehen sich als Verlierer.

Das Wichtigste ist, dass man im Auge behält, dass der Hauptgewinner das Unternehmen als Ganzes sein muss und nicht zwei Funktionsbereiche innerhalb dieses Unternehmens. Das bedeutet, dass es – wieder einmal – Ihre Aufgabe ist, jemanden davon zu überzeugen, es »standhaft zu ertragen« und einen zeitweiligen Rückschlag hinzunehmen. Wie gelingt Ihnen das?

Fangen Sie bei sich selbst an: Wie gefällt es Ihnen, wenn jemand möchte, dass Sie Dinge tun, die Sie nicht tun möchten? Wie fühlen Sie sich dabei? Vergegenwärtigen Sie sich dieses Gefühl, und kommunizieren Sie es auch. Das macht die Verständigung mit den Menschen leichter, die das Gefühl haben, sie säßen am »kürzeren Hebel«.

[+] **Zwei grundlegende Dinge**

Sie müssen zwei grundlegende Dinge tun:

- Hören Sie zu, was die anderen zu sagen haben.
- Erkennen Sie deren Gefühle bezüglich der Probleme, die sie vorbringen, an.

Wenn Sie diese beiden scheinbar einfachen Dinge tun, entschärfen Sie die Situation auf lange Sicht. Erst wenn Sie die Angelegenheit – und das bedeutet auch die verschiedenen Sichtweisen der Angelegenheit – wirklich verstanden haben (und nur dann), können Sie Wege finden, sie zu bewältigen.

Schauen Sie sich die Wertschöpfungsketten-Diagramme und die Ergebnisse aus der Geschäftsprozessanalyse, die Sie gemacht haben, noch einmal an. Oft werden Sie dort etwas finden, das es Ihnen erlaubt, eine Verbesserung in einem aufstrebenden oder einem abfallenden Teil des Unternehmens anzuvisieren, was auf lange Sicht einen Nutzen für die Abteilung hat, die sich als Verlierer fühlt.

9.1.10 Licht am Ende des Tunnels – schulen Sie Ihre Mitarbeiter

Ein Teil der Aufgabe wird die Schulung der von Veränderungen betroffenen Mitarbeiter sein. Und natürlich die der Projektmitarbeiter selbst. Denken Sie daran, dass es viele Arten zu Lernen gibt und viele Arten, geschult zu werden. Nicht jeder lernt auf die gleiche Weise oder gleich schnell. Es wird immer länger dauern, als Sie denken. Machen Sie Ihren Chef schon beim ersten Gespräch auf diese Tatsache aufmerksam, wenn er zu Ihnen sagt: »Wir werden das Variantenkonfigurationsmodul von SAP einführen, und Sie werden das Projekt leiten!«

Nebenbei bemerkt wird die Schulung in Variantenkonfiguration eines der langwierigsten, wenn nicht *das* langwierigste Projekt werden, das Sie haben. Es wird auch Ihren Projektmitarbeitern einiges abverlangen. Sorgen Sie dafür, dass Ihre Projektmitarbeiter folgenden Anforderungen gerecht werden:

- **Sie sollten mindestens für fünf Jahre in Ihrem Unternehmen arbeiten**
  Es wird ungefähr ein Jahr dauern, bis diese Leute wirklich kompetent sind. Und Sie möchten sicherstellen, dass Sie mindestens drei bis vier Jahre produktive Arbeit von ihnen bekommen.
- **Sie sollten abstrakt denken können**
  Die Variantenkonfiguration von SAP erfordert abstraktes Denken! Die Konzepte der prozessorientierten Programmierung werden regulärer Bestandteil sein. Die Menschen, die daran arbeiten, müssen fähig sein, diese Art von Konzepten schnell zu erfassen.
- **Sie sollten Eigeninitiative zeigen**
  Diese Menschen werden ihr Wissen jeden Tag aufstocken müssen. Nirgendwo wird einem erklärt, wie man mit irgendeinem möglichen Konfigurationsszenario umgeht. Die Mitarbeiter, die damit zu tun haben, müssen in der Lage sein, eigene Lösungen zu suchen und zu finden.

Jeder, der mit der Variantenkonfiguration in Berührung kommt, reagiert unterschiedlich. Ich bin aber überzeugt, dass jeder, der diese Aufgabe erfüllen *möchte*, dies auch kann – auch mir ist das schließlich gelungen! Erwarten Sie aber nicht, dass Sie einfach jemanden zu einer SAP-Schulung schicken und einen vollkommen ausgebildeten und funktionierenden Profi zurückbekommen, der Wunder vollbringen kann. SAP-Schulungen können sowohl gut als auch schlecht sein. Das hängt alles vom Schulungsreferenten *und* der Einstellung des Schulungsteilnehmers ab.

Vor allem Letztere spielt eine sehr große Rolle. Einige der Konzepte sind abstrakt, und ein Mensch, der davon überzeugt ist, dass man abstrakte Konzepte nicht begreifen kann, wird diese Konzepte auch nicht begreifen. Jeder Einzelne muss die Einstellung und Motivation haben, abstrakte Konzepte lernen zu *wollen*. Werden einige besser sein als die anderen? Natürlich. Das kommt bei jedem Lernprozess vor. Man muss dazu bereit und fähig sein, sich darauf einzustellen.

Ihnen werden auch Menschen begegnen, denen Sie sehr gute Arbeit zutrauen, die aber aus irgendwelchen Gründen beschlossen haben, nicht auf der Karriereleiter aufzusteigen. Auch hier ist eher die Einstellung das Problem.

[+]

Wählen Sie die richtigen Mitarbeiter aus

Ich kann Ihnen nur raten, objektive Maßnahmen zu entwickeln, die es Ihnen erlauben, Kriterien festzusetzen und die Mitarbeiter danach zu bemessen. Nutzen Sie diese Kriterien, wenn Sie sie gefunden haben.

Seien Sie darauf vorbereitet, dass Sie auf Ihrem Weg einige Mitarbeiter verlieren werden, etwa weil Sie sie in eine andere Abteilung des Unternehmens versetzen. Das Fachgebiet der Variantenkonfiguration ist eine kritische Sache, die, wenn man es gut macht, kein großes Team benötigt. Einige wenige richtig gute Leute können hier einen großen Unterschied machen. Ihre Aufgabe ist es, die richtigen zu finden.

[zB]

Fragen an Ihre Mitarbeiter

Eine Methode ist, den Mitarbeitern ein paar Fragen zu stellen.

- Spielen Sie lieber Schach oder Dame?
- Spielen Sie lieber Rollenspiele oder Kriegsspiele?
- Benutzen Sie eine Landkarte, oder finden Sie Ihren Weg auch so?

Erkennen Sie, worauf diese Fragen abzielen? Es ist eine einfache Methode, um festzustellen, was jemand gerne tut: Abstraktes oder Absolutes. Entscheiden Sie sich tendenziell für die Mitarbeiter, die eine Vorliebe für die abstrakten Tätigkeiten haben.

9.1.11 Nach dem Projekt ist vor dem Projekt – Probleme nach dem Produktivstart

Sie haben es geschafft! Sie haben alles richtig gemacht, alle Klippen umschifft, und das System ist produktiv! Ihr Chef ist zufrieden, und Sie denken, Sie kehren jetzt an Ihren Schreibtisch zurück und lesen ein paar E-Mails. Also, da sitzen Sie und denken über Ihre eigenen Aufgaben nach, während Sie die neuesten Witze in Ihrem Posteingang lesen. Da kommt jemand hereingerannt und schreit: »Der Himmel fällt uns auf den Kopf!«

Also schauen Sie nach oben, und alles ist noch da, wo es hingehört – manche Kollegen neigen hier zur Übertreibung. Es handelt sich lediglich um ein Problem mit dem SAP-System. Einmal in Betrieb wird jedoch jedes Problem mit dem SAP-System zum kritischsten seit Erfindung des Internets. Und natürlich hätte jedes Problem schon letzte Woche gelöst werden müssen. Nicht jedes Problem wird Ihr Unternehmen gleich stilllegen. Suchen Sie zuerst nach den Problemen, die Ihre Kunden stören, und lösen Sie diese. Schließlich zahlen die Kunden auch die Rechnungen!

Der größte Fehler, den Sie machen können, ist zu versuchen, Probleme zu lösen, ohne einen passenden Prozess dafür zu haben. Es gibt eine Abfolge von Ereignissen, die man bestimmen muss, um den Menschen zu zeigen, wo sie suchen müssen und wonach. Sicherlich sind nicht alle Probleme gleich. Meistens sind aber die Datenelemente, die damit zu tun haben, gleich. Sehen Sie genau hin: Es gibt eine begrenzte Anzahl von Datenelementen, die mit der Variantenkonfiguration verbunden sind. Sie werden zwar auf vielerlei Art benutzt, aber normalerweise ist das Problem auf den gleichen Datensatz beschränkt. Wenn es sich nicht in diesem Datensatz befindet, haben Sie sicherlich etwas irgendwo anders angepasst.

Leider gibt es kein allgemeingültiges Patentrezept der Art »Erst schauen Sie hierhin, dann hier und dann da«. Die scheinbar typische faule Ausrede der Berater ist eben doch keine Ausrede: »Ich habe nicht die leiseste Ahnung, wie Sie Ihr Modell implementiert haben, und die Fülle von Möglichkeiten macht es mir unmöglich, einen einheitlichen Problemlösungsprozess zu entwickeln.« Wie Sie wollen. Aber finden Sie es für Ihr Modell heraus, dokumentieren Sie es, und lehren Sie es. Und tun Sie das am besten während der Implementierung Ihres Produktmodells und nicht erst, wenn das Kind in den Brunnen gefallen ist.

Auch hierbei ist zu beachten, dass es unterschiedliche Lernstile gibt. Seien Sie also geduldig, und stellen Sie sicher, dass Sie so sprechen, dass Ihre Inhalte auch »rüberkommen«. Finden Sie z.B. Analogien zu allen Problemen aus dem Alltagsleben der Menschen, und versuchen Sie, die Probleme mit diesen Begriffen zu erklären.

Das Ergebnis dieser kleinen Übung ist, den Menschen ins Bewusstsein zu bringen, dass das nur ein weiteres kleines Problem ist. Jeden Tag lösen sie Probleme, indem sie einen Prozess anwenden. Wenn man ihnen die Beziehung zwischen ihrem existierenden Prozess und den anderen Datenelementen aufzeigt, die im SAP-Lösungsprozess Verwendung finden, wird ihnen das helfen, schneller eine Verbindung zwischen den Objekten herzustellen.

[zB]

Problemlösungsprozesse vermitteln

Nehmen wir einmal an, Sie haben ein Problem mit einer Reihe von Merkmalen, die nicht zur richtigen Zeit am richtigen Ort erscheinen. Die Person, mit der Sie arbeiten, liebt Autos und arbeitet ständig an den mechanischen Problemen. In diesem Fall würden Sie sie fragen: »Welche Denkweise wenden Sie an, um die Ursache dafür zu finden, dass ein Auto nicht anspringt?« Die Person wird eine Litanei von Gründen durchgehen, wie zum Beispiel »den Treibstoff prüfen, dann den Zündfunken« etc. Es ist Ihre Aufgabe zu erklären, dass »den Treibstoff prüfen« genau das Gleiche ist wie gewährleisten, dass alle Merkmale in der Klasse sind. »Den Zündfunken prüfen« ist genauso wie sicherstellen, dass sich die Merkmale auf das Objekt beziehen, das ihnen zugeordnet ist.

Manchmal muss dieser kleine Trick auch in die andere Richtung angewendet werden. Vielleicht haben Sie einen Betriebsleiter, der wütend ist, weil seine Nachfrage nicht in dem Maße wächst, wie er denkt, dass sie es sollte.

9.1.12 Massendaten ändern

Manchmal geht es bei den Fragen, die auftauchen, um Probleme mit den Stammdaten. Egal, wie gut Sie oder Ihre Leute auch sind, Sie alle sind auch nur Menschen und machen Fehler. Manchmal überziehen diese Fehler einen großen Bereich in der SAP-Lösung. Sie haben zum Beispiel ein Teil in vielen verschiedenen Stücklisten, und die Anzahl in jeder dieser Stücklisten ist falsch – vielleicht ist die Positionsmenge 1, hätte aber 2 sein sollen. Nun muss man die Positionsmenge möglichst schnell korrigieren. Es würde natürlich viel zu lange dauern, jede Stückliste einzeln anzupassen. Nun gibt es im Standard verschiedene Wege, den Vorgang zu beschleunigen. In diesem besonderen Beispiel können Sie entweder die Transaktion CS20 (Massenänderungen in Stücklisten) oder die Transaktion CEWB (Engineering Workbench) verwenden.

Es stehen Ihnen viele verschiedene Möglichkeiten zur Massendatenpflege zur Verfügung. Um die ganze Fülle von Transaktionscodes zu erklären, würde man ein ganzes Buch benötigen. Hier sind jedoch einige wichtige Transaktionen, die Sie verwenden können, aufgeführt:

- CA75 (Massenänderung Fertigungshilfsmittel)
- CA85 (Arbeitsplatz ersetzen)
- CA95 (Standardplan in Plänen ersetzen)
- CS20 (Massenänderungen in Stücklisten)

- C223 (Fertigungsversion Massenpflege)
- CEWB (Engineering Workbench)
- CLMM (Massenänderungen von Bewertungen)
- MM17 (Massenpflege Materialstamm)
- MM50 (Erweiterbare Materialien)

Daneben gibt es auch noch andere Tools wie die Legacy System Migration Workbench (LSMW), das SAP GUI Scripting und viele weitere.

Denken Sie einfach daran: In der gleichen Zeit, in der man Dinge ändern kann, kann man sie auch vermasseln. Bevor man anfängt, die Tools zu benutzen, muss man ein paar Dinge bezüglich des Systems verstanden haben, und zwar:

- wie jedes Objekt verwendet wird: konzeptuell, logisch und physisch in einem einzigen Gedankengang
- wenn Sie den Änderungsdienst (ECM) nutzen: wie dadurch der Objektstatus beeinflusst wird – der Änderungsdienst wird in Kapitel 6, »Herausforderungen in der Variantenkonfiguration«, vorgestellt
- wie jedes geänderte Objekt damit verbundene Belege (z.B. Vertriebsbelege) beeinflusst
- was mit diesen verknüpften Belegen geschehen wird, wenn man etwas verändert
- wie man mit den Ergebnissen umgeht
- wem man die Veränderungen kommunizieren sollte

Denken Sie lange und gut nach, bevor Sie auf Ausführen klicken. Jede Änderung sollte in einem Entwicklungs- oder Testsystem ausprobiert werden, bevor man sie tatsächlich im Produktivsystem in Betrieb nimmt. Halten Sie eine Sicherungskopie bereit, für den Fall, dass etwas schiefläuft. Welche Schritte werden Sie unternehmen müssen, wie werden Sie sie durchführen, und wann müssen Sie ins Gebirge fliehen, um dem zornigen Mob zu entkommen?

9.1.13 Wann ist die Zeit für eine Veränderung gekommen?

In diesen Tagen ändern sich Geschäftsmodelle rasend schnell. Das Unternehmen, dem es nicht gelingt, Änderungen durchzuführen, wird scheitern. Was bedeutet das für Sie? Es bedeutet, dass Sie gut nachdenken und entscheiden müssen, wie Sie Ihre Produkttypen den sich ändernden Erfordernissen Ihres Unternehmens anpassen können.

Wenn Sie Glück haben oder Ihre Chefs alle an die Zukunft denken, haben Sie vom ersten Tag an daran gedacht, wie man Flexibilität in Ihr Modell einbinden kann. Es gibt aber noch eine andere Seite der Medaille, die man bedenken muss. Was ist mit SAP? Ändert sich deren Geschäftsmodell nicht auch? Und wenn es das tut, was werden Sie tun? Sie verändern die Software!

Sie müssen bei diesen Änderungen ganz oben stehen. Haben Sie Vertrauen, SAP kann ganz gut voraussagen, was man in den kommenden Jahren zu erwarten hat. Ja, manchmal muss man sich aus dem Fenster lehnen und versuchen, zwischen den Zeilen zu lesen. Das mag Ihnen das Gefühl geben, zuweilen ein Wahrsager auf dem Jahrmarkt zu sein, der einige geheimnisvolle Zaubersprüche von sich gibt, um den Wirrwarr von Abkürzungen und Vertriebshype zu entschlüsseln. Das ist trotzdem noch der einfache Teil der Angelegenheit. Viel schwieriger ist es, Ihr Unternehmen davon zu überzeugen, dass Sie die Teeblätter richtig gelesen haben.

Die brennende Frage ist jedoch, wie man lernt, vom Erraten und Interpretieren der Teeblätter zum Lesen der Teeblätter zu gelangen.

[+]

Wie findet man heraus, wie sich SAP aufgestellt hat?

Informieren Sie sich, und gehen Sie dorthin, wo das notwendige Wissen kursiert.

- Schließen Sie sich der Configuration Workgroup an.
- Fragen Sie Ihren Vertriebsbeauftragten.
- Besser noch: Finden Sie jemanden, der sich bei SAP interdisziplinär mit dem Thema beschäftigt und den Schulterschluss zwischen Vertrieb, Produktmanagement und Entwicklung sucht.
- Wohnen Sie einer der zahlreichen Konferenzen bei, die SAP anberaumt – Sapphire, Tech Ed etc.
- Schließen Sie sich einer Nutzergruppe wie z.B. der ASUG oder der DSAG an.

Wenn Sie alle Informationen gesehen und gehört haben, müssen Sie erst einmal verdauen, was das für Ihr Unternehmen bedeutet. Nachdem Sie das bewältigt haben, stellen Sie es jemandem vor, dem Sie vertrauen, um sicherzugehen, dass Ihre Überlegungen auch richtig sind. Beginnen Sie dann, diese Überlegungen den Strategien Ihres Unternehmens entgegenzuhalten. Denken Sie daran, dass sich diese Strategien ändern können. Stellen Sie auch sicher, dass Sie drei bis fünf Jahre im Voraus denken und nicht ausschließlich die heutigen Prozesse berücksichtigen. Dann müssen Sie Ihre Ideen verkaufen.

In vielen Fällen bedeutet das, dass Sie die Person innerhalb Ihres Unternehmens finden müssen, die den Haupteinfluss ausübt. Auf diese Person müssen Sie dann lange Zeit Einfluss nehmen. Das kann sehr schwierig sein, aber es kann sich ungemein bezahlt machen. Sie werden so nicht nur das Beste für Ihr Unternehmen erreichen, sondern auch etwas über sich selbst lernen: Wenn Sie beschlossen haben, weiter zu wachsen und voranzukommen, wird Ihnen das auf Ihre Art gelingen – unabhängig von den Umständen.

Mit den Aspekten der Suche und Sammlung von Informationen sowie der Werbung für Ihre Ideen sind wir eigentlich wieder am Ausgang dieses Abschnitts angelangt, denn eingangs wurde Ihnen angekündigt, dass Sie alle Prozesse mehrmals durchlaufen werden. Wichtig ist hierbei, dass Sie gestärkt aus der Reise hervorgehen.

9.2 Rollen in einem Variantenkonfigurationsteam

In diesem Abschnitt gehen wir auf die verschiedenen Rollen im Beraterteam ein, die man bei der Einführung der SAP-Variantenkonfiguration idealerweise vorfinden sollte. Eine häufige Frage an Berater lautet: Was unterscheidet ein Variantenkonfigurationsprojekt von einem ganz normalen SAP-Software-Implementierungsprojekt? Die Antwort lautet: der Umgang mit den Stammdaten.

Erstellung, Pflege und Transport von komplexen Produktmodellen stellen jedes Variantenkonfigurationsprojekt auf die Probe. Ausgehend von dieser Problematik ergibt sich die Frage nach der richtigen Zusammensetzung des Projektteams. Es reicht nicht aus, einen Spezialisten für das Modul Sales and Distribution (SD) im Projektteam zu haben. Ebenso wird ein Spezialist für Produktionsplanung kein Variantenprojekt allein stemmen können. Die Komplexität und Integrität der Lösung spiegeln sich somit genauso im Projektteam wider.

Auf den nachfolgenden Seiten möchten wir Ihnen diese Unterschiede aufzeigen, damit Sie Fallen rechtzeitig erkennen und frühzeitig Gegenmaßnahmen einleiten können. Zusätzlich werden wir IPC-spezifische Szenarien und Besonderheiten ansprechen.

9.2.1 Know-how und Know-how-Träger

Zu Beginn jedes Projekts stellt sich die Frage, wie es am besten zu besetzen ist. Als wichtige Rollen sind zu nennen:

- Solution Architect
- Variantenkonfigurationsexperte (VC-Experte)
- Modellierer
- IPC-Experte
- Preisfindungsexperte
- Stammdatenexperte
- Projektleiter

Die wenigsten Unternehmen führen SAP ERP einzig und allein wegen der Variantenkonfiguration ein. Mit anderen Worten bedeutet dies, dass ein solches Projekt immer auf einem breiteren Anwendungskontext basiert. Wie bei jeder Regel gibt es zwei Ausnahmen: zum einen die Einführung des *SAP Vehicle Management Systems* (VMS) und zum anderen die der Lösung *SAP Apparel and Footwear Solution* (AFS). Bei diesen beiden Lösungen steht die Variantenkonfiguration im Mittelpunkt. Von Ausnahmen abgesehen, basiert ein Variantenkonfigurationsprojekt also auf der Veränderung des bestehenden Prozesses (mit nicht konfigurierbaren Standardprodukten) zu einem neuen Ablauf mit konfigurierbaren Produkten.

Solution Architect

Da die Variantenkonfiguration auf der Veränderung eines existierenden Prozesses beruht, muss der Solution Architect besondere Aufmerksamkeit für die Analyse der existierenden Lösung aufbringen, um die möglichen Veränderungen dieses Prozesses rechtzeitig zu identifizieren und diese Änderungen in den Verlauf des Projekts einzuplanen. Die Rolle verlangt also, wie der Name schon sagt, die Architektur der Geschäftsprozesslösung zu erkennen und zu entwerfen.

[+] **Anforderungen an den Solution Architect**

Folgende Fähigkeiten sollte Ihr Solution Architect mitbringen:

- analytische Fähigkeiten zur Erfassung der Ist-Prozesse
- konzeptionelle Fähigkeiten zur Beschreibung der Soll-Prozesse
- langjährige Projekterfahrung mit Variantenkonfiguration

VC-Experte

Den Materialstammdaten kommt, wie eingangs erwähnt, besondere Bedeutung zu. Deshalb sollte der VC-Experte diesem Bereich besondere Aufmerksamkeit entgegenbringen. Dies bedeutet, dass ein VC-Experte immer auch Erfahrung im Umgang mit Materialstammdaten benötigt. Er sollte die existierenden Produkte und Produktstrukturen verstehen können und die Möglichkeiten erkennen, die Produktstruktur effizient umzugestalten. Eine gute Kenntnis der Lösung *SAP Product Lifecycle Management* (SAP PLM) ist deswegen unabdingbare Voraussetzung. Zusätzlich muss er in der Lage sein, logische Zusammenhänge zu erkennen und diese auch darstellen zu können.

Anforderungen an den VC-Experten [+]

Folgende Fähigkeiten sollte Ihr VC-Experte mitbringen:

- Kenntnisse der SAP PLM-Lösung
- Fähigkeit, Konfigurationsmodelle nachzuvollziehen
- ausgeprägte Fähigkeiten zur Lösung logischer Probleme

Modellierer

Der Modellierer ist die wichtigste Spezialisierung des VC-Experten. Der Modellierer versteht es, logische Zusammenhänge in eine systemnahe Sprache zu übersetzen. Er muss in der Lage sein, Anforderungen an ein Konfigurationsmodell aus den Geschäftsprozessanforderungen und den Produktanforderungen zu lesen und diese in Produktwissen umwandeln. Gefragt ist deshalb auch Teamfähigkeit, die aus Gründen des interdisziplinären Umgangs unabdingbar ist. Er sollte ja sowohl Anforderungen aus der Technik als auch solche aus Marketing und Vertrieb verstehen und umsetzen können. Der Modellierer steht dem Programmierer sehr nahe, da er Wissen in eine Konfigurationssprache übersetzen muss. Auch wenn es sich dabei »nur« um eine formale Sprache handelt, erfordert dies teilweise ein sehr abstraktes Vorstellungsvermögen. Ebenso sollte er einfache Programmbausteine in ABAP programmieren können. Dies ist unabdingbar für die Erstellung von Variantenfunktionen oder User Exits, d.h. von optionalen, in der SAP-Standardlösung bereits vorgesehenen projektspezifischen Programmerweiterungen.

Anforderungen an den Modellierer [+]

Ein Modellierer ist ein VC-Experte, der darüber hinaus folgenden Anforderungen gerecht wird:

- hohes Abstraktionsvermögen
- Erfahrung bei der Erstellung von Konfigurationsmodellen
- gute ABAP-Kenntnisse
- ausgeprägte Teamfähigkeit

IPC-Experte

Der IPC-Experte stellt eine besondere Form des VC-Experten dar. Der IPC-Experte ist in der Lage, die Unterschiede zwischen dem Variantenkonfigurator LO-VC und dem IPC darzulegen und bei Einsatz des IPC zu beachten. Er kann diese Unterschiede analysieren und die Modelle gegebenenfalls anpassen, damit diese sowohl innerhalb des LO-VC als auch im IPC ablaufen können. Der IPC-Experte ist auch mit der technischen Architektur und den Einsatzmöglichkeiten des IPC bestens vertraut. Er sollte genaue Kenntnisse über die verschiedenen Einsatzszenarien des IPC haben und die dabei erforderlichen Datentransferströme im Detail verstehen. Java-Kenntnisse sind aus Gründen der von ERP abweichenden Implementierung der User Exits im IPC unabdingbar.

[+]

Anforderungen an den IPC-Experten

Ein IPC-Experte ist ein VC-Experte, der darüber hinaus folgenden Anforderungen gerecht wird:

- Kenntnisse der verschiedenen Einsatzmöglichkeiten des IPC
- Fähigkeit, ein Konfigurationsmodell zu verstehen und anzupassen
- Kenntnis der Unterschiede von LO-VC und IPC
- technische Kenntnisse der IPC-Architektur
- Kenntnisse der Datenhaltung und der Datentransferströme um den IPC
- gute ABAP- und Java-Kenntnisse

Preisfindungsexperte

Der Preisfindungsexperte sollte in der Lage sein, die vorhandene Preisfindung zu analysieren und diese entsprechend den Vorgaben des VC-Experten bzw. des IPC-Experten anzupassen. Diese Analyse und die Anpassung setzen einen hohen Kenntnisstand in der SAP-Preisfindung voraus. Ebenso sollten Kenntnisse der IPC-Architektur und die dadurch bedingten technischen Anforderungen an die Preisfindung zu seinem Profil gehören. ABAP- und Java-Kenntnisse sind notwendig, um fehlende Bedingungen und Formeln sowohl für die Variantenpreisfindung in ERP wie auch für die Preisfindung mit dem IPC z.B. in CRM erstellen zu können.

[+]

Anforderungen an den Preisfindungsexperten

Folgende Fähigkeiten sollte Ihr Preisfindungsexperte mitbringen:

- sehr gute Kenntnisse über die Preisfindung in ERP und im IPC
- Kenntnisse der IPC-Architektur

- ABAP- und sehr gute Java-Kenntnisse
- Kenntnisse im Bereich der User Exits in der Preisfindung

Stammdatenexperte

Besonders bei der Einführung von vielen konfigurierbaren Produkten müssen in relativ kurzer Zeit große Mengen an Daten erstellt und getestet werden. Aus diesem Grund muss bei solchen Projekten mit der Ausbildung von Experten für die Pflege von Konfigurationsstammdaten rechtzeitig begonnen werden. Sie haben die Aufgabe, nach den Vorgaben des VC-Experten, des Modellierers und eventuell des IPC-Experten die notwendigen Daten zu erstellen und zu testen. Dabei wird als Grundlage für die Erstellung weiterer Modelle in der Regel ein Mustermodell verwendet.

Mustermodell [+]

Ein Mustermodell ist ein Produktmodell, das mit dem Wissen der erfahrenen Konfigurationsexperten erstellt worden ist und alle Modellierungsaspekte für die projektspezifische Problemstellung enthält.

In einem Projekt können mehrere Mustermodelle erstellt werden, da jede Produktfamilie andere Anforderungen an die Modellierung stellt, denen gegebenenfalls mit anderen Modellierungsansätzen zu begegnen ist.

Anforderungen an den Stammdatenexperten [+]

Folgende Fähigkeiten sollte Ihr Stammdatenexperte mitbringen:

- Stärke im logischen Denken
- schnelle Auffassungsgabe
- Kenntnisse der SAP PLM-Lösung

Projektleiter

Wichtige Aufgaben des Projektleiters wurden in Abschnitt 9.1, »›Wir implementieren SAP!‹ – Erfahrungsbericht eines Projektleiters«, bereits ausführlich vorgestellt. Der Projektleiter hat die Aufgabe, mit Hilfe des Solution Architects zu Projektbeginn die notwendigen Rollen und Schwerpunkte zu identifizieren und zu quantifizieren. Er muss auch sicherstellen, dass fehlende Kenntnisse beim Ausfüllen der im Projektteam benötigten Rollen rechtzeitig durch Schulungen bereitgestellt werden können. Zusätzlich hat sich herausgestellt, dass es ausgesprochen hilfreich ist, wenn der Projektleiter selbst Erfahrungen mit SAP PLM und der Variantenkonfiguration hat.

Dies hat in der Vergangenheit vielfach zu besseren Projektergebnissen geführt.

[+]

Anforderungen an den Projektleiter

Neben den allgemeinen Anforderungen an einen Projektleiter sollte dieser Folgendes mitbringen:

- Erfahrung mit SAP PLM und Variantenkonfiguration
- Projekterfahrung mit Variantenkonfiguration

9.2.2 Zusammensetzung und Aufbau des Projektteams

Auch in Kenntnis der in den vorausgegangenen Abschnitten vorgestellten Rollen in einem Variantenkonfigurationsprojekt ist die Zusammenstellung eines konkreten Projektteams nicht immer einfach. Die in der Theorie ideal geschnittenen Rollen lassen sich in der Praxis meist nicht genau so besetzen. Auch wird eine genaue Abgrenzung der Rollen im Projektalltag kaum möglich sein.

Natürlich würde eine genaue Beschreibung der Vorgehensweise beim Aufbau der entsprechenden Rollenkenntnisse den Umfang dieses Buches sprengen. Es soll somit lediglich eine Grundlage gelegt werden.

Der Solution Architect und der Projektleiter benötigen Projekterfahrung im Bereich Variantenkonfiguration, die nur durch die Teilnahme an entsprechenden Implementierungsprojekten wachsen kann. Der VC-Experte kann sein Wissen durch verschiedene SAP PLM-Schulungen im Bereich Logistik aufbauen. VC-Experten entwickeln sich zum Modellierer oder IPC-Experten durch Erfahrungen im Umgang mit dem LO-VC bzw. mit dem IPC. Dabei sollten sie entsprechende Schulungsangebote wahrnehmen. Der Preisfindungsexperte hat typischerweise vorab Kenntnisse zum SD-Modul in ERP erworben. Entsprechende Schulungen sind dazu unabdingbar. Darauf aufbauend erwirbt er dann zusätzlich Erfahrungen mit dem IPC.

Letztlich ist die ausgewogene Mischung der beschriebenen Rollen in einem Team ein entscheidendes Erfolgskriterium für ein Variantenkonfigurationsprojekt.

[+]

Hinweis

Als Projektmitarbeiter sollten Sie die Möglichkeit der Teilnahme an einer der verschiedenen Angebote der – in Kapitel 11 vorgestellten – Configuration Workgroups nutzen. Diese bieten Ihnen eine einfache und kostengünstige Möglichkeit, um Ihr Wissen rasch aufzubauen und Erfahrungen auszutauschen.

9.3 ASAP für Variantenkonfigurationsprojekte

Hinter der *ASAP Implementation Roadmap* verbirgt sich das Vorgehensmodell zur Einführung oder Erweiterung von SAP-Software. ASAP steht als Abkürzung für Accelerated SAP oder im Englischen einfach für »as soon as possible«. Bei der ASAP Implementation Roadmap handelt es sich um eine von SAP entwickelte und über mittlerweile viele Jahre erprobte Projektvorgehensweise. Die auch als ASAP Roadmap bezeichnete Vorgehensweise gliedert sich in fünf Phasen:

1. Projektvorbereitung (*Project Preparation*)
2. Konzeption (*Business Blueprint*)
3. Realisierung (*Realization*)
4. Vorbereitung zur produktiven Phase (*Final Preparation*)
5. Übergang zur produktiven Phase (*Go-live & Support*)

Es liegt nahe, dieses Vorgehen auch für die Einführung der SAP-Variantenkonfiguration zu nutzen. Abbildung 9.3 zeigt die ASAP-Methode für ein Variantenkonfigurationsprojekt in grafischer Form.

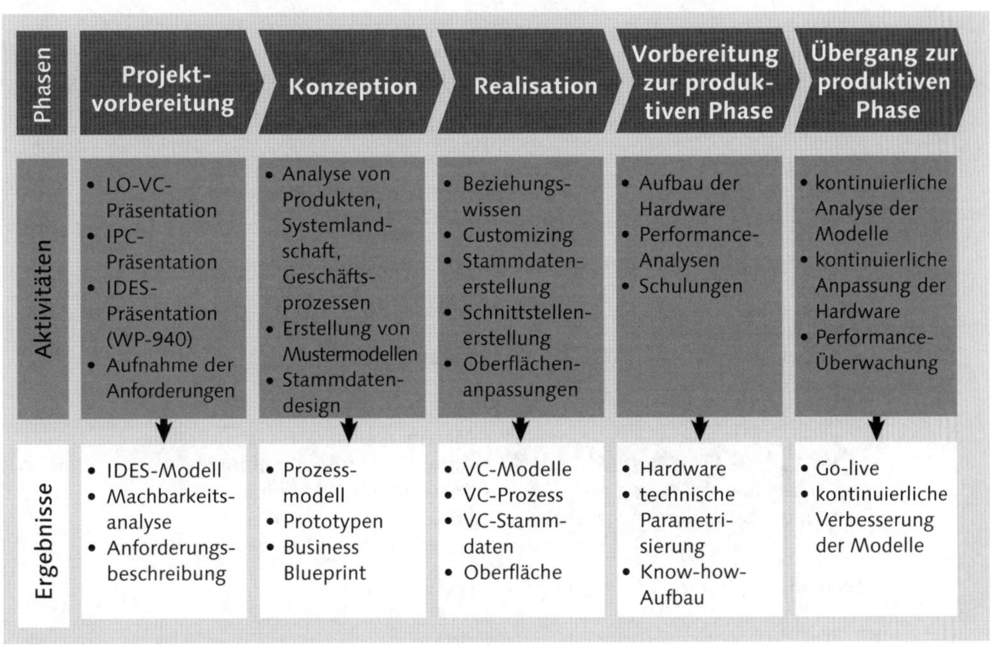

Abbildung 9.3 ASAP Roadmap für Variantenkonfigurationsprojekte

[+] **Hinweis zur folgenden Darstellung**

Die folgenden Seiten stellen nicht die vollständige ASAP Implementation Roadmap dar. Dies würde im Rahmen dieses Kapitels zu weit führen. Wir gehen daher nur auf Besonderheiten von Variantenkonfigurationsprojekten ein.

9.3.1 Projektvorbereitungsphase

Während der Project-Preparation-Phase (siehe Abbildung 9.4) finden üblicherweise mehrere Workshops statt, um die unterschiedlichen SAP-Konfigurationen kennenzulernen. Dazu werden die Produktanforderungen mit den Konfigurationen und den dazu passenden Szenarien verglichen. Damit ist man in der Lage, den passenden Konfigurationsweg zu wählen und eine Machbarkeitsanalyse durchzuführen.

Folgende Punkte sollten Sie hierbei berücksichtigen:

- Welches Szenario soll genutzt werden?
- Verwendung einer Vertriebskonfiguration (Configure to Order)?
- Verwendung einer Anlagenkonfiguration (Engineering to Order)?
- Müssen z. B. Steckplätze bestückt werden (Slotting)?
- Müssen eventuell Baugruppen bestückt werden (Racking)?
- Muss die Verkabelung im Regelwerk berücksichtigt werden (Cabling)?
- Findet eine Stücklistenauflösung statt?
- Wie komplex ist das Regelwerk?
- Werden User Exits benötigt, um Rechnungen durchzuführen?
- Müssen Schnittstellen berücksichtigt werden?

Aktivitäten	Ergebnisse
• LO-VC-Präsentation • IPC-Präsentation • IDES-Präsentation (WP-940) • Aufnahme der Anforderungen • Produktlinie der Prototypen	• IDES-Modell • Machbarkeitsanalyse • Anforderungsbeschreibung • Auswahl des Konfigurators • Prototypen

Abbildung 9.4 Projektvorbereitung (Project Preparation)

Ist der passende Weg ausgewählt, sollten Sie sich eine repräsentative Produktlinie auswählen, um einen Prototyp zu erstellen. Der Prototyp sollte auf einem gesonderten Sandbox-System angelegt werden. Möchten Sie den

Aufwand für die Erstellung eines eigenen Modells in dieser Phase vermeiden, können Sie auf existierende IDES-Modelle zurückgreifen.

9.3.2 Konzeptionsphase

Beim Business Blueprint müssen besondere Anstrengungen hinsichtlich des Stammdatendesigns unternommen werden (siehe Abbildung 9.5). Jede Produktlinie sollte gesondert untersucht werden. Eine Fehleinschätzung beim Stammdatendesign in dieser Phase kann in einer späteren Phase zu einem extrem hohen Aufwand führen. Trotzdem sollten Sie nicht der Versuchung erliegen, jeden Aspekt des Stammdatendesigns im Business Blueprint festzuhalten, da eine gewisse Flexibilität für die Modellierung unabdingbar ist. Eine gesunde Mischung ist dann erreicht, wenn die Struktur der Klassifizierung klar definiert wurde. Spätestens hier ist es unabdingbar, einen funktionierenden Prototyp für die einzuführende Produktlinie zu besitzen, da nur anhand eines Prototyps die komplexen Zusammenhänge der Variantenkonfiguration und der Klassifizierung aufgezeigt werden können.

Aktivitäten	**Ergebnisse**
• Analyse der Produktlinien • Analyse der Systemlandschaft • Analyse der Geschäftsprozesse • Erstellung von Mustermodellen • Stammdatendesign	• Prozessmodell • Business Blueprint

Abbildung 9.5 Konzeption (Business Blueprint)

In dieser Phase sollte man sich entweder für die Einführung eines *Golden Clients* oder des Engineering Change Managements entscheiden. Eine Entscheidungshilfe finden Sie bei der Beschreibung des Golden Clients in Abschnitt 9.3.6, »Golden-Client-Ansatz«.

9.3.3 Realisierungsphase

In der Realisierungsphase (siehe Abbildung 9.6) werden die im Business Blueprint beschriebenen Prozesse im System implementiert. Der Modellierer erzeugt in dieser Phase für jede vorhandene Produktlinie ein repräsentatives Produktmodell. Der Stammdatenpfleger übernimmt diese Modelle und vervollständigt sie mit zusätzlichen Produkten.

Aktivitäten	Ergebnisse
• Beziehungswissen • Customizing • Stammdatenerstellung • Schnittstellenerstellung • Oberflächenanpassungen	• VC-Modelle • VC-Prozess • VC-Stammdaten • Oberfläche

Abbildung 9.6 Realisierungsphase (Realization)

Dieses Vorgehen lässt sich am besten mit fest eingeplanten wöchentlichen Workshops mit den Modellierern, den Produktverantwortlichen bzw. Produktmanagern und den Produktentwicklern durchführen. Insbesondere bei IPC-Projekten, bei denen externen Kunden Zugriff auf die Konfiguration gewährt werden soll, muss besonders viel Zeit für die Anpassung der Oberfläche eingeplant werden. Diese Anpassung kann vom Standard-Customizing (XCM) bis hin zur völligen Neugestaltung des Clients reichen. Beispielhaft seien hier einige Aufwände für Oberflächenanpassungen des IPC genannt. Nähere Informationen zum Thema IPC finden Sie auch in Kapitel 5, »Spezifika der Produktkonfiguration in SAP CRM«.

[zB]

Oberflächenanpassungen des IPC

Folgende Oberflächenanpassungen sind zu nennen:

- **XCM-Anpassungen (Customizing)**
  Anpassungen mit Hilfe des Extended Customizing Managements für den IPC liegen im Bereich von einigen Stunden und Tagen.
- **CSS-Anpassungen**
  Veränderungen im Bereich der Cascading Style Sheets können in wenigen Tagen realisiert werden.
- **JSP-Anpassungen**
  Anpassungen an den JavaServer Pages des IPC können von einigen wenigen Tagen bis zu einigen Monaten dauern und erfordern entsprechende Kenntnisse der IPC-Client-Architektur.
- **IPC-Client-Anpassungen**
  Ist die Erstellung eines neuen Clients notwendig, muss man mit mehreren Monaten bzw. Jahren Entwicklungsaufwand rechnen.

9.3.4 Vorbereitung zur produktiven Phase

Sind die Entwicklungen abgeschlossen, geht man über zur Final-Preparation-Phase (siehe Abbildung 9.7). Diese Phase widmet sich dem Aufbau des Produktivsystems. Das heißt, es werden der Aufbau der Hardware und die technische Parametrisierung durchgeführt. Schulungen für die Basis, Nutzer und Pfleger müssen vorbereitet und durchgeführt werden. Der Aufbau bzw. die Schulung eines eigenen Modellierers muss spätestens in dieser Phase erfolgen.

Aktivitäten	Ergebnisse
• Hardware-Aufbau • Performance-Analysen • Schulungen	• Hardware • technische Parametrisierung • Know-how-Aufbau

Abbildung 9.7 Vorbereitung zur produktiven Phase (Final Preparation)

Technische Parametrisierung [+]

Besonders bei IPC-Projekten sollte der technischen Parametrisierung ein besonders hoher Stellenwert eingeräumt werden. Das Verhalten des IPC und der gesamten Applikation hängt sehr stark von einer fundierten Parametrisierung ab. Insbesondere sollte die Parametrisierung der *Virtual Machine Containers* (VMC) in dieser Phase durchgeführt werden.

9.3.5 Übergang zur produktiven Phase

Haben Sie die vorhergehenden Phasen erfolgreich beendet, schließt die Phase Go-live & Support (siehe Abbildung 9.8) die Projektvorgehensweise ab. Aber verfallen Sie nicht dem Irrglauben, das Projekt sei mit dem Go-live abgeschlossen. Das Projekt lebt, und Sie haben lediglich den Startschuss gegeben.

Aktivitäten	Ergebnisse
• kontinuierliche Analyse der Modelle • kontinuierliche Anpassung der Hardware • Performance-Überwachung	• Go-live • kontinuierliche Verbesserung der Modelle

Abbildung 9.8 Übergang zur produktiven Phase (Go-live & Support)

9.3.6 Golden-Client-Ansatz

Wie bereits im vorhergehenden Abschnitt beschrieben, nimmt die Erstellung und Pflege der Materialstammdaten eine besondere Rolle in einem

Variantenkonfigurationsprojekt ein. Normalerweise ist die Systemteilung eines SAP-Systems klar definiert und auch deren jeweiliger Verteilungsweg.

Customizing und Kundenerweiterungen werden im Allgemeinen zwischen einem Entwicklungssystem, einem Testsystem bzw. Konsolidierungssystem und einem Produktivsystem verteilt.

Hier liegt aber genau eine besondere Schwierigkeit bei der Variantenkonfiguration. Materialien werden durch Wissen erweitert, das sehr leicht die Komplexität von Kundenerweiterungen übersteigen kann. Daher müssen Materialien, die so erweitert wurden, besonders auf deren Richtigkeit getestet werden. Es kann hierbei aber nicht auf die üblichen Transportwege und Testsystematiken zurückgegriffen werden. (Bitte beachten Sie die Partnerlösung »Sybit Model Tester« in Kapitel 8, »Weiterentwicklungen und Add-ons im SAP-Partnerumfeld«.) Daher müssen neue Konzepte betrachtet werden, um trotz dieser Hürde die Korrektheit eines Produktivsystems zu garantieren. Das Golden-Client-Konzept gibt eine der Antworten auf diese Frage.

Ein *Golden Client* kann am besten als ein Mandant definiert werden, in dem Daten unberührt gespeichert werden können, Applikationsprogramme stabil arbeiten und die Durchführung von Transaktionen ausgeschlossen ist.

Viele Kunden nutzen einen Golden Client in Ihrem Testsystem.

[!] **Golden Client**

Der hauptsächliche Unterschied zwischen dem Golden Client und einem Mandanten in einem Produktivsystem bzw. Testsystem besteht in der Tatsache, dass die Durchführung von Transaktionen absolut verboten ist.

Kein Verkaufsauftrag, Produktionsauftrag und Bestandsauftrag darf in diesem Mandanten erstellt werden. Dagegen sollen Variantenkonfigurationsdaten in einem solchen Mandanten erstellt und gepflegt und anschließend zu anderen Klienten kopiert werden, um über Transaktionen verwendet werden zu können.

Der Hauptgrund für das strikte Verbot von Transaktionen in einem solchen Mandanten ist der Wunsch, die einfache Pflege und Änderbarkeit von Variantenkonfigurationsobjekten zu garantieren. Abbildung 9.9 zeigt beispielhaft eine empfohlene Systemlandschaft.

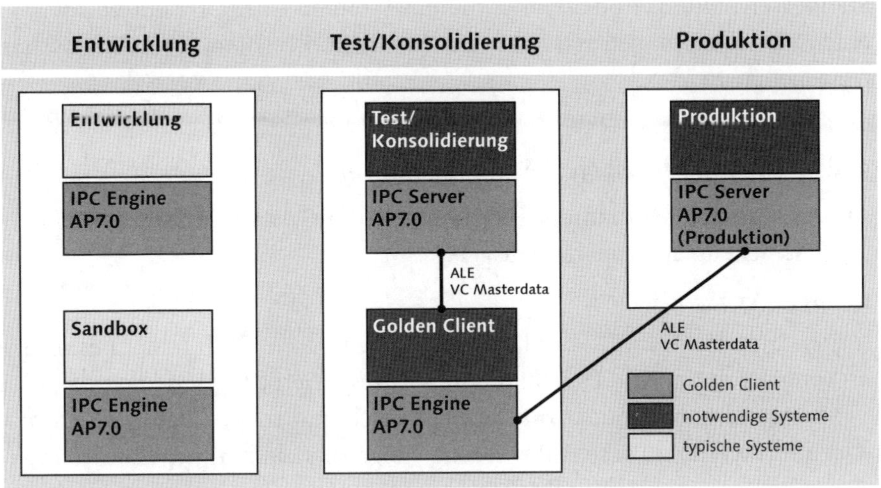

Abbildung 9.9 Systemlandschaft bei Nutzung von LO-VC und IPC

Dazu muss man wissen, dass, sobald ein SAP-Dokument erstellt wurde – sei es von einem Kundenauftrag oder von einem Angebot für ein konfigurierbares Produkt –, gewisse Änderungen an VC-Objekten ohne die Nutzung von Engineering Change Management (ECM) und Archivierung nicht mehr erlaubt sind (siehe hierzu auch Kapitel 6, »Herausforderungen in der Variantenkonfiguration«).

Änderungen sind nicht möglich ohne ECM-Nutzung [zB]

Ein schmerzliches Beispiel ist die Weigerung des Systems, ohne Engineering Change Management ein Merkmal zu löschen, das einem konfigurierbaren Produkt zugeordnet wurde, für das bereits ein Auftrag erstellt wurde. Und die einfache Erstellung, Löschung und Zuordnung von Merkmalen sind Kernanforderungen für eine effiziente Modellierung.

Einige Kunden erstellen und pflegen ihre VC-Modelle direkt in einer Produktivumgebung, anstatt einen Golden Client für die Pflege zu verwenden. Das Hauptproblem einer solchen Strategie ist die unmittelbare Verfügbarkeit solcher Modelle und Produkte für den Endkunden, ohne dem Modellierer die Gelegenheit zu geben, diese vorher zu testen. Damit steigt die Möglichkeit, dass ein Auftrag erstellt und abgespeichert werden kann, der ein inkonsistentes oder unvollständiges Produkt enthält. Oft ist die rein technische Konsistenz nicht auch betriebswirtschaftlich sinnvoll oder ausreichend. Siehe hierzu auch Kapitel 2, »Erstellung eines Produktmodells für die SAP-Variantenkonfiguration«.

Stattdessen sollten Modelle, die in einem Golden Client erstellt wurden, in einem Testsystem getestet und anschließend in einem Produktivsystem freigegeben werden.

9.3.7 Besonderheiten bei IPC-Szenarien

Anders als bei der Variantenkonfiguration LO-VC ist der IPC für den Einsatz in verschiedensten Szenarien ausgelegt.

- **CRM Internet Sales**
  Der Einsatz des IPC im Internet-Sales-Szenario stellt eine besondere Anforderung an die Darstellung des konfigurierbaren Produkts dar. Das konfigurierbare Produkt muss verständlich und schnell den Kunden präsentiert werden. Diese Anforderung steigt umso höher, je mehr der Internetshop an einen Endverbraucher gerichtet ist.

  Ein Kaufmann bzw. ein technischer Einkäufer kann noch Verständnis aufbringen, dass ein hochkomplexes Produkt für die Verarbeitung von komplexer Berechnung einige Sekunden braucht, ein Endverbraucher leider nicht. In einem solchen Projekt müssen daher hohe Anforderungen an die Performance und Verfügbarkeit gestellt werden. Aus diesem Grund müssen dedizierte Arbeitspakete für die Optimierung der Konfigurationsmodelle und der Performance eingeplant werden. Aus Anpassungen an der Standard-JSP-Oberfläche des IPC an Unternehmensvorgaben und neue Technologien resultieren in einem solchen Projekt meistens große Arbeitspakete.

- **SAP Internet Sales in ERP**
  Bei Internet Sales in ERP bzw. E-Commerce stellt sich eine ähnliche Herausforderung wie bei CRM Internet Sales, mit dem Unterschied, dass bei ERP Internet Sales durch das Fehlen von CRM als eigener Systemschicht die Last auf dem Backend-System umso höher ist. Dieses Szenario eignet sich deshalb eher für B2B als B2C. B2C ist nur dann zu empfehlen, wenn man eine überschaubare Anzahl von Endusern erwartet.

- **Mobile Sales**
  Mobile Sales stellt in Verbindung mit konfigurierbaren Produkten eine besondere architektonische Herausforderung dar. Durch den Einsatz von Webtechnologie für die Darstellung der Konfiguration seit IPC 5.0 (AP 7.0) ist es notwendig, den IPC mit einer besonderen Architektur im Mobile Sales zu betreiben. Dies erfordert profunde Kenntnisse dieser Architektur und Kenntnisse der Datenverteilung. Auch sollten in einem

solchen Projekt gute Kenntnisse in Visual Basic und Tomcat vorhanden sein.

- **CRM Telesales – Customer Interaction Center**
  In CRM Telesales werden die gleichen Modelle verwendet, die im CRM zur Verfügung gestellt werden. Die Oberfläche kann und sollte entsprechend den Anforderungen der Telesales-Mitarbeiter angepasst werden. Da die Konfigurationsoberfläche nur internen Mitarbeiter zur Verfügung gestellt wird, kann sie somit weniger aufwendig beziehungsweise anders gestaltet werden als bei einem Internet-Sales-Szenario. Wird jedoch ein CIC mit Internet Sales kombiniert, dann ist die Nutzung einer identischen bzw. nur leicht angepassten Version der Oberfläche empfehlenswert. Ein Kunde referenziert seinen Wunsch meistens anhand der Webseite bzw. des Webshops des Anbieters. Dies erleichtert dem Telesales-Mitarbeiter das Nachvollziehen des Kundenwunsches, wenn das Angebot inhouse nachbearbeitet wird.

  Besondere Wünsche im Telesales-Bereich sind neben der Darstellung von Preismargen eine Up-and-Downselling-Funktionalität, genaue Verfügbarkeitsinformationen und die Verkaufsmöglichkeit von Zubehör.

- **SAP for Automotive: Vehicle Management System**
  Die SAP-Branchenlösung *SAP for Automotive* stellt die Bereitstellung mehrerer SAP-Standardtransaktionen, zusammengefasst in einer auf die Automobilindustrie zugeschnittenen Oberfläche, dar – inklusive eines an die Wünsche eines Händlers angepassten Portals. Zu diesen Standardtransaktionen gehört natürlich auch der IPC, da heutzutage kein Fahrzeughersteller mehr Fahrzeuge anbieten kann, die keine individuellen Anpassungen des Kunden erlauben. In diesem Umfeld ist es zwingend erforderlich, dass der IPC-Experte Grundlagenkenntnisse im VMS besitzt. Nur so kann eine ordentliche Anbindung des IPC im VMS und Dealer Portal garantiert werden. Zusätzlich zu dieser fachlichen Anforderung sollte der IPC-Experte Kenntnisse von UNIX-Betriebssystemen und Oracle-Datenbanken mitbringen. In keiner anderen Industrie ist die Nutzung von UNIX und Oracle so verbreitet.

- **Apparel and Footwear Solution**
  Die SAP AFS-Lösung ist eine angepasste CRM-Lösung für die Bekleidungsindustrie. Die Besonderheit dieser Lösung ist die Nutzung konfigurierbarer Produkte, um Kleidergrößen darstellen zu können. In dieser Lösung treten die Modellierung und die manuelle Datenreplikation in den Hintergrund, da diese durch *Grids* (Größen bzw. Matrices) vom System generiert

werden. Die Lösung stellt besondere Anforderungen an die Datenreplikation, da sie sich grundlegend von anderen Szenarien unterscheidet.

- **Spezifische Anbindung an Nicht-SAP-Systeme**
  Die spezifische Anbindung an Nicht-SAP-Systeme, auch als Standalone-Szenario bekannt, gehört unter Umständen zu den schwierigsten Szenarien bei der Nutzung des IPC, da in einem solchen Szenario die Integration zwischen SAP- und Fremdsystem mit besonderer Aufmerksamkeit betrachtet werden muss. Solche Projekte sollten nur in sehr enger Kooperation mit SAP durchgeführt werden, da umfangreiche Kenntnisse der IPC-API notwendig sind. SAP Custom Development kann hier weiterhelfen. Insbesondere werden Sie hier fündig, wenn Ihnen eine Standardlösung von SAP nicht zusagt, Sie aber die Verlässlichkeit der SAP-Lösung nicht missen möchten.

9.4 Zusammenfassung

In diesem Kapitel haben wir die Kundensicht eines Projektleiters, der mit der Implementierung eines Variantenkonfigurationsprojekts betraut ist, dargelegt. Dieser Abschnitt hebt sich mit Absicht von den übrigen Abschnitten des Kapitels ab. Nur so war es möglich, die Authentizität des Berichts zu erhalten. Der zweite Abschnitt behandelte die unterschiedlichen Beraterrollen aus Sicht eines Projektleiters genauer, und im dritten Abschnitt gingen wir auf die Implementierungsmethode ASAP ein, die auch bei »herkömmlichen« ERP-Implementierungen seit Jahren erfolgreich eingesetzt wird. Der Abschnitt mit den IPC-Szenarien sollte noch einmal deutlich machen, dass man hier wesentlich mehr Möglichkeiten hat, einerseits auf branchenspezifische (SAP for Automotive, Apparel and Footwear Solution etc.) und andererseits auch auf technische (online- und offline-Nutzung) Gegebenheiten einzugehen. Dies unterscheidet sich signifikant vom LO-VC-Ansatz in ERP. Die Möglichkeit, auf SAP Custom Development als Entwicklungspartner insbesondere im IPC-Bereich zuzugehen, ist als Lösungsweg für individuelle Ansätze zu sehen.

Dieses Kapitel sollte den Übergang von der reinen Theorie der vorhergehenden Kapitel zur Praxis bilden, um im nächsten Teil Kundenimplementierungen beispielhaft vorzustellen.

Vor der Implementierung einer so integrativen Lösung wie der Variantenkonfiguration ist für Kunden und Partner insbesondere die Referenzsituation interessant. In diesem Kapitel stellen wir daher exemplarisch Unternehmen vor, die die SAP-Variantenkonfiguration in unterschiedlichster Art und Weise nutzen.

10 Kunden berichten über die Einführung der SAP-Variantenkonfiguration

Dieses Kapitel wird alle Leser interessieren, die entweder ein Projekt vor Augen haben oder auf abgeschlossene Implementierungen zurückschauen wollen. Zum einen kann man sicherlich einiges an neuen Informationen erfahren, zum anderen ermöglicht es auch den Vergleich mit anderen Unternehmen, indem man die Mengengerüste oder Umfänge vergleicht. Der Fokus auf Fertigungsunternehmen ergab sich aufgrund der vielfältigen Erfahrungen in dieser Branche. Ein Schwerpunkt liegt auch auf komplexen und sehr umfangreichen Anwendungen, um Ihnen große Mengengerüste vor Augen zu führen. Natürlich könnte man die Variantenkonfiguration auch mit nur einem Materialstamm und zwei Merkmalen aufbauen und logistisch integrieren, jedoch würde sich die Lektüre eines solchen Projekts dann relativ kurz gestalten.

- **Firma »Getriebebau NORD«**
  Im ersten Abschnitt gehen wir auf das Projekt bei Getriebebau NORD ein, einem Hersteller konfigurierbarer Getriebe und Motoren. Diese Kundeninstallation zeichnet sich durch Herausforderungen wie die Integration in die Gesamtlogistik, eine enorm hohe Anzahl an Varianten (35 Mio.) und etwa 1.500 Auftragspositionen pro Tag aus.
- **Firma »Krones AG«**
  Die Firma Krones ist Hersteller von Abfüll- und Verpackungsanlagen und repräsentiert eine hochkomplexe Variantenkonfiguration, bei der über eine sechsstufige Stücklistenstruktur mehrere tausend Materialien und hunderte konfigurierbarer Baugruppen abgewickelt werden.

- **Firma »Hauni Maschinenbau AG«**
  Die Firma Hauni produziert Maschinen zur Tabakverarbeitung und sticht ebenfalls durch eine hochkomplexe Struktur in Verbindung mit Dummy-Baugruppen und einem extrem großen Mengengerüst hervor. So besteht hier das Endprodukt aus einem Subset von bis zu 50.000 Komponenten aus 3.000 konfigurierbaren Stücklisten, die stellenweise zwölf Ebenen umfassen.
- **Felix Schoeller Gruppe**
  Die Felix Schoeller Gruppe, ein Hersteller von Spezialpapieren, dokumentiert ein Beispiel eher kleinerer Produktmodelle, bei denen man stark auf die einfache Ablage von Beziehungswissen in Form von Tabellen fokussiert hat. Auch wurde hier eine IPC-Anwendung in SAP NetWeaver Portal verwirklicht.
- **Hüls-Unternehmensgruppe und die Firma »Hülsta«**
  Die Firma Hülsta, Produzent hochwertiger Möbel, berichtet über die Integration der SAP-Variantenkonfiguration in eine grafische Anwendung. Stichpunkte wie Kopfkonfiguration, asynchrone Abarbeitung des Beziehungswissens und die Vereinbarung der Variantenkonfiguration mit vorgedachten Verkaufstypen seien hier genannt.
- **Lenze-Gruppe**
  Im letzten Abschnitt schildert die Lenze-Gruppe, Hersteller von Antriebs- und Automatisierungslösungen, wie die SAP-Variantenkonfiguration zum effizienten Kern einer umfassenden »Single Source of Data«-Strategie genutzt wird.

10.1 Projektverlauf bei Getriebebau NORD

Getriebebau NORD entwickelt, produziert und vertreibt Lösungen für die Antriebstechnik. Das Produktspektrum umfasst Getriebe, Getriebemotoren, Elektromotoren und Frequenzumrichter mit einem Drehmoment von bis zu 200.000 Nm. Die Unternehmenszentrale liegt in Bargteheide bei Hamburg.

Das Unternehmen Getriebebau NORD ist weltweit mit derzeit 35 eigenen Werken und Handelsvertretungen in 32 Ländern tätig. 2.500 Mitarbeiter waren zum 31.12.2007 bei Getriebebau NORD beschäftigt. Die Mitarbeiterzahl ist seitdem weiter gewachsen. Der Umsatz der NORD-Gruppe betrug 2007 ca. 350 Mio. €.

Getriebebau NORD setzt derzeit SAP R/3 4.7 ein. Die Systemlandschaft besteht aus einer klassischen dreistufigen Landschaft:

- Produktivsystem mit einem Mandanten
- Konsolidierungssystem mit einem Mandanten
- Testsystem mit zwei Mandanten

Derzeit arbeiten 652 User aktiv mit dem System. In der endgültigen Ausbaustufe werden weltweit ca. 1.200 User bei NORD mit SAP-Software arbeiten.

Das Unternehmen setzt seit Anfang 2007 die Variantenkonfiguration aktiv ein. Der Einführung ging ein zweieinhalb Jahre dauerndes Einführungsprojekt voraus. Die Dauer resultiert aus der enormen Variantenvielfalt der Produkte. Diese Vielfalt umfasst derzeit ca. 35 Mio. unterschiedliche Varianten.

10.1.1 Ausgangssituation

Bei Getriebebau NORD werden verschiedenste Bestandteile der LO-VC-Konfiguration genutzt. Unter anderem erfolgt die Nutzung in folgenden Bereichen:

- **Konfiguration in den Unternehmensbereichen**
  Hierzu gehören die Konfiguration im Vertrieb und in der Fertigung (Montage) inklusive der automatischen Bearbeitung der Fertigungsstücklisten und Arbeitspläne. Im Rahmen der Service- und Reparaturabwicklung werden *Servicematerialien* konfiguriert. Innerhalb von Beschaffungsprozessen kommt die Konfiguration auch bei der Bestellung sogenannter *Baumotoren* zum Einsatz.
- **Bereichsübergreifende Konfiguration**
  Darüber hinaus wird bei Getriebebau NORD die Konfiguration bereichsübergreifend genutzt, d.h. bei der Verwendung von Stücklisten und Arbeitsplänen in der Versandabwicklung. Hierzu werden sowohl konfigurierbare Materialien als auch in großem Umfang Materialvarianten verwendet.

Grundsätzlich wird die Fertigungsstückliste in Anfragen, Angeboten oder Kundenaufträgen während der Erfassung durch die Konfiguration zu 100% ermittelt. Da im großen Umfang aber auch mit Sonderteilen, insbesondere bei Bau- oder Sondermotoren, gearbeitet wird, kommt es häufig zu einer nachträglichen Bearbeitung der ermittelten Stückliste mit der Transaktion CU51E. Bei dieser Bearbeitung werden Teile in die Auftragsstückliste sowohl ein- als auch ausgebaut. Zum Abschluss dieser Bearbeitung wird die Stückliste fixiert, d.h. von der Ursprungsstückliste getrennt, so dass Änderungen nicht in die Stammdatenbearbeitung einfließen können.

Die *Stücklistenstrukturen* sind aufgrund der enormen Varianz der Produkte sehr breit und auch sehr tief. Innerhalb der Konfiguration wird mit einer bis zu siebenstufigen Struktur gearbeitet. Hierdurch wird eine sehr breite Variabilität erreicht. Die eigentliche Konfiguration erfolgt hierbei immer auf der obersten Stufe. Die unteren Stufen werden hauptsächlich durch Vererbung von Merkmalen bzw. Merkmalswerten festgelegt.

Ziel

Ein Ziel der Einführung war zum einen, alle Produktgruppen von NORD über die Konfiguration abzuwickeln. Weiterhin sollten, wo es sinnvoll erschien, alle relevanten Prozesse mit der Konfiguration unterstützt werden. Dies galt insbesondere im Vertrieb, in der Logistik und in der Produktion und Montage.

Projektumfang

Im Rahmen des Einführungsprojekts waren verschiedene Bereiche mit insgesamt 14 Mitarbeitern aktiv an der Realisierung beteiligt. Das interne Projektteam bestand aus Mitarbeitern der Abteilungen Sales (zwei Mitarbeiter), Entwicklung (zwei Mitarbeiter), IT (sechs Mitarbeiter), Engineering (zwei Mitarbeiter), Controlling (ein Mitarbeiter) und Purchasing (ein Mitarbeiter).

Zum Projektstart hatte lediglich ein Mitarbeiter Wissen über die LO-VC-Variantenkonfiguration. Nach Projektende haben nun alle Projektmitglieder einen Wissensstand, den man als Expertenwissen bezeichnen kann.

Das Implementierungsprojekt wurde von SAP Consulting begleitet. Der Umfang der externen Beratung belief sich auf ca. 100 Personentage. Das Projekt selbst war als *Coaching-Projekt* ausgelegt, da sich im Rahmen der Durchführung die beteiligten Mitarbeiter entsprechendes Wissen aneignen sollten. Eine Abhängigkeit von externen Beratern bei Änderungen und Weiterentwicklungen konnte somit vermieden werden.

10.1.2 Maßnahmen

Um die Kundenauftragserfassung mit ca. 1.500 Auftragspositionen pro Tag effizient zu gestalten, mussten möglichst viele Informationen für den Anwender schnell und kompakt zur Verfügung gestellt werden. Hier wurde die Möglichkeit der Oberflächengestaltung aktiv genutzt (siehe Abbildung 10.1).

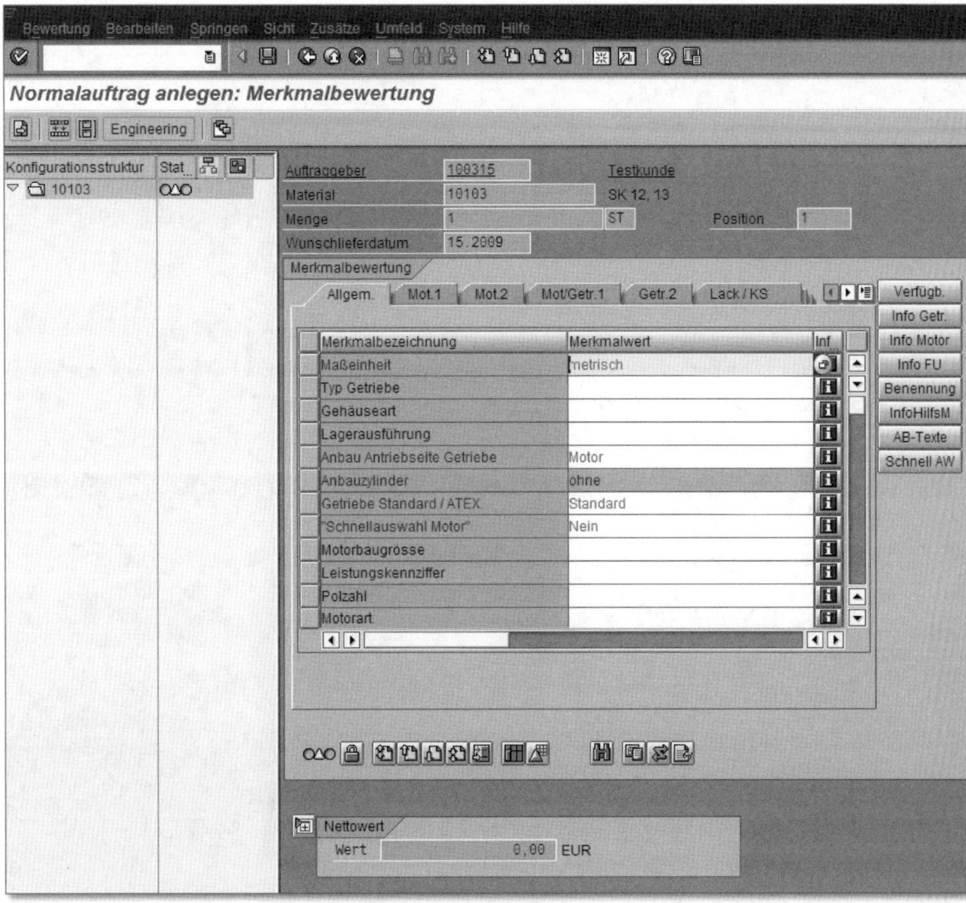

Abbildung 10.1 Oberflächengestaltung im Kundenauftrag

Innerhalb von Release SAP R/3 4.7 waren diverse wichtige Informationen nicht im Standard enthalten, z.B. die Verfügbarkeitsprüfung bis auf Komponentenebene und die Motor- bzw. Getriebedetailinformationen. Um dieses Manko auszugleichen, wurde hier mit einer entsprechenden Eigenentwicklung eine eigene Verfügbarkeitsprüfung im System implementiert (siehe Abbildung 10.2).

Über separate Buttons, die mit Hilfe der im Standard enthaltenen Möglichkeiten zum Oberflächendesign im Konfigurations-Editor entwickelt wurden, wurden die notwendigen Detailinformationen für Getriebe und Motor zur Verfügung gestellt (siehe Abbildung 10.3). Hier wurden die Merkmale und Werte abgelegt, die in der Vertriebssicht nicht unbedingt an erster Stelle stehen sollten.

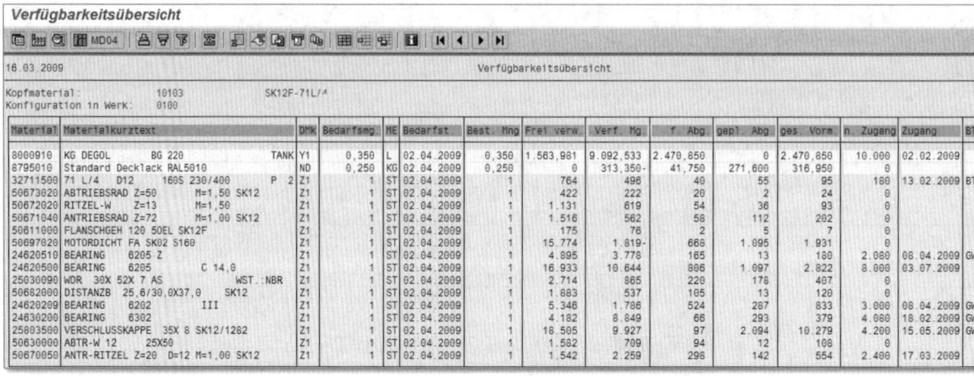

Material	Materialkurztext	DMK	Bedarfsmg.	ME	Bedarfst.	Best. Mng	Frei verw.	Verf. Mg.	f. Abg.	gepl. Abg.	ges. Vorm.	n. Zugang	Zugang	BT
8000910	KG DEGOL BG 220 TANK	Y1	0,350	L	02.04.2009	0,350	1.563,981	9.092,533	2.470,850	0	2.470,850	10.000	02.02.2009	
8795010	Standard Decklack RAL5010	ND	0,250	KG	02.04.2009	0,250	0	313,350-	41,750	271,600	316,950	0		
32711500	71 L/4 D12 160S 230/400 P 2	Z1	1	ST	02.04.2009	1	764	496	40	55	95	180	13.02.2009	BT
50673020	ABTRIEBSRAD Z=50 M=1,50 SK12	Z1	1	ST	02.04.2009	1	422	222	20	2	24	0		
50672020	RITZEL-W Z=13 M=1,50	Z1	1	ST	02.04.2009	1	1.131	619	54	36	93	0		
50671040	ANTRIEBSRAD Z=72 M=1,00 SK12	Z1	1	ST	02.04.2009	1	1.516	562	58	112	202	0		
50611000	FLANSCHGEH 120 50EL SK12F	Z1	1	ST	02.04.2009	1	175	76	2	5	7	0		
50697020	MOTORDICHT FA SK02 S160	Z1	1	ST	02.04.2009	1	15.774	1.819-	668	1.095	1.931	0		
24620510	BEARING 6205 Z	Z1	1	ST	02.04.2009	1	4.895	3.778	165	13	180	2.080	08.04.2009	GW
24620500	BEARING 6205 C 14,0	Z1	1	ST	02.04.2009	1	16.933	10.644	806	1.097	2.822	8.000	03.07.2009	
25030090	WDR 30X 52X 7 AS WST.:NBR	Z1	1	ST	02.04.2009	1	2.714	865	220	178	407	0		
50682000	DISTANZB 25,6/30,0X37,0 SK12	Z1	1	ST	02.04.2009	1	1.883	537	105	13	120	0		
24620209	BEARING 6202 III	Z1	1	ST	02.04.2009	1	5.346	1.786	524	287	833	3.000	08.04.2009	GW
24630200	BEARING 6302	Z1	1	ST	02.04.2009	1	4.182	8.849	66	293	379	4.080	18.02.2009	GW
25803500	VERSCHLUSSKAPPE 35X 8 SK12/1282	Z1	1	ST	02.04.2009	1	18.505	9.927	97	2.094	10.279	4.200	15.05.2009	GW
50630000	ABTR-W 12 25X50	Z1	1	ST	02.04.2009	1	1.582	709	94	12	108	0		
50670050	ANTR-RITZEL Z=20 D=12 M=1,00 SK12	Z1	1	ST	02.04.2009	1	1.542	2.259	298	142	554	2.400	17.03.2009	

Abbildung 10.2 Verfügbarkeitsprüfung auf Komponentenebene

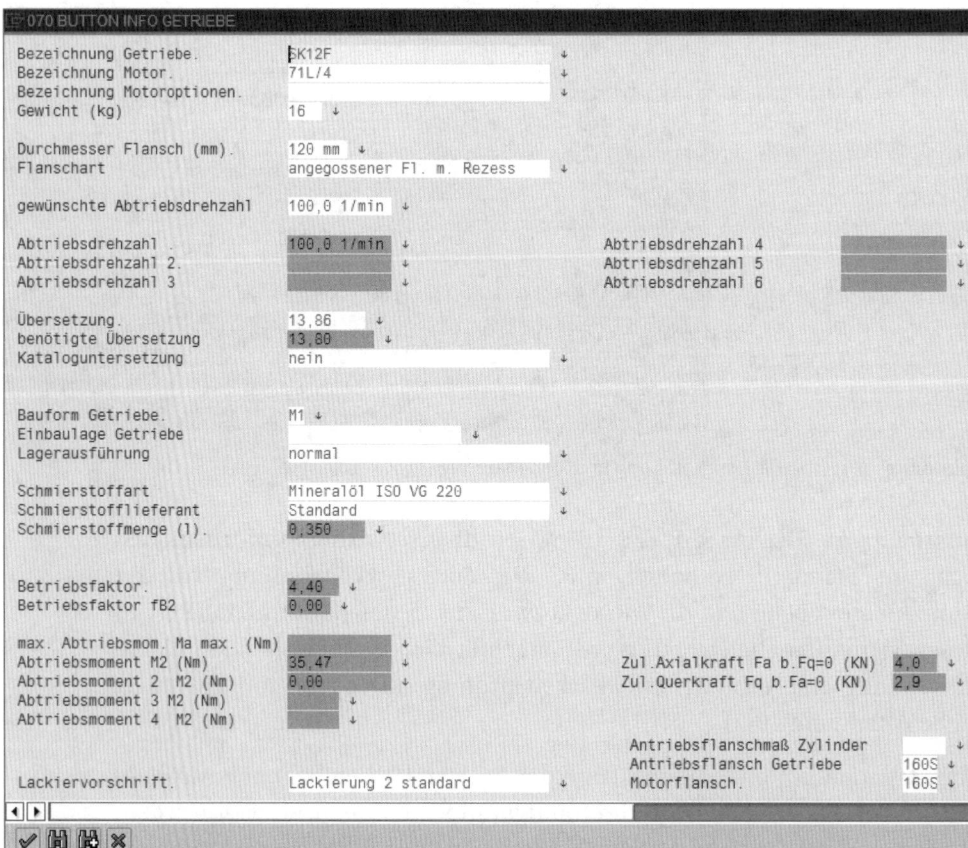

Abbildung 10.3 Detailinformation zum Getriebe

Für die Steuerung zur Freigabe von Kundenauftragspositionen wird ein Anwenderstatus genutzt, der – eigenentwickelt – auch die Bedarfsübergabe regelt (siehe Abbildung 10.4).

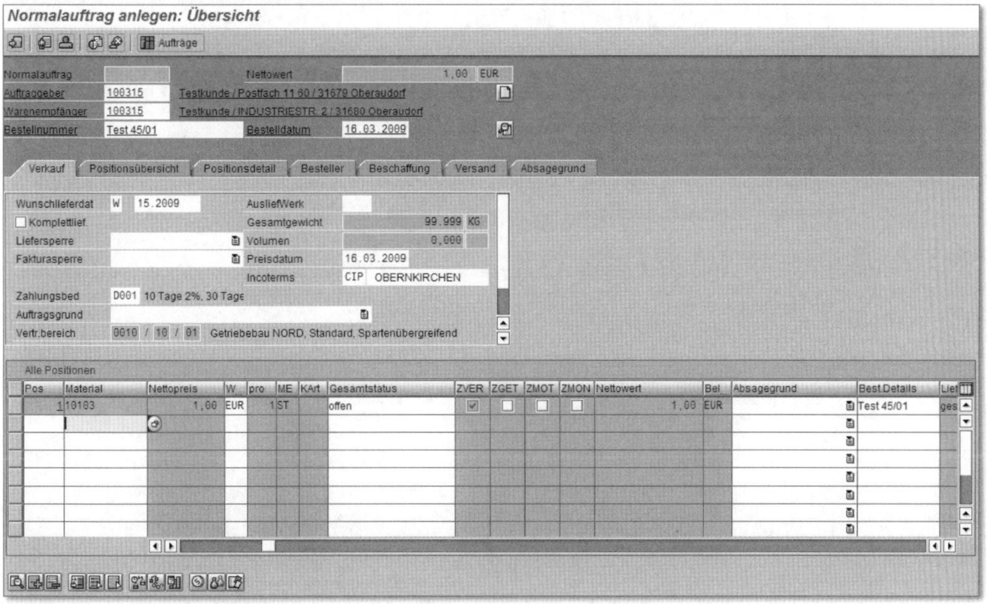

Abbildung 10.4 Bedarfsübergabe mit Hilfe des Anwenderstatus

Zuletzt sei noch die Möglichkeit des Zwischenspeicherns der Merkmalsbewertung genannt. Diese ist im Standard allerdings nur temporär möglich (Verlust des Zwischenergebnisses nach Verlassen des Kundenauftrags) und wurde kundenindividuell auf Wunsch von Getriebebau NORD durch SAP entwickelt. Diese Funktion ist insbesondere für den Vertrieb interessant, da hiermit eine Doppeleingabe bei Anfragen bzw. Anlage von Kundenaufträgen mit Bezug zur Anfrage vermieden wird (siehe Abbildung 10.5).

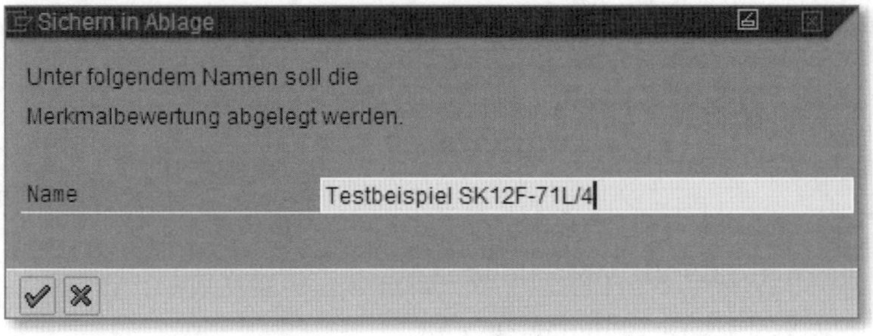

Abbildung 10.5 Dauerhafte Zwischenspeicherung der Merkmalsbewertung

10.1.3 Ergebnisse

Das aktuelle Mengengerüst des Produktmodells sieht wie folgt aus (siehe Tabelle 10.1).

Modellteil	Mengengerüst
konfigurierbare Materialien (KMATs)	281 Kopfmaterialien
Materialvarianten (MATV)	627
konfigurierbare Stücklisten	ca. 25.000
konfigurierbare Arbeitspläne	ca. 3.400
Klassen	ca. 100
Oberflächenprofile	ca. 20
Merkmale (interne/zu bewertende)	ca. 700
Beziehungswissen	1.300 Constraints 722 Vorbedingungen 3.500 Auswahlbedingungen 1.475 Prozeduren 3.749 Variantenkonditionen (Staffeln nicht berücksichtigt) 527 Variantentabellen 20 Datenbanktabellen
Konfigurationsprofile	ca. 280

Tabelle 10.1 Mengengerüst der Produktmodelle von Getriebebau NORD

Neben den genannten Modellteilen zur Variantenkonfiguration verwendet Getriebebau NORD noch folgende Daten für das Produktmodell:

- **Objektmerkmale für das Auslieferwerk:**
  - Ein- und Ausblenden von Merkmalen oder Werten
  - Auswahl des Stücklistentyps
  - Vorgabewerte für die Kapazitätsplanung
  - Mengen (z.B. Öl, Farbe)
  - Vorgangstexte im Arbeitsplan
  - Steuerschlüssel
- **Funktionsbausteine für die Motorfindung:**
  - Ermittlung von Getriebeübersetzungen
  - Materialverfügbarkeit

Änderungen und Ergänzungen am Programmstandard, sogenannte *Modifikationen*, wurden nur in zwingend notwendigen Situationen vorgenommen. Hintergrund hierfür ist die gewünschte Release-Fähigkeit, d.h., man möchte einen möglichst komplikationsfreien Pfad bei Upgrades des SAP-Standards beibehalten. Konkret wurden folgende Änderungen umgesetzt:

- **Modifizierte Programmteile**
  Die folgenden Programmteile wurden erweitert bzw. modifiziert:
  - Verfügbarkeitsprüfung
  - Werkswechsel bei der Auftragsanlage
  - Zwischenspeicherung der Konfiguration während der Auftrags- oder Angebotserfassung
  - Up- und Download von Konfigurationsdaten
  - Pflege-Views
  - Selektion innerhalb eines »Kundenauftragsmonitors« nach Merkmalen
  - Auftragskalkulation (KALCVARCOND)
- **Vorgaben**
  Die Umsetzung neuer Vorgaben erfolgt grundsätzlich durch ein spezielles Team. Die Vorgaben selbst kommen aus den Bereichen bzw. Abteilungen, die die Vorgaben betreffen:
  - Technische Bedingungen werden durch das technische Büro und die Arbeitsvorbereitung/Engineering erlassen.
  - Systemtechnische Bedingungen werden durch die IT-Abteilung vorgegeben.
  - Preisrelevante Bedingungen bestimmt der Vertrieb.

Die Pflege des Beziehungswissens erfolgt generell in Zusammenarbeit der Abteilungen Technisches Büro, Engineering und IT.

Problemfelder

Aufgrund des Variationsumfangs der Produkte kam es während der Realisierung wiederholt zu Problemen. Diese waren unterschiedlicher Natur, und entsprechend unterschiedlich gestaltete sich die Suche nach Lösungen. Insbesondere folgende Themen waren hiervon betroffen:

- Qualität der Stammdaten
- Korrektur der Entscheidung, welche Prozesse mit der Konfiguration bearbeitet werden sollen und welchen Umfang diese haben werden

- Wechsel der Montage- bzw. Auslieferwerke im Kundenauftrag
- Verfügbarkeitsprüfung (Art und Umfang)
- interne/externe Verwendung der Konfiguration
- Abbildung von logistischen Prozessen innerhalb der Konfiguration

10.1.4 Fazit

Würde das Projekt nochmals unter gleichen Ausgangsbedingungen aufgesetzt, sollten unbedingt folgende Punkte vorher geklärt bzw. entschieden werden:

- Die vollständige Ablösung von Altsystemthemen sollte stattfinden.
- Was in Zukunft alles mit der Konfiguration bearbeitet werden soll, sollte vorab genau festgelegt werden.
- Zielbedarfe müssen exakt geklärt sein.
- Es muss geklärt sein, bei welchen Prozessen die Konfiguration eingesetzt werden soll.
- Es sollte eine genaue Vorplanung der zu bearbeitenden Themen stattfinden.

Durch das Projekt konnten folgende Verbesserungen erzielt werden:

- **Kosteneinsparungen**
  Durch die Implementierung der Konfiguration sind in vielen Bereichen Einsparungen realisiert worden. Hierzu zählt insbesondere die Reduzierung der Fehlerquote in den Stücklisten und den damit einhergehenden fehlerhaften Kommissionierungen.
- **Verbesserung des Laufzeitverhaltens**
  Durch den Einsatz der Variantenkonfiguration hat sich auch das Laufzeitverhalten durchaus verändert. Grundsätzlich ist darauf zu achten, was konfiguriert wird bzw. wie der Umfang der zu konfigurierenden Produkte aussieht. Dies ist maßgeblich entscheidend bei der Auswahl der notwendigen Hardware.

Neben den eben genannten Voraussetzungen bzw. Punkten, die vorab geklärt werden sollten, müssen folgende Aspekte auch in Zukunft beachtet werden:

Aufgaben für die Zukunft

Für die Nutzung der Konfiguration gibt es diverse organisatorische Regelungen, die unbedingt berücksichtigt werden müssen. Insbesondere vor dem Hintergrund der Pflege der Konfigurationsdaten im Produktivsystem ist der Einsatz des Änderungsdienstes zwingend erforderlich. Da die Verteilung der Daten per ALE nur eingeschränkt nutzbar ist, sollte in jedem Fall vor Projektstart hier eine langfristig gültige Lösung gefunden werden.

Eine Kontrolle der Richtigkeit der Funktionalität erfolgt nur sporadisch. Beim MRP-Lauf wird allerdings mit einem speziellen Programm festgehalten, ob die erforderlichen Komponenten im Montagewerk angelegt sind.

Das weltweite Roll-out-Projekt enthält auch die Variantenkonfiguration. Vor diesem Hintergrund ist bereits bei der Implementierung auf den weltweiten Einsatz der Konfiguration geachtet worden. Hierzu zählen z.B. die speziellen Maßeinheiten in den USA und die notwendigen sprachlichen Anforderungen.

Empfehlungen für ein ähnliches Projekt

Für die Implementierung der Lösung durch ein ähnliches Projekt können wir folgende Empfehlungen geben:

Aus heutiger Sicht betrachtet, muss vor einer Einführung unbedingt entschieden werden, ob die Konfiguration nur von internen Mitarbeitern oder auch für externe Kunden und/oder Lieferanten verwendet werden soll. Dies hat starke Auswirkungen auf den Aufwand zur Oberflächengestaltung.

Ebenso ist es wichtig, permanent den Grad der automatisch über das Beziehungswissen zu ermittelnden Materialien oder Vorgänge zu überprüfen, da sonst die Anzahl der zu bewertenden Merkmale zu einem erhöhten Zeitaufwand bei der Auftragserfassung führt.

Auf keinen Fall sollten logistische Prozesse innerhalb der Konfigurationslogik abgebildet werden, da dies an verschiedenen Stellen in nachgelagerten Prozessen zu Schwierigkeiten führen kann. Insbesondere wenn im Unternehmen mit buchungskreisübergreifendem Verkauf, Werkswechsel, fixierten Stücklisten im Rahmen von Cross-Company-Umlagerungsbestellungen und Mengenkontrakten gearbeitet wird, kann es zu ungeahnten Auswirkungen kommen, die sich nur schwer im laufenden Betrieb wieder korrigieren lassen. Vor diesem Hintergrund ist eine ausführliche Analyse der Geschäftsprozesse, die mit dem Einsatz der Variantenkonfiguration unterstützt werden sollen, zwingend erforderlich.

10.2 Konfigurierbare Materialien bei der Krones AG

Die Krones AG mit Sitz in Neutraubling/Deutschland plant, entwickelt, fertigt und installiert Maschinen und komplette Anlagen für die Abfüll- und Verpackungstechnik. Mit weltweit rund 10.000 Mitarbeitern setzte der Konzern 2007 gut 2,156 Milliarden € um.

10.2.1 Projekt

Der Einsatz der SAP-Variantenkonfiguration erfordert entsprechendes Know-how, das in vielen Abteilungen erst aufgebaut werden musste.

In der Einführungsphase wurden externe Berater mit einbezogen sowie SAP-Standardschulungen besucht. Sehr bald wurden die Aufgaben von internen IT-Mitarbeitern übernommen und firmeninterne Schulungen entwickelt. Der Aufbau der Konfiguration einer komplizierten Maschine mit tausenden Einzelteilen erfordert sowohl die Kenntnis der Maschine als auch der Konfigurationsmöglichkeiten. Die Konfiguration wurde deshalb von den Mitarbeitern der Konstruktion aufgebaut, die aber meistens keine EDV-Kenntnisse vorweisen konnten und erst durch interne Schulungen und »Learning by Doing« zum »Konfigurierer«, wie man sie bei Krones nennt, ausgebildet wurden.

Noch heute sind fast 100 Mitarbeiter mit dem Ausbau und der Pflege der Produktstruktur sowie der dazugehörigen Variantenkonfiguration beschäftigt.

Bis der Nutzen einer Konfiguration einsetzt, müssen natürlich große Mengen Stammdaten gepflegt werden. Ein ungefähres Mengengerüst bei Krones sähe folgendermaßen aus:

- mehrere hundert Klassen
- mehrere tausend Merkmale
- mehrere hundert Variantentabellen
- mehrere hundert Seiten Beziehungswissen
- mehrstufige Stücklistenstrukturen mit mehreren tausend Materialien, davon etliche hundert konfigurierbar

10.2.2 Ergebnisse

Die Krones AG setzt aktuell SAP ERP, Release-Stand ECC 6.0, mit ca. 4.000 Usern ein und betreibt ein gemeinsames System für alle Standorte.

Die Variantenkonfiguration ist seit der SAP-Einführung 1998 im Einsatz. Aktuell wird sie bei der kompletten Produktpalette mit mehreren hundert Konfigurationsmodellen eingesetzt. Den Einstieg bietet jeweils die Vertriebskonfiguration (Produkt- und Preiskonfiguration) mit bis zu 2.000 Merkmalen und sehr komplexem Beziehungswissen.

Die Vertriebskonfiguration des Kopfmaterials wird im selben Konfigurationsmodell auch zur Ausprägung der Kundenauftragsstückliste, des Netzplans und der einzelnen Arbeitspläne mit einbezogen. Am Einsatz des konfigurierbaren Einkaufsmaterials wird gerade gearbeitet.

Stücklisten

Die Stücklistenstruktur einer Maschine besteht aus konfigurierbaren Baugruppen. Sie ist mehrstufig konfigurierbar und auf mehrere »Äste« verteilt. Zum Ausprägen der Kundenauftragsstückliste werden die üblichen Werkzeuge der Konfiguration eingesetzt:

- Vorbedingungen
- Auswahlbedingungen
- Prozeduren
- Klassenknoten
- Objektmerkmale
- Variantentabellen

Zusätzliche ABAP-Funktionsbausteine ermöglichen das Einlesen von Daten in die Konfiguration (z.B. aus dem CAD-System) und das Durchführen der Syntax des Beziehungswissens bei nicht unterstützten Funktionen (z.B. bei bereits vorhandenen externen Auslegungsprogrammen).

Um die Sortimente des jeweiligen Kunden mit den Maschinen bearbeiten zu können, ist die auftragsbezogene Konstruktion notwendig (*Engineer-to-Order*-Prozess). Die Konfiguration der Stückliste ist mehrstufig und tief, und die ursprünglich konfigurierte Kundenauftragsstückliste wird nach Erstellung noch manuell durch die Konstruktion nachbearbeitet.

Die reibungslose Produktion bei relativ später Auftragsklärung wird durch einen durchgängigen Änderungsdienst gewährleistet. Zur Prozesssteuerung wird das in SAP ERP integrierte Workflow-System eingesetzt.

Auftragsbearbeitung

Für die Auftragsbearbeitung kommen sowohl Standardtransaktionen wie CU51 und CS62 als auch auf diesem Standard basierende Eigenentwicklungen zum Einsatz (siehe Abbildung 10.6). Die Sachbearbeiter werden sowohl durch die automatische Generierung einer Änderungsnummer als auch durch eine mehrstufige Stücklistenfreigabe unterstützt. Ebenso stehen ihnen eine komfortable Navigation in der mehrstufigen Stückliste und diverse Statusreports zur Verfügung. Der weitergehende Prozess wird durch Netzpläne gesteuert, die Terminierung erfolgt über eine Schnittstelle zu I2.

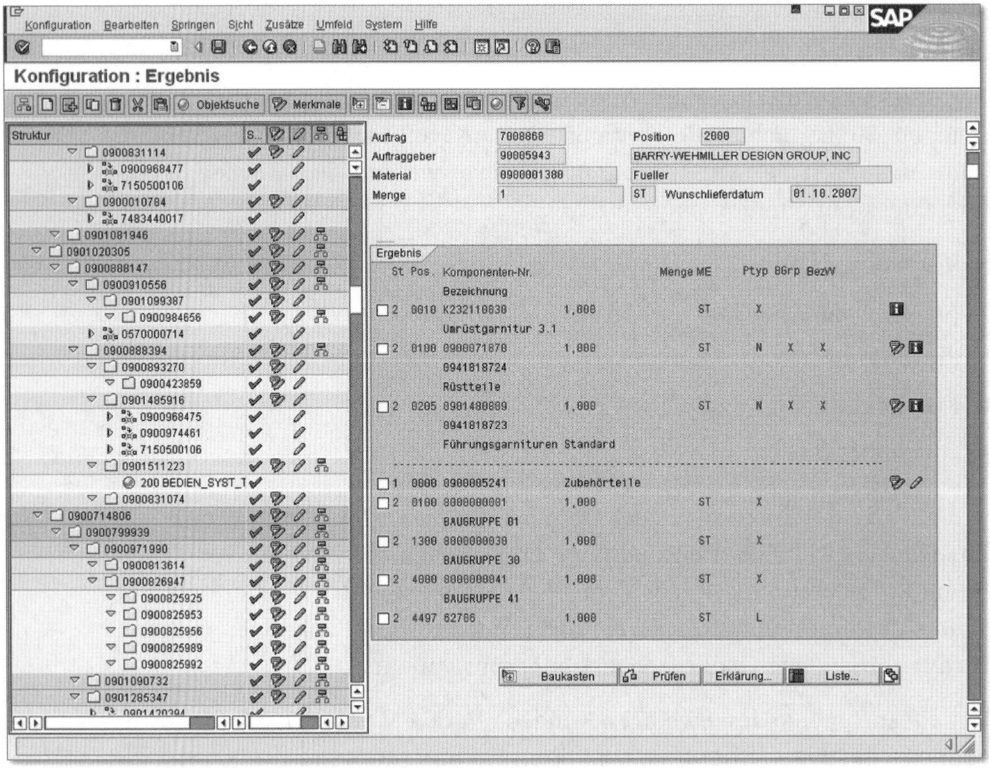

Abbildung 10.6 Kundenauftragsstücklisten-Bearbeitung

Stammdatenpflege

Die Stammdatenpflege wird über Arbeitsvorräte und den Stammdaten-Änderungsdienst abgewickelt. Damit die weitere technische Entwicklung der Maschinen und die damit verbundenen Änderungen der Konfiguration die aktuelle Produktion nicht stören, werden vierteljährlich neue Serienstände vergeben: Die Stammdaten der Konfiguration und die Stücklisten werden mit dem Zeitstempel gepflegt und zum Serienstand für den Einsatz freigegeben.

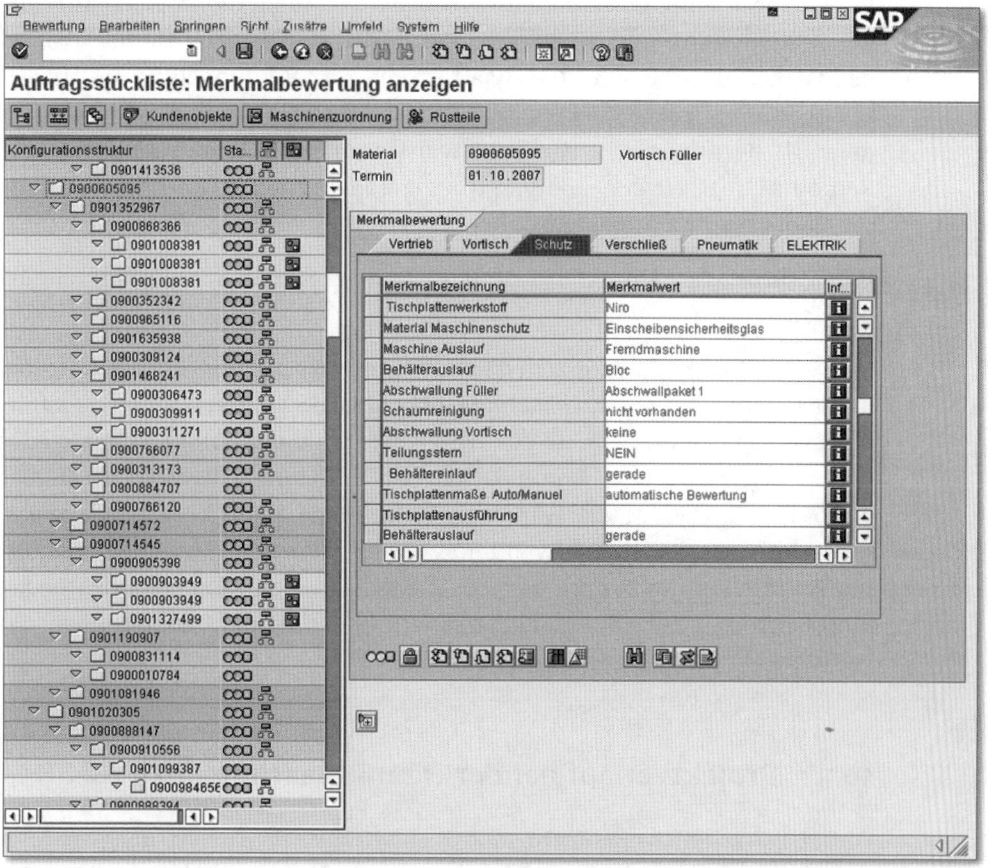

Abbildung 10.7 Merkmalsbewertung in der Stücklistenstruktur

Die Konfiguration wird als strategisches Werkzeug eingesetzt und betrifft alle Abteilungen entlang der Wertschöpfungskette – vom Vertrieb über Produktentwicklung, Auftragsbearbeitung, Terminmanagement, Fertigung, Montage, Lieferung bis hin zur Erstellung der Dokumentation.

10.2.3 Fazit

Die LO-VC Engine von SAP kommt mit diesen Datenmengen mittlerweile gut zurecht und arbeitet weitgehend problemlos. Da Krones keine Modifikationen an der Engine zugelassen hat, kann man jederzeit auf den Service der SAP-Wartung zurückgreifen, was dem Unternehmen eine gewisse Sicherheit im Umgang mit dem recht sensiblen Werkzeug Variantenkonfiguration gibt.

Es ist nahezu unmöglich, die Einsparungen, die durch die Implementierung der Konfiguration entstanden sind, zu beziffern. Die stagnierende Anzahl der Mitarbeiter in der Auftragsbearbeitung trotz Verdoppelung des Umsatzes ist aber ein guter Hinweis darauf, dass sich der Einsatz dieses Prozesses mehr als bezahlt macht. Die Standardisierung der Produktpalette und die Reproduzierbarkeit der Produkte trotz kundenbezogener Entwicklung müssen in diesem Zusammenhang ebenfalls erwähnt werden.

Was würde das Unternehmen bei einer erneuten Einführung anders machen?

Nicht viel! In den Anfangszeiten erhielten die »Konfigurierer« die Aufgabe, die Maschinen möglichst vollständig zu konfigurieren. Dazu haben sie natürlich mächtig in die Trickkiste des Werkzeugs Konfiguration gegriffen – jeder so gut, wie er konnte. Damit ist das Ganze heute schwer überschaubar geworden. An dieser Stelle wäre vielleicht weniger mehr: Vorgaben, zugelassene Methoden, Wiederverwendung, kein Einsatz von nicht dokumentierten Funktionen des Werkzeugs, »Best Practices« beim Erstellen des Beziehungswissens – kurz: Eine Standardisierung des Produktmodellaufbaus ist von Vorteil.

10.3 Projektverlauf bei der Hauni Maschinenbau AG

Die Firma Hauni Maschinenbau AG entwickelt, produziert und vertreibt Maschinen zur Tabakverarbeitung, Filter- und Zigarettenherstellung. Der Hauptsitz befindet sich in Hamburg. Daneben hat die Firma einige produzierende Tochterunternehmen in Deutschland, Frankreich, der Schweiz, den USA, Ungarn und Malaysia. Zusätzlich gibt es weltweit zahlreiche Vertriebsniederlassungen. Insgesamt beschäftigt Hauni 3.750 Mitarbeiter und hatte 2009 einen Umsatz von 800 Mio. €.

Das aktuell eingesetzte SAP R/3-Release ist ECC 6.0. Die Systemlandschaft beruht auf einer dreistufigen Architektur:

- ein Produktivsystem mit einem Mandanten
- ein Konsolidierungssystem mit einem Mandanten
- Test- und Entwicklungssystem mit zwei Mandanten (je ein Entwicklungs- und ein Customizing-Mandant)

Mit dieser SAP-Systemlandschaft arbeiten etwa 2.000 Anwender weltweit. Bereits seit der Produktivsetzung von R/3-Release 3.0F im Jahr 1998 wird die Variantenkonfiguration aktiv genutzt. Der Wechsel von R/2 nach R/3 startete 1997.

Bereits unter R/2 wurde eine Eigenentwicklung zum automatisierten Finden von Stücklistenkomponenten eingesetzt. Diese sollte abgelöst und durch die Nutzung der stücklistenorientierten Variantenkonfiguration ersetzt werden.

Zielsetzung

Auf Basis dieser »Komponentenbeschreibung« der Eigenentwicklung wurde ein Großteil der erforderlichen Daten zur Variantenkonfiguration, wie Klassenpositionen oder Beziehungswissen, automatisiert angelegt. Das heißt, man konnte auf eine gewisse Struktur aus dem Vorgängersystem zugreifen. Um dies zu ermöglichen, mussten von Beginn an Regeln und Normen zur Namensgebung und Nutzung von Beziehungswissen, Merkmalen und Klassen erstellt werden. Dazu gehörte auch, dass in Stücklisten nur Auswahlbedingungen und Prozeduren zur Veränderung von Komponentenmengen und Klassenpositionen eingesetzt werden. Hervorzuheben ist, dass in diesem Bereich keine Tabellen und keine Funktionen eingesetzt werden. Diese Regeln führen in einigen Fällen vielleicht zu komplexeren Auswahlbedingungen und manchmal auch zu notwendigen zusätzlichen Stücklistenstrukturen, es erleichterte uns aber insgesamt die Datenpflege und die Lesbarkeit von Stücklisten.

In Abbildung 10.8 sehen Sie ein Beispiel für zusätzliche Stücklistenebenen zur Auswahl von Komponenten.

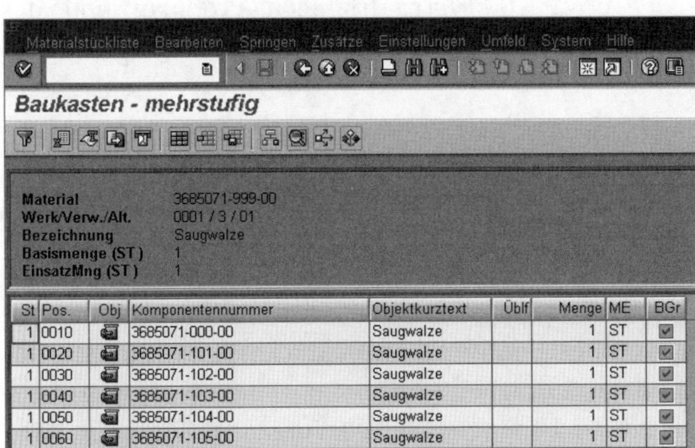

Abbildung 10.8 Stücklistenstruktur einer Saugwalze

In dieser Dummy-Struktur sind alle Varianten einer Komponente zusammengefasst. An jeder Position ist das entsprechende Beziehungswissen zur Auswahl der Komponente vorhanden.

Der Schwerpunkt während der Implementierung lag also auf der Variantenkonfiguration im Bereich der Stückliste.

10.3.1 Personalressourcen

Die gesamte Projektlaufzeit betrug, bedingt durch den sehr großen und hochintegrierten Ansatz, 18 Monate. Dabei wurde zu Beginn der Projektteil Variantenkonfiguration mit zwei Mitarbeitern aus einem zentralen Bereich gestartet (heute integriert in die IT-Organisation). Diese organisierten den Nutzungsumfang der Variantenkonfiguration. Sie erhielten folgende Unterstützung:

- Im Laufe des Projekts wurden zehn Mitarbeiter geschult, um das Beziehungswissen innerhalb der Stücklisten zu pflegen.
- Gleichzeitig wurden im Vertrieb drei Mitarbeiter geschult, um die Variantenklassen zu erstellen. Somit konnte sichergestellt werden, dass interdisziplinär mit dem gleichen Wissen gearbeitet wurde.

Heute wird die Stammdatenpflege zur Variantenkonfiguration im Bereich der Stücklisten durch etwa 40 SAP-Datenpfleger vorgenommen, die aber auch für die neutrale Stammdatenpflege im gesamten System zuständig sind und darüber hinaus auch weitere Aufgaben haben.

Im Bereich SD beschäftigt sich heute eine Gruppe von drei Personen mit der Anlage und Pflege der etwa 200 verkaufsfähigen Produkte und der dazugehörenden 300er-Klasse inklusive der gesamten Preisfindung.

10.3.2 Ergebnis

Nach Abschluss des Projekts ist die Nutzung des *Configure-* bzw. *Engineer-to-Order*-Prozesses nahezu in allen Bereichen des Unternehmens verankert. Die Vertriebskonfiguration wird hierbei überwiegend zur Preisfindung eingesetzt. Die Fertigungsstückliste wird durch Einsatz der Low-Level-Konfiguration, also der Nutzung von Beziehungswissen an Stücklistenpositionen, aufgelöst. In gleichem Maße erfolgt die Ableitung des entsprechenden Arbeitsplans zur Auswahl der benötigten Arbeitsvorgänge. Zusätzlich wird der Netzplan aus dem Projektsystem zur Auswahl von Vorgängen genutzt.

Im Angebotsprozess findet noch keine Stücklistenbearbeitung statt. Zu diesem Zeitpunkt wird lediglich die Konfiguration im Vertriebsbeleg gefüllt, woraus sich ein verbindlicher Preis ergibt. Im Auftragsfall wird diese Konfiguration dann vervollständigt. Anschließend werden alle konfigurierbaren Stücklisten zu ergebnisorientierten Auftragsstücklisten fixiert. Diese werden dann gegebenenfalls noch manuell nachbearbeitet. Es wird also das sogenannte *Engineer-to-Order*-Szenario durch Einsatz der Auftragsstückliste genutzt. Der Umfang der manuellen Nacharbeit ist dabei sehr unterschiedlich. Es gibt Maschinen, die zu nahezu 100% konfiguriert werden (CTO-Prozess), aber auch einige, die nur zu 60% konfiguriert werden (ETO-Prozess). Da die Stückzahlen der Maschinen nicht so groß sind, ist es nicht sinnvoll, das Beziehungswissen für jeden Sonderfall anzupassen. Die Mitarbeiter in der Auftragsklärung verfügen über das notwendige Know-how, um in diesen Einzelfällen die Komponenten einer Maschine manuell zusammenzustellen.

Die manuelle Nachbearbeitung erfolgt hierbei mit den Transaktionen CU51, CS62 und einigen selbstentwickelten Programmen, die auf den Funktionen der Funktionsgruppe CAVC* basieren.

Zudem wurden Reports selbst entwickelt, die z.B. eine logische Überprüfung der Auftragsstücklisten ermöglichen. In dem obengenannten Beispiel (alle Varianten einer Komponente sind in einer Dummy-Stückliste verankert) erwartet das System genau eine Komponente in einer Auftragsstückliste. In Abbildung 10.9 sieht man das Ergebnis nach Ablauf des Beziehungswissens. Es wurde genau eine Saugwalze aus der Maximalstruktur gewählt.

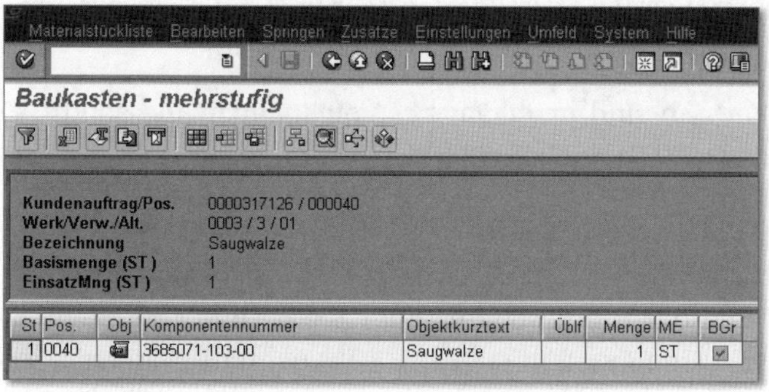

Abbildung 10.9 Auswahl der passenden Saugwalze

Jede andere Situation würde automatisch zu einer Fehlerausgabe führen.

Diese Überprüfungsmechanismen sind notwendig, da in der Auftragskonfiguration bereits Werte zulässig sind, die konstruktiv zwar erlaubt, aber noch nicht realisiert sind. Die Auftragsklärung und Konstruktion reagieren auf diese Fehlermeldungen und erstellen notwendige Komponenten.

Bereits während der Projektphase wurde deutlich, dass es durch die großen Stücklistenstrukturen zu Laufzeitproblemen kommen würde. Daher erfolgt die Fixierung einer Auftragsstückliste ausschließlich im Batch. Dies wurde durch eine Eigenentwicklung realisiert. Damit werden die Systemlast während der Auftragsbearbeitung und auch die Sperrproblematik reduziert, weil zur manuellen Nachbearbeitung der Auftragsstücklisten die Transaktion CS62 genutzt werden kann. Diese Transaktion sperrt lediglich den konkreten Baukasten und nicht wie die Transaktion CU51 die komplette Auftragsposition.

Eine Besonderheit im gesamten Prozess ist die strikte Trennung zwischen »Vertriebs-« und »Technikmerkmalen«. Eine Maschine wird komplett durch die »Vertriebsmerkmale« beschrieben. Die »Technikmerkmale« sind in vielen Fällen lediglich eine Kopie der entsprechenden »Vertriebsmerkmale«. Im Beziehungswissen in Stücklisten, Netz- und Arbeitsplänen werden ausschließlich »Technikmerkmale« eingesetzt.

Dies hat folgenden Hintergrund: Im Bereich »Vertriebsmerkmale« werden Klassenzuordnungen und Merkmalswerte mit dem Änderungswesen geändert. So kann z.B. ein Merkmalswert einer Option ab einem bestimmten Datum entfallen, weil diese Option dann Serie ist. Das Beziehungswissen in den nachgeschalteten Prozessen muss deshalb aber nicht geändert werden, da hierin das entsprechende »Technikmerkmal« abgefragt wird. Es muss lediglich dafür gesorgt werden, dass dieses Merkmal nun entsprechend gesetzt wird.

Konstruktion und Vertrieb sind unabhängiger voneinander und somit flexibler.

Mengengerüst

Es gibt aktuell ca. 1,5 Mio. Materialstämme mit ca. 4,6 Mio. Werkssegmenten im System. Diese werden verteilt auf ca. 1 Mio. neutrale Materialstücklisten, wovon etwa 250.000 konfigurierbar sind. Ein konfigurierbares Produkt umfasst neutral bis zu 50.000 Komponenten in 3.000 konfigurierbaren Stücklisten mit etwa 2.000 200er-Klassen und 1.000 Beziehungsregeln bzw. Abhängigkeiten verteilt auf bis zu zwölf Stücklistenebenen.

In einer konfigurierten Stückliste befinden sich bis zu 20.000 Komponenten, wobei ein Produkt mit bis zu 200 Merkmalen beschrieben werden kann.

Neben der stücklistenorientierten Anwendung wurde die Variantenkonfiguration auch im Bereich des Vertriebs, also im SD-Modul, zur Preisfindung bei Angeboten und Aufträgen eingesetzt.

Mit der Umstellung auf ERP und der Einführung der Variantenkonfiguration wurde somit gleichzeitig der gesamte logistische Prozess auf SAP-Software umgestellt.

Fazit

Würde das Projekt nochmals aufgesetzt werden, sollten unbedingt folgende Punkte besonders betrachtet werden:

- die richtige Anpassung der Stücklistenstruktur
- die Standardisierung bzw. Beschränkung auf bestimmte Funktionen

Fokussiert man auf die Optimierung der Systemlaufzeiten, wäre eine flachere Stücklistenstruktur vorteilhafter. Hierzu müssten jedoch Alternativen zum aktuellen Stammdatenaufbau gefunden werden, die die Stückliste übersichtlicher strukturieren.

Im Bereich der Konfiguration bzw. der Ausprägung der 300er-Klassen werden fast alle Möglichkeiten der Variantenkonfiguration genutzt. Dies ist nur deshalb handhabbar, weil hier nur sehr wenige Personen die Daten pflegen.

Im übrigen Bereich der Anwendung wäre zu überprüfen, ob eine weitere Vereinheitlichung bzw. Standardisierung und damit Beschränkung auf bestimmte Funktionen sinnvoll wäre. Dies könnte zwar gegebenenfalls zu einem erhöhten Pflegeaufwand führen, würde aber mit mehr Übersichtlichkeit und simpleren Anwendungen belohnt werden. Fazit: Auch in dieser Anwendung zeigt sich, dass – ähnlich wie beim Gesamtsystem R/3 – eine Standardisierung der Prozesse und Anwendungen mehr Vorteile bietet, als Sonderprogramme und Insellösungen aufrechtzuerhalten.

10.3.3 Nutzung der Order Engineering Workbench

Auch während des bereits laufenden Beschaffungsprozesses einer Maschine hat der Kunde möglicherweise Änderungswünsche bezüglich der Konfiguration der bestellten Maschine. Die technische Klärung dieser Änderungswünsche ist mitunter kritisch und aufwendig. Um die Abläufe hierbei zu vereinfachen, wird zukünftig die Order Engineering Workbench (OEW) bei der Hauni Maschinenbau AG genutzt. Nähere Informationen zur OEW finden Sie in Abschnitt 3.1.2, »Order Engineering Workbench«.

Änderungen haben immer Einfluss auf die zu beschaffenden Teile und damit auch auf den bestätigten Liefertermin sowie auf die zu erwartenden Kosten.

Die Auftragsklärung muss dem Vertrieb gegenüber möglichst schnell eine Aussage tätigen, ob der Änderungswunsch des Kunden Auswirkungen auf Kosten und Liefertermin hat. In Abhängigkeit von diesen Aussagen erfolgt eine Klärung mit dem Kunden, ob und wie der Änderungswunsch umgesetzt wird.

Umsetzung

In Abbildung 10.10 finden Sie die Schritte, die im technischen Prozess der Auftragsklärung ablaufen.

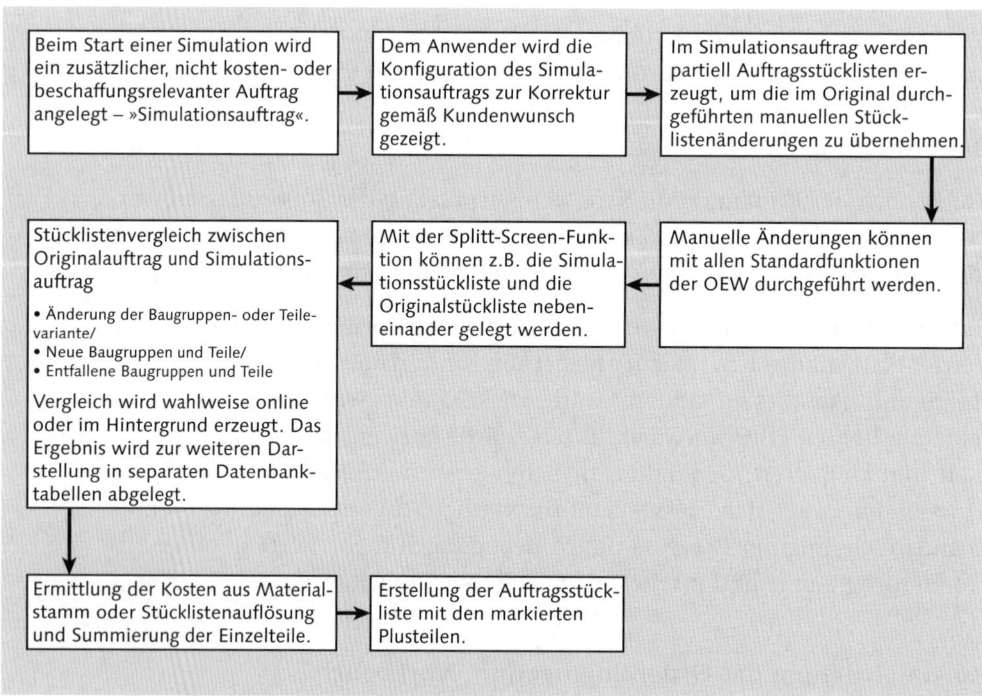

Abbildung 10.10 Der technische Prozess bei der Auftragsklärung

Um diesen Ablauf zu unterstützen, wurde die Standard-OEW um einige kundenspezifische Funktionen – insbesondere zur Erzeugung des Simulationsauftrags und zur Auswertung der Simulation – erweitert. In Abbildung 10.11 ist der entsprechend erweiterte Einstiegsdialog dargestellt.

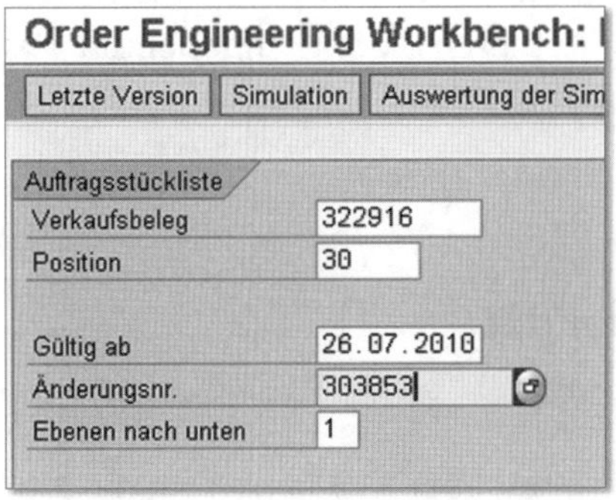

Abbildung 10.11 Einstiegsdialog der Order Engineering Workbench

Zuerst passt der Anwender die kopierte Konfiguration entsprechend den Kundenanforderungen an. Danach erfolgt dann die gegebenenfalls notwendige manuelle Änderung der Auftragsstückliste. Diese kann auch um Strukturen aus anderen Aufträgen ergänzt werden. Als Ergebnis des Prozesses werden die Unterschiede gegenüber dem Originalbeleg dargestellt (siehe Abbildung 10.12).

	Vater Baugr.	Objekt Orig.	ProdHier.	Objekt Simul.	ProdHier.	Vater Material	Vater Txt.	Vater Zeinr	Vater prdha	Baug
≠	8501936-000-00	1093674-004-01	K EX0190	1093674-005-00	K EX0190	8501936-000-00	Programmierbare Teile SE-M5		K EB2542	☑
<	8501936-000-00	1077674-001-06	K EQ2542			8501936-000-00	Programmierbare Teile SE-M5		K EB2542	☐
≠	8604103-201-00	1068863-201-03	K IK2542	1068863-201-04	K IK2542	8604103-201-00	Prismenschiene	62-201-0-DSA	K BM2542	☑
≠	1041431-004-02	1115135-004-03	K IK2541	1115135-004-04	K IK2541	1041431-004-02	Tabakkasten komplett	15300-4-2-DRA	K BM2541	☑
≠	1041431-004-02	1114843-000-00	K XG2541	1110879-000-00	K TA2541	1041431-004-02	Tabakkasten komplett	15300-4-2-DRA	K BM2541	☑
≠	8782238-004-00	1087256-004-01	K IK2541	1087256-004-03	K IK2541	8782238-004-00	Verschutzung	45-4-0-DRA	K BM2541	☑
≠	8656870-003-00	1108788-003-01	K IK2541	1108788-003-02	K IK2541	8656870-003-00	Verschutzung Überschussrückführung	38-3-0-DRA	K BM2541	☑
>	1099207-000-05			1121420-000-06	K EB0190	1099207-000-05	Schaltschrank Optionen MAX-M5		K EB0190	☐
<	1099207-000-05	1023538-000-06	K EB0190			1099207-000-05	Schaltschrank Optionen MAX-M5		K EB0190	☐
<	1041229-000-00	1330712-000-00	K EB0192			1041229-000-00	Verlegungsmaterial Maschine		K EB0190	☐
>	1045964-001-00			1346840-000-00	K AW0280	1333421-000-00	Tür	U1540FCA27	K XG0190	☑
>	1045964-001-00			3428036-000-01	K NT5601	1333421-000-00	Tür	U1540FCA27	K XG0190	☑
>	1045964-001-00			1346840-000-00	K AW0280	1333501-000-00	Tür	U1540FCA20	K XG0190	☑
>	1045964-001-00			3470113-000-01	K NT5601	1333501-000-00	Tür	U1540FCA20	K XG0190	☑
>	1045964-001-00			2586754-000-00	K NT4243	1333692-000-00	Tür	U1540FCA29	K XG0190	☑
>	1045964-001-00			1346840-000-00	K AW0280	1333692-000-00	Tür	U1540FCA29	K XG0190	☑
>	1045964-001-00			2586754-000-00	K NT4243	1033178-000-00	Seitenteil	U1540FCA1	K XG0190	☑
>	1045964-001-00			1346840-000-00	K AW0280	1033178-000-00	Seitenteil	U1540FCA1	K XG0190	☑
≠	8289683-002-01	1009241-001-05	K IK0190	1009241-001-06	K IK0190	8289683-002-01	Zigarettenspreiztrommel	140-2-1-FCA	K BM0190	☑

Abbildung 10.12 Unterschiede im Vergleich zum Originalbeleg

Erfahrungen

Das Einführungsprojekt für die OEW stand bei Erstellung dieses Artikels nach intensiver Testphase kurz vor der Produktivsetzung. Daher kann noch nicht über Erfahrungen aus der produktiven Nutzung berichtet werden. In der Testphase wurden die Standardfunktionen der OEW zur manuellen Stücklistenanpassung (insbesondere das Kopieren von Komponenten aus anderen Aufträgen per Drag & Drop) durch die Anwender sehr positiv bewertet.

10.4 Variantenkonfiguration bei der Felix Schoeller Gruppe

Die Felix Schoeller Gruppe konzentriert sich seit über 110 Jahren auf die Produktion hochwertiger Spezialpapiere, etwa Fotopapiere, Digital-Imaging-Papiere, Dekorpapiere und technische Spezialpapiere für die verschiedensten Anwendungen. Das Unternehmen beschäftigt an acht Standorten in Deutschland, USA, Kanada und Russland 2.400 Mitarbeiter. Im Jahr 2007 betrug der Gesamtabsatz 364.000 Tonnen und der Gesamtumsatz 714 Mio. €.

Zurzeit wird SAP ERP 5.0 bei der Felix Schoeller Gruppe eingesetzt, die ERP-Systemlandschaft ist in die klassischen drei Stufen eines Test-, eines Konsolidierungs- und eines Produktivsystems aufgeteilt. Allein am ERP-System arbeiten ca. 900 User weltweit. Außerdem sind in diese Landschaft SAP Supply Chain Management (SCM), SAP NetWeaver Business Warehouse und die Portallösung von SAP eingebunden. Der für die Einbindung der Variantenkonfiguration in das Portal zuständige IPC-Server befindet sich als Stand-Alone-Installation (ohne CRM) im Release-Stand 4.0. Bei der Portallösung handelt es sich um SAP Enterprise Portal 5.0.

Die Variantenkonfiguration ist im Geschäftsbereich »Dekor« bereits seit 1997 im Einsatz, wurde dort allerdings nur mit einem konfigurierbaren Merkmal genutzt. Im Geschäftsbereich »Digital Imaging« (DI) wurde die Variantenkonfiguration 2006 in einem größeren Funktionsumfang eingeführt. Hier wurden sogenannte konfektionierte Papiere abgebildet. Dieses sind zum einen in Format geschnittene Papiere und zum anderen konfektionierte Papierrollen, wie sie z.B. in Plottern eingesetzt werden, die jeweils in verschiedene kundenspezifische Umverpackungen verpackt werden müssen.

10.4.1 Projekt

Das Einführungsprojekt dauerte ca. 14 Monate, wobei mit der VC-Einführung gleichzeitig Warehouse Management (WM) eingeführt wurde und diese Projekte eng verzahnt waren.

Analyse und Zielformulierung

Mit der Einführung der Variantenkonfiguration sollten im Geschäftsbereich DI erstmals *Make-to-Order*-Prozesse (MTO) ermöglicht und im System integriert abgebildet werden. Eine dem Projekt vorangestellte *Analyse* hat hierbei gezeigt, dass die große Variantenvielfalt erst in der letzten Produktions- bzw. Verpackungsstufe entsteht. Diesem Umstand sollte mit der Nutzung der VC in einem CTO-Szenario Rechnung getragen werden. In den vorgelagerten Stufen sollte sie zur Einhaltung von Standards in einem *Make-to-Stock*-Szenario (MTS) ebenfalls genutzt werden. Die Abwägung zwischen anonymer Fertigung und Kundeneinzelfertigung illustriert Abbildung 10.13.

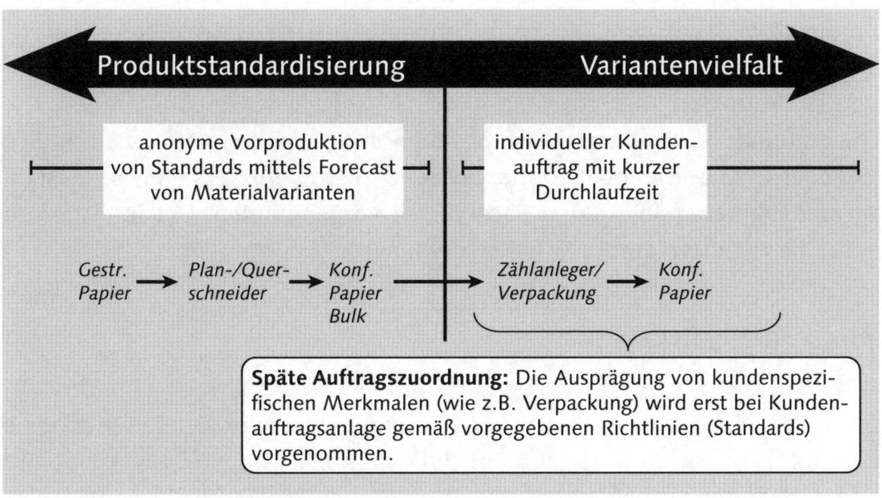

Abbildung 10.13 Produktstandardisierung und Variantenvielfalt

Außerdem sollte durch die MTO-Szenarien der Stammdatenaufwand in Bezug auf die Materialstämme reduziert werden, so dass einmalig produzierte und verkaufte Varianten nicht wie bisher aufwendig manuell angelegt und nach einmaliger Nutzung wieder gelöscht werden müssen. Auch für die *Make-to-Stock*-Szenarien (MTS) sollte der Stammdatenaufwand reduziert werden, indem Stücklisten und Arbeitspläne automatisch zu angelegten

Materialvarianten erzeugt werden können. Darüber hinaus sollte der Informationsgehalt in den Materialstämmen durch die Konfiguration und die genaue Produktdefinition durch Merkmale erhöht werden.

Projektumfang

Zu Beginn des Projekts bestanden nur rudimentäre Kenntnisse über die Variantenkonfiguration innerhalb der IT. Deshalb wurde früh externe Beratung durch SAP-Consulting in Anspruch genommen, die hauptsächlich bei der Produktmodellierung unterstützt hat. Diese Beratung hatte einen starken Coaching-Charakter, so dass IT und Fachbereiche schnell die Konzepte und das Projekt selbständig vorantreiben konnten. Der externe Aufwand betrug insgesamt nur ca. 25 Personentage.

An der Produktmodellierung und Umsetzung der Konfigurationsstrukturen inklusive Klassen, Beziehungswissen, Variantentabellen, Maximalstücklisten und -arbeitsplänen waren lediglich ein Mitarbeiter der Fachabteilung und ein Mitarbeiter der IT beteiligt. Von ihnen konnten mit dem im Projekt erlangten Wissensstand die Produktmodelle bislang ohne weitere externe Unterstützung gewartet und erweitert werden, so dass aktuelle Veränderungen an Produkten und Prozessen in der VC angepasst werden konnten. Die Integration in die verschiedenen Module im SAP ERP-System (wie z.B. SD, CO oder QM) und in die Shopfloorsysteme wurde durch die jeweils zuständigen Mitarbeiter aus IT und Fachbereich vorgenommen. Der interne Aufwand betrug insgesamt ca. 300 Personentage.

10.4.2 Ergebnisse

Den Anforderungen entsprechend, konnten vergleichsweise einfache VC-Produktmodelle entwickelt werden. Die manuell auszuprägenden Merkmale beschränken sich im Minimum auf fünf Merkmale, da viele Merkmale mit Standardwerten vorbelegt sind. Maximal können 30 Merkmale manuell ausgeprägt werden. Die restlichen Merkmale werden durch Beziehungswissen und Variantentabellen abgeleitet. Auf diese Weise hatte die Konfiguration eine größere Akzeptanz vor allem im Vertrieb, da hier für Standardkonfiguration nur ein geringer Aufwand bei der Merkmalsbewertung entstand. Trotzdem konnten für Ausnahmefälle komplexe Konfigurationen ermöglicht werden.

Die unbedingt notwendigen Merkmale sind auf der Registerkarte EINSTIEG in der Konfiguration verfügbar (siehe Abbildung 10.14).

Abbildung 10.14 Einstiegsbild zur Konfiguration

Darüber hinaus wird die Konfiguration in der Materialstammanlage verwendet, indem Materialvarianten für die MTS-Szenarien angelegt werden. Das heißt, sie werden bezüglich eines konfigurierbaren Materials angelegt und referenzieren auf dieses Kopfmaterial. Die manuelle Anlage der Stücklisten bzw. Arbeitspläne entfällt.

In der Konfiguration erfolgt eine *einstufige Stücklistenauflösung* (siehe Abbildung 10.15). Hierbei erfolgt die Auswertung der Maximalstückliste auf Basis von Variantentabellen. Dadurch wird für den Vertriebsmitarbeiter oder den Materialstammanleger sofort sichtbar, ob alle notwendigen Stücklistenkomponenten im System gepflegt sind. Dies führt insbesondere auf Vertriebsseite zu einer höheren Transparenz, ob alle notwendigen Daten und Komponenten für das Produkt bereits angelegt sind. Auf eine Verfügbarkeitsprüfung auf Komponentenebene wurde dabei verzichtet.

Ist die Konfiguration konsistent, wird automatisch ein Planauftrag eingelastet, der von der Auftragsabwicklung weiterbearbeitet werden kann. Wir nutzen somit die sogenannte *Montageabwicklung*.

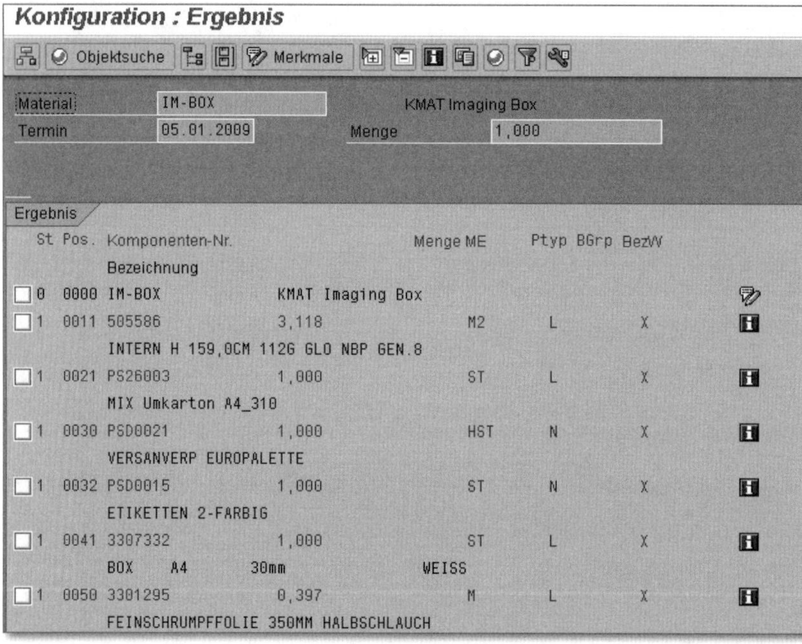

Abbildung 10.15 Konfigurationsergebnis Stückliste

Anzumerken ist noch, dass in Auftragskonfigurationen keine merkmalsbasierte Variantenpreisfindung durchgeführt wird.

Ein weiterer Vorteil des Modells besteht darin, dass keine Kenntnisse über das Beziehungswissen zur Stücklistenpflege vorhanden sein müssen, da die Stücklistenkomponenten ausschließlich über Variantentabellen gepflegt werden. In den Stücklisten können auch wieder Materialien auf Basis der VC verwendet werden, jedoch ist dies nur in Form von Materialvarianten möglich. Die Ausprägung zum Kundenauftrag soll lediglich für die letzte Produktionsstufe erfolgen, es gibt also keine mehrstufige Konfiguration im Kundenauftrag.

Da die Komponenten über sogenannte Klassenknoten in die Stücklisten gezogen werden, hat sich bei Verwendung von Materialvarianten als mögliche Eingangskomponenten zeitweise eine Rekursionsproblematik ergeben. Diese wird normalerweise vom System erkannt und verhindert bzw. behoben. Bei Vermischung der verschiedenen Produktmodelle sind jedoch Konstellationen möglich, die dazu führen können, dass die Zuordnung von neuen Materialvarianten zu Maximalstücklisten blockiert ist. Deshalb muss unbedingt auf eine klare Definition von Komponentenklassen und der Zuordnung von Materialvarianten zu diesen geachtet werden.

Mengengerüst

Folgendes Mengengerüst gilt für das aktuelle Produktmodell (siehe Tabelle 10.2):

Modellteil	Mengengerüst
konfigurierbare Materialien	8 Kopfmaterialien
Materialvarianten	4.100
konfigurierbare Stücklisten	ca. 70
konfigurierbare Arbeitspläne	ca. 110
Klassen	21
Oberflächenprofile	8
Merkmale (interne/zu bewertende)	ca. 100
Beziehungswissen	25 Constraints 1 Vorbedingung 50 Auswahlbedingungen 198 Prozeduren 48 Variantentabellen 9 Variantenfunktionen
Konfigurationsprofile	8

Tabelle 10.2 Mengengerüst des Produktmodells

Außerdem wurden folgende Objektmerkmale und Funktionen verwendet:

- **Objektmerkmale zur Ermittlung folgender Daten:**
  - Ein- und Ausblenden von Merkmalen oder Werten
  - IPC-Steuerung
  - Fehlersteuerung
  - Komponentenvorauswahl
  - Textpositionen in Stücklisten

- **Funktionen:**
  - Fehler-/Infoanzeige im UI
  - Ermittlung spezieller Baugruppen
  - Setzen von Textpositionen

Die Pflege und Anpassung der Produktmodelle wird auf Anforderung des Fachbereichs durch die IT vorgenommen. Die Anpassungen beschränken sich hierbei allerdings auf ein Minimum, da die stark fluktuierenden Teile der Konfiguration bewusst in Variantentabellen und nicht direkt im Beziehungswissen abgelegt wurden. Die Pflege der Variantentabellen ist aufgeteilt in Tabellen für die High- und die Low-Level-Konfiguration.

Die High-Level-Tabellen definieren die erlaubten Produkteigenschaften und dienen zum Setzen von Produktstandards. Für die Pflege dieser Tabellen wurden zwei Mitarbeiter des Global Product Managements geschult.

Die Low-Level-Tabellen werden über Beziehungswissen ausgewertet und prägen so Maximalstücklisten und -arbeitspläne aus. Für die Pflege dieser Tabellen wurden zwei Mitarbeiter der Auftragsabwicklung geschult.

10.4.3 Erweiterung der Variantenkonfiguration durch Nutzung des IPC

Im Oktober 2008 wurde die VC noch um eine Anwendung in der Auftragserfassung im SAP-Webportal erweitert.

Hierzu wurde eine Stand-Alone-Installation des *Internet Pricing Configurators* (IPC) genutzt. Durch Erstellung einer Wissensbasis in ERP werden die Produktmodelle an den IPC übertragen. Probleme bereiteten hier lediglich Merkmale mit einem Bindestrich im Merkmalsnamen, die einen kundenindividuellen Patch im IPC notwendig machten. Dieser wurde von SAP bereitgestellt.

Die Konfigurationslogik der Produktmodelle wurde außerdem erweitert und an die Anforderungen einer Konfiguration im Portal angepasst. Die Einbindung in die vorhandenen Portalfunktionen erfolgte über einen Aufruf des IPC über eine URL. Auf diese Weise ist ein direkter Absprung aus der Auftragserfassung im Portal in den IPC möglich (siehe Abbildung 10.16).

Im IPC wurde dann die Standardoberfläche genutzt, wobei lediglich über das IPC-Customizing, das sogenannte *Extented Configuration Management* (XCM), Anpassungen vorgenommen wurden. Die Konfigurationsoberfläche ist dabei über das Beziehungswissen stark eingeschränkt worden, so dass sich diese grundlegend von der Oberfläche zur internen Verwendung im ERP-System unterscheidet (siehe Abbildung 10.17).

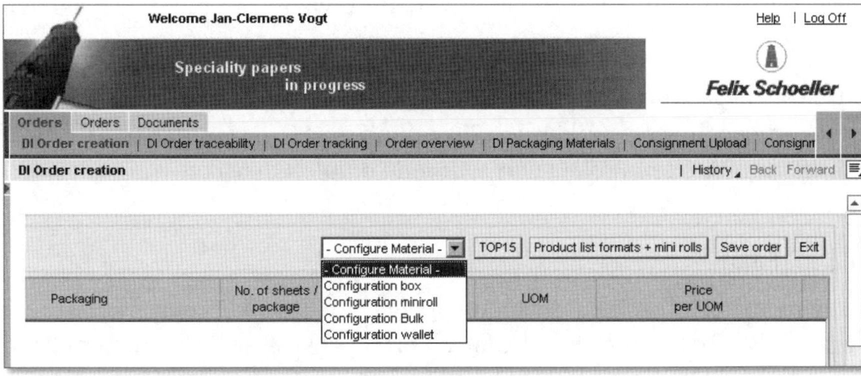

Abbildung 10.16 Absprung aus Auftragserfassung in Konfiguration

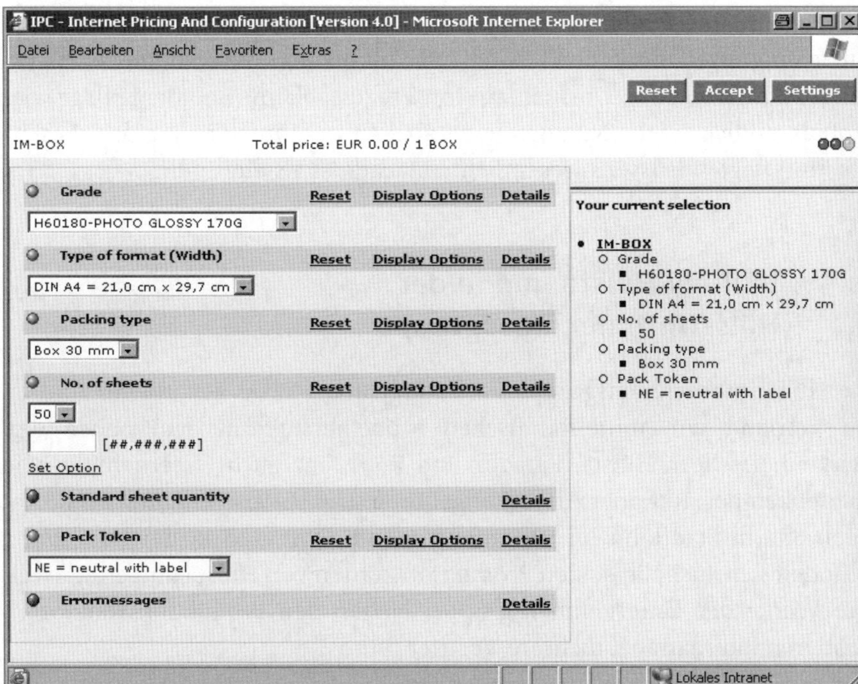

Abbildung 10.17 IPC-Konfigurationsoberfläche

Im IPC kann dann die Bewertung der Merkmale vorgenommen werden. Über den Button ACCEPT wird die Konfiguration in die Auftragserfassung übernommen. Über einen URL-Aufruf werden dann die Merkmalsbewertungen übergeben, und der konfigurierte Artikel wird in der Auftragserfassung angelegt.

Diese Funktion konnte mit einem externen Aufwand von ca. 15 Personentagen und kaum mehr internem Aufwand realisiert werden.

Mit dieser Zusatzfunktion ist die Durchgängigkeit des MTO-Szenarios durch alle Vertriebsprozesse (inklusive Portalfunktionen) gewährleistet, und die anfangs formulierten Projektziele wurden komplett erreicht.

10.4.4 Fazit

Zusammenfassend lässt sich feststellen, dass nur mit Hilfe der Variantenkonfiguration ein unkontrolliertes Anwachsen von Stammdaten verhindert werden konnte. Der MTS- bzw. CTO-Prozess würde nur schwer integriert werden können, und dem Kunden bzw. Anwender des Customer-Relationship-Management-Systems (CRM) müsste eine Vielzahl an Produkten angeboten werden. Durch die Implementierung konnte somit eine Vereinfachung erreicht werden. In der Logistik bedingt die Kundeneinzelfertigung zum Teil eine Umstellung im Prozessablauf. Bei der Pflege des Produktmodells ist die Nutzung von Tabellen zu empfehlen, da das »Lesen« des hinterlegten Wissens wesentlich einfacher ist als ein Coding.

10.5 SAP bei Hülsta und in der Hüls-Unternehmensgruppe

Die Hüls-Unternehmensgruppe beschäftigt über 4.000 Mitarbeiter und ist ein Verbund von mittelständischen Möbelherstellern, dem neben den Markenherstellern Hülsta, Parador und Rolf Benz auch Unternehmen wie Loddenkemper, Ruf oder Arte M angehören. Die Unternehmenszentrale hat ihren Sitz in Stadtlohn im Westmünsterland. Dort und in der Umgebung befinden sich auch die beiden Produktionsstätten von Hülsta und einige weitere Werke der Unternehmensgruppe. Neben den Produktionsstandorten existieren international mehrere Vertriebsbüros.

Schon in den 80er Jahren hat man sich in der Unternehmenszentrale für SAP-Software als Standardsoftware entschieden. Aktuell wird SAP ERP 6.0 eingesetzt. Die Systemlandschaft hat einen klassischen dreistufigen Aufbau:

- ein Produktivsystem mit einem Mandanten
- ein Konsolidierungssystem mit einem Mandanten
- ein Entwicklungssystem

Derzeit arbeiten mehr als 1.500 User aktiv mit dem System, Tendenz steigend.

Neben der ERP-Systemlandschaft sind noch ein separates SAP ERP-System für das Personalwesen und ein SAP ERP-Logistiksystem im Einsatz. Die weiteren SAP-Systeme, wie SAP NetWeaver Business Warehouse, SAP Supplier Relationship Management (SRM), ein Customer-Relationship-Management-System (CRM) und SAP NetWeaver Portal, ergänzen das Applikationsportfolio.

10.5.1 Ausgangssituation

Hülsta setzt die Variantenkonfiguration seit der Umstellung und Migration von SAP R/2 auf SAP R/3 im Jahre 2000 ein. Gestartet mit dem Release 4.0, wurden bis heute zwei Release-Wechsel – zunächst auf den Release-Stand 4.6, später auf das aktuelle Release ERP 6.0 – erfolgreich absolviert.

Neben Hülsta setzen inzwischen weitere Firmen der Hüls-Unternehmensgruppe die Variantenkonfiguration ein. So wird z.B. für die Matratzenfertigung ein Sortiment von mehreren tausend Endprodukten mit einem konfigurierbaren Material und somit einer einzigen Maximalstückliste abgebildet. Soweit dabei eine Lagerbestandsführung notwendig ist, werden Materialvarianten eingesetzt.

Die folgenden Ausführungen beziehen sich auf Hülsta. Ähnliche Datenmodelle finden sich aber auch in anderen Unternehmen der Gruppe wieder.

Ausgangssituation waren dedizierte Artikel und Stücklisten, die im Vorgängersystem SAP R/2 auf Basis zahlreicher eigenentwickelter Tools teilautomatisiert angelegt worden waren.

10.5.2 Vorbereitung

Im Rahmen der Vorbereitungen für die übergeordnete Migration von SAP R/2 auf SAP R/3 wurden zwei IT-Mitarbeiter im Schulungszentrum von SAP in Walldorf zum Thema Variantenkonfiguration ausgebildet. Zusammen mit einem externen Berater und Mitarbeitern aus der Arbeitsvorbereitung wurde ein erster Entwurf für ein Datenmodell in wenigen Wochen erarbeitet. Der endgültigen Entscheidung für den Einsatz eines solchen Datenmodells gingen zusätzliche intensive Workshops mit den Mitarbeitern aus den Fachbereichen Vertrieb und Produktion voraus.

Die im ersten Konzept erarbeiteten Vorteile und der Umfang der Nutzung der Variantenkonfiguration haben sich bewährt und bis heute Bestand. Folgende Vorteile sind hier z.B. zu nennen:

- höhere Stammdatenqualität
- schnelle und effiziente Pflege von Stammdaten
- einheitliche Konfigurationsprofile
- Namenskonventionen aller beteiligten Objekte
- Einsatz von Datenbanktabellen und Funktionsbausteinen innerhalb der Variantenkonfiguration

Zur Risikominimierung beim Go-live von SAP R/3 sollte lediglich eines der fünfzig Möbelprogramme auf die Variantenkonfiguration umgestellt werden.

Nach erfolgreichem Projektabschluss wurden innerhalb von drei Jahren alle weiteren Programme sukzessive auf die Variantenkonfiguration umgestellt.

Hierzu sind acht Mitarbeiter aus den betroffenen Fachabteilungen im Wesentlichen intern ausgebildet worden. Ziel dieses Know-how-Transfers war es, die Fachabteilungen in die Lage zu versetzen, eigenständig Maximalstücklisten, Beziehungswissen und Klassenknoten zu erstellen und zu pflegen.

10.5.3 Projektziele und -ergebnisse

Eine Herausforderung im Projekt war, die Brücke von der alten in die neue Welt zu bauen. Die Marketingunterlagen in der Möbelbranche sind quasi standardisiert.

Entwicklung des aktuellen Mengengerüsts

Auch wenn einzelne Möbelbaukästen variantenreich sind, weisen die Marketingunterlagen eine Vielzahl von häufig sprechenden Artikelnummern für mehr oder weniger ausgeprägte Varianten aus, die sich dann häufig »Type« nennen und bei der nur noch die Farbausführung variabel ist.

Da zum Einführungszeitpunkt noch keine elektronischen Möbelkonfiguratoren (siehe Abbildung 10.18) flächendeckend im Einsatz waren – und es auch aktuell noch nicht sind –, ist die papierbasierte Typenliste (siehe Abbildung 10.19) ein unverzichtbares Kommunikationsinstrument für den Vertrieb.

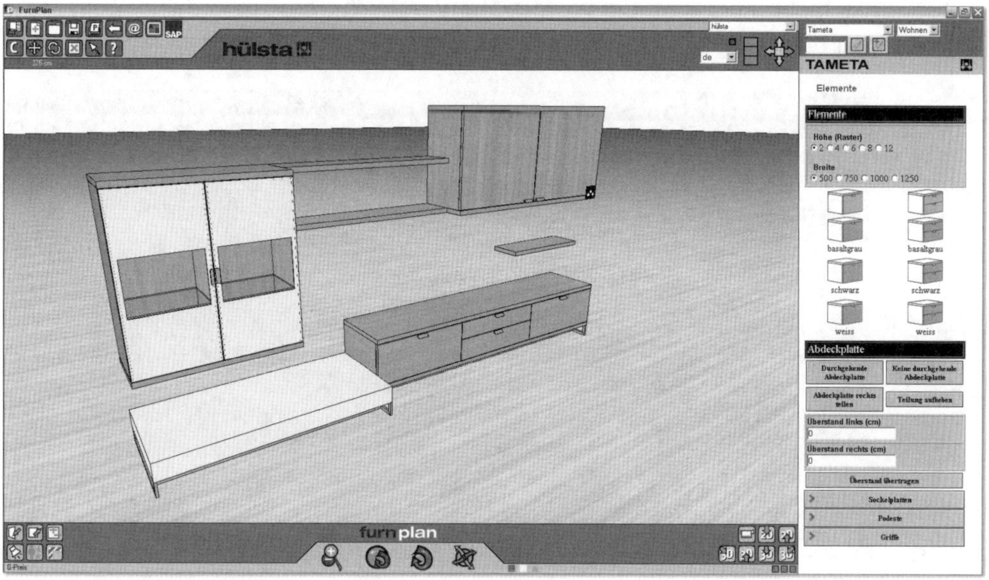

Abbildung 10.18 Screenshot eines grafischen Konfigurators

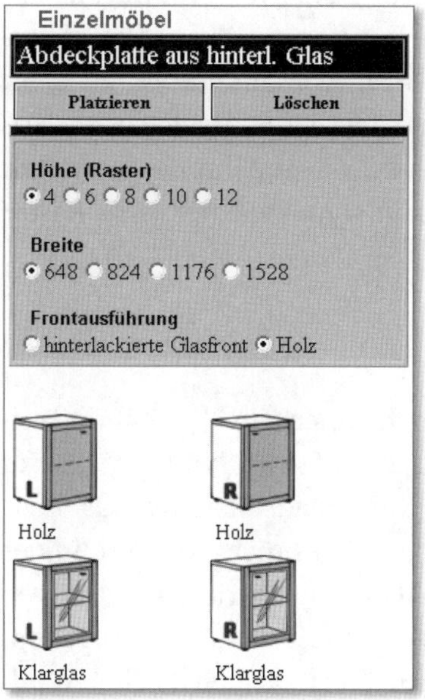

Abbildung 10.19 Beispiel einer Typenliste der Möbelindustrie

Dem gegenüber stand ein Datenmodell, das auf einer geringen Anzahl konfigurierbarer Artikel basiert und in dem auskonfigurierte Typen eigentlich nicht mehr benötigt wurden. Im Vergleich dazu das aktuelle Mengengerüst bei Hülsta (siehe Tabelle 10.3):

Mengengerüst	
Auftragspositionen pro Monat	150.000
bewertete Merkmale einer mehrstufigen Kundenauftragsposition (Instanz)	10–60
Anzahl Prozeduren	14.000
Anzahl Auswahlbedingungen	13.000
Anzahl Merkmale	3.000
Anzahl Möbelprogramme	50
KMAT je Möbelprogramm	50–200
Anzahl Klassenknoten	3.000

Tabelle 10.3 Mengengerüst der Stammdaten

Aus den Abbildungen wird ersichtlich, wie statische Unterlagen auf Verkaufstypen basieren. Diese Typen scheinen aufgrund ihrer Abmessungen, Fronten und Oberflächenausführungen sehr variantenreich zu sein, zugunsten eindeutiger Bestellungen werden sie aber als »vorgedachte« Varianten angeboten. So hat der vier Raster hohe, 648 mm breite Baukasten ebenso eine eindeutige Bestellnummer (= Verkaufstype) wie der sechs Raster hohe, 824 mm breite Baukasten.

Kopfkonfiguration

Alle gleichartigen Verkaufstypen führen jedoch innerhalb der Kundenauftragsbearbeitung anhand der Materialfindung auf ein konfigurierbares Material und somit zu einer Stückliste. Da ein Kundenauftrag durchaus mehr als 40 konfigurierbare Positionen enthalten kann, ist es nicht sinnvoll, in der Auftragssachbearbeitung jede Position manuell zu konfigurieren. Es musste also ermöglicht werden, die Verkaufstype als erste Position einzugeben, ohne überhaupt in den Konfigurationsdialog zu verzweigen (siehe Abbildung 10.20).

Gleichzeitig gibt es allerdings eine Reihe von Merkmalen, die für alle oder zumindest eine Vielzahl der Positionen identisch sind. Eine übergeordnete Instanz, die die Merkmalsbewertung auf die Kundenauftragspositionen vererbt, war erforderlich. Unter Einbeziehung eines Beratungsunternehmens wurde hierfür als sogenanntes Add-on die Kopfkonfiguration im Kundenauftrag implementiert (siehe Abbildung 10.21).

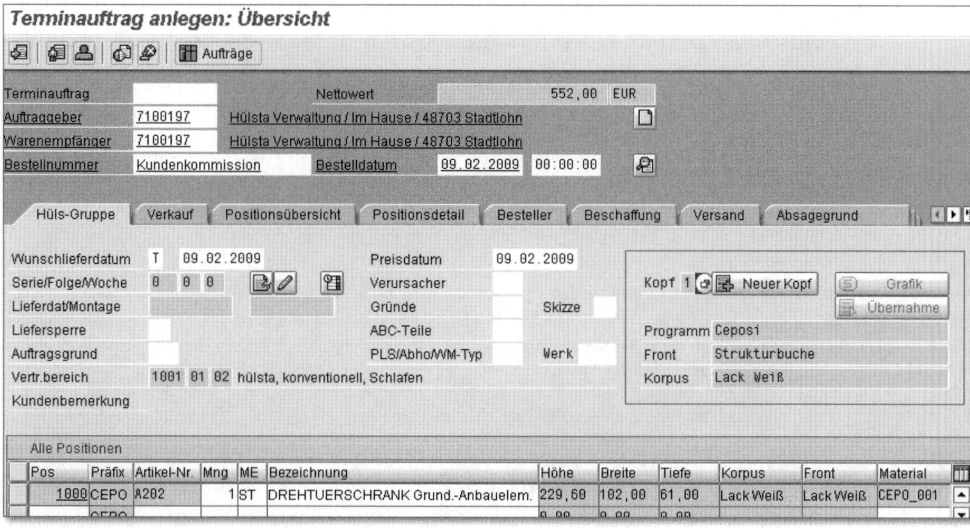

Abbildung 10.20 Absprung in die Kopfkonfiguration aus dem Terminauftrag

Abbildung 10.21 Detailsicht der Kopfkonfiguration

Damit bildet die Merkmalsbewertung der Kopfmerkmale, z.B. die Oberflächenausführung oder die Griffvariante, zusammen mit den Bewertungen aus den Typen, wie beispielsweise den Maßen, die Gesamtbewertung des konfigurierbaren Materials. Die Vertriebsbearbeitung kann somit häufig auf die zeitintensive manuelle Merkmalsbewertung verzichten und in der Kommunikation mit dem Kunden die bewährten Typennummern auf den Auftragsbestätigungen oder Fakturen verwenden.

Die Daten für die automatische Bewertung, die Teilkonfigurationen, z.B. hinsichtlich der Abmessungen, die aus den Verkaufsunterlagen der dortigen Verkaufstypen bereits bekannt sind, werden in einer eigenen Datenbanktabelle gepflegt. Um die Informationen für die Konfiguration nutzbar zu machen, ist der Einsatz von Objektmerkmalen unumgänglich. Über ein Objektmerkmal in dem Feld EINGEGEBENE MATERIALNUMMER gelangt die Schlüsselinformation der Verkaufstype automatisch in die Konfiguration (siehe Abbildung 10.22).

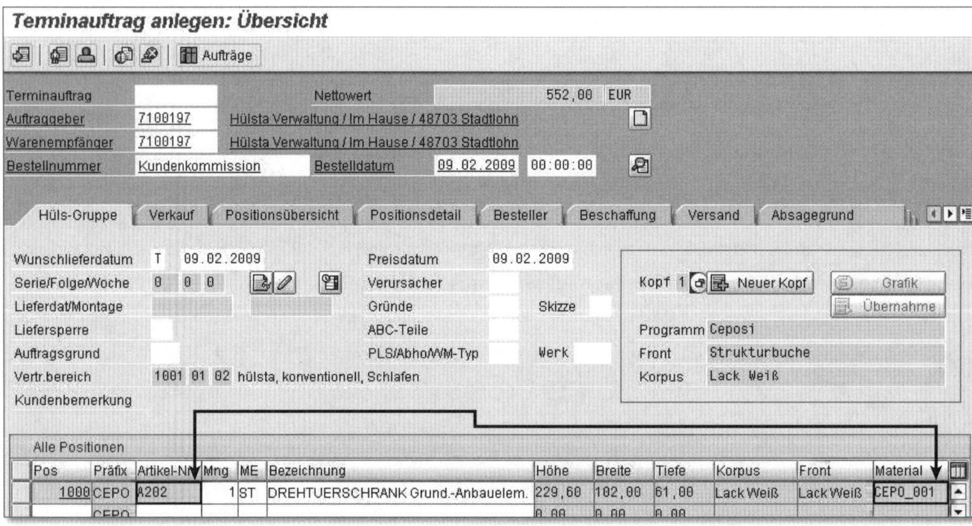

Abbildung 10.22 Materialfindung Type: KMAT

Mit Hilfe eines Funktionsbausteins zur Ermittlung von Artikeldaten, der aus einer Prozedur aufgerufen wird, werden alle relevanten Informationen aus der Datenbanktabelle ermittelt und in die entsprechenden Merkmale geschrieben. Durch die Kombination aus Kopfkonfiguration sowie Nutzung von Funktionsbausteinen und Datenbanktabellen ist die Konfiguration der Kundenauftragspositionen konsistent. Ebenfalls durch das Add-on Kopfkonfiguration ist es nun möglich, die Konfiguration »dunkel« durchlaufen zu lassen, d.h., der Konfigurationsdialog bleibt für den Anwender unsichtbar.

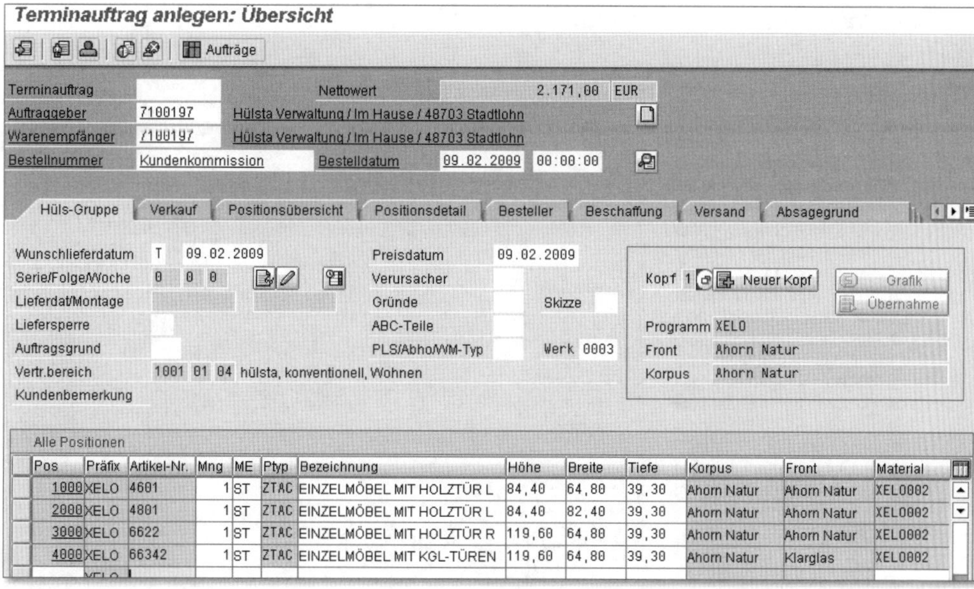

Abbildung 10.23 Hülsta-Kundenauftrag (SD-Sicht der grafischen Konfiguration)

Planungssoftware

Der größte Teil der Hülsta-Terminaufträge wird nicht durch manuelle Eingabe von Verkaufstypennummern in einer SAP-Dialoganwendung eingegeben – siehe Abbildung 10.22 –, sondern mit Hilfe eines grafischen Konfigurators erstellt (den grafischen Konfigurator haben Sie bereits in Abbildung 10.18 kennengelernt).

FurnPlan-Consumer-Version [+]

Eine Consumer-Version des Konfigurators *FurnPlan* können Sie unter *www.now-by-huelsta.de*, Menüpunkt PLANUNGSSOFTWARE, herunterladen.

Mit dieser Planungssoftware werden zum einen die Kundenkommissionen grafisch geplant und dargestellt, zum anderen wird aber über eine bidirektionale COM-Schnittstelle (COM = *Communications Port*) auch die SAP-Software gesteuert: So werden die Auftragspositionen angelegt, geändert oder gelöscht, und auch einige Merkmale der Variantenkonfiguration können direkt über die Planungssoftware gesteuert werden (siehe Abbildung 10.24).

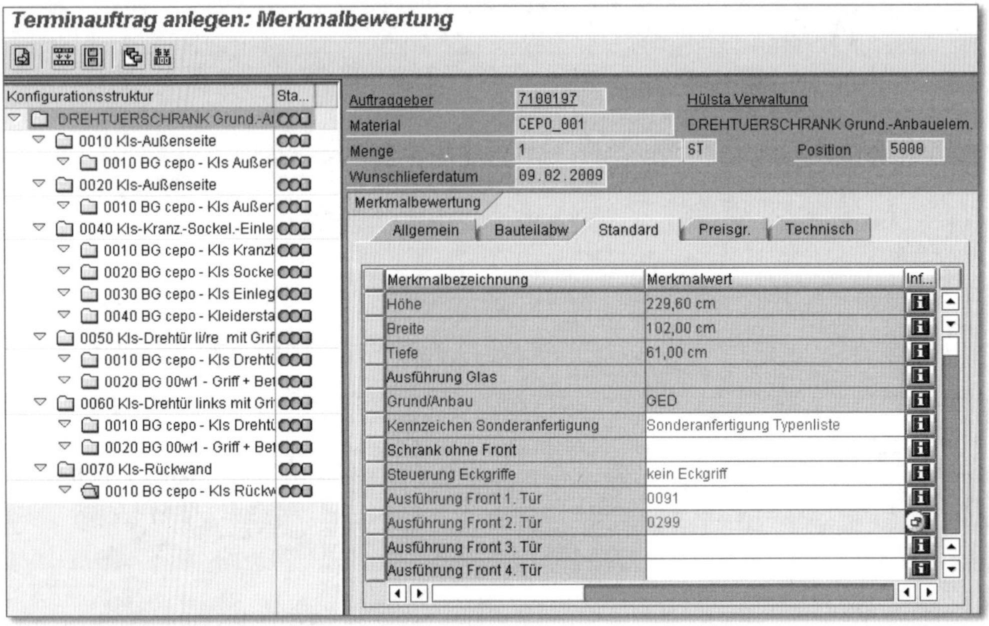

Abbildung 10.24 Sicht der Merkmalsbewertung

Performance

Kritisch an der Variantenkonfiguration ist in erster Linie die Performance. Aufgrund der hohen Anzahl mehrstufig konfigurierter Kundenauftragspositionen geben die Dialogantwortzeiten bei der Kundenauftragserfassung immer wieder Anlass zur Sorge.

Durch einige Tage Entwicklungsaufwand konnte das Problem gelöst werden. Um die Antwortzeiten im Dialog zu verbessern, wurden für jedes KMAT zwei identische Konfigurationsprofile angelegt und zugeordnet, eines einstufig (siehe Abbildung 10.25), das andere mehrstufig (siehe Abbildung 10.25).

Customizing-Tabellen

Über eigene Customizing-Tabellen kann eingestellt werden, dass während der Kundenauftragserfassung automatisch das einstufige Profil herangezogen wird. Sobald der Kundenauftrag gespeichert wird, werden sämtliche Kundenauftragspositionen, die einstufig konfiguriert sind, zusätzlich aber auch ein mehrstufiges Profil besitzen, asynchron mehrstufig nachkonfiguriert. Durch diese Technik werden die langen Laufzeiten der mehrstufigen Konfiguration vom Anwender ferngehalten.

Die Stammdatenanlage in SD konnte durch eine Standardisierung der Konfigurationsprofile an den KMATs kalkulierbar gehalten werden, so dass ein Kopieren sehr häufig möglich ist. Die eigentliche Stammdatenanlage beruht dann weitgehend auf der Pflege weniger eigener Stammdatentabellen.

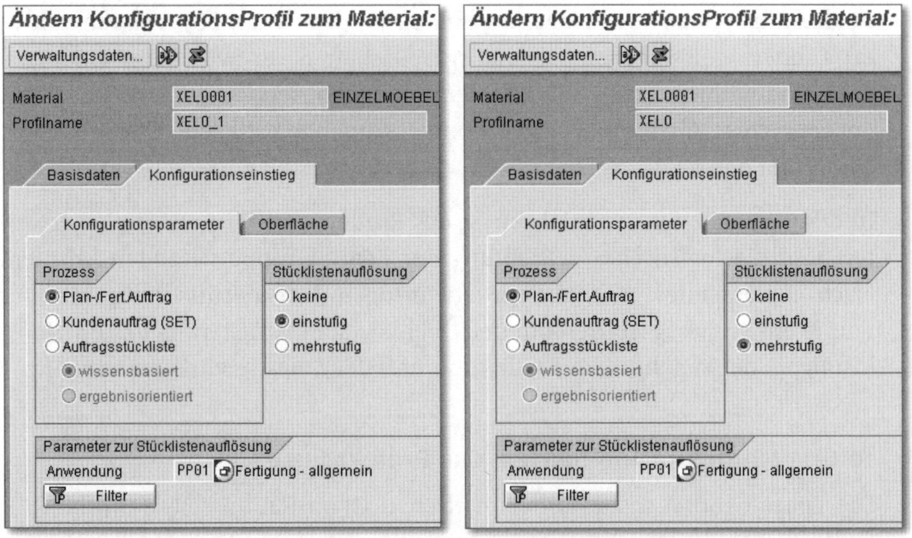

Abbildung 10.25 Konfigurationsprofil-Einstellung, links »einstufig« (im Online-Betrieb), rechts »mehrstufig« (im Batch-Betrieb)

10.5.4 Fazit

Die in den letzten Jahren sehr stark gewachsene Individualisierung der Möbel durch Farbmix, Materialmix und auch Kundensondermaße wäre ohne den Einsatz einer Variantenkonfiguration, die voll in die Fertigung integriert ist, kaum effizient möglich gewesen. Durch die Variantenkonfiguration können die Anforderungen unserer Kunden deutlich sicherer und flexibler umgesetzt werden. Auch wenn es keine Kennzahlen zum Einsparvolumen von Stücklistenänderungen gibt, ist deutlich erkennbar, dass einige Änderungen, die früher mehrere Tage in Anspruch genommen haben, heute in wenigen Stunden oder gar Minuten erledigt werden können.

Abschließend bleibt aber festzustellen, dass die gesamte Stammdatenqualität durch den Einsatz der Variantenkonfiguration deutlich verbessert werden konnte. Dieses ist wohl weitgehend auf das integrierte Datenmodell zurückzuführen, das sämtliche Bereiche, die ihre Business-Prozesse mit SAP-Software steuern, dazu zwingt, ressortübergreifend zu handeln. Der gesamte Prozess hat damit an Qualität gewonnen.

10.6 Lenze-Gruppe – Konfiguration gestern, heute und morgen

Mit mehr als 60 Jahren Erfahrung im Bereich der Antriebstechnik ist Lenze eines der innovativsten Unternehmen der Branche. Neben dem Hauptsitz im niedersächsischen Aerzen, nahe Hameln, ist das Unternehmen weltweit in 60 Ländern mit eigenen Vertriebsgesellschaften, Entwicklungsstandorten und Produktionswerken sowie einem Netz von Servicepartnern vertreten. Lenze verfügt über modernste Montage- und Logistikzentren in Europa, Asien und den USA.

In den vergangenen zehn Jahren ist das Produktportfolio wesentlich erweitert und die logistische Ausrichtung der Lenze-Gruppe verändert worden. Nach umfassender Analyse der zukünftigen Erfordernisse des Marktes wurde ein Projekt gestartet, mit dem Ziel, die Standardisierung der Antriebslösungen, der zugehörigen Produktion und der Logistik voranzutreiben.

10.6.1 Konfiguration heute – das Projekt EuLe

Die Lenze-Gruppe setzte in der deutschen Organisation seit 1990 die R/2-Software von SAP für den Getriebebau ein, auch unter Nutzung der Variantenkonfiguration.

Mit dem Start des Projekts »Europäisches Vertriebs- und Logistiksystem für Lenze (EuLe)« wurde im Jahr 2001 der Startschuss gegeben, die gesamte operative Lenze-Gruppe zukünftig in einem gemeinsamen SAP R/3-System abzubilden. Dieses Projekt war die Basis für die Umsetzung einer weltweiten Kommunikations- und Logistikstrategie. Im Zuge dieser Strategie konnte zum Beispiel durch das konsequente Verbot von werksspezifischen Stücklisten eine klare Zuordnung der Produktverantwortlichkeiten sichergestellt werden.

SAP ERP ist somit heute ein wesentlicher Backbone für die Lenze-Gruppe. Neben der Neugestaltung zahlreicher Vertriebs- und Logistikprozesse wurde ganz besonders die Nutzung der Konfiguration auf neue Beine gestellt: In R/2 wurde die Konfiguration aus rein technischer Sicht und auch nur für einen Teil des Produktspektrums betrachtet; im Vordergrund stand die Ausprägung einer Stückliste für die Produktion und das Sicherstellen der Dokumentation. Diese Anforderungen wurden erheblich erweitert.

Herausforderungen für die Konfiguration heute

Information ist ein wesentlicher Bestandteil der täglichen Arbeit in einem Unternehmen und bei der Zusammenarbeit mit Kunden, demnach müssen sich sowohl Kunden als auch die vertriebsnahen Bereiche in den Prozessen und der Software wiederfinden.

Die Herausforderung im Projekt EuLe war entsprechend formuliert worden:

- **Informationssicht**
  - globale Datenmodelle für Vertrieb und Logistik
  - eine »Lenze-weit« einheitliche Vertriebsabwicklungsplattform
  - Konfiguration auch für gesichertes Wiederauffinden verwenden
  - Kundenbedarf nur einmal erfassen
- **Toolsicht**
  - LO-VC zum Aufbau eines umfassenden Konfigurationsmodells nutzen
  - Trennung von Kundensicht (Abbildung des Kataloges; Sprache des Kunden) von Techniksicht (Sprache der Konstruktion und Produktion)
  - SAP-Konfiguration als Ausgangspunkt für eine »Single Source of Data« nutzen; gleichzeitig werden offline Konfigurationstools und Papierkataloge benötigt

Umsetzung im Projekt

Der Lenze-Baukasten kann für einzelne Getriebegrößen eine Kombination von 10^{23} umfassen und erfordert ein ausgeprägtes Konfigurationsmanagement. Auch die Nutzung der Produkte in einer Vielzahl von Anwendungen verschiedenster Branchen bedingt dieses Konfigurationsmanagement.

Dem Vertrieb wird mit den Konfigurationswerkzeugen ein Hilfsmittel an die Hand gegeben, um den Kunden hinsichtlich des optimalen Einsatzes in seiner Anwendung zu beraten. Gleichzeitig bringt die Nutzung der Konfiguration aber auch die verlässliche Information hinsichtlich Baubarkeit und Lieferfähigkeit.

Wesentlich beim Aufbau der neuen Konfigurationsumgebung im R/3-System waren somit die umfassende Analyse des Produktspektrums und die Aufteilung in einzelne Produkträume. Die verkaufsfähigen Produkte wurden einem verantwortlichen Produktbereich zugeordnet und in Standardprodukte, Katalogprodukte und projektspezifische Produkte aufgeteilt.

Für die Standardprodukte erfolgte eine weitere Spezifizierung nach der möglichen Varianz. So wurde festgelegt, welche Produkte in offenen Varianten und welche über feste Materialnummern darzustellen sind.

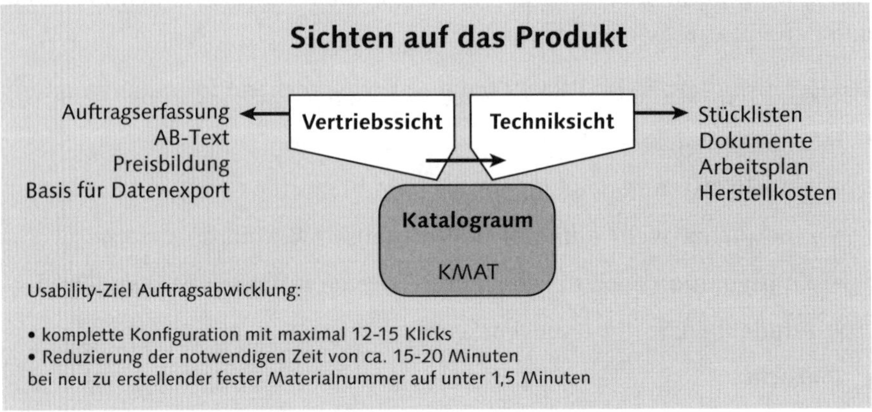

Abbildung 10.26 Sichten und Anforderungen an den Katalograum

Die über offene Varianten dargestellten Produkte mussten folgende Bedingungen erfüllen:

- einfaches Handling der Auftragserfassung (Usability)
- einheitliche gruppenweite Bruttopreisbildung
- verständliche Beschreibung in der Sprache des Kunden
- identische Stücklistengenerierung für alle Logistikbereiche
- automatische Kalkulation der Herstellkosten

Realisiert wurde die Abbildung im Variantenkonfigurator LO-VC des R/3-Systems auf Basis von Variantentabellen, die durch das Produktmanagement erstellt wurden. Im Modell wurden dann zwei verschiedene Sichten abgebildet, die in Abbildung 10.26 dargestellt sind.

Eine Konfiguration – mehrfacher Nutzen: »Single Source of Data«

Eine wesentliche Grundüberlegung im Projekt EuLe war die mehrfache Nutzung der einmal definierten Konfiguration. Neben der schnelleren und sichereren Abwicklung von Kundenauftragserfassungen war es das erklärte Ziel, eine Verlässlichkeit in den Aussagen über alle Medien zu gewährleisten. Die Angaben zu den Produkten im LO-VC-Katalograum müssen identisch sein mit den Aussagen im Papierkatalog und in den elektronischen Auswahlmedien der Lenze-Gruppe (Online- und Offline-Tools). Hieraus ergeben sich verschiedene Vorteile für das Unternehmen:

- So ist sichergestellt, dass die Angaben aus den verschiedenen Katalogen auch in den Vertriebsbüros schnell und ohne weitere technische Klärung fehlerfrei verarbeitet werden können.
- Gleichzeitig wird der erhebliche Aufwand, den das Abbilden von Produktvarianten bedeutet, mehrfach genutzt und führt somit zu einer Reduzierung und besseren Planbarkeit des Gesamtaufwandes.

Um eine konsistente Darstellung aller Produkte – auch der nicht konfigurierten – zu erhalten, wurde ein Klassensystem entwickelt, dass sich an den Variantenklassen orientiert. So werden alle Katalogprodukte der Lenze-Gruppe weltweit einheitlich dargestellt und die Überleitung in externe Medien nach gleichem Muster ermöglicht. Die konsequente Nutzung von Klassensystemen lässt auch einen einfachen Übersetzungsprozess der Merkmale und Merkmalswerte zu.

Gemeinsam mit der encoway GmbH wurde eine Schnittstelle entwickelt, die die High-Level-Konfiguration und sonstigen Produktdaten aus LO-VC und den Klassensystemen herunterlädt und für die elektronische Katalogwelt zur Verfügung stellt. Bereits seit 2003 – kurz nach dem Produktivstart in Deutschland, dem Hauptort der Produktverantwortung – werden die Katalogdaten entsprechend aufbereitet. Neben dem elektronischen Produktkatalog (Produktsicht) sind diese Daten auch Ausgangspunkt für den Drive Solution Designer, ein leistungsfähiges elektronisches Auslegungstool (Anwendungssicht).

Die sonstigen Daten, die für die elektronische Katalogwelt erforderlich sind – wie z.B. werbliche Produkttexte und Bilder –, werden über eine definierte Schnittstelle bereitgestellt.

Seit 2008 wird auch der Papierkatalog aufgrund der so extrahierten Daten erstellt. Neben dem LO-VC wird hier auch SAP NetWeaver MDM eingesetzt, um die Grundlagen für die Erzeugung der Katalogseiten zu liefern. So werden in MDM zusätzliche Informationen zu den Produkten, wie Bilder und werbliche Texte, abgelegt – ebenso Merkmale, die für die Konfiguration nicht erforderlich, in der Katalogdarstellung aber unentbehrlich sind.

Die Erstellung eines Papierkataloges erfolgt jetzt deutlich schneller, der größte Nutzen ist aber die gleichzeitige Bereitstellung der Daten für alle Medien in mehreren Sprachen. Langwierige Abstimmungen der technischen Datentabellen für die einzelnen Medien entfallen, da die gleiche Datenquelle genutzt wird.

Mit der Freigabe der Konfiguration im LO-VC stehen diese Daten auch in kurzer Zeit für die Nutzung in der Katalogerzeugung zur Verfügung.

Das bisher Erreichte

Ausgehend von den definierten Projektzielen zum Aufbau eines auf einem Mandanten basierenden ERP-Systems mit der Variantenkonfiguration (LO-VC) hat die Lenze-Gruppe wesentliche Benefits erreichen können:

- eindeutige Verantwortung und klar definierte Aufgaben im Prozess
- hoher internationaler Wiedererkennungswert
- Möglichkeit der »Single Source of Data«
- hoher Automatisierungsgrad bei der Auftragserfassung
- abgesicherte Auftragserfassung durch Variantennutzung
- Reduzierung der Fehleingaben um 95% von 2% auf 0,1%
- konsequente Nutzung der Cross-Company-Funktionen
- Reduzierung der Durchlaufzeit um bis zu sechs Tage
- Einsparung in der Auftragsabwicklung weltweit ca. 35%

SAP ERP (ECC 6.0) stellt heute den wesentlichen Backbone der Lenze-Gruppe dar, ca. 95% des weltweiten Umsatzes werden über dieses System abgewickelt. Das Einmandantensystem unterstützt dabei sowohl die Hauptprozesse als auch die globale Steuerung der Datenmodelle.

Der Aufbau der Variantenkonfiguration für den vordefinierten Produktraum und die Teilung in die Sichten ermöglichen durch ein effektives Variantenmanagement die effiziente Steuerung des Kataloграumes.

In Verbindung mit SAP NetWeaver MDM und den gemeinsam entwickelten Schnittstellen zu externen Tools ist sichergestellt, dass das Prinzip des »Single Source of Data« effizient genutzt wird.

10.6.2 Konfiguration morgen – leistungsfähige Prozessintegration

Aufbauend auf den Erkenntnissen des Projekts EuLe wird an der Konfiguration von morgen gearbeitet.

Die Variantenkonfiguration in SAP wird ein wesentlicher Baustein bleiben, man geht jedoch davon aus, dass sich der strikte Produktbezug (KMAT) verändern wird. Die Lenze-Gruppe ist der Anbieter von Antriebs*lösungen* und Automatisierungs*lösungen*. Insofern wird die Lösung im Vordergrund stehen.

Für Lenze ist klar, dass die Komplexität in der Konfiguration zunehmen wird, das Beherrschen der Konfiguration aber zu einer der Kernkompetenzen des Unternehmens gehört. Entsprechend wird zielgerichtet an der Weiterentwicklung der Konfigurationstools gearbeitet.

Bereits heute werden die Warenkörbe, die die elektronischen Kataloge (Online- und Offline-Versionen) erzeugen, zur Weiterverarbeitung an das SAP-System übergeben. Manuelle Eingriffe sind hier in der Regel nicht mehr nötig. Nach der externen Konfiguration in den Katalogen können die kundenbezogenen vertrieblichen Daten ergänzt werden und auf diesem Wege dann Angebote als auch Aufträge in ERP ausgeführt werden.

Das Projekt zum »templatebasierten Publizieren« wird unter Einsatz von LO-VC und MDM den Prozess der Pflege und Verwaltung der für die Medienerstellung (Papierkatalog, elektronische Medien, technischer Inhalt von Internetseiten) notwendigen Daten sicherstellen. Dabei werden nicht nur Daten aus dem SAP-System verarbeitet werden, sondern auch Daten aus anderen Medien (z.B. Bilddatenbanken, werbliche Texte). Hierbei legt Lenze erheblichen Wert auf die Qualität der Datenbereitstellung und auf die Häufigkeit, mit der die elektronischen Medien versorgt werden können. Neben der Definition der Schnittstellen und Datenmodelle legt Lenze erheblichen Wert darauf, den Bereitstellungs- und Update-Prozess so zu gestalten, dass er sich an der Verantwortungskette orientiert und Redundanzen vermeidet.

Letztendlich wird die Konfiguration dahingehend weiterentwickelt, dass unter Einsatz aller vertrieblichen Werkzeuge die Erfüllung der Antriebs- oder Automatisierungsanforderung beim Kunden im Vordergrund steht. Die Produktdaten bilden hierfür die Basis, sind aber nicht mehr die allein führende Größe.

Die große Herausforderung der Zukunft ist die vollständige Integration dieser Tools in den vertrieblichen Prozess – von der Anbahnungsphase bis hin zum Aftersales. Die Basis für alle weiteren Überlegungen ist und bleibt das von der SAP-Konfiguration getriebene Datenmodell und das ERP-System als Backbone der Organisation – mit Ergänzungen aus PLM und CRM.

Da die Konfiguration auch in Zukunft eine große Rolle in der Prozesskette spielen wird, ist es umso erforderlicher, die »Single Source of Data«-Strategie umfassend und prozessübergreifend zu formulieren und umzusetzen. Ziel ist es, ein optimales Kosten-Nutzen-Ergebnis zu erzielen.

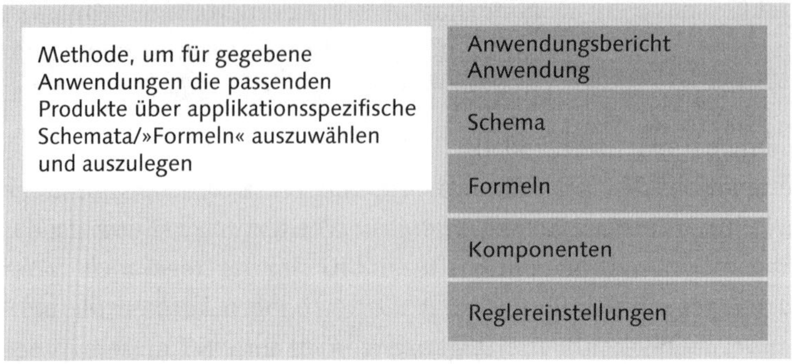

Abbildung 10.27 Leistungsfähige Konfiguration

10.7 Zusammenfassung

In diesem Kapitel haben wir Referenzsituationen bestehender SAP-Implementierungen, die sich mit der Variantenkonfiguration befasst haben, beschrieben. Es ist sehr gut zu erkennen, dass es mehrere Wege nach Rom gibt. Das heißt, ein festgelegter Pfad der Implementierung oder ein vorgegebenes Mengengerüst ist nicht auszumachen. Auffallend ist der bei vielen Kunden gewählte Coaching-Ansatz im Projekt. Das Produkt- und das Modellierungswissen werden so im eigenen Haus aufgebaut und erhalten.

So individuell jeder Kunde und dessen Material ist, so individuell sind der Anspruch an die Lösung, das Projekt und der erzielte Erfolg nach der Installation. Es ist deutlich geworden, dass auch unterschiedlichste Anforderungen – von komplexer mehrstufiger Anlagenbaukonfiguration über grafisch unterstützte Möbelkonfiguration bis hin zu einem relativ simplen und durch ein kleineres Produktmodell geprägten Beispiel einer Papierkonfiguration – im SAP-Standard abgebildet werden können.

Wer sind diejenigen, die im Metier der Variantenkonfiguration arbeiten? Welche Erfahrungen haben sie gemacht, und wie lässt sich von diesen Erfahrungen profitieren? Lernen Sie nun die Configuration Workgroup kennen.

11 Configuration Workgroup

Zur Interessenvertretung der Anwender von SAP-Software gibt es viele Organisationen. Die bekanntesten sind die 1991 gegründete *Americas' SAP Users' Group* (ASUG) und die seit 1997 aktive *Deutschsprachige SAP-Anwendergruppe* (DSAG). Wer sich über diese viele tausend Mitglieder zählenden Benutzergruppen informieren möchte, kann das auf den Internetseiten der beiden Organisationen unter *www.asug.com* und *www.dsag.de* tun. Braucht es da noch eine eigene Benutzergruppe für Produktkonfiguration mit SAP-Software?

Während immer wieder über diese Frage philosophiert wurde, hat sich eine kleine, aus einem Softwareentwicklungsprojekt heraus entstandene Arbeitsgruppe zu einer eigenständigen Organisation gemausert, die unter Konfigurationsexperten, bei SAP-Anwendern, SAP-Partnerfirmen und bei SAP selbst sehr guten Anklang gefunden hat. Die Rede ist von der *Configuration Workgroup* (CWG).

11.1 Was ist die CWG?

Die Configuration Workgroup ist die internationale Benutzergruppe für Produktkonfiguration mit SAP-Software. Ausführliche Informationen zur CWG finden Sie im Internet unter *www.configuration-workgroup.com*. Als unabhängige und eigenständige Organisation steht die CWG allen offen, die in irgendeiner Form mit Variantenkonfiguration in SAP-Lösungen arbeiten.

Firmen, die SAP-Software für die Lösung von Konfigurationsaufgaben einsetzen, oder Unternehmen, die bei der Implementierung entsprechender Softwarelösungen von SAP unterstützend eingreifen, sowie einzelne Personen, die in diesem Kontext tätig sind, können Mitglied in der CWG werden. Alle

Leistungen der CWG-Organisation werden auf Selbstkostenbasis verrechnet. So ist z. B. die Mitgliedschaft in der CWG grundsätzlich kostenfrei. Die Mehrheit der derzeit etwa 3.000 Mitglieder sind Einzelpersonen, die in ihrer täglichen Arbeit mit dem Variantenkonfigurator LO-VC oder dem *Internet Pricing and Configurator* (IPC) zu tun haben.

Die nach außen sichtbaren Hauptaktivitäten sind die zweimal jährlich stattfindenden CWG-Konferenzen und der Internetauftritt der CWG.

- **CWG-Konferenzen**
  Die Kommunikationsform auf den Konferenzen war schon immer sehr offen und der Arbeitsstil eher hemdsärmelig als formal. Wir erläutern Ihnen die Konferenz sowie deren Stil und Ablauf näher in Abschnitt 11.5, »CWG-Konferenzen«.
- **CWG-Portal**
  Das CWG-Portal ist Bestandteil des Internetauftritts der CWG. Mit seinem Dokumentenarchiv und den zahlreichen Diskussionsforen hat sich das CWG-Portal – neben den CWG-Konferenzen – zum zweiten Standbein der CWG entwickelt (siehe Abschnitt 11.6, »CWG-Portal«).

In den Reihen der CWG-Mitglieder finden sich viele Mitarbeiter von SAP – teils aus den Entwicklungslabors und teils aus den Teams der SAP-Landesgesellschaften. Die CWG hat sich selbst eine Organisationsform gegeben, auf deren Basis alle Aktivitäten eigenständig geplant und durchgeführt werden. Der Erfahrungsaustausch unter den Anwendern der SAP-Software steht dabei ganz klar im Mittelpunkt (siehe 11.3, »Entstehungsgeschichte«).

11.2 Zielsetzung und Aufgaben

In ihrer Satzung hat sich die CWG drei Ziele gesetzt:

- **Effektivität**
  Eine effektive Nutzung der von SAP entwickelten und vermarkteten Software zur Lösung von Produktkonfigurationsaufgaben wird durch die Förderung von Informationsaustausch und die aktive Weitergabe von Erfahrungswissen im gegenseitigen Interesse der Mitglieder gestärkt.
- **Best Practices**
  Die CWG bietet ihren Mitgliedern ein Forum zum Austausch von Ideen und Informationen und fördert eine fachlich korrekte Nutzung der SAP-Software für Produktkonfiguration, wie sie sich in vielen Projekten bewährt hat.

- **Einflussnahme**
  Im Interesse ihrer Mitglieder macht die CWG ihren Einfluss auf die Entwicklungsaktivitäten, die Produktstrategie und das Dienstleistungsangebot von SAP und von SAP-Partnerfirmen geltend.
- Es gibt nun verschiedene Wege und Werkzeuge, um diese Ziele umzusetzen. Die CWG hat folgende Instrumente entwickelt:

Informationsaustausch

In den ersten Jahren nach der Gründung der CWG wurde der Informationsaustausch zwischen einem recht überschaubaren Kreis von Anwendern auf der einen und einem kleinen Stab von Vertretern der SAP-Entwicklungsorganisation auf der anderen Seite betrieben. Mit zunehmender Nutzung der Produktkonfiguration in einer steigenden Anzahl von SAP-Implementierungen bei vielen Unternehmen unterschiedlichster Größe war jedoch fraglich, ob eine kleine Arbeitsgruppe wirklich die Interessen vieler, nicht in die Gruppe einbezogener Anwender verstehen und vertreten konnte. Aus diesem Grund hat sich die CWG sehr bald einer weiteren Aufgabe gestellt, die in der Satzung nicht explizit erwähnt ist: der Bildung eines Netzwerks all derer, die sich beruflich mit Produktkonfiguration in SAP-Lösungen befassen.

Netzwerkbildung

Durch konkrete und oftmals sehr hilfreiche Angebote ist es der gemeinnützigen Einrichtung gelungen, in wenigen Jahren sehr viele Mitglieder zu gewinnen. Da alle Funktionen in der CWG ehrenamtlich ausgeübt werden, können nur solche Angebote realisiert werden, die einen gegenseitigen Nutzen erbringen. Wer seine Arbeit vorstellt, lernt mit Sicherheit andere kennen, die Erfahrungen aus ähnlichen Situationen mitbringen. Wer als Berater viele Fragen beantwortet oder Ratschläge gibt, baut sich damit natürlich auch einen Ruf als Experte auf.

Zunächst waren es primär die zu Konferenzen umgestalteten CWG-Treffen, die immer mehr Mitglieder anlockten. Auf den Konferenzen werden aktuelle Neuigkeiten aus der SAP-Entwicklung vorgestellt. Nach dem Motto »Wie nutzen eigentlich andere die Software?« stoßen aber insbesondere Vorstellungen von Implementierungsprojekten allgemein auf großes Interesse. Der ursprüngliche Zweck der CWG-Treffen, fachliche Themen im Expertenkreis zu diskutieren, ist nach wie vor erhalten geblieben. Entsprechende Fokusgruppen arbeiten phasenweise sehr konkret. In einer Fokusgruppe wurden z.B. Anforderungen für zukünftige Erweiterungen des Variantenkonfigurators LO-VC formuliert und nach Prioritäten geordnet. Eine andere Fokusgruppe hat das Knowledge Base Interchange Format (KBIF) als XML-Format zum Austausch von Konfigurationsmodellen entwickelt, das dann auf einer CWG-Konferenz als Standard vorgeschlagen wurde.

Mit der Einrichtung des CWG-Portals (siehe Abschnitt 11.6, »CWG-Portal«) wurde eine ganz neue Dimension eröffnet. Dieses Angebot nutzen viele, die sich in ihrer täglichen Arbeit mit Produktkonfiguration in SAP-Geschäftsprozesslösungen auseinandersetzen, aber nicht die Gelegenheit haben, ein- oder zweimal im Jahr eine internationale Konferenz zu besuchen.

Insgesamt haben die allgemeine Bekanntheit der CWG, ihre Unabhängigkeit sowie die gute Resonanz bei Anwendern, bei den SAP-Landesgesellschaften und bei Partnerfirmen eine gute Basis geschaffen, um die in der Satzung formulierten Ziele umzusetzen.

11.3 Entstehungsgeschichte

Die Configuration Workgroup wurde im Herbst 1993 unter dem Namen *American Configuration Workgroup* (ACWG) als Arbeitsgemeinschaft gegründet. Ziel der Zusammenarbeit einiger namhafter amerikanischer Fertigungsunternehmen war, ein standardisiertes Konfigurationswerkzeug auf den Weg zu bringen.

Die beteiligten Unternehmen waren allesamt Anbieter konfigurierbarer Produkte, die als Komponenten gefertigt wurden, um in einem größeren System zum Einsatz zu kommen. Verkauft wurden in aller Regel die kompletten Systeme. Es handelte sich also durchweg um komplexe Systemkonfigurationen. Die Mitglieder der Arbeitsgemeinschaft hatten jeweils eigene Konfigurationswerkzeuge entwickelt und wollten diese durch eine langfristig stabile Standardlösung ersetzen. Alle waren Kunden von SAP und hatten ihre Prozesse zu großen Teilen auf die SAP-Geschäftsprozesslösung standardisiert. So ist es nicht verwunderlich, dass Berater und Entwickler von SAP teilweise in die Aktivitäten der Arbeitsgemeinschaft einbezogen waren.

Erklärtes Ziel war die Einbindung des neuen Standardkonfigurationswerkzeugs in die SAP-Infrastruktur. Wer den Konfigurator entwickeln sollte, war zunächst offen. Die Kooperation zwischen der ACWG und SAP war insgesamt sehr konstruktiv und hat eine Reihe visionärer Ideen hervorgebracht, auch wenn mitunter schwierige und spannungsgeladene Phasen überwunden werden mussten.

Fachliche Aktivitäten in den ersten Jahren

Das Anfang 1994 von der ACWG vorgelegte Spezifikationsdokument enthielt im Kern folgende – von SAP seinerzeit als teilweise kritisch eingeschätzte – Forderungen:

- Der Konfigurator sollte in die SAP-Geschäftsprozesslösung integriert sein, aber auch eigenständig, also unabhängig von einem großen Backend-System, nutzbar sein.
- Es sollte ein Application Programming Interface (API), also eine Programmschnittstelle, vorhanden sein, die das Erstellen einer anwendungsspezifischen, grafischen Benutzeroberfläche erlaubt.
- Die Funktionalität sollte auf Systemkonfigurationsaufgaben ausgerichtet sein.
- Die Erstellung von Konfigurationsmodellen sollte sehr einfach sein. Es wurde von einer leicht zugänglichen Produktmodellierungsumgebung gesprochen.

SAP hat sich diesen Herausforderungen gestellt, und in einer intensiven Arbeitsphase wurde im Frühjahr 1994 das Konzept für den später als Sales Configuration Engine (SCE) implementierten Konfigurator gemeinsam mit der Arbeitsgemeinschaft erstellt. Der Arbeitsgemeinschaft waren inzwischen auch Variantenhersteller aus Finnland und der Schweiz beigetreten. Aus der *American Configuration Workgroup* wurde die *Configuration Workgroup* (CWG). Die CWG wurde vorübergehend in das SAP High-Tech Industry Center of Expertise integriert und gewann auf diese Weise weitere Mitglieder aus der Hightech-Branche. Wenige, sehr stark engagierte Mitglieder der CWG haben die Entwicklung und den Test des neuen Konfigurators SCE – der im Sommer 1997 erstmals verfügbar war und im Frühjahr 1998 erstmals im Rahmen einer Projektlösung produktiv eingesetzt wurde – eng begleitet. In den folgenden Jahren begleitete die CWG die Entwicklung einer Java-basierten *Product Modeling Environment* (Java PME) und die Entstehung des Internet Pricing and Configurators (IPC), der im Sommer 1999 als erste Komponente der CRM-Lösung von SAP verfügbar war.

Entwicklung zur Organisation

Als kleine Kundengruppe hat die CWG über einen langen Zeitraum sehr intensive Kontakte zum SAP-Entwicklungsteam für den SCE-Konfigurator gepflegt. Bald war erkennbar, dass sich die CWG einer größeren Menge von Mitgliedern öffnen musste, um weiteren Einfluss auf die Entwicklung der Standardsoftware nehmen zu können. Die Treffen wurden so organisiert, dass es neben den Diskussionen in Fokusgruppen auch Präsentationen zu Neuerungen im Konfigurator und zu Erfahrungen aus Anwendungsprojekten gab.

Zum zehnjährigen Jubiläum der CWG im Jahr 2003 war die Zahl der Mitglieder auf knapp 300 angestiegen. Aus dem CWG-Treffen waren Konferenzen mit jeweils mehr als 100 Teilnehmern geworden. Die Vorbereitung und Durchführung der Konferenzen war zunehmend zu einer Herausforderung geworden, weil die CWG immer noch als lose Arbeitsgemeinschaft und damit als Organisation ohne Rechtsform fungierte.

Nach vielen Diskussionen wurde im Frühjahr 2005 ein Verein nach deutschem Vereinsrecht gegründet, der in seiner Satzung die bis heute gültige und vollkommen eigenständige Organisationsform der CWG regelt. Im gleichen Jahr wurde auch der Internetauftritt der CWG durch das CWG-Portal ergänzt. Über diese Online-Plattform treten mittlerweile mehr als 3.000 Anwender von Produktkonfiguration mit SAP ohne Aufwand und Kosten miteinander in Kontakt.

11.4 Organisatorischer Aufbau

Der Configuration Workgroup e. V. ist ein im Vereinsregister des Amtsgerichts Wiesloch eingetragener Verein nach deutschem Vereinsrecht. Der Verein verleiht der CWG eine ordentliche Rechtsform.

Es werden folgende Arten von Mitgliedschaften in der CWG unterschieden:

- *Mitgliedsfirmen* sind einerseits SAP-Kunden, die eine SAP-Lösung nutzen und dabei Produktkonfiguration im Einsatz haben, und anderseits SAP-Partnerfirmen, die Produktkonfigurationslösungen in irgendeiner Form unterstützen. Daneben gibt es assoziierte Mitgliedsfirmen, die nicht den Bedingungen einer Mitgliedsfirma entsprechen, nach den Richtlinien der CWG diesen aber gleichgestellt sind.
- *Delegierte* werden von Mitgliedsfirmen benannt. Eine Mitgliedsfirma kann einen Delegierten und dessen Vertreter entsenden.
- *Einzelpersonen* können ebenfalls Mitglied der CWG werden. Wer dem Thema Produktkonfiguration mit SAP-Lösungen in irgendeiner Form verbunden ist, kann eine entsprechende Mitgliedschaft beantragen.

Die offizielle Mitgliedschaft ist kostenlos und wird gegenüber dem CWG-Vorstand beantragt, der gemäß geltenden CWG-Richtlinien über die Erteilung der Mitgliedschaft entscheidet. In aller Regel ist das ein sehr einfacher

Vorgang. Informationen zur Mitgliedschaft finden Sie im Internet unter *www.configuration-workgroup.com*.

Die Führungsgremien der CWG sind zum einen das Exekutivkomitee und der Vorstand. Die Mitglieder der beiden Gremien werden in jährlicher Wahl durch die CWG-Mitglieder bestimmt.

Das Exekutivkomitee setzt sich aus den Funktionsträgern der CWG zusammen: Der Präsident vertritt die CWG nach innen und außen, der stellvertretende Präsident und der vorhergehende Präsident unterstützen ihn dabei, der Sekretär führt die Geschäfte und verwaltet die Mitgliederliste, und der Schatzmeister kümmert sich um finanzielle Angelegenheiten.

Der stellvertretende Präsident wird jedes Jahr neu gewählt. Nach Ablauf seiner Amtszeit wird der stellvertretende Präsident automatisch Präsident der CWG. Der bisherige Präsident wird zum vorhergehenden Präsidenten, und der bis dahin vorhergehende Präsident scheidet aus dem Exekutivkomitee aus. Da jede dieser Phasen ein Jahr dauert, beträgt die reguläre Mitgliedschaft im Exekutivkomitee drei Jahre. Das rollierende System gewährleistet zum einen hohe Stabilität und Kontinuität, sorgt aber gleichzeitig auch für einen fortlaufenden Wechsel auf der Führungsebene.

11.5 CWG-Konferenzen

Nachdem die in englischer Sprache abgehaltenen CWG-Konferenzen in früheren Jahren aus Kostengründen häufig an den großen SAP-Standorten in Walldorf und Philadelphia durchgeführt worden waren, hat es sich in den letzten Jahren bewährt, auf Hotels an unterschiedlichen Orten auszuweichen. Das verleiht nicht nur der Unabhängigkeit von SAP Ausdruck, sondern hat auch die Teilnahmebereitschaft der Mitglieder spürbar erhöht. Ebenso hat sich herausgebildet, dass die Frühjahrskonferenzen jeweils in Europa und die Herbstkonferenzen in den USA stattfinden.

Als Format hat sich seit 2005 die dreitägige Konferenz zu Wochenbeginn etabliert. Am ersten Tag stehen typischerweise Präsentationen von allgemeinem Interesse im Mittelpunkt. Dazu gehört regelmäßig die Vorstellung von Neuentwicklungen bei SAP und SAP-Partnern. Große Aufmerksamkeit genießen die Präsentationen zu Implementierungsprojekten, bei denen sich die Konferenzteilnehmer gegenseitig über die verschiedenen Einsatzszenarien der Produktkonfiguration informieren. Gastvorträge zu ausgewählten Themen am Rande der Produktkonfiguration oder Marktberichte über Konfiguratorsoftware runden das Programm der Vollversammlung am ersten Tag ab.

Der zweite Konferenztag gehört gemeinhin der Arbeit in Kleingruppen. Hier werden Präsentationen zu speziellen Themen im Umfeld der Produktkonfiguration gehalten. Dabei gibt es meist Gelegenheit zu ausführlichen Feedback-Diskussionen. Sich gegenseitig kennenzulernen und auszutauschen ist dabei genauso wichtig wie die konkreten Inhalte der Kleingruppenarbeit. Die Aufteilung in kleine Einheiten ermöglicht auch die Durchführung von praktischen Übungen oder Tests neuer Anwendungen. Das gesamte Rahmenprogramm der CWG ist darauf ausgelegt, Networking zu betreiben und geschäftliche Kontakte zu knüpfen oder zu vertiefen.

Am dritten Tag stehen oft wieder Präsentationen im Plenum auf der Agenda. Im Gegensatz zum Programm des ersten Tages ist der Inhalt eher auf Implementierungsteams und Modellierer zugeschnitten. Fragen zur praktischen Anwendung werden besprochen oder Tipps & Tricks ausgetauscht. Über ein Abschlussgespräch des CWG-Vorstands mit dem Plenum und über Feedback-Bögen nehmen die Konferenzteilnehmer Einfluss auf die Gestaltung zukünftiger Konferenzen.

11.6 CWG-Portal

Das CWG-Portal ist seit 2005 fester Bestandteil des Internetauftritts der CWG unter *www.configuration-workgroup.com*. Die Internetseiten der CWG sind durchgehend in englischer Sprache. Es gibt einen frei einsehbaren, öffentlichen Teil und einen zugangsgeschützten Bereich, das CWG-Portal.

Die Nutzung der Portalfunktionen ist kostenfrei, erfordert allerdings eine elektronische Registrierung. Mittlerweile gibt es etwa 3.000 registrierte Portalnutzer und insgesamt ca. 4.500 veröffentlichte Beiträge. Etwas mehr als 100 Nutzer beteiligen sich bis dato aktiv an den Diskussionen im CWG-Portal. Die große Mehrheit der Nutzer (etwa 2.900) sind also reine Leser.

Als registrierter Portalnutzer sind Ihnen eine Reihe von Portalfunktionen zugänglich, die wir nachfolgend kurz vorstellen möchten.

- **CWG-Blog**
  In diesem Bereich können Sie die Beiträge von Weblog-Autoren zu aktuellen Themen der Produktkonfiguration mit SAP und zu Ereignissen rund um die CWG einsehen.

- **CWG-Forum**
  Das Diskussionsforum bietet Platz zum Austausch und zur Archivierung von Meinungen und Erfahrungen. Aktuell ist das CWG-Forum in sieben Fach- und drei Administrationsforen gegliedert. Das mit Abstand aktivste Fachforum ist der Produktmodellierung gewidmet. Es umfasst etwa 450 Themen mit insgesamt 1.800 Diskussionsbeiträgen. Weitere Fachforen gibt es z.B. zu den Themenbereichen Produktkonfiguration in Verkauf & Service und Produktkonfiguration in der Fertigung. Eine weitere Funktion des CWG-Forums ist die Anzeige der Portalnutzer, die gerade online sind.
- **Dokumentenverzeichnis**
  Das Dokumentenarchiv der CWG ist sicher einer der wertvollsten Schätze des CWG-Portals. Hier können Sie in Sekundenschnelle auf etwa 500 Konferenzbeiträge aus mehr als 16 CWG-Konferenzen seit 2002 zugreifen. Daneben bietet das Verzeichnis auch Platz für die Dokumentenverwaltung regionaler Gruppen.
- **CWG Sandbox**
  In diesem Portalbereich finden Sie Informationen zu dem in Abschnitt 11.7 vorgestellten ERP-System, das die CWG für ihre Mitglieder betreibt.

11.7 CWG Sandbox-System

Seit Ende 2007 betreibt die CWG eine ERP-Implementierung, zu der CWG-Mitglieder unter bestimmten Auflagen Zugang erhalten können. Wie in Abbildung 11.1 zu erkennen ist, wird natürlich auch eine deutschsprachige Benutzeroberfläche unterstützt.

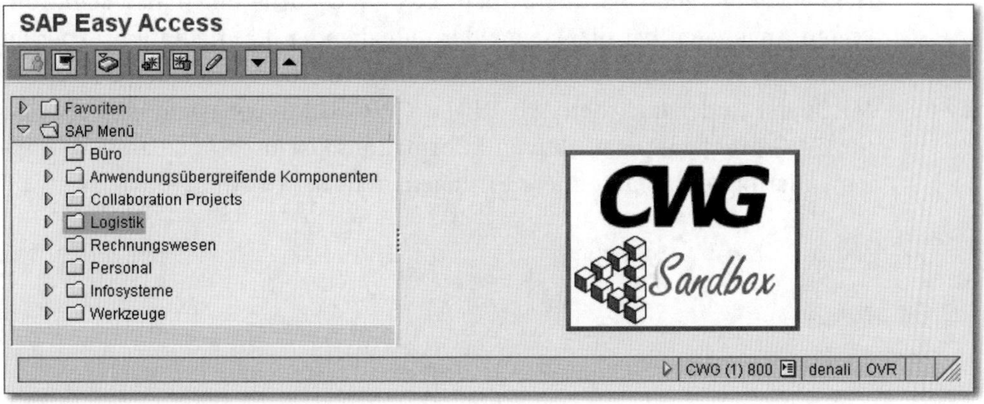

Abbildung 11.1 CWG Sandbox-System

Die als *Sandbox*, also als freies Testsystem, betriebene ERP-Lösung wird unter anderem zum Aufbau einer Bibliothek von Konfigurationsmodellen genutzt. Modellierer können hier direkt voneinander lernen. Anhand von Lehrbeispielen werden unterschiedliche Modellierungsansätze nebeneinandergestellt. Bereits ein Jahr nach der ersten Verfügbarkeit gibt es etwa 100 registrierte Benutzer, die mehr als 40 Konfigurationsmodelle erstellt haben. Die Modelle werden zum Beispiel in Kleingruppensitzungen der CWG-Konferenzen interaktiv am System vorgestellt und diskutiert.

Partnerfirmen erhalten Gelegenheit, ergänzende Software an das CWG Sandbox-System anzuschließen, um auf diese Weise die Funktionalität innerhalb der CWG sehr anschaulich demonstrieren zu können. Es macht einen deutlichen Unterschied, wenn Sie nach einer kurzen Präsentation auch einmal selbst interaktiv mit einer vorgestellten Lösung arbeiten können.

11.8 Zusammenfassung

In diesem Kapitel haben Sie die internationale Benutzergruppe für Produktkonfiguration mit SAP-Lösungen kennengelernt. Der wesentliche Leitgedanke der Gruppe ist der freie Informationsaustausch über alle Fragen rund um die Produktkonfiguration. Durch das starke ehrenamtliche Engagement einer Reihe von Mitgliedern sind nahezu alle Leistungen der CWG innerhalb der Gemeinschaft kostenfrei.

Die Satzung der CWG ist Grundlage für die stabile Struktur der Organisation und sichert deren Unabhängigkeit und Eigenständigkeit. Die zweimal jährlich stattfindenden CWG-Konferenzen in Europa und den USA sind quasi der Herzschlag der gemeinsamen Arbeit. Das CWG-Portal mit seinen sehr konkreten Angeboten hat die Menge der teilhabenden Konfigurationsexperten signifikant erhöht und bildet die Grundlage für die Vernetzung der CWG-Mitglieder in der täglichen Arbeit. Das CWG Sandbox-System ist – als eine für CWG-Mitglieder zum aktiven Informationsaustausch nutzbare ERP-Implementierung – eine besondere Errungenschaft der CWG.

In den vorausgegangenen Kapiteln haben Sie gesehen, wie Produktkonfiguration mit SAP-Lösungen zum Einsatz kommt, auf was Sie in Ihrem Projekt achten sollten und wie Sie von den Erfahrungen anderer profitieren können. Jetzt blicken wir auf eine neue SAP-Lösung, die ganz auf mittelständische Unternehmen zugeschnitten ist und dabei auch grundlegend neue Ansätze verfolgt.

12 Ausblick auf SAP Business ByDesign

Variantenkonfiguration mit SAP ist kein Novum. Alle Themen, die wir Ihnen vorgestellt haben, drehen sich um fest etablierte Bestandteile der SAP Enterprise Solutions. Beim Einsatz des *Variantenkonfigurators LO-VC* und des *Internet Pricing and Configurators* (IPC) kann auf langjährige Erfahrung zurückgegriffen werden. Neue Softwareversionen enthalten die bisherige Funktionalität der Produktkonfiguration und bringen inkrementelle Erweiterungen auf der Grundlage einer sehr stabilen und ausgereiften Geschäftsprozessabwicklung. Für eine große Menge von im Einsatz befindlichen Produktkonfigurationslösungen auf Basis von SAP ERP und SAP CRM bedeutet dies einen hohen Investitionsschutz. Was heute in einem umfangreichen Einführungsprojekt als zukunftsfähige Lösung erarbeitet wird, bleibt auf viele Jahre bestehen.

In diesem Kapitel schauen wir auf die neue Mittelstandslösung *SAP Business ByDesign*. Mit dieser Lösung wird ein neuer Weg beschritten, der eine ganze Reihe von grundlegenden Innovationen beinhaltet. Wir gehen der Frage nach, wie die Konzepte für Produktkonfiguration in der neuen Mittelstandslösung aussehen. Inwieweit unterscheiden sich Konfigurationsanforderungen mittelständischer Unternehmen überhaupt von denen der großen Betriebe? Für das Zusammenspiel zwischen mittelständischen und großen Betrieben ergeben sich neue Möglichkeiten. Langfristig werden sicher auch einige der neuen Konzepte Einfluss auf die inkrementelle Weiterentwicklung der etablierten Enterprise Solution haben.

12.1 SAP Business ByDesign

SAP Business ByDesign ist eine Geschäftsprozesslösung von SAP, die ganz auf die Anforderungen mittelständischer Unternehmen zugeschnitten ist. Es handelt sich dabei um eine vollständige und mit allen wichtigen Anwendungen voll integrierte Lösung. Folgende Anwendungsbereiche werden abgedeckt:

- Executive Management zur Unterstützung der Führungskräfte
- Finanzbuchhaltung für alle Finanzprozesse
- Compliance Management für die Einhaltung von Gesetzen
- Customer Relationship Management für die Kundenbetreuung
- Supplier Relationship Management für die Lieferantenbetreuung
- Supply Chain Management für Planung, Produktion und Lagerhaltung
- Projektmanagement für die Abwicklung des Projektgeschäfts
- Product Lifecycle Management für die Produktentwicklung
- Human Resources Management für die Personalbetreuung

Die Funktionspalette deckt also alle Bereiche ab und ist prinzipiell auch für Unternehmen mit einem breiten und flexiblen Produktangebot gedacht.

SAP Business ByDesign basiert gänzlich auf einer serviceorientierten Architektur (*Service-Oriented Architecture, SOA*). Alle betriebswirtschaftlichen Funktionen werden – auch systemintern – über fest definierte Serviceschnittstellen ausgeführt. Träger dieser Serviceschnittstellen sind die vollständig ausmodellierten Geschäftsobjekte (*Business Objects*). Beispiele für Geschäftsobjekte sind Kunde, Produkt, Kundenauftrag oder Fertigungsauftrag.

Der Betrieb von SAP Business ByDesign erfolgt im On-Demand-Modus. Entsprechend der Philosophie *Software-as-a-Service* (SaaS) wird die Software nicht gekauft und vom Nutzer selbst installiert und betrieben. Vielmehr wird auf eine zentral zur Verfügung gestellte Implementierung über eine Netzwerkverbindung zugegriffen. Je nach Bedarf stellt das Betreiberunternehmen die benötigten Ressourcen wie Rechner und Speicherkapazitäten zur Verfügung. Sämtliche für die Softwarenutzung erforderlichen Leistungen werden als Ganzes gemietet. Auf diese Weise können umfangreiche Funktionen zu einem erschwinglichen Preis angeboten werden.

12.2 Produktkonfiguration im Mittelstand

Die Nutzung der Produktkonfiguration in großen Unternehmen kennt viele Spielarten. Zum Teil wird mit sehr vielen Merkmalen gearbeitet. Dass konfigurierbare Produkte wiederum konfigurierbare Komponenten haben, kommt zumindest bei Fertigungsunternehmen häufig vor. Immer wieder gibt es Konfigurationsanwendungen, die ein komplexes Regelwerk und umfangreiche Datenbestände z.B. in Variantentabellen umfassen. Die Möglichkeit, mit Variantenstücklisten einen großen Variantenraum abdecken zu können, ist für viele Implementierungen eine essentielle Kernfunktion.

Was ist nun die Besonderheit der Produktkonfiguration im Mittelstand? Könnte man annehmen, dass weniger große, mittelständische Unternehmen generell auch weniger anspruchsvolle Konfigurationsaufgaben lösen müssen? Es gibt viele Möglichkeiten, mittelständische Unternehmen zu charakterisieren. Einfach strukturierte Variantenprodukte sind nun aber gerade nicht kennzeichnend für ein Mittelstandsunternehmen. Ohne in die Diskussion um Unterscheidungskriterien zwischen Großunternehmen und Mittelstandsbetrieben tiefer einzusteigen, wollen wir zwei Punkte hervorheben, die in mittelständischen Unternehmen häufig Teil der Unternehmensphilosophie sind:

- **Produktflexibilität**
  Die Produktflexibilität ist sehr hoch. Hat der Kunde eine bestimmte Anforderung an ein angebotenes Produkt, wird oft alles getan, um diese Anforderung zu erfüllen. Das Motto lautet häufig: »Was nicht passt, wird passend gemacht!«
- **Prozessflexibilität**
  Die Anpassung von Produkten an individuelle Kundenwünsche ist häufig ein kreativer Prozess. Es gibt nicht nur vorgedachte Produktoptionen, die individuell auswählbar sind. Mitunter werden sehr pragmatisch Eingriffe in den logistischen Prozess vorgenommen, um eine Sonderanforderung erfüllen zu können. Der gesamte Ablauf beruht weniger auf formal definierten Prozessschritten, sondern erlaubt manuelle Eingriffe von Bearbeitern, die nicht nur ihr Tagesgeschäft, sondern auch die Sonderanforderungen ihrer Kunden genau verstehen.

Auch in Großunternehmen können derartige Anforderungen bestehen. Der Unterschied ist, dass kleinere Unternehmen ohne Erfüllung dieser Anforderungen oft gar nicht überleben können. Wir möchten die Anforderungen an Produkt- und Prozessflexibilität an einem Beispiel veranschaulichen.

[zB]

Produkt- und Prozessflexibilität: das Beispiel »Glastüren«

Ein Betrieb, der Glasplatten verarbeitet, bietet auch Glastüren bzw. Türblätter aus Glas an. Typische Verkaufsparameter sind Glasart, Glasstärke sowie Breiten- und Höhenabmessung des Türblatts. Für die Befestigung der Scharniere und des Schlosses werden Löcher in die Glasplatte geschnitten.

Für die geometrischen Abmessungen der Löcher werden einige Standardvarianten angeboten; aber insbesondere für das Loch der Schließeinrichtung gibt es immer wieder vom Standard abweichende Anforderungen. Außerdem werden in knapp fünf Prozent der Aufträge zusätzliche Löcher für Designelemente im Türblatt als Sonderwunsch angefordert.

In Abbildung 12.1 sehen Sie einige Beispiele für die Geometrie der Löcher in den Glastüren. Ziel einer Modellierung als Konfigurationsaufgabe wäre, eine möglichst hohe Anzahl von Aufträgen vollständig mit dem Konfigurationsmodell beschreiben zu können. Bereits für die Modellierung der in Abbildung 12.1 links dargestellten Standardtypen *Rundloch* und *Rechteckloch* wäre eine Vielzahl von Merkmalen und Regeln erforderlich; z.B. muss für jedes Loch ein Mindestabstand zum Rand eingehalten werden. Wenn Sie versuchen, die Löcher für Designelemente – wie das in Abbildung 12.1 rechts dargestellte Beispiel *Zusatzlöcher* – ebenfalls in das Konfigurationsmodell aufzunehmen, dann haben Sie es mit einer komplexen Systemkonfiguration zu tun, wie wir sie in Kapitel 6, »Herausforderungen in der Variantenkonfiguration«, vorgestellt haben.

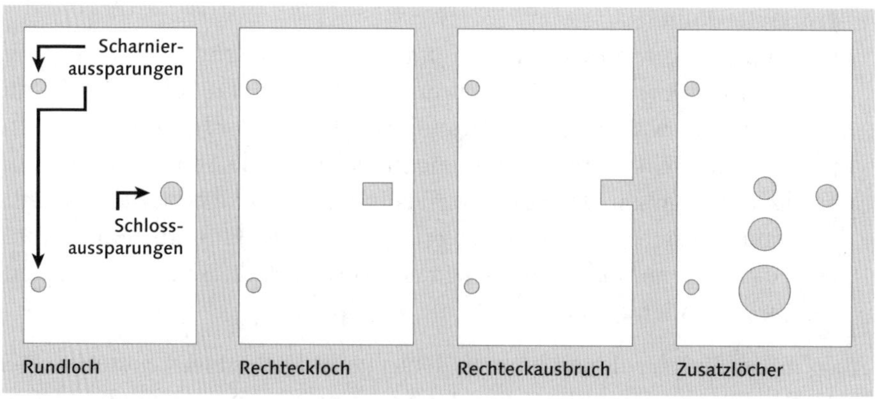

Abbildung 12.1 Türblätter mit unterschiedlichen Lochformen

Der entscheidende Aspekt an diesem Beispiel ist, dass ein Teil der individuellen Spezifikation sehr gut und einfach mit formalen Produktparametern als Konfigurationsaufgabe modellierbar ist. Für die vollständige formale Beschreibung aller tatsächlich vorkommenden Produktvarianten in einem Produktmodell wäre der Aufwand jedoch unvertretbar hoch. Und das umso mehr für ein mittelständisches Unternehmen, in dem die Modellierungsaufgabe vielleicht von einem Verkaufsmitarbeiter erledigt wird, der vermutlich nur einen kleinen Anteil seiner Arbeitszeit der Produktmodellierung widmen kann.

Eine Geschäftsprozesslösung, die diesem Kontext gerecht wird, muss in der Lage sein, nicht vollständig ausmodellierte Produktoptionen in der logistischen Bearbeitung zu unterstützen.

12.3 »Make to Order« in SAP Business ByDesign

SAP Business ByDesign unterstützt mehrere Verkaufs- und Fertigungsszenarien. Das erste Szenario, das bereits in der Markteinführungsphase der neuen Mittelstandslösung eine schlanke Produktkonfiguration unterstützt, ist das Szenario *Make to Order* (MTO). Die dabei angewandten Kernprinzipien stellen wir in diesem Abschnitt kurz vor.

12.3.1 Erweiterung des Produktbegriffs

Klassischerweise wird ein Produkt durch einen Eintrag im Produkt- bzw. im Materialstamm beschrieben. Angefangen bei Angebot und Kundenauftrag über Planung, Fertigung, Einkauf, Lagerung bis zu Auslieferung und Rechnungsstellung wird in allen Schritten der logistischen Verarbeitung Bezug genommen auf den Eintrag im Produktstamm.

Bei der klassischen MTO-Fertigung, wie Sie sie in den vorausgegangenen Kapiteln kennengelernt haben, wird neben dem Bezug zum Produkt in der logistischen Verarbeitung immer auch ein Bezug zum Kundenauftrag bzw. zur Kundenauftragsposition hergestellt. Mit dem Bezug zur Kundenauftragsposition werden im Falle konfigurierbarer Produkte auch die Konfigurationsergebnisse, also die Beschreibung der vom Kunden gewählten Produktoptionen, gespeichert. Wie die Bezeichnung *Make to Order* bzw. im Deutschen *kundenauftragsbezogene Fertigung* bereits verdeutlicht, steht der Kundenauftrag im Mittelpunkt der logistischen Verarbeitung. Eine auftragsübergreifende Zusammenfassung ist auch dann nicht möglich, wenn sich zwei Aufträge auf das gleiche Produkt in der gleichen Ausfertigung beziehen.

[+] **Spezifizierbare Produkte**

Produkte, die individuell ausgeprägt werden können, werden in SAP Business ByDesign als *spezifizierbare Produkte* bezeichnet. Dabei wird davon ausgegangen, dass der Eintrag im Produktstamm in der Regel eine Standardausprägung (also eine bestimmte Variante) des Produkts beschreibt. Abweichende Ausprägungen können durch eine zusätzliche Produktspezifikation beschrieben werden.

Die Kombination aus Produkt und Produktspezifikation ergibt dann ein spezifiziertes Produkt.

Durch die Erweiterung des Produktbegriffs in der logistischen Verarbeitung von SAP Business ByDesign wird die Abhängigkeit zum Kundenauftrag für spezifizierbare Produkte aufgelöst. Neben dem immer erforderlichen Bezug zum Produktstamm umfasst der Produktbegriff für spezifizierbare Produkte eine optionale Produktspezifikation.

[+] **Produktspezifikation**

Die Beschreibung einer vom Standard abweichenden Ausprägung eines Produkts erfolgt in einem eigenen Geschäftsobjekt, der *Produktspezifikation*. Neben einer identifizierenden Produktspezifikationsnummer umfasst das Geschäftsobjekt einen Bezug zu dem Produkt, das spezifiziert wird, und die eigentlichen Spezifikationsinhalte.

Abbildung 12.2 Produktspezifikation in SAP Business ByDesign

In Abbildung 12.2 sehen Sie das Datenblatt einer Produktspezifikation. Im Abschnitt ALLGEMEINE DATEN sind die die Produktspezifikation identifizierende Produktspezifikationsnummer und eine Produktspezifikationsbeschreibung zu sehen. Rechts sind die Verweise auf das mit der Produktspezifikation spezifizierte Produkt (Produktnummer und Produktbeschreibung) sowie auf den für die Produktspezifikation zuständigen Mitarbeiter dargestellt. Der eigentliche Spezifikationsinhalt setzt sich in dem in Abbildung 12.2 gezeigten Beispiel aus einer textuellen Beschreibung im Abschnitt NOTIZEN und einer bemaßten Skizze im Abschnitt ANHÄNGE zusammen.

Alle logistischen Schritte im MTO-Szenario von SAP Business ByDesign einschließlich der Kundenauftragsbearbeitung nehmen Bezug zum Produktstammeintrag und – falls vorhanden – zur Produktspezifikation. Auf diese Weise kann bei Bedarf auch auftragsübergreifend gearbeitet werden. Bedarfe für gleiche Produktspezifikationen können zusammengefasst werden. Bei Stornierung des Kundenauftrags kann eine bereits gefertigte Variante mit Bezug zum Produktstammeintrag und zur Produktspezifikation ins Lager eingebucht und anderweitig verkauft werden. Wenn das gefertigte Produkt für einen anderen Kundenauftrag umgearbeitet wird, kann es auf einen anderen Lagerbestand mit Bezug zu einer anderen Produktspezifikation umgebucht werden. Die logistische Verarbeitung für Standardprodukte und spezifizierte Produkte unterscheidet sich hauptsächlich durch den um eine optionale Produktspezifikation erweiterten Produktbegriff.

12.3.2 »Make to Specification«

Der MTO-Prozess in SAP Business ByDesign unterstützt natürlich eine kundenauftragsspezifische Fertigung. Allerdings baut die Infrastruktur der Geschäftsprozesslösung auf den aus Produkt und Produktspezifikation zusammengesetzten Produktbegriff auf und abstrahiert so vom Kundenauftrag. In Abbildung 12.3 können Sie sehen, dass es sich, genau genommen, um ein *Make-to-Specification*-Szenario handelt.

Um eine kundenauftragsspezifische Bearbeitung zu realisieren, wird für eine bestimmte Kundenauftragsposition eine neue Produktspezifikation angelegt. Wenn diese Produktspezifikation ausschließlich für diese eine Kundenauftragsposition verwendet wird, dann entspricht die logistische Verarbeitung einer kundenauftragsspezifischen Abwicklung. Für den Fall, dass eine Produktspezifikation für mehrere Kundenaufträge genutzt wird, kann natürlich nicht von einer rein auftragsbezogenen Verarbeitung gesprochen werden.

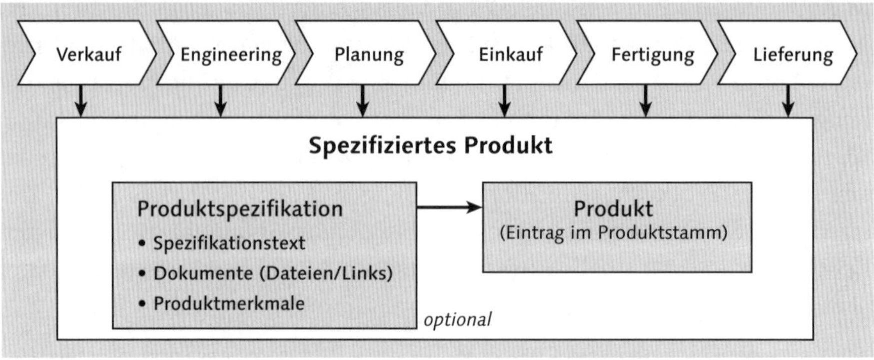

Abbildung 12.3 Prinzip der »Make-to-Specification«-Abwicklung

Die Spannbreite der *Make-to-Specification*-Abwicklung ist größer als die Spannbreite der klassischen MTO-Abwicklung. Dass das Szenario in SAP Business ByDesign dennoch vereinfachend als MTO bezeichnet wird, liegt einfach daran, dass MTO ein allgemein bekannter und daher leicht verständlicher Begriff ist.

12.3.3 Leichtgewichtige Produktvarianten

Das Paar Produkt und Produktspezifikation zeichnet eine bestimmte Produktausprägung aus. Es entspricht damit dem, was Sie in den vorausgegangenen Kapiteln als Produkt- bzw. Materialvariante (oder früher als Lagertype) kennengelernt haben.

Eine wesentliche Eigenschaft der klassischen Materialvariante ist, dass sie »auf Lager gelegt«, also nach dem *Make-to-Stock*-Verfahren geplant und gefertigt werden kann. Gerade das ist ja für spezifizierte Produkte, also für die Kombination Produkt und Produktspezifikation in SAP Business ByDesign, möglich.

Eine Produktvariante kann typischerweise auch Gegenstand weiterer Stammdaten sein. Mit Einführung des MTO-Szenarios in SAP Business ByDesign können auch Stücklisten mit Bezug zu einem Produkt und einer Produktspezifikation angelegt werden. Indirekt lassen sich damit auch Auftragsstücklisten eines ETO-Szenarios realisieren. In diesem Zusammenhang wird der Begriff von leichtgewichtigen Produktvarianten genutzt.

Weitere Stammdatenbezüge wie eigene Verkaufspreise zu Produktvarianten, die über ein Produkt und eine Produktspezifikation gekennzeichnet sind, sind für spätere Versionen von SAP Business ByDesign vorgesehen.

12.4 Produktkonfiguration in SAP Business ByDesign

Nachdem wir die Produktspezifikation als zentrales Element des MTO-Szenarios in SAP Business ByDesign vorgestellt haben, wollen wir nun der Frage nach der Produktkonfiguration nachgehen. Natürlich haben Sie längst erkannt, dass die Produktspezifikation auch der Träger der Konfigurationsinformation sein muss. Was noch fehlt, ist die formale Beschreibung von Produktoptionen durch Merkmale in einem Modell.

12.4.1 Produktmodell

Das Geschäftsobjekt Produktmodell erlaubt die Zusammenstellung von Informationen, die bei der Spezifikation eines Produkts in jedem Fall zu beachten sind.

Ein Produktmodell kann für ein oder mehrere spezifizierbare Produkte gültig sein. Die spezifizierbaren Produkte, für die auf der Grundlage eines Produktmodells eine Produktspezifikation zu erstellen ist, werden diesem Produktmodell zugewiesen. Für ein spezifizierbares Produkt kann es maximal ein Produktmodell geben (siehe Abbildung 12.4).

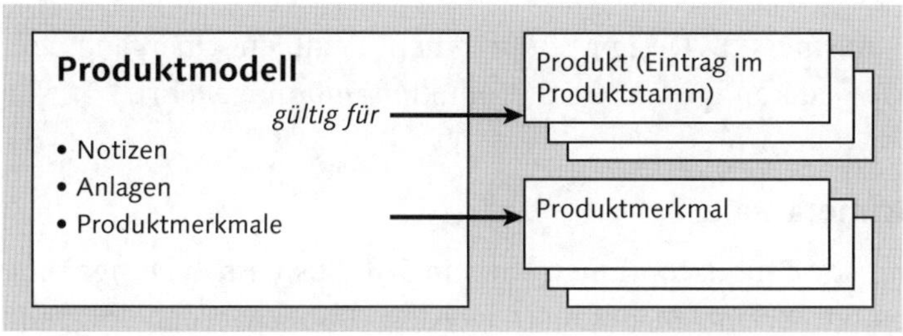

Abbildung 12.4 Produktmodell, Produkte und Produktmerkmale

Das Produktmodell dient quasi als Kopiervorlage für die Erstellung einer Produktspezifikation. Folgende Bestandteile des Produktmodells dienen als Vorlage für die Produktspezifikation:

- **Notizen**
  Ein Text kann z.B. Hinweise enthalten, die bei der Erstellung einer Produktspezifikation zu beachten sind. Fragen, die bei der Spezifikation in jedem Fall zu beantworten sind, können ebenfalls im Notizenteil formuliert werden.

- **Anlagen**
  Unterschiedlichste Dokumente, die als Spezifikationshilfe dienen, können in den Anlageteil des Produktmodells übernommen werden. Dabei kann es sich z.B. um Produktbroschüren, um Fragebögen oder um Formblätter, die beim Erstellen der Produktspezifikation auszufüllen sind, handeln.
- **Produktmerkmale**
  Die formale Modellierung von Produktoptionen erfolgt mit Hilfe von Produktmerkmalen. Dem Produktmodell werden die Merkmale zugeordnet, die für das zu spezifizierende Produkt relevant sind. Die Wertebereiche der wiederverwendbaren Merkmale können für die Verwendung in einem Produktmodell eingeschränkt werden.

[+] **Vom »zu spezifizierenden« Produkt zum »konfigurierbaren« Produkt**

Die Definition eines Produktmodells mit zugeordneten Produktmerkmalen macht aus dem zu spezifizierenden Produkt ein konfigurierbares Produkt. Aus einem Standardprodukt kann also sehr einfach ein konfigurierbares Produkt werden. Umgekehrt können die Merkmale aus dem Produktmodell entfernt werden. Wenn alle Merkmale aus dem Produktmodell entfernt wurden oder wenn die Zuordnung des spezifizierbaren Produkts zum Produktmodell gelöscht wurde, dann ist das entsprechende Produkt nicht mehr konfigurierbar.

Es gibt in SAP Business ByDesign somit einen flexiblen Übergang von Standardprodukten zu konfigurierbaren Produkten und umgekehrt.

12.4.2 Produktmerkmale

Zur Beschreibung von Produktoptionen kann in SAP Business ByDesign eine Menge von Produktmerkmalen definiert werden. Dabei werden folgende Formate unterschieden:

- **Codes**
  zur Beschreibung diskreter Optionen wie »Farbe« oder »Glasart«
- **Mengenangaben**
  für quantifizierbare Größen wie »Breite« oder »Volumen«
- **boolesche Werte**
  für Kennzeichen wie »Standheizung« oder »Nebelscheinwerfer«
- **ganze Zahlen**
  für abzählbare Eigenschaften wie »Anzahl der Scharniere«
- **Dezimalzahlen**
  für Zahlangaben ohne Einheit wie »Korrekturfaktor«

- **Freitext**
  für Texte ohne vorgegebene Wertemengen wie »Vorname« oder »Hobbys«

Mit Ausnahme von Freitext-Merkmalen werden für alle Produktmerkmale Wertebereiche definiert. Bei der Verwendung eines Produktmerkmals in einem Produktmodell können die Wertebereiche dann eingeschränkt werden. Am Produktmodell kann für jedes Merkmal ein Vorschlagswert festgelegt werden, der dann als initialer Wert in die Produktspezifikation übernommen wird. Ob ein Merkmal in der Produktspezifikation bewertet werden muss oder nicht, wird ebenfalls bei der Merkmalsverwendung im Produktmodell festgelegt.

Bei der Auswahl des Produkts in der Produktspezifikation werden die Produktmerkmale aus dem für das Produkt definierten Produktmodell in die Produktspezifikation übernommen. Die Merkmale können dann in der Produktspezifikation bewertet werden. Es erfolgt eine Prüfung auf Konsistenz und Vollständigkeit. Abbildung 12.5 zeigt eine Produktspezifikation für ein Türblatt, die auf Basis eines Produktmodells mit Produktmerkmalen angelegt wurde. Das Code-Merkmal Glasart sowie die Merkmale mit Abmessungen in Millimetern für Glasstärke, Breite und Höhe wurden für das Produkt Türblatt definiert.

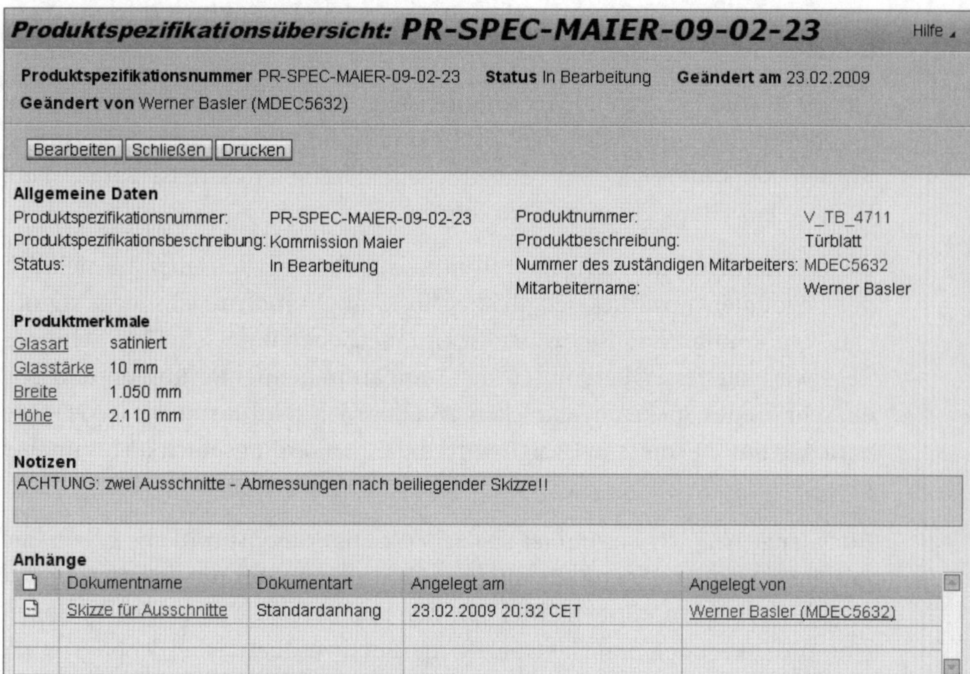

Abbildung 12.5 Produktspezifikation mit Produktmerkmalen

Damit sind alle Voraussetzungen für eine schlanke Produktkonfiguration in SAP Business ByDesign gegeben. Für die Unterstützung eines Regelwerks, das Abhängigkeiten zwischen den Merkmalen eines konfigurierbaren Produkts regelt, kann ein Konfigurator angebunden werden.

12.4.3 Konfiguratoranbindung

Bei der Erfassung von Merkmalswerten in der Produktspezifikation können zukünftig über die *Core Constraint Engine* (CCE) merkmalsübergreifende Abhängigkeiten verarbeitet werden. Die Abhängigkeitsregeln werden als Teil des Produktmodells definiert. Das Regelwerk wird über einen deklarativen Ansatz formuliert.

Zunächst werden Variantentabellen zur Einschränkung von Wertebereichen als Beziehungsart unterstützt. Wie Sie in den ersten beiden Kapiteln erfahren haben, stellen Variantentabellen ein sehr starkes und flexibles Instrument zur Formulierung von Abhängigkeiten dar. Dies gilt insbesondere für Produktoptionen, die über Code-Merkmale modelliert werden. Mit Code-Merkmalen und Werteeinschränkung über Variantentabellen kann bereits ein großer Anteil von Anwendungsfällen in der Produktkonfiguration vollständig modelliert werden. Die Definition von Variantentabellen ist zudem ein sehr intuitiver Weg, Abhängigkeiten zwischen Produktmerkmalen auszudrücken.

Für die Bestimmung abhängiger numerischer Produktmerkmale wie z. B. bei der Berechnung einer Fläche aus Breite und Höhe sind einfache Zuweisungsformeln sehr hilfreich. Eine entsprechende Beziehungsart ist vorgesehen. Weitere Beziehungsarten werden folgen.

Da sich Konfigurationsaufgaben in mittelständischen Betrieben hinsichtlich der benötigten Ausdrucksmöglichkeit in Konfigurationsregeln nicht signifikant von Konfigurationsaufgaben in Großbetrieben unterscheiden, wird das Regelwerk als fester Bestandteil der Standardimplementierung mittelfristig ein sehr breites Spektrum abdecken. Mit der Markteinführung des MTO-Szenarios in SAP Business ByDesign wird die CCE allerdings noch nicht nutzbar sein.

Auch langfristig wird es immer spezielle Konfigurationsprobleme geben, die mit einer Standardlösung für die Produktkonfiguration nur unbefriedigend abgedeckt werden können. Dies gilt insbesondere in den Fällen, in denen eine produkt- oder branchenspezifische Benutzeroberfläche benötigt wird. Zum Beispiel wird es mit einer Standardlösung ohne projektspezifische

Erweiterungen schwerlich möglich sein, eine grafische Konfiguration von Küchen zu realisieren.

Aus diesem Grund unterstützt SAP Business ByDesign das Konzept, eine Produktspezifikation extern zu erstellen und per Webservice als Nachricht in SAP Business ByDesign zu übertragen. Die entsprechende Application-to-Application-Nachricht (A2A) ist für die Anbindung von Third-Party-Konfiguratoren an SAP Business ByDesign konzipiert.

12.4.4 Prozessautomatisierung

Im ersten Schritt sind die folgenden betriebswirtschaftlichen Funktionen mit der Nutzung von Produktmerkmalen in Produktmodellen und Produktspezifikationen verbunden:

- **Konsistenz- und Vollständigkeitsprüfung**
  Bei der Erstellung einer Produktspezifikation wird die Konsistenz der ausgewählten Merkmalswerte gegenüber den im Produktmodell definierten Wertebereichen sichergestellt. Die Vollständigkeit der gewählten Produktoptionen ist ebenfalls Gegenstand der Prüfung. Nur Produktspezifikationen mit konsistenter und vollständiger Merkmalsbewertung können freigegeben werden.
- **Merkmalswertbasierte Suche**
  Produktspezifikationen können über die in ihnen enthaltenen Merkmalsbewertungen gefunden werden. Dabei ist oft schon eine kleine Anzahl von Merkmalswerten sehr selektiv.

In zukünftigen Versionen von SAP Business ByDesign ist mit weiteren betriebswirtschaftlichen Funktionen auf Produktmerkmalen zu rechnen. Als Beispiele seien hier Verkaufspreise auf Basis von Merkmalswerten und konfigurierbare Stücklisten mit Auswahlbedingungen genannt. Auch die Ausdehnung der Produktkonfiguration auf Dienstleistungen und Kombinationen von Materialien und Dienstleistungen ist eine naheliegende betriebswirtschaftliche Funktion.

12.5 Zusammenfassung

In diesem Kapitel haben Sie die neue Geschäftsprozesslösung für den Mittelstand, SAP Business ByDesign, kennengelernt. Die Struktur der Lösung ist vom Kern her vollständig SOA-basiert. Die On-Demand-Lösung als Software-as-a-Service erlaubt einen kostengünstigen Betrieb und ein flexibles Wachstum ganz nach den Anforderungen eines dynamischen Unternehmens.

Produktkonfiguration im Mittelstand bedeutet insbesondere ein hohes Maß an Flexibilität bezüglich des Produktangebots und im Produktbereitstellungsprozess. Eine Geschäftsprozesslösung muss diesen zentralen Anforderungen Rechnung tragen. Mit der Erweiterung des Produktbegriffs um eine Produktspezifikation unterstützt das *Make-to-Order*-Szenario in SAP Business ByDesign ein sehr weites Spektrum von der Fertigung auf Lager bis hin zur *Engineer-to-Order*-Abwicklung.

Die schlanke Produktkonfiguration mit SAP Business ByDesign basiert auf wiederverwendbaren Produktmerkmalen und Produktmodellen, die als Kopiervorlage von Produktspezifikationen dienen. Zur Darstellung merkmalsübergreifender Abhängigkeiten ist die Anbindung eines Konfigurators vorgesehen. Für die logistische Abwicklung in SAP Business ByDesign wird die Core Constraint Engine als Konfigurator eingesetzt. Die Anbindung von Third-Party-Konfiguratoren wird über die externe Erstellung von Produktspezifikationen und den anschließenden Transfer nach SAP Business ByDesign erfolgen.

Die einfachen, aber äußerst flexiblen Instrumente der Produktspezifikation werden mittelfristig auch auf andere Geschäftsprozesslösungen ausstrahlen. Mit Ihnen gemeinsam sind wir sehr gespannt, wie sich der Markt in Sachen Produktkonfiguration entwickeln wird.

Anhang

A Datenbanktabellen der Variantenkonfiguration

Dieser erste Abschnitt des Anhangs enthält, fast unkommentiert, Datenbanktabellen, die im Umfeld der Variantenkonfiguration eine Rolle spielen. Dabei handelt es sich sowohl um Datenbanktabellen, die Daten aus der Modellierung aufnehmen, als auch um Datenbanktabellen, die dann Konfigurationen verwalten.

In Abbildung A.1 sehen Sie in der oberen Hälfte die Datenbanktabellen, die die Stammdaten aus dem Klassensystem aufnehmen. Die untere Hälfte zeigt die Datenbanktabellen zur Verwaltung des Beziehungswissens. Dabei stellt die Datenbanktabelle CUOB die Zuordnungen von Beziehungswissen zu den Stammdaten des Modells dar und ist somit die Verbindung des Beziehungswissens zu den weiteren Datenbanktabellen des Modells.

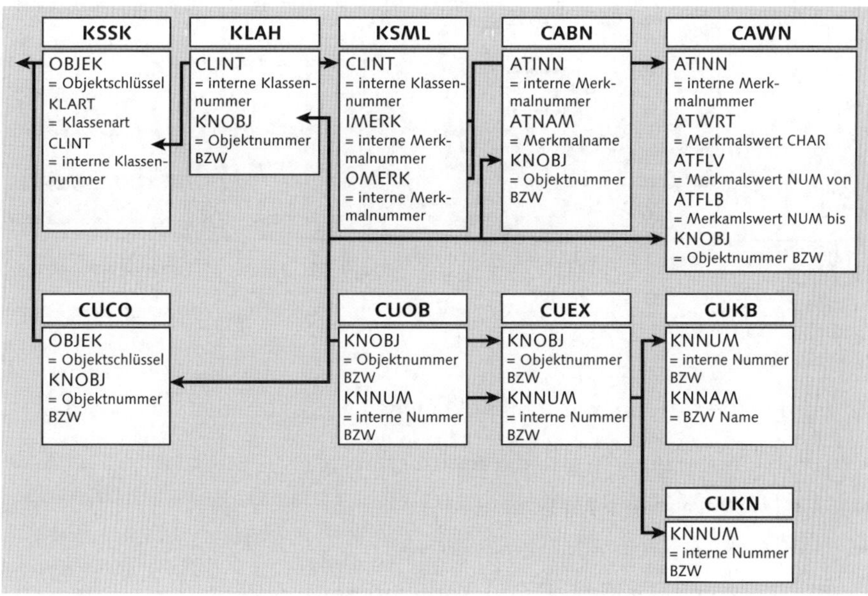

Abbildung A.1 DB-Tabellen Variantenkonfiguration I – Zuordnung von Beziehungswissen

In Abbildung A.2, die – zugegebenermaßen – recht umfangreich ist, sehen Sie weitere Datenbanktabellen aufgelistet, die Stammdaten des Modells enthalten. Das sind der Materialstamm (MARA, MARC), die Stückliste (MAST, KDST, STPO), der Arbeitsplan (PLPO, PLFH, PLFL als die drei Tabellen, denen Beziehungswissen zugeordnet werden kann) und das Konfigurationsprofil (CUCO). Weiterhin sind in Abbildung A.2 die Verbindungen zu den beiden anderen Abbildungen mit Datenbanktabellen angedeutet. So existiert eine Verbindung zu den Datenbanktabellen des Klassensystems in Abbildung A.1. Diese sind um die Ablage der eigentlichen Klassifizierung (AUSP) und die Umschlüsselung von Objekt-IDs (INOB) ergänzt worden. Eine letzte Datenbanktabelle, die ebenfalls mit in diese Abbildung aufgenommen wurde, ist die der Vertriebsbelegpositionen (VBAP).

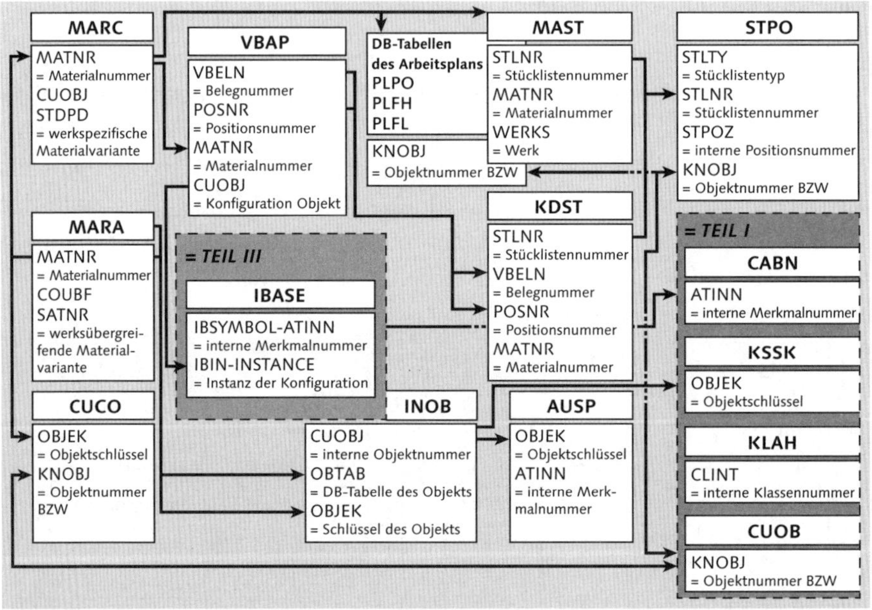

Abbildung A.2 DB-Tabellen Variantenkonfiguration I – Verknüpfungen zwischen den Stammdaten des Modells

Es wurden die folgenden Datenbanktabellen aufgenommen:

- AUSP – Ausprägungswerte der Sachmerkmale
- CABN – Stammdaten Merkmale
- CAWN – Stammdaten Merkmalswerte
- CUCO – Stammdatentabelle für Konfigurationsprofile
- CUEX – Wissensablage – Compilat
- CUKB – Verwaltungsinformationen für Wissenspflege
- CUKN – Wissensablage Varianten/Konfiguration
- CUOB – Zuordnung: Objekt – Wissensbausteine
- INOB – Zuordnung einer internen Nummer zu einem beliebigen Objekt
- KDST – Verbindung: Kundenauftragsposition – Stückliste

- KLAH – Stammdaten Klassenkopf
- KSML – Zuordnung: Merkmale zu Klassen
- KSSK – Zuordnungstabelle: Objekt zu Klasse
- MAST – Verbindung: Material – Stückliste
- MARA – Allgemeine Materialdaten
- MARC – Werksdaten zum Material
- PLFH – Pläne – Fertigungshilfsmittel
- PLFL – Pläne – Folgen
- PLPO – Pläne – Vorgänge
- STPO – Stücklistenpositionen
- VBAP – Positionsdaten zum Verkaufsbeleg

In Abbildung A.3 ist neben den Tabellen und ihren Verknüpfungen auch eine mögliche Datenanalyse angedeutet.

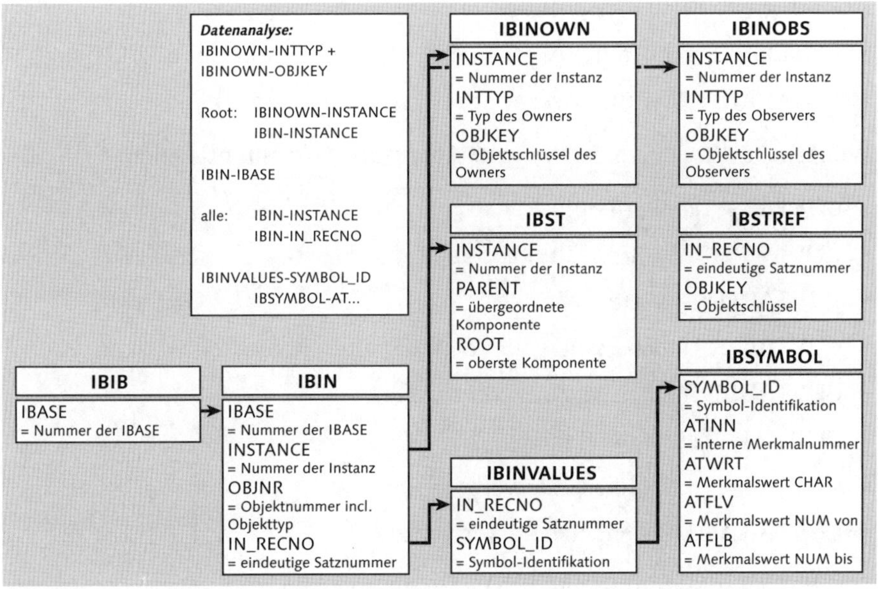

Abbildung A.3 DB-Tabellen Variantenkonfiguration I – Ablage der Konfiguration

Man kann in die Tabelle IBINOWN mit dem Besitzer der Konfiguration, zum Beispiel einer Kundenauftragsposition, einsteigen. Über die entsprechende Zeile in der IBINOWN erhalten Sie den Schlüssel der *Kopf-Instanz*. Mit diesem Schlüssel können Sie dann in die Tabelle IBIN einsteigen und zu dieser Instanz den Schlüssel der IBASE, der gesamten Konfiguration, ermitteln. Die IBASE, deren Daten in der Tabelle IBIB liegen, kann aus mehren Instanzen bestehen. Dies wäre bei mehrstufigen Konfigurationen der Fall und würde zu mehreren Einträgen in der Tabelle IBIN führen. Pro Instanz kann der eindeutige Schlüssel IN_RECNO ermittelt werden. Über diesen Schlüssel wiederum kommt man über zwei Schritte an die Bewertung heran. In der Tabelle IBINVALUES liegen die Symbol-IDs der Werte und in IBSYMBOL die eigentlichen Werte.

- IBIB – Verwaltungsdaten der IBASE
- IBIN – Daten einer Instanzversion
- IBINT– Beschreibung der Instanzen
- IBST – Wurzelbeziehung und Ist-Teil-von-Beziehung (*Parent* und *Root*)
- IBINVALUES – Zuweisung eines Merkmalswertes zu einer Instanz
- IBINOWN – Besitzer der Wurzelinstanz und damit der IBASE (z.B. Kundenauftragsposition)
- IBINOBS – Instanzbeobachter (z.B. Folgebelege – Observer – zum Kundenauftrag wie Fertigungsauftrag, ...)
- IBSTREF – Stücklistenverweis zu einer Ist-Teil-von-Beziehung/Instanz
- IBSYMBOL – Merkmalswert (Einzelwert oder Intervall)

Weitere DB-Tabellen existieren zur Ablage der Variantentabellen:

- CUVTAB – Tabellenkopf
- CUVTAB_ADM – Verwaltungsdaten
- CUVTAB_TX – Texte
- CUVTAB_FLD – Merkmale und damit Spalten der Tabelle
- CUVTAB_IND – Auswertungsalternativen
- CUVTLN – Zeilen der Tabelle
- CUVTAB_VALC – Charakterwerte
- CUVTAB_VALN – Nichtcharakterwerte

Für die Variantenfunktionen existieren die folgenden Tabellen:

- CUVFUN – Funktionskopf
- CUVFUN_ADM – Verwaltungsdaten
- CUVFUN_TX – Texte
- CUVFUN_PAR – Merkmale als Parameter der Funktion
- CUVFUN_IND – Auswertungsalternativen

B APIs der Variantenkonfiguration

SAP bietet Ihnen mit *Application Programming Interfaces* (APIs) eine Schnittstelle, die von Anwendungsprogrammen zur Kommunikation mit anderen Systemen genutzt werden kann. Es handelt sich hierbei um Funktionsbausteine, die festen Regeln, wie zum Beispiel der RFC-Fähigkeit (*Remote Function Call*), genügen.

Die vollständige Funktionalität der SAP-Variantenkonfiguration steht Ihnen als kleinere gekapselte Funktionsbausteine in Form solcher APIs zur Verfügung, so dass Sie auf entsprechende Funktionalität in eigenen Programmen zugreifen können.

Weiterhin wird mit der Transaktion CAVC_TEST, wie in Abbildung B.1 dargestellt, eine Dokumentations- und Testumgebung für die gesamten APIs im Umfeld der Variantenkonfiguration angeboten. Hier finden Sie zu allen APIs eine Dokumentation, den Quellcode sowie die Möglichkeit, diese zu starten und somit zu testen. Verlangen die APIs Eingaben, werden entsprechende Felder angeboten. Weiterhin werden alle Ergebnisse nach Abarbeitung der APIs aufgelistet.

Bei der Namensgebung für die APIs wurde nach einem festen Schema vorgegangen, das in Abbildung B.1 ebenfalls dargestellt ist. CAVC steht für Variantenkonfiguration, die nächste Stelle beschreibt den Typ. Abschließend folgt die genaue Funktionalität in der notwendigen Kürze.

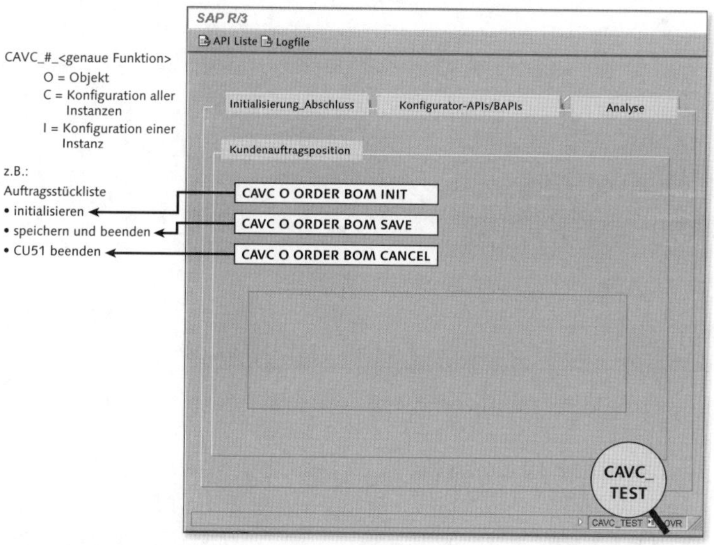

Abbildung B.1 APIs der Variantenkonfiguration und Testumgebung

C User Exits der Variantenkonfiguration

Ein Werkzeug, um zusätzliche unternehmensspezifische Anforderungen in die Standardprozesse zu integrieren, steht Ihnen mit den sogenannten *User Exits* zur Verfügung. Diese User Exits stellen Aufrufe kundeneigener Programme zu einem fixierten Zeitpunkt mit einer fixierten Schnittstelle dar. Dabei greifen vorhandene Include-Befehle auf zunächst leere Include-Files zu, die Sie mit Leben füllen können.

Als Besonderheit in der Variantenkonfiguration existieren User Exits, die als Buttons in das Bewertungsbild aufgenommen und so manuell gestartet werden können. Voraussetzung ist, dass Sie mit einem Oberflächendesign, wie es in Abschnitt 2.6.10, »Oberflächendesign«, vorgestellt wurde, arbeiten. Darin legen Sie Buttons an, deren Namen mit CUSTOMER_PUSHBUTTON_### fest vorgegeben sind. Es können beliebige Bezeichnungen und Drucktastenbezeichnungen gewählt werden. Weitere Detailangaben werden nicht benötigt. Die User Exits haben die Namen `Exit_SAPLCEI0_010` bis `Exit_SAPLCEI0_019`. Diese finden Sie im Programm `LCEI0F01` in der Formroutine `EXECUTE_PUSHBUTTON_GROUP`.

Hier eine kleine Auswahl weiterer User Exits für die Variantenkonfiguration:

- **CCUX0000**
  Zusatzprüfung der Konfiguration, die bei der Abschlussprüfung der Konfiguration ausgeführt wird (enthält den Funktionsbaustein `Exit_SAPLCUKO_001`)
- **CCUX0001**
  Ladefunktion für die Konfiguration, die steuert, ob aus externer Quelle geladen wird (enthält den Funktionsbaustein `Exit_SAPLCUD0_001` für das Laden aus externer Quelle mit dem Funktionsbaustein `Exit_SAPLCUXC_001`)
- **CCUX0002**
  Spezifikation eines Klassenknotens, reagiert auf Inkonsistenzen bei Objektsuche (enthält den Funktionsbaustein `Exit_SAPLCUD0_002`)
- **CCUX0800**
  Steuerung der Auflösungstiefe bei mehrstufigen Konfigurationen, setzt Auflösung aller oder nur konfigurierbarer Baugruppen (enthält den Funktionsbaustein `Exit_SAPLCUKO_002`)

In der Transaktion SMOD finden Sie in der Hierarchiedarstellung unter SAP • LO • LO-VC • CU die vollständige Liste der aktuellen User Exits im Umfeld der Variantenkonfiguration. In den Komponenten der Erweiterung finden Sie unter anderem auch die Liste der Funktionsbausteine.

D Vollständige Beispiele für Variantenfunktionen

Hier werden in Anlehnung an die Ausführungen in Abschnitt 2.6.9, »Variantenfunktionen«, Beispiele für Variantenfunktionen aufgeführt. Dabei werden auch alle weiteren Modellierungsdaten, die für die Variantenfunktionen relevant sind, mit aufgelistet. Diese sind:

- Merkmale
- Nachrichten in Nachrichtenklassen
- die eigentlichen Variantenfunktionen
- die dazugehörigen Funktionsbausteine mit Schnittstellenparameter und Quellcode
- Beziehungswissen mit Aufruf dieser Variantenfunktionen

Mit der Auflistung aller im Umfeld der Beispiele von Variantenfunktionen relevanten Daten hoffen wir, Sie zu unterstützen und Ihnen Anregungen für die erste eigene Variantenfunktion zu geben.

Merkmale – Transaktion CT04

TPC_09 PC-Anwendung Char 1 1-w

Werte: A = Fotobearbeitung

B = Textbearbeitung

C = Datenserver

TPC_10 Gehäuseart (PC) Char 1 1-w

Werte: X = individuell

T = Tower

M = Minitower

D = Desktop

TPC_11 Anzahl CD-Laufwerke Num 1 0 1-w

Werte: 0, 1, 2

TPC_14 CPU Char 1 1-w

Werte: A = langsam

B = mittel

C = schnell

TPC_31 PC-Paket-ID Char 30 1-w

Werte: x-y-z mit x und z aus (A, B, C)

und y aus (X, T, M, D)

TPC_32 Auswahl AWB Char 1 1-w

keine Werte

TPC_34 Nachrichtennummer Num 2 0 1-w

keine Werte

Nachrichtenklasse – Transaktion SE91

Nachrichtenklasse ZTPCSET

in Entwicklungsklasse: TBIN

Bezeichnung: Nachrichten für T-PCSET

Nachrichten:

001 Achtung: Festplatte zu klein für die viele Software!

002 Achtung: bei b = 20 cm, t = 40 cm, h = 30 cm besser Minitower nutzen!

003 Achtung: bei b = 20 cm, t = 40 cm, h = 60 cm besser Tower nutzen!

004 Achtung: bei b = 50 cm, t = 40 cm, h = 10 cm besser Desktop nutzen!

Variantenfunktionen – Transaktion CU67

Der Funktionsbaustein mit dem gleichen Namen wie die Variantenfunktion muss mit folgenden Schnittstellenparametern versehen werden:

- Import: Parametername = GLOBALS
  Bezugstyp = CUOV_00
- Export: keine Einträge
- Changing: keine Einträge
- Tabellen: Parameternamen = QUERY und MATCH
  Bezugstyp = CUOV_01 (für beide)
- Ausnahmen: Ausnahme = FAIL und INTERNAL_ERROR

Variantenfunktion: Z_PCSET_NOTES

Funktion zum Aufruf von Warnmeldungen

Merkmale: TPC_32 TPC_34

Schlüssel: X

Quelltext:

Funktionsbaustein:

```
  DATA: MLD(3) TYPE C,
        LS_T100 TYPE T100.
*************************************************************
  READ TABLE QUERY WITH KEY VARNAM = 'TPC_34'.
  CHECK SY-SUBRC IS INITIAL AND
        NOT QUERY-ATWRT IS INITIAL.
  MLD = QUERY-ATWRT.

  SELECT SINGLE * FROM T100 INTO LS_T100
                            WHERE ARBGB = 'ZTPCSET'
                              AND SPRSL = SY-LANGU
                              AND MSGNR = MLD.

  CALL FUNCTION 'POPUP_TO_CONFIRM_MSG_WITH_CALL'
       EXPORTING
            TXT01                         = LS_T100-TEXT
            TITLE                         = TEXT-400
            LENGTH                        = 40
       EXCEPTIONS
            FUNCTION_MODULE_MISSED        = 1
            TEXT_SECOND_PUSHBUTTON_MISSED = 2
            OTHERS                        = 99.
```

Variantenfunktion: Z_PCSET_ID

Erzeugen eines Strings aus drei Teilen

Merkmale: TPC_09 TPC_10 TPC_14 TPC_31

Schlüssel: X

Quelltext:

Funktionsbaustein:

```
*"----------------------------------------------------------
*"*"Lokale Schnittstelle:
*"  IMPORTING
*"     REFERENCE(GLOBALS) LIKE  CUOV_00 STRUCTURE  CUOV_00
```

```
*"  TABLES
*"      QUERY STRUCTURE  CUOV_01
*"      MATCH STRUCTURE  CUOV_01
*"  EXCEPTIONS
*"      FAIL
*"      INTERNAL_ERROR
*"-------------------------------------------------------------

DATA: id_char  LIKE cuov_01-atwrt,
      PC_ID    LIKE cuov_01-atwrt,
      USAGE    LIKE cuov_01-atwrt,
      CASE     LIKE cuov_01-atwrt,
      CPU      LIKE cuov_01-atwrt,
      dash(1)  TYPE c VALUE '-'.

*..initialize table with export parameters.................
  REFRESH match.

*..get value of input characteristic tpc_31 (PC ID)
  CALL FUNCTION 'CUOV_GET_FUNCTION_ARGUMENT'
       EXPORTING
            argument      = 'TPC_31'
       IMPORTING
            sym_val       =  PC_ID
       TABLES
            query         = query
       EXCEPTIONS
            arg_not_found = 01.

  IF sy-subrc <> 0.
    RAISE internal_error.
  ENDIF.

* Split string
  USAGE = PC_ID(1).
  CASE  = PC_ID+2(1).
  CPU   = PC_ID+4(1).

*..add result TPC_09 (Anwendung)
  CALL FUNCTION 'CUOV_SET_FUNCTION_ARGUMENT'
       EXPORTING
            argument                = 'TPC_09'
            vtype                   = 'CHAR'
            sym_val                 = USAGE
       TABLES
            match                   = match
       EXCEPTIONS
            existing_value_replaced = 01.
```

```
*..add result TPC_10 (Gehäuse)
  CALL FUNCTION 'CUOV_SET_FUNCTION_ARGUMENT'
       EXPORTING
            argument               = 'TPC_10'
            vtype                  = 'CHAR'
            sym_val                = CASE
       TABLES
            match                  = match
       EXCEPTIONS
            existing_value_replaced = 01.

*..add result TPC_14 (CPU)
  CALL FUNCTION 'CUOV_SET_FUNCTION_ARGUMENT'
       EXPORTING
            argument               = 'TPC_14'
            vtype                  = 'CHAR'
            sym_val                = CPU
       TABLES
            match                  = match
       EXCEPTIONS
            existing_value_replaced = 01.
```

Beziehungswissen für das Konfigurationsprofil – Transaktionen CU02 und CU42

T_PC_FUNCTION_NOTES1

Bezeichnung: Warnmeldung bei Festplattenproblem

Syntax:

```
function Z_PCSET_NOTES
(tpc_34  =   '002'   ,
 tpc_32  = $self.tpc_32)
* Nachricht 1 als Warnmeldung ausgeben
if $self.tpc_29 > 50,
* falls Festplatte mit Software mindestens 50% belegt
```

T_PC_FUNCTION_ID

Bezeichnung: PC-ID über Funktion erzeugt

Syntax:

```
* SCREEN_DEP-NOINPUT
$self.p_24 = 'tpc_31'      if $self.tpc_09 specified
                           or $self.tpc_10 specified
                           or $self.tpc_14 specified,
```

```
( $self.p_24 = 'tpc_09' ,
  $self.p_24 = 'tpc_10' ,
  $self.p_24 = 'tpc_14' )  if $self.tpc_31 specified,

* Function
function   Z_PCSET_ID
       ( tpc_09  =   $self.tpc_09 ,
         tpc_10  =   $self.tpc_10 ,
         tpc_14  =   $self.tpc_14 ,
         tpc_31  =   $self.tpc_31 ) if $self.tpc_31 specified,

* String-Operation
$self.tpc_31 = $self.tpc_09 || '-' ||
               $self.tpc_10 || '-' ||
               $self.tpc_14   if $self.tpc_09 specified
                              and $self.tpc_10 specified
                              and $self.tpc_14 specified
```

T_PC_FUNCTION_NOTES2

Bezeichnung: Warnmeldung bei Gehäuseproblem

Syntax:

```
function Z_PCSET_NOTES
(tpc_34  =   '002'   ,
 tpc_32  = $self.tpc_32)
* Nachricht 2 als Warnmeldung ausgeben
if $self.tpc_21=20 and $self.tpc_20=40 and $self.tpc_22=30
* falls Breite = 20 cm, Tiefe = 40 cm und Höhe = 30 cm
* dann Minitower
* --------------------------------------------------------------
function Z_PCSET_NOTES
(tpc_34  =   '003'   ,
 tpc_32  = $self.tpc_32)
* Nachricht 3 als Warnmeldung ausgeben
if $self.tpc_21=20 and $self.tpc_20=40 and $self.tpc_22=60
* falls Breite = 20 cm, Tiefe = 40 cm und Höhe = 60 cm
* dann Tower
* --------------------------------------------------------------
function Z_PCSET_NOTES
(tpc_34  =   '004'   ,
 tpc_32  = $self.tpc_32)
* Nachricht 2 als Warnmeldung ausgeben
if $self.tpc_21=50 and $self.tpc_20=40 and $self.tpc_22=10
* falls Breite = 50 cm, Tiefe = 40 cm und Höhe = 10 cm
* dann Desktop
```

E Die Autoren

Dr. Uwe Blumöhr ist Diplom-Mathematiker und Diplom-Lehrer und bei der SAP Deutschland AG & Co. KG als Schulungsberater im Bereich der Kunden- und Partnerschulungen tätig. Seine Schwerpunkte sind die Variantenkonfiguration und das Lifecycle Data Management. Seit 1996 ist Uwe Blumöhr weltweit für alle Schulungsentwicklungen von SAP im Bereich Variantenkonfiguration verantwortlich; der überwiegende Teil des Schulungsmaterials von SAP zum Thema wurde dabei direkt von ihm entwickelt.

Dr. Manfred Münch ist Process Architect in der Softwareentwicklung im Bereich Anwendungsplattform der SAP AG in Walldorf. Der promovierte Ingenieur hat sich erstmals 1988 bei der Heidelberger Druckmaschinen AG mit dem Thema Variantenkonfiguration befasst. Seit 1999 ist er im Produktmanagement und in der Entwicklung der SAP AG für das Thema Produktkonfiguration zuständig. Von 2001 bis 2004 hat er als Sekretär der Configuration Workgroup (CWG) die Geschäfte der SAP-Benutzergruppe zur Produktkonfiguration geführt.

Marin Ukalovic arbeitete nach seinem Universitätsabschluss im Fachbereich Maschinenbau zunächst als Konstruktionsingenieur im Maschinen- und Anlagenbau. 1999 wechselte er in den Vertrieb der SAP AG und betreute Kunden der diskreten Fertigung im Bereich Logistik. Ab 2003 übernahm er als Solution Architect die Branchenverantwortung für die Papier- und Möbelindustrie bei der SAP Deutschland AG & Co. KG. Seit seinem Wechsel in den Bereich Industry Business Development EMEA 2006 verantwortet er den Maschinen- und Anlagenbau in Europa. Das Thema SAP-Variantenkonfiguration zieht sich hierbei wie ein roter Faden durch seine SAP-Laufbahn. Parallel dazu betreut er seit 2006 als Account Manager die Configuration Workgroup (CWG) und ist dort Mitglied im Board of Directors.

Index

C

D

E

F

G

H

I

J

K

L

M

N

O

P

Q

R

S

U

V

W

X

Z

MITMACHEN & GEWINNEN!

SAP PRESS

Sagen Sie uns Ihre Meinung und gewinnen Sie einen von 5 SAP PRESS-Buchgutscheinen, die wir jeden Monat unter allen Einsendern verlosen. Zusätzlich haben Sie mit dieser Karte die Möglichkeit, unseren aktuellen Katalog und/oder Newsletter zu bestellen. Einfach ausfüllen und abschicken. Die Gewinner der Buchgutscheine werden persönlich von uns benachrichtigt. Viel Glück!

▶ **Wie lautet der Titel des Buches, das Sie bewerten möchten?**

▶ **Wegen welcher Inhalte haben Sie das Buch gekauft?**

▶ **Haben Sie in diesem Buch die Informationen gefunden, die Sie gesucht haben? Wenn nein, was haben Sie vermisst?**

- ☐ Ja, ich habe die gewünschten Informationen gefunden.
- ☐ Teilweise, ich habe nicht alle Informationen gefunden.
- ☐ Nein, ich habe die gewünschten Informationen nicht gefunden. Vermisst habe ich:

▶ **Welche Aussagen treffen am ehesten zu?** (Mehrfachantworten möglich)

- ☐ Ich habe das Buch von vorne nach hinten gelesen.
- ☐ Ich habe nur einzelne Abschnitte gelesen.
- ☐ Ich verwende das Buch als Nachschlagewerk.
- ☐ Ich lese immer mal wieder in dem Buch.

▶ **Wie suchen Sie Informationen in diesem Buch?** (Mehrfachantworten möglich)

- ☐ Inhaltsverzeichnis
- ☐ Marginalien (Stichwörter am Seitenrand)
- ☐ Index/Stichwortverzeichnis
- ☐ Buchscanner (Volltextsuche auf der Galileo-Website)
- ☐ Durchblättern

▶ **Wie beurteilen Sie die Qualität der Fachinformationen nach Schulnoten von 1 (sehr gut) bis 6 (ungenügend)?**

☐ 1 ☐ 2 ☐ 3 ☐ 4 ☐ 5 ☐ 6

▶ **Was hat Ihnen an diesem Buch gefallen?**

▶ **Was hat Ihnen nicht gefallen?**

▶ **Würden Sie das Buch weiterempfehlen?**

☐ Ja ☐ Nein

Falls nein, warum nicht?

▶ **Was ist Ihre Haupttätigkeit im Unternehmen?**
(z.B. Management, Berater, Entwickler, Key-User etc.)

▶ **Welche Berufsbezeichnung steht auf Ihrer Visitenkarte?**

▶ **Haben Sie dieses Buch selbst gekauft?**

- ☐ Ich habe das Buch selbst gekauft.
- ☐ Das Unternehmen hat das Buch gekauft.